U0287489

泛河西地区生态系统
土壤有机碳变化及水盐环境

冯 起等 著

科学出版社

北京

内 容 简 介

本书根据多年实地调查和观测资料，结合室内统计、分析、论证和研究成果撰写而成。本书通过对祁连山区不同海拔土壤有机碳储量变化及其影响因子、河西内陆河流域土壤碳氮变化规律及其特征的分析，揭示了气候变化和人类活动对泛河西地区土壤碳排放的影响机理；开展了泛河西地区山区森林草地、平原人工绿洲和荒漠天然绿洲土壤水盐动态规律时空尺度的研究，模拟了土壤水盐动态变化与土壤有机碳储量、动态耦合关系，建立了土壤碳循环动态模拟方程，开展了气候变化背景下土壤有机碳储存功能变化及其适应性管理的研究；进行了土壤退化与土壤水盐变化的关联分析，阐明了沙漠化土地的土壤碳氮变化规律。本书旨在为泛河西地区土壤改良和碳氮排放变化的研究及水、土、地资源合理利用提供重要支撑。

本书可供生态、环境、水文、水利、资源、管理等相关领域的科研、管理和决策人员使用，也可供高等院校师生阅读参考。

图书在版编目（CIP）数据

泛河西地区生态系统土壤有机碳变化及水盐环境 / 冯起等著. —北京：科学出版社，2024.1
　ISBN 978-7-03-068679-4

Ⅰ. ①泛⋯　Ⅱ. ①冯⋯　Ⅲ. ①土壤有机质-有机碳-研究-甘肃　②土壤-水盐体系-研究-甘肃　Ⅳ. ①S153.6 ②S156.4

中国版本图书馆 CIP 数据核字（2021）第 073426 号

责任编辑：杨向萍 罗 瑶 / 责任校对：崔向琳
责任印制：师艳茹 / 封面设计：陈 敬

科学出版社 出版
北京东黄城根北街 16 号
邮政编码：100717
http://www.sciencep.com
北京中科印刷有限公司 印刷
科学出版社发行　各地新华书店经销

*

2024 年 1 月第 一 版　开本：720×1000　1/16
2024 年 1 月第一次印刷　印张：31　插页：8
字数：620 000
定价：398.00 元
（如有印装质量问题，我社负责调换）

《泛河西地区生态系统土壤有机碳变化及水盐环境》
撰写委员会

主　任：冯　起

副主任：常宗强　朱　猛　苏永红　陈丽娟
　　　　冯　芳　马金珠

委　员：(按姓氏拼音排序)
　　　　郭　瑞　郭小燕　贾　冰　李会亚
　　　　刘　蔚　齐　识　王亚敏　席海洋
　　　　杨林山　尹振良　鱼腾飞　张成琦
　　　　张梦旭　赵　玉

前　言

　　泛河西地区地处丝绸之路经济带核心区，是我国生态安全战略格局中的重点区域。泛河西地区包括河西地区及与河西地区密切关联的祁连山、河西内陆河流域，巴丹吉林沙漠、腾格里沙漠和库木塔格沙漠等荒漠地区。泛河西地区是人类干预较早的地区之一，具有西北干旱内陆河流域山地-荒漠-绿洲系统和结构完整的独立生态水文单元的一般特征，叠加悠久人类活动并遗留许多痕迹。因此，泛河西地区是探索地球系统各要素耦合机制，揭示寒区与旱区相互作用、依存、耦合研究的理想单元。对该区域的研究在认识土壤环境、生态退化和人工绿洲可持续发展等问题上具有区域性、历史性，更具有全球性。

　　土壤中的碳、氮是土壤基本构成元素。碳、氮的含量反映了土壤资源利用价值，在陆地生态系统中具有重要的作用，直接关系土壤的肥力水平、土壤有机碳储量的增减及有关温室气体的减排。土壤水分条件是影响土体中气体有效性和扩散率、易溶性物质有效性，以及微生物活动的关键因子，通过影响硝化及反硝化微生物的活性控制硝化及反硝化速率。土壤碳素是维持土壤肥力的重要因子，在改善土壤理化性状、生物学特性及保肥供肥方面发挥重要作用。土壤微生物是土壤碳循环的主要驱动力，土壤的盐分含量影响土壤微生物活性，进而影响土壤碳素的循环过程。因此，加强土壤盐渍化与碳循环过程的研究对进一步了解盐渍化过程在全球碳储存及碳排放中的作用具有重要意义。近年来，泛河西地区的内陆河流域土壤退化程度变化较大，已成为制约区域经济发展和环境、生态改善的重要因素。河西走廊生态环境的修复、土壤资源和农业经济的可持续发展，都需要对土壤碳、氮的分布及转化机理等进行研究。植被恢复重建是治理水土流失的主要手段之一，能够有效地促进侵蚀土壤发育、提高土壤肥力、增强土壤微生物活性，进一步影响土壤碳氮循环。因此，植被的恢复重建过程对土壤有机碳氮以及温室气体的排放具有重要影响。1995 年，国家启动以黑河流域为典型内陆河流域的生态环境整治工程，并于 2006 年开始相继开展石羊河流域、疏勒河流域、党河流域、阿拉善高原、祁连山的综合治理，2017 年开始实施祁连山国家公园的建设，这些举措都是修复泛河西地区退化生态系统、改善土壤环境、调节水土资源的利用状况、保障丝绸之路经济带生态文明和社会经济可持续发展的重大举措。

　　针对以上生态系统演化、人工和天然绿洲演变、土壤碳氮含量变化、水环境和生态环境等问题，为寻找解决并提出可持续发展对策和途径，开展了泛河西地区土壤水盐、碳氮变化的系列研究工作，总结研究成果集成本书。全书共 10 章，第 1 章是泛河西地区概况，包括地理位置、气候条件、地形地貌、河流水文、植被条件和土壤环境，主要介绍区域气候变化研究现状、温度重建、河西流域下游环境变化等内容；第 2 章分析了祁连山不同植被类型土壤有机碳变化，包括土壤有机碳输出特征及土壤有机碳储量与动态变化等；第 3 章分析了气候变化下祁连山土壤有机碳储存功能，阐明了土壤和植被因子对坡向和坡位的响应，揭示了土壤有机碳空间分布格局及影响机理，开展了土壤有机碳储存功能评估，介绍未来气候变化情景下有机碳库的适应性管理；第 4 章调查分析了上游小流域水化学特征，明确了流域水化学特征及其影响因素，确定了小流域水体同位素特征及其水文指示意义；第 5 章开展了河西地区土壤有机碳分布特征影响因素研究，分析了河西走廊地区土壤有机碳空间分布及影响因素等；第 6 章介绍了内陆河下游典型植被群落土壤有机碳，监测了下游典型植被群落土壤表面 CO_2 通量，阐明了典型植被群落土壤碳蓄积过程，对土壤碳循环进行动态模拟；第 7 章分析了人工绿洲土壤水盐动态，重点研究了节水灌溉方式下民勤绿洲土壤水盐运移规律，构建了农田土壤水盐运移数值模型，对未来绿洲区土壤盐分动态进行预测；第 8 章分析了下游灌区地下水动态特征及其土壤盐渍化，研究了民勤灌区地下水动态与土壤盐渍化的关系，并提出民勤灌区水盐调控措施等；第 9 章介绍荒漠区包气带硝态氮的迁移转化，调查分析了大气降水中无机氮来源及沉降量，揭示了荒漠区包气带硝态氮迁移转化及其驱动因素，阐明了浅层包气带 NO_3^- 的分布及其来源，以及包气带中 NO_3^- 对地下水水质的影响；第 10 章分析了黑河流域土地沙漠化土壤养分与盐分特征，确定了土地沙漠化的土壤养分与盐分含量的阈值，阐明了水分条件变化对土壤可溶盐的意义，以及绿洲区域潜水蒸发与水盐运动的耦合关系。

本书由冯起、常宗强、朱猛等组织撰写和定稿。其中，冯起、常宗强负责统稿，冯起、常宗强、朱猛负责定稿。本书撰写分工如下：前言、第 1 章，冯起；第 2 章，常宗强；第 3 章，朱猛；第 4 章，冯芳；第 5 章，张梦旭；第 6 章，苏永红；第 7 章，陈丽娟；第 8 章，李会亚；第 9 章，齐识、马金珠、冯起；第 10 章，刘蔚。参与本书文字和图表修订工作的人员还有杨林山、刘文、李宝锋、李若麟、张成琦、贾冰、郭瑞。

本书是在国家重点研发计划项目"西北内陆区水资源安全保障技术集成与应用"(2017YFC0404300)、中国科学院中年拔尖科学家项目"气候变化对西北干旱区水循环的影响及水资源安全研究"(QYZDJ-SSW-DQC031)、甘肃省自然科学基金重大项目"祁连山涵养水源生态系统与水文过程相互作用及其对气候变化的适应研究"(18JR4RA002)、甘肃省自然科学基金重点项目"黑河流域土地沙漠化与生态修复技术跨境研究"(17YF1WA168)、中国科学院科技服务计划项目"敦煌洪水资源化利用与生态治理试验示范"、国家自然科学基金面上项目"祁连山区亚高山灌丛林碳-氮-水通量相互关系及耦合研究"(41871092)及甘肃省祁连山生态环境研究中心的共同资助下完成的，在此一并表示感谢！

　　本书是作者在泛河西地区近二十年土壤碳氮、气候变化、土壤水盐特征研究成果的基础上撰写而成。本书综合性强、内容广、涉及学科多，还有许多科学和实践问题需要进一步探究。限于作者水平，书中不足之处在所难免，恳请读者批评指正。

作　者

2022 年 8 月

目　　录

第1章 泛河西地区概况

1.1 引 言

土壤有机质(soil organic matter，SOM)是通过微生物作用形成的腐殖质、动植物残体和微生物体的合称，其中的碳元素即土壤有机碳(soil organic carbon，SOC)。根据微生物可利用程度，土壤有机碳分为易分解有机碳、难分解有机碳和惰性有机碳。易分解有机碳有较高的生物利用率与损失率。难分解有机碳则有较高的残留率，一般占土壤有机质的 60%～80%，且多参与腐殖质的形成过程。因此，土壤有机碳由一系列具有不同更新时间的有机组分构成，土壤粒级组成、矿物特征及土体结构等内在因素制约着土壤有机碳储量及状态，对于长时间碳的更新具有重要意义。然而，土壤的空间变异性特征和有限的实测数据，加上土壤类型法、植被类型法、生命带类型法和模型法等土壤有机碳储量计算方法的差异性等，导致全球土壤有机碳储量的估算还存在较大不确定性。

土壤呼吸是陆地中碳流向大气的重要过程，引起生态系统有机碳输出。在平衡状态下，土壤异养呼吸量应等于植被净初级生产力(net primary productivity，NPP)。但是，通常在样地上观测到的土壤呼吸量(R_S)是土壤异养呼吸量(R_H)与植物根呼吸量(R_R)之和，其中植物根呼吸量约占大多数森林呼吸量的 40%，对草地及灌木而言则占 20%～30%，对所有植被而言平均约占 24%。土壤呼吸量随温度的变化量习惯用 Q_{10} 表示，生理生态学中表示在 5～20℃条件下，温度每增加10℃时土壤呼吸量增加的倍数。土壤呼吸量的 Q_{10} 在 2.0～2.4，如果用同样的方法表示植被净初级生产力随温度的变化，则其 Q_{10} 为 1.0～1.5。因此，从平均角度看，NPP 对温度的响应程度小于土壤呼吸量。不同生物群落的 Q_{10} 不尽相同，高纬度地区 Q_{10} 比低纬度地区高。

大气中的 CO_2 通过温室效应对全球气候起到重要的控制作用。早在 1860年，Keeling 首次观察大气 CO_2 浓度后，温室气体增加可能会导致全球气候发生变化的问题引起了许多科学家的关注(Hansen et al.，1984)，尤其是里约会议(1992 年)和《京都议定书》签订(1997 年)之后，气候变化问题更加成为科学界、政治界及民众关注的问题之一(Konyushkov，1998)。温室效应最直接的表现就是大气温度升高。根据研究，由于大气中 CO_2 浓度增加而产生的温室效应可能使1990～2100 年全球表面的温度平均升高 1.4～5.8℃(Houghton et al.，2001)。这些变化将对人类生存的地球系统产生巨大影响，如使海平面上升，继而导致沿海地区灾难性破坏等。气候变化还可能对各个气候带产生影响，如中纬度地区温度将上升，半干旱区降水量将进一步减少，热带潮湿地区将可能酷热干燥，热带风暴将频繁加剧，洪水灾害将更加频繁等。

　　面临大气中 CO_2 浓度急剧增加及气候变化的灾难性影响等问题的严重挑战，国际上提出许多对策，包括 CO_2 的控制与吸收两个方面。控制方面包括禁止使用化石燃料，找到替代的能源方式。吸收方面包括以不同方式吸收大气中的 CO_2，通过土地合理利用方式减少 CO_2 排放并增加 CO_2 的吸收等。在这些对策中，目前认为选择土地利用方式吸收 CO_2 到土壤中并减少土壤碳的排放最为有效。然而，准确预测未来大气 CO_2 浓度与气候变化，制定相应对策方面，还存在很大不确定性和争议。Cox 等(2000)通过耦合碳循环和气候过程预测到 2100 年气温将升高 8℃，而用其他方法预测的气温将升高 5℃。1980 年以后，陆地生态系统是主要的碳汇，而且主要是北中纬度森林。这种汇与全球气候变化密切相关，但是这种汇发生年际波动和汇的原因不确定，可能是植被类型的变化，火、CO_2 肥料效应或者是 N 沉积等。另外，根据中纬度森林调查数据和模型方法得出的汇强度也不同(Barford et al.，2001)。全球陆地碳汇的强度和具体位置也存在很大不确定性(Fung et al.，2005)。大气中基本碳源(carbon source)是化石燃料燃烧(5.4Pg，$1Pg = 1×10^{15}g$)、毁林与土地利用(1.6Pg)，两个基本的碳汇(carbon sink)是大气中增加的 CO_2 部分(3.2Pg)、海洋吸收的 CO_2 部分(2.0Pg)，剩余的 1.8Pg CO_2 被陆地生态系统吸收，但是吸收机制和时间与空间特征不确定，称为碳汇之谜(missing carbon sink)。陆地碳汇与不同植被类型的关系存在很大不确定性。尽管学者对 1850 年至今的不同植被类型排放的碳有一些估计，但是这些估计是借助历史统计资料和一些假设数据得到的，比较粗略，缺少完整机理过程的准确计算。植被类型的变化不但在过去影响大气碳库，将来还会继续影响，而用历史植被类型的变化影响碳库的估计方法预测将来植被类型的变化对大气碳库的影响，显然误差较大。而且，虽然确定通过合理植被类型吸收大气碳是有效对策，但是确定不同植被类型比例吸收碳的强度很困难，制订具体措施还缺乏充分依据(Holden，2005)。这些问题使得科学评价和预测气候变化及制订合理应对措施等方面存在很大的不确定性。因此，确定不同植被类型与陆地碳库的关系，确定陆地碳源/碳汇功能成为气候变化问题研究中的一个关键环节。

　　国外对土壤呼吸研究较早，可追溯到 19 世纪初(Saussure,1804)，但主要针对耕作土壤，集中于欧洲和北美洲(Zak et al.，1993)。大规模的土壤呼吸研究始于 20 世纪 70 年代，集中在中纬度的草原和森林，农田也占相当大的比例。特别是 20 世纪 90 年代以来，土壤呼吸作为大气中 CO_2 的重要来源越来越受到关注。目前，土壤呼吸研究较多的是影响土壤呼吸的自然因素(温度、湿度、土壤肥力条件、植被类型等)(Zak et al., 1993)，经营措施(采伐、灌溉、放牧等)(Richard et al., 2004)，大气 CO_2 浓度升高，氮沉降等。土壤的异氧呼吸构成了生态系统有机碳的净输出。研究表明，各气候带土壤异氧呼吸占土壤呼吸的比例相差较大，热带和温带生态系统中比例较高(30%～83%)，寒温带则较低(7%～50%)，这与不同地带土壤微生物活动不同有关。

国内土壤呼吸研究开展较晚，早期有对农田排放 CO_2 的测定，近年来的工作主要针对草原森林生态系统，大多集中在土壤呼吸速率与环境因子的关系、土壤呼吸量的估算、土地利用对土壤呼吸的影响及土壤呼吸对全球变化的响应等方面。草原生态系统的研究多集中在东北羊草草原、内蒙古温带草原(Richard et al., 2004)，以及西藏高寒草原、高寒草甸草原(曹广民等，2001)等；森林土壤呼吸的研究集中在北京山地温带森林(刘绍辉等，1998)、温带典型森林(王淼等，2003)、暖温带落叶阔叶林(蒋丽芬等，2004)、亚热带森林(刘建军等，2003)、热带山地雨林(杨玉盛等，2004a，2004b)及西南高山针叶林(罗辑等，2000)。

测定土壤呼吸的方法多种多样，不同测定方法各有优缺点，而且不同测定方法得到的结果可比性较差，难以获得大的时间和空间上的准确数据。不同方法的数据结果差异较大，而具体的对比实验较少，很难确定哪种方法更具有优越性。因此，提高土壤呼吸测定的准确性，制定统一的测定方法和测定标准是急需解决的问题。

泛河西地区包括河西地区及与河西地区密切关联的祁连山、河西内陆河流域，巴丹吉林沙漠、腾格里沙漠、库木塔格沙漠等荒漠地区。该地区处于欧亚大陆腹地，远离海洋，是典型的干旱与半干旱地区，也是全球气候变化十分敏感的区域之一。针对泛河西地区土壤有机碳的相关研究，可为该区陆地生态系统碳循环提供数据基础，而土壤有机碳储量、分布特征及影响因素研究更是土壤碳循环研究的重中之重，同时也对正确评价泛河西地区土壤有机碳库在我国陆地生态系统碳循环管理中的作用，以及对全球变化的响应具有重要意义。

1.2 研究区概况

1. 地理位置

泛河西地区处于我国西北干旱区和青藏高原边缘，地形起伏巨大，海拔为790～5820m(陈隆亨和曲耀光，1992)，除因盛产粮、棉及其他经济作物而闻名的河西走廊绿洲外，走廊南北两侧分布着东西延绵的祁连山-阿尔金山(又称"走廊南山")、龙首山、合黎山和马鬃山(又称"走廊北山")，既是重要的林牧业和特种行业基地，也是走廊平原灌溉农业赖以生存和发展的水源涵养区，在我国丝绸之路经济带发展战略中占有重要地位。

2. 气候条件

泛河西地区跨越了 3 个不同类型的气候区：南部祁连山区，属青藏高原的祁连-青海湖区；河西走廊的大部分地区及阿拉善高原，属温带蒙-甘区；走廊西段的安西-敦煌盆地及其以西地区，属暖温带南疆区。因此，泛河西地区气候具有受大陆性气候和青藏高原气候综合影响的特点。

泛河西地区的气候，在水平分布上具有明显的东西差异。在南部祁连山区，降水量具有自东向西递减的趋势，而雪线高度则自东向西升高。在河西走廊地区，降水量也是自东向西减少，由东部的 250mm 降至西部的 50mm 以下；蒸发量则自东向西增加，由 2000mm 以下增至 3500mm 以上；受海拔的影响，东西间的气温差别更为突出，走廊东段的年平均气温为 6.6℃，而走廊西段的年平均气温可提高 2.3℃(刘志民，2013；高前兆等，2004；高前兆和李福兴，1991)。

泛河西地区气候除具有水平地带性外，还具有明显垂直地带性。区域内自东向西分布的石羊河流域、黑河流域、疏勒河流域，气温随海拔升高而降低，其垂直递减率分别为 0.52℃·(100m)$^{-1}$、0.49℃·(100m)$^{-1}$ 和 0.51℃·(100m)$^{-1}$；降水量随着海拔升高而增加，其垂直递增率分别为 13.54mm·(100m)$^{-1}$、20.91mm·(100m)$^{-1}$ 和 3.94mm·(100m)$^{-1}$(贾文雄，2010)。此外，山区地形对水热条件的重新分配也会形成局地尺度上的微气候(Zhu et al.，2019b)。

3. 地形地貌

泛河西地区的大地构造轮廓可分为 3 个单元，即南部的祁连山褶皱和阿尔金山断块，北部的阿拉善台块和北山(马鬃山)块断带，中部的河西走廊拗陷。泛河西地区地貌也可划分为 3 个主要单元。

(1) 祁连山和阿尔金山山地。祁连山东西长约 800km，大部分海拔在 3000m 以上，最高的大雪山海拔为 5564m。主要地貌类型有现代冰川、寒冻流水作用强烈破坏的高山、侵蚀或剥蚀作用的中低山、山间盆地与河谷盆地等。阿尔金山主要海拔为 3500~4000m，阿克塞沟主峰高达 5798m，地貌类型有现代冰川、寒冻流水作用强烈破坏的高山和剥蚀作用下的中山。

(2) 河西走廊高平原。东西延绵千余千米，为一狭长平原，海拔在 1000~2600m。东西以大黄山、黑山为界，将走廊分成 3 个互不相连的内陆河流域(石羊河流域、黑河流域、疏勒河流域)，相应地分布有武威盆地、张掖盆地、酒泉盆地、玉门-踏实盆地及阿克塞盆地，称为南盆地；民勤-昌宁盆地、金塔-花海盆地、安西-敦煌盆地，称为北盆地。

(3) 走廊北山山地和阿拉善高原。走廊北山为河西走廊北侧的龙首山、合黎山和马鬃山的统称，系长期剥蚀的中山、低山和残丘，呈东西走向，断续分布，横亘千余千米(高前兆和仵彦卿，2004；高前兆和王润，1996)。

4. 河流水文

泛河西地区的河流皆为内陆河，发源于南部山区，向北流入走廊区，最终潴成尾闾湖或消没于沙漠，由东至西分属于石羊河、黑河和疏勒河三大水系，大小内陆河共有 57 条。由于地形、降水、沙漠和戈壁的影响，其中大型内陆河不多，主要是长度短、水量小的小型河流。据统计，泛河西地区年流量超过 $1 \times 10^9 \mathrm{m}^3$ 的大型内陆河只有 1 条(黑河)，超过 $5 \times 10^8 \mathrm{m}^3$ 的有 3 条，超过 $1 \times 10^8 \mathrm{m}^3$ 的有 16 条(高前兆和仵彦卿，2004；高前兆等，2004)。内陆河的补给类型较齐全，包括高山冰雪、季节冰雪融水、降雨和地下水补给，但多数河流仍以降雨或降雪、冰川混合补给为主，因此其径流年内分配集中于暖季，并且各河出山净流量的多年变化比较稳定。

5. 植被条件

泛河西地区植被地带性明显，以走廊水平地带和山地垂直地带构成"三维空间"的格局。

(1) 水平地带性。由于在气候的水平分布上东西差异明显，泛河西地区降水量由东到西逐渐减少，气温由东到西升高，形成了植被的东西分异。根据水热指数，从东到西分为温带荒漠草原带(半荒漠)、温带荒漠带(干旱荒漠)和暖温带荒漠带(极旱荒漠)3 个植物生物气候带类型(陈昌笃和张立运，1987)。温带荒漠草原带以旱生的禾草、小半灌木为主，常以戈壁针茅[Stipa tianschanica var. Gobica (Roshev.) P.C.Kuo et Y.H.Sun]、白草(Pennisetum flaccidum Griseb.)、沙苔(Carex physodes M.Bieb)、条叶车前(Plantago lessingii Fisch. & Mey.)、猫头刺(Oxytropis aciphylla Ledeb.)、内蒙古旱蒿(Artemisia xerophytica Krasch.)、红砂[Reaumuria songarica (Pall.) Maxim.]等组合的荒漠草原地带性植被为特征；温带荒漠带的地带性植被以旱生和超旱生的灌木、半灌木为主，分布最广的是红砂和珍珠猪毛菜；暖温带荒漠带的地带性植被为典型的超旱生灌木，分布最广的是合头草(Sympegma regelii Bunge)、红砂、膜果麻黄(Ephedra przewalskii Stapf)(侯学煜，1981)。

(2) 垂直地带性。在水平地带性的基础上，南部山地随海拔不同表现出垂直带谱结构的变化。以带谱结构最为丰富的祁连山中部为例。海拔 1900m 以下的基带分别为温带荒漠草原带和温带荒漠带。海拔 1900～2300m 为山地荒漠草原带，主要植被有针茅(Stipa capillata Linn.)、米蒿(Artemisia dalai-lamae Krasch.)、红砂等。海拔 2300～2900m 为山地草原带，带内类型组合以克氏针茅(Stipa

krylovii Roshev.)、冷蒿(*Artemisia frigida* Willd.)、扁穗冰草[*Agropyron cristatum* (L.) Gaertn.]、丛生禾草草原为主。海拔 2600～3400m 为山地森林和草原植被带，阴坡分布寒温性青海云杉(*Picea crassifolia* Kom.)常绿针叶林，具有灌木层、草本层、苔藓层和乔木层 4 层结构，郁闭度在 0.4～0.6，阳坡为草原并分布有少量祁连圆柏常绿针叶林。阳坡 2600～3200m 为典型草原，植被有克氏针茅、短花针茅(*Stipa breviflora* Griseb.)、沙生针茅(*Stipa glareosa* P. Smirn.)、冰草等，盖度 60%～70%。海拔 3200～3400m 为亚高山草甸，分布有苔草(*Carex tristachya*)、委陵菜(*Potentilla chinensis* Ser.)、乳白香青(*Anaphalis lactea* Maxim.)、裂叶蒿(*Artemisia tanacetifolia* L.)等，盖度达 90%以上。海拔 3200～3600m，上限甚至可达 3700m，为亚高山灌丛草甸带，带内阴坡由常绿革叶杜鹃灌丛、落叶阔叶高山柳灌丛和金露梅矮灌丛等植被类型组成；阳坡为亚高山草甸，无灌木生长，或仅有稀疏的金露梅分布，主要植被为苔草占优势的亚高山杂类草草甸，盖度 70%～80%。海拔 3600～3900m 为草山草甸，主要是矮草型的蒿草高寒草甸和杂类草高寒草甸、粗嵩苔草高寒草甸。海拔 3900～4200m 为高山寒漠带，是高山带流滩石植被组成的寒漠，主要植被为红景天(*Rhodiola rosea* Linn.)、囊种草[*Thylacospermum caespitosum* (Camb.) Schischk]、雪莲[*Saussurea involucrata* (Kar. et Kir.) Sch.Bip.]等，但外貌稀疏，生长低矮。海拔 4200m 以上为山岳冰川地区，常年积雪(高前兆等，2003；高前兆和李福兴，1991)。

6. 土壤环境

泛河西地区土壤类型的分布受水平地带性和垂直地带性的影响很显著。其中，平原地区的生物气候分别属于温带山前荒漠草原、温带荒漠和暖温带荒漠类型，与之相适应的土壤为灰钙土、灰漠土、灰棕漠土和棕漠土。山地土壤垂直带谱如下：

(1) 走廊南山以祁连山中段最具代表性，海拔 1800～2200m 为山地草原化荒漠灰漠土；海拔 2200～2500m 为山地荒漠草原灰钙土；海拔 2500～2800m 为山地草原淡栗钙土；海拔 2800～3400m 阴坡为山地森林灰褐土，阳坡为山地草原栗钙土和山地草原暗栗钙土；海拔 3400～3700m 阴坡为亚高山灌丛草甸土，阳坡为亚高山草甸土；海拔 3700～4200m 为高山草甸土和高山沼泽土；海拔 4200～4700m 为高山寒漠土；海拔 4700m 以上为高山冰川和永久积雪。

(2) 走廊北山以东大山最具代表性，海拔 2000～2300m 为山地草原化荒漠灰漠土；海拔 2300～2500m 为山地荒漠草原灰钙土；海拔 2500～2800m 为山地草原栗钙土；海拔 2800～3200m 阴坡为山地森林灰褐土，阳坡为山地草原栗钙土；海拔 3200～3700m 阴坡为亚高山灌丛草甸土，阳坡为亚高山草甸土；海拔 3700～3978m 为高山草甸土(高前兆和杜虎林，1996)。

第 2 章　祁连山不同植被类型土壤有机碳变化

2.1　祁连山土壤有机碳

祁连山位于 93°30′E～103°E，36°30′N～39°30′N，其北邻干旱的河西走廊和阿拉善高原，南接柴达木盆地和黄河谷地，西起当金山口，东至乌鞘岭。祁连山海拔 3500～5000m，是青藏高原东北部最大的边缘山系，也是我国著名的高大山系之一，呈西北—东南走向，东西长 1200km，宽 300km，地处欧亚大陆的中心，属高寒干旱、半干旱地区。一般海拔 4000m 以上的高山终年积雪，有现代冰川分布，气候垂直差异大。祁连山有水源涵养林 43.61 万 hm²，主要植被为青海云杉(*Picea Crassifolia* Kom.)林、祁连圆柏(*Sabina przewalskii* Kom.)林和灌木林三大类型。青海云杉是水源涵养林的主要建群种，面积占水源涵养林总面积的 24.74%，占乔木林面积的 75.72%。牧坡草地主要分布在海拔 2500～3000m 的山地森林草地景观植被带内，其面积约占祁连山区面积的 28.27%。

祁连山水源涵养林作为河西走廊内陆河流域生命之源，在漫长的人类活动中使自然景观发生了巨大变化，对该地区土壤有机碳库产生了巨大的影响。面对全球气候变化及其影响的严重挑战，系统研究该地区不同植被类型变化对土壤有机碳的影响，一方面可以科学认识该地区历史植被变化对大气碳循环产生的影响；另一方面可以为评价该地区新的植被变化对大气碳的影响提供依据，同时也可以为评价我国不同植被类型变化对气候的影响提供参考。

综观该地区植被变化类型，最为典型的是天然林(包括青海云杉林、祁连圆柏林和高山灌丛林)破坏形成草地或农田，农田或草地造林(人工林以华北落叶松为主)。因此，本节主要研究植被类型变化对土壤有机碳的影响，包括分析森林转化为农田、草地及农田、草地造林对土壤有机碳的影响。

2.1.1　土壤有机碳研究区域

研究区在国家林业和草原局甘肃祁连山森林生态系统定位研究站西水次生林区(100°17′E，38°24′N)，试验区年平均气温 0.7℃，最热月(7 月)气温 12.2℃，最冷月(1 月)气温-12.9℃，年降水量 433.6mm，年蒸发量 1081.7mm，年均相对湿度60%，年日照时数 1892.6h，日辐射总量 110.28kW · m⁻²。研究区为高山深谷、坡度陡峻的地貌形态，岩石破碎，主要有泥灰岩、砾岩、紫红色砂页岩等，岩石褶皱剧烈、断层多，具有明显的冰川地形，坡积物疏松，常发生浅层滑坡、泥石流和崩塌。区域植物种类丰富，植被类型和土壤类型的垂直变化是祁连山的典型。建群种青海云杉呈斑块状分布在试验区海拔 2400~3300m 的阴坡和半阴坡地带，与阳坡草场呈犬牙状交错；祁连圆柏呈小块状分布于阳坡、半阳坡；灌木优势种有金露梅(*Dasiphora fruticosa* L.)、鬼箭锦鸡儿[*Caragana jubata* (Pall.) Poir]、吉拉柳(*Salix gilashanica* C.Wang & P.Y.Fu)等；草本主要有珠芽蓼(*Polygonum viviparum* L.)、黑穗苔草(*Carex atrata* L.)等。

国外不同植被类型土壤有机碳研究一般从宏观和微观两个尺度开展。宏观尺度研究基于土地面积改变和单位土地面积有机碳储量变化来推算不同植被类型土壤有机碳的变化，忽略了自然变化和人类的间接影响(Houghton，2005)。微观尺度的研究方法包括长期实验、相邻样地比较、空间代替时间的时间序列方法和模型方法。长期实验是最直接的方法，主要通过周期性收集土壤样品进行有机碳测定，以确定其变化(Richter et al.，1999)。理论上，这种方法是最可靠的(Post & Kwon，2000)，但是需要比较严格的空间、时间控制条件，尤其需要较长的观测时间，因此在现实中操作比较困难(Knops & Tilman，2000)。相邻样地比较是通过不同植被类型邻近土地中土壤有机碳储量的差异来确定土壤有机碳的变化特征。模型方法通过分析土壤有机碳储量变化速率进行预测，这种方法假设精确测定有机碳储量变化速率能够长期预测土壤有机碳储量变化(Knops & Tilman，2000)。

本节采用相邻样地比较的方法，即通过邻近的相同海拔、坡向和土壤类型的典型植被青海云杉林、祁连圆柏林、高山灌丛林、牧坡草地、农田和人工林(13a华北落叶松)为对象，通过比较分析不同植被类型土壤有机碳输入、输出、组分、储量、动态及残留的差异，对不同植被类型土壤有机碳的效应和机理进行综合研究。人工林都是在天然林(天然林包括青海云杉林、祁连圆柏林和高山灌丛林)破坏成牧坡草地或开垦成农田后又营造的，主要以华北落叶松为主。牧坡草地和农田是天然林破坏形成的，而天然林是本地原始林反复被破坏后又封山保护形成的次生林。研究区样地基本情况见表2-1。

表 2-1　研究区样地基本情况

植被类型		坡度/(°)	坡向	海拔/m	主要植物	土壤类型
天然林	青海云杉林	20~27	半阴坡	2750	青海云杉	森林灰褐土
	祁连圆柏林	20~27	半阴坡	2800	祁连圆柏、金露梅、叉子圆柏	森林灰褐土
	高山灌丛林	20~25	半阴坡	2900	金露梅、叉子圆柏、鲜黄小檗、银露梅	亚高山灌丛草甸土
人工林(13a华北落叶松)		15~22	半阴坡	2675	13a华北落叶松	山地灰褐土

续表

植被类型	坡度/(°)	坡向	海拔/m	主要植物	土壤类型
牧坡草地	15~25	半阴坡	2700	披针苔草、珠牙蓼、委陵菜、藓生马先蒿	山地灰褐土
农田	9~15	半阴坡	2570	青稞、燕麦	山地灰褐土

2.1.2　土壤有机碳分析

本章的研究内容包括土壤有机碳输入、输出、储量、动态和残留。土壤有机碳输入包括活体碳库通过死亡凋落形成残体碳库,残体碳库分解到土壤。因此,研究包括植物活体碳、残体碳储量、残体分解等。土壤有机碳输出包括土壤呼吸、水分溶解对有机碳的迁移、生物量收获对有机碳输入的减少及土壤侵蚀对土壤有机碳的迁移。

土壤有机碳分析包括样品风干处理、过筛、排除残体、化学分析。另外,测定土壤容重过程中需要防止干扰,考虑根系及大石块的影响。对宏观尺度有机碳储量进行估计的方法有三种:

(1) 根据植被类型估计土壤有机碳储量的方法,这种方法假设有机碳储量和植被类型密切相关,土壤有机碳储量能够根据植被类型推算,其缺点是没有考虑土壤有机质积累和分解的因素(Schlesinger,1996)。

(2) 用生命地带性系统面积乘以有机碳储量的方法进行推算(Holdridge,1967)。

(3) 根据土壤类型估计的方法,这种估计方法是用调查的土壤有机碳储量(Eswaran et al.,1993)或者是土壤剖面有机碳储量和植被类型与每一种土壤类型面积相乘(Bouwman,1990)。随着遥感和地理信息系统(GIS)技术在土壤学中的应用,土壤有机碳空间分布调查方法有了新的发展,如运用遥感技术评价土壤有机碳的方法、结合土壤调查与应用 GIS 研究土壤碳分布。这些方法的优点是从宏观尺度对土壤有机碳的空间分布特征进行分析,但缺点是不能实测,必须结合土壤普查结果进行校对分析。

土壤有机碳密度是指单位面积一定深度土层中的土壤有机碳储量,单位一般为 $tC \cdot hm^{-2}$、$kgC \cdot m^{-2}$ 或 $gC \cdot m^{-2}$。由于它以土体体积为基础计算,排除了面积和土层深度的影响,因此土壤有机碳密度已成为评价和衡量土壤有机碳储量的一个极其重要的指标。某一土层 i 的有机碳密度 $SOCD_i$ 的计算公式如下:

$$SOCD_i = C_i \times D_i \times E_i \times (1 - G_i) / 100 \tag{2-1}$$

式中,C_i 为土壤有机碳储量(单位:$g \cdot kg^{-1}$);D_i 为土壤容重(单位:$g \cdot cm^{-3}$);

E_i 为土壤厚度(单位：cm)；G_i 为直径大于 2mm 的石砾的体积分数(单位：%)。

如果某一土体剖面由 k 层组成，那么剖面 t 的有机碳密度 SOCD_t 如下：

$$\mathrm{SOCD}_t = \sum_{i=1}^{k}\mathrm{SOCD}_i = \sum_{i=1}^{k}C_i \times D_i \times E_i \times (1-G_i)/100 \tag{2-2}$$

2.2　不同植被类型土壤有机碳累积特征

土壤有机碳形成及储量由土壤有机碳输入和输出过程决定(Schlesinger，1996)。土壤有机碳输入包括植物活体生物量碳死亡凋落形成残体碳库及其分解进入土壤的过程，这个过程不但直接影响土壤有机碳密度大小，而且影响有机碳的组分特征及有机碳动态。植物活体碳库、活体形成植物残体碳库及残体分解进入土壤是决定土壤有机碳密度大小及输入过程的基本环节，也是土壤有机碳输入研究的核心内容(Scholes et al.，1997)。

由于植被盖度不同，不同植被类型的植物活体碳库、死亡凋落形成残体碳库及其分解也不同，这些差异将引起土壤有机碳输入、储量与组分的变化。因此，不同植被类型的植物活体碳库、死亡凋落形成残体碳库及其分解的变化是土壤有机碳输入的基本环节之一，也是影响土壤有机碳动态的重要内容之一。

本节对不同植被类型的植物活体碳库、植物残体碳库及其分解进行分析，论述祁连山北坡不同植被类型土壤有机碳的输入特征。

2.2.1　不同植被类型的植物活体碳库

植物活体碳库定义为地上与地下植物活体生物量中的有机碳。这部分碳库是植物光合作用与呼吸作用共同决定的，是陆地生态系统碳库的重要组成部分。它一方面与大气碳库联系，另一方面又直接影响植物残体碳库和土壤有机碳输入的过程，是土壤有机碳输入的基础。不同植被类型下，植被组成不同导致了活体碳库储量和组成的差异，进而引起植被形成的残体碳库储量及分配和土壤有机碳输入的差异。研究土壤有机碳的动态变化，分析不同植被类型中植物活体碳库的差异是一项重要内容(Houghton & Hackler，1999)。

1. 活体地上部分生物量有机碳年积累量

植被地上部分包括树叶、树枝、树干、花、果及草本的茎、叶、花等，其碳储量是陆地生态系统碳库的重要组成部分。植被现存碳储量是植物多年积累(农田作物和一年生草本例外)的碳总量，它决定于光合作用、呼吸作用及影响这些过程的气候和土壤条件。不同植被类型，植被组成及其生物学、生态学特性和环境条件都有差异。这些差异引起累积碳功能的差异。图 2-1 是不同植被类型地上部分现存有机碳密度及分配。研究结果显示，祁连山天然林现存有机碳密度范围为 1517～2388gC·m^{-2}，其中高山灌丛林较低；人工林有机碳密度为 2490gC·m^{-2}，有机碳密度随着林龄增加；农田和牧坡草地中有机碳密度分别为 123gC·m^{-2} 和 186gC·m^{-2}。

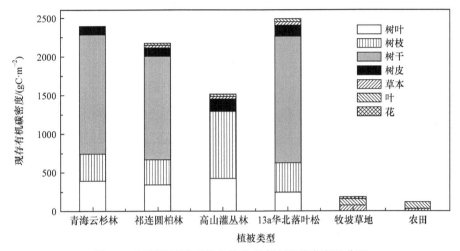

图 2-1 不同植被类型地上部分现存有机碳密度及分配

高山灌丛林树枝中有机碳密度占总灌丛林地上现存有机碳密度的 50%以上，树叶占 27.88%，草本部分所占比例在 5%以下；青海云杉林和祁连圆柏林树干部分有机碳均占其现存有机碳密度的 50%以上，祁连圆柏林树叶和树枝部分占其 15%以上，青海云杉林树叶占其 16.54%，树枝部分占其 14.74%，其草本部分所占比例不足 2%。人工林(13a 华北落叶松)中树干与树枝部分占其有机碳密度的 60%以上，草本部分所占比例则随林龄的不同有所不同(图 2-2)。

图 2-2 是不同草本植被 5～10 月地上部分有机碳密度的变化趋势。草本植被地上部分有机碳密度总体呈逐步增长的趋势，高峰在 9～10 月。5 月和 6 月是草本发芽长叶的时期，其有机碳密度比较低，随着生长进行，其碳积累量增加，

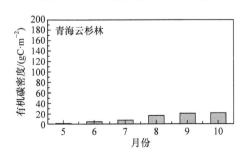

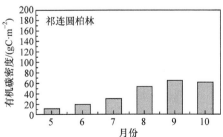

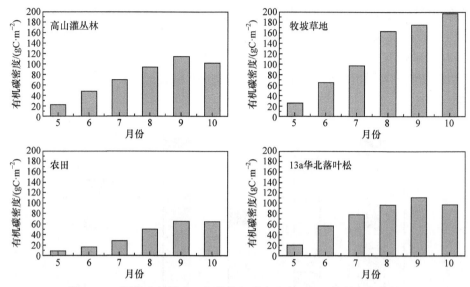

图 2-2　不同草本植被地上部分有机碳密度在 5～10 月的变化趋势

9～10 月达到高峰，有机碳密度达到最高值。比较不同植被类型可知，牧坡草地和高山灌丛林植物有机碳密度相对较高，青海云杉林中的草本部分有机碳密度最低，人工林(13a 华北落叶松)的草本部分有机碳密度高于天然林，牧坡草地草本部分的有机碳密度上升趋势明显。上述结果表明，从乔木林到灌木林，再到草地和农田，植被地上部分有机碳密度依次降低，而在农田或草地中造林后，植被地上部分的有机碳密度在一定时间后增加。同时，有机碳在植被不同部分的分配量也发生变化。

在植物生长过程中，一年是反映其生长相对完整的过程。因此，以植被有机碳的年积累量差异说明不同植被类型植被地上部分现存有机碳储量差异相对准确。按照植物生长过程分析，有机碳年积累量应该是一个时间函数，即不同的时间生长段有不同的积累速度，但是由于测定条件所限，许多研究者是根据总积累量除以林龄得到年平均值。本书对有机碳年积累量的计算也应用了年平均值。图 2-3 是不同植被类型地上部分有机碳年平均积累量及其分配，可知，天然林有机碳年平均积累量在 $421～516gC \cdot m^{-2} \cdot a^{-1}$，其中祁连圆柏林较低，人工林(13a 华北落叶松)有机碳年平均积累量为 $379gC \cdot m^{-2} \cdot a^{-1}$。

2. 植物地下根系生物量有机碳年积累量及分配

根系是植被重要的组成部分，其生产和周转对生态系统碳与养分循环有重要影响(Fahey et al.，2005)，尤其对土壤有机碳影响更大。根系(尤其是细根部分)早已成为农业、林业和土壤等学科研究的一个主题(Pavoni et al.，2000)，研究集中

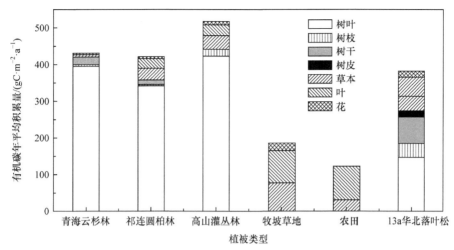

图 2-3　不同植被类型地上部分有机碳年平均积累量及其分配

在根系生长、水分等养分循环的功能方面。随着碳循环问题被日益关注，根系又成为生态系统碳循环研究中的一项重要内容(Cheng et al.，2005)。

植物根系部分有机碳储量是植被有机碳储量的重要组成部分。植被类型不同必然会引起根系有机碳储量及分布的变化，这些变化表现在土壤输入有机碳量不同。根系与植物地上部分类似，其有机碳储量及分配同样是植物光合作用、呼吸作用等生长代谢或生理过程与环境条件共同决定的。由于植被类型不同，植物种类及环境条件差异，根系部分多年积累的生物量和有机碳储量也会不同。植物根系部分有机碳储量可由树木和草本部分划分为四个等级。不同植被类型中，植物种类差异很大，其根系组成也不同。

祁连山天然林根系有机碳密度在 650.12～727.41gC·m^{-2}，人工林(13a 华北落叶松)根系有机碳密度为 666.29gC·m^{-2}，农田与牧坡草地根系有机碳密度分别为 52.38gC·m^{-2} 和 166.25gC·m^{-2}，可见天然林和人工林(13a 华北落叶松)根系现存有机碳密度都比农田、牧坡草地根系的有机碳密度高(图 2-4)。不同直径根系有机碳密度占整个根系生物量有机碳密度的比例不同，天然林和人工林(13a 华北落叶松)直径>10mm 的根系有机碳密度占比都在 40%以上，直径 5～10mm 根系有机碳密度占比为 30%以上，细根(直径<2mm)部分有机碳密度占比不足 10%；农田细根有机碳密度占比为 100%，牧坡草地中细根有机碳密度占比为 26%左右，而直径 2～5mm 的根系有机碳密度占比为37.38%。

与地上部分类似，根系有机碳密度也是多年积累的结果(细根例外)。不同植被类型根系有机碳积累的时间不同，比较不同植被类型根系现存有机碳密度来说明不同植被类型根系有机碳储量特征也不尽充分。当然，细根周转比较快，确定碳年积累量必须应用计算细根周转的特有方法(如决策矩阵方法、极大差方法

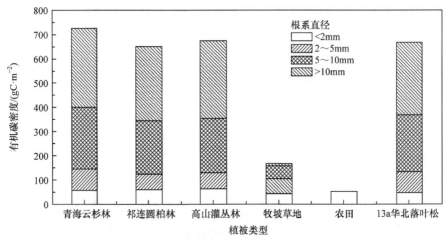

图 2-4　不同植被类型不同直径根系现存的有机碳密度

等)。本节采取决策矩阵方法确定细根的碳年积累量,而其他根系应用年平均积累方法。

天然林根系有机碳年平均积累量为 $169.29\sim264.67$gC·m^{-2}·a^{-1},人工林(13a 华北落叶松)根系有机碳年平均积累量为 218.85gC·m^{-2}·a^{-1},牧坡草地和农田根系有机碳年平均积累量分别为 122.28gC·m^{-2}·a^{-1} 和 103.12gC·m^{-2}·a^{-1},不同直径根系有机碳年平均积累量占有机碳总年平均积累量的比例不同(图 2-5)。天然林中的细根有机碳年平均积累量所占比例在 90%以上;人工林(13a 华北落叶松)的细根有机碳年平均积累量占比在 65%以上;农田中都是细根;牧坡草地中的细根有机碳年平均积累量占比在 79%左右。表明细根虽然现存有机碳密度比例比较低,但是有机碳年平均积累量所占比例极高,充分体现了细根周转快的特征。

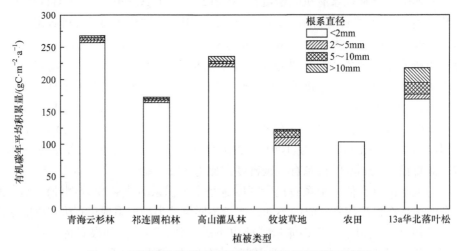

图 2-5　不同植被类型不同直径根系有机碳年平均积累量

生长季节是植物不同部分生长比较快的时期，根系部分也不例外。但是根系(尤其树木的粗根部分)寿命相对较长，更新过程慢。准确测定不同季节有机碳储量变化比较困难，而且季节差异也较小。植物细根周转较快，季节差异较明显。天然林(包括青海云杉林、祁连圆柏林和高山灌丛林)细根有机碳密度在 5 月、6 月、9 月、10 月比较高；牧坡草地细根有机碳密度在 8 月较低，农田细根有机碳密度在 7 月、9 月比较高；人工林(13a 华北落叶松)细根有机碳密度主要在 5 月、9 月和 10 月比较高(图 2-6)。祁连山区 7~8 月气候比较干旱，生长比较弱，9~10 月是雨季，植物可能进入二次生长高峰，这些生长的趋势必然影响细根的有机碳积累过程。

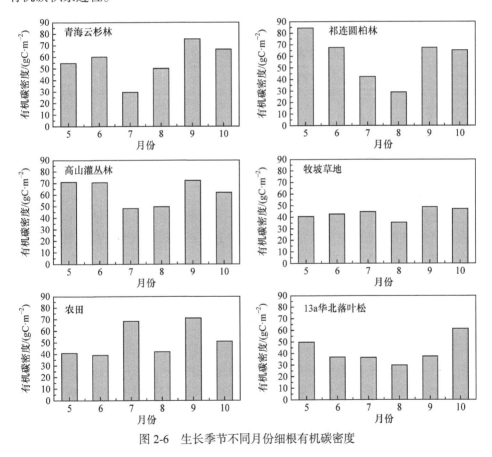

图 2-6　生长季节不同月份细根有机碳密度

不同植被类型的植被有机碳密度不同。分析可知，祁连山天然林植被总有机碳密度为 2823.12~3115.41gC·m^{-2}，农田和牧坡草地分别为 175.38gC·m^{-2} 和 352.25gC·m^{-2}，人工林(13a 华北落叶松)为 3156.29gC·m^{-2}。祁连山地区天然林活体有机碳年积累量在 590.29~780.67gC·m^{-2}·a^{-1}，农田和草地活体有机碳年积累量分别是 226.12gC·m⁻²·a⁻¹ 和 308.28gC·m⁻²·a⁻¹，人工林(13a 华北落叶松)活体有机碳年积累量为 722.85gC·m⁻²·a⁻¹。

比较祁连山地区森林植被有机碳密度及其年平均积累量(表 2-2)可知，天然林树叶有机碳年平均积累量为 342～423gC·m⁻²·a⁻¹，树枝有机碳年平均积累量为3～17gC·m⁻²·a⁻¹，树干有机碳年平均积累量为 11～19gC·m⁻²·a⁻¹，树皮有机碳年平均积累量为 1～3gC·m⁻²·a⁻¹，粗根有机碳年平均积累量为 4.82～7.42gC·m⁻²·a⁻¹；人工林中树叶有机碳年平均积累量为 146～247gC·m⁻²·a⁻¹，树枝有机碳年平均积累量为29～39gC·m⁻²·a⁻¹，树干有机碳年平均积累量为72～125gC·m⁻²·a⁻¹，树皮有机碳年平均积累量为 10～16gC·m⁻²·a⁻¹，粗根有机碳年平均积累量为47.65～71.60gC·m⁻²·a⁻¹，结果与前文研究结果基本一致。

表 2-2　祁连山地区森林植被有机碳密度及其年平均积累量比较

植被类型	有机碳密度及其年平均积累量	树叶	树枝	树干	树皮	粗根
天然林	有机碳密度/(gC·m⁻²)	342～423	327～869	1335～1536	95～152	590～671
	有机碳年平均积累量/(gC·m⁻²·a⁻¹)	342～423	3～17	11～19	1～3	4.82～7.42
人工林	有机碳密度/(gC·m⁻²)	146～247	314～382	581～1631	128～137	572～619
	有机碳年平均积累量/(gC·m⁻²·a⁻¹)	146～247	29～39	72～125	10～16	47.65～71.60

由于森林中的草本受到木本植物影响，光线和养分等不足，所以有机碳密度比牧坡草地和农田低。一年生植物地上部分和细根月份动态主要与植物生长及气候、土壤条件的改变有关。

2.2.2　不同植被类型植物残体碳库及其分解

1. 植物残体有机碳密度

细残体指粗残体之外的残体部分，其中地上包括落叶、小枝、落花、落果、枯死草茎叶、半分解状态碎小物和腐解物，地下包括树桩和大根以外的死亡细根。

植物残体碳库是陆地生态系统碳库的重要组成部分，它的储量和组成取决于植物体死亡凋落及分解过程。地上细残体碳库的组成和储量则取决于植物落叶、落花、落果、小枝、枯死草茎叶及其部分分解形成碎小物和腐解物的过程。这些过程又受植被组成、土地经营方式及环境条件的影响。在不同植被类型中，植被组成、土地经营方式及环境条件都有较大差异，其地上细残体碳库的组成和储量也不同。

图 2-7 是不同植被类型地上细残体的有机碳密度，天然林地上细残体有机碳密度为510.09～639.7gC·m⁻²，人工林为503.75gC·m⁻²，农田和牧坡草地的地上

细残体有机碳密度分别为 71.4gC·m^{-2} 和 169.65gC·m^{-2}。从天然林到农田和牧坡草地，地上细残体有机碳密度降低，而造林之后农田和牧坡草地的地上细残体有机碳密度增加。

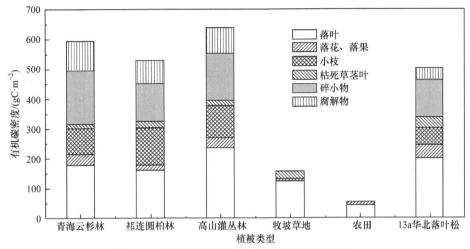

图 2-7　不同植被类型地上细残体的有机碳密度

通过图 2-7 中不同植被类型地上细残体的有机碳密度分布情况可以看出，植被类型不同，残体碳组成不同。从天然林到牧坡草地和农田，细残体与腐解物有机碳密度逐渐减小。

地下细残体包括直径 25mm 以下不同分解程度的死亡根系。与地上细残体类似，不同植被类型中，地下细残体有机碳密度和组成差异也较大。土壤中腐解物和碎小物的拣出比较困难，所以地下残体部分不区分腐解物和碎小物。

通过祁连山不同植被类型 0～50cm 土层深度地下细残体有机碳密度(图 2-8)分析可知，天然林地下细残体有机碳密度在 117.1～165.4gC·m^{-2}，人工林地下细残体有机碳密度为 55.3gC·m^{-2}，农田和牧坡草地的地下细残体有机碳密度分别是 9.7gC·m^{-2} 和 49.4gC·m^{-2}。数据表明，从天然乔木林、天然灌木林、人工林到牧坡草地和农田，地下细残体有机碳密度逐渐降低。根残体主要由不同直径根的残体组成。有机碳密度变化数据表明，植被类型从天然林到农田或牧坡草地，根系细残体有机碳密度降低。如果在农田中造林，根残体有机碳密度增加，而牧坡草地中造林根残体有机碳密度变化不大。

在森林中，除活立木之外，还有许多死木，它们或枯立或倒落，另外还有干扰后留下的死亡粗枝和砍伐遗留的树桩及大根，这些都是粗残体(coarse woody debris，CWD)。Harmon 等(1986)把直径大于等于 2.5cm 的残体都归为粗残体，将直径小于 2.5cm 的残体定义为细残体，其中，粗残体包括大枝、倒木、立枯、站干、大根与树桩。

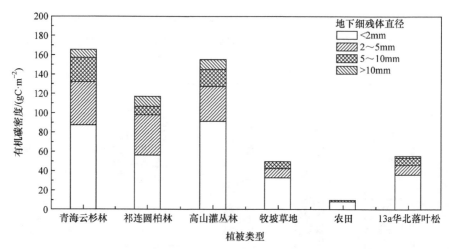

图 2-8　不同植被类型 0～50cm 土层深度地下细残体有机碳密度

图 2-9 是不同植被类型地上粗残体有机碳密度。青海云杉林、祁连圆柏林和高山灌丛林的地上粗残体有机碳密度分别为 $61.52gC \cdot m^{-2}$、$43.6gC \cdot m^{-2}$ 和 $64.2gC \cdot m^{-2}$，牧坡草地和农田的地上粗残体有机碳密度分别为 $38.62gC \cdot m^{-2}$ 和 $10.3gC \cdot m^{-2}$，人工林(13a 华北落叶松)的地上粗残体有机碳密度为 $15.2gC \cdot m^{-2}$。天然林的地上粗残体有机碳密度高于牧坡草地和农田，农田与人工林的地上粗残体有机碳密度较小，牧坡草地地上粗残体的有机碳密度高于人工林。

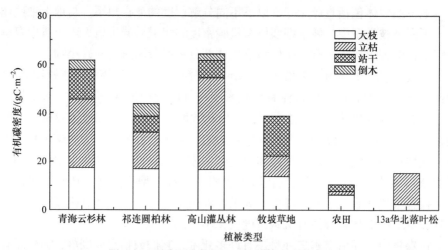

图 2-9　不同植被类型地上粗残体有机碳密度

类似于地上部分，不同植被类型地下粗残体有机碳密度也不同(图 2-10)，青海云杉林、祁连圆柏林和高山灌丛林地下粗残体有机碳密度分别为 $158.9gC \cdot m^{-2}$、

94.8gC·m⁻² 和 74.1gC·m⁻²。人工林中，13a 华北落叶松林地下粗残体有机碳密度为 72.0gC·m⁻²，比较少，主要是因为人工林中死亡部分较少，残留也较少。地下粗残体主要是树木自然死亡或人为砍伐后形成的，天然林主要是人为砍伐，人工林主要是自然死亡。

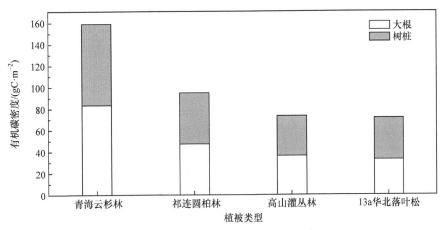

图 2-10 不同植被类型地下粗残体有机碳密度

2. 植物残体碳库形成

植物残体碳库是植物活体死亡后形成的，细残体与粗残体的形成原因和动态不同，组成差异很大。细残体的形成有明显节律，测定相对容易。粗残体的形成原因复杂，形成节律不明显，短期(1a 内)测定比较困难，在残体总量中所占比例相对较小。因此，残体的形成研究，主要是针对细残体部分。残体形成是生态学养分循环研究的重要内容。残体形成包括数量、组成和形成的时间节律。不同植被类型中，由于植被的组成和生长特性不同，形成的残体数量、组成不同。

细残体形成数量及组成受植被生产力及环境条件影响。不同植被类型中，植被组成、生物量及环境条件差异会引起残体碳库的形成变化。表 2-3 是不同植被类型一年内地上细残体的形成节律，天然林地上细残体有机碳年形成量变化在 63.5～485.0gC·m⁻²·a⁻¹，人工林有机碳年形成量为 203.7gC·m⁻²·a⁻¹，农田和牧坡草地中有机碳年形成量分别是 47.8gC·m⁻²·a⁻¹ 和 98.3gC·m⁻²·a⁻¹。表明植被类型从天然次生林变成农田或牧坡草地，其地上部分形成的残体有机碳形成量也逐渐降低。

表 2-3　不同植被类型地上细残体的形成节律

植被类型		有机碳年形成量/(gC·m⁻²·a⁻¹)					有机碳年形成量占比/%				
		落叶	落花果种子	小枝	草茎叶	合计	落叶	落花果种子	小枝	草茎叶	合计
天然林	青海云杉林	234.1	15.2	41.3	11.5	302.1	77.49	5.03	13.67	3.81	100.00
	祁连圆柏林	2.00	12.4	36.8	12.3	63.5	3.15	19.53	57.95	19.37	100.00
	高山灌丛林	421.2	14.6	35.8	13.4	485.0	86.85	3.01	7.38	2.76	100.00
人工林	13a 华北落叶松	152.6	14.3	23.4	13.4	203.7	74.91	7.02	11.49	6.58	100.00

植被类型	有机碳年形成量/(gC·m⁻²·a⁻¹)				有机碳年形成量占比/%			
	脱落物	枯落物	立枯物	合计	脱落物	枯落物	立枯物	合计
牧坡草地	54.6	21.3	22.4	98.3	55.54	21.67	22.79	100.00

植被类型	有机碳年形成量/(gC·m⁻²·a⁻¹)			有机碳年形成量占比/%		
	茎叶	残茬	合计	茎叶	残茬	合计
农田	21.1	26.7	47.8	44.14	55.86	100.00

以上数据表明，植被类型从天然林到牧坡草地或农田，地上年凋落物细残体有机碳形成量减少，在农田或牧坡草地中造林之后，地上凋落物细残体的有机碳形成量增加。

植被地下残体部分周转较快的是死亡细根。天然林死亡细根有机碳年形成量为 $267.8\sim314.3$gC·m⁻²·a⁻¹，人工林死亡细根有机碳年形成量为 187.2gC·m⁻²·a⁻¹，牧坡草地死亡细根有机碳年形成量为 147.3gC·m⁻²·a⁻¹，农田死亡细根有机碳年形成量为 106.4gC·m⁻²·a⁻¹(图 2-11)。从天然林到牧坡草地或农田，死亡细根残体碳库的有机碳年形成量逐渐降低。

2.2.3　不同植被类型植物残体碳库分解

植物残体碳库分解是植物残体碳库向土壤碳库流动的过程，包括呼吸、淋溶破碎化和生物转化等。过程中，残体在水分、空气、土壤动物、土壤微生物作用下发生矿质化和腐殖质化。矿质化包括化学作用、活动物作用和微生物作用，其中，化学作用包括水和酶的作用，活动物作用主要是化学和机械作用。残体碳库分解过程是生态系统养分循环的基本过程，也是土壤有机碳输入的核心内容。

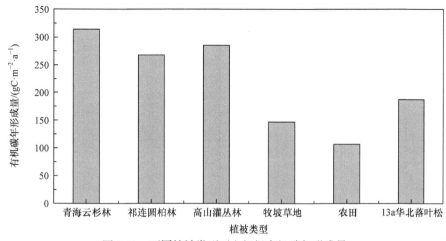

图 2-11　不同植被类型死亡细根有机碳年形成量

1. 地上细残体有机碳库分解

不同植被类型地上细残体的有机碳年分解量不同。其中，天然林有机碳年分解量为 $90.2 \sim 108.8 gC \cdot m^{-2} \cdot a^{-1}$，人工林有机碳年分解量为 $54.7 gC \cdot m^{-2} \cdot a^{-1}$，农田和牧坡草地有机碳年分解量分别为 $19.8 gC \cdot m^{-2} \cdot a^{-1}$ 和 $51.9 gC \cdot m^{-2} \cdot a^{-1}$ (表 2-4)。可见，天然林地上细残体有机碳年分解量比农田和牧坡草地高，不同残体有机碳年分解量不同。天然林和人工林中，枯落物和落叶有机碳年分解量占比较大。残体分解中的碳一部分转化为 CO_2 释放到大气中，其中，天然林的 CO_2 释放量为 $19.3 \sim 32.4 gC \cdot m^{-2} \cdot a^{-1}$，人工林为 $21.5 gC \cdot m^{-2} \cdot a^{-1}$，农田和牧坡草地分别为 $7.9 gC \cdot m^{-2} \cdot a^{-1}$ 和 $21.3 gC \cdot m^{-2} \cdot a^{-1}$。天然林的 CO_2 释放量比农田高，牧坡草地 CO_2 释放量与人工林接近。不同植被类型地上细残体分解输入土壤中的有机碳量不同，其中，天然林输入有机碳量为 $57.8 \sim 89.4 gC \cdot m^{-2} \cdot a^{-1}$，人工林为 $33.2 gC \cdot m^{-2} \cdot a^{-1}$，农田和牧坡草地分别为 $11.9 gC \cdot m^{-2} \cdot a^{-1}$ 和 $30.6 gC \cdot m^{-2} \cdot a^{-1}$。可见，天然林输入有机碳量较大，而农田输入有机碳量较小。

表 2-4　不同植被类型地上细残体碳库的分解情况

植被类型	碳库	枯落物	落叶	落花果	小枝	草茎叶	合计
青海云杉林	有机碳年分解量 /(gC·m⁻²·a⁻¹)	39.5	41.2	6.7	9.6	1.3	98.3
	CO_2 释放量 /(gC·m⁻²·a⁻¹)	9.2	6.3	1.1	2.4	0.3	19.3
	输入有机碳量 /(gC·m⁻²·a⁻¹)	30.3	34.9	5.6	7.2	1.0	79.0
祁连圆柏林	有机碳年分解量 /(gC·m⁻²·a⁻¹)	35.9	38.3	2.3	11.6	2.1	90.2

续表

植被类型	碳库	枯落物	落叶	落花果	小枝	草茎叶	合计
祁连圆柏林	CO_2 释放量 /(gC·m⁻²·a⁻¹)	12.8	15.7	0.9	1.8	1.2	32.4
	输入有机碳量 /(gC·m⁻²·a⁻¹)	23.1	22.6	1.4	9.8	0.9	57.8
高山灌丛林	有机碳年分解量 /(gC·m⁻²·a⁻¹)	51.6	34.5	9.2	10.9	2.6	108.8
	CO_2 释放量 /(gC·m⁻²·a⁻¹)	8.7	5.2	1.6	2.8	1.1	19.4
	输入有机碳量 /(gC·m⁻²·a⁻¹)	42.9	29.3	7.6	8.1	1.5	89.4
牧坡草地	有机碳年分解量 /(gC·m⁻²·a⁻¹)	27.8	24.1	—	—	—	51.9
	CO_2 释放量 /(gC·m⁻²·a⁻¹)	8.9	12.4	—	—	—	21.3
	输入有机碳量 /(gC·m⁻²·a⁻¹)	18.9	11.7	—	—	—	30.6
农田	有机碳年分解量 /(gC·m⁻²·a⁻¹)	12.5	7.3	—	—	—	19.8
	CO_2 释放量 /(gC·m⁻²·a⁻¹)	6.6	1.3	—	—	—	7.9
	输入有机碳量 /(gC·m⁻²·a⁻¹)	5.9	6.0	—	—	—	11.9
13a 华北落叶松	有机碳年分解量 /(gC·m⁻²·a⁻¹)	26.8	17.5	3.6	2.2	4.6	54.7
	CO_2 释放量 /(gC·m⁻²·a⁻¹)	9.5	8.9	1.2	0.3	1.6	21.5
	输入有机碳量 /(gC·m⁻²·a⁻¹)	17.3	8.6	2.4	1.9	3.0	33.2

2. 地下细残体碳库分解

地下部分的残体分解主要是根系部分，其中，天然林有机碳年分解量为 $53.2 \sim 82.6 \mathrm{gC \cdot m^{-2} \cdot a^{-1}}$，人工林为 $39.7 \mathrm{gC \cdot m^{-2} \cdot a^{-1}}$，农田和牧坡草地分别为 $38.3 \mathrm{gC \cdot m^{-2} \cdot a^{-1}}$ 和 $15.7 \mathrm{gC \cdot m^{-2} \cdot a^{-1}}$（表 2-5）。农田的有机碳年分解量比天然林少，与人工林接近。同样，地下细残体部分的分解过程也释放 CO_2，其中，天然林的 CO_2 释放量为 $10.7 \sim 15.6 \mathrm{gC \cdot m^{-2} \cdot a^{-1}}$，人工林为 $7.7 \mathrm{gC \cdot m^{-2} \cdot a^{-1}}$，农田和牧坡草地分别为 $7.6 \mathrm{gC \cdot m^{-2} \cdot a^{-1}}$ 和 $7.5 \mathrm{gC \cdot m^{-2} \cdot a^{-1}}$。不同植被类型的输入有机碳量差异也很大，其中，天然林输入有机碳量为 $42.5 \sim 67.0 \mathrm{gC \cdot m^{-2} \cdot a^{-1}}$，人工林为 $32.0 \mathrm{gC \cdot m^{-2} \cdot a^{-1}}$，农田和牧坡草地分别为 $30.7 \mathrm{gC \cdot m^{-2} \cdot a^{-1}}$ 和 $8.2 \mathrm{gC \cdot m^{-2} \cdot a^{-1}}$。

表 2-5　不同植被类型地下细残体碳库的分解情况

植被类型	碳库	地下细残体直径				
		2mm	2~5mm	5~10mm	10~25mm	合计
青海云杉林	有机碳年分解量/(gC·m⁻²·a⁻¹)	69.5	7.1	4.2	1.2	69.5
	CO₂释放量/(gC·m⁻²·a⁻¹)	11.2	1.5	0.7	0.2	11.2
	输入有机碳量/(gC·m⁻²·a⁻¹)	58.3	5.6	3.5	1.0	58.3
祁连圆柏林	有机碳年分解量/(gC·m⁻²·a⁻¹)	74.3	6.8	0.8	0.7	82.6
	CO₂释放量/(gC·m⁻²·a⁻¹)	13.8	1.5	0.2	0.1	15.6
	输入有机碳量/(gC·m⁻²·a⁻¹)	60.5	5.3	0.6	0.6	67.0
高山灌丛林	有机碳年分解量/(gC·m⁻²·a⁻¹)	45.2	5.3	2.1	0.6	53.2
	CO₂释放量/(gC·m⁻²·a⁻¹)	9.1	1.1	0.4	0.1	10.7
	输入有机碳量/(gC·m⁻²·a⁻¹)	36.1	4.2	1.7	0.5	42.5
牧坡草地	有机碳年分解量/(gC·m⁻²·a⁻¹)	12.4	1.9	1.4	0.0	15.7
	CO₂释放量/(gC·m⁻²·a⁻¹)	3.8	0.4	0.3	0.0	7.5
	输入有机碳量/(gC·m⁻²·a⁻¹)	9.6	1.5	1.1	0.0	8.2
农田	有机碳年分解量/(gC·m⁻²·a⁻¹)	38.1	0.2	0.0	0.0	38.3
	CO₂释放量/(gC·m⁻²·a⁻¹)	7.6	0.0	0.0	0.0	7.6
	输入有机碳量/(gC·m⁻²·a⁻¹)	30.5	0.2	0.0	0.0	30.7
13a 华北落叶松	有机碳年分解量/(gC·m⁻²·a⁻¹)	37.5	1.4	0.8	0.0	39.7
	CO₂释放量/(gC·m⁻²·a⁻¹)	7.3	0.3	0.1	0.0	7.7
	输入有机碳量/(gC·m⁻²·a⁻¹)	30.2	1.1	0.7	0.0	32.0

3. 粗残体碳库分解

地上和地下两部分粗残体分解情况不同。与细残体类似，粗残体分解也是土壤有机碳输入的主要过程，但粗残体分解相对缓慢。表 2-6 是不同植被类型地上粗残体碳库分解情况。天然林地上粗残体有机碳年分解量大，人工林有机碳年分解量较少，而农田和牧坡草地基本上没有地上粗残体的分解。天然林地上粗残体有机碳年分解量为 $1.8\sim2.9gC\cdot m^{-2}\cdot a^{-1}$，人工林地上粗残体有机碳年分解量是 $1.0gC\cdot m^{-2}\cdot a^{-1}$。粗残体分解也有部分有机碳变成了 CO_2。由表 2-6 可知，天然林分解中的 CO_2 释放量为 $0.5\sim0.8gC\cdot m^{-2}\cdot a^{-1}$，人工林为 $0.2gC\cdot m^{-2}\cdot a^{-1}$，天然林分解中的 CO_2 释放量较大。不同植被类型中，地上粗残体分解输入到土壤中的有机碳量不同，天然次生林的输入有机碳量为 $1.3\sim$

$2.4gC \cdot m^{-2} \cdot a^{-1}$，人工林为 $0.8gC \cdot m^{-2} \cdot a^{-1}$，显然，天然林比人工林高。

表 2-6　不同植被类型地上粗残体碳库的分解情况

植被类型	碳库	大枝	立枯	站干	倒木	合计
青海云杉林	有机碳年分解量/$(gC \cdot m^{-2} \cdot a^{-1})$	0.4	1.5	0.6	0.0	2.5
	CO_2 释放量/$(gC \cdot m^{-2} \cdot a^{-1})$	0.1	0.6	0.1	0.0	0.8
	输入有机碳量/$(gC \cdot m^{-2} \cdot a^{-1})$	0.3	0.9	0.5	0.0	1.7
祁连圆柏林	有机碳年分解量/$(gC \cdot m^{-2} \cdot a^{-1})$	0.5	0.8	0.3	0.2	1.8
	CO_2 释放量/$(gC \cdot m^{-2} \cdot a^{-1})$	0.2	0.2	0.1	0	0.5
	输入有机碳量/$(gC \cdot m^{-2} \cdot a^{-1})$	0.3	0.6	0.2	0.2	1.3
高山灌丛林	有机碳年分解量/$(gC \cdot m^{-2} \cdot a^{-1})$	1	1.5	0.3	0.1	2.9
	CO_2 释放量/$(gC \cdot m^{-2} \cdot a^{-1})$	0.2	0.3	0	0	0.5
	输入有机碳量/$(gC \cdot m^{-2} \cdot a^{-1})$	0.8	1.2	0.3	0.1	2.4
13a 华北落叶松	有机碳年分解量/$(gC \cdot m^{-2} \cdot a^{-1})$	0	0.3	0.7	0	1.0
	CO_2 释放量/$(gC \cdot m^{-2} \cdot a^{-1})$	0	0.1	0.1	0	0.2
	输入有机碳量/$(gC \cdot m^{-2} \cdot a^{-1})$	0.0	0.2	0.6	0.0	0.8

　　地下粗残体的分解比较复杂。地下粗残体分解是大根和树桩部分的分解，这些部分对于牧坡草地和农田都不存在。树桩和大根分解速度极慢，年分解量也极低。表 2-7 是不同植被类型地下粗残体碳库的分解情况，有机碳年分解量为 $0.2 \sim 0.4gC \cdot m^{-2} \cdot a^{-1}$，呼吸过程的 CO_2 释放量极少，输入有机碳量比较低。

表 2-7　不同植被类型地下粗残体碳库的分解情况

植被类型	碳库	大根	树桩	合计
青海云杉林	有机碳年分解量/$(gC \cdot m^{-2} \cdot a^{-1})$	0.2	0.2	0.4
	CO_2 释放量/$(gC \cdot m^{-2} \cdot a^{-1})$	0.0	0.0	0.0
	输入有机碳量/$(gC \cdot m^{-2} \cdot a^{-1})$	0.2	0.2	0.4
祁连圆柏林	有机碳年分解量/$(gC \cdot m^{-2} \cdot a^{-1})$	0.2	0.1	0.3
	CO_2 释放量/$(gC \cdot m^{-2} \cdot a^{-1})$	0.0	0.0	0.0
	输入有机碳量/$(gC \cdot m^{-2} \cdot a^{-1})$	0.2	0.1	0.3
高山灌丛林	有机碳年分解量/$(gC \cdot m^{-2} \cdot a^{-1})$	0.1	0.1	0.2
	CO_2 释放量/$(gC \cdot m^{-2} \cdot a^{-1})$	0.0	0.0	0.0
	输入有机碳量/$(gC \cdot m^{-2} \cdot a^{-1})$	0.1	0.1	0.2

续表

植被类型	碳库	大根	树桩	合计
13a 华北落叶松	有机碳年分解量/(gC · m^{-2} · a^{-1})	0.3	0.0	0.3
	CO$_2$ 释放量/(gC · m^{-2} · a^{-1})	0.1	0.0	0.1
	输入有机碳量/(gC · m^{-2} · a^{-1})	0.2	0.0	0.2

总之，天然林、人工林的地上粗残体有机碳年分解量比农田、牧坡草地高，其中，天然林地上粗残体有机碳年分解量更大。残体分解中释放的碳并未全部输入土壤，而是部分转化为 CO$_2$ 释放到大气中。天然林地上细残体 CO$_2$ 释放量高于农田，牧坡草地 CO$_2$ 释放量与人工林接近。地上细残体分解后土壤输入有机碳量不同，地下细残体输入有机碳量差异也很大，天然林输入有机碳量比农田和牧坡草地高。地上粗残体输入有机碳量也不同，天然林比人工林高。地下粗残体输入有机碳量较低。

综上所述，从天然林到农田或牧坡草地，活体碳储量及其年形成量、残体碳储量及其年形成量，以及残体有机碳年分解量及土壤输入有机碳量逐渐降低，而农田或牧坡草地造林一定时间后，活体碳储量及其年形成量、残体碳储量及其年形成量，以及残体有机碳年分解量及土壤输入有机碳量又将增加。

2.3　不同植被类型土壤有机碳输出特征

全球尺度上，土壤有机碳流失过程包括：

(1) 土壤侵蚀，使可溶解性有机碳(dissolved organic carbon，DOC)和颗粒有机碳(particulate organic carbon，POC)在冲刷和侵蚀沉积中迁移。全球被土壤侵蚀弥散的有机碳估计为 5.7PgC · a^{-1}(Lai et al.，2002)，如果 20%被矿化，则排放到大气的部分为 1.14PgC · a^{-1}，流向海洋为 0.57PgC · a^{-1} (Lai et al.，2002)。目前，土壤侵蚀过程机理尚不清楚。

(2) 淋溶，通过 DOC 把污染物和金属离子迁移到地表和地下水中，尤其通过渗漏水可能使部分土壤有机碳迁移。

(3) 无氧氧化，土壤无氧呼吸产生 CH$_4$，在陆地中，湿地是 CH$_4$ 主要的源，高地是 CH$_4$ 主要的汇。湿地(包括沼泽、湖泊及泥炭沼地)覆盖面积占全球陆地面积的 6%，天然湿地排放的 CH$_4$ 占排放到大气中的温室气体的 1/15(Adger & Barnett，2005)。稻田耕作造成无氧环境而产生 CH$_4$，其排放量占温室气体的 1/16(Neue，1993)。

(4) 土壤呼吸，土壤中有机碳被生物分解而产生 CO_2。这是土壤有机碳在有氧条件下向大气排放碳的主要过程。

(5) 氧化和矿化，是排水湿地和高地向大气中排放碳的基本过程(Lai et al., 2006)。

在具体森林、草地与农田生态系统中，土壤有机碳流失的基本过程主要包括土壤呼吸、淋溶、土壤侵蚀、生物量收获减少和土壤有机碳输入。

由于不同植被类型的土地经营方式和土壤性质等不同，土壤有机碳输出过程将发生变化，进而影响土壤有机碳储量和动态。

2.3.1 土壤呼吸变化特征

土壤有氧呼吸是根系、土壤微生物及土壤中其他生物联合作用，使土壤有机物分解并释放 CO_2 的过程，包括活根、生物残体和土壤有机碳的分解呼吸部分。全球土壤呼吸排放 CO_2 通量为 $68\sim100\mathrm{PgC}\cdot\mathrm{a}^{-1}$(Fox et al., 2005；Raich & Schlesinger，1992)，这部分 CO_2 通量被认为是全球碳循环较大的通量之一(Schlesinger et al., 2005)。不同生态系统中，土壤呼吸速率和格局不同。Raich 和 Schlesinger(1992)提出，草地中 CO_2 通量为 $0.5\mathrm{kgC}\cdot\mathrm{m}^{-2}\cdot\mathrm{a}^{-1}$，热带森林中 CO_2 通量为 $1.3\mathrm{kgC}\cdot\mathrm{m}^{-2}\cdot\mathrm{a}^{-1}$，沙漠中 CO_2 通量为 $0.2\mathrm{kgC}\cdot\mathrm{m}^{-2}\cdot\mathrm{a}^{-1}$。

1. 土壤呼吸时间动态

土壤呼吸是一个动态过程，影响土壤呼吸的各种因素也随着时间而变化，因此土壤呼吸速率在时间进程中也表现出不断变化的趋势。与生物活动的时间周期类似，土壤呼吸表现为昼夜变化、月份变化、年与世纪变化。遗憾的是，受条件所限，目前只开展了典型天气条件下土壤呼吸的昼夜和生长季不同月的变化研究。

陆地生态系统动态过程主要受太阳辐射的影响，与土壤温度及生物活动密切相关的土壤呼吸也不例外。在昼夜变化中，由于太阳辐射变化引起气温昼夜变化，相应引起土壤温度、根系、土壤生物包括微生物活动明显变化，从而使土壤呼吸速率也表现出明显的昼夜变化。不同土地利用方式下，由于植被、经营方式及与其密切相关的土壤性质不同，土壤温度及土壤呼吸速率昼夜变化也不同(图 2-12)。

高山灌丛林中土壤呼吸速率的昼夜变化趋势与气温及不同土层温度变化趋势一致，但气温和不同土层温度变化幅度不同，其中气温变化幅度最大，土壤温度变化幅度随土层加深而减弱。不同土地利用方式下，尽管土壤温度和土壤呼吸速率变化趋势基本一致，但是土壤呼吸速率最高值和变化幅度不同。高山灌

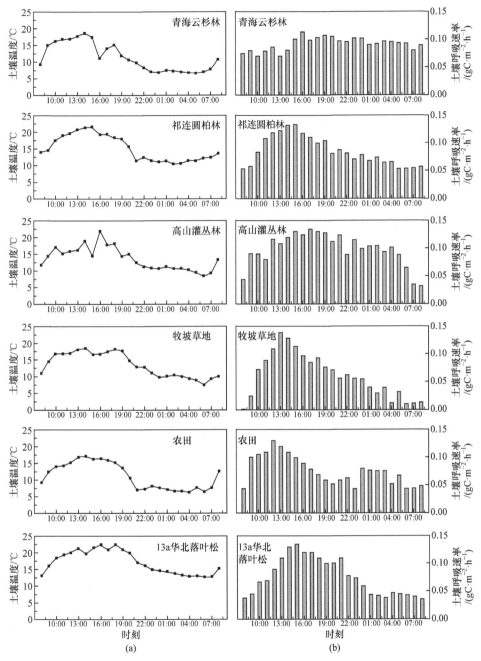

图 2-12　不同植被类型土壤温度与土壤呼吸速率的昼夜变化

(a) 10cm 土层土壤温度；(b) 土壤呼吸速率

丛林的土壤呼吸速率为 $0.022 \sim 0.135gC \cdot m^{-2} \cdot h^{-1}$，平均值为 $0.071gC \cdot m^{-2} \cdot h^{-1}$；青海云杉林的土壤呼吸速率为 $0.054 \sim 0.113gC \cdot m^{-2} \cdot h^{-1}$，平均值为 $0.073gC \cdot m^{-2} \cdot h^{-1}$；祁连圆柏林的土壤呼吸速率为 $0.053 \sim 0.135gC \cdot m^{-2} \cdot h^{-1}$，平均值为 $0.065gC \cdot m^{-2} \cdot h^{-1}$；牧坡草地的土壤呼吸速率为 $0.002 \sim 0.140gC \cdot m^{-2} \cdot h^{-1}$，平均值为 $0.088gC \cdot m^{-2} \cdot h^{-1}$。

比较天然林与牧坡草地土壤呼吸速率的变化幅度可知，青海云杉林和祁连圆柏林变化幅度较小，牧坡草地变化幅度较大，说明牧坡草地的土壤呼吸速率和土壤温度昼夜变化幅度比几类天然次生林大。究其原因，可能是牧坡草地地上部分比天然林冠层对温度的影响明显，也可能不同植被类型土壤有机碳含量和植被根系活动不同。当然，测定时间不同也可能造成一定差异。

随着温度的升高，农田和 13a 华北落叶松的土壤呼吸速率逐渐升高，最高值出现在 12:00～15:00，最低值出现在 04:00～08:00，气温变化幅度较大，而土壤温度变化幅度随土层加深而减弱。不同植被类型的土壤呼吸速率最高值和最低值不同，农田土壤呼吸速率最低值为 $0.044gC \cdot m^{-2} \cdot h^{-1}$，最高值为 $0.129gC \cdot m^{-2} \cdot h^{-1}$，平均值为 $0.052gC \cdot m^{-2} \cdot h^{-1}$；13a 华北落叶松土壤呼吸速率的最低值和最高值分别为 $0.036gC \cdot m^{-2} \cdot h^{-1}$ 和 $0.135gC \cdot m^{-2} \cdot h^{-1}$，平均值为 $0.064gC \cdot m^{-2} \cdot h^{-1}$。可见，农田、13a 华北落叶松变化幅度差异不大。

5～10 月，随着太阳辐射强度的变化，气温呈现出增加又降低的变化趋势，与此相对应，土壤温度也会随着气温的变化而改变。5～8 月土壤呼吸速率呈现逐渐增加的趋势，9～10 月又下降，基本上与土壤温度的变化一致。青海云杉林、祁连圆柏林和牧坡草地总体也呈现类似趋势(图 2-13)。

比较天然林与牧坡草地的土壤呼吸速率变化可知，牧坡草地的土壤呼吸速率变化幅度比较大，而天然林的土壤温度和土壤呼吸速率变化都相对平缓。这主要是因为牧坡草地中的草本对土壤温度和湿度的影响，并且其有机碳和根系部分比天然次生林更加敏感。天然林与牧坡草地土壤呼吸速率的最高值和最低值显示，牧坡草地的最低值比天然林低，最高值与天然林比较接近。

5～10 月，农田的土壤温度、土壤湿度及土壤呼吸速率变化趋势基本与天然林及牧坡草地类似，但是农田的变化幅度较大，而且最高值和最低值都相对较小。不同林龄人工林的土壤温度、土壤湿度和土壤呼吸速率总体也与上述土地利用类型变化趋势类似，但这些人工林随林龄增加变化幅度减小，而且最低值与最高值有一定差异。总体上，牧坡草地与农田的土壤呼吸速率比天然林变化幅度大，土壤呼吸速率相对低；人工林又比农田和牧坡草地的变化幅度小，土壤呼吸速率相对提高。

2. 土壤呼吸各组分的分离量化

土壤呼吸，即土壤表面CO_2通量(碳通量)，主要由微生物和土壤动物的异养呼

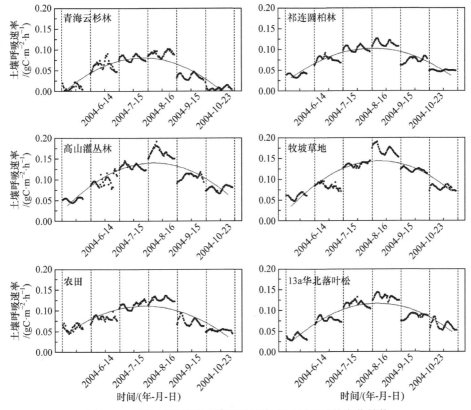

图 2-13　不同植被类型土壤呼吸速率在不同月份的变化趋势

吸(heterotrophic respiration，R_H)作用及根系的自养呼吸(autotrophic respiration，R_A)作用组成。估算生态系统的净初级生产力(net primary productivity，NPP)和净生态系统生产力(net ecosystem production，NEP)均需要量化 R_H 和 R_A。此外，R_H 和 R_A 对环境变量的响应和适应性可能不同，在全球变化条件下可能形成不同碳通量变化格局。因此，土壤呼吸及其组分的分离和量化已经成为当今生态系统生态学、碳循环研究和全球气候变化模拟中的重要议题。对祁连山不同植被类型土壤呼吸进行分离和量化，确定不同组分 CO_2 释放速率的控制因子，不仅对于评估西部陆地生态系统碳收支非常关键，而且对于评测我国温带生态系统在区域碳循环中的功能和地位有重要的意义。

目前，主要有三种方法测定根系呼吸：直接测定根系呼吸或土壤培养，通过有根和无根样地的比较测定，稳定或者放射同位素测定。每种方法各有利弊。这里所用的根系呼吸和其他研究所用的自养呼吸意义等同。但是根系呼吸有部分异养呼吸的贡献，如共生菌根真菌的根际呼吸。目前，尚无标准方法量化根际呼吸。

以祁连山北坡 6 种植被类型(青海云杉林、祁连圆柏林、高山灌丛林、牧坡草地、农田和 13a 华北落叶松)为研究对象,采用挖壕法比较测定有根和无根样地土壤表面的 CO_2 通量,以确定不同植被类型土壤呼吸中 R_H 和 R_A 的贡献量。

通过多元回归分析可知(图 2-14),土壤呼吸中的根系呼吸贡献率从大到小依次为牧坡草地 44.3% ± 0.7%,天然林平均为 31.6% ± 3.6%,13a 华北落叶松为 23.2% ± 0.3%,农田为 16.9% ± 0.2%。结果表明,牧坡草地的根系呼吸贡献率要大于其他植被类型,分别是天然林平均值的 1.40 倍、13a 华北落叶松的 1.90 倍和农田的 2.61 倍。

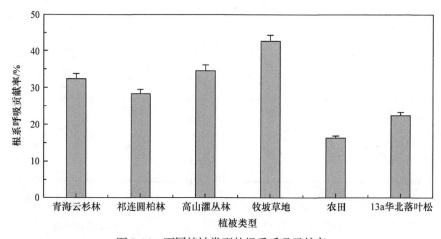

图 2-14　不同植被类型的根系呼吸贡献率

3. 土壤异养呼吸和根系自养呼吸的年通量

图 2-15 显示,不同植被类型土壤异养呼吸年通量均显著地高于根系自养呼吸的年通量。不同植被类型的土壤异养呼吸和根系自养呼吸的年通量存在显著差异,变化范围分别为 202.10～513.35gC·m^{-2}·a^{-1} 和 79.65～283.54gC·m^{-2}·a^{-1}。其中,天然林土壤异养呼吸和根系自养呼吸的年通量分别为 397.29～454.62gC·m^{-2}·a^{-1} 和 120.34～173.45gC·m^{-2}·a^{-1};牧坡草地土壤异养呼吸和根系自养呼吸的年通量分别为 513.35gC·m^{-2}·a^{-1} 和 283.54gC·m^{-2}·a^{-1};农田土壤异养呼吸和根系自养呼吸的年通量分别为 202.10gC·m^{-2}·a^{-1} 和 79.65gC·m^{-2}·a^{-1};人工林(13a 华北落叶松)土壤异养呼吸和根系自养呼吸的年通量分别为 397.62gC·m^{-2}·a^{-1} 和 172.30gC·m^{-2}·a^{-1}。平均而言,牧坡草地土壤异养呼吸和根系自养呼吸的年通量比天然林分别高出 21.98%和 93.25%,比农田分别高出 154.01%和 255.98%,比人工林(13a 华北落叶松)分别高出 29.11%和 64.56%。

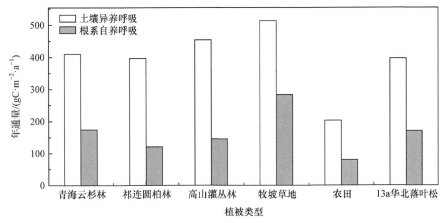

图 2-15　不同植被类型土壤异养呼吸和根系自养呼吸年通量比较

4. 影响土壤呼吸的因素

土壤温度是影响土壤呼吸的一个关键因素，而土壤呼吸速率是不同土层呼吸的综合结果。土壤呼吸速率与气温及不同土层温度的相关关系显示(表 2-8)，青海云杉林土壤呼吸速率与气温的决定系数比较高($R^2 > 0.7$)，其他植被类型相对较低(R^2 在 0.25～0.65)；5cm 深度土层的土壤呼吸速率与土壤温度的决定系数不一致，其中高山灌丛林决定系数较小(R^2 为 0.37)(常宗强等，2005a)，其他植被类型相对较高($R^2 > 0.5$)。土壤呼吸速率与 10cm 及以上土层深度的土壤温度决定系数都在0.5以上，说明土壤呼吸速率主要受10cm 及以上土层深度土壤温度的影响。

表 2-8　土壤呼吸速率与气温及不同土层温度的决定系数

植被类型	土壤呼吸速率与气温决定系数	土壤呼吸速率与土壤温度决定系数				样本数
		5cm 深度	10cm 深度	15cm 深度	20cm 深度	
青海云杉林	0.78	0.87	0.93	0.80	0.51	84
祁连圆柏林	0.65	0.74	0.88	0.79	0.79	84
高山灌丛林	0.25	0.37	0.74	0.56	0.68	84
牧坡草地	0.54	0.64	0.82	0.74	0.69	76
农田	0.36	0.82	0.90	0.89	0.81	76
13a 华北落叶松	0.42	0.83	0.87	0.81	0.72	60

分析可知，土壤呼吸速率与 10cm 深度土壤温度的相关性比较显著。为了进一步分析土壤呼吸速率与温度的关系，选择不同模型进行曲线拟合。土壤呼吸速率与土壤温度之间关系采用非线性回归程序分析，用到的指数模型如下(Grace &

Rayment，2000）：

$$R_S = ae^{bt} \tag{2-3}$$

式中，R_S 为土壤呼吸速率；t 为 10cm 深度土层的土壤温度；a 为 0℃时的土壤呼吸速率，也称为基础呼吸速率；b 为温度反应系数。虽然土壤呼吸速率对温度响应的敏感程度可以用系数 b 来表示，但习惯用 Q_{10} 表示(Ohashi et al.，2000)。Q_{10} 由式(2-4)确定：

$$Q_{10} = e^{10b} \tag{2-4}$$

式中，b 为温度反应系数。不同海拔梯度平均土壤呼吸速率与土壤温度之间的关系，以及 Q_{10} 与土壤温度之间的关系采用线性相关程序(Proc Corr)分析。

表 2-9 是土壤呼吸速率与 10cm 土层土壤温度回归程度较为密切的统计模型。不同植被类型土壤呼吸速率与土壤温度的关系方面，牧坡草地的土壤呼吸速率与土壤温度关系比较弱($R^2 = 0.67$)，而青海云杉林、祁连圆柏林、农田和 13a 落叶松的土壤呼吸速率与土壤温度指数函数都比较密切($R^2 > 0.7$)，高山灌丛林土壤呼吸速率与土壤温度的统计关系不是很明显($R^2 = 0.55$)。总体上，土壤呼吸速率与 10cm 土层土壤温度回归关系较为密切。

表 2-9　不同植被类型土壤呼吸速率与 10cm 土层土壤温度的统计结果

植被类型	曲线方程	R^2	P
青海云杉林	$Y = 0.7936e^{0.0946t}$	0.87	0.000
祁连圆柏林	$Y = 0.3867e^{0.0769t}$	0.77	0.000
高山灌丛林	$Y = 0.6016e^{0.1098t}$	0.55	0.002
牧坡草地	$Y = 0.6907e^{0.1325t}$	0.67	0.002
农田	$Y = 0.1374e^{0.0864t}$	0.81	0.000
13a 华北落叶松	$Y = 1.3215e^{0.0825t}$	0.76	0.000

由测定的不同植被类型土壤呼吸速率与 10cm 土层土壤温度的相关分析(表 2-9)发现，指数模型能够较好地描述各植被类型土壤呼吸速率与 10cm 土层土壤温度之间的关系(R^2 为 0.55～0.87)，其中青海云杉林的相关性最好($R^2 = 0.87$)，说明土壤呼吸速率对温度的变化比较敏感(常宗强等，2005b)。

Q_{10} 是衡量土壤呼吸速率对土壤温度变化响应敏感程度的一个方便指数(Ohashi et al.，2000)，全球尺度(不包括湿地)的 Q_{10} 为 1.5(Raich & Schlesinger，1992)。祁连山地区不同植被类型 Q_{10} 分别为青海云杉林 2.58，祁连圆柏林 2.16，高山灌丛林 3.0，牧坡草地 3.76，农田 2.37，13a 华北落叶松 2.28。可见研究区域内不同植

被类型的 Q_{10} 明显不同，并且高于世界平均水平。

土壤温度的影响通常比土壤水分明显得多，尤其是在温带和北方地区。但是温度对土壤呼吸速率的影响，必须有充分的含水量保障根系和微生物的呼吸时才明显。不同植被类型 10cm 土层中，土壤呼吸速率与土壤湿度(含水量)的回归关系不同(图 2-16)。在土壤含水量较低的情况下，随着土壤含水量的增加，祁连山天然林的土壤呼吸速率也增加，但是当土壤含水量增加到一定程度时，土壤呼吸速率则表现出降低的趋势。这与 Davidson 等(2000a，2000b，2000c)的研究结果相吻合，即土壤水分在饱和、渍水或过干的条件下，土壤呼吸速率都将受到抑制。随土壤含水量的增加，祁连山牧坡草地、农田和人工林的土壤呼吸速率也增加，但是增加的趋势存在差异。

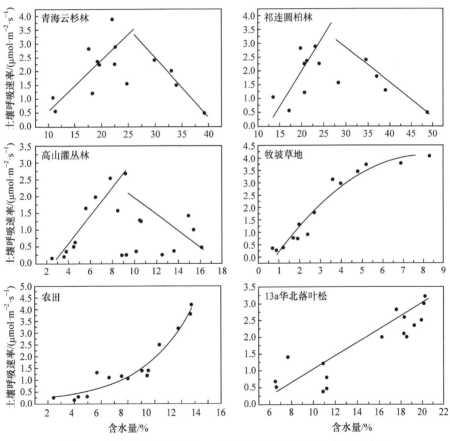

图 2-16　不同植被类型 10cm 土层土壤呼吸速率与含水量的关系

5. 讨论与分析

土壤呼吸有明显的昼夜动态格局。Davidson 等(1998)发现，土壤呼吸的昼夜格局与温度变化类似。Xu 和 Qi(2001)用涡动相关方法测定了美国加利福尼亚州的内华达山脉 8a 生西黄松人工林中的土壤呼吸速率，发现呼吸速率最小值出现在 09:00，最大值出现在 14:00。Kutsch 和 Kappen(1997)测定农田中的土壤呼吸速率也发现了类似格局，但是最大值出现在 16:00 以后。也有研究者发现，土壤呼吸速率没有明显的昼夜变化格局。Jensen 等(1996)在新西兰一个辐射松林中应用动态气室方法(便携式红外 CO_2 分析仪)连续两天测定了 8 个点的土壤呼吸速率，发现 CO_2 流动没有明显的昼夜动态格局。这可能是因为土壤温度变化幅度较小(15cm 土层内)和土壤处于高湿度条件下(在整个测定时间，湿度接近于田间饱和含水量)。

不同月份土壤呼吸动态变化格局不一致。Fang 等(1998)测定美国佛罗里达州 26a 生湿地松人工林发现，10 月呼吸速率最高，1 月呼吸速率最低。Billings 等(1998)研究成熟北方森林后发现，7 月之前土壤呼吸速率较小，而 8 月最大。Xu 和 Qi(2001)发现，土壤呼吸速率最大值出现在 6 月、11 月和 12 月，最小值出现在仲夏。5～8 月土壤呼吸速率呈现逐渐增加的趋势，9 月和 10 月又下降。而且，土壤呼吸速率基本上与土壤温度变化趋势一致。土壤呼吸速率季节性差异可能受土壤温度和土壤湿度变化的共同影响。夏天干旱可能会限制土壤呼吸，从而抵消温度升高增加的土壤呼吸作用。Raison 等(1986)也通过研究提出，在土壤有机碳分解过程中需要一定的土壤湿度条件。除了温度和湿度效应外，土壤呼吸与根系也有关系(Singh & Gupta,1997)。根系呼吸占整个土壤呼吸量的 30%～90%(Epron et al.，1999)。祁连山不同植被类型的根系呼吸占整个土壤呼吸量的 15%～45%。

不同植被类型土壤年呼吸量变化不一致。Raich 和 Schlesinger(1992)估计，松栎林中土壤年呼吸量为 $648.3gC \cdot m^{-2} \cdot a^{-1}$，温带针叶林土壤年呼吸量平均值为 $695gC \cdot m^{-2} \cdot a^{-1}$。刘绍辉等(1998)测定了北京白桦林、辽东栋林和油松林，显示土壤年呼吸量分别为 $309gC \cdot m^{-2} \cdot a^{-1}$、$390gC \cdot m^{-2} \cdot a^{-1}$ 和 $237gC \cdot m^{-2} \cdot a^{-1}$。Savage 和 Davidson(2001)发现，哈佛山高地森林土壤年呼吸量为 $640～860gC \cdot m^{-2} \cdot a^{-1}$。美国田纳西州栎树林土壤年呼吸量为 $483～1065gC \cdot m^{-2} \cdot a^{-1}$(Edwards et al.，1998, 1992)。一些温带和北方森林土壤年呼吸量为 $730～930gC \cdot m^{-2} \cdot a^{-1}$(Hanson et al.，2004)、$680gC \cdot m^{-2} \cdot a^{-1}$(Law et al.,1999)、$930～1070gC \cdot m^{-2} \cdot a^{-1}$(Andrews & Schlesinger，2001)、$810～910gC \cdot m^{-2} \cdot a^{-1}$(Russell et al.，1998)。哈佛山湿地土壤年呼吸量为 $370～400gC \cdot m^{-2} \cdot a^{-1}$，霍兰德土壤年呼吸量为 $420～480gC \cdot m^{-2} \cdot a^{-1}$，芬兰湖沼中土壤年呼吸量为 $220～320gC \cdot m^{-2} \cdot a^{-1}$，亚极地湿地土壤年呼吸量为 $80～180gC \cdot m^{-2} \cdot a^{-1}$(Moore et al.，1998)。Raich 等(2006)收集了不同植被类型的土壤呼吸数据进行分析发现，经常耕作的农田土壤呼吸速率平均比休闲农田

高 20%；农田和附近森林的土壤呼吸速率没有显著差异，草地比附近农田的土壤呼吸速率高 25%。有些情况森林比农田土壤年呼吸速率高，草地比农田的土壤年呼吸速率高。因此推断，森林或者草地变成农田后对土壤呼吸速率不会有明显影响。草地的土壤呼吸速率比邻近森林高 20%以上，说明森林变成草地后将会增加土壤呼吸速率。这主要是因为草地根系中分配的碳较多。一般针叶林中土壤呼吸速率比阔叶林中低 10% (Weber et al.，2003；Hudgens & Yavitt，1997；Weber，1990)，但是 Raich 和 Poter(1995)发现，针叶林和阔叶林的土壤呼吸速率没有显著差别。在一些情况下，森林采伐后对土壤呼吸并没有影响 (Edwards & Norby，1998)。祁连山草地的土壤年呼吸量比较高，农田的土壤年呼吸量比较低。

祁连山地区 6 个不同植被类型的 R_H 和 R_A 年通量范围变化分别为 202.10～513.35$gC \cdot m^{-2} \cdot a^{-1}$ 和 79.65～283.54$gC \cdot m^{-2} \cdot a^{-1}$，与 Fang 和 Moncrieff(1999)对大多数温带森林的研究结果相符，即 R_H 和 R_A 年通量变化分别为 310～692$gC \cdot m^{-2} \cdot a^{-1}$ 和 122～663$gC \cdot m^{-2} \cdot a^{-1}$。虽然有研究报道 R_A 高于 R_H，但在大部分陆地生态系统中，很大程度上 R_H 是土壤表面 CO_2 通量的优势组成部分(Hanson et al.，2000)。Buchmann(2000)对 47～146a 生挪威云杉(Pieca excelsa)生态系统的研究认为，土壤异养呼吸组分占土壤呼吸的比例>70%。绝大多数研究结果表明，R_H 占土壤呼吸的比例为 50%～68%。祁连山天然林的 R_H 和 R_A 年通量呈现出高于人工林的趋势(Kelting et al.，1998)。这种差异可能是生态系统的碳分配格局、凋落物产量及凋落物的养分不同造成的。

不同植被类型和物种组成对根系动态和物候具有重大影响。祁连山牧坡草地土壤呼吸中根系呼吸贡献率为 44.3% ± 0.7%，天然林的根系呼吸贡献率平均为 31.6% ± 3.6%，13a 华北落叶松的根系呼吸贡献率为 23.2% ± 0.3%，农田的根系呼吸贡献率为 16.9% ± 0.2%，与其他温带地区的研究结果很相近。造成这种格局的原因可能是农田和人工林的根系较少，会降低其植物根系的呼吸速率，减少生态系统养分的有效性和净初级生产，从而使根系呼吸贡献率低于其他植被类型。

研究区域内不同植被类型的 Q_{10} 值明显不同，并且高于世界平均水平，说明在祁连山土壤呼吸对温度的变化比较敏感，因为温度的升高会导致更多的有机碳分解向大气释放。青海云杉林植被比较单一，林内没有灌木和其他草本植物的覆盖，气温的变化比较剧烈，所以以 Q_{10} 比较大。

土壤呼吸与土壤湿度的关系方面，土壤湿度可能影响土壤呼吸速率及其与温度的关系。Parker 等(1983)发现，如果把沙漠土壤润湿，土壤呼吸速率会明显增加。Howard 等(2004)也发现了同样的规律。Fang 和 Moncrieff(2001)发现，土壤湿度对土壤呼吸没有显著的影响，因为土壤湿度对土壤呼吸的影响可能是根系、微生物活性及气体在土壤中的传输(Fang & Moncrieff，1999)。土壤湿度对土壤呼吸的影响主要表现在极为干旱和极湿的土壤条件下可能会限制土壤呼吸。在这中间，土壤湿度对土壤呼吸没有明显的影响。祁连山土壤呼吸速率与 10cm 土层土壤湿度的回归关系不同。在土壤含水量较低的情况下，随着土壤含水量的增加，天然林土壤呼吸速率也增加，但是当土壤含水量增加到一定程度时，土壤呼吸速率则表现出降低的趋势，即土壤水分在饱和、渍水或过干的条件下，土壤呼吸速率都将受到抑制。随土壤含水量的增加，祁连山牧坡草地、农田和人工林的土壤呼吸速率也增加，但是增加趋势存在差异。土壤含水量增加一般会导致土壤有机体和根系活动代谢加强(Singh & Gupta，1997)。但是，过高的湿度又会降低土壤通气能力，导致土壤中 O_2 供应减少(Davidson et al.，1998)。在此情形下，土壤处于嫌气状态，植物根系和好氧微生物的活动受到抑制，土壤中 CO_2 的产量降低。Fang 和 Moncrieff (2001)指出，只有土壤含水量处于低端(干土)和高端(湿土)时，才会对土壤呼吸产生显著的限制作用，含水量如果在这两者之间，对土壤呼吸的影响则不显著。比较而言，祁连山含水量对土壤呼吸的影响比较显著。这与李凌浩等(2000)在羊草草原的研究结果，以及陈四清等(1999)在大针茅草原的研究结果有很大的差异。

2.3.2　可溶性有机碳随土壤水运动

可溶解性有机碳(DOC)对水酸化、有毒金属与有机污染物的移动、水与土壤中养分的有效性都有重要影响，是有机生物的重要能源。DOC 在各个生态系统中都存在，其流动是陆地生态系统生物地质化学循环中的重要组成部分。在陆地碳平衡中，仅根据其在河流中的流动速率估计 DOC 的作用，这种流动相比陆地生态系统的初级生产力和异养呼吸是微不足道的(Schimel & Mikan，2005)。但是 DOC 在系统内部的流动比溪流大很多倍，在北纬地区，DOC 流动代表生态系统碳平衡中很大的一部分(Kling et al.，1991)。

1. 水分运动对土壤有机碳输入的影响

大气降水过程中，空气中部分有机碳会溶解于雨水中，当雨水穿透植被冠层和通过树干流动时，也会把冠层及树干上的一部分有机质溶解到雨水中，通过这些降水过程，溶解到雨水中的有机碳传输到土壤，增加了土壤中的有机碳。雨水中 DOC 浓度为 $0.76 \sim 1.37\text{mg} \cdot \text{L}^{-1}$，随月份变化较小。地下水中 DOC 浓度相对较高，为 $2.97 \sim 8.35\text{mg} \cdot \text{L}^{-1}$。总体上，6～7 月 DOC 浓度较低，而 5 月、8～10

月 DOC 浓度较高(图 2-17)。这主要是因为地下水中 DOC 浓度受降水量和土壤中微生物活性的影响较大。

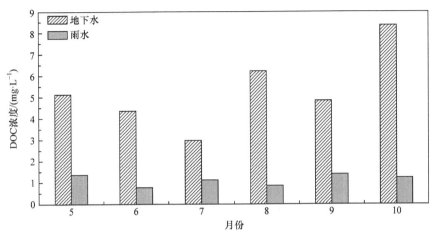

图 2-17　不同月份地下水与雨水中的 DOC 浓度

对于不同植被类型,由于植被地上部分的组成和结构不同,雨水降落时,造成穿透雨水中的 DOC 浓度也不同。图 2-18 显示,穿透雨水中 DOC 浓度一般为 2.1～14.6mg·L^{-1}。天然林和人工林中的 DOC 浓度高于农田和牧坡草地,天然林 9 月的 DOC 浓度比 10 月高。

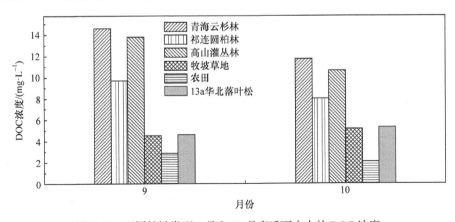

图 2-18　不同植被类型 9 月和 10 月穿透雨水中的 DOC 浓度

地表残体在雨水浸泡下,其中的一些有机碳溶解于水中,随水流进入土壤。不同植被类型,残体数量和组成不同,形成的残体 DOC 浓度也不同。不同植被类型的残体溶解后形成的 DOC 浓度为 10.3～65.3mg·L^{-1},其中天然林和人工林的 DOC 浓度比农田和牧坡草地高(图 2-19)。

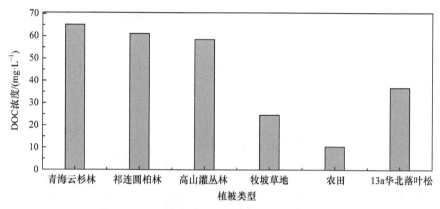

图 2-19　不同植被类型地表残体中的 DOC 浓度

2. 土壤溶液中的可溶性有机碳

土壤有机碳是多种化合物的混合体，部分是水溶性的，在土壤水作用下，溶解到水中的部分将随土壤水移动。土壤有机碳组成及储量和植被有一定的关系。不同土地利用方式下，由于植被类型的差异，其 DOC 浓度将有较大的差异。

不同植被类型土壤溶液中 DOC 浓度数据(图 2-20)表明，人工林的 DOC 浓度比农田和牧坡草地高。以 10 月为例，0～5cm 土层，天然林土壤溶液中的 DOC 浓度平均值是 41mg · L^{-1}，农田和牧坡草地土壤溶液中的 DOC 浓度大约是 22mg · L^{-1}；5～10cm 土层，天然林土壤溶液中的 DOC 浓度为 16.4～21.2mg · L^{-1}，农田和牧坡草地土壤溶液中的 DOC 浓度大约为 12.7mg · L^{-1}。总体上，天然林中的 DOC 浓度高于农田和牧坡草地。人工林 0～5cm 土层土壤溶液中 DOC 的浓度大约为 66.2mg · L^{-1}，5～10cm 土层土壤溶液中 DOC 浓度大约为 26.8mg · L^{-1}，10～20cm 土层土壤溶液中 DOC 浓度大约为 21.2mg · L^{-1}。显然，人工林土壤溶液中的 DOC 浓度高于农田和牧坡草地。

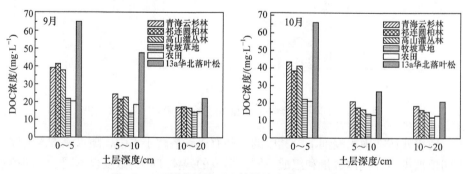

图 2-20　不同植被类型土壤溶液中的 DOC 浓度

DOC 输出受降水影响较大。如果土壤含水量不超过一定阈值，土壤有机碳不会随水发生迁移。原位测定 DOC 浓度也要求土壤含水量必须达到一定范围。如果土壤含水量低于一定浓度，原位很难抽取到土壤溶液。土壤含水量比较低的土壤，DOC 虽然不会随着土壤水发生移动，但是也反映了土壤有机碳的重要特征。

表 2-10 列出了不同植被类型 5～10 月在 0～40cm 土层测定的 DOC 浓度平均值，不同植被类型 DOC 浓度范围为 18.52～48.39mg·L^{-1}，表中数据表明，人工林和天然林的 DOC 浓度都比农田和牧坡草地高。这些数据变异系数不同，其中天然林和人工林变异系数在 22.3%～28.7%，农田和牧坡草地的变异系数则相对较低。不同植被类型的 DOC 浓度与一定的土壤含水量和加水之后土壤含水量相联系。

表 2-10　不同植被类型 5～10 月在 0～40cm 土层测定的 DOC 浓度平均值

植被类型	DOC 浓度/ (mg·L^{-1})	变异系数	标准方差	土壤含水量/%	变异系数	标准方差	加水后土壤含水量/%	变异系数	标准方差
青海云杉林	31.56	25.8	8.14	15.2	25.2	3.83	47.8	15.6	7.46
祁连圆柏林	28.14	22.3	6.28	14.3	22.6	3.23	49.6	14.7	7.29
高山灌丛林	48.39	28.7	13.89	17.5	28.7	5.02	51.3	13.7	7.03
牧坡草地	25.37	11.3	2.87	15.7	32.1	5.04	47.1	11.3	5.32
农田	18.52	16.8	3.11	16.3	33.6	5.48	44.5	9.7	4.32
13a 华北落叶松	26.69	26.7	7.13	13.6	28.9	3.93	46.8	11.9	5.57

总之，降水中的 DOC 浓度一般为 2mg·L^{-1}，穿过植被冠层(穿透雨和树干流部分)的 DOC 浓度为 50mg·L^{-1}。穿过土壤剖面时 DOC 浓度通常下降，这主要是因为 DOC 被矿质土壤和母岩层吸附。溪流中 DOC 浓度变异很大，从小于 1mg·L^{-1} 到大于 40mg·L^{-1}，反映了水源和集水区土壤中 DOC 浓度的差异(Nelson，2004)。祁连山地下水中 DOC 浓度相对较高，变化范围为 2.97～8.35mg·L^{-1}，6～7 月 DOC 浓度较低，5 月、8～10 月 DOC 浓度较高。雨水中 DOC 浓度变化范围为 0.76～1.37 mg·L^{-1}，不同月份之间变化较小。

祁连山地区穿透雨中 DOC 浓度变化范围为 2.1～14.6mg·L^{-1}，天然林的输入量高于农田和牧坡草地，人工林表现出同样趋势，9 月比 10 月相对高一些。残体中 DOC 浓度为 10.3～65.3mg·L^{-1}，其中天然林和人工林的 DOC 浓度比农田和牧坡草地高。0～20cm 土层中，随着土层深度增加，DOC 浓度下降。总体上，天然林和人工林的 DOC 浓度高于农田和牧坡草地。

2.3.3 生物量收获对生物量碳迁移的影响

土壤有机碳的输入受植物生物量和残体输入量影响较大，生物量的减少通常会导致残体及土壤输入有机碳量的减少。天然林和人工林，如果全部收获，其本身就是植被类型发生改变的过程，收获过程将改变土壤有机碳的输入。当然，收获部分只是引起了有机碳的迁移，并不会引起有机碳剧烈排放。

不同植被类型中，人为收获部分不同。研究收获过程影响土壤有机碳输入，开展控制实验比较困难。针对不同植被类型的生物量碳库和组成展开简单讨论。

假设收获只影响活体碳库，不收获残体碳库和森林中的草本部分，森林收获地上除树叶及草本外的部分，农田和草地每年收获地上部分。天然林、人工林与农田、牧坡草地按一次收获比较(表 2-11)，则天然林收获部分和遗留部分比农田和牧坡草地多。假设在不同林龄期收获，则人工林比农田与牧坡草地中的收获部分和遗留部分高。如果按年平均收获计算，则人工林收获比农田和牧坡草地高，而天然林中青海云杉林的收获量大，其他两种类型较小。遗留部分也按年平均计算，则天然林和人工林的遗留也比农田和牧坡草地多。农田和牧坡草地每年收获，其减少量为收获量。如果这些植物活体部分未被收获，则其残体有机碳是这些植物体的全部。收获之后，不同更新方式会影响其有机碳变化。天然林本身依赖天然更新，并且在更新过程中，植被变化需要漫长的时间；人工林更新过程主要依赖土地利用方式，造林树种的生长过程也比较漫长，土壤有机碳的变化将表现出缓慢的变化过程。草地和农田更新过程比较短，土壤有机碳变化可能在短期达到平衡。

表 2-11 不同植被类型收获部分及遗留部分碳密度和碳储量

植被类型	收获部分	活体碳密度 /(gC·m⁻²)	活体碳储量 /(gC·m⁻²·a⁻¹)
青海云杉林	树干、枝	1983	26
祁连圆柏林	树干、枝	1767	15
高山灌丛林	大枝、小枝	1021	20
牧坡草地	茎叶	186	186
农田	籽粒、茎干	123	123
13a 华北落叶松	树干、大枝	2150	164

植被类型	遗留部分	活体碳密度 /(gC·m⁻²)	活体碳储量 /(gC·m⁻²·a⁻¹)	残体碳密度 /(gC·m⁻²)	残体碳储量 /(gC·m⁻²·a⁻¹)	碳密度合计 /(gC·m⁻²)	碳储量合计 /(gC·m⁻²·a⁻¹)
青海云杉林	根、叶、花果和草本	1132.41	669.67	979.59	139.40	2112.00	809.07
祁连圆柏林	根、叶、花果和草本	1056.12	575.29	756.59	126.40	1812.71	701.69
高山灌丛林	根、叶、花果和草本	1170.63	727.68	892.90	134.50	2063.53	862.18

续表

植被类型	遗留部分	活体碳密度 /(gC·m⁻²)	活体碳储量 /(gC·m⁻²·a⁻¹)	残体碳密度 /(gC·m⁻²)	残体碳储量 /(gC·m⁻²·a⁻¹)	碳密度合计 /(gC·m⁻²)	碳储量合计 /(gC·m⁻²·a⁻¹)
牧坡草地	根、花、果	166.25	166.25	181.65	181.65	347.9	347.9
农田	残茬、根系、籽粒和花	52.38	52.38	56.87	56.87	109.25	109.25
13a 华北落叶松	根、叶、花果和草本	1006.29	557.32	646.25	106.20	1652.54	663.52

2.3.4　土壤侵蚀对土壤有机碳迁移的影响

水对土壤的侵蚀也引起了有机碳的迁移(Harden et al., 1993)。土壤有机碳侵蚀主要由降雨和冲刷引起(Hao et al., 2002)。这种迁移过程取决于土壤流失量和土壤有机碳含量。土壤侵蚀造成土壤有机碳迁移是因为有机碳的密度比矿质小，而且主要集中在土壤表面。侵蚀中流失的有机碳很少被量化，但是它有重要的生态效果，因为有机碳是离子交换、矿质氮的源，又是肥料氮的汇。土壤碳在地表十分丰富，侵蚀率改变必然对土壤碳储量和陆地碳平衡有较大影响(Harden et al., 1993)。

陆地生态系统土壤侵蚀量约为 $1.90×10^{17}$g，其中仅 $1.9×10^{16}$g 被沉积，其余部分被传输到海洋中。世界土壤每年约有 $5.7×10^{15}$g 碳通过侵蚀被弥散，仅有 $5.7×10^{14}$g 被传输到大海，而余下部分将被重新沉积到陆地生态系统中。由于退化土地恢复而吸收到陆地生态系统中的碳不确定，但是每年通过侵蚀弥散流失到大气中的碳约有 $1.14×10^{15}$g(Lai et al., 2006)。土壤侵蚀是一个流域问题。不同植被类型中，土壤受水蚀影响的侵蚀量不同，导致迁移的土壤有机碳量也不同。

表 2-12 列出了不同植被类型土壤年侵蚀及土壤有机碳侵蚀情况，其中，牧坡草地和高山灌丛林土壤年侵蚀深度较小，农田土壤年侵蚀深度最大。根据年侵蚀深度计算，农田土壤年侵蚀量最多，牧坡草地和高山灌丛林中相对较少，在一定范围内人工林土壤年侵蚀量不同。天然林部分土壤年侵蚀量比较少，而农田土壤年侵蚀量比较大，牧坡草地部分也有一定的侵蚀。根据土层中的有机碳密度计算不同植被类型土壤有机碳侵蚀量，结果显示，天然林范围较大，牧坡草地和人工林范围相对较小。

表 2-12 不同植被类型土壤年侵蚀及土壤有机碳侵蚀情况

植被类型	土壤年侵蚀深度/(mm·a⁻¹)	土壤有机碳密度/(gC·m⁻²)	土壤年侵蚀量/(10⁵g·m⁻²)	土壤有机碳侵蚀量/(gC·m⁻²)
青海云杉林	2.0~4.0	14.3~32.9	5~15	14~19
祁连圆柏林	2.0~4.0	16.8~34.7	5~15	13~18
高山灌丛林	2.0~3.0	11.4~28.9	4~10	10~15
牧坡草地	2.0~3.0	12.8~31.2	4~10	8~14
农田	4.0~6.0	>35	5~20	16~21
13a 华北落叶松	2.5~4.5	15.3~38.7	6~15	15~18

从自然生态系统到农业生态系统，土壤侵蚀量通常会增加(Lai，1999)，因为地表有机碳比较丰富，会加速土壤肥料和碳在土壤中的积累。这种效应强度依赖于农业实践和生态系统调整。土壤侵蚀是一个水文过程，能够根据水文单位(如集水区)来估算。传统耕作草地土壤将有大量的土壤有机碳流失于土壤侵蚀(Hao et al.，2002)。祁连山地区农田侵蚀的有机碳较多，天然林和牧坡草地更有利于碳积累。

土壤侵蚀使土壤有机碳发生迁移由许多因素决定，包括坡度和降雨强度。Hao 等(2002)用沉积方法估计有机碳每年的侵蚀量，认为谷物耕种中侵蚀量大于 $3.5gC \cdot m^{-2} \cdot a^{-1}$，免耕中侵蚀量小于 $3.5gC \cdot m^{-2} \cdot a^{-1}$。不同植被类型的土壤有机碳侵蚀量不同，谷物-小麦-草地-草地轮作、连续谷物轮作、免耕谷物-大豆轮作、小麦-小麦-草地-草地轮作，以及所有谷物轮作的土壤有机碳侵蚀量分别为 $0.4gC \cdot m^{-2} \cdot a^{-1}$、$15gC \cdot m^{-2} \cdot a^{-1}$、$1.6gC \cdot m^{-2} \cdot a^{-1}$、$9.2gC \cdot m^{-2} \cdot a^{-1}$、$6.6gC \cdot m^{-2} \cdot a^{-1}$，40a 农业土地利用过程中的土壤有机碳侵蚀率为 $126gC \cdot m^{-2} \cdot a^{-1}$。应用 ^{137}Cs 结合比例和指数方程的方法估计 48a 农业活动的土壤有机碳侵蚀量分别是 $177gC \cdot m^{-2}$ 和 $197gC \cdot m^{-2}$。Harden 等(1993)研究了农田的弥散和有机碳侵蚀，发现 20 世纪 50 年代农作导致了 80%的有机碳流失。

2.4 不同植被类型土壤有机碳储量与动态变化

土壤有机碳最基本的性质是其储量和动态变化。有机碳储量反映土壤有机碳密度，动态变化反映土壤有机碳周转及不同稳定性碳库的容量等。这些特征一方面与生物量积累、有机碳腐质化、土壤团聚体形成与沉积、土壤侵蚀、淋溶和有机质分解等使土壤有机碳平衡的过程密切相关，另一方面又强烈影响土壤向大气排放碳的强度与过程。因此，土壤有机碳储量和动态变化是土壤有机碳研究的核心内容。

对不同植被类型，由于影响土壤有机碳的动态过程及相关性质的变化(Lai，1999)，土壤有机碳储量、分布及其周转期和残留也发生改变。这些变化将影响土壤向大气排放碳的强度与过程。

2.4.1　不同植被类型土壤有机碳储量的变化

土壤有机碳储量直接影响大气碳储量、土壤向大气排放碳的强度和相关的土壤性质。土壤有机碳储量是土壤碳循环研究中的重要内容。

1. 土壤有机碳含量

土壤有机碳含量指单位质量土壤中的有机碳质量，表示土壤中有机碳的比例或浓度。土壤有机碳含量取决于土壤有机碳输入、输出及相关土壤性质和过程。土地利用变化后，植被改变、土地经营过程改变，将引起土壤性质发生变化，进而使土壤有机碳含量发生变化(常宗强等，2008)。表 2-13 列出了不同植被类型 0～60cm 土层土壤有机碳平均含量，除农田外，其他植被类型的土壤有机碳平均含量都在 40g·kg⁻¹ 以上；天然林中，青海云杉林和高山灌丛林的土壤有机碳平均含量较高。不同植被类型土壤有机碳平均含量的变异系数为 14.55%～26.20%，青海云杉林、祁连圆柏林变异系数较小，天然林变异系数为 14.55%～19.29%，人工林为 17.53%。

表 2-13　不同植被类型 0～60cm 土层土壤有机碳平均含量

植被类型	平均含量/(g·kg⁻¹)	标准方差	变异系数/%	样本数
青海云杉林	78.10	11.36	14.55	9
祁连圆柏林	59.45	9.34	15.71	9
高山灌丛林	84.71	16.34	19.29	9
牧坡草地	78.30	13.65	17.43	9
农田	13.51	3.54	26.20	9
13a 华北落叶松	43.25	7.58	17.53	9

表 2-13 中农田的土壤有机碳平均含量比青海云杉林、祁连圆柏林、高山灌丛林、牧坡草地分别低 82%、77%、84%、82%；农田比天然林平均低 81%，天然林比牧坡草地平均低 5%。农田土壤有机碳平均含量总体比邻近位置的天然林和牧坡草地低。同样，13a 华北落叶松的土壤有机碳平均含量比农田显著高 220%以上，农田的土壤有机碳平均含量比 13a 华北落叶松低 68%。牧坡草地土

壤有机碳平均含量比 13a 华北落叶松林高 81%，13a 华北落叶松林土壤有机碳平均含量比牧草地低 44.7% ($P = 0.05$)。牧坡草地比农田、13a 华北落叶松林的土壤有机碳平均含量高。

　　由于不同植被类型的植物根系分布、凋落物及人工扰动土壤的方式等不同，土壤有机碳在土壤剖面的分布也不同。图 2-21 是祁连山不同植被类型土壤有机碳含量随土层深度变化的比较。农田土壤有机碳含量随着土层深度变化相对比较平缓，并且在 0～10cm 和 10～20cm 土层之间差异较大，在 20～60cm 不同土层之间变化不显著。牧坡草地在 0～30cm 土层土壤有机碳含量变化比较显著。青海云杉林、祁连圆柏林、高山灌丛林和 13a 华北落叶松的土壤有机碳含量随土层加深而明显递减，并且都是在 0～30cm 土层变化显著。随着土层加深，不同植被类型的土壤有机碳含量变化不同，天然林土壤有机碳含量在 18.60～105.50g · kg^{-1}；牧坡草地土壤有机碳含量在 19.40～83.60g · kg^{-1}；农田土壤有机碳含量在 13.36～

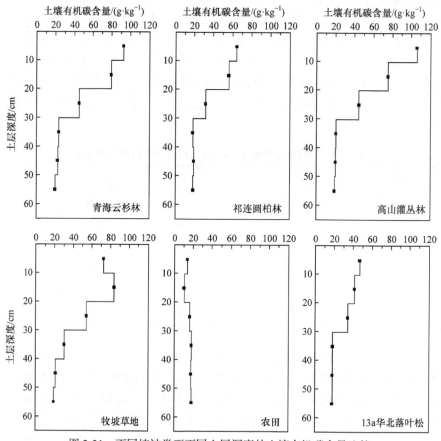

图 2-21　不同植被类型不同土层深度的土壤有机碳含量比较

18.14g·kg^{-1}；人工林土壤有机碳含量在 18.20～46.84g·kg^{-1}。不同植被类型土壤
有机碳含量的最大值与最小值在土层中的深度分布不同，青海云杉林、祁连圆柏
林、高山灌丛林和 13a 华北落叶松的土壤有机碳含量最大值在 0～10cm 土层，最
小值在 50～60cm 土层；牧坡草地的土壤有机碳含量最大值在 10～20cm 土层，
最小值在 50～60cm 土层；农田的土壤有机碳含量最大值在 30～60cm 土层，最
小值在 10～20cm 土层。相同土层深度，天然林、人工林、农田和牧坡草地的土
壤有机碳含量不同。

2. 土壤有机碳密度

土壤有机碳密度为单位面积土体的有机碳质量。与土壤有机碳含量类似，土
壤有机碳密度也受植被类型的影响。表 2-14 列出了不同植被类型在 0～60cm 土
层中的土壤有机碳密度为 10.63～19.95kgC·m^{-2}，天然林土壤有机碳密度从小到
大依次为祁连圆柏林、青海云杉林、高山灌丛林；不同样地的变异系数范围为
15.71%～62.81%，天然林为 42.86%～62.81%，人工林为 39.51%，牧坡草地为
48.76%，农田变异系数较小。

表 2-14　不同植被类型 0～60cm 土层深度的土壤有机碳密度

植被类型	有机碳密度/(kgC·m^{-2})	标准方差	变异系数/%	样本数
青海云杉林	17.82	8.25	46.30	9
祁连圆柏林	15.96	6.84	42.86	9
高山灌丛林	19.95	12.53	62.81	9
牧坡草地	17.74	8.65	48.76	9
农田	10.63	1.67	15.71	9
13a 华北落叶松	15.97	6.31	39.51	9

农田土壤有机碳密度比青海云杉林、祁连圆柏林、高山灌丛林分别低 40%、
33%、46%以上，比天然林平均低 39%；牧坡草地土壤有机碳密度比天然林平均
低 0.9%。13a 华北落叶松林的土壤有机碳密度比农田高 33%，比牧坡草地低
10%(表 2-14)。

图 2-22 是祁连山不同植被类型土壤有机碳密度随土层深度变化的比较。
农田与牧坡草地的土壤有机碳密度在 0～10cm、10～20cm、20～30cm 几个土
层之间差异显著，在 30～60cm 土层差异较小；牧坡草地的土壤有机碳密度在
0～40cm 土层差异显著。天然林土壤有机碳密度随土层加深而明显递减，在

0～10cm、10～20cm、20～30cm 几个土层之间差异显著，30～60cm 土层差异不同，青海云杉林和祁连圆柏林的土壤有机碳密度在 30～40cm 和 40～50cm 土层之间差异明显，而高山灌丛林在 30～40cm 和 40～50cm 土层之间差异不明显。

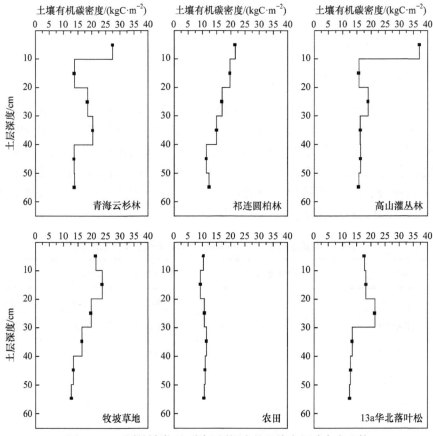

图 2-22　不同植被类型不同土层深度的土壤有机碳密度比较

不同植被类型土壤有机碳密度随土层加深的变化范围也不同，天然林在 12.2～37.1kgC·m^{-2}，人工林在 12.5～21.7kgC·m^{-2}，牧坡草地在 12.5～22.7kgC·m^{-2}，农田在 9.25～11.34kgC·m^{-2}。不同植被类型土壤有机碳密度最大值、最小值分布的土层也不同，天然林土壤有机碳密度最大值在 0～10cm 土层，最小值在 40～60cm 土层；牧坡草地土壤有机碳密度最大值在 10～20cm 土层，最小值在 40～60cm 土层；农田土壤有机碳密度最大值在 30～40cm 土层，最小值在 10～20cm 土层；人工林土壤有机碳密度最大值在 20～30cm 土层，最小值在 40～60cm 土层。农田与其他植被类型土壤有机碳密度的差异主要是在

0～30cm 土层。

　　土壤有机碳分布空间差异较大，同样植被类型的变异性也很大(Lai，1999)。小尺度土壤有机碳空间分布变异性较大，引起土壤有机碳空间分布变异较大的因素包括根系分布、动物活动、可溶解性有机碳的移动及人为活动等许多因素的空间差异(Eswaran et al.，1995)。

　　天然林变成农田或草地后土壤有机碳含量下降，祁连山地区农田的土壤有机碳含量比天然林平均低 81%，天然林比牧坡草地平均低 5%。与土壤有机碳含量类似，农田土壤有机碳密度比天然林平均低 36%，牧坡草地比天然林平均低 0.9%。Lugo 等(1986)发现森林砍伐开垦 10a 后有机碳流失 46%，80a 之后流失 70%；Johnson 等(2000)研究发现，森林变成农田后土壤有机碳流失 30%～50%；Solomon 等(2000)得出热带杂木林砍伐开垦为农田后导致有机碳流失 56%；Knops 和 Tilman(2000)认为，森林砍伐、耕作导致土壤有机碳平均流失 89%。这些结论与祁连山地区研究结果相似。农田土壤有机碳含量下降的原因包括：①有机质输入减少；②耕作土壤温度高，土壤有机碳分解速度快；③有机质容易分解(Schimel et al.,1985)；④通过渗漏流失的有机碳增加。也有相反的研究结果，Johnson 等(2001)总结了 73 个收获后森林有机碳含量变化的研究结果，发现大部分没有变化，一小部分不同程度增加，还有一部分情况不同程度降低。产生这种差异的原因包括研究方法、树种、收获后残留物处理方式、收获时间与采伐方式等的差异。在农田中造林后，土壤有机碳含量增加。Wilde(1964)发现，造林后 50a 中，在 0～15cm 土层中有机碳增加 300%～400%。人工林土壤有机碳比农田平均高 220%以上，比牧坡草地低 44.7%($P = 0.05$)；在人工林中，13a 华北落叶松土壤有机碳密度比农田高 33%，比牧坡草地低 10%。这是因为土壤输入有机碳量增加、分解速度减小及土壤温度、湿度改变。但是 Lajtha 等(1999)发现，草地上造林后，0～10cm 土层人工林土壤有机碳比草地减少 17%～40%，0～30cm 土层人工林土壤有机碳比草地减少 40%～50%。与祁连山研究结果相似，可能是因为造林树种改变了土壤有机碳的稳定性，加速了有机碳分解。Polglase 等(2000)总结了 126 个研究结果发现，绝大多数研究结果显示造林对有机碳没有影响，一些结果显示有机碳储量不同程度增加或不同程度地减少。

　　土壤有机碳在土壤剖面的分布也不同，而且不同植被类型有机碳在剖面的分布变化也不同。Jobbágy 和 Jackson(2000)总结了森林、牧坡草地、农田等有机碳垂直分布特征，发现森林植被有机碳的垂直分布层次比农田和牧坡草地明显。祁连山地区农田与牧坡草地有机碳含量随着土层加深变化相对平缓，天然林和人工林中有机碳含量随土层加深而明显递减。农田与天然林土壤有机碳含量在 0～40cm 土层差异较大，农田与人工林土壤有机碳含量在 0～30cm 土层差异较大。

天然林和人工林土壤有机碳密度随土层加深而明显递减。农田、牧坡草地的土壤有机碳含量与密度分布格局的差异与植被中的根系及农田、草地中未分解完的森林残留物密切相关(Jobbágy & Jackson，2000)。

土壤有机碳密度是根据土壤有机碳含量与土壤容重计算而来。土壤有机碳密度垂直分布也受植被类型影响，尤其和根系分布关系密切。土壤剖面异质性更大，土壤有机碳在不同土层的差异，主要是不同土层土壤输入有机碳量、分解率、稳定性的差异造成的。土壤剖面有机碳的输入主要与根系死亡、凋落物分解有关，而影响分解率的部分主要与土壤水分、温度、微生物活性有关，有机碳稳定性的差异又与土壤质地、土壤结构关系密切。较多的因素导致土壤有机碳密度与含量分布的差异。

2.4.2　不同植被类型土壤 CO_2 年通量

不同植被类型土壤 CO_2 年通量存在显著差异(图 2-23)，土壤 CO_2 年通量从大到小依次为牧坡草地 796.89gC·m^{-2}·a^{-1}，高山灌丛林 601gC·m^{-2}·a^{-1}，青海云杉林 584.03gC·m^{-2}·a^{-1}，人工林(13a 华北落叶松)569.92gC·m^{-2}·a^{-1}，祁连圆柏林 517.63gC·m^{-2}·a^{-1}，农田 281.75gC·m^{-2}·a^{-1}。牧坡草地土壤 CO_2 年通量明显高于天然林、人工林和农田，分别高出 40.38%、39.82%和 182.83%。

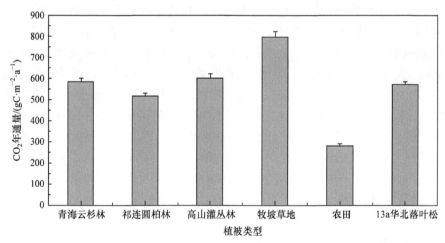

图 2-23　不同植被类型土壤 CO_2 年通量比较

祁连山土壤 CO_2 年通量在 281.75~796.89gC·m^{-2}·a^{-1}(图 2-23)，这与大多数温带地区的研究结果相符，即 CO_2 年通量变化范围分别为阔叶林 122~1754gC·m^{-2}·a^{-1}、针叶林 511~1300gC·m^{-2}·a^{-1}、牧坡草地 158~1537gC·m^{-2}·a^{-1}。灌木林土壤表面 CO_2 年通量高于针叶林，与 Raich 和 Schlesinger (1992)的结论相似，这可能是生态系统的碳分配格局、凋落物产量、凋落物养分的差异引起的。

2.4.3　不同植被类型土壤有机碳周转期

土壤呼吸严格地说是指未扰动土壤中所有产生 CO_2 的代谢作用，包括三个生物学过程(土壤微生物呼吸、根系呼吸与土壤动物呼吸作用)和一个非生物学过程(含碳矿物质的化学氧化作用)，其中生物学过程占主导地位。假定土壤呼吸完全由根系呼吸和主要有机质分解的异养呼吸组成，则土壤有机碳周转时间可用式(2-5)计算：

$$土壤有机碳周转时间 = D_C/R_H \qquad\qquad (2\text{-}5)$$

式中，D_C 为土壤有机碳密度(单位：$kgC \cdot m^{-2}$)；R_H 为土壤异养呼吸通量(单位：$gC \cdot m^{-2} \cdot a^{-1}$)。土壤有机碳的周转期反映土壤有机碳分解的动态特征，不同植被类型的土壤有机碳周转时间不同。

由图 2-24 不同植被类型不同土层土壤有机碳周转时间可知，青海云杉林、祁连圆柏林、高山灌丛林、牧坡草地、农田和 13a 华北落叶松的土壤有机碳在不同土层的平均周转时间分别为 34a、36a、27a、25a、23a 和 33a。由于受气候、植被、土壤结构、土地利用方式和强度及地形的影响，土壤有机碳周转时间从 10a(热带草原土壤)到 520a(泥炭沼泽土壤)不等，其中温带森林为 29a，全球平均为 32a。Post 等(1982)根据土壤碳库量和每年植被的凋落物量粗略计算得出，全球土壤有机碳库的平均周转时间为 22a，而进入地质碳循环的土壤有机碳的周转时间则可达几百万年甚至更长。祁连山天然林和人工林的土壤有机碳平均周转时间分别为 32a 和 33a(平均为 33a)，接近温带森林水平，而牧坡草地土壤有机碳的周转时间高于全球平均水平，农田土壤有机碳的周转时间则和全球平均水平持平。可能原因包括：①计算土壤碳储量时，土壤深度不同；②不同研究采用的根系呼吸贡献率不同，Raich 假定根系贡献率为 30%，祁连山研究测得的根系贡献率平均为 29%；③研究区域所处纬度偏高，土壤温度偏低，针叶林尤为如此，故土壤微生物活动和分解作用也偏低，这也是土壤有机碳周转时间随土壤深度增大的主要原因之一；④凋落物是不同生态系统有机碳的主要来源，针叶林与阔叶林的凋落物数量和化学成分不同，而且凋落物分解速率与土壤水分、地表温度正相关，会造成土壤有机碳转化率的差异，进而影响土壤有机碳周转。

总之，祁连山区土壤是我国西北内陆河流域重要的碳储存库，不同植被类型及同一植被类型不同土层之间，碳储量与表面 CO_2 年通量存在很大的空间异质性。采用统一研究方法，获取大量有代表性的森林生态系统土壤碳储量和土壤 CO_2 年通量的实测数据，可减少区域尺度碳平衡研究中的不确定性，更客观地评价森林生态系统在区域变化和气候系统中的作用。

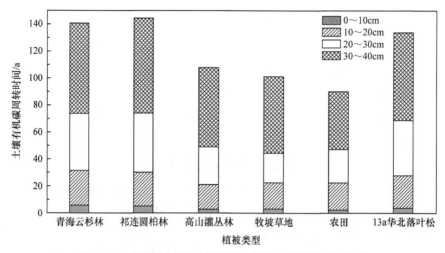

图 2-24　不同植被类型不同土层土壤有机碳周转时间比较

2.4.4　不同植被类型土壤有机碳动态综合评价

　　土壤碳库变化与土地利用及不同植被变化过程的紧密联系，体现在土壤有机碳库在不同植被类型中可能成为碳汇也可能成为碳源。土壤有机碳增加是汇的过程，而土壤有机碳释放则是源的过程。在不同植被类型中，土壤有机碳增加或减少涉及许多不同过程，包括土地覆盖的植被本身的生长等自然过程，人为收获生物量及残体遗留等过程。这些过程有些直接使土壤有机碳增加或减少，有些则间接使土壤有机碳增加或减少。准确认识和评价土壤有机碳的源、汇功能，需要准确认识不同植被变化过程对土壤有机碳的作用是增加还是减少，是直接还是间接导致土壤有机碳变化。

　　植被碳库包括反映状态的有机碳储量和生产力碳形成量两方面。有机碳储量由活体碳储量和残体碳储量两部分组成。生产力碳形成量指活体年形成量和残体年形成量，是形成土壤有机碳的基础。土壤中碳增加来自植被碳库增加及相应残体碳库的增加。植被组成不同，有不同的自然属性，这些属性的差异引起系统碳储量及各个部分碳储量的差异，进而影响碳汇。表 2-15 显示，农田和牧坡草地积蓄的碳低于森林，农田和牧坡草地两种植被类型的碳储量小。不同植被类型中，植被部分碳汇也不同。天然林活体碳储量在 2191.63～3104.41gC·m⁻²，农田和牧坡草地分别为 175.38gC·m⁻² 和 352.25gC·m⁻²，人工林为 3156.29gC·m⁻²，表明农田与牧坡草地的植被碳汇较弱。不同植被类型的残体碳储量也不同，天然林在 756.59～979.59gC·m⁻²，农田和牧坡草地分别是 56.87gC·m⁻² 和 181.65gC·m⁻²，人工林为 646.25gC·m⁻²，表明农田和牧坡草地残体碳汇也较弱。因为农田和牧坡草地由天然次生林退化或破坏形成，人工林又是在农田或牧坡草地中营造，所以上结果说明将天然林变成农田或牧坡草地后，其系统的碳汇、植被碳汇与残体碳汇都降低，而在农田或牧坡草地中造林则使这些碳汇又增加。

表 2-15 不同植被类型的不同碳储量

类型	青海云杉林	祁连圆柏林	高山灌丛林	牧坡草地	农田	13a 华北落叶松
活体碳储量/(gC·m⁻²)	3104.41	2823.12	2191.63	352.25	175.38	3156.29
细残体碳储量/(gC·m⁻²)	759.19	648.19	794.60	143.05	46.57	559.05
粗残体碳储量/(gC·m⁻²)	220.40	108.40	98.30	38.60	10.30	87.20
土壤有机碳储量/(gC·m⁻²)	16735.20	14529.60	18643.70	16349.50	1027.40	1483.10
残体碳储量合计/(gC·m⁻²)	979.59	756.59	892.90	181.65	56.87	646.25
碳储量总计/(gC·m⁻²)	20819.20	18109.31	21728.23	16883.40	1259.65	5285.64

土壤有机碳储量是土壤碳汇的反映，天然林土壤有机碳储量为 14529.60～18643.70gC·m⁻²，农田和牧坡草地土壤有机碳储量分别为 1027.40gC·m⁻² 和 16349.50gC·m⁻²，人工林土壤有机碳储量为 1483.10gC·m⁻²(表 2-15)。表明农田和人工林的土壤有机碳储量比天然林和牧坡草地低，农田和牧坡草地的土壤碳汇比天然林部分低。

土壤有机碳输入和输出是土壤有机碳汇与源功能的反映，与土壤有机碳源、汇过程联系的有植被有机碳年积累量和形成残体碳库的部分，这两个过程表现出植被有机碳年形成量净变化，而残体碳库净变化由残体形成量和残体分解量决定。土壤有机碳积累量由残体分解部分形成，其减少过程由土壤呼吸决定，净变化决定于残体输入和呼吸排放量，另外，土壤有机碳年变化还决定于土壤侵蚀及淋溶作用导致的有机碳迁移。不同植被类型的碳源与碳汇功能不同。在残体碳库形成量方面，天然林净增量为 156.38～605.5gC·m⁻²·a⁻¹，农田和草地净增量为 146.6gC·m⁻²·a⁻¹ 和 263.4gC·m⁻²·a⁻¹，人工林净增量为 99.3gC·m⁻²·a⁻¹，天然林的残体碳库数量最大。在土壤碳年净变化方面，天然林表现出明显增加的趋势，显示了土壤碳汇的功能，人工林稍有增加，而农田和草地表现出碳源大于碳汇。如果考虑土壤侵蚀迁移，则农田和草地的土壤有机碳减少幅度更大。

从碳汇和碳源的概念分析，土壤呼吸过程是典型的碳源，土壤侵蚀是碳源还是碳汇过程存在争议，其他过程都是碳汇。其中，关键部分是活体碳年生产量和土壤碳净变化量。因为活体碳生产过程是直接吸收大气中的碳，而土壤碳净变化量反映碳在土壤中增加还是排放到大气。其他过程是中间环节，只是改变了有机碳库，并没有直接和大气碳库联系。基于此，从表 2-15 可知，在植被生产力碳积累方面，天然林和人工林都具有较强汇，而农田和牧坡草地则相对较少。在土壤有机碳变化方面，天然林表现为汇大于源，而农田和牧坡草地则为源大于汇。

第3章 气候变化下祁连山土壤有机碳储存功能

3.1 研究进展

祁连山是疏勒河、黑河和石羊河的水源地，对内陆河流域的生态安全和经济社会的可持续发展具有重要意义。20世纪50年代至70年代末期，由于人类不合理的开发利用，森林面积减少，草地退化严重(汪有奎等，2014)。1988年设置自然保护区以来，区内环境干扰较少，生态退化趋势好转，森林资源显著增加。已有不少针对该区土壤有机碳方面的研究。主要关注不同植被类型(常宗强等，2008)、土地利用方式(赵锦梅等，2012)、土壤类型(耿增超等，2011)和放牧强度下(巩杰等，2014)的土壤有机碳含量和土壤有机碳密度的差异。另外，鉴于森林的水源涵养和碳汇功能，该区青海云杉林土壤有机碳特征及其影响因素得到较多关注(Chen et al.，2015a；赵维俊等，2014)。海拔作为影响植被垂直带谱的重要地形因子，在研究中受到一定关注(张鹏等，2009)。

作为影响山地地表水热过程和植被分布的根本因子，地形也是影响该区土壤有机碳空间异质性的主要驱动因子。除海拔外，坡向也是影响有机碳分布的重要地形因子。同一海拔，坡向通过改变坡面尺度水热条件和植被分布，使土壤有机碳在更小的尺度上表现出强的异质性。特别是在半干旱地区，水分是限制植被生产力的主要环境因子(Haase et al.，1999；Raich & Vörösmarty，1991)，半干旱山区坡向对水热格局的重塑，使得植被格局发生显著变化。在我国祁连山、天山和贺兰山等半干旱山地，植被在中山区呈斑块状分布，森林与草原相互嵌套，且与坡向密切联系。通过改变水热条件和植被分布，坡向梯度上有机碳密度的差异甚至要远大于海拔。祁连山小流域(海拔2600~3700m)尺度上，坡向对流域0~50cm土层土壤有机碳密度变异的决定系数(R^2)达68.2%，而海拔的R^2为29.3%，对于表层土壤(0~5cm)，坡向的R^2更是达到了93.4%，而海拔的R^2仅为4.5%(Chen et al.，2016b)。另外，坡位作为一个重要的地形因子，通过对坡面水分、养分和土壤的再分配可以显著影响有机碳的累积，但关于祁连山地区这方面的研究不多。

本节选择祁连山森林草原带(平均海拔3000m)，在坡面尺度上考察了土壤有机碳含量和土壤有机碳密度的分布特征，并通过分析水热条件及相关土壤和植被特征，解释坡向和坡位对土壤有机碳累积的影响，回答土壤有机碳含量和土壤有机碳密度与坡向和深度间的定量关系。

3.1.1 坡面尺度土壤有机碳分布

土壤有机碳的累积除受到气候类型(Wang et al., 2014b; Yang et al., 2010a)、植被分布(Jobbágy & Jackson, 2000)、土壤类型(Feng & Lin, 2002)、人类活动(崔永清, 2008)和自然干扰(Czimczik et al., 2005)的影响外, 还与地形因子密切相关(Sun et al., 2015)。地形虽不直接影响土壤有机碳的累积, 但通过影响局部尺度水热格局、植被分布、土壤运移等, 在较小的尺度上间接对土壤有机碳产生作用(Amezaga et al., 2009; Bennie et al., 2008)。在流域尺度上, 海拔作为主要的地形因子, 影响垂直方向上的热量条件。部分山地中, 由于湿岛效应, 海拔也会对年降水量产生影响(车克钧等, 1993; 魏文寿和胡汝骥, 1990)。由于山地土壤和植被分布的垂直地带性, 海拔对土壤有机碳累积的影响也受到了较多的关注。在坡面尺度上, 坡向和坡位是两个重要的地形因子。坡向主要影响太阳辐射量在坡面上的再分配, 使坡面生境条件、植被类型和群落组成、土壤性状等在更小的尺度上发生分异, 表现出坡向效应。然而, 由于坡向效应并不是所有气候带内均显著, 与之有关的土壤有机碳研究相对较少。坡位通过改变坡面水分条件和物质运移, 对土壤有机碳的累积产生影响。在水土流失较为严重的地区, 坡位对土壤有机碳分布和周转的影响受到较多关注。与海拔相比, 坡向和坡位可以使土壤有机碳在更小的尺度上发生强的异质性, 而这种微尺度上的强异质性是山地土壤有机碳储量估算模型中不确定性的重要来源。

3.1.2 坡向对土壤有机碳分布的影响

坡向是坡面的重要属性, 也是主要的地形因子。坡向通过改变坡面接收的辐射量, 影响坡面水热条件(McCune & Keon, 2002; Flint & Childs, 1987)、植被分布(Sternberg & Shoshany, 2001)、土壤性质(Zhang et al., 2013; Papiernik et al., 2005)等, 使不同坡向土壤有机碳的累积出现差异。刘旻霞和王刚(2013)在甘南高寒草甸的研究中发现, 阳坡土壤日平均温度比阴坡高4℃; Qiu等(2001)在黄土高原的研究发现, 北坡表层土壤含水量要显著高于南坡; 土壤水热格局的变化使植被类型及群落组成也发生变化(Marcus et al., 2007; Bennie et al., 2006; Holland & Steyn, 1975), 进而影响植被向土壤输入的凋落物量, 使不同坡向土壤有机碳的累积出现差异。

在我国, 坡向对土壤有机碳累积影响的研究主要集中在半干旱地区。其中, 黄土高原地区相关研究最多, 主要是因为该区地形支离破碎, 水土流失严重, 坡向梯度上土壤有机碳的变异特征研究可以为生态恢复和重建提供指导。刘旻霞和王刚(2013)对青藏高原地区甘南高寒草甸的研究发现，阴坡 0~20cm 土层土壤有机碳含量约为阳坡的 1.37 倍；马文瑛等(2014)在祁连山天涝池流域的研究发现，阴坡土壤有机碳含量显著高于阳坡；Chen 等(2016b)在祁连山排露沟流域的研究也得到了类似的结论，且发现坡向可以解释该流域 0~50cm 土层土壤有机碳密度变异的 68.2%，0~5cm 土层土壤有机碳密度变异的决定系数(R^2)达到了0.934。我国北方地区，舒洋等(2013)在内蒙古乌拉山(干旱草原向荒漠过渡地带)天然油松林的研究发现，阴坡和阳坡土壤有机碳密度分别为 16.26kgC·m^{-2} 和15.29kgC·m^{-2}，且差异显著。除我国半干旱地区外，南方湿润地区也有相关研究。张苏峻等(2010)在粤西桉树人工林的研究发现，一年生桉树林北偏西坡 0~25cm 土层土壤有机碳密度为 9.44kgC·m^{-2}，显著高于南偏东坡的 6.41kgC·m^{-2}，但三年生桉树林各坡向无显著差异；范叶青等(2012)在研究浙江省杭州市临安区毛竹林生物量和有机碳储量时发现，不同坡向土壤有机碳储量无显著差异。在较大的尺度上，大型山脉迎风坡与背风坡之间的降水差异，会导致土壤有机碳累积的差异，这与小尺度上土壤有机碳的阴阳坡差异有所不同。蒲玉琳等(2008)在横断山区北段的研究发现，东向迎风坡有机质含量为 117.60g·kg^{-1}，是西段背风坡的 12.4 倍，并认为气候与植被因素是这种差异的主要原因：迎风坡比背风坡降水量多 1100mm，植被由迎风坡的茂密森林转变为背风坡的稀疏旱生河谷灌丛和耐旱性森林。

国外也有一些相关研究。在北半球靠近赤道的区域，夏季北坡辐射量高于南坡，坡向梯度上辐射量分布模式与中纬度不同。Sigua 和 Coleman (2010)在墨西哥一个放牧草地的研究发现，南坡土壤有机碳含量要显著高于北坡，并将其归因为北坡较高的辐射量。Lozano-García 等(2016)在西班牙 Despeñaperros 自然保护区的研究发现，天然林北坡 0~75cm 土层土壤有机碳密度为 11.04kgC·m^{-2}，显著高于南坡的 8.09kgC·m^{-2}；人工林区土壤有机碳密度顺序为北坡>东坡>西坡>南坡。Sharma 等(2011)研究喜马拉雅山脉温带区域 7 种主要森林的碳储量时发现，北坡土壤有机碳密度要显著高于南坡，并认为北坡较低的温度和较好的水分条件是这种差异的原因。另外，Lenka 等(2013)在研究印度亚热带退化的淋溶土区域时发现，北坡土壤有机碳含量要比东坡高 11%~12%，并认为坡向是影响土壤有机碳固存的重要因素。Yimer 等(2006)在研究埃塞俄比亚的 Bale 山时发现，所有植物群落的土壤有机碳密度均表现为南坡大于北坡，并认为这可能与南坡较高的降水量及较低的温度条件有关。

综合来看，土壤有机碳在坡向梯度上的累积差异，与坡向梯度上辐射量的分布密切相关。但不同气候带，坡向对有机碳累积的影响差异显著。Chen 等(2016c)的研究表明，在我国祁连山地区，同一海拔南北坡土壤有机碳密度可以相差近 3

倍，在我国东部，这种差异则不甚显著。这主要与植被类型对坡向的响应有关，在高寒半干旱山地，森林和草原的分布与坡向密切联系，进一步扩大了南北坡土壤有机碳累积的差异。另外，关于坡向梯度上有机碳的分布模式，大多数研究主要关注各坡向之间有机碳的差异，较少关注坡向与有机碳之间的定量关系。

3.1.3　坡位对土壤有机碳分布的影响

坡位主要反映坡面相对位置的高低及平缓程度。传统的确定性坡位分类系统将坡位自顶向下分为山脊、坡肩、背坡、坡脚和沟谷，这五类坡位构成了一个由顶到谷逐渐过渡的完整序列，并覆盖了绝大多数的空间范围，且与土壤性状密切相关(郭澎涛等，2011；秦承志等，2009)。自坡顶到沟谷，坡位表现出渐变和过渡的空间分布特征，该特征会影响地表水文、生态和土壤过程，使之也表现出渐变特征(Schmidt & Hewitt，2004)。坡位对土壤有机碳累积的作用主要通过改变坡面水文过程、土壤运移及植被分布实现。在无外界扰动的情况下，从坡顶向沟谷过渡，土壤水分和养分形成了一个由源到汇的梯度(方精云等，2004)，沟谷以堆积为主，水分和养分条件均高于易受侵蚀的山坡，植被条件更好，土壤中凋落物输入量更高，有机碳累积也更高(Hancock et al.，2010；Li et al.，2007)。但在受人类活动影响较重的区域，由于下坡位较上坡位更易受到干扰，土壤有机碳含量反而在较高的坡位更高。薛立等(2012)在广东杉木人工林的研究中发现，下坡和上坡土壤有机碳密度分别为 14.99kgC·m⁻² 和 17.42kgC·m⁻²，上坡显著高于下坡。国外也有相关研究，Wiaux 等(2014)在比利时黄土区一个有耕作活动的侵蚀坡面研究中发现，坡脚 0～1m 土层土壤有机碳密度为(9.0±1.0)kgC·m⁻²，是背坡土壤有机碳密度的 2.5 倍，坡顶土壤有机碳密度显著高于背坡。Chirinda 等(2014)在丹麦西部一块耕地的研究中发现，坡脚 0～1m 土层土壤有机碳储量要显著高于坡肩，并认为坡肩土壤有机碳主要来自根系残留物，而坡脚土壤有机碳则来自根系残留物及坡面土壤的再分配。然而在人类活动干扰较小的区域，即使坡面土壤侵蚀强度较低，通过改变植被生物量，仍可使不同坡位土壤有机碳的累积出现显著差异。在澳大利亚一个受人类活动干扰较少的区域，利用 ¹³⁷Cs 技术研究了坡面土壤有机碳的分布特征，发现下坡位土壤有机碳含量显著高于上坡位，且土壤的流失与沉积对有机碳的坡位分布影响很小，不同坡位植被地上生物量的分布差异则是影响有机碳分布的主要因素。在我国祁连山森林草原带区域，阳坡植被稀疏，存在一定强度的土壤侵蚀(常宗强等，2014，2002)。另外，不同坡位植被群落组成及生物量也差异显著。

祁连山自然保护区西水林区海拔为 2500～3400m，属于高寒半干旱半湿润山地森林草原气候(常宗强等，2014)，年平均气温为-1.5～2℃，林区内年平均气温随着海拔的升高而降低，垂直递减率为 0.58℃·(100m)⁻¹(王金叶等，2001)，年降水量为 330～540mm，水面年蒸发量为 1051.7mm，年均相对湿度为 60%(常宗强等，2014)。

3.1.4　山区土壤有机碳格局

山区土壤有机碳空间格局研究的本质，是确定山区土壤有机碳的空间异质性，对这种异质性的深入理解不仅可以提高山区土壤有机碳储量估算精度，还可以用于确定土壤有机碳储存功能高保护价值区域，服务于山区土壤碳库管理(Zhu et al.，2019b，2019c)。山区土壤有机碳格局的一个重要特点就是空间异质性强，且这种异质性与地形因子密切相关，特别是在人类活动影响较小的高寒山区(Zhou et al.，2019a，2007)。

海拔落差大、植被格局与地形密切相关的高寒半干旱山区，地形因子塑造下的土壤有机碳空间格局，呈现出一些特有的变化规律。例如，Chen 等(2016c)在祁连山排露沟流域发现，在海拔为 2750～3700m 的 0～50cm 土层土壤有机碳密度随海拔呈先增加后降低的变化趋势。张梦旭等(2019)在河西山地发现，土壤有机碳密度随海拔的增加而增大，海拔约 3200m 处达到最大，之后随海拔继续升高呈明显的减小趋势。这说明，在海拔落差大的山区，尽管年平均气温的降低可以降低土壤中有机碳的分解速率，有利于土壤有机碳的累积，但当海拔升到一定高度后，气温的降低引起植被生产力的下降，则会减少土壤中有机质的输入，不利于土壤中有机碳的累积。高寒半干旱山区土壤有机碳与海拔的这种关系，在某种程度上可以反映气温变化对高寒山地生态系统土壤有机碳的影响。另外，与其他地区相比，高寒半干旱山区坡向梯度上土壤有机碳的变化更显著。例如，Zhu 等(2017)在祁连山森林草原带发现，北坡 0～60cm 土层土壤有机碳密度约是南坡的 3.2 倍，该区较强的坡向效应主要与坡向塑造下的植被格局密切相关。在水分相对匮乏的高寒半干旱山区，阴坡由于辐射强度低，土壤蒸发小，土壤含水量高，适宜山地森林的生长(Yang et al.，2018)；阳坡由于本身海拔高，大气透明度高，辐射十分强烈，土体干燥，水分匮乏，无法满足森林的生长，植被以旱生和中生的草本为主(Qin et al.，2016)。也就是说，坡向对植被格局的重塑，进一步拉大了坡向梯度上植被生产力和土壤温度的差异，也使得土壤有机碳的累积差异远大于其他地区(Zhu et al.，2017)。

高寒半干旱山区土壤有机碳随海拔的变化规律还缺乏准确描述。尽管 Chen 等(2016b)和张梦旭等(2019)指出，高寒半干旱山区土壤有机碳随海拔呈非线性变化趋势，但未在较大的海拔范围内给出具体的函数关系。高寒半干旱山区地形如何通过影响气候、植被、土壤属性等环境因子，间接影响土壤中有机碳的累积，进而塑造山区现有的土壤有机碳格局，这个过程仅有定性的描述，缺乏对相关概念模型的定量描述。

3.1.5　土壤有机碳储存功能评估

土壤有机碳储存功能属于一种生态系统服务功能，反映了土壤在碳循环过程中对外部显示的重要作用。土壤通过储存大气中的 CO_2，减缓气候增暖，为经济活动提供支持和保护(刘子刚，2006)。准确评估土壤有机碳储存价值(简称"碳储存价值")的大小及空间分布，不仅可以为区域土壤碳交易和实施生态补偿提供参考，还可以确定土壤有机碳储存功能高保护价值区域，为区域土壤碳库的针对性管理提供依据(吴强等，2019；吴海东等，2018)。

在进行土壤有机碳储存价值大小评价时，需要确定土壤单位碳储存价值(潘华和刘晓艺，2018)，即单位面积上土壤的有机碳储存价值，可以从基于市场、基于成本和基于调查 3 个方面进行评价(刘子刚，2006)。相关方法包括损害成本法、减排成本法、市场价格法、影子价格法、替代成本法、重置/恢复成本法。评价方法各有优点及适应性，在实际操作中，可根据评价区域的具体情况进行选择。例如，刘子刚(2006)在进行湿地土壤有机碳储存价值评估时，单位碳储存价值的最低价格取自市场价格法，平均值为 5 美元/t，最高价格取自损害成本法、减排成本法、影子价格法和替代成本法的平均值，为 25 美元/t(2000 年价格)，最后估算三江平原湿地碳储存总价值为 31.0 亿～155.2 亿美元。吴海东等(2018)基于影子价格法即碳税率法，取最新的瑞典碳税率 187 美元/t 计算了若尔盖高原泥炭地固碳价值(碳储存价值)，得到整个若尔盖高原泥炭地总固碳价值为 6.92 亿元/a(换算为人民币)。周文昌等(2016)基于减排成本法，取碳价格为 43 美元/t(2007 年价格)，得到洪湖湿地 2010 年土壤固碳价值为 2.4 亿元(换算为人民币)。

在进行土壤有机碳储存价值大小及空间分布评价时，还需要获得区域尺度上土壤有机碳的分布图，然后以此为基础，评估土壤有机碳储存价值分布，进而计算价值总量(Ding et al.，2016)。早期在进行土壤有机碳储存价值总量计算时，主要通过在典型植被类型或土壤类型下采样，确定不同类型土壤有机碳密度值，然后乘以对应植被/土壤类型面积并进行累加，获得土壤有机碳储量，最后乘以单位碳储存价值(常宗强等，2008)。这种基于植被/土壤类型估算土壤有机碳储量的方法，具有工作量小、简单快捷等优点，曾是国内外土壤有机碳储量评估的主要方法(Chen et al.，2015b)。然而这种方法的缺点是不具有代表性且评估结果的不确定性大。数字土壤制图是研究土壤有机碳空间分布的重要技术手段(朱阿兴等，2018)。高精度的土壤有机碳制图不仅可以精细地反映土壤有机碳随植被、地形、土地利用的变化特征，还可以提高土壤有机碳储量估算精度，进而提高土壤碳储存价值总量的估算精度。

近年来，随着卫星遥感、土壤近地传感、数据挖掘等技术的发展，用于模拟土壤有机碳分布的环境变量数据越来越趋向多元化，并且表达土壤有机碳和环境变量之间量化关系的模型也越来越丰富。土壤有机碳的数字制图近年来也成为国内外土壤学研究的热点和前沿领域之一(Prasad et al.，2018)。通过土壤有机碳的数字制图，可以利用较少的采样数据预测大范围内土壤有机碳的空间分布特征并将其可视化，然后在此基础上进行土壤有机碳分布的不确定性分析(Akpa et al.，2016)。土壤有机碳数字制图通常采用的模型包括线性回归模型(Yang et al.，2008)、地统计学方法(Song et al.，2016)及机器学习算法。其中，线性回归模型常用一般线性模型、广义线性模型、广义可加模型等；地统计学方法常用普通克里金插值、地理加权回归、地理加权回归克里金等；机器学习算法常用神经网络、支持向量机、随机森林等(Keskin et al.，2019)。

线性回归模型是基于最小二乘法，建立土壤有机碳与环境要素之间的回归方程，然后利用环境要素的栅格数据集，预测区域土壤有机碳的空间格局，估算值的不确定性可以通过回归模型的置信区间进行表达(Yang et al.，2008)。地统计学方法以区域化变量理论为基础，以变异函数为工具，研究土壤有机碳在空间分布上既有随机性又有结构性的变异特征，然后根据这些变异特征，计算未采样点周围已采样点有机碳值的权重系数，进而求得未采样点的有机碳值(Bogunovic et al.，2018)。地统计学方法在土壤制图的研究中已经得到了广泛的应用，并且是分析土壤有机碳空间分布特征及其变异规律的有效方法之一。例如，Yang 等(2010b)利用普通克里金插值，研究了我国北方草地 1980～2000 年土壤有机碳密度的变化特征，并取得了较好的模拟精度。Song 等(2016)利用 4 种地统计学模型进行黑河中上游表层土壤有机碳含量的制图研究，结果表明，在选取地统计学模型时，应首先判断研究区的空间随机效应，然后尽可能减少模型变量的多重共线性。与线性回归模型和地统计学方法相比，机器学习算法在处理大数据时更具优势(Zhou et al.，2019b)，如树形结构方法适合于表达复杂、非线性、不完整数据的情况。Yang 等(2016)使用增强回归树(boosted regression tree，BRT)模型和随机森林(random forest，RF)模型两种树形结构的机器学习算法模拟了表层土壤有机碳含量，且模拟效果较好($R^2 > 0.6$)。此外，支持向量机与神经网络的方法也常被用于土壤有机碳的空间分布预测(Ding et al.，2016)。

常用于指示土壤有机碳空间分布的环境协变量包括：基于陆地卫星(Landsat)和中分辨率成像光谱仪(MODIS)影像反演得到的植被指数，如归一化植被指数(normalized difference vegetation index，NDVI)、增强型植被指数(enhanced vegetation index，EVI)、叶面积指数(leaf area index，LAI)。Landsat 空间分辨率高(30 m)但时间分辨率低(16d)，MODIS 影像反演的空间分辨率较低(250 m)但时间分辨率高(12 h)；基于数字高程模型(SRTM3 90 m 或 ASTER GDEM 30 m)的一级地形因子，如海拔、坡向、坡度，二级地形因子如地形粗糙度指数(terrain ruggedness index，TRI)、地形湿度指数(topographic wetness index，TWI)、曲率、山体阴影、多分辨率谷底平面指数(multi-resolution valley bottom flatness，MrVBF)等；基于气象站点数据插值得到的气候数据，如温度、降水、蒸散发、干燥度等；遥感解译的土地利用类型和植被类型产品；土壤质地和土壤母质类型等(Zhou et al.，2019b)。

然而，值得注意的是，在使用环境因子进行区域土壤有机碳分布模拟时，很多环境因子之间存在较强的相关性，在多重共线性的作用下，环境因子数量的增加对模型 R^2 的提高作用逐渐降低，同时大大提高了空间制图及不确定性分析的计算量，特别是当制图的分辨率特别高的时候(Ding et al.，2016；Yang et al.，2016)。一个理想的有机碳估算模型，其环境因子应与土壤有机碳具有较高的相关性，而环境因子彼此之间相关性较小(Zhu et al.，2019c)。基于此原则，在区域高精度土壤有机碳制图时，应首先根据专业知识及数据预处理，进行环境指示因子的甄别，从而降低模型的冗余度，减少计算量。就制图分辨率而言，目前国内外在较大空间尺度上(>10^5km^2)进行土壤有机碳制图时，多采用 10km、1km、500m、90m 分辨率，这主要是因为机器学习算法计算过程复杂，不确定性分析需要进行成百上千次的重复模拟，土壤有机碳制图的计算量随着分辨率的增加大大增加。对于地形复杂、景观类型多样的地区，90m 分辨率的土壤有机碳空间分布图则可以反映更多的细节分布特征(Yang et al.，2016)。

总体上看，尽管数字土壤制图已经比较成熟，但土壤碳储存价值的评价依然使用类型法。在地形复杂的高寒半干旱山区，土壤有机碳具有很强的空间异质性，植被/土壤类型法在估算总价值时可能会有很大的不确定性，另外该方法无法给出土壤碳储存价值及其不确定性的空间分布图(Chen et al.，2016c)。在高寒半干旱山区土壤碳库的管理中，由于土壤有机碳的强空间异质性，准确评估土壤碳储存价值的空间分布是确定区域土壤碳储存高保护价值区域的基础。另外，在进行数字土壤制图时，单一模型的模拟效果不一定最好，可以通过多模型间的对比确定最适模型，进而提高模拟的精度(Keskin et al.，2019)。

3.1.6 土壤有机碳储存功能适应性管理

土壤有机碳储存功能的变化，本质上是土壤中有机碳储量的变化。土壤有机碳储量随时间的变化是土壤有机碳输入与输出动态平衡的变化，综合反映气候、植被、人类活动等在时间尺度上对土壤有机碳累积的影响。近十年来，区域尺度上土壤有机碳动态变化逐渐成为有机碳循环研究领域的前沿热点，相关研究论文

也被 *Nature*、*Nature Geoscience*、*Global Change Biology* 等期刊报道(Zhou et al.,
2019b;Ding et al.,2017),引起了广泛的讨论。与土壤水热因子的高频变化相
比,土壤有机碳随时间的动态变化是一个缓慢的演变过程,这种变化一般要在年
代际尺度上才可以体现出来。目前,气候变化背景下年代际尺度上土壤有机碳动
态变化的主要研究手段有重复采样法和模型模拟法。重复采样法是研究过去土壤
有机碳动态变化的直接而又有效的手段,但不能用于研究未来气候变化情景下土
壤有机碳的动态变化。

重复采样法通过在年代际尺度上对土壤进行重复采样,直接分析土壤中有机
碳的演变特征。该方法基于野外实测数据的直接分析,具有不确定性小、研究结
果可靠的特点,是目前国际主流研究认可的方法(Prietzel et al.,2016)。土壤重复
采样法又细分为定点重复采样法和区域重复采样法。定点重复采样法严格在上一
期采样剖面相邻的土壤中进行采样,是目前研究土壤有机碳动态变化最可靠的方
法,研究结果最令人信服。例如,Prietzel 等(2016)利用三期(1976 年、1988 年和
2010 年)定点重复监测数据,研究了阿尔卑斯山森林生态系统土壤碳动态变化,
发现土壤碳密度显著减少,并把这种减少归因于气候变暖。Ding 等(2017)通过青
藏高原两期(2000 年和 2010 年)定点重复取样,研究了青藏高原冻土区 0~30cm
土层土壤碳的动态变化,发现土壤碳以 28.0gC·m^{-2}·a^{-1} 的速率累积。定点重复
取样法需要严格地在原始采样剖面旁边进行取样,结果最可靠,但是受历史调查
资料中准确经纬度信息缺失的影响(例如,我国第二次土壤普查数据,很多剖面
只记录了大概的地理位置,无法准确定位历史采样点),很多地区并不具备这种
研究方法的基础。另外,受人类活动影响较大的区域,土地利用方式转变迅速,
原先的采样点可能受到较大的扰动,定点重复取样的代表性下降。在这种情况
下,基于区域尺度的重复采样法,结合合适的升尺度模型,则可以较为准确地反
映区域尺度上土壤有机碳在年代际尺度上的动态变化。例如,Bellamy 等(2005)
基于两期区域重复采样,研究了 1978~2003 年英国土壤碳变化,发现土壤碳以
每年 0.6%的速度减少。Meersmans 等(2009)利用 20 世纪 60 年代土壤普查资料及
2006 年野外调查资料,研究了1960~2006 年比利时北部土壤碳动态变化,发现高
强度的土地开发利用使得该区土壤碳密度在 1960~2006 年减少了 1.02kgC·m^{-2}。
Yang 等(2014)利用中国第二次土壤普查数据及文献集成数据,基于神经网络模
型的升尺度方法,研究了 1980~2000 年中国森林生态系统土壤碳变化,发现土
壤碳密度以 20.0gC·m^{-2}·a^{-1} 的速率增加。Zhou 等(2019a)利用土壤普查数据及
野外调查数据,研究了 1980~2000 年我国华北及东北土壤碳变化,发现农田土
壤碳增加,而森林和草地土壤碳减少。

模型模拟法主要通过使用基于过程的生物地球化学循环模型或基于统计关系

的经验模型，对过去、现在和将来各种情景下土壤有机碳的动态过程进行模拟 (Lozano-García et al.，2017)。生物地球化学循环模型包括 CENTURY 模型、CANDY 模型、DAISYS 模型、DNDC 模型、RothC 模型、Agro-C 模型等。这些模型通过输入多种驱动数据，基于不同参数化方案，进行土壤有机碳的动态变化模拟。基于 CENTURY 模型研究了干旱区人工绿洲开发与管理模式变化对土壤有机碳动态的影响，发现人工绿洲开发后，土壤有机碳随着时间呈增加趋势。近年来，随着人工智能技术的发展，大量机器学习算法被开发，其中大多数可以较好地识别非线性关系，相关模型也已在气象、水文、环境等领域取得了较好的模拟效果(Wen et al.，2019；Prasad et al.，2018)。在今后土壤有机碳动态变化预测中，引入机器学习模型可能会提高经验模型的模拟效果。

全球近 100 例年代际尺度上土壤碳动态的研究中，土壤有机碳含量显著增加的占 43%，显著降低的占 26%，无显著变化的占 31%。这说明，土壤有机碳的动态变化方向具有很大的不确定性，反映了土壤有机碳-气候反馈的复杂性。由于受人类活动影响较小，高寒半干旱山区未来土壤有机碳的动态变化主要与气候变化有关，加上该区地形复杂，景观多样，未来气候变化情景下土壤有机碳的动态变化方向可能表现出很大的不确定性。

为了进一步研究山区土壤碳的变化及其与坡位、坡度的关系，选择祁连山自然保护区西水林区内干性灌丛草原带、山地森林草原带和亚高山灌丛草甸带 (图 3-1)作为研究区。根据海拔，祁连山的植被类型划分为以下种类：山地荒漠

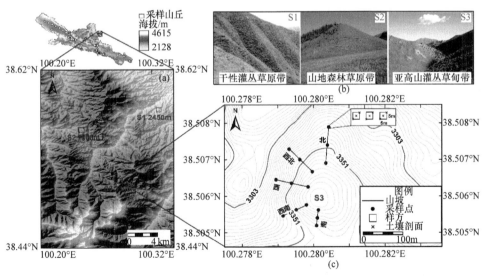

图 3-1　祁连山自然保护区西水林区内山地森林草原植被带及采样点分布(见彩图)
(a) 大野口流域内 3 个山丘的位置；(b) 山丘所在海拔对应的植被带；(c) 坡向梯度上采样点分布

草原、山地草原、山地草甸草原、山地灌丛、山地森林、亚高山草甸、亚高山灌丛、高山草甸、高山草原、山地荒漠和高山寒漠等(Zhu et al.，2019c)。

3.2 数据采集推算与分析

3.2.1 数据采集

选取代表性群落 S1(海拔 2450 m)、S2(海拔 2900 m)、S3(海拔 3350 m)进行调查(图 3-1)。每座山丘各选取 5 个山坡的朝向进行研究，分别为南坡(180°)、西南坡(225°)、西坡(270°)、西北坡(315°)、北坡(360°)，山坡坡度接近，变化范围为 29°~37°，平均为 32°，主要土壤类型为灰钙土、栗钙土、黑钙土、灰褐土、亚高山灌丛草甸土和亚高山草甸土(表 3-1)。

表 3-1 采样山坡概况

植被带	山坡	海拔/m	坡向/(°)	坡度/(°)	土壤类型	植被类型	优势种
干性灌丛草原带	南坡	2471	180	35	灰钙土	荒漠草原	芨芨草
	西南坡	2460	225	33	灰钙土	山地荒漠草原	芨芨草
	西坡	2452	270	34	灰钙土	山地荒漠草原	短花针茅
	西北坡	2420	315	30	栗钙土	山地灌丛	甘青锦鸡儿
	北坡	2434	360	31	灰褐土	山地灌丛	鲜黄小檗
山地森林草原带	南坡	2905	180	30	栗钙土	山地草原	冰草
	西南坡	2889	225	33	栗钙土	山地草原	冰草
	西坡	2877	270	37	黑钙土	山地草甸草原	金露梅
	西北坡	2885	315	30	黑钙土	山地草甸草原	矮嵩草
	北坡	2883	360	31	灰褐土	山地森林	青海云杉
亚高山灌丛草甸带	南坡	3366	180	29	亚高山草甸土	亚高山草甸	矮嵩草
	西南坡	3357	225	33	亚高山草甸土	亚高山草甸	矮嵩草
	西坡	3350	270	34	亚高山草甸土	亚高山草甸	金露梅
	西北坡	3347	315	36	亚高山灌丛草甸土	亚高山灌丛	鬼箭锦鸡儿
	北坡	3349	360	31	亚高山灌丛草甸土	亚高山灌丛	鬼箭锦鸡儿

3.2.2　数据推算方法

(1) 土壤含水量：

$$\text{SWC} = \frac{m_1 - m_2}{m_2} \times 100\% \tag{3-1}$$

式中，SWC 为土壤含水量(单位：%)；m_1 和 m_2 分别为烘干前后土壤质量(单位：g)。

(2) 草地地上生物量：

$$\text{AGB} = 0.45m / 0.25 \tag{3-2}$$

式中，AGB 为草地地上生物量(单位：$gC \cdot m^{-2}$)；m 为样方草本植物烘干质量(单位：g)；0.45 为草地生物量转化为生物量碳的系数(安尼瓦尔·买买提等，2006)；0.25 为草地小样方面积(单位：m^2)。

(3) 0～60cm 草地地下生物量：

$$\text{BGB} = 0.45 \sum_{i=1}^{6} m_i / 0.00785 \tag{3-3}$$

式中，BGB 为草地地下生物量(单位：$gC \cdot m^{-2}$)；m_i 为样方第 i 层土壤根系烘干质量(单位：g)；0.45 的含义同方程(3-2)；0.00785 为根钻截面积(单位：m^2)。

(4) 青海云杉林地上生物量(王金叶和车克钧，2000)：

$$\text{AGB} = \sum_{i=1}^{n} (0.5034 \times W_{\mp i} + 0.5086 \times W_{枝i} + 0.5660 \times W_{叶i}) / 100 \tag{3-4}$$

$$W_{\mp i} = 0.0478 \times (D_i^2 \times H_i)^{0.8665}$$

$$W_{枝i} = 0.0122 \times (D_i^2 \times H_i)^{0.8905}$$

$$W_{叶i} = 0.2650 \times (D_i^2 \times H_i)^{0.4701}$$

式中，AGB 为林地地上生物量(单位：$kgC \cdot m^{-2}$)；$W_{\mp i}$、$W_{枝i}$ 和 $W_{叶i}$ 分别为样方内第 i 棵青海云杉树干生物量(单位：kg)、树枝生物量(单位：kg)和树叶生物量(单位：kg)；公式(3-4)中的 0.5034、0.5086、0.5660 为碳转化系数；n 为样方(王金叶和车克钧，2000)青海云杉总数；100 为林地样方面积(单位：m^2)；D_i 和 H_i 分别为样方内第 i 棵青海云杉胸径(单位：cm)与树高(单位：m)。

(5) 青海云杉林地下生物量：

$$\text{BGB} = \sum_{i=1}^{n} (0.5489 \times W_{根i}) / 100 \tag{3-5}$$

$$W_{根i} = 3.3756 \times (D_i^2 \times H_i)^{0.2725}$$

式中，BGB 为林地地下生物量(单位：$kgC \cdot m^{-2}$)；$W_{根i}$ 为样方内第 i 棵青海云杉树根生物量(单位：kg)；公式中的 0.5489 和 3.3756 为碳转化系数；其余变量含义同方程(3-4)。

(6) 0～60cm 土壤平均全氮、全磷、砂黏粉和含水量满足(崔高阳等，2015)：

$$T_i = \frac{\sum_{i=1}^{4} C_i \times B_i \times D_i}{\sum_{i=1}^{4} B_i \times D_i} \tag{3-6}$$

式中，T_i 为 0～60cm 土壤平均全氮含量(单位：$g \cdot kg^{-1}$)、全磷含量(单位：$g \cdot kg^{-1}$)、砂黏粉含量(单位：%)和含水量(单位：%)；C_i 为第 i 层土壤全氮、全磷、砂黏粉含量和含水量；B_i 为第 i 层土壤容重(单位：$g \cdot cm^{-3}$)；D_i 为第 i 层土壤厚度(单位：cm)。

(7) 样地接收的年潜在直接入射辐射量(McCune & Keon，2002)：

$$Q_{rad} = 0.339 + 0.808\cos L\cos S - 0.196\sin L\sin S - 0.482\cos A\sin S \tag{3-7}$$

式中，Q_{rad} 为样地年潜在直接入射辐射量(单位：$MJ \cdot cm^{-2} \cdot a^{-1}$)，表示在晴天无云的理想条件下，单位面积样地一年接收的直接太阳辐射量；L 为纬度(单位：°)；S 为坡度(单位：°)；A 为样地朝向的方位角(单位：°)。年潜在直接入射辐射量未考虑气象因素及地形遮蔽对样地辐射量的影响，且只包含直接辐射一项，不含散射辐射与周围地形反射辐射，与实际样地年辐射量有出入。但考虑到该区天空散射辐射与周围地形反射辐射的量远小于直接辐射(Zhang et al.，2013)，各样地海拔接近且天空状况相似，因此可以用年潜在直接入射辐射量反映各样地实际年辐射量的相对大小。

(8) 土壤有机碳密度计算公式如下：

$$SOCD = \sum_{i=1}^{k} C_i \times D_i \times B_i \times (1 - G_i) / 100 \tag{3-8}$$

式中，SOCD 为土壤有机碳密度(单位：$kgC \cdot m^{-2}$)；k 为土壤分层数量；C_i、D_i、B_i 和 G_i 分别为第 i 层土壤有机碳含量(单位：$g \cdot kg^{-1}$)、厚度(单位：cm)、容重(单位：$g \cdot cm^{-3}$)和粒径大于 2mm 砾石的含量(单位：%)。

草地地上生物量计算公式如下：

$$AGB = m/0.25 \tag{3-9}$$

式中，AGB 为草地地上生物量(单位：$g \cdot m^{-2}$)；m 为样方草本植物烘干质量(单位：g)；0.25 为设置的小样方面积(单位：m^2)。

0～60cm 草地地下生物量计算公式如下:

$$\text{BGB} = \sum_{i=1}^{6} m_i / 0.00785 \tag{3-10}$$

式中，BGB 为草地地下生物量(单位: $\text{g} \cdot \text{m}^{-2}$)；$m_i$ 为样方第 i 层土壤根系烘干质量(单位: g)；0.00785 为根钻截面积(单位: m^2)。

由于山区气象站点稀少，在分析影响土壤有机碳空间格局的气候因子时，考虑到研究区年平均温度和降水量是地形的函数，本节采用经验公式计算流域尺度上各采样点的年平均温度和降水量(Zhao et al.，2011)。另外，辐射量是影响局地小尺度上土壤有机碳空间分异的重要因子，采用年潜在直接入射辐射量代替实际辐射量。相关计算公式如下:

$$\text{MAT} = 20.957 - 0.00549H - 0.166Y + 0.0089X, \quad R^2 = 0.98 \tag{3-11}$$

$$\text{MAP} = 1680.6235 - 0.119H - 75.264Y + 12.405X, \quad R^2 = 0.92 \tag{3-12}$$

式中，MAT、MAP 分别为采样点年平均温度(单位: ℃)、年平均降水量(单位: mm)；H 为海拔(单位: m)；Y 为纬度(单位: °)；X 为经度(单位: °)；R^2 为经验公式的决定系数。

本节气候数据来源于中国科学院资源环境科学与数据中心的"中国气象要素年度空间插值数据集"(http://www.resdc.cn)，数据时间范围为 1960～2021 年，空间分辨率为 1km。所用数据集是基于全国 2400 多个气象站点日观测数据，通过整理和计算，在 ANUSPLIN 插值软件中空间插值处理生成。年平均气温精确至 0.1℃，年降水量精确至 0.1mm。

本节在评估流域尺度土壤有机碳储量及价值时，将海拔、坡度和坡向作为环境协变量对点上的土壤有机碳密度数据进行升尺度。用于计算海拔、坡度和坡向的源数据为航天飞机雷达地形测量(shuttle radar topography mission，SRTM)的数字高程模型(SRTM DEM)，空间分辨率为 90m。该数字高程模型覆盖面积广、数据量大、精度高，数据可直接从美国地质调查局(U.S. Geological Survey，USGS)免费获取(https://www.usgs.gov/)。在 ArcGIS 10.2 软件中(ESRI Incorporated，USA)将 SRTM DEM 数据裁剪到研究区后，利用 ArcGIS 10.2 中的表面分析工具，分别获得研究区 90m 分辨率的坡度和坡向栅格图(图 3-2)。另外，还利用 DEM 数据生成了经度和纬度坐标栅格数据，分辨率为 90m。这是因为在区域尺度上，空间位置信息也是描述土壤有机碳空间格局的重要变量，可以用来反映土壤有机碳的空间变异特征。

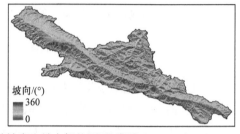

图 3-2　研究区 90m 分辨率的坡度和坡向栅格图(见彩图)

(9) 植被指数数据。

基于遥感影像的植被指数可以很好地指示土壤有机碳的空间格局，已广泛应用于土壤有机碳密度空间制图。因此，除地形因子及空间位置信息，采用归一化植被指数(NDVI)数据作为环境协变量对点上土壤有机碳密度进行升尺度。NDVI数据来源于国家冰川冻土沙漠科学数据中心(http://www.ncdc.ac.cn/portal/)的黑河流域 30m 月 NDVI 产品(Li et al.，2017)。该 NDVI 产品使用的是我国国产卫星HJ/CCD 影像，兼具较高的时间分辨率(组网后 2d)和空间分辨率(30m)。数据以平均合成移动立方体(MC)法作为主算法进行合成，备用算法采用植被指数(VI)法。黑河中游农田的验证结果表明，NDVI 合成结果与地面实测数据具有较好的一致性(R^2 = 0.89，RMSE = 0.092)。研究使用 6~8 月(夏季)NDVI 的平均值作为环境协变量进入升尺度模型。数据使用前先用 ArcGIS 10.2 将 30m 分辨率的 NDVI 栅格数据裁剪到研究区，然后重采样到 90m。

(10) 土地利用数据。

基于 1980~2010 年土地利用类型数据，研究了 30a 土地利用变化对土壤有机碳库的影响。所使用的土地利用数据裁剪自中国土地利用现状遥感监测数据，空间分辨率为 1km。数据来源于中国科学院资源环境科学与数据中心(http://www.resdc.cn)。数据生产制作是以各期 Landsat TM/ETM(专题制图仪/增强型专题制图仪)遥感影像为主要数据源，通过人工目视解译生成，土地利用类型包括 6 个一级类型和 25 个二级类型。研究区共有一级类型 6 个，分别是林地、耕地、草地、水域、居民地和未利用土地；二级类型 18 个，分别是旱地、有林地、灌木林、疏林地、高盖度草地、中盖度草地、低盖度草地、河渠、水库坑塘、永久性冰川雪地、滩地、城镇用地、农村居民点、沙地、沼泽地、裸土地、裸岩石质地和其他。

(11) RCP 情景数据。

选取政府间气候变化专门委员会(IPCC，2013)第五次评估报告中的最新全球气候模式(global climate models，GCM)输出的气候驱动数据，研究未来不同气候情景下土壤碳库演变的方向和大小。模式输出的气候驱动数据的未来预测时间长度到 21 世纪末，GCM 中的最新气候变化情景采用代表性温室气体浓度排放路径(representative concentration pathways，RCP)，各路径根据未来人口增长和社会经济发展情况，推算温室气体排放引起的辐射强迫增加。代表性温室气体浓度包括 4 种排放路径，分别为 RCP2.6、RCP4.5、RCP6.0 和 RCP8.5。其中，RCP2.6 情景是 4 种情景中最理想的，表示未来 10a 人类采用积极的方式使温室气体排放下降，到 21 世纪末时温室气体排放成为负值，届时辐射强迫仅增大 2.6W·m^{-2}，全球气温升高不会超过 2℃。RCP4.5 和 RCP6.0 表示两种中等排放情景，表示到 21 世纪末温室气体的排放量超过了允许值，对应的辐射强迫分别增大 4.5W·m^{-2} 和 6.0W·m^{-2}。RCP8.5 表示高排放情景，在该情景下，21 世纪末空气中二氧化碳浓度要比工业革命前高 3～4 倍，辐射强迫增大 8.5W·m^{-2}。RCP4.5、RCP6.0 和 RCP8.5 情景下，21 世纪末全球地表气温的增温幅度均会超过 2℃，生态环境及人类社会均会面临重大挑战(Yang et al.，2018)。

为了确定不同气候变化情景下土壤有机碳库的演变特征，分别获取了基准年(1970～2000 年)及 2041～2060 年平均值于 RCP2.6、RCP4.5 和 RCP8.5 下 5 个全球气候模式输出的平均温度和降水量数据。这 5 个全球气候模式分别为 BCC-CSM1-1、GISS-E2-R、HadGEM2-AO、IPSL-CM5A-LR 和 NorESM1-M。

基准年和未来不同典型浓度排放路径下模式模拟的气候数据来自 WorldClim 数据库。模式原始输出结果分辨率较粗，后期利用统计降尺度和偏差校正，结合基准年数据，WorldClim 已将模拟的气候数据降尺度到 30″分辨率，相关数据下载网址为 http://worldclim.org/。

3.2.3 数据分析

研究主要使用的数据分析方法包括土壤转换函数(pedotransfer functions，PTF)、一般线性模型(general linear model)、结构方程模型(structural equation modelling)及数字土壤制图(digital soil mapping)。其中，土壤转换函数用于探寻坡向效应的大小及其随海拔/植被带的变化，一般线性模型用于方差分析并拆分地形因子对土壤有机碳空间变异的贡献率，结构方程模型用于探寻地形-气候-植被-土壤碳格局的关系，数字土壤制图用于将点的土壤有机碳观测数据升尺度到区域尺度，为评估土壤有机碳储存功能及其未来变化提供基础。

1. 土壤转换函数

土壤转换函数的核心思路是建立目标土壤属性与易测变量之间的经验关系，进而获得目标土壤属性的估算值(Zinn et al.，2005)。在研究土壤有机碳的空间格局时，为了定量描述不同海拔/植被带内的坡向效应，借鉴了 Zhu 等 (2017)提出的土壤转换函数法，先建立土壤有机碳与坡向余弦间的指数函数，然后将该函数对坡向求导，从而得到土壤有机碳在坡向梯度上的变化率。具体过程如下。

为了建立坡向梯度上土壤有机碳的预测方程，先分植被带对土壤有机碳进行拟合：

$$SOCC = a\mathrm{e}^{b\cos(\pi A/180)} \tag{3-13}$$

式中，SOCC 为土壤有机碳含量(单位：$g \cdot kg^{-1}$)；A 为样地朝向的方位角(单位：°)；a 和 b 为基于最小二乘法得到的非线性回归系数。

然后，将方程(3-13)右侧对坡向进行求导，得到土壤有机碳含量随坡向的变化率：

$$r = \mathrm{d}SOCC/\mathrm{d}A = -(\pi ab/180)\sin(\pi A/180)\mathrm{e}^{b\cos(\pi A/180)} \tag{3-14}$$

式中，r 为土壤有机碳含量随坡向的变化率[单位：$g \cdot kg^{-1} \cdot (°)^{-1}$]。

根据式(3-14)，可以得到坡向梯度上任意坡度处土壤有机碳随坡向的变化率，该值可以反映不同海拔/植被带内坡向效应的大小，还可以确定坡向梯度上坡向效应最强的区域。土壤转换函数的系数可以在 SigmaPlot 12.5 中直接拟合得到(Systat 软件，USA)。

2. 一般线性模型

一般线性模型主要包括方差分析(analysis of variance，ANOVA)和线性回归(linear regression)分析，其核心思想是将目标变量表示为一系列控制变量/环境变量的线性组合与误差的和。本节使用方差分析检验不同坡向和坡度间土壤有机碳差异的显著性，多重比较采用 Duncan 法，显著性水平设为 0.05。另外，为了拆分各地形因子对土壤有机碳空间格局的贡献率，采用一般线性模型中的回归分析，对各地形因子进行拟合，根据拟合模型中各地形因子的离差平方和(sum of squares of deviations)占模型总离差平方和的比例，确定各地形因子的贡献率(Chen et al.，2016b)。需要注意的是，一般线性模型仅能识别因变量与自变量间的线性关系，对于非线性关系，模型无法识别。因此，在分析各地形因子对土壤有机碳空间格局的贡献率时，需要提前对各因子进行转换，转换方程为土壤有机碳与各地形因子间的拟合函数。所有数据进入模型前先进行均值为 0、标准差为 1 的标准化，以消除量纲及数据量级差异带来的误差(Zhu et al.，2019b)。

3. 结构方程模型

结构方程模型是基于变量的协方差矩阵分析多变量之间关系的一种统计方法，其最大的优势在于能同时分析系统内多变量间的相关关系，通过路径系数给出各因子之间的关联强度，还能对模型进行整体评价，从而有利于全面认识土壤有机碳空间格局与环境因子间的直接和间接关系(Chen et al., 2016c)。

在构造结构方程模型之前，首先要根据现有的认知水平，建立概念性模型，然后使用土壤有机碳及环境变量数据对模型进行拟合。模型拟合效果主要用卡方统计量和模型 P 值来反映，卡方值越小，P 值越大，模型拟合度越好。模型中的标准化通径系数可以反映变量间的相互关系及强度，通过直接效应、间接效应及总效应的大小判断变量的相抵贡献，通过模型的 R^2 了解变量的总体解释量。另外，结构方程模型本质上是多种线性回归模型的综合，仅能识别变量间的线性关系，对于非线性关系，模型无法识别。因此，在分析各环境变量对土壤有机碳空间格局的贡献率时，需要提前对各环境变量进行转换，转换方程为土壤有机碳与各环境变量的拟合函数。

4. 数字土壤制图

利用数字土壤制图，首先进行了流域尺度 90m 土壤有机碳密度制图，然后以此为基础完成流域尺度土壤有机碳库和土壤碳储存价值估算，并利用制图中的升尺度模型，模拟历史及未来气候变化情景下的土壤有机碳库演变，从而提出相应的适应性管理措施。数字土壤制图主要包括以下四个方面：变量筛选、模型训练、模型评估和不确定性分析(Ding et al., 2016)。

1) 变量筛选

在进行土壤有机碳的数字土壤制图前，需要对环境协变量进行筛选。理论上说，环境协变量越多，模型的模拟效果越好。然而，一个理想的模型应该具有这样的特点：自变量彼此之间相关性很弱，而自变量与因变量之间相关性很强。实际用于有机碳数字土壤制图的环境协变量多达几十种，但这些环境协变量彼此间通常具有很强的相关性(共线性)。在共线性的作用下，尽管输入模型中的环境协变量不断增加，模型模拟能力的提高空间却越来越小(Jeong et al., 2001)。与此同时，环境协变量的增加会显著提高模型的冗余度，导致计算量大大增加，计算时间延长，特别是在高精度数字土壤制图中(Yang et al., 2016)。

温度和降水量一直被认为是影响土壤有机碳空间格局的主要因子，因此也常用于土壤有机碳的数字土壤制图。祁连山温度和降水量是海拔和地理位置的函数，且经验方程的 R^2 在 0.92 以上，相关性极高。因此，地形因子与气候因子可以不同时进入模型。另外，坡向和坡度可以反映小尺度上土壤有机碳的异质性，且与海拔不相关，可以纳入模型。植被指数虽与海拔、坡向、坡度及地理位置有一定的相关性，但可以反映地表景观的细节特征(如河流、滩地、人类活动等对地表植被的影响)，也可以纳入模型。综上，在进行流域尺度土壤有机碳 90 m 分辨率数字制图时，主要采用了以下变量：NDVI、海拔、坡向、坡度、经度、纬度。

2) 模型训练

使用两种模型对点观测数据进行升尺度：一种是统计学中的多元线性回归 (multiple linear regression)模型，另一种是机器学习算法中的随机森林(random forest)模型。多元线性回归是一种经典的统计模型。在多元线性回归模型中，因变量为一系列自变量的线性组合与随机误差的和，自变量的系数由最小二乘法计算得到。相比之下，随机森林模型是一种新兴起的机器学习算法，具有灵活、易于使用、精度高等特点，近年来在数字土壤制图中被广泛应用。一般来说，随机森林模型具有更好的模拟效果，这主要是因为该模型可以很好地识别自变量与因变量间的非线性关系。本节采用这两种模型进行数字土壤制图，主要是为了检验经过变量校正的多元线性回归模型是否具有与随机森林模型接近的模拟能力。

根据各自变量回归系数的显著性，使用的最优拟合多元线性回归模型表达式如下：

$$\ln \text{SOCD} = a_0 + a_1 V + a_2 Y + a_3 H + a_4 A + a_5 AS \tag{3-15}$$

式中，SOCD 为土壤有机碳密度(单位：$\text{kgC} \cdot \text{m}^{-2}$)；$V$、$Y$、$H$、$A$、$AS$ 分别为归一化植被指数(NDVI)、纬度(单位：°)、海拔(单位：m)、坡向(单位：°)、坡向与坡度的交互作用；a_1、a_2、a_3、a_4、a_5 分别为对应的回归系数；a_0 为回归方程的常数项，由最小二乘法估算。对土壤有机碳密度先进行了对数转换，一方面是为了满足回归模型因变量正态性的要求，另一方面是为了避免 SOCD < 0 的情况出现。值得注意的是，方程(3-15)中的海拔(H)与坡向(A)需要提前进行转换，使其与 lnSOCD 满足线性关系，转换使用的方程为 lnSOCD 与海拔和坡向间的拟合函数。

随机森林模型本质上是一种基于分类回归树的机器学习算法，该算法综合了多次重复采样技术及特征随机选取技术。建模过程具有随机性，具体表现在：训练每棵树时，从全部训练样本中随机地选取一个子集进行训练，用未被抽取的数据进行误差评价；在每个节点，随机地选取所有特征的一个子集，用来计算最佳分割方式。因此，随机森林模型是基于随机方式建立的模型，包含了多个分类回归树，保证了模型的多样性和稳定性，可以很好地识别因变量与自变量间的非线性关系(Yang et al.，2016)。

本节所有的模型训练部分在 R 语言(R version 3.5.1，2018)环境中完成，其中多元线性回归采用 "lm" 函数，随机森林采用 "Random Forest" 软件包。

3) 模型评估

使用十折交叉验证(ten-fold cross-validation)评估这两种模型的模拟效果。该评估方法的思路如下：将数据集等分为 10 份，轮流将其中 9 份作为训练数据集输入模型进行模拟，1 份作为检验数据集检验模型模拟效果。每轮结束后，利用检验数据集的观测值与模型模拟值计算描述模型精度的统计量，最终把 10 轮统计量的平均值作为模型精度的评估值。

用于描述模型精度的统计量包括均方根误差(简称"均方差"，root mean square error，RMSE)、决定系数(coefficient of determination，R^2)及 Lin 一致性相关系数(Lin's concordance correlation coefficient，LCCC)，各统计量计算公式如下(Yang et al.，2016)：

$$RMSE = \sqrt{\frac{1}{n}\sum_{i=1}^{n}(P_i - O_i)^2} \tag{3-16}$$

$$R^2 = \frac{\sum_{i=1}^{n}(P_i - \bar{O})^2}{\sum_{i=1}^{n}(O_i - \bar{O})^2} \tag{3-17}$$

$$LCCC = \frac{2r\sigma_O\sigma_P}{\sigma_O^2 + \sigma_P^2 + (\bar{O} - \bar{P})^2} \tag{3-18}$$

式中，P_i 和 O_i 分别为采样点 i 的预测值与观测值；n、σ_O、σ_P、r 分别表示样本量、观测值标准差、预测值标准差、观测值与预测值之间的 Pearson 相关系数；$\bar{O}$ 和 $\bar{P}$ 分别为观测值和预测值的平均值。RMSE 越小，R^2 越大，表示模型模拟效果越好。LCCC 越接近 1，表示散点图中观测值与预测值的分布越接近 1：1 线。

4) 不确定性分析

为了评估随机森林模型在计算过程中产生的不确定性的空间分布，重复运行了 100 次模拟，每个栅格共得到 100 个预测值，取第一分位数($Q1$)和第三分位数($Q3$)，二者相减得到四分位距(inter-quartile range，IQR)，四分位距除以平均值，得到该栅格中土壤有机碳估算的不确定性(%)。对于多元线性回归，先求出估算值 50%置信区间的上下限，然后二者相减，得到四分位距，除以估算值，得到不确定性(%)。

5. 情景模拟法

祁连山中段复杂的地形、显著的水热梯度及多样的植被类型，为建立完整的"碳-环境因子"关系提供了理想的实验场所。基于训练得到的随机森林模型，可以获得当前土壤有机碳与温度、降水量、植被、地形等环境因子间的非线性映射关系。然后采用情景模拟法，分别输入 20 世纪 80 年代和 21 世纪 10 年代的年平均温度和降水量数据，确定 1980～2010 年土壤有机碳的变化；分别输入基准年、RCP2.6、RCP4.5 和 RCP8.5 情景下年平均温度和降水量数据，确定不同情景下土壤有机碳相对于基准年的变化趋势。使用的历史气候数据及 RCP 情景数据的空间分辨率均为 1km，因此最后土壤碳制图的分辨率也为 1km。

根据数字土壤制图的结果，分别对各植被类型土壤有机碳储量进行了统计，计算公式为

$$\text{SOCS} = \left(\sum_{i=1}^{n} \text{SOCD}_i \times A_i \right) / 10^9 \tag{3-19}$$

式中，SOCS 为该植被类型土壤有机碳储量(TgC，$1\text{Tg} = 10^{12}\text{g}$)；$\text{SOCD}_i$、$A_i$ 和 n 分别为该植被类型第 i 个栅格土壤有机碳密度估算值(单位：$\text{kgC} \cdot \text{m}^{-2}$)、栅格面积(单位：$\text{m}^2$)和栅格总数。栅格分辨率为 90 m，栅格面积为 8100 m^2。

各植被类型土壤碳储存价值的估算公式如下：

$$\text{SCP}_i = \text{SOCD}_i \times P / 10^3$$

$$\text{SCV} = \left(\sum_{i=1}^{n} \text{SCP}_i \times A_i \right) / 10^8 \tag{3-20}$$

式中，SCV(10^8 元)和 P(元 $\cdot t^{-1}$)分别为该植被类型土壤碳储存价值总量及碳交易价格，本节碳交易价格采用 1250 元 $\cdot t^{-1}$；SOCD_i、SCP_i、A_i 和 n 分别为该植被类型第 i 个栅格土壤有机碳密度估算值($\text{kgC} \cdot \text{m}^{-2}$)、土壤单位碳储存价值($10^4$ 元 $\cdot \text{hm}^{-2}$)、栅格面积(单位：m^2)和栅格总数。栅格分辨率为 90m，栅格面积为 8100m^2。

3.3　气象因子、土壤因子和植被因子分布特征

气象因子、土壤因子及植被因子是影响土壤有机碳分布的重要因子。研究其与坡向和坡位的相关关系，有助于更好地理解坡向和坡位对土壤有机碳累积的影响。

3.3.1　土壤温度、辐射量和含水量

由 0～5cm 土壤温度变化曲线可知，温度存在明显的日变化和坡向变化(图3-3)。南坡和西南坡土壤温度接近，南坡土壤最高温和最低温分别为 29.4℃和 16.0℃，二者相差 13.4℃。西南坡土壤最高温和最低温分别为 28.7℃和 17.3℃，二者相差

11.4℃。白天南坡温度高于西南坡，晚上则相反。西坡土壤温度在各个时刻均低于南坡和西南坡，最高温为 22.5℃，最低温为 14.5℃，二者相差 8.0℃。北坡土壤温度在各个时刻均远低于其他坡向，且日变化幅度很小，最高温为 8.3℃，最低温为 7.6℃，二者相差 0.7℃。对 48h 内温度取平均值，南坡、西南坡、西坡和北坡土壤平均温度分别为 22.1℃、22.3℃、17.9℃和 7.9℃。通过计算得到的南坡、西南坡、西坡和北坡的坡面年潜在直接入射辐射量分别为 1.06MJ·cm^{-2}·a^{-1}、0.99MJ·cm^{-2}·a^{-1}、0.77MJ·cm^{-2}·a^{-1} 和 0.58MJ·cm^{-2}·a^{-1}。坡向梯度上，年潜在直接入射辐射量与晴天坡面土壤温度变化趋势相近(图 3-3)。另外，经计算，山谷与山顶的辐射量分别为0.92MJ·cm^{-2}·a^{-1} 和0.97MJ·cm^{-2}·a^{-1}，介于西坡和西南坡之间。

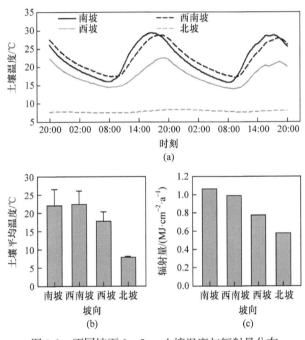

图 3-3　不同坡面 0～5cm 土壤温度与辐射量分布
(a) 土壤温度日变化；(b) 土壤平均温度；(c) 入射辐射量

　　试验区 0～60cm 土壤平均含水量在不同坡向和坡位差异显著。在山坡上，随着坡向由南转向北，土壤含水量呈增加趋势(图 3-4)。北坡土壤含水量显著高于其他各坡，西坡显著高于南坡和西南坡，西南坡显著高于南坡($P < 0.01$，图 3-4)。北坡土壤平均含水量为 32.86%±2.06%，是西坡的 1.24 倍，西南坡的 1.77 倍，南坡的 2.07 倍。西南坡和西坡的下坡土壤含水量显著高于上坡。南坡和北坡的上坡、中坡、下坡土壤含水量无显著差异。山谷和山顶的土壤含水量分别为

34.01%±2.55%和 24.68%±1.27%。整体上来看，山谷土壤含水量与北坡下坡接近，山顶土壤含水量与西坡上坡、中坡接近(图3-4)。

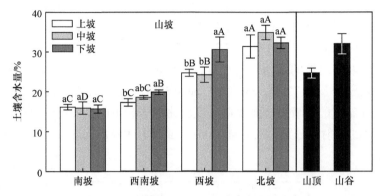

图 3-4　不同坡面 0～60cm 土壤含水量分布

不同小写字母表示同一坡向、不同坡位均值差异显著；不同大写字母表示同一坡位、不同坡向均值差异显著
($P<0.05$)，下同

3.3.2　土壤容重、机械组成和氮磷含量

0～10cm 土壤容重与土壤含水量的变化趋势相反(图3-5)。南坡平均容重为 $(1.18±0.03)g·cm^{-3}$，是西南坡的 1.09 倍，西坡的 1.39 倍，北坡的 1.77 倍。在南坡，中坡土壤容重显著低于上坡和下坡($P<0.05$)；在西南坡，土壤容重的大小为下坡>中坡>上坡，上坡与下坡差异显著($P<0.05$)；在西坡，土壤容重的大小为下坡>中坡>上坡，下坡容重显著大于上坡($P<0.05$)；在北坡，上坡、中坡、下坡土壤容重差异不显著($P>0.05$，图 3-5)。山顶和山谷土壤容重分别为$(0.82±0.02)g·cm^{-3}$ 和$(0.77±0.03)g·cm^{-3}$，山顶土壤容重与西坡接近，山谷土壤容重介于西坡和北坡之间。

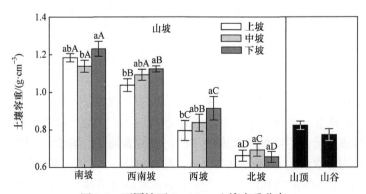

图 3-5　不同坡面 0～10cm 土壤容重分布

　　祁连山土壤黏粒含量为 9.15%,粉粒含量为 78.34%,砂粒含量为 12.51%。全山不同坡向土壤黏粒含量接近,北坡砂粒含量(15.51%)略高于南坡(12.67%)、西南坡(11.05%)和西坡(11.58%)。山谷黏粒含量(8.32%)与山顶(8.26%)接近,山谷砂粒含量(13.24%)略高于山顶(9.27%)。总体来看,土壤机械组成在研究范围内差异不大(图 3-6)。

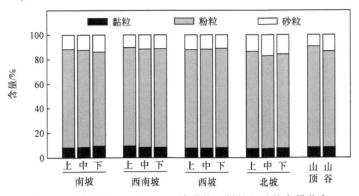

图 3-6　不同坡面 0~60cm 土壤黏粒、粉粒和砂粒含量分布

　　不同坡向和坡位在 0~60cm 土壤平均全氮含量差异显著。在山坡区域,上坡全氮含量的变化趋势为北坡>西坡>西南坡>南坡,其中西坡和西南坡差异不显著(P >0.05)。中坡全氮含量变化趋势为北坡>西坡>西南坡>南坡,其中北坡和西坡差异不显著(P >0.05)。下坡全氮含量的变化趋势为北坡>西坡>西南坡>南坡,其中西坡和西南坡差异不显著(P >0.05,图 3-7)。北坡 0~60cm 土层平均土壤全氮含量为(2.82 ± 0.45)g · kg^{-1},是西坡的 1.82 倍、西南坡的 2.91 倍、南坡的 3.97倍。在南坡、西南坡和北坡,下坡全氮含量大多显著高于其他坡位(P <0.05);在西坡,全氮含量的最大值则出现在中坡。山谷全氮含量为(3.47 ± 0.15)g · kg^{-1},与北坡下坡位接近,显著高于山顶及南坡、西南坡和西坡各坡位。山顶全氮含量为(2.05 ± 0.05)g · kg^{-1},与西坡中坡位接近,显著高于南坡和西南坡各坡位(图 3-7)。

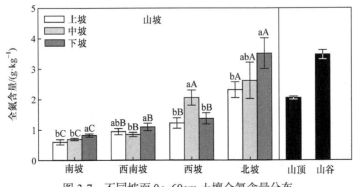

图 3-7　不同坡面 0~60cm 土壤全氮含量分布

不同坡向土壤全磷含量接近，在南坡、西南坡、西坡和北坡，土壤全磷含量分别为(0.42 ± 0.03)g·kg^{-1}、(0.49 ± 0.04)g·kg^{-1}、(0.46 ± 0.05)g·kg^{-1} 和(0.51 ± 0.06)g·kg^{-1}。在南坡和西南坡，下坡土壤全磷含量大多显著高于其他坡位$(P < 0.05)$；在西坡和北坡，上、中、下坡位无显著差异$(P > 0.05$，图3-8)。山顶全磷含量为(0.51 ± 0.03)g·kg^{-1}，与山坡接近。山谷全磷含量为(0.80 ± 0.03)g·kg^{-1}，显著高于山坡和山顶，是全山范围内全磷含量的极大值区。

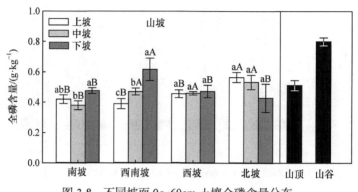

图3-8　不同坡面0～60cm土壤全磷含量分布

3.3.3　植被盖度和生物量

研究区不同坡向、坡位的植被类型和群落组成差异显著。祁连山北坡主要分布青海云杉林，山顶、南坡、西南坡、西坡和山谷为草地(图3-9)，西北坡是草地向林地的过渡坡面，主要草本植物为矮嵩草，草本盖度约 0.6；主要灌木为银露梅，灌木盖度约0.2；主要乔木为幼龄青海云杉，郁闭度约0.1。南坡上坡、中坡、下坡的草本盖度分别为0.27、0.28 和0.32。西南坡上、中、下坡位，草本盖度分别为 0.34、0.34 和 0.37。西坡上坡、中坡、下坡的草本盖度分别为 0.78、0.83 和0.86。山顶和山谷的草本盖度分别为0.81 和0.98。祁连山北坡为青海云杉林，平均郁闭度约0.5。

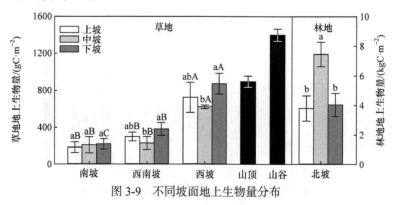

图3-9　不同坡面地上生物量分布

不同坡向、坡位草地地上生物量差异显著。在南坡，不同坡位地上生物量大小顺序为下坡>中坡>上坡，但不同坡位之间差异不显著；在西南坡，不同坡位地上生物量大小顺序为下坡>上坡>中坡，中坡与下坡差异显著；在西坡，不同坡位地上生物量大小顺序为下坡>上坡>中坡，中坡与下坡差异显著($P < 0.05$，图 3-9）。西坡平均地上生物量为(740.77 ± 68.11)gC·m^{-2}，是南坡的 2.43 倍、西南坡的 1.48 倍。山谷和山顶草地地上生物量分别为(1399.64 ± 65.76)gC·m^{-2} 和(896.30 ± 60.35)gC·m^{-2}，山谷约为山顶的 1.56 倍。山谷地上生物量远高于山坡，分别为南坡、西南坡、西坡的 6.77 倍、4.58 倍和 1.89 倍。山顶地上生物量与西坡下坡接近。北坡青海云杉林平均地上生物量为(5.09 ± 0.82)kgC·m^{-2}，中坡位地上生物量显著高于上坡和下坡($P < 0.05$，图 3-9）。

不同坡向、坡位草地地下生物量差异显著。在南坡，不同坡位地下生物量大小顺序为下坡>上坡>中坡，但不同坡位之间差异不显著；在西南坡，不同坡位地下生物量大小顺序为下坡>中坡>上坡，上坡与下坡差异显著；在西坡，不同坡位地下生物量大小顺序为下坡>中坡>上坡，各坡位之间差异显著，且下坡地下生物量分别为上坡和中坡的 2.29 倍和 1.54 倍(图 3-10)。西坡平均地下生物量为(115.08 ± 5.81)gC·m^{-2}，是西南坡的 2.59 倍、南坡的 3.04 倍。山谷和山顶草地地下生物量分别为(199.91 ± 18.30)gC·m^{-2} 和(100.81 ± 6.90)gC·m^{-2}，山谷草地地下生物量约为山顶的 1.98 倍。山谷地下生物量远高于山坡，分别为南坡、西南坡、西坡的 4.67 倍、4.50 倍和 1.74 倍。山顶地下生物量与西坡中坡接近。北坡青海云杉林平均地下生物量为(6.39 ± 0.56)kgC·m^{-2}，中坡显著高于上坡和下坡($P < 0.05$，图 3-10)。

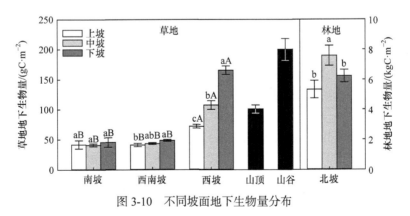

图 3-10　不同坡面地下生物量分布

3.3.4　水热因子对坡向和坡位的响应

从南坡到北坡，祁连山深度 5cm 处土壤温度从 22.1℃降到 7.9℃，日温差从 13.4℃降到 0.7℃，0～60cm 土壤平均含水量从 15.91%±1.09%升到 32.86%±2.06%，年平均潜在入射辐射量由 1.06MJ·cm^{-2}·a^{-1} 降到 0.58MJ·cm^{-2}·a^{-1}（图 3-11）。刘旻霞和王刚(2013)在甘南高寒草甸的研究发现，阴坡日平均温度比阳坡低 4℃，土壤含水量高 21%，与祁连山的结果相似。但祁连山南北坡的温差要大很多，达 14.2℃。主要原因是南坡向北坡转变，植被类型由草地转变为林地，青海云杉林冠层的遮蔽效应大大减少了土壤表层接收的辐射量，因此林内土壤温度远低于南坡，且日变化幅度很小。

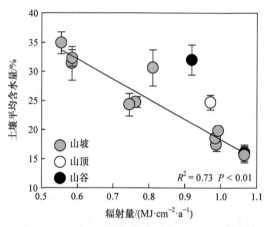

图 3-11　不同坡位土壤平均含水量与辐射量的关系

　　山坡土壤含水量与辐射量的相关关系表明，辐射是影响坡向梯度上土壤含水量变异的主要因子，可解释土壤含水量变异的90%。坡向是影响坡面热量的重要因子，决定了各坡面所能接收的辐射量(McCune & Keon，2002)。祁连山年降水量是海拔的函数(Chen et al.，2016b)，各坡面的年降水量接近。南坡的强辐射使得地表蒸散发增加，土壤含水量降低。研究区山谷与山顶地势平缓，辐射量与平地接近，分别为0.92MJ·cm^{-2}·a^{-1}和0.97MJ·cm^{-2}·a^{-1}，介于西坡和南坡之间。与山坡(平均坡度为 32°)相比，平坡全天均可以接收太阳辐射，照射时间多于西坡，因此辐射量高于西坡；南坡全天均可以受到太阳照射，且由于向南倾斜，在北半球中纬度夏季中午太阳的入射角接近 90°，因此辐射量高于平坡。然而，尽管山顶与山谷辐射量显著高于西坡山坡，但山谷土壤含水量却显著高于西坡的上坡和中坡，山顶与西坡上坡和中坡接近。这是因为坡位对地表径流起着支配作用，影响水分的再分配。山坡地表径流和壤中流在山谷汇聚，山谷获得额外的水量，土壤含水量增加。山顶与西坡上坡和中坡土壤含水量接近，这可能是因为西坡坡度大，汇流速度快，地面径流的损失量小，下渗进入土壤的水量低于山顶，而山顶辐射量又高于西坡，地表蒸散发更强，所以二者土壤含水量接近。

3.3.5　土壤和植被因子对坡向和坡位的响应

坡向和坡位虽然不直接影响土壤理化性质和植被分布，但可以通过改变坡面水热条件间接影响土壤植被(Hancock et al.，2010；Essery，2004；Oliphant et al.，2003；Ranzi & Rosso，1995)。这种小地形对局地尺度水热条件的改变，增加了土壤性质和植被分布在更小尺度上的异质性(Chaplot et al.，2001；Gessler et al.，2000 ；Arrouays et al.，1998)。祁连山植被分布格局与地形密切相关，青海云杉林只分布在北和西北偏北的坡面，西北坡为草地向林地的过渡坡面，西坡、西南坡、南坡、山顶和山谷为草地。相应的土壤理化性质、植被盖度和生物量也随着坡向和坡位发生显著变化。

坡向梯度上，草地群落地上和地下生物量大小顺序为西坡>西南坡>南坡；坡位梯度上，山谷最大，山顶与西坡上坡和中坡接近，各坡面下坡高于中坡或上坡。这与坡向和坡位影响下的水分分布有关。草地地上生物量、地下生物量随土壤含水量的增加呈线性增加趋势，土壤含水量可以解释地上生物量、地下生物量变异的 90%(图 3-12)，说明土壤含水量是草地生物量的主要限制因子。西坡水分条件优于南坡和西南坡，山谷优于山坡和山顶，因此在这两个区域，草地地上生物量、地下生物量最大。

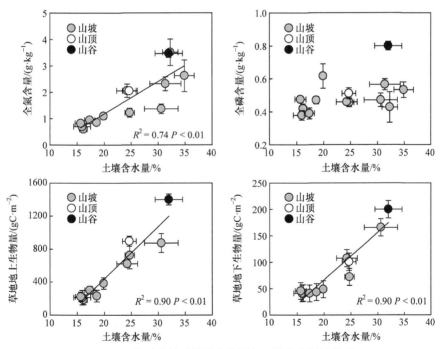

图 3-12　氮磷含量及植被生物量与土壤含水量的关系

土壤容重大小顺序为北坡<西坡<西南坡<南坡，山谷和山顶与西坡中坡位接近。这是因为北坡为青海云杉林，林下阴湿寒冷，地表腐殖质累积多，土壤疏松；西坡、山谷和山顶表层地下生物量显著高于西南坡和南坡，草根密集，土壤较为疏松，因此容重较小。全山范围内砂粒、黏粒含量接近，土壤质地为粉壤土。孙文义等(2010)在黄土高原的研究发现，由于土壤侵蚀作用，土壤细颗粒被搬运到沟底，使得沟底黏粒含量显著高于峁顶和峁坡。各坡位黏粒含量接近，无显著差异，这可能是因为该区整体植被条件较好，土壤侵蚀强度较低，尤其是在阴坡青海云杉林内，由于林冠截留作用及土壤表层苔藓对水分的涵养作用，林区内无土壤侵蚀发生(常宗强等，2002)。土壤全氮含量大小顺序为北坡>西坡>西南坡>南坡，山谷与北坡下坡接近，山顶与西坡中坡接近。回归分析表明，土壤全氮含量随着土壤含水量的增加呈线性增加趋势。这是因为水分条件好的坡面植被条件好，生物量高，向土壤归还的凋落物增加，土壤全氮含量也更高。土壤全氮含量与辐射量呈负相关关系，辐射主要是通过土壤含水量影响全氮含量，这也是加入山谷和山顶数据后，辐射量能解释全氮变异的比例下降35%的原因。坡向梯度上土壤全磷含量差异不显著，土壤全磷含量与水热因子也未表现出显著的相关性。这主要是因为土壤中的磷除小部分来自干湿沉降外，大多数来自土壤母质(黄昌勇，2000)。山谷较高的全磷含量可能与磷随地表径流的迁移有关，山坡上的磷随地表径流流失，并在山谷汇集，使山谷土壤全磷含量显著增加。

3.4　土壤有机碳空间分布格局

祁连山中段土壤有机碳空间格局与地形因子相关性好(Chen et al.，2016b；Qin et al.，2016)。与其他环境因子不同的是，地形因子基本不随时间变化，具有时间稳定性，因此可以作为土壤有机碳空间格局的指示性因子(Yang et al.，2016；Parras-Alcantára et al.，2015)。

3.4.1　不同坡位、坡向及海拔梯度土壤有机碳分布格局

1. 坡位梯度上的有机碳分布格局

祁连山中段草地土壤有机碳含量与容重随坡位和土层深度变化明显(表3-2)。坡位梯度上，坡顶和沟谷 0~10cm 土壤容重小于上坡、中坡和下坡。10cm 深度以上，坡顶和沟谷土壤容重逐渐变为大于上坡、中坡和下坡。总体上看，随着土层深度的增加，土壤容重呈增加趋势：0~10cm、10~20cm、20~40cm 和 40~60cm 土壤平均容重分别为$(0.96 \pm 0.02)g \cdot cm^{-3}$、$(1.00 \pm 0.02) g \cdot cm^{-3}$、$(1.06 \pm 0.02)g \cdot cm^{-3}$ 和$(1.12 \pm 0.03) g \cdot cm^{-3}$。坡位梯度上，沟谷和坡顶 0~10cm 土壤有机碳含量显著高于

上坡、中坡和下坡，分别为(85.34 ± 8.24)g·kg^{-1}和(58.56 ± 7.31)g·kg^{-1}，约是中坡的 1.71 倍和 1.17 倍。10 cm 深度以上，坡顶的土壤有机碳含量与上坡、中坡和下坡接近，沟谷则显著高于其他坡位，10～20cm、20～40cm 和 40～60cm 沟谷土壤有机碳含量分别为(64.92 ± 7.40)g·kg^{-1}、(45.90 ± 4.89)g·kg^{-1}、(35.99 ± 3.94)g·kg^{-1}，分别是中坡的 1.60 倍、1.38 倍和 1.35 倍。总体上看，随着深度的增加，土壤有机碳含量显著降低，0～10cm、10～20cm、20～40cm 和 40～60cm 土壤平均有机碳含量分别为(57.79 ± 3.60)g·kg^{-1}、(44.61 ± 2.76)g·kg^{-1}、(36.16 ± 2.35)g·kg^{-1} 和(29.37 ± 2.02)g·kg^{-1}。

表 3-2　坡位梯度上土壤容重和土壤有机碳含量随土层深度变化

变量	坡位	0～10cm 土层	10～20cm 土层	20～40cm 土层	40～60cm 土层
	坡顶	0.88 ± 0.05d	0.98 ± 0.04c	1.04 ± 0.03b	1.10 ± 0.02a
	上坡	1.00 ± 0.04b	0.99 ± 0.04b	1.02 ± 0.03b	1.09 ± 0.04a
容重/(g·cm^{-3})	中坡	0.99 ± 0.04bc	0.98 ± 0.03c	1.02 ± 0.03b	1.09 ± 0.03a
	下坡	1.03 ± 0.04ab	1.01 ± 0.03b	1.04 ± 0.03ab	1.07 ± 0.03a
	沟谷	0.90 ± 0.04d	1.05 ± 0.03c	1.19 ± 0.04b	1.25 ± 0.04a
	坡顶	58.56 ± 7.31a	40.78 ± 4.96b	34.83 ± 5.08c	27.06 ± 4.74d
	上坡	49.64 ± 6.88a	40.06 ± 5.37b	33.13 ± 4.18c	27.55 ± 3.79d
有机碳含量/(g·kg^{-1})	中坡	49.94 ± 7.54a	40.68 ± 5.56b	33.17 ± 4.62c	26.68 ± 3.99d
	下坡	45.48 ± 5.98a	36.63 ± 4.31b	33.77 ± 3.97bc	29.57 ± 3.75c
	沟谷	85.34 ± 8.24a	64.92 ± 7.40b	45.90 ± 4.89c	35.99 ± 3.94d

注：数据为均值 ± 标准差，不同字母表示同一坡位不同深度均值差异显著$(P < 0.05)$。

草地土壤有机碳密度随坡位变化显著，且不同草地类型的坡位效应有所差异。从坡顶到沟谷，土壤有机碳密度整体呈增加趋势，沟谷 0～60cm 土层草地平均土壤有机碳密度为 32.08kgC·m^{-2}，分别是坡顶、上坡、中坡和下坡的 1.62 倍、1.63 倍、1.62 倍和 1.57 倍(图 3-13)。具体地，在山地荒漠草原，沟谷 0～10cm、0～20cm、0～40cm 和 0～60cm 土壤有机碳密度分别为(3.03 ± 0.05)kgC·m^{-2}、(5.34 ± 0.08) kgC·m^{-2}、(10.23 ± 0.19)kgC·m^{-2} 和(14.98 ± 0.12)kgC·m^{-2}，是中坡相应土层的 1.68 倍、1.46 倍、1.51 倍和 1.49 倍。在山地草原，沟谷 0～10cm、0～20cm、0～40cm 和 0～60cm 土壤有机碳密度分别为(8.32 ± 0.44)kgC·m^{-2}、(15.07 ± 0.70) kgC·m^{-2}、(24.48 ± 1.19)kgC·m^{-2} 和(31.76 ± 1.39)kgC·m^{-2}，是中坡相应土层的 2.36 倍、2.40 倍、2.30 倍和 2.33 倍。在亚高山草甸，沟谷 0～10cm、0～20cm、0～40cm 和 0～60cm 土壤有机碳密度分别为(9.45 ± 0.29)kgC·m^{-2}、

(19.18 ± 0.84)kgC · m^{-2}、(35.31±0.62)kgC · m^{-2} 和(49.52 ± 1.54)kgC · m^{-2}，是中坡相应土层的 1.26 倍、1.40 倍、1.41 倍和 1.41 倍。

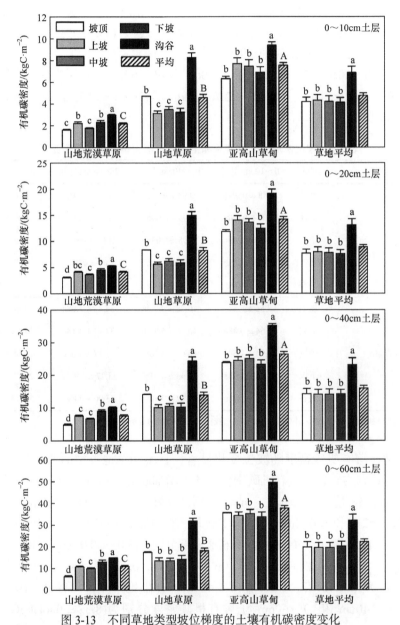

图 3-13 不同草地类型坡位梯度的土壤有机碳密度变化

不同小写字母表示同一草地类型下不同坡位间均值差异显著；不同大写字母表示不同草地类型间土壤有机碳密度差异显著($P < 0.05$)

为了定量评估各草地类型的坡位效应，用一般线性模型拆分不同草地类型的地形因子对 0～60cm 土壤有机碳密度空间变异的贡献率。结果表明，在山地荒漠草原，坡位贡献了土壤有机碳密度空间变异的 65.57%，其次是坡度，为 7.83%，坡向和海拔的贡献率不足 1%；在山地草原，坡位贡献了土壤有机碳密度空间变异的 73.31%，坡向、坡度和海拔分别贡献了 10.53%、2.26%和 0.97%；在亚高山草甸，坡位贡献了土壤有机碳密度空间变异的 59.78%，坡向、坡度和海拔分别贡献了 6.23%、0.14%和 0.47%(表 3-3)。对比来看，山地草原中坡位效应最强，其次是山地荒漠草原和亚高山草甸。

表 3-3　不同草地类型的地形因子对 0～60cm 土壤有机碳密度的贡献率

变异来源	自由度	山地荒漠草原		山地草原		亚高山草甸	
		均方差/(kgC·m^{-2})	贡献率/%	均方差/(kgC·m^{-2})	贡献率/%	均方差/(kgC·m^{-2})	贡献率/%
坡位	1	1.81	65.57**	11.98	73.31**	9.06	59.78**
坡向	1	0.00	0.16	1.72	10.53**	0.94	6.23**
海拔	1	0.01	0.36	0.16	0.97	0.07	0.47
坡度	1	0.22	7.83**	0.37	2.26*	0.02	0.14
误差	40	0.018	26.08	0.05	12.92	0.13	33.38

注：结果来自一般线性模型(GLM)，数据已修约。分析前坡位数据预处理如下：坡顶、上坡、中坡、下坡和沟谷依次转换为 0～4，然后用方程 $y = 19.698 + 9.885\exp(2.935x)/10^5$ 进行转换，以保证 0～60 cm 土壤有机碳密度与坡位之间呈线性关系。* $P < 0.05$，** $P < 0.01$。

2. 坡向梯度上的有机碳格局

随着坡向由南转北，土壤容重和土壤日平均温度显著降低，土壤有机碳含量和土壤含水量显著增加(表 3-4)。干性灌丛草原带、山地森林草原带和亚高山灌丛草甸带内，南坡(180°)土壤容重分别为(1.29 ± 0.10)g·cm^{-3}、(1.17 ± 0.15)g·cm^{-3}、(0.86 ± 0.09)g·cm^{-3}，分别是北坡(360°)的 1.63 倍、1.39 倍、1.08 倍；北坡土壤有机碳含量分别为 (56.52 ± 14.25)g·kg^{-1}、(70.66 ± 32.44)g·kg^{-1} 和 (93.54 ± 26.70)g·kg^{-1}，分别是南坡的 3.59 倍、4.00 倍和 1.40 倍；北坡土壤含水量分别为 18.65%±4.71%、39.84%±14.28%和64.79%±14.71%，分别是南坡的 2.61 倍、2.25 倍和 1.56 倍；南坡 8 月土壤 5 cm 日平均温度分别为(27.1 ± 4.6)℃、(21.8 ± 2.6)℃ 和 (14.3 ± 4.0)℃，分别比北坡高 13.8℃、14.0℃ 和 5.2℃。

表 3-4　不同植被带坡向梯度上 0～60cm 的土壤属性

植被带	坡向/(°)	容重/(g·cm^{-3})	有机碳含量/(g·kg^{-1})	土壤含水量/%	土壤日平均温度/℃
干性灌丛草原带	180	1.29 ± 0.10a	15.74 ± 3.07c	7.15 ± 3.15c	27.1 ± 4.6a
	225	1.09 ± 0.08b	15.68 ± 2.70c	8.37 ± 2.90bc	23.6 ± 4.8ab

续表

植被带	坡向/(°)	容重/(g·cm⁻³)	有机碳含量/(g·kg⁻¹)	土壤含水量/%	土壤日平均温度/℃
干性灌丛草原带	270	1.04 ± 0.08b	19.86 ± 4.64c	10.04 ± 2.49b	19.9 ± 3.2b
	315	1.01 ± 0.09b	32.71 ± 8.86b	11.40 ± 1.86b	16.6 ± 1.9c
	360	0.79 ± 0.10c	56.52 ± 14.25a	18.65 ± 4.71a	13.3 ± 1.1d
山地森林草原带	180	1.17 ± 0.15a	17.66 ± 7.03d	17.72 ± 3.86c	21.8 ± 2.6a
	225	1.12 ± 0.11a	18.82 ± 6.13d	19.06 ± 2.87c	21.9 ± 4.6a
	270	0.92 ± 0.13b	37.79 ± 13.19c	26.60 ± 6.35b	17.4 ± 2.4b
	315	0.86 ± 0.09b	55.76 ± 19.65b	33.29 ± 8.86ab	17.2 ± 3.0b
	360	0.84 ± 0.22b	70.66 ± 32.44a	39.84 ± 14.28a	7.8 ± 1.7c
亚高山灌丛草甸带	180	0.86 ± 0.09a	66.66 ± 22.50b	41.42 ± 12.20b	14.3 ± 4.0a
	225	0.86 ± 0.08a	67.41 ± 21.30b	42.91 ± 9.41b	13.9 ± 3.6a
	270	0.90 ± 0.15a	75.10 ± 18.54ab	51.85 ± 12.44ab	10.9 ± 2.7ab
	315	0.81 ± 0.14a	89.14 ± 22.96a	63.22 ± 13.85a	9.8 ± 3.8b
	360	0.80 ± 0.14a	93.54 ± 26.70a	64.79 ± 14.71a	9.1 ± 3.0b

注：数据为均值±标准差，不同字母表示同一植被带内不同坡向值差异显著($P < 0.05$)，土壤日平均温度为地下5cm处的温度。

随着坡向由南转北，各深度土壤有机碳密度均显著增大($P <0.05$)。干性灌丛草原带、山地森林草原带和亚高山灌丛草甸带中，北坡表层(0～10cm)土壤有机碳密度分别为(5.82 ±1.59)kgC·m⁻²、(7.20 ±2.03)kgC·m⁻²和(9.06 ± 2.17)kgC·m⁻²，分别是南坡的 2.90 倍、2.57 倍和 1.23 倍；北坡整层(0～60cm)土壤有机碳密度分别为(25.32 ± 2.54)kgC·m⁻²、(30.86 ± 7.62)kgC·m⁻² 和(42.42 ±5.89)kgC·m⁻²，分别是南的 2.11 倍、2.80 倍和 1.33 倍(表 3-5)。0～20cm 土层和 0～40cm 土层土壤有机碳密度沿坡向梯度的分布特征与 0～10cm 土层相似。

表 3-5　不同植被带坡向梯度的土壤有机碳密度

植被带	坡向/(°)	土壤有机碳密度/(kgC·m⁻²)			
		0～10cm 土层	0～20cm 土层	0～40cm 土层	0～60cm 土层
干性灌丛草原带	180	2.01 ± 0.32b	4.08 ± 0.57c	7.98 ± 1.14c	12.00 ± 1.84c
	225	1.98 ± 0.34b	3.77 ± 0.45c	6.95 ± 1.00c	9.98 ± 1.19d
	270	2.45 ± 0.55b	4.51 ± 0.91c	8.47 ± 1.81c	11.98 ± 2.72cd
	315	4.24 ± 0.97a	7.70 ± 1.36b	13.64 ± 1.65b	18.72 ± 2.03b
	360	5.82 ± 1.59a	10.20 ± 2.00a	17.78 ± 2.05a	25.32 ± 2.54a
山地森林草原带	180	2.80 ± 0.57c	5.16 ± 0.82c	8.72 ± 1.27c	11.01 ± 1.24c
	225	2.84 ± 0.25c	5.02 ± 0.29c	8.73 ± 0.88c	11.49 ± 1.00c

续表

植被带	坡向/(°)	土壤有机碳密度/(kgC · m⁻²)			
		0～10cm 土层	0～20cm 土层	0～40cm 土层	0～60cm 土层
山地森林草原带	270	4.32 ± 0.71b	7.68 ± 1.23b	13.73 ± 2.31b	19.12 ± 3.60b
	315	6.37 ± 0.71a	11.51 ± 1.38a	19.51 ± 2.20a	26.02 ± 3.20a
	360	7.20 ± 2.03a	12.97 ± 3.06a	23.00 ± 4.72a	30.86 ± 7.62a
亚高山灌丛草甸带	180	7.36 ± 1.95a	13.48 ± 3.21a	23.84 ± 4.50a	31.78 ± 5.66c
	225	7.44 ± 1.79a	13.03 ± 2.30a	23.62 ± 2.90a	32.57 ± 4.44bc
	270	7.42 ± 1.23a	13.82 ± 1.54a	25.78 ± 2.52a	38.97 ± 4.38b
	315	8.07 ± 3.15a	15.02 ± 4.03a	29.36 ± 6.71a	42.28 ± 8.13a
	360	9.06 ± 2.17a	16.41 ± 3.87a	28.84 ± 5.35a	42.42 ± 5.89a

注：数据为均值 ± 标准差，不同字母表示同一植被带内不同坡向值差异显著($P < 0.05$)。

一般线性模型结果表明，干性灌丛草原带，坡向贡献了 0～60cm 土壤有机碳密度空间变异的 74.73%，其次是坡位和坡度，分别为 5.53% 和 2.31%，海拔的贡献率不足 1.00%；山地森林草原带，坡向贡献了土壤有机碳密度空间变异的 79.91%，海拔、坡位和坡度分别仅贡献了 0.88%、0.66% 和 0.36%；亚高山灌丛草甸带，坡向贡献了土壤有机碳密度空间变异的 38.39%，其次是坡位，贡献了 2.62%，坡度和海拔的贡献率不足 0.20%(表 3-6)。对比来看，山地森林草原带坡向效应最强，其次是干性灌丛草原带和亚高山灌丛草甸带。

表 3-6　不同植被带内地形因子对 0～60cm 土壤有机碳密度的贡献率

变异来源	自由度	干性灌丛草原带		山地森林草原带		亚高山灌丛草甸带	
		均方差 /(kgC · m⁻²)	贡献率/%	均方差 /(kgC · m⁻²)	贡献率/%	均方差 /(kgC · m⁻²)	贡献率/%
坡向	1	8.32	74.73**	18.67	79.91**	6.07	38.39**
海拔	1	0.05	0.44	0.21	0.88	0.00	0.01
坡位	1	0.62	5.53**	0.16	0.66	0.41	2.62
坡度	1	0.26	2.31*	0.08	0.36	0.02	0.15
误差	40	1.89	16.99	0.11	18.18	0.23	58.83

注：结果来自一般线性模型(GLM)，数据已修约；* $P < 0.05$，**$P < 0.01$。

基于土壤转换函数法，建立了植被带不同深度土壤有机碳含量与坡向余弦的函数关系(图 3-14)，土壤有机碳含量与坡向相关关系符合余弦的指数函数(表 3-7)。0～10cm、10～20cm、20～40cm 和 40～60cm 土层，干性灌丛草原带拟合函数的 R^2 分别为 0.84、0.80、0.84 和 0.73，山地森林草原带拟合函数的 R^2 分别为 0.87、0.83、

0.68 和 0.55，亚高山灌丛草甸带拟合函数的 R^2 分别为 0.33、0.36、0.40 和 0.57。

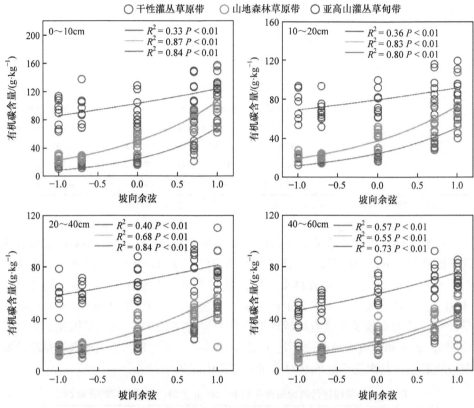

图 3-14　不同土层土壤有机碳含量与坡向余弦的关系(见彩图)

表 3-7　不同植被带土壤转换函数的系数

植被带	回归系数 $[SOCC = ae^{b\cos(\pi A/180)}]$	0~10cm 土层	10~20cm 土层	20~40cm 土层	40~60cm 土层
干性灌丛草原带	a	24.81	24.29	22.40	20.31
	b	1.028	0.737	0.654	0.689
山地森林草原带	a	49.92	37.25	29.65	22.72
	b	0.758	0.677	0.666	0.653
亚高山灌丛草甸带	a	103.30	79.54	68.36	59.11
	b	0.184	0.143	0.171	0.244

　　根据得到的土壤转换函数，发现土壤有机碳含量随坡向呈逐渐增加的趋势(图 3-15)。山地森林草原带土壤有机碳含量的变化率最大，其次是干性灌丛草原带，亚高山灌丛草甸带最小，说明山地森林草原带坡向效应最强。

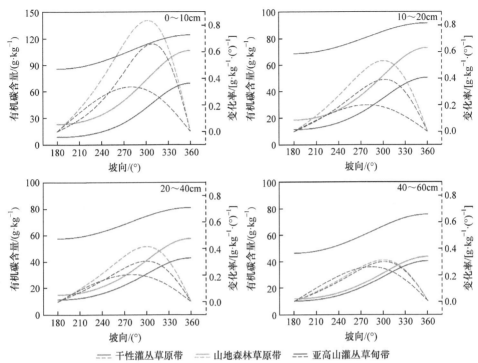

图 3-15　不同土层土壤有机碳含量及其随坡向的变化率(见彩图)

祁连山 0~10cm、10~20cm、20~40cm 和 40~60cm 土层,干性灌丛草原带土壤有机碳含量变化率的极大值坡向分别为 309°、302°、300°和 301°,平均值为 303°;山地森林草原带土壤有机碳含量变化率的极大值坡向分别为 303°、300°、300°和 300°,平均值为 301°;亚高山灌丛草甸带土壤有机碳含量变化率的极大值坡向分别为 280°、278°、280°和 284°,平均值为 281°。

3. 海拔梯度上的有机碳分布格局

在海拔 2300~4200m,土壤有机碳密度随着海拔的升高呈先增加后减少的变化趋势。0~10cm、0~20cm、0~40cm 和 0~60cm 土层,土壤有机碳密度随海拔的变化可分别用式(3-21)~式(3-24)表示:

0~10cm,

$$\ln SOCD = 2.0248\exp[-0.5|(h-3385.9358)/797.3748|^{2.1113}] \tag{3-21}$$

0~20cm,

$$\ln SOCD = 2.6433\exp[-0.5|(h-3396.8511)/974.0273|^{1.8494}] \tag{3-22}$$

0~40cm,

$$\ln SOCD = 3.2407\exp[-0.5|(h-3411.29.5)/1238.2465|^{1.3023}] \tag{3-23}$$

0～60cm，

$$\ln SOCD = 2.6219\exp[-0.5|(h-3443.3806)/1443.9994|^{1.0549}] \tag{3-24}$$

式中，SOCD 和 h 分别为土壤有机碳密度(单位：$kgC\cdot m^{-2}$)和海拔(单位：m)。根据方程可知，不同深度土壤有机碳密度极大值出现的海拔为 3385.9358～3443.3806m，平均为3409m，与实际观测结果基本相符(图 3-16)。

研究区植被带是海拔的函数，因此针对海拔梯度分析各植被类型的土壤有机碳密度。0～10cm深度，亚高山灌丛土壤有机碳密度最大，为$(7.74\pm0.36)kgC\cdot m^{-2}$，其次是亚高山草甸为$(7.49\pm0.37)kgC\cdot m^{-2}$，山地森林为$(7.01\pm0.34)kgC\cdot m^{-2}$，最小值出现在山地荒漠草原，最大值约为最小值的 4.01 倍。其他深度土壤有机碳密度的分布特征与表层类似，不过需要注意的是，高山寒漠的土壤深度不足 20cm，因此 0～40cm 和 0～60cm 土壤有机碳密度在所有植被类型中最小(表 3-8)。

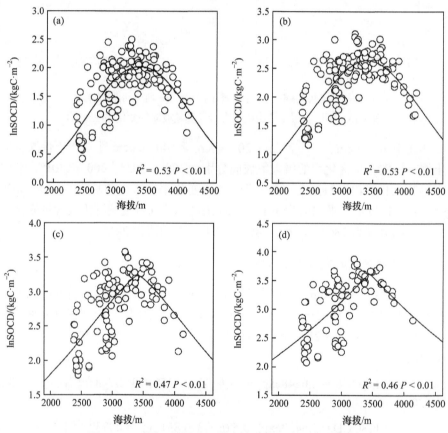

图 3-16　不同土层深度土壤有机碳密度随海拔的变化
(a) 0～10cm；(b) 0～20cm；(c) 0～40cm；(d) 0～60cm

表 3-8　不同海拔不同植被类型的土壤有机碳密度

海拔/m	植被类型	样点数	土壤有机碳密度/(kgC·m⁻²)			
			0~10cm 土层	0~20cm 土层	0~40cm 土层	0~60cm 土层
<2500	山地荒漠草原	9	1.93 ± 0.07c	3.78 ± 0.11d	7.18 ± 0.37d	10.35 ± 0.67dc
2500~3250	山地草原	22	3.58 ± 0.25b	6.53 ± 0.47c	10.67 ± 0.81c	13.69 ± 1.15c
	山地草甸草原	16	6.87 ± 0.47a	11.93 ± 0.75b	19.65 ± 1.29b	26.93 ± 2.13b
	山地森林	24	7.01 ± 0.34a	12.82 ± 0.57ab	21.69 ± 1.00b	28.89 ± 1.61ab
3250~3600	亚高山草甸	19	7.49 ± 0.37a	13.62 ± 0.78ab	22.03 ± 1.38b	31.33 ± 1.95ab
	亚高山灌丛	26	7.74 ± 0.36a	14.46 ± 0.66a	25.92 ± 0.84a	35.93 ± 1.03a
3600~3900	高山草甸	15	6.55 ± 0.40a	12.37 ± 0.62ab	20.11 ± 1.65b	29.72 ± 3.32b
>4000	高山寒漠	7	4.08 ± 0.41b	7.06 ± 0.51c	7.06 ± 0.51d	7.06 ± 0.51d

注：数据为均值±标准差，不同字母 a~d 表示植被类型间均值差异显著($P < 0.05$)。高山寒漠土壤深度不足 20cm，因此 0~40cm 和 0~60cm 土壤有机碳密度同 0~20cm。

在流域尺度上，海拔贡献了土壤有机碳密度空间变异的主要部分，其次是坡向。海拔和坡向分别解释了流域尺度上表层(0~10cm)土壤有机碳密度空间变异的 44.39% 和 11.25%，坡位贡献率为 2.66%，海拔与坡向的交互作用贡献了 1.11%，其余地形因子的贡献率不显著。对 0~60cm 土层土壤有机碳密度而言，海拔和坡向分别贡献了其空间变异的 37.16% 和 12.53%，二者的交互作用贡献了 4.86%，其他地形因子的贡献率不显著(表 3-9)。

表 3-9　流域尺度上各地形因子对土壤有机碳密度的贡献率

变异来源	0~10cm 土层			0~60cm 土层		
	自由度	均方差/(kgC·m⁻²)	贡献率/%	自由度	均方差/(kgC·m⁻²)	贡献率/%
海拔	1	3.36	44.39**	1.00	24.61	37.16**
坡向	1	0.85	11.25**	1.00	8.29	12.53**
坡位	1	0.20	2.66**	1.00	0.00	0.00
坡度	1	0.01	0.11	1.00	0.39	0.59
海拔×坡向	1	0.08	1.11*	1.00	3.22	4.86**
误差	132	0.02	40.49	85	0.35	44.85

注：结果来自一般线性模型(GLM)，数据已修约；* $P < 0.05$，** $P < 0.01$。

3.4.2　影响有机碳空间分布格局的因素

坡位、坡向和海拔是影响土壤有机碳空间变异的重要因子，但一般不直接影响土壤中有机碳的累积。水热因子、植被及土壤属性则是直接影响土壤中凋落物输入与有机碳矿化的环境因子。本小节在结合土壤有机碳密度与水热因子、植被及土壤属性等环境因子的基础上，揭示不同地形条件下，坡位、坡向和海拔如何通过改变水热因子、植被及土壤属性，进而对土壤有机碳的空间格局产生影响。

1. 坡位梯度上有机碳的影响因素

山地荒漠草原、山地草原 0～60cm 土层土壤有机碳密度随着降水量、土壤含水量、土壤黏粒＋粉粒含量、草地地上生物量、根生物量的增加而显著增加(图 3-17)，随着温度的增加而显著降低[$P < 0.01$，图 3-17(b)]。其中，土壤有机碳密度与土壤含水量的关系最密切，R^2 达 0.85，高于其余因素的相关性。山地草原

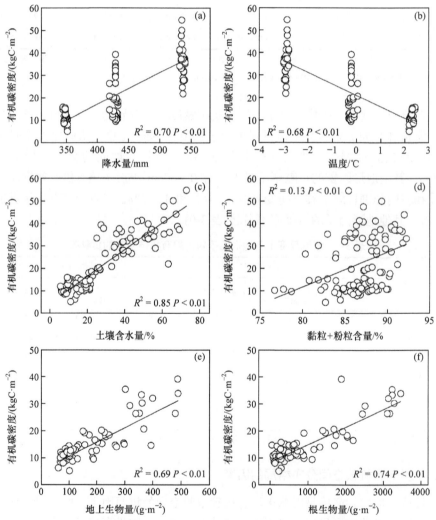

图 3-17　坡向梯度上 0～60cm 土壤有机碳密度与环境因子的关系

(a) 降水量；(b) 温度；(c) 土壤含水量；(d) 黏粒＋粉粒含量；(e) 地上生物量；(f) 根生物量

和山地荒漠草原的土壤有机碳密度与草地地上生物量及根生物量的决定系数 R^2 为 0.70 左右[图 3-17(e)和(f)]。另外，土壤质地对有机碳密度的影响相对较小，R^2 为 0.13($P<0.01$)。

2. 坡向梯度上有机碳的影响因素

在干性灌丛草原带、山地森林草原带和亚高山灌丛草甸带，土壤温度、土壤含水量及植被类型对土壤有机碳密度影响较大，海拔和坡向影响较小。海拔和坡向与土壤温度呈负相关关系，坡向对土壤温度的影响略大于海拔，二者共解释土壤温度变异的 85%；海拔和坡向与植被类型呈正相关关系，海拔的影响强于坡向，二者共解释植被类型变异的 92%；海拔和坡向与土壤含水量呈正相关关系，海拔的影响略大于坡向，二者共解释土壤水分变异的 89%。总的来看，海拔和坡向通过影响土壤温度、含水量及植被类型，共解释土壤有机碳密度变异的 88%。在直接影响土壤有机碳密度的环境因子中，植被类型影响最大，影响系数为 0.49，其绝对值比土壤含水量和温度分别高 0.12 和 0.38(图 3-18)。

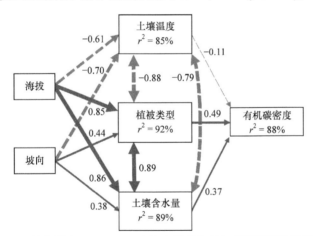

图 3-18　坡向梯度上 0~60cm 土壤有机碳密度与环境因子的相关系数

结果来自结构方程模型(卡方统计量 $\chi^2=0.324$，自由度 df = 2，$P=0.85$，RMSE < 0.001)，图中所有箭头指示的关系均在 0.05 水平上显著；单箭头指向表示因果方向，数字为标准化通径系数，反映作用关系的强度；双向箭头表示变量间的协方差；实线箭头和虚线箭头分别表示正相关和负相关关系，箭头粗细与作用关系的强度成正比；r^2 表示环境因子对变量的贡献率，由于植被类型为定性变量，分析前先将其编码，编码值与各植被类型下的土壤有机碳含量对应，编码值越大，该植被类型对应土壤有机碳含量越高

3. 不同海拔有机碳的影响因素

流域尺度上 0~10cm 土壤有机碳密度与植被类型(相关系数 $r = 0.65$)、年平均降水量($r = 0.59$)、土壤黏粒含量($r = 0.42$)及土壤粉粒含量($r = 0.21$)呈显著正相关关系($P < 0.05$)，与年平均温度($r = -0.66$)、辐射量($r = -0.29$)、pH($r = -0.39$)和

土壤砂粒含量($r = -0.41$)成反比[图 3-19(a)]。其他深度土壤有机碳密度与环境因子的关系与 0～10cm 类似。不过，随着深度的增加，土壤有机碳密度与土壤pH、土壤黏粒含量、粉粒含量和砂粒含量的相关性逐渐增强[图 3-19(b)～(d)]。

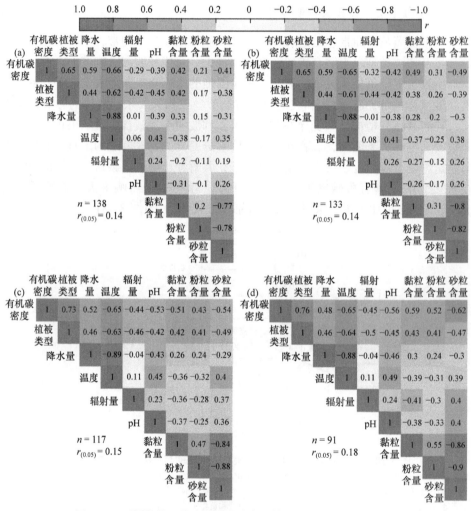

图 3-19 不同海拔土壤有机碳密度与环境因子的 Pearson 相关性

(a) 0～10cm 土层；(b) 0～20cm 土层；(c) 0～40cm 土层；(d) 0～60cm 土层

降水量和温度与土壤有机碳密度为非线性关系，分析前先将其土壤有机碳密度转换为线性关系；植被类型根据各采样点的 NDVI 值进行编码，编码值越大，NDVI 越高，表示植被生产力越高；n 为样本数；r 为相关系数

结构方程模型(图 3-20)表明，气候、植被及土壤因子共解释 0～10cm、0～20cm、0～40cm 和 0～60cm 土壤有机碳密度空间变异的 54%、57%、65%和69%。辐射量对土壤有机碳密度的影响既有直接作用也有间接作用。直接作用仅

在 0～10cm 和 0～40cm 深度时标准化通径系数为-0.12 和-0.17；辐射量对不同海拔 0～10cm 土层、0～20cm 土层、0～40cm 土层和 0～60cm 土层植被影响的通径系数分别为-0.41、-0.46、-0.49 和-0.55。降水量(年平均值)对土壤有机碳密度无直接影响，主要是通过影响植被类型和土壤 pH 间接影响土壤有机碳密度，降水量对 0～10cm 土层、0～20cm 土层、0～40cm 土层和 0～60cm 土层植被类型的通径系数分别为 0.38、0.41、0.46 和 0.44，对 pH 的通径系数分别为-0.20、-0.21、-0.31 和-0.32。温度(年平均值)对土壤有机碳密度的影响既有直接作用也有间接作用。温度对 0～10cm 土层、0～20cm 土层、0～40cm 土层和 0～60cm 土层直接作用的通径系数分别为-0.43、-0.38、-0.30 和-0.21；间接作用主要

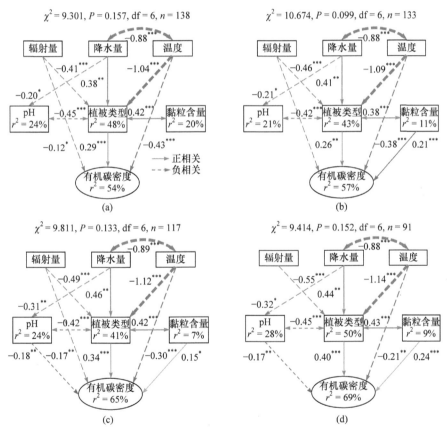

图 3-20　海拔梯度上影响土壤有机碳密度的环境因子的结构方程模型分析

(a) 0～10cm 土层；(b) 0～20cm 土层；(c) 0～40cm 土层；(d) 0～60cm 土层

单箭头指向表示因果方向，数字为标准化通径系数，反映作用关系的强度；双向箭头表示变量间的协方差；实线箭头和虚线箭头分别表示正相关和负相关关系，箭头粗细与作用关系的强度成正比；r^2 表示环境因子对变量的贡献率；图中仅给出了统计结果显著的作用关系，* $P<0.05$，** $P<0.01$，*** $P<0.001$；温度、降水量及植被类型数据的前处理同图 3-18

是通过影响植被类型进而影响土壤有机碳密度，标准化通径系数均小于−1.00。土壤黏粒含量对土壤有机碳密度有直接影响，不过仅在 0～20cm、0～40cm 和 0～60cm 深度影响明显，对应的标准化通径系数分别为 0.21、0.15 和 0.24。总之，年平均温度是影响土壤有机碳密度的主导因子。

3.4.3　适应土壤有机碳空间分布格局的管理措施

　　山地草原内的坡位效应最强。山地草原中，沟谷 0～60cm 土壤有机碳密度是中坡的 2.33 倍，而在山地荒漠草原和亚高山草甸中，分别为中坡的 1.49 倍和 1.41 倍。本小节坡位可以解释山地草原中 0～60cm 土壤有机碳空间变异的73.31%，高于亚高山草甸的 59.78%，山地草原的 65.57%。山地草原中较强的坡位效应可能与气候背景有关，山地草原的年平均温度(−0.2℃)和降水量(425mm)介于亚高山草甸(年平均温度−2.9℃，降水量 535mm)和山地荒漠草原(年平均温度2.3℃，降水量 350mm)之间，水热条件适中。这种情况下，坡位对坡面尺度上水热条件的微小重塑，都会更加显著地反映在植物群落组成及生物量上。祁连山草原中沟谷草地生物量约是中坡的 3.64 倍，而山地荒漠草原和亚高山草甸中仅为1.91 倍和 1.73 倍(Zhu et al.，2019b)。不同草地间坡位效应强度的差异，本质上是草地气候背景差异引起的，反映了坡位效应的气候依赖性。

　　山地森林草原带内的坡向效应最强。在山地森林草原中，北坡 0～60cm 土壤有机碳密度是南坡的 2.80 倍，而干性灌丛草原带和亚高山草甸带分别为 2.11倍和 1.33 倍。坡向可以解释山地森林草原带 0～60cm 土壤有机碳密度空间变异的 79.91%，高于干性灌丛草原带的 74.73%，亚高山灌丛草甸带的 38.39%。由土壤转换函数结果可知，山地森林草原带内 0～10cm 土壤有机碳含量随坡向的平均变化率为 0.46g · kg^{-1} · (°)$^{-1}$，高于干性灌丛草原带和亚高山灌丛草甸带的0.33g · kg^{-1} · (°)$^{-1}$ 和 0.21g · kg^{-1} · (°)$^{-1}$。研究区的中海拔，年平均温度和降水量分别为 0℃ 和 400mm，这种温度与降水组合形成了干旱山区特有的森林与草原相嵌套的景观格局，山地森林主要分布在阴坡，山地草原主要分布在阳坡(赵传燕等，2002)。与灌丛相比，森林林冠的遮蔽作用，更加显著地降低了土壤温度，使得北坡与南坡的温差更大。森林草原带内南北坡土壤温差达 14.0℃，高于干性灌丛草原带的 13.8℃和亚高山灌丛草甸带的 5.2℃，较大的温差进一步拉开了南北坡土壤中有机碳的累积差异。另外，与灌丛相比，森林中凋落物的碳氮比更高，不利于土壤微生物的分解(Chen et al.，2016b)。

　　干性灌丛草原带和山地森林草原带，土壤碳含量的坡向极大值出现在西北坡(302°)的位置，在亚高山灌丛草甸带，土壤碳含量的坡向极大值出现在西坡(281°)。干性灌丛草原带与山地森林草原带西北坡的植被类型是由草地向林地转变的过渡坡，植被类型以山地灌丛和山地草原为主(表 3-1)，特别是在山地森林草原带的西北坡，群落结构表现为草、灌、林三层结构：主要草本植物为矮嵩草，草本高度在 10～30cm，盖度约 60%；主要灌木为金露梅，高度 20～60cm，盖度约 20%；主要乔木为幼龄青海云杉，高度 1.2～3.0m，盖度约 10%。相比之下，亚高山灌丛草甸带植被类型的过渡坡为西坡，植被类型开始从亚高山草甸过渡到亚高山灌丛，到西北坡已经完全是亚高山灌丛。与其他植被类型较为单一的坡向相比(正南或正北坡)，由于过渡坡植被类型转变迅速，土壤中温度梯度大，植被生产力及凋落物的类型也发生迅速转变，因此土壤中有机碳的累积发生显著变化，有机碳沿坡向的变化率也最大(Zhu et al.，2017)。

坡向梯度上土壤有机碳的变化规律反映了植被类型在直接影响土壤有机碳累积时所起的重要作用，因此在进行区域植被恢复及土壤有机碳库管理时，应充分考虑山地的坡向效应，合理搭配林、灌、草的比例；另外，在极大值坡向区域，可以通过选取适宜的灌木品种进行造林，扩大木本植物的比例，提高灌丛群落郁闭度，使土壤温度降低，减缓土壤有机碳的矿化速率，提高土壤有机碳储存。

祁连山土壤有机碳密度在 2300～4200m 随着海拔的增加呈现先增加后减少的变化趋势，极大值出现在 3400m(亚高山灌丛草甸带)。一般来说，在山区，随着海拔的增加，温度降低，土壤微生物活性降低，土壤有机碳矿化速率变小，有利于土壤中有机碳的累积(Zhao & Li，2017；Parras-Alcantára et al.，2015)。例如，Prietzel 和 Christophel(2014)发现，阿尔卑斯山区高海拔森林中土壤有机碳密度显著高于低海拔森林。Chen 等(2015a)在祁连山地区也得到类似的结果：山地森林 0～50cm 土壤有机碳密度在海拔 2650m、2800m、3000m 和 3200m 分别为 18.33kgC·m^{-2}、22.02kgC·m^{-2}、22.74kgC·m^{-2} 和 31.09kgC·m^{-2}，呈显著增加的趋势。

然而，在更大的海拔范围内，土壤有机碳随海拔呈单峰形变化趋势。这与 Chen 等(2016b)在祁连山拍露沟流域的研究结果类似：在海拔 2750～3700m，0～50cm 土壤有机碳密度呈单峰形变化趋势。祁连山海拔 3400m 刚好位于青海云杉林上界、亚高山灌丛下界，植被生产力接近最大且土壤年平均温度较低，因此土壤有机碳累积量最大。当海拔超过 3400m 后，虽然降水量增加且温度降低，但热量条件已经逐渐成为限制植被生产力的首要因子，高海拔年平均温度低，生长季短，植被生产力不足，土壤中凋落物的输入少。特别是在高山寒漠带(> 4000m)，气候严寒、辐射强烈且大风日数较多，植被的生长环境十分恶劣，植被稀疏，土壤发育微弱，土壤中有机碳的累积特别少。另外，高海拔地区一般接近各个山峰的顶部，峰顶受各种外营力侵蚀使大量的岩体崩解，然后顺着山坡堆积，形成一条条流石坡，导致高海拔地区土壤一般比较浅薄且砾石含量特别高，扣除砾石含量后得到的土壤有机碳密度值更低。

土壤有机碳密度随海拔的这种变化特征，说明在进行区域土壤有机碳储量估算时，海拔可以作为一个很好的指示性因子。另外，祁连山中段 3400m 的区域是海拔梯度上土壤有机碳密度的高值区，因此未来气候增暖背景下应重点关注该海拔土壤有机碳库的演变，防止土壤有机碳的大量释放。

总之，坡位梯度上，从坡顶到沟谷，草地土壤有机碳密度呈增加趋势，沟谷 0～60cm 土壤有机碳密度为 32.08kgC·m^{-2}，分别是坡顶、上坡、中坡和下坡的 1.62 倍、1.63 倍和 1.57 倍；山地草原内坡位效应最强，其次是山地荒漠草原和亚高山草甸；土壤含水量是影响草地坡位梯度上土壤有机碳密度的主导环境因子。

坡向梯度上，干性灌丛草原带、山地森林草原带和亚高山灌丛草甸带内北坡 0～60cm 土壤有机碳密度分别为 25.32kgC·m^{-2}、30.86kgC·m^{-2} 和 42.42kgC·m^{-2}，是对应南坡的 2.11 倍、2.80 倍和 1.33 倍；一般线性模型和土壤转换函数表明，山地森林草原带内坡向效应最强，0～10cm 土壤有机碳含量随坡向的平均变化率达 0.46g·kg^{-1}·(°)$^{-1}$；植被类型是影响坡向梯度上土壤有机碳密度的主导环境因子。

土壤有机碳密度在海拔 2300～4200m 随海拔的增加呈单峰形变化趋势，极大值出现在海拔 3400m 左右；海拔和坡向是影响流域尺度上土壤有机碳变异的主导地形因子，其中海拔贡献了 0～10 cm 土壤有机碳密度空间变化的 44.39%，坡向贡献了 11.25%。结构方程模型进一步表明，地形因子塑造下的年平均降水量、年平均温度和辐射量，通过影响植被类型和土壤属性，共可以解释 0～10cm 土壤有机碳密度空间变异的 54%，其中，年平均气温是直接影响海拔梯度上土壤有机碳密度的主导环境因子。

根据祁连山中段地区土壤有机碳的主要环境影响因素，在模拟区域土壤有机碳空间分布时，应重点考虑地形及植被因子对土壤有机碳的指示性，从而提高模型模拟精度，为土壤有机碳密度的准确估算及未来气候变化背景下山区土壤有机碳库演变的评估提供基础。

3.5　土壤有机碳储存功能评估

祁连山地区土壤有机碳储量的估算仅限于小流域尺度(面积< 100km^2)，且采用的是以面积加权为基础的植被类型法，具有很大的不确定性(Chen et al.，2016b)。

3.5.1　评估模型

多元线性回归模型(MLR)对土壤有机碳密度的模拟效果较为理想(图 3-21 和表 3-10)。线性回归的斜率和截距如图 3-21 所示。多元线性回归模型的 RMSE、

R^2 和 LCCC 的均值，0～10cm 土层分别为 1.62kgC·m^{-2}、0.56 和 0.70；0～20cm 土层分别为 2.83kgC·m^{-2}、0.59 和 0.73；0～40cm 土层分别为 4.62kgC·m^{-2}、0.64 和 0.76；0～60cm 土层分别为 6.40kgC·m^{-2}、0.69 和 0.78(表 3-10)。

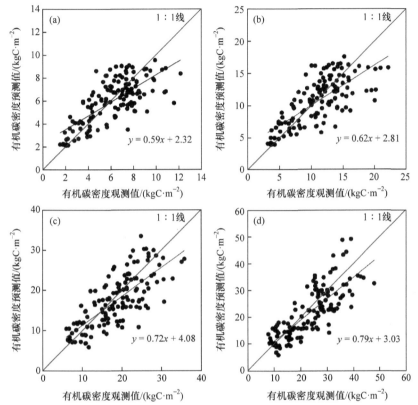

图 3-21　多元线性回归模型(MLR)中土壤有机碳密度预测值与观测值对比
(a) 0～10cm 土层;(b) 0～20cm 土层；(c) 0～40cm 土层；(d)0～60cm 土层

表 3-10　多元线性回归模型对土壤有机碳密度的模拟效果评估

土层深度 /cm	统计量	最小值	1/4 分位数	中位数	均值	3/4 分位数	最大值
	RMSE/(kgC·m^{-2})	1.57	1.61	1.62	1.62	1.64	1.66
0～10	R^2	0.53	0.55	0.56	0.56	0.57	0.60
	LCCC	0.69	0.70	0.70	0.70	0.71	0.72
	RMSE/(kgC·m^{-2})	2.70	2.81	2.83	2.83	2.85	2.94
0～20	R^2	0.56	0.58	0.59	0.59	0.60	0.63
	LCCC	0.70	0.72	0.73	0.73	0.73	0.74

续表

土层深度/cm	统计量	最小值	1/4 分位数	中位数	均值	3/4 分位数	最大值
0～40	RMSE/(kgC · m^{-2})	4.42	4.56	4.62	4.62	4.67	4.80
	R^2	0.60	0.63	0.64	0.64	0.65	0.67
	LCCC	0.74	0.76	0.76	0.76	0.77	0.78
0～60	RMSE/(kgC · m^{-2})	6.12	6.31	6.38	6.40	6.48	6.71
	R^2	0.63	0.68	0.69	0.69	0.71	0.76
	LCCC	0.76	0.78	0.78	0.78	0.79	0.80

注：RMSE、R^2 和 LCCC 分别表示均方根误差(单位：kgC · m^{-2})、决定系数和 Lin 一致性相关系数；各统计量为 100 次十折交叉验证结果的平均值。

随机森林模型(RF)对测试土壤有机碳密度的模拟效果在0～10cm土层稍劣于改进的多元线性回归模型，在 0～20cm 土层、0～40cm 土层和 0～60cm 土层优于改进的多元线性回归模型，特别是在0～40cm土层和0～60cm土层(图 3-22)。0～10cm土层、0～20cm土层、0～40cm土层和0～60cm土层，线性回归的斜率分别为 0.58、0.60、0.69 和 0.75，均小于多元线性回归模型；截距分别为 2.35kgC · m^{-2}、3.89kgC · m^{-2}、4.53kgC · m^{-2} 和 3.82kgC · m^{-2}，均高于多元线性回归模型(图 3-22)。随机森林模型的 RMSE、R^2 和 LCCC 的均值，在 0～10cm 土层分别为 1.63kgC · m^{-2}、0.55 和 0.69；在 0～20cm 土层分别为 2.77kgC · m^{-2}、0.61 和 0.73；在 0～40cm 土层分别为 4.32kgC · m^{-2}、0.68 和 0.78；在 0～60cm 土层分别为 5.50kgC · m^{-2}、0.76 和 0.82(表 3-11)。

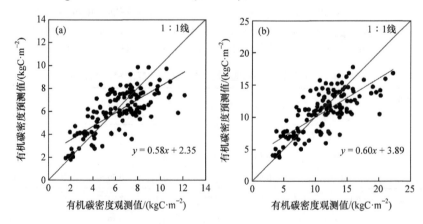

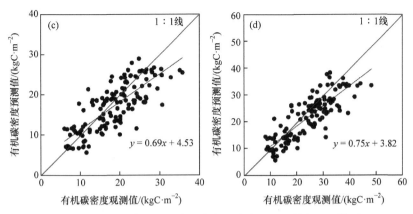

图 3-22　随机森林模型(RF)中土壤有机碳密度预测值与观测值对比

(a) 0～10cm 土层；(b) 0～20cm 土层；(c) 0～40cm 土层；(d) 0～60cm 土层

有机碳密度预测值为 100 次十折交叉验证结果的平均值

表 3-11　随机森林模型对土壤有机碳密度的模拟效果评估

土层深度/cm	统计量	最小值	1/4 分位数	中位数	均值	3/4 分位数	最大值
0～10	RMSE/(kgC · m⁻²)	1.53	1.61	1.64	1.63	1.66	1.73
	R^2	0.50	0.54	0.55	0.55	0.57	0.60
	LCCC	0.66	0.68	0.70	0.69	0.70	0.73
0～20	RMSE/(kgC · m⁻²)	2.56	2.73	2.76	2.77	2.81	2.92
	R^2	0.57	0.60	0.61	0.61	0.62	0.67
	LCCC	0.70	0.72	0.73	0.73	0.74	0.77
0～40	RMSE/(kgC · m⁻²)	4.01	4.24	4.32	4.32	4.40	4.61
	R^2	0.63	0.66	0.67	0.68	0.69	0.73
	LCCC	0.73	0.77	0.78	0.78	0.79	0.82
0～60	RMSE/(kgC · m⁻²)	5.08	5.39	5.48	5.50	5.56	5.98
	R^2	0.70	0.74	0.76	0.76	0.77	0.80
	LCCC	0.79	0.82	0.82	0.82	0.83	0.85

注：RMSE、R^2 和 LCCC 分别表示均方根误差(kgC · m⁻²)、决定系数和 Lin 一致性相关系数。

　　不确定分析表明，随机森林模型对土壤有机碳密度估算的不确定性要小于多元线性回归模型(图 3-23)。流域尺度上，多元线性回归模型对 0～10cm、0～20cm、0～40cm 和 0～60cm 土层土壤有机碳密度估算不确定性的平均值分别为 23.91%、12.74%、7.59% 和 5.46%；随机森林模型对应深度的不确定性平均值分别为 6.48%、5.51%、5.48% 和 4.85%。总体上，随机森林模型预测值的不确定性小于多元线性回归模型，特别是在表层 0～20cm，表明随机森林模型对土壤有机碳密度估算的可靠性更高，主要是因为随机森林模型对土壤有机碳密度和环境协变量间非线性关系的识别度高(Akpa et al.，2016)。

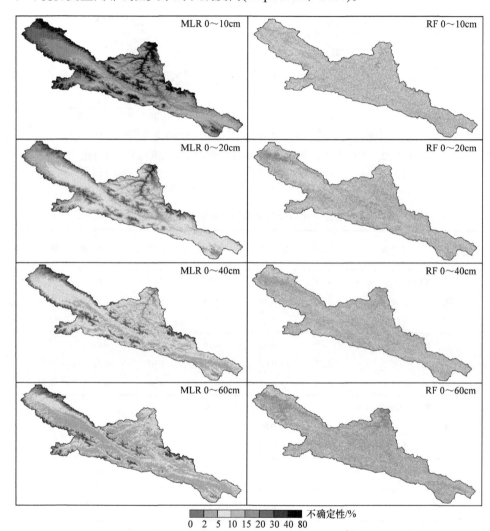

图 3-23　流域尺度上有机碳密度估算值的不确定性分布(见彩图)

另外，多元线性回归模型中，不确定性的高值区主要位于低海拔和高海拔，中海拔的不确定性较低(图 3-23)。由于中海拔是土壤有机碳密度的高值区，因此多元线性回归模型对土壤有机碳密度的低值估算误差更大。随机森林模型中不确定性的空间分布则无明显规律，各区域差异不大(表 3-11)，说明随机森林模型对土壤有机碳密度估算的不确定性不受有机碳密度本身大小的影响。

3.5.2　土壤有机碳密度与有机碳储量评估

1. 土壤有机碳密度评估

利用训练得到的多元线性回归模型和随机森林模型,分别得到了流域尺度上90m 分辨率的土壤有机碳密度的空间分布图。0~10cm 土层和0~20cm 土层土壤有机碳密度的空间分布主要有以下 3 个特征:①整体上,流域东部土壤有机碳密度高于西北部,南部高于北部;②中海拔土壤有机碳密度高于低海拔和高海拔;③阴坡土壤有机碳密度高于阳坡。模型均可以较好地模拟山区土壤有机碳密度空间格局中海拔梯度上的垂直地带性和坡向梯度上的斑块性,多元线性回归模型在高海拔和低海拔的估算值低于随机森林模型,中海拔的估算值高于随机森林模型(表 3-12)。

基于模拟结果,统计了不同植被类型 0~10cm 和 0~20cm 土壤有机碳密度的估算值及其 50%的置信区间(表 3-12)。多元线性回归对不同植被类型 0~10cm 和0~20cm 土层土壤有机碳密度的估算值大小顺序均为亚高山灌丛>亚高山草甸>山地森林>山地草甸草原>高山草甸>山地草原>高山寒漠>山地荒漠草原,最大值分别约是最小值的 3.44 倍和 3.37 倍(表 3-12)。随机森林模型对不同植被类型 0~10cm和 0~20cm 土层土壤有机碳密度的估算值大小顺序均为亚高山灌丛>亚高山草甸>山地草甸草原>山地森林>高山草甸>山地草原>高山寒漠>山地荒漠草原,最大值分别均是最小值的 2.31 倍(表 3-12)。另外,山地荒漠草原和高山寒漠中,多元线性回归模型对 0~10cm 土壤有机碳密度的估算值小于随机森林模型的估算值。对于 0~20cm 土层,除山地荒漠草原和高山寒漠外,多元线性回归模型对山地草原中土壤有机碳密度的估算值也小于随机森林模型。综合看来,0~10cm 和 0~20cm 土层多元线性回归模型土壤有机碳密度估算值分别为 5.50kgC·m^{-2} 和10.15kgC·m^{-2},随机森林模型土壤有机碳密度估算值分别为 5.46kgC·m^{-2} 和10.12kgC·m^{-2}。

表 3-12　不同植被类型 0~10cm 和 0~20cm 土壤有机碳密度的估算值

植被类型	模型	有机碳密度估算值(50%置信区间)/(kgC·m^{-2})	
		0~10cm 土层	0~20cm 土层
山地荒漠草原	MLR	2.09 (1.97~2.21)	3.93 (3.72~4.16)
	RF	3.02 (2.94~3.11)	5.59 (5.44~5.74)
山地草原	MLR	4.66 (4.46~4.87)	8.41 (8.07~8.77)
	RF	4.64 (4.36~4.79)	8.43 (8.18~8.55)
山地草甸草原	MLR	6.47 (6.21~6.73)	11.79 (11.35~12.25)
	RF	6.39 (6.20~6.58)	11.52 (11.2~11.83)
山地森林	MLR	6.63 (6.37~6.90)	12.02 (11.59~12.48)
	RF	6.22 (6.03~6.39)	11.49 (11.16~11.68)

续表

植被类型	模型	有机碳密度估算值(50%置信区间)/(kgC · m⁻²)	
		0～10cm 土层	0～20cm 土层
亚高山草甸	MLR	7.09 (6.81～7.39)	13.02 (12.51～13.54)
	RF	6.94 (6.73～7.14)	12.66 (12.31～12.98)
亚高山灌丛	MLR	7.20 (6.93～7.47)	13.24 (12.77～13.72)
	RF	6.97 (6.77～7.16)	12.94 (12.6～13.25)
高山草甸	MLR	5.46 (5.23～5.71)	10.12 (9.70～10.55)
	RF	5.32 (5.12～5.49)	9.88 (9.59～10.15)
高山寒漠	MLR	2.97 (2.80～3.15)	5.73 (5.42～6.05)
	RF	3.44 (3.33～3.55)	6.64 (6.25～6.76)
汇总	MLR	5.50 (5.27～5.74)	10.15 (9.74～10.58)
	RF	5.46 (5.27～5.63)	10.12 (9.80～10.36)

由多元线性回归模型和随机森林模型模拟得到的 0～40cm 和 0～60cm 土壤有机碳密度的空间分布特征与 0～10cm 和 0～20cm 类似。不过，由于高山寒漠土壤深度不足 20cm，底层主要为砾石，其土壤有机碳含量可以忽略，反映在表 3-13 中就是高海拔区域 0～40cm 和 0～60cm 土层土壤有机碳密度远低于其他区域。另外，对于河流、滩涂地、城镇等下垫面，土壤有机碳密度也显著小于相邻的有植被覆盖的区域。与表层类似，多元线性回归在高海拔和低海拔的估算值低于随机森林模型，在中海拔的估算值则高于随机森林模型，特别是在研究区西侧的黑河干流源区。

表 3-13   不同植被类型 0～40cm 和 0～60cm 土壤有机碳密度的估算值

植被类型	模型	有机碳密度估算值(50%置信区间)/(kgC · m⁻²)	
		0～40cm 土层	0～60cm 土层
山地荒漠草原	MLR	7.64 (7.20～8.12)	11.43 (10.69～12.23)
	RF	9.99 (9.77～10.21)	14.01 (13.75～14.23)
山地草原	MLR	13.65 (13.03～14.29)	18.20 (17.24～19.23)
	RF	13.60 (13.20～13.95)	17.95 (17.47～18.26)
山地草甸草原	MLR	19.12 (18.33～19.96)	24.73 (23.46～26.08)
	RF	18.72 (18.18～19.19)	24.93 (24.19～25.50)
山地森林	MLR	20.78 (19.96～21.63)	28.89 (27.51～30.35)
	RF	19.57 (19.02～20.06)	26.77 (26.11～27.36)
亚高山草甸	MLR	21.60 (20.59～22.67)	31.33 (29.41～33.40)
	RF	20.54 (19.94～21.05)	28.48 (27.76～29.11)

续表

植被类型	模型	有机碳密度估算值(50%置信区间)/(kgC·m⁻²)	
		0～40cm 土层	0～60cm 土层
亚高山灌丛	MLR	22.72 (21.84～23.63)	31.64 (30.12～33.23)
	RF	21.90 (21.31～22.42)	30.37 (29.67～31.02)
高山草甸	MLR	16.43 (15.63～17.27)	23.93 (22.45～25.53)
	RF	15.72 (15.24～16.10)	21.86 (21.29～22.36)
高山寒漠	MLR	5.73 (5.42～6.05)	5.73 (5.42～6.05)
	RF	6.64 (6.25～6.76)	6.64 (6.25～6.76)
汇总	MLR	16.15 (15.42～16.92)	22.44 (21.17～23.79)
	RF	15.75 (15.26～16.13)	21.25 (20.66～21.71)

不同植被类型 0～40cm 和 0～60cm 土壤有机碳密度的估算值大小顺序基本符合亚高山灌丛>亚高山草甸>山地森林>山地草甸草原>高山草甸>山地草原>山地荒漠草原>高山寒漠，多元线性回归模型估算结果的最大值分别约是最小值的 3.97 倍和 5.52 倍，随机森林模型估算结果的最大值则分别为最小值的 3.30 倍和 4.57 倍(表 3-13)。在山地荒漠草原和高山寒漠中，多元线性回归模型对流域尺度上 0～40cm 和 0～60cm 土壤有机碳密度平均值的估算略低于随机森林模型。综合看来，0～40cm 和 0～60cm 土层多元线性回归模型土壤有机碳密度估算结果分别为 16.15kgC·m⁻² 和 22.44kgC·m⁻²，随机森林模型土壤有机碳密度估算结果分别为 15.75kgC·m⁻² 和 21.25kgC·m⁻²。

2. 土壤有机碳储量评估

研究区植被覆盖的区域有 10321.6km²，根据多元线性回归模型的估算，区域内 0～10cm 和 0～20cm 土壤有机碳储量分别为 56.77 TgC 和 104.76 TgC；随机森林模型估算的结果分别为 56.36 TgC 和 104.45 TgC。高山草甸土壤有机碳储量最大，其次是亚高山草甸和亚高山灌丛，三者共储存了研究区 2/3 以上的土壤有机碳(表 3-14)。

表 3-14　不同植被类型 0～10cm 和 0～20cm 土壤有机碳储量的估算值

植被类型	模型	面积/km²	有机碳储量估算值(50%置信区间)/TgC	
			0～10cm 土层	0～20cm 土层
山地荒漠草原	MLR	145.3	0.30 (0.29～0.32)	0.57 (0.54～0.60)
	RF	145.3	0.44 (0.43～0.45)	0.81 (0.79～0.83)
山地草原	MLR	658.8	3.07 (2.94～3.21)	5.54 (5.32～5.78)
	RF	658.8	3.06 (2.87～3.16)	5.55 (5.39～5.63)

植被类型	模型	面积/km²	有机碳储量估算值(50%置信区间)/TgC	
			0~10cm 土层	0~20cm 土层
山地草甸草原	MLR	726.2	4.70 (4.51~4.89)	8.56 (8.21~8.90)
	RF	726.2	4.64 (4.50~4.78)	8.37 (8.13~8.59)
山地森林	MLR	691.2	4.58 (4.40~4.77)	8.31 (7.95~8.63)
	RF	691.2	4.30 (4.17~4.42)	7.94 (7.67~8.07)
亚高山草甸	MLR	1367.3	9.69 (9.31~10.10)	17.80 (17.09~18.51)
	RF	1367.3	9.49 (9.20~9.76)	17.31 (16.82~17.75)
亚高山灌丛	MLR	1303.7	9.39 (9.03~9.74)	17.26 (16.56~17.89)
	RF	1303.7	9.09 (8.83~9.33)	16.87 (16.43~17.27)
高山草甸	MLR	3558.3	19.43 (18.61~20.32)	36.01 (34.52~37.54)
	RF	3558.3	18.93 (18.22~19.54)	35.16 (34.12~36.12)
高山寒漠	MLR	1870.8	5.56 (5.24~5.89)	10.72 (10.14~11.32)
	RF	1870.8	6.44 (6.23~6.64)	12.42 (11.69~12.65)
汇总	MLR	10321.6	56.77 (54.39~59.25)	104.76 (100.53~109.20)
	RF	10321.6	56.36 (54.39~58.11)	104.45 (101.15~106.93)

根据多元线性回归模型的估算，研究区 0~40cm 和 0~60cm 土壤有机碳储量分别为 166.69 TgC 和 231.62 TgC；随机森林模型估算的结果分别为 162.57 TgC 和 219.33 TgC。其中，高山草甸土壤有机碳储量最大，其次是亚高山灌丛和亚高山草甸，三者储存了研究区 70%以上的土壤有机碳(表 3-15)。

表 3-15　不同植被类型 0~40cm 和 0~60cm 土壤有机碳储量的估算值

植被类型	模型	面积/km²	有机碳储量估算值(50%置信区间)/TgC	
			0~40cm 土层	0~60cm 土层
山地荒漠草原	MLR	145.3	1.11 (1.05~1.18)	1.66 (1.55~1.78)
	RF	145.3	1.45 (1.42~1.48)	2.04 (2.00~2.07)
山地草原	MLR	658.8	8.99 (8.58~9.41)	11.99 (11.36~12.67)
	RF	658.8	8.96 (8.70~9.19)	11.83 (11.51~12.03)
山地草甸草原	MLR	726.2	13.88 (13.31~14.49)	17.96 (17.04~18.94)
	RF	726.2	13.59 (13.20~13.94)	18.10 (17.57~18.52)
山地森林	MLR	691.2	14.36 (13.80~14.95)	19.97 (19.01~20.98)
	RF	691.2	13.53 (13.15~13.87)	18.50 (18.05~18.91)

植被类型	模型	面积/km²	有机碳储量估算值(50%置信区间)/TgC	
			0～40cm 土层	0～60cm 土层
亚高山草甸	MLR	1367.3	29.53 (28.15～31.00)	42.84 (40.21～45.67)
	RF	1367.3	28.08 (27.26～28.78)	38.94 (37.96～39.80)
亚高山灌丛	MLR	1303.7	29.62 (28.47～30.81)	41.25 (39.27～43.32)
	RF	1303.7	28.55 (27.78～29.23)	39.59 (38.68～40.44)
高山草甸	MLR	3558.3	58.46 (55.62～61.45)	85.15 (79.88～90.84)
	RF	3558.3	55.94 (54.23～57.29)	77.78 (75.76～79.56)
高山寒漠	MLR	1870.8	10.72 (10.14～11.32)	10.72 (10.14～11.32)
	RF	1870.8	12.42 (11.69～12.65)	12.42 (11.69～12.65)
汇总	MLR	10321.6	166.69 (159.16～174.64)	231.62 (218.51～245.55)
	RF	10321.6	162.57 (157.51～166.49)	219.33 (213.24～224.08)

根据多元线性回归模型的估算结果，研究区 0～10cm、0～20cm 和 0～40cm 土层储存的土壤有机碳分别约占 0～60cm 有机碳储量的 24.51%、45.23%和 71.97%；随机森林模型估算结果对应占比分别为 25.70%、47.62%和 74.12%。

3.5.3　土壤碳储存价值评估

多元线性回归模型和随机森林模型估算 0～10cm 土壤单位碳储存价值分别为 0.87～10.07 万元·hm⁻² 和 2.07～10.61 万元·hm⁻²，平均为 6.88 万元·hm⁻² 和 6.83 万元·hm⁻²(图 3-24)。流域尺度上 0～10cm 土壤碳储存价值的分布主要有 3 个特征：①流域东部土壤碳储存价值高于西部，南部高于北部；②中海拔土壤碳储存价值最大；③阴坡土壤碳储存价值高于阳坡。

多元线性回归模型和随机森林模型估算 0～20cm 土壤单位碳储存价值分别为 1.53～18.39 万元·hm⁻² 和 4.00～20.80 万元·hm⁻²，平均为 12.69 万元·hm⁻² 和 12.65 万元·hm⁻²。流域尺度上 0～20cm 土壤碳储存价值的分布与 0～10cm 土层类似。

多元线性回归模型和随机森林模型估算 0～40cm 土壤单位碳储存价值分别为 1.56～34.61 万元·hm⁻² 和 4.00～34.43 万元·hm⁻²，平均为 20.19 万元·hm⁻² 和 19.69 万元·hm⁻²(图 3-25)。流域尺度上 0～40cm 土壤碳储存价值的分布整体上与 0～20cm 土层类似，不过由于高山寒漠带土壤深度不足 20cm，高海拔地区土壤碳储存价值显著低于中低海拔地区。另外，在河流、滩涂地、城镇等植被覆盖很少的区域，0～40cm 土壤的碳储存价值远低于相邻的植被覆盖区。

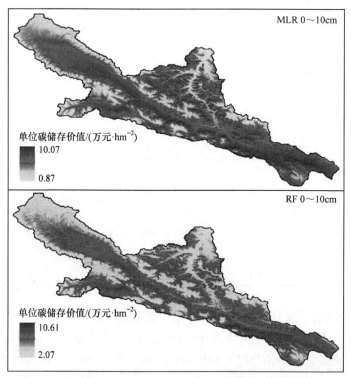

图 3-24 流域尺度上 0～10cm 土壤单位碳储存价值分布(见彩图)

MLR-多元线性回归模型；RF-随机森林模型；制图分辨率为 90m

多元线性回归模型和随机森林模型估算的研究区 0～60cm 土壤单位碳储存价值分别为 1.56～52.28 万元·hm^{-2} 和 4.00～44.36 万元·hm^{-2}，平均为 28.05 万元·hm^{-2} 和 26.56 万元·hm^{-2}。流域 0～60cm 土壤碳储存价值的分布整体上与 0～40cm 土层类似，高海拔地区土壤碳储存价值显著低于中低海拔地区，河流、滩涂地、城镇等植被覆盖很少的区域土壤碳储存价值远低于相邻的植被覆盖区。

根据多元线性回归模型的估算，研究区 0～10cm 和 0～20cm 土壤碳储存总价值分别为 709.63 亿元和 1309.50 亿元；随机森林模型估算的结果分别为 704.50 亿元和 1305.63 亿元；多元线性回归模型对土壤碳储存价值的估算略高于随机森林模型(表 3-16)。对比两种模型的平均值可知，高山草甸的土壤碳储存价值最高，占流域土壤碳储存总价值的33.98%，其次分别为亚高山草甸(16.84%)、亚高山灌丛(16.33%)、高山寒漠(10.90%)、山地草甸草原(8.15%)、山地森林(7.79%)、山地草原(5.34%)和山地荒漠草原(0.66%)。

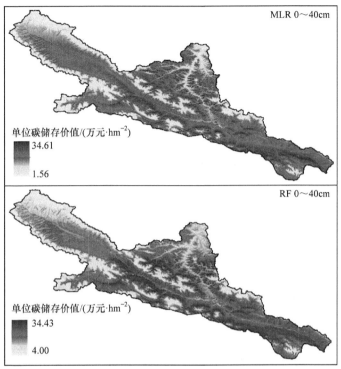

图 3-25　流域尺度上 0～40cm 土壤单位碳储存价值分布(见彩图)

MLR-多元线性回归模型；RF-随机森林模型；制图分辨率为 90m

表 3-16　不同植被类型 0～10cm 和 0～20cm 土壤碳储存价值多元线性回归
和随机森林模型的估算结果

植被类型	模型	碳储存价值(50%置信区间)/亿元	
		0～10cm 土层	0～20cm 土层
山地荒漠草原	MLR	3.75 (3.63～4.00)	7.13 (6.75～7.50)
	RF	5.50 (5.38～5.63)	10.13 (9.88～10.38)
山地草原	MLR	38.38 (36.75～40.13)	69.25 (66.50～72.25)
	RF	38.25 (35.88～39.50)	69.38 (67.38～70.38)
山地草甸草原	MLR	58.75 (56.38～61.13)	107.00 (102.63～111.25)
	RF	58.00 (56.25～59.75)	104.63 (101.63～107.38)
山地森林	MLR	57.25 (55.00～59.63)	103.88 (99.38～107.88)
	RF	53.75 (52.13～55.25)	99.25 (95.88～100.88)
亚高山草甸	MLR	121.13 (116.38～126.25)	222.50 (213.63～231.38)
	RF	118.63 (115.00～122.00)	216.38 (210.25～221.88)

续表

植被类型	模型	碳储存价值(50%置信区间)/亿元	
		0～10cm 土层	0～20cm 土层
亚高山灌丛	MLR	117.38 (112.88～121.75)	215.75 (207.00～223.63)
	RF	113.63 (110.38～116.63)	210.88 (205.38～215.88)
高山草甸	MLR	242.88 (232.63～254.00)	450.13 (431.50～469.25)
	RF	236.63 (227.75～244.25)	439.50 (426.50～451.50)
高山寒漠	MLR	69.50 (65.50～73.63)	134.00 (126.75～141.50)
	RF	80.50 (77.88～83.00)	155.25 (146.13～158.13)
汇总	MLR	709.63 (679.88～740.63)	1309.50 (1256.63～1365.00)
	RF	704.50 (679.88～726.38)	1305.63 (1264.38～1336.63)

根据多元线性回归模型的估算结果(表 3-17)，研究区 0～40cm 和 0～60cm 土壤碳储存总价值分别为 2083.63 亿元和 2895.25 亿元；随机森林模型估算的结果分别为 2032.13 亿元和 2741.63 亿元。对比两种模型的平均值可知，高山草甸的土壤碳储存价值最高，占流域土壤碳总价值的 34.75%，其次分别为亚高山灌丛 (17.67%)、亚高山草甸(17.50%)、山地森林(8.47%)、山地草甸草原(8.34%)、高山寒漠(7.03%)、山地草原(5.46%)和山地荒漠草原(0.78%)。

表 3-17 不同植被类型 0～40cm 和 0～60cm 土壤碳储存价值多元线性回归和随机森林模型的估算结果

植被类型	模型	碳储存价值(50%置信区间)/亿元	
		0～40cm 土层	0～60cm 土层
山地荒漠草原	MLR	13.88 (13.13～14.75)	20.75 (19.38～22.25)
	RF	18.13 (17.75～18.50)	25.50 (25.00～25.88)
山地草原	MLR	112.38 (107.25～117.63)	149.88 (142.00～158.38)
	RF	112.00 (108.75～114.88)	147.88 (143.88～150.38)
山地草甸草原	MLR	173.50 (166.38～181.13)	224.50 (213.00～236.75)
	RF	169.88 (165.00～174.25)	226.25 (219.63～231.50)
山地森林	MLR	179.50 (172.50～186.88)	249.63 (237.63～262.25)
	RF	169.13 (164.38～173.38)	231.25 (225.63～236.38)
亚高山草甸	MLR	369.13 (351.88～387.50)	535.50 (502.63～570.88)
	RF	351.00 (340.75～359.75)	486.75 (474.50～497.50)
亚高山灌丛	MLR	370.25 (355.88～385.13)	515.63 (490.88～541.50)
	RF	356.88 (347.25～365.38)	494.88 (483.50～505.50)

续表

植被类型	模型	碳储存价值(50%置信区间)/亿元	
		0～40cm 土层	0～60cm 土层
高山草甸	MLR	730.75 (695.25～768.13)	1064.38 (998.50～1135.50)
	RF	699.25 (677.88～716.13)	972.25 (947.00～994.50)
高山寒漠	MLR	134.00 (126.75～141.50)	134.00 (126.75～141.50)
	RF	155.25 (146.13～158.13)	155.25 (146.13～158.13)
汇总	MLR	2083.63 (1989.50～2183.00)	2895.25 (2731.38～3069.38)
	RF	2032.13 (1968.88～2081.13)	2741.63 (2665.50～2801.00)

3.5.4　土壤有机碳储存功能与碳库管理

随机森林模型估算的祁连山 0～60cm 土壤有机碳密度高达 21.25kgC·m^{-2}。与其他半干旱区相比，祁连山中段土壤有机碳密度更高。例如，Liu 等(2011)估算黄土高原 0～100cm 有机碳密度为 7.70kgC·m^{-2}，Li 等(2018)估算半干旱区的科尔沁草地土壤有机碳密度为 6.84kgC·m^{-2}，Albaladejo 等(2013)估算西班牙半干旱区土壤有机碳密度为 7.18kgC·m^{-2}，Fernández-Romero 等(2014)发现地中海地区的自然保护区内森林土壤有机碳密度最高可达 15.87kgC·m^{-2}，Ajami 等(2016)估算伊朗北部山区土壤有机碳密度为 18.58kgC·m^{-2}。祁连山土壤有机碳储量较高，中段山区约 1×10^4km^2 的土地中就储存高达 219.33 TgC 的有机碳。相比之下，全国 0～100cm 土壤有机碳储量约为 100PgC(1Pg = 10^3 Tg)，而在青藏高原 1.114×10^6km^2 的草地中，0～100 cm 深度内也只储存了约 8.51 PgC。受地形雨岛效应的影响，中高海拔气候寒冷阴湿，有利于土壤中有机碳的累积；流域中部为河谷盆地，排水条件差，土壤水分高，植被多为草甸、沼泽化草甸及沼泽，土壤处于厌氧环境，导致土壤中有机碳大量累积；研究区坡向效应显著，阴坡潮湿寒冷，腐殖质大量堆积在地表，土壤碳含量高。

总之，十折交叉验证结果显示，0～10cm、0～20cm、0～40cm 和 0～60cm 土壤有机碳密度的模拟中，改进后的多元线性回归模型和随机森林模型的决定系数分别为 0.56 和 0.55、0.59 和 0.61、0.64 和 0.68、0.69 和 0.76。改进后的多元线性回归模型对 0～10cm 土壤有机碳密度的模拟能力略优于随机森林模型，但在超过 10cm 土壤深度则劣于随机森林模型。另外，随机森林模型对高海拔和低海拔土壤有机碳密度值的估算误差较大，未来可以通过引入地统计模型，对随机森林模型的模拟结果进行校正，从而提高空间土壤有机碳密度的估算精度。

根据随机森林模型估算结果，祁连山中段 0~60cm 土壤有机碳密度为 21.25kgC · m^{-2}，对应的土壤有机碳储量为 219.33TgC。祁连山中段土壤单位碳储存价值的变化幅度很大，在 0~60cm 深度内为 4.00~44.36 万元 · hm^{-2}，最大值是最小值的 11.09 倍，说明土壤碳储存价值具有很强的空间异质性。另外，土壤碳储存价值的分布与地形密切相关，高价值区主要位于中海拔地区，特别是山地阴坡区域。

根据随机森林模型估算结果，祁连山中段 0~60cm 深度内土壤平均单位碳储存价值为 26.56 万元 · hm^{-2}，对应的土壤碳储存总价值为 2741.63 亿元，说明祁连山中段土壤具有很高的碳储存价值。因此，未来气候增暖背景下，应当提高对祁连山中段地区土壤碳库的保护力度，防止土壤碳的流失造成碳储存价值的损失。

3.6 土壤有机碳储存功能变化及其适应性管理

高寒山地生态系统的土壤中储存着大量的有机碳，受气候变化影响，高寒山区土壤碳库的微小变化就会对区域碳循环产生重要影响。过去几十年，受海拔依赖性增暖(elevation-dependent warming，EDW)影响(Pepin et al.，2015)，山区的增暖幅度大于平原地区，特别是高海拔地区。在快速增暖背景下，山区气候环境的演变势必引起土壤有机碳储存功能的变化。相关研究表明，气候增暖会导致德国阿尔卑斯山区森林土壤碳的大量流失(Prietzel et al.，2016)。考虑高寒山区土壤有机碳密度较高，未来土壤有机碳储存功能一旦遭到破坏，必然对生态系统功能及人类经济社会造成损害，从而导致社会成本的增加。评估气候变化情景下高寒山区土壤有机碳库演变及其价值的变化，并制订适应气候变化的碳库管理措施，是实现未来高寒山地土壤增汇减排功能的重要途径，对提高高寒山地生态系统固碳服务功能具有重要意义。

研究表明，祁连山地区 0~60cm 土壤有机碳密度高达 21.25kgC · m^{-2}，有机碳储量为 219.33TgC，碳储存价值达 2741.63 亿元，说明该区土壤有机碳储存功能巨大。另外，研究发现过去几十年祁连山地区整体气候状况由冷干向暖湿转变。根据祁连站 1961~2013 年的气象资料，该区气温和降水量分别以 0.3℃ · (10a)$^{-1}$ 和 15.4mm · (10a)$^{-1}$ 的速率增加(Yang et al.，2017)。温度的增加会加速土壤中有机碳的分解，导致土壤有机碳储存功能减弱；与此同时，降水量的增加则会提高植被生产力，增加土壤中凋落物的输入，提高有机土壤碳储存功能。因此，在气候暖湿化背景下，土壤有机碳储存功能变化的不确定性将更大。

3.6.1　模型构建与评估

建立的随机森林模型可以较好地模拟 0～60cm 土壤有机碳密度与温度、降水量、植被和地形间的相关关系(表 3-18)。随机森林模型斜率为 0.94，截距仅为 1.46kgC·m^{-2}，十折交叉验证结果表明，模型 RMSE、R^2 和 LCCC 均值分别为 5.50kgC·m^{-2}、0.74 和 0.82，模型模拟效果较为理想，可用于土壤有机碳密度的预测。

表 3-18　随机森林模型模拟土壤有机碳密度效果评估

统计量	最小值	1/4 分位数	中位数	均值	3/4 分位数	最大值	标准差
RMSE /(kgC·m^{-2})	5.19	5.43	5.51	5.50	5.55	5.76	0.16
R^2	0.71	0.72	0.73	0.74	0.75	0.77	0.02
LCCC	0.8	0.81	0.82	0.82	0.82	0.85	0.01

3.6.2　气候变化和土地利用对土壤有机碳储存功能的影响

1.气候变化对土壤有机碳储存功能影响

1980～2010 年，降水量平均增加了 40.77mm，且随着海拔的增加，降水量增加的幅度增大。海拔 2000m 以下降水量增幅不足 20mm，海拔 4000m 以上降水量增幅超过 60mm[图 3-26(a)]。研究区温度平均增加了 1.5℃，且随着海拔的增加，温度增幅呈先增加后减少的趋势，在 3500m 左右达到最大，但整体来看，温度增幅随海拔的变化不大[图 3-26(b)]。

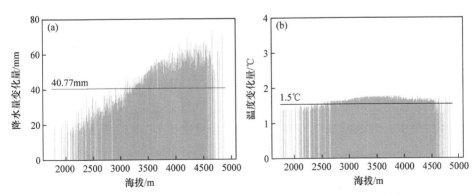

图 3-26　1980～2010 年流域尺度上降水量和温度变化量与海拔的关系
(a) 降水量变化量；(b) 温度变化量

　　土壤有机碳的空间分布与地形因子密切相关，中海拔地区土壤有机碳密度高于低海拔和高海拔地区，山地阴坡土壤有机碳密度高于阳坡区域。1980～2010年，中海拔地区土壤有机碳密度整体上显著降低，低海拔和高海拔地区土壤有机碳密整体上显著增加。对研究区每个 1km × 1km 栅格的土壤有机碳密度值进行统计，结果表明，在所有土壤有机碳密度增加的栅格中，土壤有机碳密度值平均增加 0.92kgC · m⁻²；在所有土壤有机碳密度减少的栅格中，有机碳密度值平均减少 2.23kgC · m⁻²。

　　1980～2010 年，土壤有机碳密度呈先增加后减少再增加的动态变化趋势(图 3-27)。土壤有机碳密度在海拔 2700m 以下及 3700m 以上为增加，在海拔 2700～3700m 为净减少。土壤有机碳密度的净增加较大值出现在 2500～2700m 和 3900～4100m，分别为(0.77 ± 1.86)kgC · m⁻² 和(0.75 ± 1.27)kgC · m⁻²。在海拔 1700～1900m、4500～4700m 和 4700～4900m，土壤有机碳密度的净增加值较小，不足 0.20kgC · m⁻²。土壤有机碳密度净减少的最大值出现在海拔 3300～3500m，为(2.85 ± 2.31)kgC · m⁻²，其次出现在海拔 3100～3300m 和 3500～3700m，分别为(1.76 ± 1.88)kgC · m⁻² 和(1.64 ± 2.64)kgC · m⁻²。

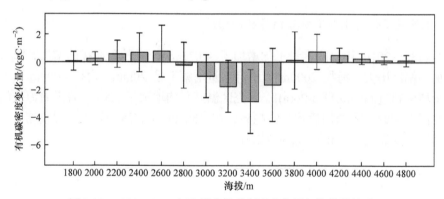

图 3-27　1980～2010 年土壤有机碳密度变化量与海拔的关系

　　亚高山草甸中土壤有机碳密度减少得最多，达 2.67kgC · m⁻²；山地荒漠草原中有机碳密度增加得最多，达 0.61kgC · m⁻²。同样，亚高山草甸中土壤有机碳储量减少得最多，为 3.64TgC，对应的碳储存价值减少了 45.50 亿元；高山草甸有机碳储量增加得最多，为 0.91TgC，对应的碳储存价值增加了 11.38 亿元。研究表明，总体上，1980～2010年土壤有机碳密度减少 0.56kgC · m⁻²，有机碳储量净减少 5.91TgC，土壤碳储存价值共减少 73.88 亿元(表 3-19)。

表 3-19　不同植被类型 1980～2010 年土壤有机碳储存功能变化

植被类型	面积/km²	有机碳密度变化量 /(kgC·m⁻²)	有机碳储量变化量 /TgC	土壤碳储存价值变化量 /亿元
山地荒漠草原	145.3	0.61	0.09	1.13
山地草原	658.8	−0.41	−0.27	−3.38
山地草甸草原	353.8	−1.43	−0.51	−6.38
山地灌丛	372.4	−0.78	−0.29	−3.63
山地森林	691.2	−1.26	−0.87	−10.88
亚高山草甸	1367.3	−2.67	−3.64	−45.50
亚高山灌丛	1303.7	−1.59	−2.07	−25.88
高山草甸	3558.3	0.26	0.91	11.38
高山寒漠	1870.8	0.38	0.72	9.00
无植被	178.4	0.11	0.02	0.25
汇总	10500	−0.56	−5.91	−73.88

2. 土地利用变化对土壤有机碳储存功能影响

1980～2010 年，永久性冰川雪地、低盖度草地和裸岩石质地，土壤有机碳储量分别减少了 0.94 TgC、增加了 0.94 TgC 和增加了 0.79 TgC，对应的土壤碳储存价值分别减少了 11.75 亿元、增加了 11.75 亿元和增加了 9.88 亿元(表 3-20)。

表 3-20　1980～2010 年土地利用变化对土壤有机碳储存功能的影响

土地利用类型		面积/km²			有机碳密度 /(kgC·m⁻²)	有机碳储量变化量 /TgC	土壤碳储存价值变化量/亿元
一级类型	二级类型	1980 年	2015 年	变化量			
耕地	旱地	27	27	0	22.74	0.00	0.00
林地	有林地	641	639	−2	30.33	−0.06	−0.75
	灌木林	1063	1063	0	26.02	0.00	0.00
	疏林地	227	227	0	27.08	0.00	0.00
草地	高盖度草地	2232	2234	2	27.19	0.05	0.63
	中盖度草地	1432	1432	0	22.40	0.00	0.00
	低盖度草地	1037	1085	48	19.52	0.94	11.75
水域	河渠	4	4	0	0.00	0.00	0.00
	水库坑塘	0	2	2	0.00	0.00	0.00
	永久性冰川雪地	201	61	−140	6.71	−0.94	−11.75
	滩地	157	159	2	17.16	0.03	0.38

续表

土地利用类型		面积/km²			有机碳密度 /(kgC · m⁻²)	有机碳储量变化量 /TgC	土壤碳储存价值变化量/亿元
一级类型	二级类型	1980 年	2015 年	变化量			
居民地	城镇用地	3	3	0	12.83	0.00	0.00
	农村居民点	7	7	0	16.96	0.00	0.00
未利用土地	沙地	34	34	0	15.51	0.00	0.00
	沼泽地	447	446	−1	24.81	−0.02	−0.25
	裸土地	43	44	1	24.42	0.03	0.35
	裸岩石质地	492	539	47	16.79	0.79	9.88
	其他未利用土地	979	1020	41	9.62	0.39	4.88
合计		9026	9026	—	—	1.21	15.12

注：各土地利用类型对应的土壤有机碳密度提取自 90 m 分辨率的土壤有机碳分布图。

　　研究区共有 149km² 的土地利用类型发生了变化，主要转换类型为永久性冰川雪地转换为低盖度草地和裸岩石质地，对应面积分别为 47km² 和 48km²，分别增加土壤有机碳储量 0.602 TgC 和 0.484 TgC，使土壤碳储存价值分别提高 7.53 亿元和 6.05 亿元。总体上来看，20 世纪 80 年代到 21 世纪 10 年代土地利用变化共使研究区土壤有机碳储量增加了 1.210 TgC，土壤碳储存价值增加了 15.12 亿元(表 3-21)。

表 3-21　20 世纪 80 年代到 21 世纪 10 年代不同土地利用类型转化引起的土壤有机碳储存功能变化

20 世纪 80 年代	21 世纪 10 年代	转换面积 /km²	有机碳密度变化量/(kgC · m⁻²)	有机碳储量变化量/TgC	土壤碳储存价值变化量/亿元
有林地	水库坑塘	2	−30.33	−0.061	−0.76
高覆盖草地	滩地	1	−10.03	−0.010	−0.13
中覆盖草地	滩地	1	−2.77	−0.003	−0.04
沼泽地	中覆盖草地	1	−2.42	−0.002	−0.03
低覆盖草地	裸土地	1	4.90	0.005	0.06
裸岩石质地	低覆盖草地	2	2.73	0.005	0.06
其他	裸岩石质地	1	7.17	0.007	0.09
永久性冰川雪地	高覆盖草地	3	20.48	0.061	0.76
永久性冰川雪地	低覆盖草地	47	12.81	0.602	7.53
永久性冰川雪地	裸岩石质地	48	10.08	0.484	6.05
永久性冰川雪地	其他	42	2.91	0.122	1.53
汇总		149	—	1.210	15.12

一般来说，土地利用变化是影响土壤有机碳储存功能的重要因素(Zhou et al., 2011；Wu et al., 2003)。但是，由于高寒山区海拔高、地势复杂、交通不便，除了放牧干扰外，整体人类活动对生态系统的干扰较小。相比之下，气候变化导致研究区土壤有机碳密度平均减少 0.56kgC·m^{-2}，有机碳储量共减少 5.91 TgC，土壤碳储存价值共减少 73.88 亿元(表 3-19)。也就是说，20 世纪 80 年代到 21 世纪 10 年代土地利用变化对土壤有机碳储存功能变化的贡献大约只占气候变化的五分之一。

3.6.3　未来气候变化情景下土壤有机碳储存功能的变化

1. 不同气候情景下温度和降水量的变化

与基准年(1970～2000 年)相比，RCP2.6、RCP4.5 和 RCP8.5 情景下研究区 21 世纪 50 年代气候明显暖湿化。研究区基准年平均降水量为 344.70mm，RCP2.6、RCP4.5 和 RCP8.5 情景下降水量分别比基准年增加了 18.37mm、19.80mm 和 30.80mm(图 3-28)。

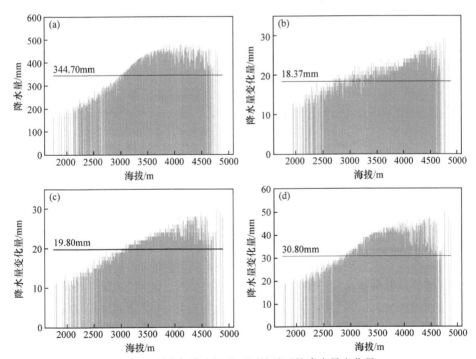

图 3-28　基准年降水量及不同情景下的降水量变化量

(a) 基准年；(b) RCP2.6 情景；(c) RCP4.5 情景；(d) RCP8.5 情景

研究区基准年平均温度为-3.3℃，RCP2.6、RCP4.5 和 RCP8.5 情景下温度分别比基准年上升了 1.9℃、2.4℃和 2.9℃，高海拔地区温度增加的幅度大于低海拔，但整体来看，各海拔温度增加的幅度接近(图 3-29)。

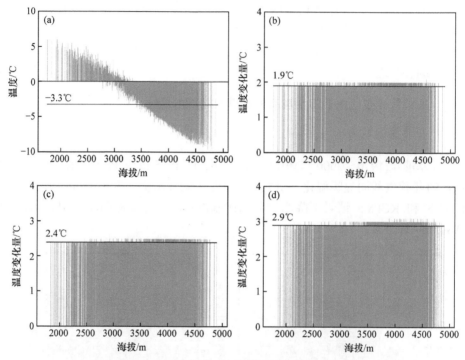

图 3-29　基准年温度及不同情景下的温度变化量
(a) 基准年；(b) RCP2.6 情景；(c) RCP4.5 情景；(d) RCP8.5 情景

2. 不同气候情景下土壤有机碳密度和有机碳储量的变化

研究区 RCP2.6、RCP4.5 和 RCP8.5 情景下 0～60cm 土壤有机碳密度的空间格局与基准年类似，土壤有机碳的空间分布与海拔密切相关，中海拔地区土壤有机碳密度显著高于低海拔和高海拔地区，山地阴坡土壤有机碳密度高于阳坡区域。与基准年相比，RCP2.6、RCP4.5 和 RCP8.5 情景下中海拔地区土壤有机碳密度显著降低，低海拔地区土壤有机碳密度相对稳定，高海拔地区土壤有机碳密度显著增加(图 3-30)。20 世纪 80 年代到 21 世纪 10 年代研究区温度平均升高了 1.5℃，降水量平均增加了 40.77mm。温度和降水量的同步增加，导致气候变化对土壤有机碳的累积既有正效应又有负效应，这种正负效应的同时叠加，使得研究区土壤有机碳的动态变化表现出海拔依赖性。研究区 20 世纪 80 年代到 21 世纪 10 年代高海拔地区永久性冰川雪地向低盖度草地的大面积转换，也从侧面说明了温度升高和降水量增加会提高祁连山高海拔地区的植被生产力。

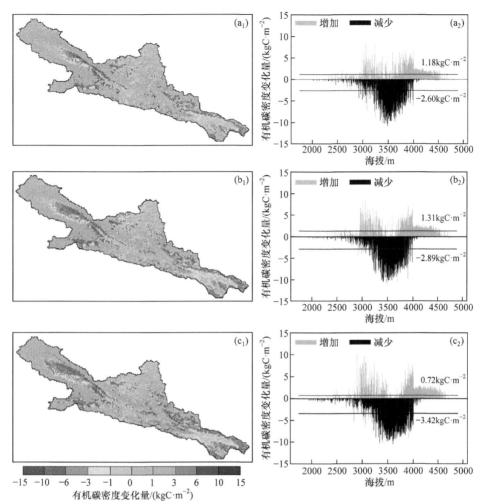

图 3-30　流域尺度上不同情景下的土壤有机碳密度变化量(见彩图)

(a₁)、(b₁)、(c₁)分别为 RCP2.6、RCP4.5 和 RCP8.5 情景下有机碳密度变化量的空间分布;

(a₂)、(b₂)、(c₂)分别为 RCP2.6、RCP4.5 和 RCP8.5 情景下各栅格有机碳密度变化量沿海拔分布;

(a₁)、(b₁)和(c₁)制图分辨率为 1km × 1km

　　另外, 与 RCP2.6 情景相比, RCP4.5 和 RCP8.5 情景下土壤有机碳密度减少的区域进一步扩大, 特别是在研究区西段的黑河源区, 土壤有机碳大量流失[图 3-30(a₁)~(c₁)]。RCP2.6、RCP4.5 和 RCP8.5 情景下, 在所有土壤有机碳密度增加的栅格中, 平均有机碳密度值分别增加了 1.18kgC·m⁻²、1.31kgC·m⁻² 和 0.72kgC·m⁻²; 在所有土壤有机碳密度减少的栅格中, 平均有机碳密度值分别减少了 2.60kgC·m⁻²、2.89kgC·m⁻² 和 3.42kgC·m⁻²[图 3-30(a₂)~(c₂)]。

　　随着海拔的增加, RCP2.6 情景下土壤有机碳密度在海拔 3100m 以下及 3900m

以上为净增加，在海拔 3100～3900m 为净减少(图 3-31)。土壤有机碳密度的最大净增加值出现在海拔 3900～4100m，为(1.07 ± 1.44)kgC · m^{-2}。土壤有机碳密度的最大净减少值出现在海拔 3500～3700m，为(3.49 ± 2.79)kgC · m^{-2}。

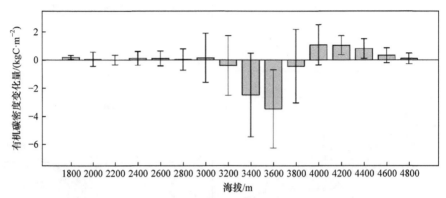

图 3-31　RCP2.6 情景下土壤有机碳密度变化量与海拔的关系

随着海拔的增加，RCP4.5 情景下土壤有机碳密度在海拔 3100m 以下变化不大，在海拔 3100～3900m 为净减少，3900m 以上为净增加(图 3-32)。土壤有机碳密度的最大净增加值出现在海拔 4100～4300m，为(1.17 ± 0.77)kgC · m^{-2}。土壤有机碳密度的最大净减少值出现在海拔 3500～3700m，为(4.36 ± 2.42)kgC · m^{-2}。

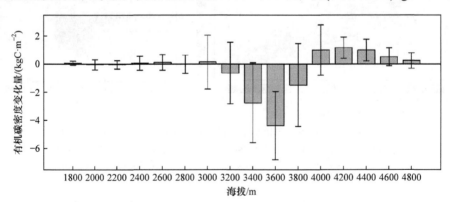

图 3-32　RCP4.5 情景下土壤有机碳密度变化量与海拔的关系

随着海拔的增加，RCP8.5 情景下土壤有机碳密度在海拔 2900m 以下变化不大，在海拔 3100～3900m 为净减少，海拔 3900m 以上为净增加(图 3-33)。土壤有机碳密度的最大净增加值出现在海拔 4100～4300m，为(1.28 ± 0.82)kgC · m^{-2}。土壤有机碳密度的最大净减少值出现在海拔 3500～3700m，为(4.43 ± 2.40)kgC · m^{-2}。

总的来看，未来气候变化情景下土壤有机碳密度在海拔 3900m 以上将显著增加。该结果与 Ding 等(2017)在海拔 4000m 以上青藏高原地区得到的结果类似，

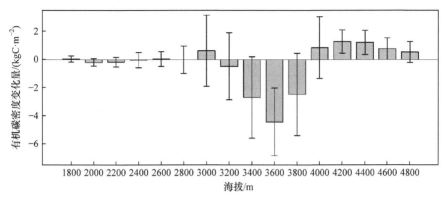

图 3-33　RCP8.5 情景下土壤有机碳密度变化量与海拔的关系

认为植被生产力的提高是土壤有机碳密度增加的主要原因。中海拔地区，特别是海拔 3100~3900m 的区域，土壤有机碳密度多显著降低。这主要是因为海拔 3100~3900m 水热条件适中，植被生产力已经达到较高水平，土壤表层有大量的腐殖质堆积，特别是阴坡的山地森林和亚高山灌丛，是研究区土壤有机碳密度最高的区域。

相比于基准年，RCP2.6、RCP4.5 和 RCP8.5 情景下研究区土壤有机碳密度平均减少 0.59kgC · m^{-2}、0.93kgC · m^{-2} 和 1.05kgC · m^{-2}，有机碳储量净减少 6.23 TgC、9.75 TgC 和 11.07 TgC(表 3-22)。具体地，不同情景下亚高山草甸和亚高山灌丛中土壤有机碳储量减少得较多，高山寒漠中土壤碳储量增加得较多。另外，在 RCP2.6 情景下，高山草甸土壤有机碳储量减少不明显，但在 RCP8.5 情景下，高山草甸土壤有机碳储量则显著降低。因此，随着排放浓度的进一步增加，未来高山草甸区域的土壤有机碳储存功能将显著下降。

表 3-22　不同气候变化情景下土壤有机碳密度和有机碳储量的变化量

植被类型	土壤有机碳密度变化量/(kgC · m^{-2})			土壤有机碳储量变化量/TgC		
	RCP2.6	RCP4.5	RCP8.5	RCP2.6	RCP4.5	RCP8.5
山地荒漠草原	0.05	0.02	−0.15	0.01	0.00	−0.02
山地草原	0.04	−0.03	0.23	0.03	−0.02	0.15
山地草甸草原	−0.18	−0.23	−0.08	−0.06	−0.08	−0.03
山地灌丛	0.18	0.16	0.30	0.07	0.06	0.11
山地森林	−0.63	−0.80	−0.64	−0.44	−0.55	−0.44
亚高山草甸	−3.44	−3.84	−3.71	−4.70	−5.25	−5.07
亚高山灌丛	−2.12	−2.60	−2.89	−2.76	−3.39	−3.77
高山草甸	−0.02	−0.70	−1.21	−0.07	−2.49	−4.31

续表

植被类型	土壤有机碳密度变化量/(kgC·m⁻²)			土壤有机碳储量变化量/TgC		
	RCP2.6	RCP4.5	RCP8.5	RCP2.6	RCP4.5	RCP8.5
高山寒漠	0.89	1.05	1.22	1.67	1.96	2.28
无植被	0.12	0.04	0.19	0.02	0.01	0.03
汇总	−0.59	−0.93	−1.05	−6.23	−9.75	−11.07

3. 不同气候情景下土壤有机碳储存价值的变化

总之，相比于基准年，RCP2.6、RCP4.5 和 RCP8.5 情景下研究区土壤有机碳储存价值均显著降低。土壤碳的大量释放导致土壤有机碳储存价值分别减少77.88 亿元、121.88 亿元和 138.38 亿元(表 3-23)。RCP2.6 情景下，亚高山草甸土壤有机碳储存价值降低得最多，为 58.75 亿元；高山寒漠土壤有机碳储存价值增加得最多，为 20.88 亿元。RCP4.5 情景下，亚高山草甸土壤有机碳储存价值降低得最多，为 65.63 亿元；高山寒漠土壤有机碳储存价值增加得最多，为 24.50 亿元。RCP8.5 情景下，亚高山草甸土壤有机碳储存价值降低得最多，为 63.38 亿元，其次为高山草甸(降低 53.88 亿元)和亚高山灌丛(降低 47.13 亿元)；高山寒漠土壤有机碳储存价值增加得最多，为 28.50 亿元，其次为山地草原(增加 1.88 亿元)。

表 3-23　不同气候变化情景下土壤有机碳储存价值变化量

植被类型	土壤有机碳储存价值变化量/亿元		
	RCP2.6	RCP4.5	RCP8.5
山地荒漠草原	0.13	0.00	−0.25
山地草原	0.38	−0.25	1.88
山地草甸草原	−0.75	−1.00	−0.38
山地灌丛	0.88	0.75	1.38
山地森林	−5.50	−6.88	−5.50
亚高山草甸	−58.75	−65.63	−63.38
亚高山灌丛	−34.50	−42.38	−47.13
高山草甸	−0.88	−31.13	−53.88
高山寒漠	20.88	24.50	28.50
无植被	0.25	0.13	0.38
汇总	−77.88	−121.88	−138.38

另外，以往关于祁连山地区土壤有机碳储存功能的研究中，山地森林往往受到较多关注，这主要是因为单位面积上山地森林的生物量最高，生态系统服务价值巨大。然而，本节研究发现，未来气候变化情景下，就土壤有机碳储存价值变化而言，山地森林的贡献率较低，这主要是因为研究区森林面积较少。在祁连山中段区域，应重点关注亚高山灌丛、亚高山草甸及高山草甸。

3.6.4　未来气候变化情景下有机碳库的适应性管理

祁连山中段中海拔地区的亚高山灌丛和亚高山草甸带是有机碳密度值较高的区域(表3-22)，0~60cm 土壤有机碳密度超过 30kgC·m^{-2}(Zhu et al.，2019c)。RCP2.6、RCP4.5 和 RCP8.5 情景下亚高山草甸和亚高山灌丛土壤有机碳储存价值显著下降，土壤有机碳密度平均减少3.44kgC·m^{-2}和2.12kgC·m^{-2}、3.84kgC·m^{-2}和2.60kgC·m^{-2}、3.71kgC·m^{-2}和2.89kgC·m^{-2}，有机碳储量净减少4.70TgC 和2.76TgC、5.25TgC 和3.39TgC、5.07TgC 和3.77TgC，土壤有机碳储存价值分别减少58.75亿元和34.50亿元、65.63亿元和42.38亿元、63.38亿元和47.13亿元。尽管不同情景下亚高山灌丛和亚高山草甸区域的平均降水量显著增加(> 20mm)，但考虑到该区水分已不是植被生产力的主导限制因素，且由于该区有机碳密度值高，升温(1.9~2.9℃)会加速土壤中已储存碳的矿化，使土壤有机碳储存功能显著下降。

尽管研究发现，仅 RCP2.6 情景下，气候增暖导致的祁连山中段土壤有机碳储存价值的损失高达 77.88 亿元。然而，产权不清晰和山地生态系统的公共物品特性使得有机碳储存价值不能反映真实的社会成本。当地牧民和游客并不需要为未来气候变化情景下祁连山中海拔地区土壤碳的大量释放及其对全球变暖造成的损害支付补偿费用，这势必会产生市场的失灵。对不利于土壤有机碳储存的土地利用方式进行征税，对提高土壤有机碳储存的土地利用方式进行生态补偿，不仅能够纠正市场失灵，提高山地生态系统土壤有机碳库的管理力度，还有利于高寒山区土地资源的可持续利用。另外，土壤有机碳库管理政策的设计和实施，必须基于"无悔"及"双赢"原则，给予牧民相应的补偿和激励，使他们的经济利益得到保障。经济激励的最小数额应大于参与土壤碳增汇减排项目带来的净收益损失。对祁连山地区的牧民来说，规范和激励同等重要，二者缺一不可(刘子刚和张坤民，2002)。

另外，市场手段也是进行土壤有机碳库管理的一个重要方式。碳补偿交易的设想来自排放权交易，即造林、合理的土地利用、生态恢复项目的实施等行为所提供的土壤有机碳储存功能的提升，可以用于交易。然而，目前全球范围内碳信用市场尚未建立完善，相关的实例还很少。因此，这种市场手段在实际操作过程中会面临诸多挑战，特别是土壤有机碳储存活动直接或间接引发的其他附带环境效应，有可能抵消最初的碳补偿。也就是说，在进行土壤有机碳储存功能的提升时，应权衡其与高寒山地生态系统其他服务功能的关系(郑华等，2013)。权衡主要分为空间和时间两个方面。空间上的权衡指的是土壤有机碳储存功能的增加，会导致生态系统的其他服务衰退。对于祁连山地区来说，其气候整体上属半干旱区，在进行土壤有机碳储存功能的提升或减缓土壤碳释放时，主要通过提高植被盖度、生产力等方式。然而，生产力的提高势必增加生态系统的需水量，导致土壤产流功能减弱，降低出山径流量，使下游的用水量减少。时间上的权衡是指土壤有机碳储存价值的提升对其他生态过程的影响，可能要等变化积累到一定的阈值才会显现。例如，一味地提高植被生产力、增加进入地表和土壤中的凋落物，会使林区地表积累大量的有机物质，一旦发生雷击等事件，这些有机物质会成为主要的引火物质，对生态系统造成毁灭性的伤害。

加深对气候背景下土壤有机碳储存功能与其他生态系统服务功能之间权衡的认识，是实现未来可持续土壤有机碳库管理的前提。然而，目前对这种权衡的理解尚很浅，未来研究的重点应关注气候变化背景下土壤有机碳库适应性管理与其他生态系统服务功能之间的权衡，从不同方面深入理解高山山地土壤有机碳储存功能与其他生态系统服务功能间的关系，开阔各级管理者的眼界，在有机碳库管理和决策过程中对生态、社会、经济、政治等内容均有考虑。

总之，20世纪80年代到21世纪10年代研究区气候暖湿化趋势显著，温度平均增加1.5℃，降水量平均增加40.77mm。气候暖湿化导致研究区土壤有机碳密度减少0.56kgC·m^{-2}，储量减少5.91TgC，土壤有机碳储存价值减少73.88亿元。然而，不同海拔/植被间土壤有机碳的演变方向有差异，土壤有机碳密度在海拔1700～4900m呈先净增加后减少再增加的动态变化趋势。不同植被类型中，亚高山草甸中的土壤有机碳密度减少得最多，达2.67kgC·m^{-2}；山地荒漠草原中增加得最多，达0.61kgC·m^{-2}。

20世纪80年代到21世纪10年代土地利用变化对土壤有机碳储量的影响只有气候变化的1/5，土地利用变化共使研究区土壤有机碳储量增加了1.21TgC，土壤碳储存价值增加了15.12亿元。主要土地利用类型转换为永久性冰川雪地转换为低盖度草地和裸岩石质地，分别增加土壤有机碳储存0.602TgC和0.484TgC。由于永久性冰川雪地的变化主要受气候增暖影响，所以研究区土地利用变化对土壤有机碳储存功能的影响，本质上还是气候变化在起间接作用。

相比于基准年(1970～2000年)，到21世纪50年代时，RCP2.6、RCP4.5和RCP8.5情景下，研究区降水量分别增加18.37mm、19.80mm和30.80mm，温度分别升高1.9℃、2.4℃和2.9℃；土壤有机碳密度平均分别减少0.59kgC·m^{-2}、0.93kgC·m^{-2}和1.05kgC·m^{-2}，有机碳储量分别减少6.23TgC、9.75TgC和

11.07TgC，土壤碳储存价值分别减少 77.88 亿元、121.88 亿元和 138.38 亿元。因此，未来气候变化情景下，土壤有机碳储存功能整体上会显著下降。其中，亚高山灌丛草甸带由于本底有机碳密度值较高，气候增暖导致土壤有机碳大量分解，土壤有机碳储存功能降低得最多，而高山寒漠带由于气候增暖，积温增加，生长季延长，植被生产力提高，土壤有机碳储存功能也增加得最多。

　　未来气候变化情景下，就 CO_2 的减排而言，应重点关注中海拔地区(海拔 3100～3900m)土壤碳库，特别是亚高山灌丛和亚高山草甸带的土壤碳库。土壤碳库适应性管理政策应以减缓该区土壤有机碳的大量释放为首要目标。就 CO_2 增汇而言，应重点关注高海拔地区(海拔 3900m 以上)土壤碳库，特别是高山寒漠带的土壤碳库，土壤碳库适应性管理应以提高该区土壤有机碳的储存能力为首要目标。

第 4 章 上游小流域水化学特征

4.1 引 言

4.1.1 研究意义

河流水化学特征可以反映河流在自然条件下的水质状况，是研究河流水质的前提和基础，是水环境科学研究的主要内容。历年来学者十分关注江、河流域水文化学的含量特征、控制因素及空间分布。地球化学家用水化学特征来确定河流溶质的地球化学来源与区域自然条件的关系，自然地理学家对化学剥蚀速率和空间分布规律的研究，水资源开发利用前了解水是否符合饮用、灌溉或者工业等应用标准等。国外学者对世界著名大江大河，如亚马孙河(Stallard & Edmond，1983)、恒河-雅鲁藏布江(Sarin et al.，1989)、马更些河(Reeder et al.，1972)、勒拿河(Gordeev & Sidorov，1993)、塞纳河(Meybeck，2003)等的离子水化学特征进行了大量研究。

近年来，同位素技术和方法在世界范围内得到普及和广泛应用，特别是氢氧稳定同位素可以提供水分子本身的信息，并结合温度(包括古温度)、全球水文地球循环，以及传统水化学研究可以解决更多更复杂的水文地质问题，尤其对于干旱区、半干旱区的水资源研究意义重大，已取得许多突破性的研究成果(Kong & Pang，2012)。

4.1.2 水化学研究进展

水化学研究是水资源质量评价的重要方法，对流域水资源可持续利用、管理，生态环境的保护与经济建设都具有重要的意义。河流是地球化学系统中最重要、最活跃的组成部分之一。无论在自然地理系统还是在人为环境系统中，河流都具有举足轻重的地位。我国学者对河流离子化学的研究始于 20 世纪 60～70 年代，从全国(陈静生，2006b)和区域范围(冯芳等，2011)对河流离子化学进行研究，从不同尺度和角度，揭示了我国河流天然水化学成分形成和演变的基本规律。

运用环境同位素技术研究水循环中水分子组成发生的微观变化，兴起于 20 世纪中期，是研究宏观、微观水文过程机理的新技术。研究流域各种水体特别是大气降水中同位素时间和空间的变化规律及其与气候要素的相关关系，对于研究流域水资源属性具有重要的理论与实践意义。我国对流域降水同位素也开展了一系列研究，并加入国际原子能协会全球大气降水同位素监测网进行降水同位素的观测研究工作。例如，田立德等(1998)通过我国西部 6 个站点降水同位素数据初步分析了西部降水中 δD 的规律；有学者研究了我国大气降水中 $\delta^{18}O$ 的分布特点，阐明了 $\delta^{18}O$ 的分布规律与月平均温度和月降水量的关系，并通过南亚、青藏高原以及毗邻的中亚地区的采样资料，分析了青藏高原及其毗邻地区降水中稳定同位素的时空变化规律，揭示了不同影响因子对降水同位素的影响；刘忠方等(2009)利用 BW(Bowen-Wilkinson)模型建立了我国降水中 $\delta^{18}O$ 与纬度和海拔的定量关系，为缺乏同位素观测地区的研究提供了必要的数据。

1. 稳定同位素示踪研究方法

20 世纪 50 年代末期发展起来的稳定同位素示踪研究方法为研究大气降水、地表水和地下水等水循环提供了有效手段，尤其对于研究干旱、半干旱地区复杂的水循环转化关系有很大帮助。国内水体稳定同位素研究始于 1966 年的珠穆朗玛峰科学考察，也取得了丰富的研究成果(Tian et al., 2007)。

大气降水是自然界水循环中的一个重要环节。同位素水文学研究，始于大气降水中的环境同位素含量分析(Friedman，1953)。1961 年，国际原子能机构(International Atomic Energy Agency，IAEA)和世界气象组织(World Meteorological Organization，WMO)联合建立了全球降水同位素组成数据网(global network of isotopes in precipitation，GNIP)，应用于水文学、气象气候学、海洋学等多个领域。

目前，全球已经建立的 IAEA/WMO 降水同位素观测站点超过 800 个，但分布极为不均，欧洲站点较多，南亚地区分布较少(特别是青藏高原地区)。Dansgaard(1964)根据 GNIP 监测资料，阐述了降水中稳定同位素的瑞利分馏过程、影响因素以及空间分布特征，证实在多年平均条件下，降水中稳定同位素占比与平均温度之间存在简单的线性关系，并首次提出降水中过量氘参数的概念。

由于大气水汽的冷凝程度与凝结温度有关，气温越低，水汽的凝结程度越大，根据稳定同位素瑞利分馏原理，降水中稳定同位素含量也越低。虽然云中水汽的冷凝温度通常不容易测量，但是和地面空气温度具有很好的正相关关系。因此，降水中的同位素含量与地面气温之间也存在正相关关系。

稳定同位素瑞利分馏过程的分馏系数取决于当时的环境温度，气温越低，分馏系数越大。但影响降水中稳定同位素含量的主要因素是水汽凝结的程度，而不是分馏系数的大小。水汽凝结的程度主要受气温控制，气温越低，水汽凝结程度越高，则降水中同位素含量越低；反之，气温越高，水汽凝结程度越低，降水中同位素含量越高。因此，降水中稳定同位素含量与气温之间存在正相关关系。这种关系是冰芯稳定同位素研究的基础，对冰芯古气候研究具有非常重要的意义。

全球尺度上，降水中稳定同位素含量与年平均气温之间具有很好的正相关关系(Dansgaard，1964)：

$$\delta^{18}O = 0.69T_d - 13.6‰ \tag{4-1}$$

$$\delta D = 5.6T_d - 100‰ \tag{4-2}$$

式中，δi 为同位素 $i(^{18}O、D)$原子数量比值相对标准样品同位素原子数量比值的千分偏差；T_d 为年平均气温。

如果采用月平均值，则全球降水中 $\delta^{18}O$ 与气温的关系可表示为(Yurtsever & Gat，1981)：

$$\delta^{18}O = (0.338 \pm 0.028)T - 11.99‰ \tag{4-3}$$

式中，T 为气温。

但是，全球尺度下，T 和 $\delta^{18}O$ 的相关系数与区域 T 和 $\delta^{18}O$ 相关系数的平均值基本接近，在区域尺度上 T-$\delta^{18}O$ 的相关系数具有较大的差异。在区域尺度上这种线性相关系数差别较大，特别是海洋站点和大陆站点 T-$\delta^{18}O$ 相关系数差异较大。

在低纬度热带海岛地区和中低纬度季风气候区，降水中稳定同位素的含量与降水量呈负相关关系，这种关系被称为降水量效应。它的产生与强烈的对流现象相关(Yapp，1982)，云中累积凝结水中 $\delta^{18}O$ 是水汽凝结时各阶段凝结水中 $\delta^{18}O$ 的加权平均值(章新平和姚檀栋，1994)。降水量在某种程度上反映了云中的水汽凝结状况，由此导致降水量效应的出现。

根据降水量效应原理，降水中稳定同位素含量的变化可以作为降水量的代用指标(Wang et al.，2001)。但是，降水量效应的形成机制十分复杂，主要取决于形成降水过程水汽源区的蒸发条件、水汽的传输过程以及降水时的冷凝程度。由于降水量效应形成机制的复杂性，中低纬度季风区降水中稳定同位素含量的降水量效应远没有高纬度地区的温度效应显著，而且降水量效应空间差异性较大。

全球降水中的稳定同位素分布还具有一个显著的特征大陆效应，即随着从沿海向内陆的深入，降水同位素含量显著降低。当水汽从海洋向大陆输送时，水汽不断凝结形成降水，直至水汽被输送到更高海拔、更高纬度地区，温度逐渐降低，温度足够低时，降水则以固态形式(降雪、冰雹等)出现。在这些过程中，降水中的稳定同位素连续发生淋洗(rainout)作用，随着水汽从沿海向内陆输送的深入，同位素沉降作用逐渐明显，导致降水中 $\delta^{18}O$ 逐渐降低，而剩余水汽中 $\delta^{18}O$ 也相应逐渐降低(Friedman et al.，1962)。

可以利用稳定同位素瑞利分馏模型对降水中稳定同位素大陆效应进行很好的模拟。实际当水汽从海洋向大陆输送时，随着水汽不断凝结形成降水，水汽中

$\delta^{18}O$ 含量越来越小，根据同位素的瑞利分馏规律，降水中稳定同位素含量与水汽的含量成正比，所以越向内陆深入，降水中稳定同位素含量越低，表现出显著的大陆效应。

降水中稳定同位素含量随海拔升高而降低的现象称为高度效应。实际上，高度效应是由温度效应产生的。随着海拔的逐渐升高，温度越来越低，水汽的凝结程度越来越高，剩余水汽越来越少，导致降水中同位素含量也越来越低(Siegenthaler & Oeschger，1980)。降水中稳定同位素的高度效应对于地下水来源示踪以及古海拔的恢复具有重要意义。Poage 和 Chamberlain(2001)研究表明，就全球尺度而言，在海拔 5000m 以下的范围内，降水中 $\delta^{18}O$ 平均垂直变化梯度为 $-0.28‰ \cdot (100m)^{-1}$。李真等(2006)综合山地高海拔地区降水中 $\delta^{18}O$ 的统计资料，提出全球山地高海拔区(海拔 5000m 以上)降水中 $\delta^{18}O$ 的垂直变化梯度为 $-0.40‰ \cdot (100m)^{-1}$。目前，全球范围内对降水中稳定同位素高度效应的研究较多。

(1) 地区水汽来源分析。在区域水循环研究过程中，降水水汽来源一直是水文学家关注的热点，对深入了解水循环过程及其结构具有重要意义。^{18}O 和 D 是自然界水体中两种天然示踪剂，由于相变过程中水体稳定同位素发生平衡分馏和动力分馏，因此不同来源的水体具有不同的同位素组成特征，这使利用水体中稳定同位素变化对水循环过程进行研究成为可能。利用稳定同位素示踪法追踪水汽来源是国际研究的热点。我国学者利用降水中稳定同位素方法对青藏高原水汽来源研究做出了重要贡献(Tian et al.，2003)，认为不同的水汽来源是青藏高原南北降水中稳定同位素含量存在显著差异的主要原因。

对大尺度水循环过程的研究，可以利用基本大气环流模式对水汽源区进行模拟(Numaguti，1999)，但是模拟结果很大程度上依赖于模型的时空分辨率和模式参数化的有效性。目前，利用稳定同位素对降水水汽来源进行示踪的方法主要有三种：①利用稳定同位素含量高度效应进行降水来源示踪，主要原理是来自高海拔地区的降水同位素含量较低，来自低海拔地区的降水同位素含量较高；②利用降水中 d-excess 指标进行水汽来源示踪，主要原理是降水中 d-excess 值能反映水汽源区的蒸发条件，一般情况下海洋蒸发水汽形成的降水中 d-excess 值较低，大陆蒸发水汽形成的降水中 d-excess 值较高；③利用稳定同位素瑞利分馏模型进行水汽来源示踪(Feng et al.，2013)。

(2) 示踪地表水补给来源组成。稳定同位素是一种特殊的水化学组分，包含丰富的信息，对其研究有助于水化学演化的分析。不同来源的水化学组分都带有母体的标志性特征，可以有效识别不同的来源组成(吴锦奎等，2008)。工程水文学应用中常采用直接的图解划分法进行流量过程线划分，结果具有较大的经验性和任意性。稳定同位素示踪研究方法为流量过程线的划分提供了一种物理基础较为可靠的方法(瞿思敏等，2008)。

20 世纪 50 年代，水文学家尝试通过研究降水过程中水中溶解的盐分，来阐明地表径流的形成机制。20 世纪 70 年代，利用降水过程中的水化学变化研究降水径流过程已趋于完善。伴随着水化学的应用，同位素技术也逐渐应用到降水径流过程中。Bottomley 等(1986)利用 D 和 ^{18}O 作为示踪剂，研究了降水径流中降水和基流各自所占的比例。氢(D 和 T)和氧(^{18}O)的同位素大量应用于小流域降水事件的双组分混合模型，进行流量过程线的分割，拓展了流域产流机制和径流组成的研究(Zhang et al.，2009)。流域尺度同位素示踪多用于以下几个方面(宋献方等，2007)：① δD 和 δ^{18}O 示踪研究流域降水-径流响应过程；②用于确定流域径流补给来源及组成，即对径流组分进行分割；③示踪研究流域系统内水循环的规律，主要是地表水-地下水的转换原理。

2. 水化学研究方法

自然水化学演化主要是指通过研究水体中化学组分的时空分布规律，分析各种水文地球化学过程，揭示河流系统的地球化学演化过程。其水化学演化常用的研究方法主要有离子组合及比值法、Gibbs 图示法和 Piper 三线图示法等。

自然界中的水体由于受到混合、蒸发等多种作用的共同影响，使用单一离子浓度往往无法判别物质来源，而两种可溶组分的元素或元素组合的浓度比值则能消除水体中稀释或蒸发效应的影响，可用来研究物质来源和不同水体的混合过程(Xu et al.，2010)。

自然水体中的 HCO_3^-、Ca^{2+} 和 Mg^{2+} 很可能来自含钙、镁的硫酸盐或碳酸盐矿物的溶解。因此，可以选用 $[c(Ca^{2+})+c(Mg^{2+})]/[c(HCO_3^-)+c(SO_4^{2-})]$($c$ 表示浓度)比例系数方法确定这几种离子的来源。以往研究表明，$[c(Ca^{2+})+c(Mg^{2+})]/[c(HCO_3^-)+c(SO_4^{2-})]>1$，则指示自然水体中 Ca^{2+} 和 Mg^{2+} 主要来源于碳酸盐矿物的溶解；$[c(Ca^{2+})+c(Mg^{2+})]/[c(HCO_3^-)+c(SO_4^{2-})]<1$，则指示 Ca^{2+} 和 Mg^{2+} 主要来源于硅酸盐或硫酸盐矿物的溶解；$[c(Ca^{2+})+c(Mg^{2+})]/[c(HCO_3^-)+c(SO_4^{2-})]\approx1$，则表示既有碳酸盐矿物的溶解，又有硫酸盐矿物的溶解(Feng et al.，2012)。

同时，$c(Mg^{2+})/c(Ca^{2+})$、$c(Na^+)/c(Ca^{2+})$ 也常用来区分溶质的大致来源(叶宏萌等，2010)。以方解石溶解作用为主的自然水体一般具有相对较低的 $c(Mg^{2+})/c(Ca^{2+})$ 和 $c(Na^+)/c(Ca^{2+})$；以白云岩风化溶解作用为主的自然水体具有较低的 $c(Na^+)/c(Ca^{2+})$ 和较高的 $c(Mg^{2+})/c(Ca^{2+})$(约为 1)；常温下，自然水体与方解石和白云石平衡时理想的 $c(Mg^{2+})/c(Ca^{2+})$ 约为 0.8。因此，一般根据以上离子浓度之比来识别自然水体中化学组分的主要来源(Qin et al.，2006)。

此外，$c(Na^+)+c(K^+)$ 和 $c(Cl^-)$ 的相互关系能够反映离子是否发生硅酸盐矿物溶解反应。若自然水体中 $c(\text{Na}^+)+c(\text{K}^+)$ 近似等于 $c(\text{Cl}^-)$，说明水体中的 K^+ 和 Na^+ 主要来源于岩盐溶解；若自然水体水中 $c(\text{Na}^+)+c(\text{K}^+)$ 远大于 $c(\text{Cl}^-)$，说明水体中的 K^+ 和 Na^+ 除来源于岩盐的溶解以外，还普遍受到硅酸盐矿物溶解的影响。

图示法是水化学常用的方法，将各种图示法综合起来，对比分析不同结果以便得到正确的水化学演化规律。天然水在与周围环境长期作用的过程中形成了特有的水化学特征，在一定程度上记录着水循环的水体赋存条件、渗流途径和补给来源等，可以为探讨地表径流形成机理、补给来源和水力联系提供理论支持。图示法可以清楚地表现各种水体水化学特征，有利于水化学结果的解释(申献辰等，1994)。

关于内陆河流域水化学特征的研究较早得到关注，已有较多研究者在黑河上游流域开展短期的水文化学研究。Feng 等(2004)对黑河流域尺度的不同水体水化学特征进行分析，发现流域地表水和地下水水化学特征具有垂直分带性。刘蔚等(2004)研究了黑河流域地表水和地下水水化学类型和特征，得出流域水化学成分和类型在空间上呈现出由上游向下游过渡变化的分带特征。武小波等(2008)根据黑河上游水文点的逐日河水样品，探讨了河流水化学变化特征差异及其影响因素，得出上游河水中的化学物质主要来源于碳酸盐溶解，部分来源于硫酸盐，随径流演化，岩盐和硫酸盐的贡献逐渐占主要地位。

黑河上游山区降水较为丰富并有冰川和季节性积雪，为水资源形成区，对于黑河上游流域各种水体中氢、氧同位素含量的时空变化差异，前人也展开了一系列研究。聂振龙等(2005)通过分析黑河源区不同水体环境同位素和水化学组成特征差异，揭示了源区地表水和地下水的来源、组成和径流过程。王宁练等(2009)研究了黑河上游河水 $\delta^{18}\text{O}$ 季节变化特征及其影响因素，并应用二分量模型对上游山区地表径流水资源的来源进行了分析。吴锦奎等(2011)对黑河流域尺度降水中氧、氢同位素($\delta^{18}\text{O}$ 和 δD)的变化特征及其与区域水文、气象要素之间的关系进行了分析和模拟。Zhao 等(2011)根据黑河源区不同水体中 $\delta^{18}\text{O}$ 和 δD 比率和 d-excess 值的变化规律，对研究区大气水来源及地表径流组成进行了初步研究。

4.2　研究区概况及分析方法

4.2.1　研究区概况

研究区位于祁连山中段排露沟流域，介于 $100°17'\text{E}\sim100°18'\text{E}$，$38°32'\text{N}\sim38°33'\text{N}$，海拔 $2640\sim3800\text{m}$，流域面积为 2.74km^2，地势较陡、地形破碎，长 4.25km，纵坡比降 $1:4.2$。流域阳坡为草地，阴坡为斑块状森林景观，属于高寒

山地森林草原气候。地处青藏高原向蒙古高原的过渡带，主要受到西风带环流控制和极地冷气团的影响，形成典型的大陆性气候。研究区采样点和主要样品信息见表4-1。

表 4-1　研究区采样点和主要样品信息一览表

站点	海拔/m	面积/km²	样品采集类型	采样周期
地面气象站	2570	—	降水样品	每次降水
草地气象观测点	2763	—	降水样品	每次降水
林地气象观测点	2859	—	降水样品	每次降水
出口三角堰附近泉眼	2678	—	泉水	每周
出口断面三角堰	2667	2.85	河水样品	每周
高山区积雪区	3300~3800	—	积雪、冰雪融水样品	每月(4月、5月)

排露沟流域的土壤和植被类型随山地地形和气候差异形成明显的垂直分布带。从低海拔到高海拔，土壤类型依次为砂夹石、山地栗钙土、山地森林灰褐土、灌丛草甸土、裸岩，其中砂夹石主要分布在流域出口处，平均土层厚度15cm；山地栗钙土主要分布在海拔2720~3000m的阳坡，平均土层厚度40cm；山地森林灰褐土主要分布在海拔2600~3300m的阴坡，平均土层厚度67cm；灌丛草甸土分布在海拔3300~3770m的亚高山地带，平均土层厚度44cm；裸岩零星分布于海拔3090~3770m的亚高山地带。土壤成土母质主要是泥炭岩、砾岩、紫红色砂页岩等，有机质含量中等，pH在7.0~8.0。

植被类型主要有青海云杉林、灌丛、草地和少量祁连圆柏林，其中青海云杉林位于海拔2650~3300m处，是构成乔木层的唯一建群种，以斑块状分布在阴坡、半阴坡；海拔3300m以上是以金露梅、鬼箭锦鸡儿和吉拉柳等为优势种的湿性灌木林；阳坡、半阳坡则主要为山地草原(海拔2600~3000 m)，主要优势种有珠牙蓼、黑穗苔和针茅等。

试验流域属于祁连山典型季节性积雪流域，冬季累积，春季集中融化，所有的积雪在当年夏季6月初融化殆尽，9月至翌年4月初为积雪积累期，4月上旬~6月初为相对稳定的积雪消融期(董晓红，2007)。积雪作为地表水循环的重要组成部分，同样对地表水循环过程具有重要的影响(车宗玺等，2008)。

4.2.2　水体稳定同位素研究方法

水由氢和氧两种元素组成，自然界中的水由多种不同同位素组合形式的水分子构成。氢有 ^1H、^2H(或 D)和 ^3H(T)三种同位素形式，它们在自然界的丰度分别约为 99.9844%、0.0156% 和 10^{-16}%；氧有 ^{16}O、^{17}O 和 ^{18}O 三种同位素形式，它们在自然界的丰度分别为 99.759%、0.037% 和 0.204%。由于 ^{17}O 同位素丰度相对 ^{18}O 较小，在实际应用过程中主要是含 D 和 ^{18}O 的水分子成分。$H_2^{16}O$、$HD^{16}O$ 和 $H_2^{18}O$ 这三种水分子在自然界的含量较丰富，全球平均而言，$H_2^{16}O$、$HD^{16}O$ 和 $H_2^{18}O$ 含量比值为 997680∶320∶2000。

由于同位素之间存在质量差异，不同同位素的物理性质和化学性质具有一定的差异。在不同相变过程中水体的同位素含量将发生变化，这一过程称为同位素分馏。热力化学反应过程中经常出现同位素分馏，分馏的结果导致反应物和生成物中同一种同位素的浓度不成比例。同位素分馏可以用分馏系数 α 来表示，α 等于反应物和生成物同位素比值 R(R 为某一元素的重同位素原子丰度与轻同位素原子丰度之比)。

大气降水是自然界水循环中的一个重要环节。20 世纪 50 年代水文学家便开始研究大气降水中的环境同位素问题(Sidle，1998)。Dansgaard(1953)最早利用沉积雪中 $\delta^{18}O$ 和 δD 的同位素组成季节性变化测定冰川年代。1961 年，国际原子能机构(IAEA)和世界气象组织(WMO)开始在全球范围内对降水进行取样，并建立了全球降水同位素组成数据网(GNIP)。其主要目的包括：①研究全球尺度上降水的时空变化规律；②研究全球大气环流类型及水循环；③追踪地下水补给来源；④为利用氚研究全水文学问题提供必需的输入函数；⑤研究气候变化对于水资源的影响。

1961 年，Craig(1961)根据全球范围内降水样品中的 δD 和 $\delta^{18}O$ 数据，将其线性规律用数学式表示为 $\delta D = 8\delta^{18}O + 10$‰，即全球大气降水线(global meteoric water line，GMWL)。Rozanski 等(1992)根据 GNIP 中 219 个台站 30a 的大范围资料，提出了以降水为基础的更为精确的 GMWL 方程：

$$\delta D = 8.17\delta^{18}O + 11.27 ‰ \tag{4-4}$$

由于水蒸气气团的来源不同，降水期间的二次蒸发和降水的季节变化差异，大气降水的同位素组成存在明显的时空变化。由于局地环流系统中水汽来源及蒸发模式不同，各局地大气降水线(local meteoric water line，LMWL)通常偏离 GMWL。因此，LMWL 与 GMWL 及不同地区的 LMWL 之间都有很大差异。局地降水氢、氧同位素组成的差异性反映出以下几方面内容：①海洋水汽源区的湿度等气象条件；②淋洗(rainout)机制(降水分馏和大陆循环)；③气团的混合和相互作用；④二次分馏效应。众多研究者研究了世界范围内的 LMWL，尤其是在干旱半干旱区域。

根据 δD-$\delta^{18}O$ 关系线，可以发现以下几个规律：

(1) 温度低、季节寒冷、远离海洋的内陆、海拔高或高纬度区大气降水的同位素组成一般落在全球降水线的左下方。反之，降水同位素组成落在全球降水线的右上方。

(2) 偏离全球降水线或大区域降水线的地区蒸发线，其降水同位素组成一般落在全球降水线的右下方。蒸发线斜率越小，偏离全球降水线越远，蒸发作用越强。

(3) 两种不同端元水混合，如蒸发的水与雨水的混合水体，其同位素组成落在两种端元水体 δD-$\delta^{18}O$ 关系线之间的区域，与两种端元水体 δD-$\delta^{18}O$ 关系线的距离，可以近似反映其混合比例的大小。

降水中的同位素组成主要受两个因素的影响，温度和最初水汽来源的比例。受气候差异性的驱动，影响大气降水氢、氧同位素组成的效应有以下几个：温度效应、纬度效应、大陆效应、海拔效应、季节效应、降水量效应和二次蒸发动力效应(Kumar et al.，2010)。

Dansgaard(1964)根据全球尺度上年平均气温和年降水中稳定同位素指出，降水的平均同位素组成与温度存在着显著的正相关关系；当大气水中 $\delta^{18}O$ 保持基本稳定时，它与温度的关系为 $\delta^{18}O = 0.69T - 13.6$。随着研究的深入，降水的同位素组成与温度和降水量的关系变得比较复杂(Aggarwal et al.，2004)。Fricke 等(1999)发现，大气环流和其他气候参数使降水的 $\delta^{18}O$ 与温度的简单关系变得不确定。随后，Pierrehumbert(1999)利用大气降水的 $\delta^{18}O$ 理论模型，结合单一气块气象演化瑞利分馏模型，应用于单个降水事件和局地降水事件中 $\delta^{18}O$ 与温度关系的研究。类似地，以温度为基础衍生的一系列效应也有所研究，如纬度效应。随着纬度的增加，δD 和 $\delta^{18}O$ 值降低，且这种现象在两极尤为明显。在海拔较高、温度较低时，$\delta^{18}O$ 的海拔效应也非常明显。

众多研究表明，$\delta^{18}O$ 值会随着海拔梯度而变化(Johnson & Ingram，2004)，海拔每变化 100m，$\delta^{18}O$ 值变化 0.1‰～1.1‰。全球不同地区大气降水和地表水体中 $\delta^{18}O$ 随海拔的递减率差异较大。当水汽气团从源区输送经过大陆时，大陆效应使同位素组成发生很大变异。Ingraham 和 Taylor(1991)发现，在不同地区每 100km δD 值的变化幅度差异很大，范围为 0.075‰～45‰。在小雨或暴雨的前期，由于雨滴降落过程的蒸发效应及环境水汽的交换作用，雨水会相对比较富集。在持续时间长的暴雨中，空气中水汽变得饱和，会减少蒸发，导致暴雨后期雨水降落到地面后水中的同位素会相对较贫。而且，对于单次暴雨事件和连续降雨事件，降水量的同位素组成有较大的差异，季节尺度和年际尺度上降水的同位素组成也有很大的变化。

降水同位素组成与水汽来源：在水循环研究过程中，降水的水汽来源一直是水文学家关注的热点，对于深入了解水循环过程及其结构具有重要意义。^{18}O 和 D 是自然界水体中 2 种天然示踪剂。由于水体在相变过程中稳定同位素发生平衡分馏和动力分馏，不同来源的水体具有不同的同位素组成特征，这使利用水体中稳定同位素变化对水循环过程进行研究成为可能。目前，利用稳定同位素示踪法追踪降水的水汽来源是国际研究的热点。

就全球尺度而言，降水中 d-excess 具有显著的季节变化(Froehlich et al.，2002)。北半球夏季各月份降水中的 d-excess 为低值，冬季各月份降水中的 d-excess 为高值；南半球降水中 d-excess 的季节变化与北半球正好相反。这说明就全球尺度而言，夏季降水主要来自海洋(d-excess 值低)，冬季降水主要来自大陆(d-excess 值高)。从降水中 d-excess 与水汽源区相对湿度的关系，可以对全球尺度下降水中 d-excess 的季节变化进行很好的解释：夏季大陆降水主要来源于海洋的蒸发水汽，源区相对湿度大，所以降水中的 d-excess 为低值；冬季大陆降水主要来源于陆地蒸发的水汽，源区相对湿度小，降水中的 d-excess 则为高值。

目前，利用水体稳定同位素差异的方法进行区域降水水汽来源的示踪，主要集中在不同季节水汽来源示踪上，但利用降水中的 d-excess 直接对局地水汽来源的示踪研究也非常少。如果水体相变过程中稳定同位素的分馏为平衡分馏，则水体相变过程中的 d-excess 值保持不变，d-excess 值主要受降水源区相对湿度控制(Merlivat & Jouzel，1979)。根据这一原理，可以利用降水中的 d-excess 追踪水汽来源，以及恢复水汽源区气候演变历史。

示踪地表水补给来源组成原理：流量过程作为流域降水(或融雪)的响应，是水源状况包括其成因、类型、强度和分布等的综合表现。利用环境同位素和水文化学方法进行流量过程线的分割，就是采用不同示踪剂的质量平衡关系，将一次降雨事件产生的流量过程线分割成不同的水源，这是一种有物理基础的划分方法，避免了斜线分割法的任意性，对追踪流域水源成分、研究流域径流形成机制，分析水文过程有重要的作用(吴锦奎等，2008)。

若设总流量 Q_t 由地表径流量 Q_s 和地下径流量 Q_g 组成，相应的示踪剂浓度分别为 c_t、c_s、c_g，K_s 为地表径流的贡献率，则由水量和质量平衡方程可得：

$$Q_t = Q_s + Q_g \tag{4-5}$$

$$Q_t c_t = Q_s c_s + Q_g c_g \tag{4-6}$$

$$K_s = \frac{Q_s}{Q_t} = \frac{c_t - c_s}{c_g - c_s} \tag{4-7}$$

示踪剂可以是稳定同位素，如 ^{18}O、$^2H(D)$、Cl^- 或 Si 等，也可以是其他参数，如电导率(electric conductivity，EC)。随着径流组分种类的增多，方程数和使用的示踪剂数量也相应增多。

将稳定同位素和保守水化学参数作为示踪剂，可以建立三端元混合径流分割模型。根据质量平衡方程和浓度平衡方程建立三端元混合径流分割模型，定量分析高寒流域内冰雪融水、大气降水和地下水对流域径流的贡献率(孔彦龙和庞忠和，2010)，具体公式如下：

$$Q_t = Q_{pre} + Q_{mt} + Q_{gw} \tag{4-8}$$

$$Q_t c_t = Q_{pre} c_{pre} + Q_{mt} c_{mt} + Q_{gw} c_{gw} \tag{4-9}$$

$$Q_t \delta_t = Q_{pre} \delta_{pre} + Q_{mt} \delta_{mt} + Q_{gw} \delta_{gw} \tag{4-10}$$

联立式(4-5)～式(4-7)，解得

$$K_{mt} = \frac{Q_{mt}}{Q_t} = \frac{[(c_t - c_{gw})/(\delta_{pre} - \delta_{gw}) - (c_t - c_{gw})(\delta_{pre} - \delta_{gw})]}{[(\delta_{mt} - \delta_{gw})/(c_{pre} - c_{gw}) - (c_{mt} - c_{gw})(\delta_{pre} - \delta_{gw})]} \tag{4-11}$$

$$K_{pre} = \frac{\delta_t - \delta_{gw}}{\delta_{pre} - \delta_{gw}} - \frac{\delta_{mt} - \delta_{gw}}{\delta_{pre} - \delta_{gw}} K_{mt} \tag{4-12}$$

$$K_{gw} = 1 - K_{mt} - K_{pre} \tag{4-13}$$

式中，Q 表示流量；δ 表示各组分稳定同位素原子数量比占标准样品同位素原子数量比的千分偏差；c 表示各组分"保守"水化学示踪剂浓度；下标 t 表示流域总径流量，下标 pre、mt 和 gw 分别表示大气降水、冰雪融水和地下水；K_{mt} 表示冰雪融水对流域径流的贡献率。

获取多项水化学参数进行示踪研究时，与稳定同位素性质不同，需要根据研究流域的实际情况，通过分析各种化学指标的时空变化特征及其影响因素，选出化学稳定性强、受环境扰动小、代表性好的化学指标作为径流分割的辅助示踪剂。对不同水体的多项水化学指标浓度进行逐一检验，选出流域水文过程中性质最为保守的水化学参数，作为辅助示踪剂来开展多端元径流分割。

对径流分割模型中所用参数的独立确定性及其给结果带来的误差进行分析，这样能更加准确地获取流域各水源组分的信息。运用经典误差传导公式定量研究基于各种示踪剂径流分割结果的独立不确定性，可以利用一阶泰勒展开式估算端元混合径流分割模型的不确定性(Genereux，1998)，具体公式如下：

$$W_z = \sqrt{\left(\frac{\partial z}{\partial c_1} W_{c_1}\right)^2 + \left(\frac{\partial z}{\partial c_2} W_{c_2}\right)^2 + \cdots + \left(\frac{\partial z}{\partial c_n} W_{c_n}\right)^2} \tag{4-14}$$

式中，W_z 为各变量的独立不确定性；c_i 为相应示踪剂的浓度，$i = 1, 2, \cdots, n$。

4.2.3　水化学特征的应用

天然水体的化学成分是流动水体与环境-自然地理、地质背景以及人类活动长期相互作用的结果。水是地球中元素迁移、分散与富集的载体。因此，不能从纯化学角度，孤立、静止地研究水体的化学成分及其形成，必须从水与环境长期相互作用的角度出发，揭示天然水体化学演变的内在依据与规律(潘红云，2009)。水化学图示法可以将某一时期或状态下的水样特征清楚地表现出来，有利于进一步分析各种水体之间的内在联系(申献辰等，1994)。

一般来说，从补给区到排泄区，地下水经历着由较低含量 Na^+、Cl^- 和较高含量 HCO_3^- 向较高含量 Na^+、Cl^- 和较低含量 HCO_3^- 过渡的变化趋势。其阴离子水化学类型变化过程为 HCO_3^- 型水→ $HCO_3^-\cdot SO_4^{2-}$ 型水→ $HCO_3^-\cdot SO_4^{2-}\cdot Cl^-$ 型水→ $SO_4^{2-}\cdot Cl^-$ 型水→ Cl^- 型水，阳离子水化学类型变化为 Ca^{2+} 型水→ $Ca^{2+}\cdot Mg^{2+}$ 型水→ $Ca^{2+}\cdot Mg^{2+}\cdot Na^+$ 型水→ $Mg^{2+}\cdot Na^+$ 型水→ Na^+ 型水。地下水年龄越老，水岩作用程度越强烈，其水化学组分含量越高，其 Na^+、Cl^- 和 SO_4^{2-} 等所占比例也越大，部分离子比值也会呈现规律性的变化。

1) Gibbs 图示法

为了直观地比较地表水的化学组成、形成原因及彼此间的关系，对离子起源的自然影响因素，Gibbs(1970)研究过大量的雨水、河水、湖泊及大洋水后指出，在受人类活动影响比较小的条件下，有三种因素控制地表水的化学成分：大气降水、流域岩石和土壤溶解，蒸发过程引起的化学物质分馏及结晶。并设计了一种用半对数坐标进行图解的方法，能简单有效地判断河水中离子的各种起源机制(大气降水、风化作用和蒸发-结晶作用)的相对重要性(陈静生，2006a)。

Gibbs 图的纵坐标表示可溶解固体总量(total dissolved solids，TDS)，横坐标以算术值表示 Na^+ 质量浓度/(Na^++Ca^{2+})质量浓度或 Cl^- 质量浓度/($Cl^-+HCO_3^-$)质量浓度，全球所有地表水的离子组分值几乎全部落在图中的虚框内。Gibbs (1970)指出，TDS 很低且具有较高的离子比值(接近于 1.0)的河流，主要受大气降水补给影响；TDS 稍高且离子比值小于 0.5 的河流，其离子主要来源于岩石的风化释放；落在图右上角的 TDS 很高且离子比值高(接近于 1.0)的河流则分布在蒸发作用很强的区域，海水则落在这一区域。

2) Piper 三线图示法

Piper 三线图是一种对水样进行分类的图示方法，三线图中数值分别表示水样中阴、阳离子的相对含量，在菱形图中综合表示水样的离子相对含量，并可表示水样的一般化学特征，其阳离子和阴离子的三角图不仅反映了河水的化学组成，而且还可以区分不同风化源区的物质组成，从而辨别其控制端元(叶宏萌等，2010)。

Piper 三线图由一个菱形和一对等边三角形排列形成一个大的三角形，两个三角形分别为阴、阳离子图解，通过中间的菱形图联系起来。菱形图解的缺点是

SO_4^{2-} 与 Cl^- 不分开，Ca^{2+} 与 Mg^{2+} 不分开，但此缺点在两个三角形图解中得到弥补。三角形图解中阴、阳离子是分开的，这样不便于进行水化学分类，而这一问题又在菱形图解中得到解决。这里不再具体阐述。

4.3　流域水化学特征及其影响因素

有关祁连山黑河上游各种水体的水化学特征研究，前人已取得了较为丰富的资料，但由于前期研究工作对径流样品采集的连续性差，针对流域尺度不同水体水化学特征及控制因子的研究相对较少(Feng et al., 2004)。

采集黑河上游典型小流域排露沟流域大气降水、地表水、地下水和土壤样品的水化学特征进行分析，通过对比流域山区各种水体水化学特征的差异，以期为区域水循环研究提供有效的证据。所有采集的样品用于主要离子浓度(Na^+、K^+、Ca^{2+}、Mg^{2+}、Cl^-、NO_3^-、SO_4^{2-})，pH，TDS 和 EC 测定。

4.3.1　不同水体主要离子化学特征和 pH

鉴于数据量过大，表 4-2 只给出了排露沟采样时段内不同水体中化学指标的特征值。由于不同水体的 pH 接近中性或弱碱性(表 4-2)，本次研究中 HCO_3^- 浓度采用阴阳离子平衡法进行估算(孙俊英等，2002)。

表 4-2　流域不同水体中的离子浓度、pH、EC 和 TDS 的特征值

化学指标	大气降水			径流样品			地下水样品			积雪样品		
	最大值	最小值	平均值	最大值	最小值	平均值	最大值	最小值	平均值	最大值	最小值	平均值
Ca^{2+}浓度/(mg·L^{-1})	41.95	0.92	11.15	105.55	31.05	65.98	174.63	98.85	152.59	41.11	10.77	20.02
Mg^{2+}浓度/(mg·L^{-1})	11.61	0.06	1.28	65.33	14.24	27.46	70.74	29.90	48.59	2.45	0.45	1.14
Na^+浓度/(mg·L^{-1})	10.15	0.13	2.19	34.44	7.88	15.53	160.49	40.63	113.93	18.35	0.79	3.59
K^+浓度/(mg·L^{-1})	7.31	0.09	1.27	5.30	1.06	1.78	5.36	3.01	4.21	2.73	0.19	0.70
SO_4^{2-} 浓度/(mg·L^{-1})	37.15	0.89	7.01	135.89	18.12	60.04	368.67	182.83	283.17	34.05	1.59	7.27
NO_3^- 浓度/(mg·L^{-1})	13.92	0.34	2.36	16.86	nd	8.20	33.63	20.35	29.83	2.95	nd	0.91

续表

化学指标	大气降水			径流样品			地下水样品			积雪样品		
	最大值	最小值	平均值	最大值	最小值	平均值	最大值	最小值	平均值	最大值	最小值	平均值
Cl^-浓度 /(mg·L^{-1})	10.77	0.12	2.10	36.49	5.84	14.28	82.06	44.19	63.02	16.84	0.76	3.12
HCO_3^-浓度 /(mg·L^{-1})	125.95	0.56	33.38	425.85	156.76	246.63	718.38	232.38	506.72	127.44	33.07	61.91
EC/(μs·cm^{-1})	255.00	14.70	97.06	791.00	353.00	511.40	1654.00	898.00	1444.94	210.00	20.90	93.75
TDS/(mg·L^{-1})	127.70	7.36	48.77	395.00	188.00	255.50	898.00	449.00	722.29	102.60	7.61	47.71
pH	8.06	6.57	7.20	8.35	7.81	8.13	8.38	7.78	8.03	8.04	7.37	7.60

注：nd 表示浓度未检测到(not detected)，低于仪器检测限度。

如表 4-2 所示，大气降水中阴、阳离子平均浓度从高至低的顺序为 $HCO_3^- >$ $SO_4^{2-} > NO_3^- > Cl^-$ 和 $Ca^{2+} > Na^+ > Mg^{2+} > K^+$。其中，阳离子浓度大小顺序与地壳中的丰度顺序相似($Ca^{2+} > Na^+ > K^+ > Mg^{2+}$)，$Mg^{2+}$浓度与 K^+浓度接近，略大于 K^+浓度，而与海水中的阳离子浓度顺序 $Na^+ > Mg^{2+} > Ca^{2+} > K^+$不同。加上研究区处于欧亚大陆腹地，四周被高山高原所包围，表明大气降水中的离子浓度主要受陆源物质控制，但同时也受局地环境的影响。

与大气降水不同，径流、积雪和地下水阴离子平均浓度从高至低的顺序一致，为 $HCO_3^- > SO_4^{2-} > Cl^- > NO_3^-$；积雪和地下水中阳离子平均浓度从高至低的顺序与大气降水相同，为 $Ca^{2+} > Na^+ > Mg^{2+} > K^+$，其中地下水中 Na^+浓度相对更高；径流中阳离子平均浓度大小顺序与其他样品不同，为 $Ca^{2+} > Mg^{2+} > Na^+ > K^+$。

径流中 Ca^{2+}占阳离子总数的 60%，其次为 Mg^{2+}，占阳离子总数的 25%；阴离子以 HCO_3^-和 SO_4^{2-}为主，两者占阴离子总数的 90%以上，HCO_3^-和 SO_4^{2-}分别占阴离子总数的 74%和18%，按照苏联学者舒卡列夫水化学类型划分方法，河水主要离子类型为 $Ca^{2+} \cdot Mg^{2+}\text{-}HCO_3^-$。地下水中 Ca^{2+}占阳离子总数的 43%，Na^+占阳离子总数的 38%，HCO_3^-占阴离子总数的 54%，其次为 SO_4^{2-}，占阴离子总数的 36%，流域地下水主要离子类型为 $Ca^{2+} \cdot Na^+\text{-}HCO_3^- \cdot SO_4^{2-}$。

大气降水中 Ca^{2+}占阳离子总数的 70%，其次为 Na^+，占阳离子总数的 14%；HCO_3^-占阴离子总数的 74%，其次为 SO_4^{2-}，占阴离子总数的 16%，大气降水主要离子类型为 $Ca^{2+}\text{-}HCO_3^-$。积雪样品中 Ca^{2+}占阳离子总数的 78%，其次为 Na^+，占阳离子总数的 14%；HCO_3^-占阴离子总数的 84%，与大气降水主要的离子类型一样，为 Ca^{2+}- HCO_3^-。

流域大气降水和积雪的平均 pH 分别为 7.20 和 7.60，接近中性；径流、地下水样品中平均 pH 分别为 8.13 和 8.03，呈弱碱性(图 4-1)。

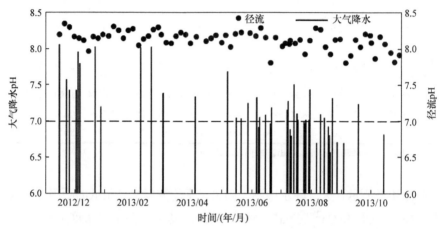

图 4-1   2012 年 11 月～2013 年 10 月排露沟降水和河水径流中的 pH 变化

大气降水中冬、春季节降水较少且对应 pH 较高，其中 2012 年 11 月 15 日降水 pH 最高；较低 pH 多出现在降水集中的夏、秋季节，其中最小值出现在 8 月 20 日。径流 pH 变化幅度不大，且径流 pH 都高于 7.0(图 4-1)。相比之下，径流 pH 明显高于同期大气降水。径流在形成过程中明显发生了 H^+ 损耗，表明径流形成过程中与下伏碎屑岩石和土壤发生相互作用，造成流域径流 pH 的增加。

4.3.2   径流的水化学特征及其影响因素

1. 径流的主要水化学特征

排露沟流域径流、大气降水中阳离子平均浓度总和[$TZ^+ = c(Ca^{2+}) + c(Na^+) + c(K^+) + c(Mg^{2+})$]分别为 110.75mg·$L^{-1}$ 和 15.89mg·L^{-1}，阴离子平均浓度总和[$TZ^- = c(HCO_3^-) + c(Cl^-) + c(NO_3^-) + c(SO_4^{2-})$]分别为 329.15mg·$L^{-1}$ 和 44.85mg·L^{-1}。流域径流与大气降水相比，对应的离子浓度都有显著的增长，表明径流形成过程中与下伏碎屑岩石和土壤发生了强烈的水-岩相互作用。

EC 和 TDS 是水体中离子浓度综合性指标的反映，一般溶解物越多，TDS 和 EC 值也越大。流域内不同水体 EC 和 TDS 均值大小顺序为地下水>径流>大气降水>积雪样品。大气降水中 EC 和 TDS 均值仅为 97.06μs·cm^{-1} 和 48.77mg·L^{-1}，远小于径流的值。径流中 EC 和 TDS 均值分别是 511.40μs·cm^{-1} 和 255.50mg·L^{-1}。排露沟流域河水径流的 TDS 都在 500mg·L^{-1} 以下，说明流域河水径流的淡水矿化度较低($<1g \cdot L^{-1}$)，是优良的水源。

河流是一个开放体系，河水是良好的溶剂，与流域环境发生物质和能量的交换，伴随化学物质的溶解或沉淀等有机无机过程，因此一个断面的水化学特征可以表示此断面以上流域环境的整体特征。

从日尺度分析来看，流域内径流中主要离子和 TDS 表现出大致相同的季节变化特征，除 Ca^{2+} 和 HCO_3^- 浓度略有上升，NO_3^- 浓度无显著变化趋势，其余各项总体呈先上升然后下降的过程。在 3 月出现峰值后逐渐减小，4~6 月离子浓度出现低值，7 月出现高值之后下降，8 月或 9 月出现全年最低值，之后又出现增大趋势。

径流中主要离子浓度，特别是 TDS 与河流流量变化呈明显相反的变化趋势。全年 4~6 月离子浓度下降出现低值，上年季节性积雪的集中消融引起径流量剧增；7~9 月伴随强降水和高温天气出现河流洪峰，径流中主要离子浓度，特别是 TDS 也出现降低，对应出现较小值；但流域径流可能受到地下水补给，离子浓度变化幅度出现滞后性并趋于平缓，未出现离子浓度的迅速下降现象。另外，与其他离子相比，NO_3^- 季节性变化比较缓和，全年对径流量的变化响应存在相反趋势，表明径流中来源的独特性。

从月变化尺度来看，排露沟流域出口径流的季节变化与流域流量表现出相反的变化特征。5 月之前，降水量较少，流量小且变化平稳，对应时期河水中离子浓度大；5 月以后，降水量增加，对应流量急速增加，离子浓度逐渐降低。山区流域径流中的主要离子浓度和 TDS 表现出明显的季节变化特征：冬、春季节浓度高，夏、秋季节浓度低。可以看到 NO_3^- 和 HCO_3^- 浓度变化与流量变化的相应过程略不同，反映了来源的差异。排露沟流域径流中各种离子浓度、TDS 变化的不稳定，也证明了河水中阳离子来源的复杂性。

另外，径流中 pH 的季节性变化表现出与径流量相同的变化趋势，冬、春季节较低，夏、秋季节较高。河水径流中的 pH 反映了水中 H^+ 的活度，也是河流水化学研究的重要指标之一。夏、秋季节 pH 出现增大趋势，水位缓慢降低过程中 pH 总体上升低，与离子浓度变化特征表现出相反的趋势。说明离子在溶入水中的同时增加了水中 H^+ 的活度，即其他离子主要源于偏酸性物质的输入。

河流水化学特征受上游岩性(土壤)、河流流程、区域气候、河水流量等多种因素的影响。为进一步研究径流主要离子来源，对排露沟流域径流中的主要离子浓度、EC 和 pH 的 Pearson 相关系数进行了计算(表 4-3)。如表 4-3 所示，Ca^{2+} 除了与 HCO_3^- 浓度呈显著正相关性外($R^2 = 0.958$)，与其他几种离子浓度的相关性不高；Mg^{2+}、Na^+、K^+、SO_4^{2-} 的浓度和 Cl^- 浓度之间存在显著的相关性，说明这几种离子来源一致；NO_3^- 浓度与 Ca^{2+}、HCO_3^- 和 K^+ 浓度存在相关性($R^2 > 0.5$)，与其他离子浓度相关性比较低。因此，根据离子浓度间的相关系数特点可以分为3组，组1包括相关性较好的 5 种离子 Mg^{2+}、Na^+、K^+、SO_4^{2-} 和 Cl^-；组 2 包括基本不受其他离子影响的 NO_3^-；组 3 包括与其他离子来源不同，但显著相关的 Ca^{2+} 和 HCO_3^-。这里仅对径流离子来源特征进行初步分析，具体的来源分析有待研究。

表 4-3　排露沟流域径流中主要离子浓度、EC 和 pH 的 Pearson 相关系数

项目	Mg^{2+} 浓度	Na^+浓度	K^+浓度	SO_4^{2-} 浓度	NO_3^- 浓度	Cl^-浓度	HCO_3^- 浓度	EC	pH
Ca^{2+}浓度	0.387**	0.353**	0.474**	0.122	0.507**	0.174	0.958**	0.852**	0.362**
Mg^{2+}浓度	—	0.990**	0.825**	0.881**	0.323**	0.922**	0.303*	0.739**	0.145
Na^+浓度		—	0.867**	0.861**	0.350**	0.923**	0.285**	0.729**	0.154
K^+浓度			—	0.564**	0.559**	0.714**	0.489**	0.752**	0.015
SO_4^{2-} 浓度				—	−0.057	0.968**	0.063	0.520**	0.331**
NO_3^- 浓度					—	0.050	0.635**	0.521**	−0.232
Cl^-浓度						—	0.025	0.600**	0.286*
HCO_3^- 浓度							—	0.773**	−0.434**
EC								—	−0.162

注：**表示 $P < 0.01$；*表示 $P < 0.05$。

2. 影响径流离子组成的因素及来源分析

地表水化学离子的主要来源，通常使用 Gibbs(1970) 的吉布斯分布模式进行分析(图 4-2)。纵坐标表示 TDS，横坐标为 $c(Na^+)/[c(Na^+) + c(Ca^{2+})]$ 或 $c(Cl^-)/[c(Cl^-) + c(HCO_3^-)]$，$c$ 表示摩尔浓度。全球所有地表水的离子组分值几乎全部落在图中的虚框内。

Gibbs(1970) 指出，在受人类活动影响比较小的条件下，有三种因素控制地表水的化学成分：①大气降水，地表水中化学成分主要来源于降水，这种水盐度低，主要在地貌比较平缓，降水多的地方；②流域岩石和土壤溶解，这种机制一般出现在地势起伏大的山区；③蒸发过程引起的化学物质分馏及结晶，主要发生在大陆干旱、蒸发量比较大的地区。上述三个控制因素既有气候因子，也有地质地貌因子。

一般认为，Cl^- 和 Na^+ 相对含量较高的河水，或是受到大气降水的影响，或是河水经蒸发作用以后的情况；Cl^- 和 Na^+ 相对含量较低，而 HCO_3^- 和 Ca^{2+} 含量较高的河水，则反映了岩石对河水的影响(Xu et al., 2010)。如图 4-2 所示，流域径流

中 $c(Na^+)/[c(Na^+) + c(Ca^{2+})]$或 $c(Cl^-)/[c(Cl^-) + c(HCO_3^-)]$的比值均在小于 0.5 的范围内，径流离子化学组成靠近水-岩石相互作用的控制端元，表明排露沟流域径流的化学组成主要受流域岩石风化作用和土壤溶解的控制。

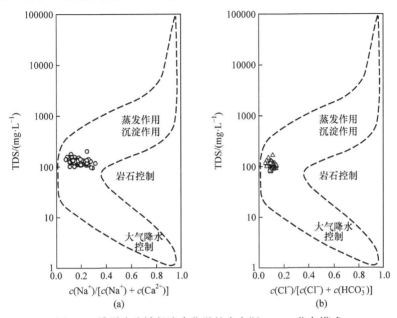

图 4-2　排露沟流域径流水化学的吉布斯(Gibbs)分布模式

(a) TDS 与 $c(Na^+)/[c(Na^+) + c(Ca^{2+})]$的 Gibbs 图；(b)TDS 与 $c(Cl^-)/[c(Cl^-) + c(HCO_3^-)]$ 的 Gibbs 图

(1) 水-岩相互作用的影响。一般而言，岩石因素占优势的河流，离子浓度随径流量和降水量的增加而降低，这与前面的时间变化规律相符。为进一步分析水-岩相互作用对流域水化学组成的影响，将径流中主要离子的相对含量作阴阳离子的 Piper 三线图(图 4-3)。

从图 4-3 可见，径流水化学组成特征，阴离子三角图显示水样组分点靠近 HCO_3^- 轴分布，说明径流样品中 Cl^- 含量微乎其微，阴离子主要以 HCO_3^- 居多(74%)，其次为 SO_4^{2-} (18%)；阳离子三角图显示，各组分点靠近图的左下角，说明径流阳离子以 Ca^{2+}、Mg^{2+}为主，并靠近 Ca^{2+}高值端，显示 Ca^{2+}在阳离子组成中占优势地位(60%)。

研究区主要富集岩溶化的碳酸盐岩、石英岩，山区降水饱含 CO_2、O_2，由于溶滤作用，山区径流和地下水富含 HCO_3^-；径流中阳离子以 Ca^{2+} 和 Mg^{2+}居多，碳酸盐风化是 Ca^{2+}和 Mg^{2+}的主要来源，径流形成过程中明显发生了 H^+损耗，且 $[c(Ca^{2+}) + c(Mg^{2+})]/c(HCO_3^-)$ 在 0.5～1(表 4-4)，说明影响河流离子的主要因素是碳酸盐的风化。

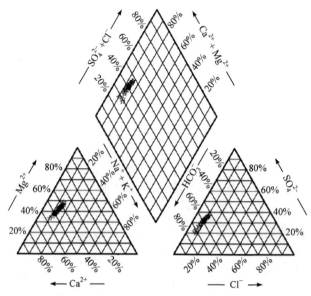

图 4-3　径流中阴阳离子的 Piper 三线图

图中数据为对应离子的相对含量

表 4-4　排露沟流域径流中主要离子的摩尔浓度比

离子摩尔浓度比	平均值	最大值	最小值
$c(Ca^{2+})/c(Mg^{2+})$	2.65	3.77	1.39
$[c(Ca^{2+}) + c(Mg^{2+})]/c(HCO_3^-)$	0.58	0.71	0.47
$[c(Ca^{2+}) + c(Mg^{2+})]/[c(Na^+) + c(K^+)]$	1.91	2.53	1.18
$[c(Na^+) + c(K^+)]/c(Cl^-)$	3.27	6.16	2.41
$[c(Ca^{2+}) + c(Mg^{2+})]/[1/2c(HCO_3^-) + c(SO_4^{2-})]$	0.87	0.92	0.8

表 4-4 给出了排露沟流域径流中主要离子摩尔浓度比值的特征值。所有径流样品中$[c(Ca^{2+}) + c(Mg^{2+})]/c(HCO_3^-)$的比值范围比较分散，但$[c(Ca^{2+}) + c(Mg^{2+})]/[1/2c(HCO_3^-) + c(SO_4^{2-})]$的相关性($R^2 = 0.99$)最大，且接近于 1：1(平均摩尔浓度比值为 0.87，表 4-4)，则表示河水离子来源既有碳酸盐矿物的溶解又有硫酸盐矿物的溶解(Umar & Absar，2003)。径流离子中 Ca^{2+} 与 Mg^{2+}平均摩尔浓度比值大于 1，Ca^{2+}在径流阳离子中占主要优势(60%)，说明流域内碳酸盐的风化主要为方解石和白云石的化学反应，反应式为

$$CaCO_3(方解石) + H_2CO_3 = Ca^{2+} + 2HCO_3^- \quad (主) \quad (4-15)$$

$$CaMg(CO_3)_2(白云石) + 2H_2CO_3 = Ca^{2+} + Mg^{2+} + 4HCO_3^- \quad (副) \quad (4-16)$$

径流在形成过程中明显发生了 H^+ 损耗。径流形成过程中，下伏碎屑岩石和土壤发生相互作用，使得流域径流 pH 增加。H^+ 损耗的环境也引起流域硫酸盐(石膏)的化学反应：

$$CaSO_4 \cdot 2H_2O === Ca^{2+} + SO_4^{2-} + 2H_2O \qquad (4-17)$$

径流中阳离子$[c(Ca^{2+}) + c(Mg^{2+})]/[c(Na^+) + c(K^+)]$范围为 1.18～2.53(表 4-4)，另外，$[c(Na^+) + c(K^+)]/c(Cl^-)$范围为 2.41～6.16。自然水体水中 $c(Na^+) + c(K^+)$大于$c(Cl^-)$，说明水体中 K^+ 和 Na^+除来源于岩盐的溶解，还受到硅酸盐矿物溶解的影响。

$$KAlSiO_3O_8 + H^+ === HAlSiO_3O_8 + K^+ \qquad (4-18)$$

$$NaAlSiO_3O_8 + H^+ === HAlSiO_3O_8 + Na^+ \qquad (4-19)$$

可以通过排露沟流域土壤和地下水样品中主要离子含量分析对流域水-岩相互作用和水化学演变过程进行进一步研究。表 4-5 中给出了排露沟流域内沿海拔采集的土壤样品中主要离子浓度、pH 和 TDS 的特征值。如表 4-5 所示，土壤样品中阴、阳离子平均浓度从高至低分别为 $HCO_3^- > NO_3^- > SO_4^{2-} > Cl^-$ 和 $Ca^{2+} > Na^+ > Mg^{2+} > K^+$，阳离子以 Ca^{2+}占绝对优势(67%)，阴离子以 HCO_3^- (43%)和NO_3^- (42%)为主，主要离子类型为 $Ca^{2+} \cdot HCO_3^- - NO_3^-$。

表 4-5　排露沟流域土壤样品主要离子浓度、pH 和 TDS 的特征值

特征值	离子浓度/(mg·L^{-1})								TDS/(mg·L^{-1})	pH
	Ca^{2+}	Mg^{2+}	Na$^+$	K$^+$	SO$_4^{2-}$	NO$_3^-$	Cl$^-$	HCO$_3^-$		
最大值	59.86	15.59	14.22	7.91	86.89	144.27	120.21	221.11	307.00	8.95
最小值	4.83	0.03	0.09	0.02	0.05	0.01	0.05	2.70	47.70	7.40
平均值	21.33	4.11	5.41	1.10	11.03	47.30	5.97	48.02	101.46	7.95
标准差	10.29	3.30	2.38	1.37	16.27	33.81	15.29	47.68	51.84	0.38

流域山地中的土壤呈中性-弱碱性或碱性，土壤环境为氧化环境(表 4-5)。当水渗透土壤时，淋滤其中的可溶性物质，使水中的各离子浓度增加。由于受到离子交换作用，尽管 Ca^{2+}、HCO_3^-占有一定的比重，但 K^+、Na^+、Cl^-、SO_4^{2-}的浓度明显上升，Mg^{2+}浓度急剧下降。大气降水补给后发生水岩作用，由于阳离子交换作用，Ca^{2+}的浓度有所下降，Mg^{2+}浓度迅速减少，而 Na^+浓度明显上升。

土壤中 NO_3^-浓度高，也为径流中 NO_3^-的独特性提供了证据(表 4-5)。加上研究区域降水量少而蒸发量大，地下水径流流速较缓慢，蒸发浓缩作用强，造成地下水流程增长，对盐分的溶滤作用增强，TDS 不同程度增高。而且流域地下水径流条件较好，地下水在含水层中交替迅速，含水层中易溶组分如 Cl^-、SO_4^{2-}、Na^+、K^+等不断被淋滤并由地下径流带走，离子以 Ca^{2+}、HCO_3^-占绝对优势。

(2) 大气降水的影响。通常选用 Cl^-研究大气输送对地表水化学的贡献 (Meybeck，1983)。大气降水中 Cl^-的来源相对简单，一般认为主要来自海盐离子，且在水循环中相对稳定。为准确计算大气降水对河流溶解质的贡献率，引入氯离子浓度参考值($[c_{Cl^-}]_{ref}$)，即大气降水对径流中 Cl^-的最大输入浓度(李甜甜等，2007)，根据降水量与蒸发量的关系将大气降水中的离子浓度转化为在河水中的浓度：

$$[c_{Cl^-}]_{ref} = F \times (c_{Cl^-})_{rw} \tag{4-20}$$

式中，$(c_{Cl^-})_{rw}$ 为大气降水中 Cl^-的摩尔浓度；F 为流域水分蒸发蒸腾损失量。假设流域为无跨流域引水的闭合流域，且地下水径流可以忽略，则 $F=P/(P-E)$，其中 P、E 分别为流域的年均降水量(单位：mm)和陆面蒸发量(单位：mm)。

1994～2012 年，排露沟流域年均降水量为 368.5mm；另外，排露沟流域草地的多年平均蒸散量为 226.0mm(董晓红，2007)。研究中大气降水的 Cl^-平均摩尔浓度为 62.04μmol · L^{-1}，则大气降水向径流中 Cl^-的最大输入摩尔浓度为 160.43μmol · L^{-1}。采用海盐校正的方法，利用海水中各离子摩尔浓度与 Cl^-摩尔浓度的比值 $c_X/(c_{Cl^-})_{rw}$ (表 4-6)，得到离子的大气输入值(X_a)(冯芳等，2011)：

$$X_a = [c_{Cl^-}]_{ref} \times [c_X/(c_{Cl^-})_{rw}] \tag{4-21}$$

表 4-6　海水中主要离子与 Cl^-的摩尔浓度比及大气输入值

主要离子(X)	Na^+	K^+	Ca^{2+}	Mg^{2+}	SO_4^{2-}
$c_X/(c_{Cl^-})_{rw}$	0.86	0.02	0.04	0.21	0.11
大气输入值/(μmol · L^{-1})	137.87	3.21	6.41	33.67	17.64

根据排露沟流域出口断面径流中相应离子的平均摩尔浓度，分别计算摩尔浓度比，并得出大气降水对流域径流中主要离子的贡献率。结果表明，大气降水中 5 种主要离子 Na^+、K^+、Mg^{2+}、Ca^{2+}、SO_4^{2-}对径流相应主要离子的贡献率分别仅为 10.77%、6.76%、4.89%、0.41%和 2.40%，主要离子的平均贡献率则为

4.58%。

4.3.3 大气降水化学特征

大气降水化学是研究大气化学成分变化的有效手段，是监测人类活动对大气环境影响的可靠指标，是区分大气环境差异的重要依据，且能准确反映当地的大气环境质量、污染状况及其对生态系统的影响(Calvo et al.，2010)。特别是远离人类聚集地的降水化学，还可反映大气化学的背景值，对于理解酸性物质的转化、传输及酸雨的形成过程和机制具有重要意义，而且高海拔地区雪冰的化学成分对研究局地和全球气候环境变化，以及环境演变过程具有重要意义。

祁连山生态站在排露沟流域沿海拔分布的三个气象站：地面气象站(海拔2570m)、草地气象站(海拔 2763m)和林地气象站(海拔 2859m)，针对一个水文年内的大气降水进行了同步采样工作，包括降雪和降雨样品。本小节针对排露沟流域采集的一个完整周年的大气降水化学特征进行研究，以期了解流域山区大气降水化学特征的背景值，以及揭示山区流域受局地环境影响形成的独特的大气降水化学特征。

1) 大气降水离子化学特征分析

如表 4-7 所示，地面气象站和林地气象站大气降水中阳离子平均浓度从高至低均为 $Ca^{2+} > Na^+ > Mg^{2+} > K^+$；草地气象站大气降水中阳离子平均浓度从高至低为 $Ca^{2+} > Na^+ > K^+ > Mg^{2+}$。阳离子浓度大小排列与地壳中的丰度顺序 $Ca^{2+} > Na^+ > K^+ > Mg^{2+}$ 相似或相同，且 Mg^{2+} 浓度与 K^+ 浓度非常接近；与海水中的阳离子顺序 $Na^+ > Mg^{2+} > Ca^{2+} > K^+$ 完全不同，表明排露沟大气降水中的离子浓度顺序主要受陆源物质控制，但同时也受局地环境的影响。

表 4-7　大气降水的主要离子浓度、pH、EC 和 TDS 的特征值

物理量	地面气象站			草地气象站			林地气象站		
	最大值	最小值	平均值	最大值	最小值	平均值	最大值	最小值	平均值
Ca^{2+} 浓度/(mg·L^{-1})	41.95	0.92	11.15	47.59	1.38	13.85	47.09	1.32	13.75
Mg^{2+} 浓度/(mg·L^{-1})	11.61	0.06	1.28	12.00	0.08	1.51	12.02	0.11	2.12
Na^+ 浓度/(mg·L^{-1})	10.15	0.13	2.19	28.20	0.16	6.84	21.21	0.12	4.12
K^+ 浓度/(mg·L^{-1})	7.31	0.09	1.27	8.25	0.13	1.94	7.82	0.13	2.04
NH_4^+ 浓度/(mg·L^{-1})	3.20	nd	0.68	21.69	nd	4.39	12.73	nd	3.01
SO_4^{2-} 浓度/(mg·L^{-1})	37.15	0.89	7.01	53.85	1.29	14.14	53.98	1.24	10.28
NO_3^- 浓度/(mg·L^{-1})	13.92	0.34	2.36	12.08	0.03	3.03	27.60	0.02	2.93
Cl^- 浓度/(mg·L^{-1})	10.77	0.12	2.10	20.73	0.09	4.95	15.90	0.16	3.56

续表

物理量	地面气象站			草地气象站			林地气象站		
	最大值	最小值	平均值	最大值	最小值	平均值	最大值	最小值	平均值
HCO_3^- 浓度/(mg·L^{-1})	125.95	0.56	33.38	126.78	1.64	43.07	126.80	1.17	45.91
EC/(μs·cm^{-1})	255.00	14.70	97.06	317.07	18.65	132.07	387	31.60	127.16
TDS/(mg·L^{-1})	127.70	7.36	48.77	185.70	9.32	65.30	193.80	15.80	64.44
pH	8.06	6.57	7.20	7.91	6.06	7.08	8.09	6.31	7.03

注: nd 表示浓度未检测到(not detected), 低于仪器检测限度。

大气降水主要离子组成中, Ca^{2+}占阳离子总数的 49%～67%, 其次是 Na^+, 占阳离子总数的 13%～24%; 主要阴离子组成中, HCO_3^-占阴离子总数的 66%～76%, 其次是 SO_4^{2-}, 占阴离子总数的 15%～16%。按照苏联学者舒卡列夫水化学类型划分方法, 排露沟大气降水样品主要离子类型均为 Ca^{2+}-HCO_3^-, 表现出相同的大陆性大气降水的特征。

大气降水中所测阳离子的浓度总和 TZ^+为 16.56～28.53mg·L^{-1}; 所测阴离子浓度总和 TZ^-为 44.84～65.18mg·L^{-1}, 相比之下, 排露沟流域山区大气降水中的主要离子浓度平均值(表 4-7), 远小于断面径流中的离子含量(表 4-2)。3 个大气降水采样点 pH 均值相近, 分别为 7.20、7.08 和 7.03, 接近中性。

2) 大气降水主要离子来源分析

表4-8给出了地面气象站大气降水中的主要离子浓度、pH和EC之间的Pearson相关系数。降水中的主要离子浓度和电导率之间都存在较好的正相关性($P<0.01$), 表明排露沟流域大气降水主要离子具有相同的物质来源。pH 与其他离子浓度、电导率EC 之间的相关性都不显著(表4-8), 这主要是因为大气降水的 pH平均值(7.20)接近中性。根据效存德等(2001)的研究结果, 内陆型降水组分背景值主要由内陆大气环流和局地扬尘提供, 由于降水过程冲刷了含碱性阴离子 CO_3^{2-}、HCO_3^- 和可溶性盐基离子的大气粉尘颗粒物, 消耗了 H^+, 从而使得降水 pH 大于7.0。

表 4-8　排露沟大气降水中主要离子浓度、pH 和 EC 的 Pearson 相关系数

项目	Mg^{2+} 浓度	Na^+ 浓度	K^+ 浓度	SO_4^{2-} 浓度	NO_3^- 浓度	Cl^- 浓度	EC	pH
Ca^{2+}浓度	0.549**	0.652**	0.050	0.659**	0.373*	0.592**	0.829**	0.308*
Mg^{2+}浓度	—	0.220	−0.046	0.518**	0.266	0.589**	0.497**	−0.097
Na^+浓度	—	—	0.348*	0.685**	0.319*	0.602**	0.744**	−0.085
K^+浓度	—	—	—	0.275	0.241	0.285	0.496**	−0.426**

续表

项目	Mg^{2+} 浓度	Na^+ 浓度	K^+ 浓度	SO_4^{2-} 浓度	NO_3^- 浓度	Cl^- 浓度	EC	pH
SO_4^{2-} 浓度	—	—	—	—	0.680^{**}	0.817^{**}	0.782^{**}	-0.031
NO_3^- 浓度	—	—	—	—	—	0.473^{**}	0.534^{**}	-0.152
Cl^- 浓度	—	—	—	—	—	—	0.762^{**}	-0.126
EC	—	—	—	—	—	—	—	-0.030

注：$**$表示 $P < 0.01$；$*$表示 $P < 0.05$。

从表 4-8 还可以看出，SO_4^{2-} 浓度与 NO_3^- 浓度和 Cl^- 浓度之间存在很好的相关性，由于化学性质相似且 SO_2 和 NO_x 在大气中经常一起排放，降水中 SO_4^{2-} 浓度与 NO_3^- 浓度通常都表现出较好的相关性，反映出两者具有相似的来源或者在降水酸化过程中具有相似的化学反应机制。相比较而言，Cl^- 浓度和 SO_4^{2-} 浓度的相关性显著大于 Cl^- 浓度和 NO_3^- 浓度，表明 Cl^- 和 SO_4^{2-} 的来源共性和大气中存在形式相似的可能性相对较大。陆源性离子 Mg^{2+} 和 Ca^{2+} 以及海盐源离子 Na^+ 和 Cl^- 的浓度表现为显著相关，表明它们具有相似的来源及机制。Ca^{2+} 浓度与 Mg^{2+} 浓度、Na^+ 浓度和 Cl^- 浓度之间存在较好的正相关性（$R^2 > 0.5$），但与 K^+ 浓度和 NO_3^- 浓度相关性不高，表明除部分 K^+ 和 NO_3^- 与 Ca^{2+} 一样来源于陆源尘埃外，可能还存在其他来源。另外，Na^+ 浓度与 Cl^- 浓度和 SO_4^{2-} 浓度相关性也很好，说明降水中部分阴离子与 Na^+ 具有相同的物质来源。

表 4-9 列出了研究区大气降水中的离子浓度相对于 Cl^- 浓度的比值及其海洋源、地壳源各部分的含量，以及不同离子相对于 Cl^- 的富集因子(EF)。具体的计算公式为

$$EF = \frac{X/(c_{Cl^-})_{rain}}{X/(c_{Cl^-})_{sea}} \tag{4-22}$$

$$SSF_X = \frac{(c_{Cl^-})_{rain}}{X/(c_{Cl^-})_{sea}} \tag{4-23}$$

$$NSSF_X = (X_{rain}) - (c_{Cl^-})_{rain}/[X/(c_{Cl^-})_{sea}] \tag{4-24}$$

式中，$(c_{Cl^-})_{rain}$ 为雨水中 Cl^- 的当量浓度；$(c_{Cl^-})_{sea}$ 为海水中 Cl^- 的当量浓度；SSF_X、$NSSF_X$ 分别为离子海洋源、非海洋源部分；X 是计算富集因子的离子浓度。

表 4-9　排露沟大气降水中离子的海洋源、地壳源的比较

离子来源	Na⁺浓度/Cl⁻浓度	Ca²⁺浓度/Cl⁻浓度	Mg²⁺浓度/Cl⁻浓度	K⁺浓度/Cl⁻浓度	SO₄²⁻浓度/Cl⁻浓度	NO₃⁻浓度/Cl⁻浓度
海水	0.857	0.038	0.195	0.019	0.107	0.00002
研究区大气降水	1.59	9.31	1.77	0.54	2.43	0.63
EF	1.85	246.90	9.10	28.74	22.73	37048.35
海洋源	51.41	2.26	11.67	1.13	6.43	0
地壳源	43.66	555.26	94.29	36.90	139.40	38.03

如表 4-9 所示，研究区大气降水中 SO_4^{2-} 浓度、NO_3^- 浓度、Ca^{2+} 浓度、K^+ 浓度、Mg^{2+} 浓度、Na^+ 浓度与 Cl^- 的浓度比都高于海水中的比例，且富集因子较高，说明这些离子除了海洋来源外，还有地壳来源；比较降水中不同离子海洋源部分和非海洋源部分所占比例发现，除了 Na^+ 海、陆源物质都有贡献，且海洋源贡献略大于陆源贡献外，其他主要离子，如 SO_4^{2-}、NO_3^-、Ca^{2+}、K^+、Mg^{2+} 均主要为非海洋源的贡献。

排露沟流域降水次数表现为冬、春季较少，夏、秋季节较多的特点。降水主要集中在 6～8 月，降水事件在这个时期最多。到了 9 月降水次数开始减少，尤其在冬季降水很少，次年 5 月降水次数再次开始增加。大气降水 EC(电导率)反映了总体化学离子状况，可以说明降水化学特性及降水发生的大气环境状况。根据研究结果可知，大气降水化学的这种季节变化特征，与研究区年降水量的季节分布、春季沙尘暴事件、夏季的生物活动等因素有关，部分 SO_4^{2-} 和 NO_3^- 可能与工业生产活动也有关系。

降水离子浓度变化表现出一定的季节性变化规律：离子浓度多在冬季(干季)出现高值，在春季持续增长，但随着夏季的来临(雨季)会出现较低离子浓度，其他月份离子浓度相对稳定。这可能是降水受到中亚沙尘活动影响造成的。春季频发的大气沙尘活动将大量的粉尘颗粒物悬浮到大气中，当降水事件发生的时候，便随降水淋洗而沉降，因而春季降水中离子浓度较高；夏季降水量最大，沙尘活动有所减少，对雨水中的阴、阳离子具有较强的稀释作用，雨水中绝大多数阴、阳离子在夏季浓度最低，Mg^{2+}、K^+ 和 NO_3^- 除外。

另外，周围荒漠地区的大陆盐化作用(局地因素)，也会使空气中的粉尘含盐较高，随风沙卷入大气又随降水而降落，因此经常会出现一次降雨的离子浓度很高，引起全年(包括夏季)均有降水离子浓度高值出现，从而导致降水的化学季节性特征不是很明显。例如，2012 年 12 月 4 日、2013 年 2 月 7 日、5 月 16 日和 8 月 20 日的 4 场降水中 TDS(可溶解固体总量)分别达到了 $201.2mg \cdot L^{-1}$、$195.5mg \cdot L^{-1}$、$255.0mg \cdot L^{-1}$ 和 $169.1mg \cdot L^{-1}$，远大于全年 TDS 平均值 $48.77mg \cdot L^{-1}$(表 4-7)。

4.3.4 地下水的水化学特征分析

1. 地下水的化学指标特征值

地下水作为一个开放系统，与含水介质及外部环境不断进行物质交换，造成化学组分逐渐发生变化。为进一步探讨地下水化学成分的特点、类型以及了解河水补给来源，表 4-10 给出了采样时段内流域地下水所有样品中化学指标的特征值。从表 4-9 可以看出，地下水的 pH、离子浓度、TDS 和电导率均远远大于地表径流的对应值(表 4-2)。地下水的 EC 和 TDS 均值分别为 1444.94μs·cm^{-1} 和 722.29mg·L^{-1}，远大于地表径流。

表 4-10 地下水样品的离子浓度、pH、EC 和 TDS 的特征值

特征值	离子浓度/(mg·L^{-1})								EC /(μs·cm^{-1})	TDS /(mg·L^{-1})	pH
	Ca^{2+}	Mg^{2+}	Na$^+$	K$^+$	SO$_4^{2-}$	NO$_3^-$	Cl$^-$	HCO$_3^-$			
最大值	174.63	70.74	160.49	5.36	368.67	33.63	82.06	718.38	1654.00	898.00	8.38
最小值	98.85	29.90	40.63	3.01	182.83	20.35	44.19	232.38	898.00	449.00	7.78
平均值	152.59	48.59	113.93	4.21	283.17	29.83	63.02	506.72	1444.94	722.29	8.03
标准差	17.71	8.03	32.54	0.52	46.98	3.81	8.66	127.75	217.73	108.79	0.15

径流中，Ca^{2+}占阳离子总数的 60%，其次是 Mg^{2+}，占阳离子总数的 25%；阴离子以 HCO$_3^-$ 为主，占阴离子总数的 74%，其次为 SO$_4^{2-}$，占阴离子总数的 18%，主要离子类型为 Ca^{2+}·Mg^{2+}-HCO$_3^-$(表 4-2)。地下水中，Ca^{2+}占阳离子总数的 43%，Na$^+$占阳离子总数的 38%；HCO$_3^-$ 占阴离子总数的 54%，SO$_4^{2-}$ 占阴离子总数的 36%，主要离子类型为 Ca^{2+}·Na$^+$-HCO$_3^-$·SO$_4^{2-}$ (表 4-10)。

与流域径流离子组成相比，地下水阳离子中 Na$^+$的浓度比例明显增长，而 Ca^{2+}和 Mg^{2+}的浓度比例相应下降；阴离子中 SO$_4^{2-}$ 的浓度比例明显增长，而 HCO$_3^-$ 的浓度比例相应下降。而且地下水 TDS 明显比地表径流大得多，表明地下水离子浓度更大。另外，如表 4-10 所示，离子浓度的标准差较小，离子浓度变化幅度不是很大，表明排露沟地下水化学类型的年内季节变化不明显，其水化学成分的形成和演变主要受流经岩(土)的种类和性质以及各种物理化学作用所控制。

利用 Piper 图解不仅可以进行水化学分类，而且可以较直观地揭示阳离子交换等有关地下水演化现象(Deutsch，1997)。如图 4-4 所示，流域地下水水化学离子类型在图上分布的位置与径流有所不同，在阳离子 Ca^{2+}-Mg^{2+}-(Na$^+$+K$^+$)组成的三角图中，地下水分布在$(Na^+ + K^+)$-Ca^{2+}线上并且靠近 Ca^{2+}端，Mg^{2+}相对含量相对较小，范围为9%～22%(平均值为15%)；在阴离子三角图中，所有水样组分点类似紧贴HCO_3^-轴分布，说明径流样品中 Cl^-相对含量微乎其微，范围为 5%～9%(平均值为 7%)。与地表水样品的 Piper 三线图(图 4-4)分布相比，地下水中$Na^+ + K^+$的相对含量明显增长，相应 Ca^{2+}和 Mg^{2+}的相对含量都有所下降；地下水中阴离子HCO_3^-的相对含量大幅度降低，导致主要阴离子中SO_4^{2-} 和 Cl^-的相对含量增加。

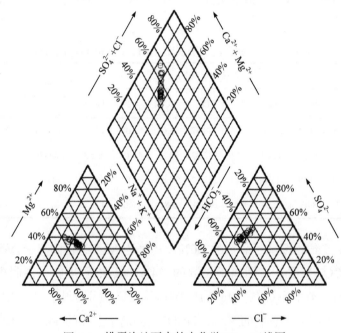

图 4-4　排露沟地下水的水化学 Piper 三线图

图中数据为对应离子的相对含量

2. 地下水演化规律研究

研究地下水水化学特征及其演化规律、地表水与地下水的转化规律及沿途地下水系发生的水岩作用，对于认识流域山区的水循环规律、地下水水资源的保护、利用和管理具有重要的现实意义。由于水体受到混合、蒸发等多种作用的共同影响，通过单一离子浓度往往无法判别其物质来源，而两种可溶组分的离子或离子组合的浓度比值则能消除水体中稀释或蒸发效应的影响，可用来讨论物质来源和不同水体混合过程(Parkhurst，1997)。

$c(Na^+)/c(Cl^-)$是表征地下水中 Na^+富集程度的一个水文地球化学参数。$c(Na^+)/c(Cl^-)$是恒定的，标准海水的 $c(Na^+)/c(Cl^-)$平均值为 0.85。盆地地下水 $c(Na^+)/$

$c(\mathrm{Cl}^-)$ 大于或小于 0.85 是在演化过程中向不同方向演变而成的。如果海相沉积水接受大气降水的入渗溶滤，则 $c(\mathrm{Na}^+)/c(\mathrm{Cl}^-)$ 应趋向大于 0.85。从图 4-5 可以看出，地下水中 Na^+ 浓度比 Cl^- 高，两者的比值远大于 1(>4)，表明地下水发生了强烈的水岩相互作用，这可能是地下水补给来源单一和当地人类活动及强烈的蒸散发作用导致的。同时，Na^+ 浓度与 Cl^- 浓度不成比例增加，表明地下水不仅有 NaCl 的溶解，而且伴有钠长石等含钠矿物的溶解。

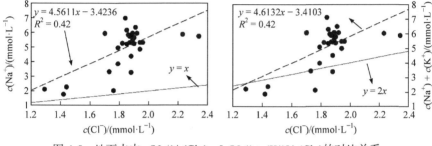

图 4-5　地下水中 $c(\mathrm{Na}^+)/c(\mathrm{Cl}^-)$、$[c(\mathrm{Na}^+)+c(\mathrm{K}^+)]/c(\mathrm{Cl}^-)$ 的对比关系

一般来说，Na^+ 主要来自斜长石等含钠矿物的风化溶解，地下水中的 Cl^- 主要来源于可溶性岩盐颗粒等的溶解，并且与 Na^+、K^+ 溶解的比值为 1:1。地下水一个显著特点是 $c(\mathrm{Na}^+) + c(\mathrm{K}^+)$ 比 $c(\mathrm{Cl}^-)$ 高，$[c(\mathrm{Na}^+) + c(\mathrm{K}^+)]/c(\mathrm{Cl}^-)$ 大于 2(图 4-5)。NaCl 矿物在干旱区离子成分受干扰程度较小，表明该区域地下水在上游山区与河流的补给含水层中已发生过多次交互作用及水岩溶滤作用，河水中的 HCO_3^- 提供了良好的物质基础促进钠钾盐的分解，导致排露沟流域地下水 $c(\mathrm{Na}^+)+c(\mathrm{K}^+)$ 偏高。

HCO_3^- 浓度同时表征了 CaCO_3 和 $\mathrm{MgCa(CO}_3)_2$ 的溶解。Na^+ 的增加或损失源于岩盐溶解，Ca^{2+}、Mg^{2+} 的增加或损失由 CaCO_3、$\mathrm{MgCa(CO}_3)_2$ 及 $\mathrm{CaSO}_4 \cdot 2\mathrm{H}_2\mathrm{O}$ 引起，可用 $[c(\mathrm{Ca}^{2+}) + c(\mathrm{Mg}^{2+})] - [c(\mathrm{HCO}_3^-) + c(\mathrm{SO}_4^{2-})]$ 与 $c(\mathrm{Na}^+) + c(\mathrm{K}^+) - c(\mathrm{Cl}^-)$ 的关系表示(Garcial et al., 2001)。如果离子交换显著，$[c(\mathrm{Ca}^{2+}) + c(\mathrm{Mg}^{2+})] - [c(\mathrm{HCO}_3^-) + c(\mathrm{SO}_4^{2-})]$ 与 $c(\mathrm{Na}^+)+c(\mathrm{K}^+) - c(\mathrm{Cl}^-)$ 的关系应为线性关系。图 4-6 表明，$[c(\mathrm{Ca}^{2+}) + c(\mathrm{Mg}^{2+})] - [c(\mathrm{HCO}_3^-) + c(\mathrm{SO}_4^{2-})]$ 与 $c(\mathrm{Na}^+) + c(\mathrm{K}^+) - c(\mathrm{Cl}^-)$ 的斜率为 -1.0943，且两者相关性显著($R^2 = 0.98$)，表明流域地下水的阳离子交换显著。

地下水中的 HCO_3^-、Ca^{2+} 和 Mg^{2+} 很可能来自含钙、镁的硫酸盐或碳酸盐矿物的溶解。因此，可以用 $c(\mathrm{Ca}^{2+}) + c(\mathrm{Mg}^{2+})$ 与 $c(\mathrm{HCO}_3^-) + c(\mathrm{SO}_4^{2-})$ 的比例系数方法确定这几种离子的来源。研究表明，$[c(\mathrm{Ca}^{2+}) + c(\mathrm{Mg}^{2+})] : [c(\mathrm{HCO}_3^-) + c(\mathrm{SO}_4^{2-})] > 1$，指示地下水中的 Ca^{2+} 和 Mg^{2+} 主要来源于碳酸盐矿物的溶解；$[c(\mathrm{Ca}^{2+}) :$

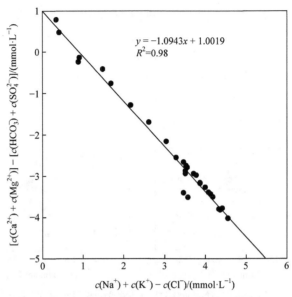

图 4-6 排露沟流域地下水离子交换关系比较

$[c(HCO_3^-) + c(SO_4^{2-})] < 1$，指示地下水中的 Ca^{2+} 和 Mg^{2+} 主要来源于硅酸盐或硫酸盐矿物的溶解；$[c(Ca^{2+}) + c(Mg^{2+})]：[c(HCO_3^-) + c(SO_4^{2-})] \approx 1$，则表示地下水中的 Ca^{2+} 和 Mg^{2+} 主要来源于既有碳酸盐矿物的溶解又有硫酸盐矿物的溶解。

从 $c(Ca^{2+}) + c(Mg^{2+})$ 与 $c(HCO_3^-) + c(SO_4^{2-})$ 对比关系的散点分布来看(图 4-7)，排露沟流域大部分地下水的$[c(Ca^{2+}) + c(Mg^{2+})]：[c(HCO_3^-) + c(SO_4^{2-})] \approx 1$，表明碳酸盐矿物和硫酸盐矿物的溶解是该区域地下水化学形成的主要作用。

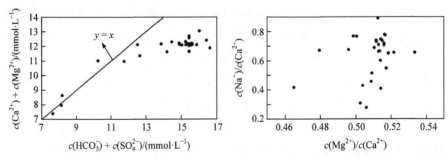

图 4-7 地下水 $c(Ca^{2+}) + c(Mg^{2+})$ 与 $c(HCO_3^-) + c(SO_4^{2-})$ 以及 $c(Na^+)/c(Ca^{2+})$ 与 $c(Mg^{2+})/c(Ca^{2+})$ 对比关系

$c(Mg^{2+})/c(Ca^{2+})$、$c(Na^+)/c(Ca^{2+})$ 也常用来区分溶质的大致来源。以方解石溶解作用为主的地下水，一般具有相对较低的 $c(Mg^{2+})/c(Ca^{2+})$ 和 $c(Na^+)/c(Ca^{2+})$；以白云岩风化溶解作用为主的地下水，具有较低的 $c(Na^+)/c(Ca^{2+})$ 和较高的 $c(Mg^{2+})/c(Ca^{2+})$(约为 1)。因此，根据以上离子浓度比值可以判断地下水中化学组分的主要来源。从研究区地下水 $c(Mg^{2+})/c(Ca^{2+})$、$c(Na^+)/c(Ca^{2+})$ 的散点分布(图 4-7)来看，地下水的 $c(Na^+)/c(Ca^{2+})$、$c(Mg^{2+})/c(Ca^{2+})$ 均小于 1，说明地下水中的水岩反应以方解石矿物溶解作用为主。

总之，按照苏联学者舒卡列夫水化学类型划分方法，排露沟流域大气降水和积雪样品主要离子类型为 Ca^{2+}-HCO_3^-；河水主要离子类型为 $Ca^{2+} \cdot Mg^{2+}$-HCO_3^-；地下水主要离子类型为 $Ca^{2+} \cdot Na^+$-$HCO_3^- \cdot SO_4^{2-}$。大气降水和积雪的 pH 均值分别为 7.20 和 7.60，接近中性；径流和地下水的 pH 均值分别为 8.13 和 8.03，略偏碱性。

4.4　小流域水体同位素特征及其水文指示意义

4.4.1　大气降水稳定同位素特征

1. 大气降水中 $\delta^{18}O$ 值的季节变化

大气降水中的 $\delta^{18}O$ 值[单位：‰，维也纳国际海水标准(Vienna standard mean ocean water，VSMOW)]能很好地反映研究区的地理和气候因素，由于水分子的平衡分馏作用，地球上任何一个地区降水中的 $\delta^{18}O$ 值均会受到气温季节性变化的影响，尤其在内陆地区更加显著(Feng et al.，2009)。图 4-8 显示，排露沟流域山区沿海拔梯度的三个采样点降水中的 $\delta^{18}O$ 值和日均气温随时间具有相同的变化规律，证明了降水同位素的区域性特征。三个站点降水中的 $\delta^{18}O$ 值均呈现明显的季节性变化，冬季降水对应较低的 $\delta^{18}O$ 值，夏季降水对应较高的 $\delta^{18}O$ 值。降水中 $\delta^{18}O$ 值的波动范围非常大，其中 $\delta^{18}O$ 值变化范围最大的是地面气象站，其最大值和最小值分别为-32.32‰、3.23‰，变化幅度达到 35.55‰，明显比天山典型内陆河乌鲁木齐河源区降水 $\delta^{18}O$ 值变化范围(-27.56‰~1.67‰)要大(Feng et al.，2013)，表明祁连山排露沟山区流域降水受极端气候变化的影响(Dutton et al.，2005)。

整个采样期间地面气象站、草地气象站和林地气象站三个采样点降水中的 $\delta^{18}O$ 均值相差不大，分别为-8.76‰、-8.87‰和-8.64‰，所有降水样品中 $\delta^{18}O$ 值共出现 13 次正值，其中最大值为 3.23‰出现在 2013 年夏季 6 月 15 日的地面气象站，根据记录，对应的降水量为 0.2mm，日均气温为 14.6℃。这主要是因为排露沟流域山区深居欧亚大陆内陆，夏季温度高，加上本次降水量较小，产生降水的水汽有相当一部分受局地蒸发的影响，使其 $\delta^{18}O$ 值偏高；同时，雨滴在降落过程中由于蒸发产生重同位素的富集，也使得降水中氢、氧同位素值更高，甚

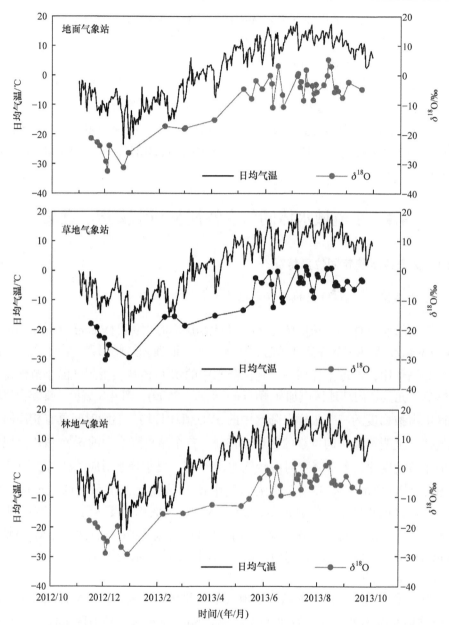

图 4-8　排露沟流域山区三个水文点降水 $\delta^{18}O$ (VSMOW)与日均气温随时间的变化

VSMOW-维也纳国际海水标准

至出现正值(Peng et al.，2007)。三个站点降水中的 $\delta^{18}O$ 最小值均出现在冬季，地面气象站为 2012 年 12 月 4 日(-32.32‰)，草地气象站为 2012 年 12 月 2 日(-30.19‰)，林地气象站为 2012 年 12 月 29 日(-29.21‰)。

选择最邻近研究区的张掖站(38.93°N，100.43°E，海拔 1483m)月降水氢、氧同位素 GNIP 数据(1986～2003 年)进行区域降水同位素季节性特征对比分析(https://www.iaea.org/)。如图 4-9 所示，该站降水 $\delta^{18}O$ 最大值和最小值分别为 -2.11‰、-18.86‰，变化幅度很大，达到 16.75‰；降水中 $\delta^{18}O$ 多年月平均值同样呈现明显的季节性变化，且与月均气温表现出相同的变化趋势，冬季降水对应较低的 $\delta^{18}O$ 值，夏季降水对应较高的 $\delta^{18}O$ 值，与研究区存在相似规律。

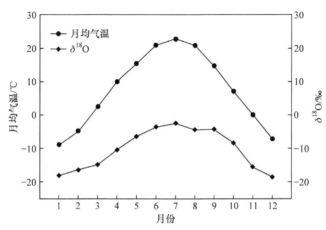

图 4-9 张掖站多年降水月平均 $\delta^{18}O$ (VSMOW)和月均气温变化趋势

排露沟流域山区沿海拔三个采样点降水的 $\delta^{18}O$ 值范围分别是-32.32‰～3.23‰、-30.19‰～1.40‰和-29.21‰～1.97‰。降水中 $\delta^{18}O$ 含量的较大差异性，说明了研究区域高海拔山区的气候极端性和水汽来源的复杂性。为进一步确认研究区降水同位素变化的长期规律，将本次研究结果与前人结果对比。吴锦奎等(2011)研究了 2002 年 10 月～2003 年 9 月一个完整水文年内，排露沟地面气象站连续每次降水样品(共采集降水样品 98 个，其中降雨样品 62 个、降雪样品 36 个)中 $\delta^{18}O$ 的季节性变化规律，结果表明降水 $\delta^{18}O$ 波动范围也相当大(图 4-10)，整个研究期间降水 $\delta^{18}O$ 波动范围达到 37.90‰(-31.60‰～6.30‰)。夏季降水中 $\delta^{18}O$ 也出现 10 次正值，最大值(6.30‰)出现在 2003 年 8 月 4 日，冬季降水中 $\delta^{18}O$ 最小值-31.60‰出现在 2002 年 12 月 23 日，与本书研究结果一致。

2. 地区大气降水线变化特征

对同一站点降水中的氢、氧同位素而言，δD 和 $\delta^{18}O$ 之间往往存在很好的线性关系，并显示出较强的地缘性。大气降水线是一个地区降水中 δD 和 $\delta^{18}O$ 的线性关系，可以很好地反映地区的自然地理和气象气候条件，在解决历史气候

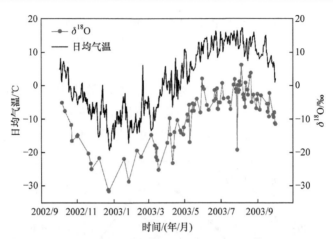

图 4-10　2002 年 10 月～2003 年 9 月排露沟地面气象站降水 δ^{18}O (VSMOW)与日均气温的变化趋势

变迁及水汽来源等方面具有明显优势(Price et al.，2008)。为研究排露沟山区流域大气降水线的变化规律，利用本次研究采集的降水实测 δD 和 δ^{18}O 值进行回归分析，图 4-11 为排露沟流域及其周边区域站点降水的 δ^{18}O 和 δD (VSMOW)与降水量的关系。

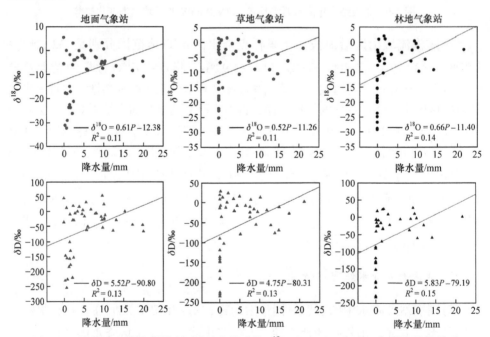

图 4-11　排露沟流域及其周边区域站点降水的 δ^{18}O 和 δD (VSMOW)与降水量的关系

P-降水量

如图 4-11 所示，从三个站点大气降水线的对比来看，流域内大气降水线的截距和斜率非常接近，地面气象站、草地气象站和林地气象站的地区大气降水线分别为 $\delta D = 8.21\delta^{18}O + 14.01(R^2 = 0.98)$、$\delta D = 8.51\delta^{18}O + 18.79(R^2 = 0.99)$ 和 $\delta D = 8.51\delta^{18}O + 18.79(R^2 = 0.99)$。草地气象站和林地气象站大气降水线完全一致，而与这两个采样点相比，地面气象站局地大气降水线的截距和斜率都略微降低，表明与草地气象站、林地气象站小气候相比，地面气象站采样点大陆性程度和蒸发状况有所增加(Peng et al.，2007)。

为进一步研究流域大气降水线特征与地理综合自然条件之间的关系，从全球大气降水同位素监测网 GNIP(http://www.iaea.org)，下载邻近 GNIP 站点：张掖站(38.93°N，100.43°E，海拔 1483m)和兰州站(36.05°N，103.88°E，海拔 1517m)长时间序列的月平均降水氢、氧同位素数据。通过计算得出，张掖站和兰州站的地区大气降水线方程分别为 $\delta D = 7.02\delta^{18}O - 2.79(R^2 = 0.94)$ 和 $\delta D = 7.08\delta^{18}O + 3.03$ $(R^2 = 0.95)$，与排露沟流域降水相比，大气降水线的斜率和截距明显降低。

另外，根据 Zhao 等(2011)的研究结果，与排露沟山区流域气象条件类似的祁连山黑河上游高山区的野牛沟气象站(38.42°N，99.58°E，海拔 3320m)降水氢、氧同位素大气降水水线方程为 $\delta D = 7.52\delta^{18}O + 11.67(R^2 = 0.99，n = 94)$，与本小节研究的排露沟山区流域大气降水线方程的截距(8.21、8.51 和 8.51)和斜率(14.01、18.79 和 18.79)相似，与 Craig(1961)定义的全球大气降水线(GMWL) $\delta D = 8\delta^{18}O + 10$ 相比，当地大气降水线的斜率和截距偏高。祁连山黑河上游排露沟流域属于高寒山区气候，海拔范围为 2640～3800m，多年平均气温为 -5.4℃，年均降水量为 470mm(西水地面气象站资料)；黑河上游的野牛沟气象站(海拔 3320m)，1959～2009 年观测数据显示，多年年均气温为-2.9℃，多年平均降水量为 411.4mm，也属于典型高寒山区大陆性气候。

张掖站(GNIP 站点，海拔 1483m)地处黑河流域中游，四周被高山高原所围绕，山地和盆地相间，该站的多年年均气温为 7.8℃，多年平均降水量为 152.6mm(http://www.iaea.org)。该站降水的局地水汽来源和二次蒸发水汽远比黑河上游区域强烈，雨滴降落过程中受到不平衡蒸发引起同位素分馏，导致与上游流域相比，其大气降水线斜率和截距均具有明显减小的趋势。结果表明，由于海洋影响很难到达，研究区属于典型的大陆性气候，但由于山区海拔差异，从上游到下游具有自然条件垂直分带性，流域内各站点不同高度、不同气候带和不同降水过程形成的稳定同位素，使得地区大气降水线也存在较大差异，有利于揭示内陆河流域系统局地大气降水线的变化规律。

3. 降水与气候因素的关系

(1) 降水的 $\delta^{18}O$ 与降水量的关系不显著。降水过程中先凝结水汽形成的降水 $\delta^{18}O$ 值较大，后形成的降水 $\delta^{18}O$ 值较小。在同一场降水过程中，随着降水量的增加，降水中的 $\delta^{18}O$ 值呈逐渐减小趋势。干旱地区由于空气湿度低，降水过程中雨水到达地面之前易受蒸发影响，发生同位素动力分馏效应。因此，降水中 $\delta^{18}O$ 和 δD 值也存在降水量效应(Ersek et al.，2010)。

本部分研究降水量与降水的 $\delta^{18}O$ 和 δD 值关系，流域降水中氢、氧同位素变化的降水量效应不明显。这可能是因为祁连山排露沟流域位于极端大陆性地区，加上流域山区水汽局地性循环显著，致使该区降水中的 $\delta^{18}O$ 几乎与降水量没有关系(Holko，1995)。

(2) 降水中 $\delta^{18}O$ 和 δD 的温度效应。大气降水中的同位素含量在物理机制上与降水时的气温不存在线性关系，同位素含量的变化主要是水循环过程中蒸发和凝结引起的同位素分馏造成的。但降水过程中，随着时间的延续，水汽气团内剩余水汽逐渐贫化重同位素，降水中同位素含量主要受水汽气团凝结成雨水的份额和分馏的水汽控制，而凝结的降水份额受气压和温度影响，再加上温度也影响降水过程中的同位素分馏系数，最终导致大气降水中的氢、氧同位素组成与温度通常存在正相关关系，这种相关性因地理和气候因素差别而异(Kohn & Welker，2005)。

为强化研究小范围(特别是小流域)内站点降水中的稳定同位素及其物理机制，姚檀栋等(2000)曾专门对乌鲁木齐河流域降水中 $\delta^{18}O$ 与温度的关系进行研究，发现乌鲁木齐河流域降水的 $\delta^{18}O$ 与温度有密切的正相关关系，说明 $\delta^{18}O$ 是区域温度的可靠指标。

排露沟山区流域沿海拔三个气象站点(地面气象站、草地气象站和林地气象站)连续每次降水的 $\delta^{18}O$ 值与日均气温之间的相关性分别为 $\delta^{18}O = 0.83T - 12.58$ ($R^2 = 0.85$)，$\delta^{18}O = 0.79T - 13.30$($R^2 = 0.84$)，$\delta^{18}O = 0.72T - 12.06$($R^2 = 0.80$)；降水中 δD 与日均气温之间的相关性分别为 $\delta D = 6.92T - 89.72$ ($R^2 = 0.86$)，$\delta D = 6.71T - 96.15$ ($R^2 = 0.85$)，$\delta D = 6.19T - 84.05$ ($R^2 = 0.81$)。排露沟流域山区三个气象站点降水中的氢、氧同位素含量与日均气温具有很好的正相关关系，日均气温与降水的 $\delta^{18}O$ 和 δD 之间的决定系数 $R^2 > 0.8$。

图 4-12 中给出了 2002 年 10 月～2003 年 9 月一个完整水文年内，排露沟地面气象站连续每次降水样品与日均气温之间的相关性：$\delta^{18}O = 0.65T - 9.01$ ($R^2 = 0.72$)，$\delta D = 5.31T - 65.23$ ($R^2 = 0.75$)，日均气温与降水中 $\delta^{18}O$ 和 δD 之间的相关

系数 $R^2 > 0.7$。研究结果表明，黑河上游排露沟流域降水中 δ^{18}O 和 δD 受气温影响显著，因此降水中的氢、氧同位素对区域温度具有指示意义，适合于研究该区水体环境同位素变化机理和古地下水反演古气候。

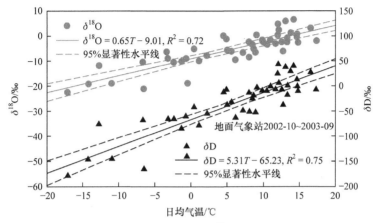

图 4-12　排露沟地面气象站降水的 δD 和 δ^{18}O (VSMOW)与日均气温的关系

(3) 降水中 δ^{18}O 和 δD 值的海拔效应。事实上，降水中 δ^{18}O 和 δD 值的海拔效应只是其温度效应的一种表现形式。本书研究选取排露沟流域山区沿海拔三个采样点具有代表性的 10 次同期降水(表 4-11)，三个采样点(气象站)同时降水，且降水强度较大、持续时间较长，保证三个采样点降水由同样的水汽来源所控制，避免局地水汽产生的降水事件。对 δ^{18}O 和 δD 的平均值与海拔做了回归分析(图 4-13)。

表 4-11　排露沟流域 10 次代表性降水的同位素沿海拔组成差异

时间/ (年-月-日)	地面气象站		草地气象站		林地气象站	
	δ^{18}O/‰	δD/‰	δ^{18}O/‰	δD/‰	δ^{18}O/‰	δD/‰
2012-11-15	−21.20	−153.18	−17.90	−135.85	−17.87	−132.17
2013-05-07	−4.59	−45.61	−13.32	−89.94	−12.81	−86.85
2013-05-28	−4.56	−12.76	−4.02	−7.80	−5.47	−17.65
2013-06-06	12.11	0.03	−0.47	8.70	−0.71	8.46
2013-06-21	−10.62	−63.90	−10.64	−69.58	−9.34	−59.15
2013-07-14	−8.43	−45.04	−4.10	−17.15	−7.22	−34.11
2013-07-24	−3.43	−0.41	−6.80	−35.75	−9.66	−45.98
2013-08-19	−5.40	−23.59	−4.96	−24.66	−4.59	−24.66
2013-08-22	−5.24	−26.90	−4.95	−24.12	−5.57	−26.38
2013-09-19	−4.66	−28.59	−3.44	−11.00	−4.35	−8.77
平均值	−6.81	−38.79	−7.06	−40.72	−7.76	−42.72

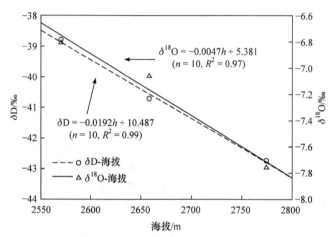

图 4-13　排露沟流域山区三个气象站点降水中 δD 和 $\delta^{18}O$ (VSMOW)与海拔的关系

h-海拔

从图 4-13 可以看出，排露沟流域山区降水中 $\delta^{18}O$ 和 δD 值变化存在明显的海拔效应，降水 $\delta^{18}O$ 和 δD 值随着海拔的升高而降低，降幅分别为 $0.47‰ \cdot (100m)^{-1}$ 和 $1.92‰ \cdot (100m)^{-1}$。众多研究报道 $\delta^{18}O$ 值随着海拔梯度而变化(Johnson & Ingram，2004)，$\delta^{18}O$ 值的变化范围为 $0.1 \sim 1.1‰ \cdot (100m)^{-1}$，本书研究结果正好在这个变化范围内。

4. 降水的 d-excess 值变化特征

d-excess(简称 "d")定义为 $d = \delta D - 8\delta^{18}O$ (Dansgaard，1964)，对应的相对湿度为 85%。d-excess 值的影响因素曾被详细研究过(Kendall & Coplen，2001)。降水 d-excess 值能够反映降水水汽来源地的相对湿度状况和风速大小，即当地的蒸发状况。因此，利用 d-excess 值来研究水汽来源地的干湿状况。大气降水中 d-excess 值的大小除了取决于蒸发过程外，雨滴降落过程的二次蒸发作用也可以引起 d-excess 值的变化。后者有时对降水中 d-excess 值的影响很大，特别是在气候干燥的条件下(田立德等，2005)。

降水的 d-excess 值反映氘对于平衡状态的偏差，主要是水在蒸发过程中的动力分馏作用引起的，氢(D/H)比氧($^{18}O/^{16}O$)稳定同位素分馏的程度更强，结果使得降水中氢、氧稳定同位素比例呈线性变化外，其线性关系还出现一个差值。对三个采样点降水的 d-excess 值进行初步分析，以全球平均值 10‰ 为界，研究区内三个采样点降水的 d-excess 值均表现出一定的季节性特征：夏季值较低，冬季值明显偏高。

4.4.2 区域水汽来源示踪

目前,利用水体稳定同位素方法进行区域降水水汽来源示踪的研究,主要集中在不同季节水汽来源的示踪上,但利用降水的 d-excess 直接研究局地水汽来源示踪也较少(Zhao et al.,2011)。本节主要利用降水的 d-excess 示踪法对研究区内每次连续降水的水汽来源进行示踪,结合美国国家环境预报中心/国家大气研究中心(NCEP/NCAR)大气再分析资料的方法对排露沟流域山区及其附近地区大气降水的水汽来源进行示踪(Sjostrom & Welker,2009)。

基于 NCEP/NCAR 大气再分析资料和中国季风影响区域,首先对研究区大气水汽来源做初步探讨。根据 NCEP/NCAR 再分析资料对黑河上游流域山区及其附近区域 500hPa 的风场和湿度场进行了计算,结果表明,与我国西南部青藏高原相比,西北地区大气降水的水汽来源形式相对简单,黑河上游流域山区的水汽主要来源于西风输送,在冬季同时受极地气团的影响。

降水的 d-excess 值主要取决于形成降水的水汽来源的相对湿度,黑河上游山区流域及其附近地区位于欧亚大陆内部,远离海洋,夏季水汽来源受西风环流控制,主要来自北大西洋。夏季时西风带的强度变大,大西洋暖湿气流湿度较大,形成的降水 d-excess 值较低;冬季水汽来源主要受西风环流和更为干燥的极地水汽共同作用,随着水汽减少,大气相对湿度降低,加上气压高,温度低,湿度小,蒸发少,沿途水汽补充较少,研究区内冬季降水量和次数明显减少,且降水剩余水汽中 $\delta^{18}O$ 值更低,降水 d-excess 值出现较大值。

HYSPLIT 4.0 输出结果进一步证实了研究区水汽来源的季节性变化,夏季水汽来源为平稳的西风带,冬季水汽来源是西风带和更为干燥的极地气团共同作用的结果。

4.4.3 地表水 $\delta^{18}O$ 和 δD 的变化特征

河水中稳定同位素的含量差异及其影响因素的研究越来越受到水文学者的关注(王宁练等,2008)。本小节将对排露沟流域出水口河水中 $\delta^{18}O$ 和 δD 的季节变化特征进行分析,并结合河流源头冰雪融水中的 $\delta^{18}O$ 和 δD 值,探讨排露沟流域河水中 $\delta^{18}O$ 和 δD 季节变化的影响因素。

1. 径流中 $\delta^{18}O$ 和 δD 值的时空变化特征

排露沟流域山区三个水文点降水中的 $\delta^{18}O$ 和 δD 值变化幅度很大,其中变化范围最大的是地面气象站,降水中 $\delta^{18}O$ 的最小值和最大值分别为-32.32‰、3.23‰,变化幅度达到35.55‰;δD 值最小值和最大值分别-254.46‰、52.26‰,

变化幅度为 306.72‰。图 4-14 和图 4-15 分别分析了排露沟流域山区出水口径流中 $\delta^{18}O$ 和 δD 的日尺度、月平均值变化特征。

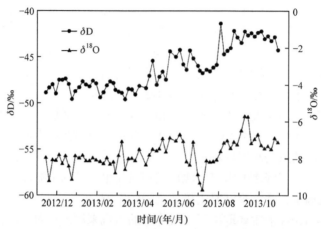

图 4-14　排露沟流域出水口径流中 $\delta^{18}O$ 和 δD (VSMOW)日尺度变化特征

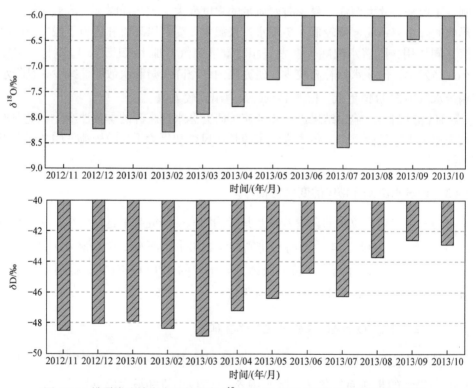

图 4-15　排露沟流域出水口径流中 $\delta^{18}O$ 和 δD (VSMOW)月平均值变化特征

从日尺度变化来看(图 4-14)，流域出水口河水中 $\delta^{18}O$ 和 δD 值的变化幅度相对较小，远小于降水中的变化幅度，一个水文年内河水中 $\delta^{18}O$ 值的变化范围为 -9.70‰~-5.72‰，变化幅度仅为 3.98‰；δD 变化范围为 -49.56‰~-41.33‰，变化幅度仅为 8.23‰。与流域山区大气降水中的 $\delta^{18}O$ 和 δD 值与温度呈很好的正相关性的变化趋势完全不同(图 4-14)，流域内大气降水中的 $\delta^{18}O$ 和 δD 表现的温度效应在河水中不复存在。与降水中 $\delta^{18}O$ 和 δD 变化幅度很大的规律相反，河水的 δD 和 $\delta^{18}O$ 值变化幅度明显很小，趋于稳定，说明流域河水除主要受降水补给外，还受其他不同补给来源的影响。

从月平均值变化来看(图 4-15)，排露沟山区流域出水口河水中的 $\delta^{18}O$ 和 δD 月平均值变化幅度不大，最大值分别为 -6.46‰ 和 -42.61‰，最小值分别为 -8.58‰ 和 -48.85‰，$\delta^{18}O$ 和 δD 月平均值变化幅度仅为 2.12‰ 和 6.24‰，但存在雨季或丰水期(5~9 月)河水 $\delta^{18}O$ 和 δD 均值偏高，干季或枯水期(10 月~翌年 4 月)河水 $\delta^{18}O$ 和 δD 均值偏低的变化趋势。河水中 $\delta^{18}O$ 和 δD 值的年变化特征类似，全年中冬季平均值较小，在 2 月($\delta^{18}O$ 值)或是 3 月(δD 值)之后随时间变化呈上升趋势，到 6 月开始降低，7 月出现低值，之后又呈上升趋势，直到 10 月又出现下降趋势，这也反映出流域内降水、地下水和雪融水对流域出山口河水混合补给的特征规律。

2. 径流中 $\delta^{18}O$ 和 δD 值差异的环境效应

河水中氢、氧同位素的组成是各水源的同位素含量、各水源所占混合比例和蒸发等因素综合结果的反映(Yuan & Miyamoto，2008)。分析整个观测序列发现，排露沟出水断面河水中全年同位素组成变化规律具有独特性，反映了祁连山高山区典型季节性积雪流域内降水、地下水和雪融水对流域出山口河水混合补给的一般特征规律。为进一步研究流域出水口径流中 δD 和 $\delta^{18}O$ 值变化的环境指示意义，对排露沟流域内采集的地下水样品、沿海拔梯度的积雪样品和土壤水中的 δD 和 $\delta^{18}O$ 值进行了对比分析。

表 4-12 给出了 2013 年 4 月积雪消融前，流域高山区 3300m 以上区域，沿海拔分布的积雪样品中 δD 和 $\delta^{18}O$ 值的特征值。如表 4-12 所示，积雪中 δD 和 $\delta^{18}O$ 的平均值分别为 -125.80‰ 和 -17.22‰，与河水中氢、氧同位素的组成相比差异明显(河水一个水文年内 δD 和 $\delta^{18}O$ 的平均值分别为 -7.75‰ 和 -46.22‰)，明显要小得多；积雪中 $\delta^{18}O$ 值的变化范围为 -23.92‰~-12.04‰，变化幅度仅为 11.88‰；δD 变化范围 -181.55‰~-88.56‰，变化幅度为 92.99‰，δD 和 $\delta^{18}O$

值的变化幅度在降水与河水的变化幅度之间。

表 4-12　排露沟流域高山区沿海拔积雪样品中的 δD 和 $\delta^{18}O$ 的特征值

海拔/m	样品数	$\delta^{18}O$/‰			δD/‰		
		平均值	最大值	最小值	平均值	最大值	最小值
3300	2	−14.51	−12.28	−16.74	−109.38	−91.39	−127.37
3350	2	−14.05	−12.57	−15.52	−104.81	−88.56	−121.07
3400	2	−14.49	−12.40	−16.58	−108.3	−102.63	−113.43
3450	2	−17.52	−15.08	−19.95	−125.72	−110.75	−140.69
3500	3	−18.35	−16.74	−21.73	−130.97	−127.37	−152.12
3550	3	−16.26	−15.69	−16.84	−121.91	−132.04	−111.78
3600	3	−18.03	−13.29	−22.88	−132.74	−109.01	−167.54
3650	3	−17.75	−12.04	−23.30	−133.82	−98.27	−181.55
3700	3	−18.67	−12.57	−23.50	−136.59	−88.56	−180.52
3750	4	−18.94	−15.42	−23.92	−132.18	−102.36	−170.14
平均值	27	−17.22	−12.04	−23.92	−125.80	−88.56	−181.55

图 4-16 给出了流域高山区 3300m 以上区域积雪样品中 δD 和 $\delta^{18}O$ 的平均值随海拔的变化特征。积雪中 δD 和 $\delta^{18}O$ 的平均值随海拔的变化趋势一致。海拔 3500m 以下积雪中 δD 和 $\delta^{18}O$ 的平均值较大，3500m 处 δD 和 $\delta^{18}O$ 平均值急速下降，之后 δD 和 $\delta^{18}O$ 平均值趋于稳定，相对变化幅度不大。

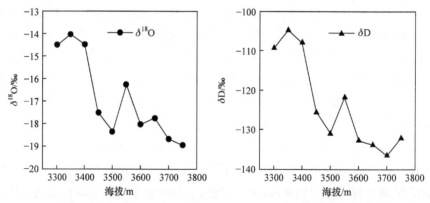

图 4-16　排露沟流域高山区积雪样品中的 $\delta^{18}O$ 和 δD (VSMOW)平均值随海拔的变化

地下水与河水中 δD 和 $\delta^{18}O$ 的特征差异，可以反映出地下水与河水的补给关系，且一般受地下水补给为主的河流，δD 和 $\delta^{18}O$ 值相对比较稳定(Ma et al.,

2013)。同样对排露沟流域地下水的 δD 和 δ^{18}O 值变化特征进行了分析。从一个完整水文年地下水 δD 和 δ^{18}O 值随时间的变化规律(图 4-17)可以看出，流域地下水的 δ^{18}O 和 δD 值变化范围相对很小，δ^{18}O 的变化范围为-8.49‰～-5.40‰，δD 的变化范围为-51.99‰～-47.16‰，δ^{18}O 和 δD 变化幅度分别为 3.09‰和 4.83‰，所有地下水 δ^{18}O 和 δD 的均值分别为-7.59‰和-49.12‰。排露沟流域出水口河水一个水文年内的 δD 和 δ^{18}O 均值分别为-7.75‰和-46.22‰，δ^{18}O 值的变化范围为-9.70‰～-5.72‰，变化幅度仅为 3.98‰；δD 变化范围-49.56‰～-41.33‰，变化幅度也仅为 8.23‰。与同期河水样品相比，流域地下水 δ^{18}O 和 δD 值变化幅度都较小，且变化范围类似，与大气降水和积雪样品存在很大差异，反映了流域河水与地下水之间存在着密切的水力联系，也说明河水是河道附近浅层地下水的重要补给来源。

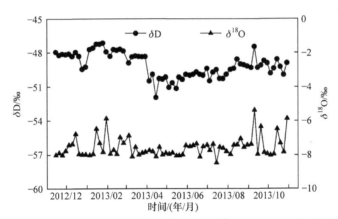

图 4-17　一个完整水文年排露沟流域地下水 δD 和 δ^{18}O (VSMOW)随时间的变化规律

4.4.4　出山径流的同位素证据

伴随着降水、蒸发、凝聚、降落和径流等过程形成的积雪、融水及河川径流等水体介质，稳定同位素含量在时间和空间上会发生敏感的变化(Gibson et al.，2005)。西部高山带是中下游干旱和半干旱地区水资源的源头，运用同位素技术对高山区径流来源、组成和形成过程进行研究具有重要的现实意义。在流域水平上研究径流补给组成，可以为揭示流域产流机制提供理论依据。另外，由于气候变化对内陆河河川径流不同补给组分的影响不同，也有必要对高山区流域不同的补给组分进行分割，便于对不同补给来源的变化进行研究。采用水体同位素和水化学示踪技术，对流域不同补给水源的组分进行分割，以期为气候变化背景下流域水量平衡相应变化提供理论依据。

利用氢、氧同位素技术进行径流分割，避免了长期水文观测的困难，是一个颇具潜力的方法，已在国内外开展(Liu et al.，2008)。但是由于在高寒山区流域水文过程的复杂性和连续采集样品的困难性，利用同位素技术分割季节性积雪流域径流的研究并不多(Pu et al.，2012)。

试验流域属于祁连山高寒山区典型的季节性积雪流域，是冬季累积、春季集中融化的降水形式，所有的积雪在当年夏季 6 月初融化殆尽，9 月至翌年 4 月初为积雪积累期，4 月上旬~6 月初为相对稳定的积雪消融期，积雪作为地表水循环的重要组成部分，同样对地表水循环过程具有重要的影响(车宗玺等，2008)。因此，针对祁连山实际的水文特征，将一个水文年划分为积雪消融期(冰雪融水、降水和地下水)与非积雪消融期(降水和地下水)两个时间段，对流域出口总控水文断面的径流组成进行分割。

1. 非积雪消融期排露沟流域径流组成

由于 $\delta^{18}O$ 或 δD 在水文过程中受不同水源的混合影响为主，因而可用来示踪不同水源的径流成分。针对不同的源数，分割方法有两元法和多元法。非积雪消融期排露沟流域径流组成来源于降水和地下水的补给，根据质量平衡和浓度平衡原理(Laudon & Slaymaker，1997)，以同位素两元径流分割基本方程为例：

$$Q_t = Q_{gw} + Q_{pre} \tag{4-25}$$

$$Q_t c_t = Q_{gw} c_{gw} + Q_{pre} c_{pre} \tag{4-26}$$

式中，Q_t 和 c_t 分别为混合河水的径流量和同位素含量；c_{gw} 和 c_{pre} 分别为地下水的同位素含量和降水的同位素含量；Q_{gw} 和 Q_{pre} 分别为地下水径流量和降水径流量。

由式(4-25)、式(4-26)可以推断出：

$$K_{pre} = \frac{Q_{pre}}{Q_t} \times 100\% = \frac{c_t - c_{gw}}{c_{pre} - c_{gw}} \times 100\% \tag{4-27}$$

$$K_{gw} = \frac{Q_{gw}}{Q_t} \times 100\% = \frac{c_t - c_{pre}}{c_t - c_{pre}} \times 100\% \tag{4-28}$$

式中，K_{gw} 和 K_{pre} 分别为地下水和降水对河水的贡献率。利用式(4-25)~式(4-28)进行径流分割，包含几个假设(Buttle，1994)：①同径流组分有明显示踪剂浓度差异；②各组分示踪剂含量时空均一，或其变化能够表征；③地表蓄水对河流流量的影响可以忽略不计；④各组分在汇流过程中的同位素分馏影响可以忽略不计。

图 4-18 给出了试验流域非积雪消融期不同水体(河水、地下水和降水)的 δD-

δ^{18}O 关系图。降水氢、氧同位素含量分布范围大，地下水和河水同位素含量基本分布在大气降水线的两侧，相对降水样品分布很集中，结果显示流域地下水、河水和降水具有明显的 δD 和 δ^{18}O 浓度差异，因此满足良好的稳定同位素分割条件。

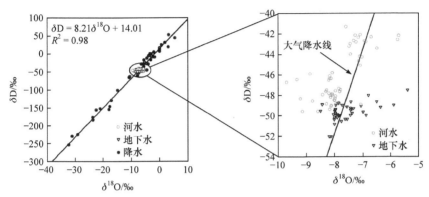

图 4-18　试验流域非积雪消融期河水、地下水和降水的 δD-δ^{18}O (VSMOW)关系

表 4-13 给出以月尺度计算的流域干季径流分割计算结果，获取的具体参数分别为：①试验流域自动气象站降水量和出口断面流量数据，均来源于国家重点野外科学观测试验站——祁连山森林生态站的观测；②流域出口总控水文断面径流同位素参数数据，来源于断面获取的水样品；③降水同位素参数数据，来源于同期次降水样品的同位素分析测定；④地下水稳定同位素参数数据源自流域地下水样品的分析测定。

表 4-13　月尺度试验流域干季径流基于同位素径流的分割计算结果

时间/(年-月)	降水 δD /‰	河水 δD /‰	地下水 δD /‰	降水贡献率 K_{pre}/%	地下水贡献率 K_{gw}/%
2012-11	−161.56	−48.51	−48.13	0.3	99.7
2012-12	−217.78	−49.07	−48.59	0.3	99.7
2013-01	−156.99	−47.90	−47.49	0.4	99.6
2013-02	−130.39	−48.36	−47.89	0.6	99.4
2013-03	−152.71	−48.85	−48.45	0.4	99.6
干季	—	—	—	0.3	99.7

另外，考虑降水中稳定同位素分布较为分散，用降水中月尺度的稳定同位素含量代表值进行径流分割时，采用降水量体积加权平均值法(VMA)计算，以降水中氢同位素含量 δD 为例，具体公式如下(Zhang et al.，2009)：

$$\delta D_e = \sum_{i=1}^{n} P(i)\delta D_m(i) \bigg/ \sum_{i=1}^{n} P(i) \tag{4-29}$$

式中，δD_e 和 $\delta D_m(i)$ 分别为降水同位素的月尺度计算值和每次降水实测值；$P(i)$ 为相应的月尺度降水量(单位：mm)。

将上述参数值代入式(4-27)和式(4-28)进行计算，得出流域月尺度径流组成，进一步结合流域月尺度径流量数据，通过累加各月计算结果，得出不同时间尺度(干季、雨季)流域径流组成，结果如表 4-13 和表 4-14 所示。2013 年试验流域出口断面干季非积雪消融期(11 月至次年 3 月)，由于降水量稀少，降水径流组分的平均贡献率仅为 0.3%，地下水径流组分的平均贡献率为 99.7%，表明干季流域径流量基本由地下水补给；雨季非积雪消融期(7～10 月)，降水径流组分的贡献率为 9.3%～23.4%(平均贡献率为 19.2%)，地下水径流组分的贡献率为 76.6%～90.7%(平均贡献率为 80.8%)，表明雨季非积雪消融季节，流域径流主要来源于地下水的补给，降水补给占少部分。

表 4-14　试验流域雨季(非积雪消融期)径流基于同位素径流的分割计算结果

时间/(年-月)	降水 δD /(‰)	河水 δD /(‰)	地下水 δD /%	降水贡献率 K_{pre}/%	地下水贡献率 K_{gw}/%
2013-07	−10.11	−46.27	−49.96	9.3	90.7
2013-08	−17.88	−43.70	−49.15	17.4	82.6
2013-09	−22.27	−42.61	−48.83	23.4	76.6
2013-10	−21.60	−42.89	−49.33	23.2	76.8
雨季	—	—	—	19.2	80.8

2. 积雪消融期排露沟流域径流组成

将稳定同位素(δD、$\delta^{18}O$ 或 d-excess)和保守水化学参数(Cl^-、SiO_2、F^-等)作为示踪剂，根据质量平衡方程和浓度平衡方程建立三端元混合径流分割模型，定量分析高寒流域内冰雪融水、大气降水和地下水对流域径流的贡献率(Kong & Pang, 2012)，具体公式如下：

$$Q_t = Q_{pre} + Q_{mt} + Q_{gw} \tag{4-30}$$

$$Q_t c_t = Q_{pre} c_{pre} + Q_{mt} c_{mt} + Q_{gw} c_{gw} \tag{4-31}$$

$$Q_t \delta_t = Q_{pre} \delta_{pre} + Q_{mt} \delta_{mt} + Q_{gw} \delta_{gw} \tag{4-32}$$

式中，Q 表示流量；δ 表示组分稳定同位素含量；c 表示组分"保守"水化学示踪剂浓度；下标 t 表示流域总径流量或总浓度；下标 pre、mt 和 gw 分别表示大气降水、冰雪融水和地下水三个端元。

由式(4-30)~式(4-32)可以计算三种水源对径流的贡献率。以冰雪融水为例,具体公式如下:

$$K_{mt} = \frac{Q_{mt}}{Q_t} = \frac{[(c_t - c_{gw})/(\delta_{pre} - \delta_{gw}) - (c_t - c_{gw})(\delta_{pre} - \delta_{gw})]}{[(\delta_{mt} - \delta_{gw})(\delta_{pre} - c_{gw}) - (c_{mt} - c_{gw})(\delta_{pre} - \delta_{gw})]} \tag{4-33}$$

在三端元混合模型中,需要用两个指标参数作为示踪剂甄别来源的混合成分。图 4-19 为排露沟流域积雪消融期(4~6 月)不同水体(河水、地下水、冰雪融水和大气降水样品)基于稳定同位素 δD 和稳定化学示踪剂 Cl⁻浓度的三端元混合图。如图 4-19 所示,积雪消融期流域出口径流的三个端元分别为大气降水、地下水和冰雪融水。流域内不同水体均落在由大气降水、地下水和冰雪融水三个端元贯穿的三角形区域内,反映了积雪消融期流域径流三端元共同混合补给的特征(图 4-19)。

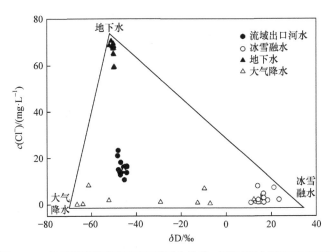

图 4-19 积雪消融期流域径流不同水体的三端元混合图(VSMOW)

表 4-15 为月尺度的流域雨季径流分割计算结果,时段为 2013 年的积雪融化期(4~6 月),获取的具体参数如下:

(1) 排露沟流域自动气象站降水量和出口断面流量数据;

(2) 流域出口总控水文断面径流同位素含量,来源于断面获取的水样品;

(3) 降水同位素含量,来自同期次降水样品的同位素分析;

(4) 地下水稳定同位素含量,源自流域地下水样品的分析测定;

(5) 积雪稳定同位素含量,源于 4 月流域高山区沿海拔积雪样品的分析测定。

表 4-15　月尺度试验流域雨季(积雪消融期)径流的同位素分割计算结果

时间/(年-月)	降水δD /‰	河水δD /‰	地下水δD /%	积雪δD /‰	降水贡献率 K_{pre}/%	冰雪融水贡献率 K_{mt}/‰	地下水贡献率 K_{gw}/%
2013-04	−44.36	−47.20	−50.54	−125.80	69.9	5.6	24.5
2013-05	−37.36	−46.39	−50.57	−125.80	56.9	13.1	30.0
2013-06	−11.02	−44.73	−49.33	−125.80	49.9	24.9	25.2
雨季	—	—	—	—	52.2	21.2	26.6

将上述参数值代入式(4-30)~式(4-32)进行计算，结果如表 4-15 所示，试验流域出口断面雨季积雪消融期(4~6 月)，降水径流组分的贡献率为 49.9%~69.9%(平均贡献率为 52.2%)，地下水径流组分的贡献率为 24.5%~30.0%(平均贡献率为 26.6%)，冰雪融水径流组分的贡献率为 5.6%~24.9%(平均贡献率为 21.2%)。表明试验流域在雨季积雪消融期，径流主要来源于降水的补给，其次为地下水补给，最后为冰雪融水补给。

年尺度径流量组分可通过累加各月结果获得。通过计算可知，当年 11 月至次年 10 月一个完整水文年试验流域出口断面降水、地下水和冰雪融水径流的年均贡献率分别为 25.3%、69.3%和 5.4%。表明试验流域径流主要为地下水补给(69.3%)，其次为降水补给(25.3%)，最后是少量冰雪融水的调节(5.4%)。结果与水文物理方法在试验流域得到的多年平均结果基本吻合(王顺利等，2011)。

3. 径流分割结果的不确定性分析

降水及冰雪融水中存在各种同位素分馏过程，因此有必要采用误差处理方法进一步分析径流分割结果的不确定性。为了进一步求得精确结果，采用高斯误差传递公式进行推算，但应用高斯公式的前提是各变量必须相互独立。Genereux(1998)再次研究了这种方法，认为同位素径流分割方法中可以假设各误差相互独立。

利用一阶泰勒展开式估算端元混合径流分割模型的不确定性(Genereux，1998)。以二元径流分割为例，具体公式如下：

$$W_z = \sqrt{\left(\frac{\partial z}{\partial c_1}W_{c_1}\right)^2 + \left(\frac{\partial z}{\partial c_2}W_{c_2}\right)^2 + \cdots + \left(\frac{\partial z}{\partial c_n}W_{c_n}\right)^2} \tag{4-34}$$

将公式(4-34)代入公式(4-27)和公式(4-28)，得到：

$$W_{f_{pre}} = \left\{\left[\frac{c_{gw}-c_t}{(c_{gw}-c_{pre})^2}W_{c_1}\right]^2 + \frac{c_t-c_{pre}}{(c_{gw}-c_{pre})^2}W_{c_2} + \left(\frac{-1}{c_{gw}-c_{pre}}W_{c_t}\right)^2\right\}^{1/2} \tag{4-35}$$

$$W_{f_{\text{pre}}} = \left[\left(\frac{f_{\text{pre}}}{c_{\text{gw}} - c_{\text{pre}}} W_{c_{\text{pre}}} \right)^2 + \left(\frac{f_{\text{gw}}}{c_{\text{gw}} - c_{\text{pre}}} W_{c_{\text{gw}}} \right) + \left(\frac{-1}{c_{\text{gw}} - c_{\text{pre}}} W_{c_{\text{t}}} \right)^2 \right]^{1/2} \quad (4\text{-}36)$$

式中，W 表示径流成分的不确定性；c 为相应示踪剂的浓度；f 为各径流组成的比例；下标 t 表示总河流流量；pre 表示事件水(如降水、冰雪融水)；gw 表示事件前水(如河水基流、地下水)。由于误差仅源于单一示踪剂，将公式(4-34)代入公式(4-26)可得到相同的结果(Genereux，1998)。

同位素径流分割方法中共存在 5 种误差来源(Uhlenbrook & Hoeg，2003)，分别是①示踪剂分析误差和流量测量误差 U_a；②径流形成中示踪剂的变化；③同位素的高程效应；④径流形成中矿物成分的溶解；⑤示踪剂浓度的空间差异性。综合上述误差来源因素，可以得出导致流域径流分割的因素主要是测量误差和径流组分的时空变化 U_v。

表 4-16 和表 4-17 给出了月尺度时间排露沟流域同位素二元及三元径流分割及其不确定性分析(95%的置信区间)的计算结果。

表 4-16　月尺度试验流域同位素二元径流分割结果及其不确定性分析

时间/(年-月)	降水贡献率/%	地下水贡献率/%	U_v/% (95%)	U_a/% (95%)
2012-11	0.3	99.7	±1.3	±0.18
2012-12	0.3	99.7	±1.4	±0.12
2013-01	0.4	99.6	±0.8	±0.18
2013-02	0.6	99.4	±2.4	±0.22
2013-03	0.4	99.6	±1.2	±0.18
2013-07	9.3	90.7	±15.8	±1.42
2013-08	17.4	82.6	±36.6	±0.88
2013-09	23.4	76.6	±52.8	±0.82
2013-10	23.2	76.8	±50.1	±0.82

表 4-17　月尺度试验流域同位素三元径流分割结果及其不确定性分析

时间/(年-月)	降水贡献率/%	地下水贡献率/%	冰雪融水贡献率/‰	W_{pre}/% (95%)	W_{gw}/% (95%)	W_{mt}/% (95%)
2013-04	69.9	5.6	24.5	±0.31	±0.34	±0.07
2013-05	56.9	13.1	30.0	±0.96	±0.29	±0.86
2013-06	49.9	24.9	25.2	±0.55	±0.06	±0.57
雨季	52.2	26.6	21.2	45.4	17.2	37.4

二元径流分割误差相对简单，主要由一种示踪剂(本节采用 δD)的测量误差 U_a 和时空变化 U_v 引起。δD 测量方法的精度为 0.08%，因此径流分割模型计算中，假设由测量方法导致的 c_t、c_{gw} 和 c_{pre} 的不确定性均为 0.16%，估算测量误差 U_a；根据各组分中所有样品的标准差值和各端元组分的 δD 含量，对径流分割的不确定性进行估算。如表 4-16 所示，示踪剂的测试方法引起的不确定性 U_a 值，要远小于示踪剂本身在流域尺度的时空变化特征带来的误差 U_v 值。

示踪剂浓度 c 相差越大导致的误差越小，表明不同组分间示踪剂含量差异越明显，进行径流分割计算时的误差就越小。如表 4-16 所示，不确定性以 9 月最为显著，说明混合组分(大气降水和地下水)差异($c_{pre}-c_{gw}$)越小，则导致的误差越大，而端元组分差值($c_{pre}-c_{gw}$)越大时，二元分割模型的不确定性越小。

另外，计算过程中发现降水中 δD 的不确定性 W_{pre} 高于总不确定性的 80%，表明模型结果的不确定性主要由降水示踪剂的时空变化导致。同样，三元径流分割误差源于两种示踪剂(δD 和 Cl^- 浓度)的误差。如表 4-17 所示，降水和冰雪融水中示踪剂时空差异的不确定性 $W_{pre} + W_{mt}$ 高于总不确定性的 80%，表明模型结果的不确定性主要由流域降水和冰雪融水示踪剂的时空变化导致。以上研究表明，应用水体稳定同位素进行端元径流分割模拟时，误差分析是非常有必要的，且应该尽可能考虑流域示踪剂的时空变化以减小模型应用产生的不确定性。

总之，试验地排露沟流域沿海拔的三个采样点降水 $\delta^{18}O$ 值和日均气温都具有相同的时间变化规律。降水中 $\delta^{18}O$ 值呈现明显的季节性变化：冬季降水的 $\delta^{18}O$ 值较低，夏季降水的 $\delta^{18}O$ 值较高。降水中 $\delta^{18}O$ 值的波动范围非常大，最大变化幅度达到35.55‰，最小值和最大值分别为−32.32‰、3.23‰，表明祁连山排露沟流域降水受到高海拔山区极端气候变化的影响。

试验流域三个站点大气降水线的截距和斜率非常接近，分别为 $\delta D = 8.21\delta^{18}O + 14.01(R^2 = 0.98)$，$\delta D = 8.51\delta^{18}O + 18.79(R^2 = 0.99)$ 和 $\delta D = 8.51\delta^{18}O + 18.79(R^2 = 0.99)$。位于黑河中游的张掖站的地区大气降水线方程为 $\delta D = 7.02\delta^{18}O - 2.79(R^2 = 0.94)$，与试验流域三个站点大气降水线相比斜率和截距都有明显降低，表明与研究区气候相比，中游山区的张掖站气候大陆性程度和蒸发状况明显增加。

试验流域降水中 δD 和 $\delta^{18}O$ 值变化的降水量效应不明显；三个站点降水中氢、氧同位素含量与日均气温都有很好的正相关关系，且日均气温与降水中 $\delta^{18}O$ 和 δD 之间的决定系数 $R^2 > 0.8$；降水中 $\delta^{18}O$ 和 δD 值变化存在明显的海拔效应，随着海拔升高而降低，减少的幅度分别为 $0.47‰ \cdot (100m)^{-1}$ 和 $1.92‰ \cdot (100m)^{-1}$。

试验流域三个采样点大气降水的 d-excess 值均表现出一定的季节性特征：夏季降水的 d-excess 值较低，冬季降水的 d-excess 明显偏高。研究区域所有降水事件水汽来源的后向轨迹传输过程和路径显示，夏季水汽来源主要受平稳西风环流控制，冬季水汽来源主要受西风环流和更为干燥的极地水汽的共同作用。

流域内大气降水中 $\delta^{18}O$ 和 δD 表现的温度效应在河水中不存在。与降水中 $\delta^{18}O$ 和 δD 变化幅度很大的规律相反，河水的 $\delta^{18}O$ 和 δD 值变化幅度明显很小，趋于稳定，说明流域河水除了主要受降水补给外，还受到其他不同补给来源的影响。

雨季或丰水期(5～9 月)河水 $\delta^{18}O$ 和 δD 平均值偏高，干季或枯水期(10 月至翌年 4 月)河水 $\delta^{18}O$ 和 δD 平均值偏低。河水中 $\delta^{18}O$ 和 δD 的冬季平均值较小，在 2 月($\delta^{18}O$ 值)或是 3 月(δD 值)之后随时间呈上升趋势，到 6 月开始降低，7 月出现低值，之后又呈上升趋势，直到 10 月河水中 $\delta^{18}O$ 和 δD 又出现下降趋势，反映出流域内降水、地下水和雪融水对流域出山口河水混合补给的特征规律。

通过流域尺度稳定同位素与水化学示踪法开展了径流分割研究，得出试验流域出口断面在干季非积雪消融期，由于降水量稀少，降水径流组分的贡献率仅为 0.3%，地下水径流组分的贡献率为 99.7%；在雨季非积雪消融期，降水径流组分的贡献率为 19.2%，地下水径流组分的贡献率为 80.8%；在雨季积雪消融期，降水径流组分的贡献率为 52.2%，地下水径流组分的贡献率为 26.6%，冰雪融水径流组分的贡献率为 21.2%。

一个完整水文年内试验流域出口断面降水、地下水和冰雪融水径流的年均贡献率分别为 25.3%、69.3% 和 5.4%。表明试验流域径流主要为地下水补给来源 (69.3%)，其次为降水补给(25.3%)，最后是少量冰雪融水径流的调节(5.4%)。

根据经典误差传导公式，对同位素径流分割的结果进行了不确定性分析。结果表明，径流分割过程中示踪剂测试方法导致的不确定性，要远远小于示踪剂本身流域尺度的时空变化特征带来的误差；二元分割中降水的 δD 与三元分割中降水和冰雪融水的 δD 和 Cl^- 浓度的不确定性均高于总不确定性的 80%，表明模型结果的不确定性主要由流域内降水和冰雪融水中示踪剂的时空变化所致。

第5章 河西地区土壤有机碳分布特征影响因素

5.1 引 言

河西地区在行政区划上属于甘肃省的武威、张掖、酒泉、金昌和嘉峪关五市，以及青海省祁连县的一部分，自然地理位置处于我国西北干旱区和青藏高原边缘。区域地形起伏巨大，主要由河西走廊及分布在走廊南北两侧的山地组成，海拔 790~5820m，从上到下分布着高山冰雪带(海拔 4200m 以上)、山地植被带(海拔 1900~4200m)及平原地区的河西走廊绿洲带，独特的山间-盆地地形格局形成了典型的"山地-绿洲-荒漠"景观和独特的气候及植被分布特征，在增加土壤有机碳研究不确定性的同时，也使得该区成为研究土壤有机碳空间异质性的理想区域。此外，河西地区高山和平原大面积分布的漠土和干旱性土壤，对区域碳封存和大气 CO_2 的调节具有重要作用(樊自立等，2002)。然而，自然条件的特殊性及山区不便的交通限制了采样点的有效性及代表性，国内外关于区域土壤有机碳的研究很少涉及这一地区。因此，研究河西地区土壤有机碳储量、分布特征及影响因素具有重要的科学价值。

对河西地区土壤有机碳的研究大多集中在中、小空间尺度，如山丘尺度(坡向坡位)(Zhu et al.，2017；Qin et al.，2016)、小流域尺度(Chen et al.，2016a，2016b，2016c)、黑河与石羊河部分及全流域(Song et al.，2016；高海宁等，2014)、河西走廊和祁连山中段(北坡)，而整个河西地区土壤有机碳的相关研究很少。本章基于土壤计量学相关原理，分析探讨河西地区土壤有机碳空间分布特征、垂直分布规律及其与地形、气候等环境因子的关系；同时通过多源土壤剖面数据集成，结合遥感影像、气候数据和土壤机械组成等数据应用随机森林模型对研究区土壤有机碳进行高精度制图分析，并对模型预测效果和不确定性进行分析评价。以期通过区域尺度上的研究结果，为干旱区土壤碳循环，区域土壤碳汇潜力评估及景观管理评价提供科学参考。

5.2 数据来源与处理

5.2.1 土壤有机碳数据

土壤有机碳数据来自多源数据集成，通过整理历史调查数据(59 个土壤剖面样点) (陈隆亨和肖洪浪，2003)、文献数据(36 个土壤剖面样点)(高海宁等，2014；刘晓晴等，2014；马文瑛等，2014；赵锐锋等，2013)、野外调查数据(31 个土壤剖面样点)，共获得河西地区 126 个土壤剖面样点数据。但由于土壤取样方法不同，其中历史调查数据按照发生层取样，而文献数据和野外调查数据按照机械分层取样。为了使不同来源数据可以相互比较，根据剖面层次厚度加权平均的方法(杨黎芳等，2007；Sun et al.，2003)，将所有数据统一转换为等间隔土层深度(0～20cm、20～40cm、40～60cm、60～80cm、80～100cm)。有机碳含量按照有机质含量乘以 0.58(Bemmelen 换算系数)得到(Liu et al.，2006；Evrendilek et al.，2004)。

在计算土壤有机碳密度时，发现部分历史资料及文献数据缺失容重数据，因此本书根据实地调查数据建立土壤有机质含量与容重数据关系式，用于插补缺失容重数据。土壤有机碳密度计算公式如下(Yang et al.，2008)：

$$\text{SOCD} = \sum_{i=1}^{n} T_i \times \text{BD}_i \times \text{SOCC}_i \times \frac{1-C_i}{100} \tag{5-1}$$

式中，SOCD 为土壤剖面有机碳密度(单位：$\text{kgC} \cdot \text{m}^{-2}$)；$C_i$为第 i 层的砾石(粒径>2mm)含量(单位：%)；BD_i为第 i 层的土壤容重(单位：$\text{g} \cdot \text{cm}^{-3}$)；$\text{SOCC}_i$为第 i 层的土壤有机质含量(单位：‰)；T_i为第 i 层的土壤厚度(单位：cm)；n 为土壤剖面包含的土壤层数。

5.2.2　环境变量数据

分析土壤剖面采样点处的环境因子与土壤有机碳密度之间的关系，并将二者整合输入模型进行训练，得到区域土壤有机碳密度分布预测图。选择相关环境因子作为辅助变量的土壤有机碳空间分布预测方法，在不同程度上考虑了环境因子对土壤有机碳空间分布的影响(Thompson et al.，2006)，其预测精度较仅基于样点数据进行空间内插的方法有明显提高(李启权等，2014；Phachomphon et al.，2010)。

本小节所使用的环境变量数据，如气候数据(年平均温度、降水量)，植被数据(NDVI、植被类型)，土壤数据(土壤类型、土壤机械组成)，土地利用数据等，均来自中国科学院资源环境科学与数据中心(http://www.resdc.cn/Default.aspx)。此外，地形数据(DEM)来自 ASTER GDEM(https://terra.nasa.gov/data)，辐射数据由经验公式[式(2.2)](Mccune & Keon，2002)获得。所有环境数据在 ArcGIS 10.2 软件中利用研究区底图(shp.文件)进行切割后统一分辨率为 1 km，计算并提取出经度、纬度、海拔、坡向、坡位、年平均温度、年平均降水量、NDVI、黏粒含量、粉粒含量、砂粒含量、植被类型、土壤类型和土地利用等数据，用以分析评价不同植被、不同土壤类型土壤有机碳密度分布及各样点土壤有机碳与环境因子的关系，同时为参与模型训练做数据准备。此外,利用 ArcGIS 10.2 软件工具箱中的制表工具(ArcToolbox_Spatial Analyst Tools_Zonal_Tabulate Area)对获取的 1980 年和 2015 年两期土地利用数据制表,得到土地利用转移矩阵表进一步分析。

$$Q_{rad} = 0.339 + 0.808\cos L\cos S - 0.196\sin L\sin S - 0.482\cos A\sin S \qquad (5\text{-}2)$$

式中,Q_{rad} 为样地年潜在直接入射辐射量(单位:MJ·cm^2·a^{-1}),表示晴天无云的理想条件下,样地单位面积一年接收的直接太阳辐射量;L 为纬度(单位:°);S 为坡度(单位:°);A 为样地朝向的方位角(单位:°)。

5.2.3　统计分析与作图

统计分析方法包括单因素方差分析(one-way analysis of variance,one-way ANOVA)、主成分分析(principal component analysis,PCA)、一般线性模型(generalized linear models,GLM)分析、普通最小二乘回归(ordinary least squares,OLS)、随机森林(random forest,RF)模型和十折交叉验证(ten-fold cross-validation)。其中,单因素方差分析用于检验不同植被、土壤、土地利用等类型下土壤有机碳的差异显著性;主成分分析、一般线性模型分析及普通最小二乘回归用于探寻土壤有机碳的变化与环境因子之间的关系;随机森林模型用于根据环境因子预测土壤有机碳密度;十折交叉验证用于检验随机森林模型的预测效果。

所有统计分析在 R 3.5.1 软件与 SPSS 23.0 软件中完成,作图采用 ArcGIS 10.2 软件、Sigmaplot 12.5 软件和 Photo Shop CS6 软件。

5.2.4　建模原理

有关模型训练、模型评价、尺度扩展、储量估算不确定性分析均在 R3.5.1 软件中完成,随机森林模型采用 "Random Forset" 软件包。输出结果的可视化在 ArcGIS 10.2 中完成。由于随机森林模型在数字土壤制图中已被广泛应用(Zhu et al.,2019a),具体模型计算过程不再赘述。以下主要对研究区土壤有机碳储量估算的具体流程进行说明。

首先,将全部采样点土壤有机碳密度数据及环境因子数据输入模型,然后对模型进行训练和检验,建立点尺度的土壤有机碳预测模型。模型检验采用十折交叉验证法,即将所有数据分成 10 份,其中 9 份作为训练集参与模型训练,剩下 1 份作为测试集检验模型预测效果。如此循环,每个样本都作为一次测试集,然后通过预测值和实测值的比较来评价模型的预测效果。两数据集之间相关性(R^2)越高,误差(RMSE)越小,则模型表现越好。评价指标计算公式如下:

$$\mathrm{RMSE} = \sqrt{\frac{1}{n}\sum_{i=1}^{n}(P_i - O_i)^2} \qquad (5\text{-}3)$$

式中，P_i 和 O_i 分别为采样点 i 的预测值与观测值；n 为样本量。为保证统计量的准确性，重复进行 100 次十折交叉验证，取各评价指标的平均值(Zhu et al., 2019a)。

在对随机森林模型进行训练和检验后，使用训练得到的模型结合 1 km 分辨率的研究区各环境因子网格化数据集进行土壤有机碳密度区域分布预测，实现从点数据到面数据的转换。

此外，训练后的模型在估算研究区土壤有机碳密度时仍存在一定不确定性，为了量化不确定性，运行模型 1000 次，然后选取每个栅格上 1000 个有机碳密度值的第一分位数($Q1$)和第三分位数($Q3$)，二者相减得到四分位距(inter-quartile range，IQR)。每个栅格的四分位距除以平均值，得到其相对不确定性(%)。

土壤有机碳储量估算建模流程如图 5-1 所示。

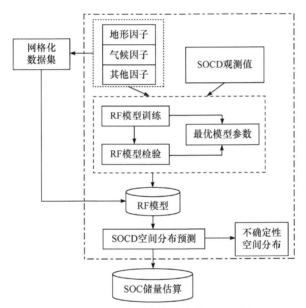

图 5-1　土壤有机碳储量估算建模流程
SOC-土壤有机碳；SOCD-土壤有机碳密度；RF-随机森林模型

5.3　土壤容重分布特征及影响因素

河西地区植被类型丰富，不同植被类型的土壤母质及过程各有差异，使得土壤容重呈现较高的异质性，特别是在植被类型丰富且呈斑块状分布的山区。以往的大尺度土壤调查中，由于容重获取方式费时费力，在全国及区域土壤调查中，容重数据往往出现缺失。对祁连山土壤容重分布特征及影响因素进行分析，得出研究区土壤容重与有机质含量的关系式。本节主要讨论河西地区土壤类型，可以完善土壤容重及土壤碳储量的估算数据。

5.3.1　土壤容重分布特征及与环境因子的关系

黑河上游山地表层 0～10cm 土壤容重均值为 $0.91g \cdot cm^{-3} \pm 0.02g \cdot cm^{-3}$(±表示加减标准差，反映数据离散程度，下同)，且不同植被类型的土壤容重差异显著，由低到高顺序为山地森林($0.75g \cdot cm^{-3} \pm 0.04g \cdot cm^{-3}$)、亚高山灌丛草甸($0.77g \cdot cm^{-3} \pm 0.05g \cdot cm^{-3}$)、山地草甸草原($0.85g \cdot cm^{-3} \pm 0.05g \cdot cm^{-3}$)、高山草甸($0.89g \cdot cm^{-3} \pm 0.06g \cdot cm^{-3}$)、亚高山草甸($0.99g \cdot cm^{-3} \pm 0.05g \cdot cm^{-3}$)、山地草原($1.03g \cdot cm^{-3} \pm 0.03g \cdot cm^{-3}$)、山地荒漠草原($1.19g \cdot cm^{-3} \pm 0.03g \cdot cm^{-3}$)、高山寒漠($1.22g \cdot cm^{-3} \pm 0.08g \cdot cm^{-3}$)(图 5-2)。其中，山地森林和亚高山灌丛草甸处于研究区中高海拔段的阴坡，其土壤容重显著低于其他植被类型。高山寒漠和山地荒漠草原分别处于研究区最高和最低海拔段，其土壤容重显著高于其他植被类型。土壤容重处于中间值的植被类型中，山地草甸草原、高山草甸和亚高山草甸在研究区处于中高海拔段的阳坡，山地草原处于中低海拔段。

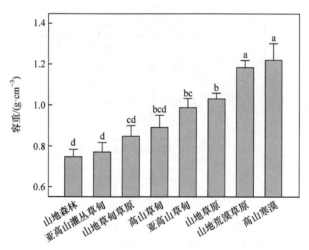

图 5-2　0～10cm 不同植被类型土壤容重
不同小写字母表示均值间差异显著($P < 0.05$)

黑河上游山地 0～60cm 土壤容重均值为$(1.04 \pm 0.01)g \cdot cm^{-3}$，土壤容重与土层深度拟合关系式为

$$BD = 0.76h^{0.01}; \ R^2 = 0.99, P < 0.01 \tag{5-4}$$

式中，BD 为土壤容重(单位：$g \cdot cm^{-3}$)；h 为土壤垂直深度，即土层深度(单位：cm)。不同植被类型的土壤容重均随土层深度的增加而增大，且可以用幂函数来

描述，拟合方程的决定系数均在 0.95 及以上(图 5-3)。不同植被类型土壤容重与土层深度拟合结果的置信区间有明显差别，高山寒漠、亚高山草甸和山地荒漠草原置信区间较窄，说明这三种植被类型的土壤容重分布较均一；其余植被类型拟合结果的置信区间较宽，说明其土壤容重分布在同一植被类型内具有相对较大的波动。

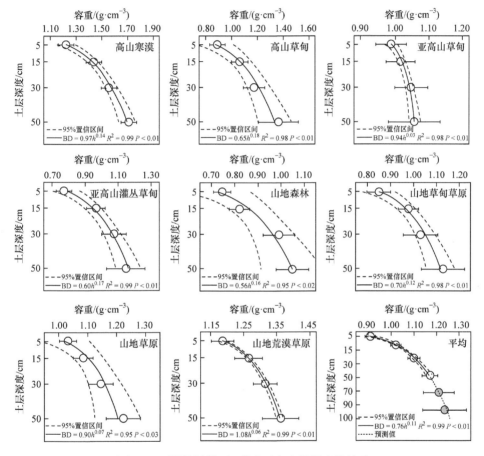

图 5-3 不同植被类型土壤容重与土层深度的关系

土壤有机质含量是指示土壤容重的重要变量。利用野外所有采样点的容重与有机质含量数据进行拟合，结果发现，随土壤容重增加，有机质含量呈指数递减趋势(图 5-4)。其关系式可表达为

$$BD = 1.37\exp(-0.04SOM);\ R^2 = 0.51, P < 0.01 \tag{5-5}$$

式中，BD 为土壤容重(单位：g·cm^{-3})；SOM 为土壤有机质含量(单位：%)，土壤有机质含量等于 1.724 倍的有机碳含量。该关系式可为河西地区，特别是山

区，推算土壤容重的缺失值提供参考。同时利用该关系式，结合黑河流域三维土壤有机碳含量数据集(Song et al., 2016)，得到黑河上游山地不同土层深度土壤容重的空间分布图(图 5-5)。

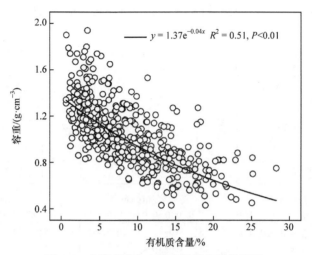

图 5-4　土壤容重与土壤有机质含量的关系

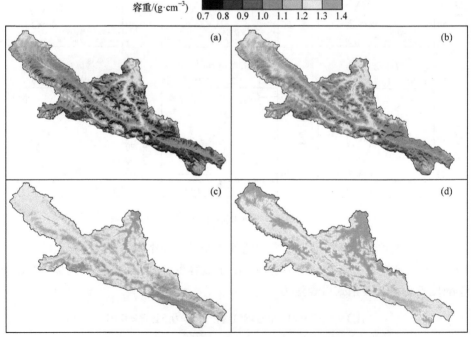

图 5-5　黑河上游山地不同土层深度土壤容重的空间分布(见彩图)

(a) 0~10cm 土层；(b) 10~20cm 土层；(c) 20~40cm 土层；(d) 40~60cm 土层

水平地带性方面，土壤容重的空间分布呈现从东南向西北递减的趋势(图 5-5)，基本上与植被格局的过渡趋势一致，从东南到西北植被格局由山地森林占主导过渡到高山草地占主导，再过渡到高山荒漠占主导。垂直地带性方面，随着海拔的降低，土壤容重基本呈现先降低再升高的趋势，这种趋势在研究区中段表现最为明显，特别在流域出水口附近，土壤容重值达到最大。另外，在局部小尺度地形条件下，谷底和坡面、坡顶土壤容重差异明显，阴坡土壤容重小于阳坡。在不同土层深度 0~10cm、10~20cm、20~40cm 和 40~60cm，土壤容重随土层深度的增加而变大，且各层土壤容重空间分布相似。

土壤容重与环境因子的相关性分析结果表明，0~10cm 土层的土壤容重与土壤有机质含量呈显著负相关关系，相关系数为$-0.72(P < 0.01)$，在所有环境因子里相关性最强；另外，土壤容重还与坡向余弦呈显著负相关关系，相关系数为$-0.67(P < 0.01)$；与植被类型、粒径>2.0mm 砾石含量、海拔、年平均温度呈显著正相关关系，相关系数分别为 0.47、0.33、0.29 和 $0.29(P < 0.05)$；与年平均降水量、坡度、黏粒含量的相关性不显著$(P > 0.05)$(表 5-1)。

表 5-1　0~10cm 土层土壤容重与环境因子的相关系数$(n = 52)$

环境因子	相关系数	P
土壤有机质含量	−0.72	< 0.01
坡向余弦	−0.67	< 0.01
植被类型	0.47	< 0.01
粒径> 2.0mm 砾石含量	0.33	0.02
海拔	0.29	0.04
年平均温度	0.29	0.04
年平均降水量	0.17	0.21
坡度	−0.15	0.27
黏粒含量	−0.13	0.37

注：由于部分土壤剖面缺乏砾石含量及机械组成数据，实际用于相关分析的样本点为 52 个。另外，植被类型为定性数据，为方便定量分析，根据其对应的容重值，由低到高排序(图 5-2)，从山地森林到高山寒漠，分别编码为 1~8。

利用主成分分析(PCA)对各环境因子进行降维，结果表明，前 4 个主成分对原环境因子方差的贡献率达 85.5%。表 5-2 给出了前 4 个主成分在不同环境因子上的载荷，由载荷值的大小可知，第一主成分主要反映海拔和年平均温度主导的气候植被带，其值越大表示温度越低，降水越多；第二主成分主要反映土壤有机质含量的高低，其值越大表示土壤有机质含量越高；第三主成分主要反映土壤中黏粒含量的高低；第四主成分反映土壤中粒径>2.0mm砾石含量的高低。一般线性模型(GLM)表明，第一～四主成分分别解释了土壤容重空间变异的24.00%、29.40%、0.01%、6.20%，累计贡献率为59.61%(表5-3)。土壤容重与主成分的回归方程为

$$BD = 0.90 + 0.07PC1 - 0.13PC2 + 0.07PC4; \quad R^2 = 0.60, P < 0.01 \quad (5-6)$$

式中，BD为土壤容重(单位：$g \cdot cm^{-3}$)，PC1、PC2、PC4分别为第一、第二、第四主成分。

表 5-2　环境因子的主成分分析矩阵

环境因子	载荷			
	PC1 (46.8%)	PC2 (16.7%)	PC3 (11.9%)	PC4 (10.1%)
土壤有机质含量/%	−0.26	0.60	−0.03	−0.16
坡向余弦	−0.26	0.55	0.11	−0.28
植被类型	0.40	−0.22	−0.06	−0.24
粒径> 2.0mm 砾石含量	0.24	0.20	0.31	0.60
海拔/m	0.46	0.24	−0.03	−0.02
年平均温度/℃	−0.46	−0.24	0.03	0.02
年平均降水量/mm	0.43	0.31	0.10	0.01
坡度/(°)	−0.19	−0.03	0.63	0.37
黏粒含量/%	−0.12	0.16	−0.69	0.59

注：PC1～PC4分别为第一～四主成分，括号内数值表示各主成分的方差贡献率。

表 5-3　各主成分对土壤容重的影响

方差来源	自由度	系数	标准差	均方差	F 值	贡献率/%
第一主成分	1	0.07	0.01	1.00	27.89**	24.00
第二主成分	1	−0.13	0.02	1.23	34.22**	29.40
第三主成分	1	0.00	0.03	0.00	0.01	0.01
第四主成分	1	0.07	0.03	0.26	7.19**	6.20
误差	47	—	—	0.04	—	40.39

注：**代表显著性 $P < 0.01$，分析结果来自一般线性模型(GLM)。

5.3.2　不同植被类型土壤容重特征

黑河上游山地水热随海拔梯度变化明显，因而植被分布也呈现明显的垂直地带性，坡向对太阳辐射的再分配，改变了局地水热格局，使植被类型在同一海拔

带内发生变化(Zhu et al., 2017)。研究不同植被类型下土壤容重的差异，可以对研究区土壤容重的空间分布有更为直观的认识。研究结果显示，黑河上游 0～10cm 土层不同植被类型之间土壤容重差异显著。其中，山地森林和亚高山灌丛草甸土壤容重显著低于其他植被类型($P < 0.05$)；高山寒漠和山地荒漠草原的土壤容重则显著高于其他植被类型($P < 0.05$)。在研究区，山地森林和亚高山灌丛草甸处于海拔 2500～3600m，对应着较高的年均降水量(350～600mm)和较低的年均温度(-6～2℃)(贾文雄，2010)，植被生产力高且凋落物的分解较弱，地面积累着 6～18cm 的枯枝落叶层，土壤中有机质含量高，有利于土壤团粒结构的形成，因而该植被类型有着较大的土壤孔隙度和较小的容重。高山寒漠和山地荒漠草原分别处于高海拔区(>4200m)和低海拔区(1900～2300m)。高海拔区气候严酷寒冷，土壤发育微弱，有机质含量低，土壤空隙较小且土中砾石较多；低海拔区年均降水量少，且年均温度较高，植被多为耐旱的荒漠草原和灌木，植被生产力低，土壤有机质累积少，土体紧实，容重较大。

黑河上游 0～60cm 土层深度的土壤容重均值为(1.03 ± 0.01)g·cm^{-3}，低于柴华和何念鹏(2016)对全国 1m 土层深度土壤容重均值的计算结果$[(1.32 \pm 0.21)$g·cm$^{-3}]$，这主要是因为研究区为高海拔山地，气候寒冷，有利于土壤有机质累积，土壤有机质含量较全国平均水平高(Chen et al., 2016b)。在整个研究区，从西北向东南土壤容重呈递减趋势，这与该区降水的水平分布趋势相吻合；在垂直方向，土壤容重随海拔降低呈先减小后增大的趋势，这与该区植被的垂直分布有关。研究区中海拔为山地森林及亚高山灌丛草甸，土壤有机质累积较多，土壤容重较小，高海拔和低海拔分别为高山寒漠及山地荒漠草原，土壤容重较大。本节给出了土壤容重随土壤有机质含量变化的指数函数关系式，且决定系数在 0.50 以上，关系式与 Yang 等(2007)在全国范围内的研究结果一致，因此已知土壤有机质含量数据时，该经验方程可为推算区域容重缺失值提供参考，从而提高土壤碳储量估算精度。

不同植被类型下的土壤容重随着土层深度的增加而增加，这与其他研究者的研究结果类似(柴华和何念鹏，2016；马祥华等，2005)。其原因有两方面，一是与土壤容重具有显著负相关关系的土壤有机质含量随着土层深度的增加而减少，而土壤有机质是改变土壤孔隙结构的重要聚合体，直接影响土壤矿物的结构(Bondi et al., 2018)，这是土壤容重随土层深度增加而递减的主要原因；二是随土壤剖面深度增加，土体由于超负荷压力变得更加紧实(Tranter et al., 2007)。另外，研究给出了研究区不同植被类型及平均土壤容重随土层深度变化的幂函数关系式，该经验方程可为插补研究区土壤剖面垂直方向上的容重缺失值提供参考。

土壤容重与环境因子的相关性研究表明，土壤有机质含量与容重相关性最强，为显著负相关关系($R^2 = -0.72$)。坡向余弦与土壤容重具有显著负相关关系，二者相关性仅次于有机质含量。Chen 等(2016c)在黑河上游排露沟流域的研究发现，坡向是影响土壤有机碳含量最重要的环境因子。坡向通过改变坡面的辐射量，进而影响坡面水热过程，使得黑河上游山地阴坡主要分布灌丛及森林，而阳坡主要为草地，阴坡较高的生物量及较低的土壤温度，使得土壤有机质含量显著高于阳坡(Zhu et al.，2017；Chen et al.，2016b)，因此土壤容重较阳坡更低。另外，海拔、年平均温度、植被类型和粒径> 2.0mm 的砾石含量与土壤容重均具有显著的相关性，与新疆伊犁地区草地的相关研究结论类似(周李磊等，2016)。

　　由于各个环境因子具有一定的相关性，在利用一般线性模型进行贡献拆分时，会影响结果的稳健性(胡良平，1999)。因此，先利用主成分分析得到前 4 个互不相关的主成分。结果表明，前 4 个主成分可以解释原环境因子 85.5%的方差，说明前 4 个主成分可以较好地代表原环境因子。一般线性模型结果表明，第一主成分和第二主成分对土壤容重空间变异的贡献率较高，分别为 24.00%和 29.40%。第一主成分在海拔和年平均温度上的载荷最大，第二主成分在土壤有机质含量上的载荷最大，这说明，在黑河上游山地，海拔及土壤有机质含量显著影响土壤容重的空间异质性。另外，土壤中粒径> 2.0mm 的砾石含量第四主成分贡献了土壤容重空间变异的 6.20%，说明土壤质地对容重也有一定影响，粗骨质土壤的容重偏高。

　　土壤容重与环境因子的关系：①黑河上游山地 0～10cm 和 0～60cm 土层土壤容重分别为 $0.91\text{g} \cdot \text{cm}^{-3} \pm 0.02\text{g} \cdot \text{cm}^{-3}$ 和 $1.04\text{g} \cdot \text{cm}^{-3} \pm 0.01\text{g} \cdot \text{cm}^{-3}$；海拔对降水量和温度格局的重塑，改变了山区植被生产力及土壤有机质含量格局，进而影响土壤结构，使得不同植被类型下，高山寒漠的土壤容重最大，山地森林的土壤容重最小。②土壤有机质是改变土壤孔隙结构的重要聚合体，土壤容重随着土壤有机质含量的增加呈指数递减趋势；随着土层深度的增加，土壤有机质含量降低且土体所受压力增大，土壤容重随土层深度呈幂函数增加趋势。土壤容重与土壤有机质含量的关系式，可用以推算容重缺失值。③与土壤容重相关的环境因子中，海拔(年平均温度)是影响土壤表层容重的第一主成分，土壤有机质含量是第二主成分。

5.4　土壤有机碳空间分布及影响因素

5.4.1　土壤有机碳空间分布

　　根据实测数据分四种类型(即植被类型、土壤类型、主要植被类型和土地利用类型)对河西地区土壤有机碳的空间分布进行分析，旨在从粗分下垫面(植被类型和土壤类型)和细分下垫面(主要植被类型和土地利用类型)对土壤有机碳的空间分布进行分析与解释，为区域相关研究提供数据基础。

1. 不同植被类型土壤有机碳空间分布

研究结果显示，不同植被类型土壤有机碳密度差异显著(图 5-6)。0～100cm 土层土壤有机碳密度从高到低顺序为亚高山灌丛 (40.34kgC·m^{-2} ± 12.89kgC·m^{-2})、亚高山草甸(37.32kgC·m^{-2} ± 9.92kgC·m^{-2})、山地草甸草原 (34.86kgC·m^{-2}±11.22kgC·m^{-2})、山地森林(34.57kgC·m^{-2}±13.61kgC·m^{-2})、高山草甸 (25.03kgC·m^{-2} ± 10.43kgC·m^{-2})、山地草原 (12.68kgC·m^{-2} ± 5.58kgC·m^{-2})、荒漠草原(9.62kgC·m^{-2}±4.54kgC·m^{-2})、高山草原(8.28kgC·m^{-2}± 3.32kgC·m^{-2})、山地荒漠(8.19kgC·m^{-2}±2.62kgC·m^{-2})、高山寒漠(5.89kgC·m^{-2}± 2.86kgC·m^{-2})、温带荒漠(5.67kgC·m^{-2} ± 3.19kgC·m^{-2})、和农田(5.02kgC·m^{-2} ± 1.68kgC·m^{-2})。其中，亚高山灌丛、亚高山草甸、山地草甸草原、山地森林和高山草甸土壤有机碳密度显著高于山地草原、荒漠草原、高山草原、山地荒漠、高山寒漠、温带荒漠和农田($P < 0.05$)。

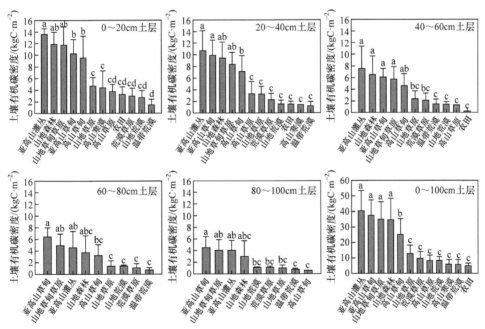

图 5-6　不同植被类型土壤有机碳密度

同一土层深度不同小写字母表示均值间差异显著($P < 0.05$，下同)

对不同深度土层不同植被类型的土壤有机碳密度进行分析，结果发现：整体上，沿着 100cm 土壤剖面，有机碳密度呈现随深度增加而逐渐减少的特点，表层

0～20cm 土层土壤有机碳密度最大。另外，0～20cm、20～40cm、40～60cm、60～80cm 和 80～100cm 土层不同植被类型土壤有机碳密度差异同样具有显著性，且其分布趋势与 0～100cm 土壤有机碳密度的分布趋势相似($P < 0.05$，图 5-6)。

　　不同植被类型土壤有机碳垂直分布特征(图 5-7)与土壤有机碳密度绝对大小的垂直分布特征类似。整体上，不同植被类型土壤有机碳密度的相对比例也呈现随深度增加而递减的特点，表层 0～20cm 占 0～100cm 深度总量的相对比例最大，约 33%。特别地，高山寒漠、高山草原和农田由于土层较浅(分别为 40cm、60cm 和 60cm)，更多的土壤有机碳集中在表层，其相对比例分别为 75%、45% 和 66%。此外，并非所有植被类型土壤有机碳密度均随土层深度增加而减小，如温带荒漠 40～60cm 土层土壤有机碳密度出现了明显的增加，上面三层土壤有机碳密度的相对比例分别为 26%、21% 和 26%；亚高山草甸 40～60cm 和 60～80cm 土层土壤有机碳密度相对比例出现略微增加，分别为 16% 和 17%。

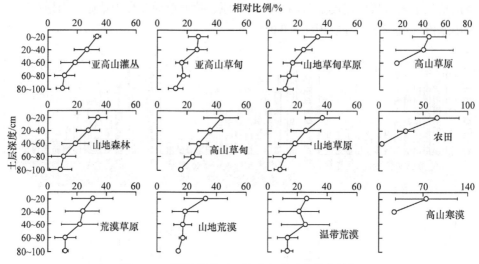

图 5-7　不同植被类型土壤有机碳垂直分布特征

2. 不同土壤类型土壤有机碳空间分布

　　分析结果显示，不同土壤类型土壤有机碳密度差异显著(图 5-8)。0～100cm 土层土壤有机碳密度从高到低顺序为亚高山草甸土(39.59kgC · m⁻² ± 12.89kgC · m⁻²)、山地黑钙土 (34.86kgC · m⁻² ± 11.22kgC · m⁻²)、山地灰褐土 (34.57kgC · m⁻² ± 13.61kgC · m⁻²)、高山草甸土 (25.03kgC · m⁻² ± 10.43kgC · m⁻²)、山地栗钙土 (12.68kgC · m⁻² ± 5.58kgC · m⁻²)、灰钙土(9.62kgC · m⁻² ± 4.54kgC · m⁻²)、棕漠土 (8.45kgC · m⁻² ± 1.41kgC · m⁻²)、高山草原土(8.28kgC · m⁻² ± 3.32kgC · m⁻²)、棕钙土 (8.19kgC · m⁻² ± 2.62kgC · m⁻²)、高山寒漠土(5.89kgC · m⁻² ± 2.86kgC · m⁻²)、灌漠土

(5.02kgC·m^{-2} ± 1.68kgC·m^{-2})和灰棕漠土(4.64kgC·m^{-2} ± 2.82kgC·m^{-2})。其中，亚高山草甸土、山地黑钙土、山地灰褐土和高山草甸土土壤有机碳密度显著高于山地栗钙土、灰钙土、棕漠土、高山草原土、棕钙土、高山寒漠土、灌漠土和灰棕漠土($P < 0.05$)。

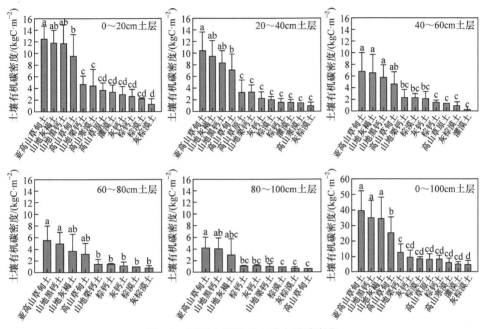

图 5-8　不同土壤类型土壤有机碳密度

对不同土层不同土壤类型土壤有机碳密度进行分析，结果发现：整体上，沿着 100cm 土壤剖面，有机碳密度呈现随深度增加而逐渐减少的特点，表层 0～20cm 土层土壤有机碳密度最大。另外，0～20cm、20～40cm、40～60cm、60～80cm 和 80～100cm 土层不同土壤类型土壤有机碳密度差异同样具有显著性，且其分布趋势与 0～100cm 土层土壤有机碳密度的分布趋势相似($P < 0.05$，图 5-8)。

与土壤有机碳密度绝对大小的垂直分布特征类似，整体上，不同土壤类型土壤有机碳密度的相对比例也呈现随深度增加而递减的特点(图 5-9)，表层 0～20cm 占 0～100cm 深度总量的相对比例最大，约 32%。特别地，高山寒漠土、高山草原土和灌漠土由于土壤层较浅(分别为 40cm、60cm 和 60cm)，更多的土壤有机碳集中在表层，其相对比例分别为 75%、45% 和 66%。此外，并非所有土壤类型土壤有机碳密度均随深度增加而减小，如棕漠土 40～60cm 土层土壤有机碳密度出现了明显的增加，且为最大值，其土壤有机碳密度相对比例从表层到深层分别为 26%、24%、27%、12% 和 11%；灰棕漠土 20～40cm 和 40～60cm 土层土壤有机碳密度相对比例略微增加，分别为 20% 和 21%。

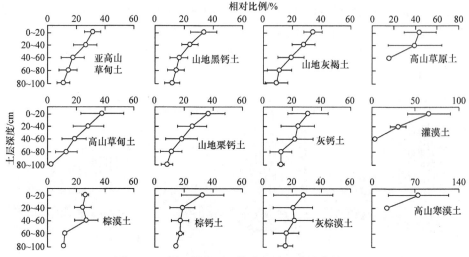

图 5-9 不同土壤类型土壤有机碳垂直分布特征

3. 不同主要植被类型土壤有机碳空间分布

结果显示，不同主要植被类型土壤有机碳密度差异显著(图 5-10)。$0\sim100cm$ 土层土壤有机碳密度从高到低顺序为灌丛($39.86kgC \cdot m^{-2} \pm 12.63kgC \cdot m^{-2}$)、森林($34.86kgC \cdot m^{-2} \pm 13.59kgC \cdot m^{-2}$)、草甸($33.03kgC \cdot m^{-2} \pm 12.43kgC \cdot m^{-2}$)、草原($10.93kgC \cdot m^{-2} \pm 5.46kgC \cdot m^{-2}$)、荒漠($6.84kgC \cdot m^{-2} \pm 4.86kgC \cdot m^{-2}$)和栽培植被($5.02kgC \cdot m^{-2} \pm 1.68kgC \cdot m^{-2}$)。其中，灌丛、森林和草甸的土壤有机碳密度显著高于草原、荒漠和栽培植被($P < 0.05$)。

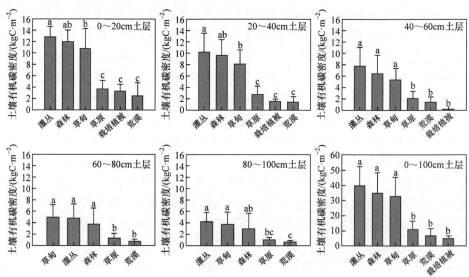

图 5-10 不同主要植被类型土壤有机碳密度

对不同土壤层不同主要植被类型土壤有机碳密度进行分析，结果发现：整体上，沿着100cm土壤剖面，有机碳密度呈现随土层深度增加而逐渐减少的特点，表层 0～20cm 土壤有机碳密度最大。另外，0～20cm、20～40cm、40～60cm、60～80cm 和 80～100cm 土层不同主要植被类型土壤有机碳密度差异同样具有显著性，且其分布趋势与 0～100cm 土层土壤有机碳密度的分布趋势相似($P <$ 0.05，图 5-10)。

整体上，不同主要植被类型土壤有机碳密度的相对比例呈现随土层深度增加而递减的特点(图 5-11)，表层 0～20cm 占 0～100cm 深度总量的相对比例最大，约 34%。特别地，由于土层较浅(60cm)，栽培植被更多的土壤有机碳集中在表层，其相对比例为 66%。此外，并非所有主要植被类型土壤有机碳密度均随深度增加而减小，荒漠 20～40cm 和 40～60cm 土层土壤有机碳密度相对比例略微增加，分别为 20% 和 21%。

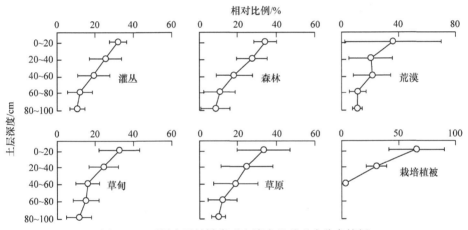

图 5-11　不同主要植被类型土壤有机碳垂直分布特征

4. 不同土地利用类型土壤有机碳空间分布

结果显示(图 5-12)，不同土地利用类型土壤有机碳密度差异显著。0～100cm 土层土壤有机碳密度从高到低顺序为灌木林(39.86kgC·m^{-2} ± 12.63kgC·m^{-2})、有林地 (34.86kgC·m^{-2} ± 13.59kgC·m^{-2})、高覆盖草地 (33.03kgC·m^{-2} ± 12.43kgC·m^{-2})、中覆盖草地 (12.37kgC·m^{-2} ± 5.81kgC·m^{-2})、低覆盖草地 (8.83kgC·m^{-2} ± 3.76kgC·m^{-2})、未利用土地(5.89kgC·m^{-2} ± 2.86kgC·m^{-2})、旱地 (5.02kgC·m^{-2} ± 1.68kgC·m^{-2})和裸土地(2.96kgC·m^{-2} ± 1.42kgC·m^{-2})。其中，灌木林、有林地和高覆盖草地的土壤有机碳密度显著高于中覆盖草地、低覆盖草地、未利用土地、旱地和裸土地($P < 0.05$)。

对不同深度土层不同土地利用类型土壤有机碳密度进行分析，结果发现：整体上，沿着 100cm 土壤剖面，有机碳密度呈现随土层深度增加而逐渐减小的特点，表层 0～20cm 土壤有机碳密度最大。另外，0～20cm、20～40cm、40～60cm、60～80cm 和 80～100cm 土层不同土地利用类型土壤有机碳密度差异同样具有显著性，且其分布趋势与 0～100cm 土层土壤有机碳密度的分布趋势相似($P <$ 0.05，图 5-12)。

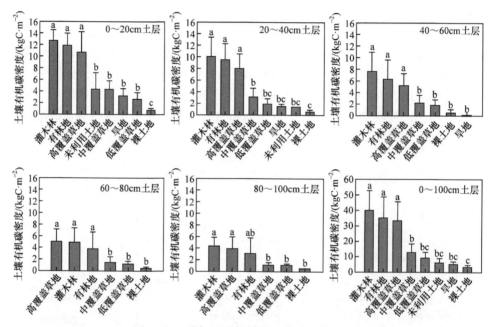

图 5-12　不同土地利用类型土壤有机碳密度

整体上，不同土地利用类型土壤有机碳密度的相对比例呈现随深度增加而递减的特点(图 5-13)，表层 0～20cm 占 0～100cm 深度总量的相对比例最大，约 32%。特别地，未利用土地和旱地由于土壤层较浅(分别为 40cm 和 60cm)更多的土壤有机碳集中在表层，其相对比例分别为 75% 和 66%。此外，并非所有土地利用类型土壤有机碳密度均随土层深度增加而减小，如低覆盖草地和裸土地 20～40cm 和 40～60cm 土层土壤有机碳密度基本不变，其相对比例均约为 22%；且裸土地下面三层土壤有机碳密度呈无规律性变化，相对比例分别为 22%、13% 和 15%。

5.4.2　土壤有机碳影响因素分析

1. 土壤有机碳与地形的关系

河西地区土壤有机碳与地形因子的相关性主要表现在地理位置(经纬度)、海拔、坡向和坡度等方面。平原地区土壤有机碳与地形因子的相关性主要表现在经

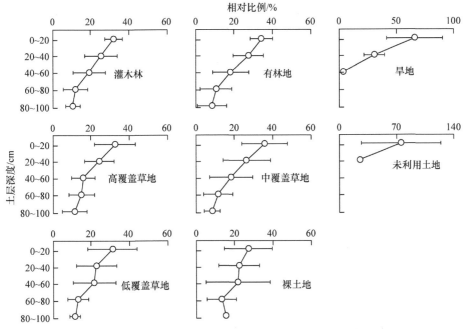

图 5-13　不同土地利用类型土壤有机碳垂直分布特征

纬度方面；山区土壤有机碳与地形因子的相关性受到地理位置(水平尺度)、海拔(垂直尺度)和坡向与坡度(局地尺度)的综合影响。土壤有机碳密度与地形因子的回归分析结果显示，整体上，研究区土壤有机碳密度与经度呈线性正相关，与纬度呈线性负相关，与海拔呈明显先增加后减少的趋势，与坡向余弦呈指数递增关系，与坡度呈平缓的先增加后减少的趋势。此外，海拔和坡向是影响土壤有机碳空间变异的两个主要地形因子，R^2 分别为 0.47 和 0.26。

研究区 0～100cm 深度土层土壤有机碳密度与经度呈显著线性正相关($P <$ 0.01)，表示随着经度的增加，从西向东，研究区土壤有机碳密度呈显著增加趋势(图 5-14)，但决定系数 R^2 值为 0.11，R^2 较小，表示经度可解释土壤有机碳空间变异的 11%。不同土壤层间，表层土壤(0～20cm、20～40cm 和 40～60cm)有机碳密度与经度呈显著正相关($P < 0.01$)，R^2 较小，分别为 0.11、0.11 和 0.08；深层土壤(60～80cm 和 80～100cm)有机碳密度与经度的回归分析结果未达到显著水平($P > 0.05$)，R^2 分别为 0.05 和 0.07。

研究区 0～100cm 深度土层土壤有机碳密度与纬度呈显著线性负相关($P <$ 0.01)，表示随着纬度的增加，从南向北，研究区土壤有机碳密度呈显著减少趋势(图 5-15)，决定系数 R^2 高于经度，为 0.19，表示纬度可解释土壤有机碳空间变异的 19%。不同土层间，表层土壤(0～20cm、20～40cm 和 40～60cm)有机碳密度与纬度呈显著负相关($P < 0.01$)，R^2 分别为 0.21、0.20 和 0.08；深层土壤(60～

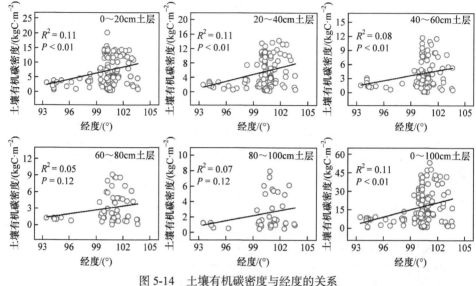

图 5-14　土壤有机碳密度与经度的关系

80cm 和 80～100cm)有机碳密度与纬度的回归分析结果未达到显著水平($P >$ 0.05)，R^2 分别为 0.03 和 0.02。

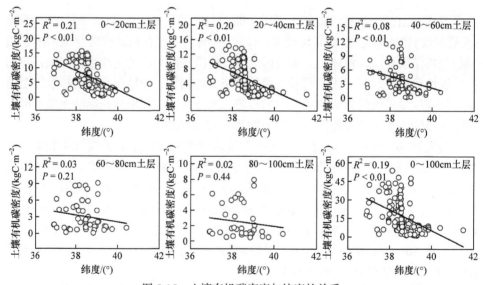

图 5-15　土壤有机碳密度与纬度的关系

　　土壤有机碳密度与经纬度的回归分析结果表明(图 5-14、图 5-15)，河西地区土壤有机碳密度呈现从东南向西北递减的趋势，表层土壤(0～60cm)有机碳密度与水平地理位置相关性显著($P < 0.01$)，深层土壤有机碳密度与水平地理位置相关

性均未达到显著水平($P > 0.05$)。

研究区 0～100cm 深度土层土壤有机碳密度与海拔关系显著($P < 0.01$)，随着海拔的升高，土壤有机碳密度呈先增加后减少的趋势(图 5-16)。在海拔 1000～2000m，土壤有机碳密度缓慢递增，在海拔 2000m 之后呈明显增加趋势，在约 3200m 处土壤有机碳密度达到最大，之后随海拔升高呈明显的减少趋势。整体上，二者拟合关系较好($R^2 = 0.47$)，表示海拔可解释土壤有机碳空间变异的 47%。不同土层间，土壤有机碳密度与海拔关系显著($P < 0.01$)，且随海拔升高的变化趋势与整体 0～100cm 深度的变化趋势相似。此外，海拔对土壤有机碳密度空间变异的决定系数(R^2)表现为表层较高、深层较小，但最小值出现在 40～60cm 土层。具体地，从表层到深层 R^2 分别为 0.42、0.44、0.29、0.36 和 0.34。

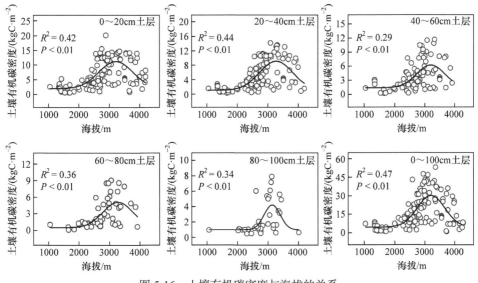

图 5-16　土壤有机碳密度与海拔的关系

在研究区，土壤有机碳密度与坡向的关系主要反映在从阳坡(泛南坡)到阴坡(泛北坡)的转变，为了更加明确地反映真实情况，对坡向用余弦函数进行转换，即坡向余弦从-1.0 到 0 再到 1.0，代表坡向从南坡到东(西)坡再到北坡的转变，从而使得土壤有机碳密度与坡向的关系得到简洁明了的表达。

研究区 0～100cm 深度土层土壤有机碳密度与坡向关系显著($P < 0.01$)，表现为从阳坡到阴坡土壤有机碳呈增加趋势(图 5-17)。具体地，在坡向余弦-1.0～0.5(从南坡到东北坡或西北坡)，土壤有机碳密度呈极缓慢增加趋势；在坡向余弦0.5～1.0(从东北坡或西北坡到北坡)，土壤有机碳密度呈明显的指数增加趋势。整体上，坡向可解释土壤有机碳空间变异的 26%。不同土层间，土壤有机碳密度随坡向的变化趋势与 0～100cm 深度的变化趋势相似，表层土壤(0～20cm、20～

40cm 和 40～60cm)有机碳密度与坡向关系显著($P < 0.01$)，且坡向对土壤有机碳密度空间变异的决定系数 R^2 较高，R^2 分别为 0.22、0.25 和 0.28；深层土壤(60～80cm 和 80～100cm)有机碳密度与坡向的回归分析结果未达到显著水平($P > 0.05$)，R^2 分别为 0.09 和 0.05。

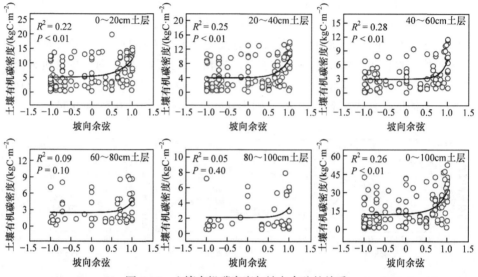

图 5-17　土壤有机碳密度与坡向余弦的关系

　　研究区 0～100cm 深度土壤有机碳密度与坡度关系显著($P < 0.01$)，表现为随着坡度的增加，土壤有机碳密度先增加后减少，但总体趋势平缓(图 5-18)。二者

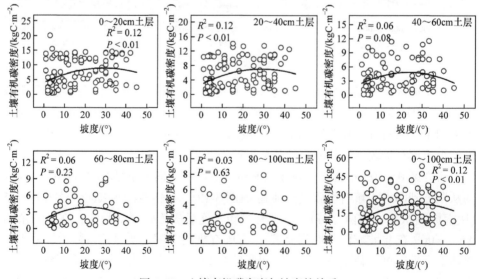

图 5-18　土壤有机碳密度与坡度的关系

拟合关系一般($R^2 = 0.12$),坡度可解释土壤有机碳空间变异的 12%。不同土壤层间,土壤有机碳密度随坡度的变化趋势与整体 0~100cm 深度的变化趋势相似,但仅 0~20cm 和 20~40cm 土层坡度与土壤有机碳密度关系显著($P < 0.01$),R^2 均为 0.12,其余土层二者关系未达到显著水平($P > 0.05$),$R^2 \leqslant 0.06$。

2. 土壤有机碳与气候的关系

河西地区土壤有机碳与气候因子的关系主要反映在降水量和气温方面。回归分析结果显示,整体上,土壤有机碳密度随年平均降水量和年平均气温的增加均呈先增加后减小的趋势,二者对土壤有机碳空间变异的决定系数(R^2)分别为 0.52 和 0.41。

研究区 0~100cm 深度土层土壤有机碳密度与年平均气温关系显著($P < 0.01$),表现为年平均气温从 -6℃升高到 0℃,土壤有机碳密度呈指数递增趋势;随着年平均气温从 0℃升高到 12℃,土壤有机碳密度呈指数递减趋势(图 5-19)。不同深度土层间,土壤有机碳密度随年平均气温的变化趋势与整体 0~100cm 深度的变化趋势相似,且均呈显著性相关(大部分土层 $P < 0.01$;80~100cm,$P < 0.02$)。另外,0~20cm、20~40cm、40~60cm、60~80cm 和 80~100cm 土层年平均气温对土壤有机碳密度空间变异的决定系数(R^2)分别为 0.39、0.43、0.31、0.36 和 0.26。

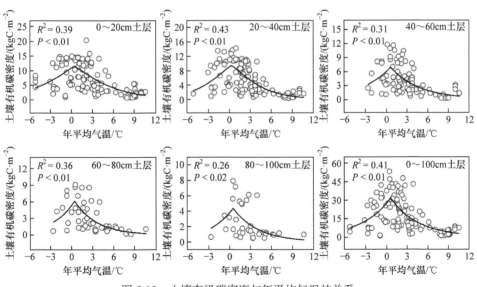

图 5-19 土壤有机碳密度与年平均气温的关系

研究区 0~100cm 深度土层土壤有机碳密度与年平均降水量关系显著($P < 0.01$),表现为随着年平均降水量从 40mm 增加到 420mm,土壤有机碳密度呈指数递增趋势;随着年平均降水量从 420mm 增加到 550mm,土壤有机碳密度呈指数递减趋势(图 5-20)。不同深度土层间,土壤有机碳密度随年平均降水量的变化

趋势与0～100cm深度的变化趋势相似，且均呈显著性相关($P < 0.01$)。另外，0～20cm、20～40cm、40～60cm、60～80cm 和 80～100cm 土层年平均降水量对土壤有机碳密度空间变异的决定系数(R^2)分别为 0.56、0.56、0.43、0.46 和 0.32。

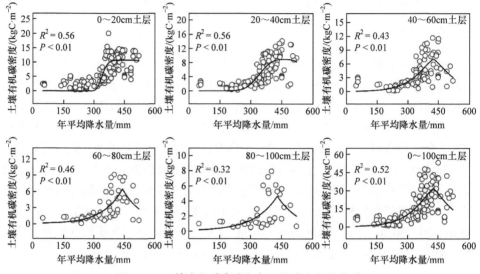

图 5-20　土壤有机碳密度与年平均降水量的关系

3. 土壤有机碳与其他影响因子的关系

影响河西地区土壤有机碳的其他环境因子包括归一化植被指数(normalized differential vegetation index，NDVI)、辐射量和土壤机械组成等。整体上，土壤有机碳密度与 NDVI 呈线性正相关($P < 0.01$，$R^2 = 0.39$)；与辐射量呈线性负相关($P < 0.01$，$R^2 = 0.15$)；与土壤机械组成中的黏粒和粉粒含量呈线性正相关($P \leqslant 0.01$)，与砂粒含量呈线性负相关($P < 0.01$)，土壤机械组成对有机碳密度空间变异决定系数(R^2)较小，为 0.06 左右。

研究区 0～100cm 深度土层土壤有机碳密度与 NDVI 呈显著线性正相关关系($P < 0.01$，$R^2 = 0.39$)，且二者拟合效果较好，NDVI 可解释土壤有机碳空间变异的 39%(图 5-21)。不同深度土层间，土壤有机碳密度随 NDVI 的变化趋势与整体 0～100cm 深度土层的变化趋势相似，且均呈显著正相关($P < 0.01$)。另外，随着土壤深度增大，NDVI 对研究区土壤有机碳密度空间变异的决定系数(R^2)逐渐减小，从表层到深层分别为 0.42、0.41、0.37、0.37 和 0.26。

研究区 0～100cm 深度土层土壤有机碳密度与辐射量呈显著线性负相关关系($P < 0.01$, $R^2 = 0.15$)，二者拟合效果一般，辐射量可解释土壤有机碳空间变异的 15%(图 5-22)。不同深度土层间，土壤有机碳密度随辐射量的变化趋势与 0～100cm

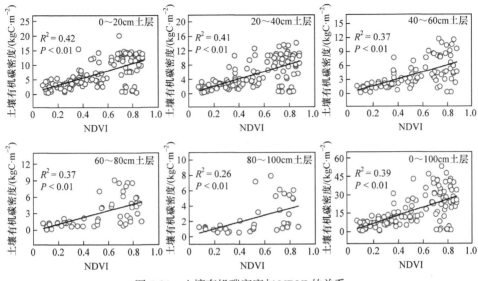

图 5-21 土壤有机碳密度与 NDVI 的关系

深度土层的变化趋势相似。表层土壤(0~20cm、20~40cm 和 40~60cm)有机碳密度与辐射量关系显著($P < 0.01$)，R^2 分别为 0.16、0.16 和 0.09；深层(60~80cm 和 80~100cm)土壤有机碳密度与辐射量的回归分析结果未达到显著水平($P > 0.05$)，且拟合效果较差，R^2 仅为 0.01。

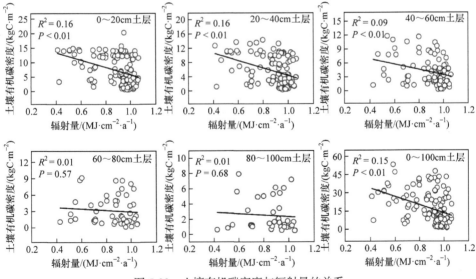

图 5-22 土壤有机碳密度与辐射量的关系

研究区 1m 深度土壤有机碳密度与土壤机械组成(图 5-23~图 5-25)呈线性相

关($P \leqslant 0.01$)，但拟合效果较差，R^2 均为 0.06 左右。其中，土壤有机碳密度与黏粒含量和粉粒含量呈线性正相关关系，与砂粒含量呈线性负相关关系。不同土层间，土壤有机碳密度随土壤机械组成的变化趋势与 0～100cm 深度下的变化趋势相似。

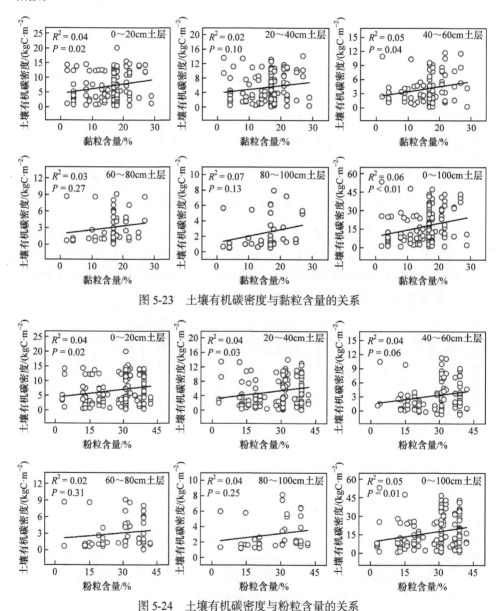

图 5-23 土壤有机碳密度与黏粒含量的关系

图 5-24 土壤有机碳密度与粉粒含量的关系

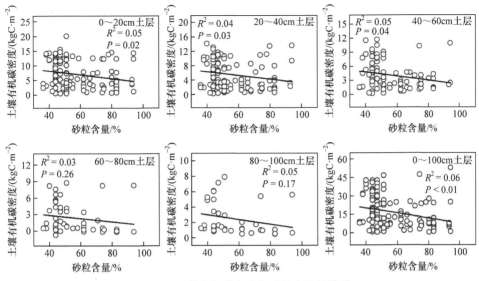

图 5-25　土壤有机碳密度与砂粒含量的关系

黏粒含量仅在 0～20cm 土层和 40～60cm 土层与土壤有机碳密度显著相关($P <$ 0.05)，R^2 约为 0.05；粉粒含量仅在 0～20cm 土层和 20～40cm 土层与土壤有机碳密度显著相关($P < 0.05$)，R^2 为 0.04；砂粒含量在 0～20cm 土层、20～40cm 土层和 40～60cm 土层与土壤有机碳密度显著相关($P < 0.05$)，R^2 约为 0.05。整体上，与其他影响因子相比，土壤机械组成对研究区土壤有机碳密度的影响较小。

5.4.3　土壤有机碳变化综合分析

半干旱生态系统中，水分是限制植被生产力的主要因子，进而通过影响凋落物的输入，对土壤有机碳的积累产生影响；同时，温度作为影响土壤水分和土壤微生物群落及物种生理过程的辅助因子，对土壤有机碳的积累与分解发挥着重要作用。河西地区土壤有机碳密度高的植被类型主要分布在海拔 2500～3900m 的区域，对应着较高的降水量(350～600mm)和较低的年平均温度(-6～2℃)(贾文雄，2010)，植被生产力高且土壤中凋落物的分解较弱，有利于土壤中有机质的累积。土壤有机碳密度低的植被类型主要位于低海拔区(1300～2500m)和高海拔区(>4000m)，低海拔区年平均降水量 39～350mm，且年平均温度较高(2～8℃)，植被主要为耐旱的荒漠草原和灌木，生产力低，土壤有机碳积累较少；高海拔区气候严酷，抑制了植被的生长，土壤发育微弱，土层较薄，土壤中有机碳积累较少。

河西地区土壤有机碳垂直分布特征表现为随着深度的增加而减小，0～20cm、20～40cm、40～60cm、60～80cm 和 80～100cm 土壤有机碳密度均值分别为 6.97kgC·m⁻²、5.48kgC·m⁻²、4.04kgC·m⁻²、3.04kgC·m⁻²、和 2.47kgC·m⁻²，各层占 100cm 深度总量的比例分别为 32%、25%、18%、14%、和 11%。虽然表层(0～20cm)土壤有机碳相对比例最高，但 Yang 等(2007)在全国范围内的相关分析结果显示，我国表层(0～20cm)土壤有机碳占 0～100cm 深度的相对比例为 38%，这说明河西地区土壤有机碳密度在表层集中的现象弱于在国家尺度上的研究结果。上述差异可能是半干旱生态系统属于受水分限制的生态系统，因而植被为获取更多水分趋向于发展出较深的根系分布(Shipley & Meziane，2002)，从而使得研究区土壤有机碳密度随深度的增加呈平缓下降趋势。特别是在 0～20cm、20～40cm 和 40～60cm 土层中，有机碳密度相对比例随土壤深度增加呈等比例下降，下降比例为 7%。因此，在考虑研究区土壤碳源汇功能时，除了关注表层土壤外，同样应该关注深层土壤。

土壤有机碳与经纬度的关系表现为随着经度增加上升和随着纬度增加下降，即从东南到西北土壤有机碳密度呈下降趋势，这与该区温度降水条件水平分布趋于一致。气候条件改变了地表植被类型及其生物量，从而使得土壤有机碳密度呈现出相应趋势(王敏，2014)，它们之间决定系数 R^2 值较小，这与研究区土壤高异质性有关(Zhu et al.，2019c)。

海拔、坡向和坡度是影响研究区土壤有机碳空间异质性的主要环境因子(Zhu et al.，2017)，特别是在山区，其通过改变局地微气候和植被群落(Zhao & Li，2017；Bennie et al.，2008)，进一步影响到地上植被生产力和地下微生物分解速率，从而对土壤有机碳的空间部分产生影响(Qin et al.，2016)。海拔在所有地形因子中对土壤有机碳空间变异决定系数(R^2)最高，R^2 为 0.47。一般来说，海拔影响降水量和温度的分布(Yang et al.，2018)，从而在垂直尺度上塑造出明显变化的植被带。在河西地区，随着海拔增加，年平均气温降低，年平均降水量增多，植被类型从温带荒漠、草原化荒漠、荒漠草原过渡到山地草原、山地森林、亚高山灌丛草甸、高山草甸和草原、高寒荒漠，对应的土壤有机碳密度也表现出先增加后减少的趋势(常宗强等，2007)。高海拔地区(3200 m 以上)虽然降水量增加，但温度的下降造成微生物分解速率降低，从而降低了植被生产力(Li et al.，2017)，影响了有机物的输入，使得土壤有机碳密度在高海拔地区呈现降低的趋势。

坡向和坡度是影响小尺度土壤有机碳变异的重要地形因子(Zhu et al.，2019c；Chen et al.，2016b)。坡向和坡度通过对局地山丘尺度太阳入射辐射量的重新分配，影响土壤温度和土壤水分，塑造坡向尺度上的不同植被类型与植物群落，从而使得即使在同一气候带下，土壤有机碳仍出现显著的空间分异(Zhu et al.，2019c)。坡向和坡度可解释土壤有机碳空间变异的 26% 和 12%，且随着坡向由南坡到北坡，土壤有机碳出现了明显的递增。这主要是因为太阳辐射影响，南坡土壤温度较高、土壤含水量较低，北坡则相反，所以南坡植被条件不如北坡。同时，较低的土壤温度使得北坡有机碳分解速率变慢，从而拥有较高的碳密度(Zhu et al.，2017，2019b)。坡度通过对太阳辐射以及地表与地下水文过程的改变，影响着不同坡位的植被物种及其生产力。例如，Zhu 等(2019b)通过对研究区山区草地生物量及土壤有机碳的空间分布，结果显示土壤含水量较高的坡底拥有更高的地上地下生物量及有机碳密度。

　　土壤有机碳密度的空间分布格局与气候因子关系密切，特别是与气温和降水量的关系(Meier & Leuschner，2010；Callesen et al.，2003)。气温和降水量一方面通过对植被格局的塑造，改变凋落物的产量和质量影响土壤有机碳的输入；另一方面通过改变凋落物的分解速率，影响土壤有机碳的分解与矿化(Longbottom et al.，2014)。在对河西地区土壤有机碳密度与年平均气温和年平均降水量的关系进行回归分析发现，土壤与年平均降水量的拟合效果更好，R^2 值为 0.52；与年平均气温的拟合关系次之，R^2 值为 0.41。同时，土壤有机碳密度随年平均气温与降水量的增加呈先指数增加后指数减少的趋势。主要原因是研究区山地海拔对气温和降水量的改变，即随着海拔上升、气温降低，降水量增多(蓝永超等，2015)。

　　此外，在不同土层土壤有机碳与气候因子的关系呈随深度增加而拟合效果降低的趋势，与 Jobbágy 和 Jackson(2000)在全球尺度上得到的结果一致。这一结果表明，一方面表层土壤有机碳可能对全球气候变化具有更为敏感的响应。另一方面，土壤有机碳密度与气候因子的拟合效果随土层深度增加而降低的趋势，可能与不同土层有机碳的来源有关。表层土壤有机碳主要源自地上生物量及表层根系生物量；下层土壤有机碳则主要源自根系生物量，其中包括多年生的或者已经枯死的地下生物量；地上生物量与气候因素的关系更为密切，而下层根系生物量包含的已经枯死的根系，使得该部分土壤有机碳密度与环境因子的拟合效果减弱(Yang et al.，2007；Jobbágy & Jackson，2000)。

　　其他环境因子对土壤有机碳的影响多是在地形与气候的影响后，间接地对土壤有机碳密度产生影响，如 NDVI 和辐射量(图 5-21 和图 5-22)。NDVI 主要反映植被盖度的变化，代表着一定的植被生产力，因此与土壤有机碳密度拟合效果较好，R^2 值为 0.39。辐射量则主要通过在山丘尺度上对土壤温度和水分的重新分配形成局地微气候影响植被条件来对土壤有机碳密度产生影响，但研究区河西走廊平原面积占到总面积的 58%，因此其与土壤有机碳密度拟合效果一般，R^2 值为 0.15。特别地，土壤机械组成虽与有机碳密度拟合效果较差，但值得注意的是，与 Jobbágy 和 Jackson(2000)在全球尺度上得到的结果不同，河西地区土壤有机碳密度与黏粒含量、粉粒含量和砂粒含量的拟合结果并非随着土层深度的增加而逐渐增强，而是随土层深度增加拟合效果基本保持不变，这可能与研究尺度大小有关。

5.5 土壤有机碳储量及其分布

5.5.1 模型检验结果分析

对比土壤有机碳密度(0~20cm 土层)模型训练数据集与检验数据集发现 (图 5-26)，随机森林模型对参与训练的观测值拟合结果较好[图 5-26(a)]，回归系数为 0.96；十折交叉验证结果显示[图 5-26(b)]，未参与训练的观测值随机森林模型预测能力虽偏好(回归系数为 0.77)，但效果低于训练数据集。不同土层土壤有机碳密度模型预测十折交叉验证结果如表 5-4，随着土层深度增加，随机森林模型对土壤有机碳密度空间变异的解释能力逐渐降低，但整体效果偏好，R^2 最大值为 0.77，最小值为 0.55。

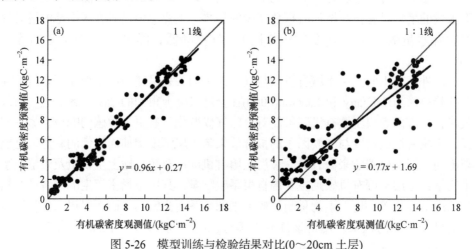

图 5-26 模型训练与检验结果对比(0~20cm 土层)

(a) 训练数据集；(b) 检验数据集

表 5-4 不同土层土壤有机碳密度模型预测十折交叉验证结果

验证参数	土层深度				
	0~20cm	20~40cm	40~60cm	60~80cm	80~100cm
决定系数	0.77	0.69	0.62	0.56	0.55
RMSE/(kgC·m^{-2})	2.30	2.31	1.91	2.01	1.93

5.5.2 不同地貌类型土壤有机碳储量及空间分布

1. 土壤有机碳总储量

河西地区土壤有机碳总储量为 2.90Pg，平均土壤有机碳密度为 11.75kgC·m^{-2}，土壤有机碳密度在空间上表现出极大变异性，0～100cm 土层土壤有机碳密度介于 2.66～49.37kgC·m^{-2}(图 5-27)。尽管土壤有机碳密度的空间变异较大，但同时也呈现出明显的分布规律，表现为从东南向西北递减的趋势(图 5-27、图 5-28)，特别是在研究区东南部的祁连山东段地区，土壤有机碳密度明显高于其他地区。

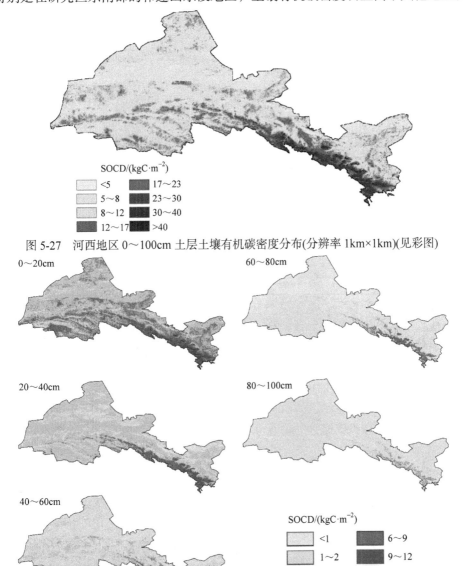

图 5-27　河西地区 0～100cm 土层土壤有机碳密度分布(分辨率 1km×1km)(见彩图)

图 5-28　河西地区不同土层土壤有机碳密度分布(分辨率 1km×1km)(见彩图)

河西地区土壤有机碳储量垂直分布呈逐渐减少趋势，0～20cm、20～40cm、

40～60cm、60～80cm 和 80～100cm 土层土壤有机碳总储量分别为 1.02Pg、0.71Pg、0.48Pg、0.36Pg 和 0.33Pg。不同土层土壤有机碳密度在空间上均存在极大变异，从表层到深层土壤有机碳密度分别为 0.56～14.10kgC·m^{-2}、0.36～13.46kgC·m^{-2}、0.29～10.94kgC·m^{-2}、0.22～8.38kgC·m^{-2} 和 0.53～6.65kgC·m^{-2}，逐渐变小。与 0～100cm 土层空间分布规律相似，河西地区不同土层土壤有机碳密度均呈从东南向西北减少的趋势。

2. 不同地貌类型土壤有机碳储量

河西地区主要地貌(景观)类型可分为山地和平原两类(表 5-5)，河西地区山地土壤有机碳储量为 1.78Pg，平原土壤有机碳储量为 1.21Pg。值得注意的是，山地面积较少(42%)，但是有机碳碳储量较多，占到总储量的 60%。

表 5-5　不同地貌类型土壤有机碳储量分布

分类 I	分类 II	面积 /(10⁴km²)	面积占比 /%	有机碳储量 /Pg	有机碳储量占比 /%
地貌	山地	10.44	42	1.78	60
	平原	14.20	58	1.21	40
	合计	24.64	100	2.99	100

在研究区，从东向西分布着三条内陆河，把河西地区分割成三大部分，即石羊河流域、黑河流域和疏勒河流域，见表 5-6。石羊河流域土壤有机碳储量为 0.51Pg，黑河流域土壤有机碳储量为 1.46Pg，疏勒河流域土壤有机碳储量为 0.93Pg。其中，黑河流域有机碳储量最大，其面积占河西地区的 38%，却存储着河西地区土壤有机碳总储量的 50%，是研究区有机碳储量的高值区。此外，不同地貌和流域土壤有机碳储量的垂直分布如表 5-7 所示。

表 5-6　不同流域土壤有机碳储量分布

分类 I	分类 II	面积 /(10⁴km²)	面积占比 /%	有机碳储量 /Pg	有机碳储量占比 /%
流域	石羊河	4.43	18	0.51	18
	黑河	9.36	38	1.46	50
	疏勒河	10.85	44	0.93	32
	合计	24.64	100	2.90	100

表 5-7 不同地貌和流域土壤有机碳储量的垂直分布 (单位: Pg)

土层深度/cm	地貌		流域		
	山地	平原	石羊河	黑河	疏勒河
0~20	0.60	0.42	0.20	0.57	0.25
20~40	0.45	0.26	0.13	0.38	0.20
40~60	0.32	0.16	0.07	0.23	0.18
60~80	0.23	0.13	0.05	0.12	0.19
80~100	0.18	0.15	0.06	0.16	0.11
合计	1.78	1.12	0.51	1.46	0.93

3. 碳库估算不确定性的空间分布

由图 5-29 可以看出，大部分地区土壤有机碳密度估算的不确定性都在 20% 以内，其中 0~20cm、20~40cm、40~60cm、60~80cm 和 80~100cm 土层的不确定性均值分别为 12%、15%、15%、15%和 12%。这意味着将随机森林模型与河西地区土壤有机碳观测数据相结合的方法对土壤有机碳库估算的可靠性较高，研究结果具有代表性。

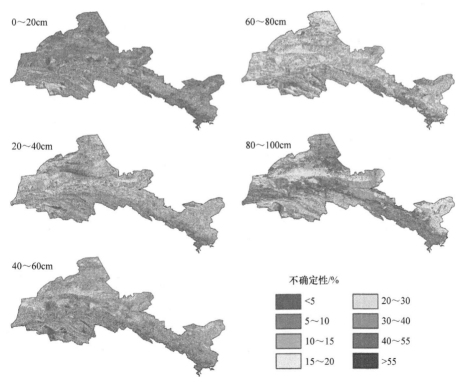

图 5-29 河西地区不同土层土壤有机碳密度估算的不确定性(分辨率 1km×1km)(见彩图)

5.5.3　土壤有机碳库动态变化

如表 5-8 所示，河西地区 1980～2015 年土地利用面积变化引起的土壤有机碳库变化为累积正效应，累积量为 4.66Tg(1Tg = 10^{12}g)。其中，主要变化为耕地的扩张和未利用土地的减少，变化面积分别为 2005km^2 和-1928km^2，分别贡献了研究区土壤有机碳储量 26.41Tg 和-19.13Tg 的变化量。林地、草地和水域面积均出现小幅下降，造成有机碳储量变化量分别为-0.93Tg、-5.86Tg 和-0.42Tg。

表 5-8　土地利用面积变化对土壤有机碳库的影响

土地利用类型	面积/km^2			有机碳密度/(kgC·m^{-2})	有机碳储量变化量/Tg
	1980 年	2015 年	变化量		
耕地	13189	15194	2005	13.17	26.41
林地	7562	7535	-27	34.44	-0.93
草地	53838	53373	-465	12.60	-5.86
水域	2436	2401	-35	11.90	-0.42
居民地	986	1436	450	10.49	4.72
未利用土地	168358	166430	-1928	9.92	-19.13
合计	246369	246369	0	—	4.66

表 5-9 给出了具体的土地利用类型转换数据，其余土地利用均以向耕地转换作为主要的土地利用变化。其中，未利用土地和草地向耕地转换的面积较大，分别为 1264km^2 和 754km^2，但二者均对研究区碳库形成正累积效应，累积量分别为 4.12Tg 和 0.49Tg，这说明在以二者为一级类型的土地利用二级类型中，一些土壤有机碳密度较低的类型转换为密度较高的耕地类型，属于对碳库有利的转换。同时，未利用土地是其他土地利用面积增加的主要贡献者，分别向耕地、林地、草地和居民地贡献了 1264km^2、18km^2、353km^2 和 293km^2 的面积增加量，且造成的碳库累积均为正效应，有机碳储量变化量分别为 4.12Tg、0.21Tg、0.41Tg 和 0.09Tg。相较之下，居民地是唯一没有向其他土地利用转换的土地类型。

表 5-9　土地利用类型转换对土壤有机碳库的影响

土地利用类型		转换面积/km^2	有机碳密度差值/(kgC·m^{-2})	有机碳储量变化量/Tg
1980 年	2015 年			
耕地	居民地	96	-1.56	-0.15
林地	耕地	48	-11.88	-0.57
林地	水域	1	-30.00	-0.03

土地利用类型		转换面积/km²	有机碳密度差值/(kgC·m⁻²)	有机碳储量变化量/Tg
1980 年	2015 年			
林地	居民地	3	−13.33	−0.04
草地	耕地	754	0.65	0.49
草地	林地	7	−12.86	−0.09
草地	居民地	57	−0.18	−0.01
水域	耕地	35	6.86	0.24
水域	居民地	1	−10.00	−0.01
未利用土地	耕地	1264	3.26	4.12
未利用土地	林地	18	11.67	0.21
未利用土地	草地	353	1.16	0.41
未利用土地	居民地	293	0.31	0.09
合计	—	—	—	4.66

总之，本节在使用随机森林模型对河西地区土壤有机碳密度进行估算的同时，使用十折交叉验证及不确定性分析评价模型预测效果和预测过程中的不确定性(Zhu et al.，2019c)。结果表明，使用随机森林模型预测研究区土壤有机碳密度具有较好的效果，不同土层模型预测效果检验的 R^2 在 0.55～0.77(表 5-4)。原因可能是研究区地貌复杂，山地面积为总面积的 42%，且海拔跨度大，植被类型丰富(常宗强，2007)，特别是在研究区南部祁连山区，即使是在较小的海拔跨度，甚至不同坡向、坡位，土壤有机碳密度也表现出较强的异质性，且与海拔、坡向、温度等环境因子呈非线性关系(Chen et al.，2016c；Qin et al.，2016)。因此，一般的空间插值方法(刘志鹏，2013)，在这种下垫面复杂、土壤有机碳密度空间异质性强的区域不能很好地起到以点代面的效果，而随机森林模型在预测过程中受这种非线性关系的影响较小(Zhu et al.，2019c)。随机森林模型可有效整合外源信息，特别是高分辨率的遥感信息和土壤属性对目标变量进行预测，因而一定程度上可以克服土壤系统本身极大的空间异质性加上不均匀的样点分布带来的误差(Song et al.，2016)。

虽然本章对于河西地区土壤有机碳储量估算的可靠性较高，但仍存在一定不确定性。原因包括：①研究区土壤有机碳储量的高异质性；②研究区并非所有区域的土壤深度均达到100cm，特别是山区，土壤深度往往随着海拔升高出现降低的趋势(陈隆亨和肖洪浪，2003)，而本章计算中假设所有土壤均达到 100cm 深度；③虽然随机森林模型对采样点数量的依赖较小，但研究区西部阿尔金山及马鬃山一带的样点依然偏少；④由于土壤有机碳垂直分布影响因素方面的研究依然偏少(杨元合，2008；Jobbágy & Jackson，2000)，因此在选用环境因子时更多的是偏向于对地上植被或表层土壤有机碳影响较大的因子，通常认为与土壤有机碳垂直分布相关的土壤机械组成并未表现出较好的相关性。

5.6　河西地区土壤有机碳变化讨论

对于退耕地土壤有机碳含量和有机碳密度的变化，一般认为，退耕地植被恢复将增加土壤有机碳储量，Post 和 Kwon(2000)引用的有关研究结果支持这一观点。通过对比分析宁夏六盘山林区农田、草地与人工林(13a、18a 和 25a 生华北落叶松)邻近样地土壤有机碳储量和密度，吴建国等(2004)等也发现，农田造林后土壤有机碳储量和密度(主要是 0～30cm 土层)将增加。但也有研究发现，造林降低了有机碳储量(李正才等，2006)。目前，较为一致的看法是，植被恢复过程中土壤有机碳的动态过程受诸多因素影响，除主要受造林前土地利用方式、气候影响外，还和造林类型有关。研究结果表明，植被恢复并没有引起预期的土壤有机碳蓄积，农田退耕后的两种植被恢复模式的有机碳储量都低于农田，导致了土壤有机碳的流失。一些研究认为，退耕地植被恢复后，土壤有机碳储量通常在初期下降，然后积累，开始积累的时间与研究地点有关，温带地区一般少于 10a，而热带地区要晚一些，在土壤深层有机碳开始积累的时间似乎更晚(Paul et al.，2002)。河西地区各植被都于 5a 前在农田上自然恢复或营造，符合造林初期土壤有机碳下降的规律。由于缺乏营造较久的时间序列，因此并不能说明几种植被类型土壤有机碳蓄积能力低于农田。各退耕类型 SOC 储量在剖面方向上的变化趋势和已有的研究结果相符合，都随土层深度的增加而降低，但几种退耕类型对 SOC 随剖面深度分布的影响显著不同($P < 0.05$)。Jobbágy 和 Jackson(2000)认为，全球范围内 SOC 随土壤深度的分布状况受植被类型的影响大于气候。

Jackson 等(2002)总结了森林、草地、农田等土壤有机碳垂直分布特征，发现森林植被土壤有机碳的垂直分布层次比农田和草地明显。研究发现，退耕 1a 与退耕 5a 地土壤有机碳储量随着土层加深变化相对平缓，退耕造林地中土壤有机碳储量随土层加深而明显递减。退耕 1a 0～40cm 土层土壤有机碳储量差异较大，退耕 5a 与退耕造林地在 0～30cm 土层差异较大。Jackson 等(2002)认为，不同年限退耕地土壤有机碳储量与密度分布格局的差异与退耕地植被中的根系、退耕地中未分解完的植被的残留物密切相关。研究结果显示，土壤有机碳密度统计平均值大小依次为退耕 5a<退耕 10a<退耕造林地<退耕 1a。不同土层深度，土壤

容重不同，相应土壤有机碳密度在土壤剖面上的垂直分布也不同。退耕造林地土壤有机碳密度随土层加深明显递减。

退耕地不同退耕年限土壤碳通量的研究中，不同退耕类型的 R_H 和 R_A 年通量范围分别为 $196.8 \sim 376.9gC \cdot (m^2 \cdot a)^{-1}$ 和 $80.4 \sim 153.9gC \cdot (m^2 \cdot a)^{-1}$，与大多数温带植被的研究结果相差不大，其 R_H 和 R_A 年通量变化范围分别为 $310 \sim 692gC \cdot (m^2 \cdot a)^{-1}$ 和 $122 \sim 663gC \cdot (m^2 \cdot a)^{-1}$(Fang & Moncrieff，1999)。虽然有研究报道 R_A 高于 R_H，但在大部分陆地生态系统中，R_H 在很大程度上是土壤表面 CO_2 通量的优势组成部分(Hanson et al.，2000)。

Buchmann(2000)对 $47 \sim 146a$ 生挪威云杉生态系统的研究发现，异养呼吸组分占土壤呼吸的比例> 70%。绝大多数研究结果表明，R_H 占土壤呼吸的比例范围为50%~68%。本书研究也发现，退耕地的 R_H 和 R_A 年通量呈现出高于退耕造林地的趋势(Kelting et al.，1998)。退耕 5a 地和退耕 10a 地的平均周转时间分别为25a 和 26a，接近温带森林水平，而退耕造林地土壤碳的周转时间高于全球平均水平，退耕 1a 的土壤碳周转时间则和世界平均水平持平。可能原因包括：计算土壤碳储量所用的土壤深度不同，不同研究所用的根系呼吸贡献率不同。根据Raich 和 Potter(1995)假定的根系贡献率30%，测得的根系贡献率平均为 29%。区域所处纬度偏高，土壤温度偏低，土壤微生物活动和分解作用偏低，这也是周转时间随土壤深度而增加的主要原因之一。作为不同生态系统有机碳的主要来源，凋落物的数量和化学成分不同，而且凋落物分解速率与土壤水分、地表温度正相关，也会造成土壤碳转化率的差异，进而影响土壤有机碳周转。

第6章　内陆河下游典型植被群落土壤有机碳

干旱地区土壤碳循环研究比较薄弱，特别是我国西部干旱区，位于西风和季风交互影响区，分布着大面积的荒漠和诸多内陆河流河岸绿洲，生态系统极其脆弱(李自珍和何俊红，1999)。这种脆弱的生态系统和独特的地理位置不仅对全球变化极其敏感，也是受全球温室效应影响特别严重的地区之一。

6.1　内陆河下游土壤

正义峡以下为黑河下游，河道长411km，流域面积8.04万平方千米，地势开阔平坦，海拔980~1200m，是巨大的弱水洪积冲积扇，分布有古日乃湖、古居延泽、东居延海、西居延海等一系列湖盆洼地和广阔的沙漠戈壁，属荒漠干旱区和极端干旱亚区，为我国北方沙尘暴的主要来源区之一。黑河下泄水进入额济纳旗，分为东河和西河，将三角洲划分为东戈壁、中戈壁和西戈壁三块，古日乃湖河滩镶嵌于东戈壁与巴丹吉林沙漠西缘之间(苏永红等，2005a，2005b)。河水漫溢处形成了大面积的荒漠绿洲，占流域总面积的2.9%。

6.1.1　土壤类型

气候干燥、蒸发强烈、植被稀疏、风蚀强烈等环境因素与人为活动的叠加作用，塑造了土质粗砺、有效土层薄、土体干燥、土壤可溶性盐类表聚、有机质缺乏、有效成分不高、土壤生产能力较低的荒漠化土壤类型特点(豪树奇，2005)。灰棕漠土为额济纳旗主要的土壤类型，广泛分布于全区范围；额济纳绿洲、下游的尾闾湖(东西居延海等湖盆)周边，土壤类型主要是潮土、盐土、碱土、林灌草甸土(土壤较肥沃，土体深厚，有机质积累较多，养分含量较高)；黑河两岸(以右岸为主)是风沙土、碱土几种类型土壤相间分布。

6.1.2　土壤机械组成

有机碳在土壤中并不是独立的个体，而与周围环境息息相通。土壤有机碳动态的研究，首先是对其储存环境的调查研究。土壤理化性质是土壤有机碳的主导影响因子之一(周莉等，2005)，主要在局部范围内影响土壤有机碳的含量(黄昌勇，2000)，其中研究最多的是土壤质地与有机碳蓄积的关系。一般认为，土壤中有机碳随粉粒和黏粒含量的增加而增加。另外，土壤质地还影响土壤有机碳在各组分中的分配(Hook & Burke，2000)。其他土壤特性中，矿物类型对土壤有机碳的保护作用有差异(Jeffrery & Michelle，1998)；土壤微生物的活性要求一定的酸度范围，pH 过高(pH > 8.5)或过低(pH < 5.5)对大部分微生物都不适宜，会抑制其活动，从而使有机碳分解的速率下降，酸性土壤中，微生物种类受到限制，以真菌为主，从而减慢了有机物质的分解(李忠等，2001)；物理结构及其养分状况等均会影响有机碳在土壤中的蓄积，表现为土壤的物理结构通过调节土壤中空气和水的运动，影响微生物的活动，而土壤养分，不仅可利用的养分状况影响植被的生长，而且微生物同化 1 份的 N 需 24 份 C，土壤中矿质态 N 的有效性直接控制土壤有机碳的分解速率。因此，土壤环境的养分和盐分类型、特征及其变化规律的研究是一项重要的基础工作。

　　土壤样品主要是根据植被类型、土地利用状况，在研究区内挖取土壤剖面，根据土壤的发生学特征，每个剖面划分不同的层次，分别从每层取样，每层取 3～5 个样品作为重复，分析土壤全盐、pH 和土壤养分及土壤的机械组成。分析土壤机械组成时，土壤颗粒直径 ≥ 0.1mm 的可用筛吸法测定，颗粒直径 ≤ 0.1mm 的可用吸管法测定。

　　林灌草甸土主要分布在黑河东西两河沿岸阶地及湖盆洼地，非地带性土壤，一般受到洪水多次灌溉，母质为冲洪积物。受河流沉积和风积母质的影响，生成不同方式沉积的沙质、壤质、黏质沉积物，但总体来看，林灌草甸土在 0～20cm 的表层土壤中，粒径 ≤ 0.1mm 的土壤颗粒含量不低于 80%，其中粒径 ≤ 0.002mm 的物理黏性最高的颗粒，含量可达到 12%，其他各层颗粒粒径主要集中在 2～0.1mm。灰棕漠土是额济纳绿洲分布最广的土壤，由于气候干旱、降雨稀少、植被类型单一、植被盖度低、生物积累微弱，因此在发育过程中几乎没有明显的腐殖质层。土壤质地粗糙，土壤粒径 ≥ 2mm 的砾石含量为 20% 左右，几乎 90% 以上的土壤粒径 ≥ 0.1mm，物理黏性粒很少，除表层外均不足 6%，土壤发育处于初级阶段，利用十分困难。盐土在额济纳绿洲分布也较多，主要是干旱少雨的气候条件下，成土母质分化物无法淋溶，只能随着水搬运至排水不畅的地方，在蒸发作用下积累于表层土壤内。盐土表层的土壤粒径较小，80% 以上颗粒的粒径 ≤ 0.25mm，土壤黏粒含量也较高，最高可达到 30.02%，土壤质地较好，土层较深厚。龟裂土的重黏土层较厚。40～100cm 是重黏土层，粒径 ≤ 0.002mm 的黏粒含量不低于 57%，说明它的透水性极差，植物生长也较困难。风砂土是在高速的风动力作用下形成的，机械组成较粗，随土壤深度的增加，物理性砂砾(直径 ≥ 0.01mm)逐渐减少，而物理性黏粒(直径 ≤ 0.01mm)有所增加，但是仍然是砂土。

6.2　下游典型植被群落土壤表面CO_2通量

土壤表面 CO_2 通量又称土壤呼吸，指未受扰动土壤中产生 CO_2 的所有代谢作用，包括三个生物学过程(土壤有机质的分解和土壤微生物的呼吸、植物的根系呼吸、土壤无脊椎动物的呼吸)和一个非生物学过程，即含碳矿物质的化学氧化作用等(Singh & Gupta，1997)。由于气候环境的影响，干旱地区和湿润地区土壤无脊椎动物和含碳矿物的化学需氧量不同(刘新民和杨劼，2005)，因此不同生态系统土壤呼吸的主要研究对象有差别。土壤呼吸主要有以下六方面的意义：①土壤呼吸是全球碳循环中重要的流通途径，它的变化将显著影响大气 CO_2 的浓度，控制土壤呼吸将能有效缓和大气 CO_2 的增加和温室效应(Ciais et al.，1995)；②土壤呼吸是表征土壤质量和土壤肥力重要的生物学指标，作为生物活性指标，在一定程度上反映了土壤氧化和转化能力，是预测生态系统生产力对气候变化相应的参数之一，尤其是基础土壤呼吸部分，反映了土壤的生物学特性和土壤物质的代谢强度；③土壤呼吸是生态系统对环境胁迫的响应指标之一，其呼吸速率变化与否以及变化的方向反映了生态系统对胁迫的敏感程度和生态系统对污染承受力的一个依据(Robies & Burke，1997；Burke et al.，1995)；④土壤呼吸是土壤内的 CO_2 在浓度梯度的驱动下向土表扩散的过程，可以用来测定土壤的通气性；⑤在有一定冠层的植物群落中，土壤呼吸释放的CO_2改变了冠层的CO_2浓度梯度，使下层植被得到更多的碳源，提供更多的光合作用原料，改变植物的光合作用进程，从而影响植物的产量(Cebrian & Duarte，1995)；⑥干旱半干旱地区的土地面积约占全球陆地面积的 34.4%，生态系统复杂多样，含森林、草地、沙漠戈壁、荒漠绿洲等不同类型的生态系统，但到目前为止，研究较少，缺乏系统性，许多机理性研究尚待深入。因此，研究陆地生态系统土壤呼吸对植物群落的根系呼吸、土壤微生物呼吸和土壤动物活性状况，土壤中碳素的周转速度(Raich & Schlesinger，1992)，以及全球气候变化等都有极其重要的意义。

6.2.1　额济纳典型植被群落土壤 CO_2 通量变化

1. 土壤呼吸的日变化

生长季，额济纳绿洲不同林灌地土壤呼吸特点不同。胡杨林地在生长季(取5月、7月、9月观测值)土壤呼吸速率变幅较大(图 6-1)。在植物生长初期的 5 月，11:00 左右，胡杨林地土壤呼吸速率达到第一个峰值 $2.61\mu mol \cdot m^{-2} \cdot s^{-1} \pm 0.34\mu mol \cdot m^{-2} \cdot s^{-1}$，14:00 左右呼吸速率达到一个谷值 $1.57\mu mol \cdot m^{-2} \cdot s^{-1} \pm 0.45\mu mol \cdot m^{-2} \cdot s^{-1}$，17:00出现第二个峰值$2.06\mu mol \cdot m^{-2} \cdot s^{-1} \pm 0.26\mu mol \cdot m^{-2} \cdot s^{-1}$，

06:00 达到最小值 0.42μmol·m^{-2}·s^{-1}±0.11μmol·m^{-2}·s^{-1}。在植物生长旺盛的 7月，胡杨林地的土壤呼吸仍然表现为双峰曲线，但两个峰值均比 5 月推迟一段时间，尤其是第二个峰值到达时间较晚，而第一个谷值比 5 月提前约半小时，第二个谷值则比 5 月推迟约 2h，这主要是因为随着温度的升高，土壤水分蒸发加快，土壤中的含水量达到一定值时，就不能满足土壤中微生物及根呼吸的需水要求，从而限制了土壤生物的呼吸。因此，土壤呼吸速率在气温达到一定高度时会出现降低的现象，可能主要是受水分的影响。到了植物成熟的 9 月，胡杨林地土壤呼吸速率的日变化不太明显，这是由于在 9 月，土壤生物及根系都发展成熟，生长耗水较少，而额济纳当时温度相对 7 月也有所下降，因此在水分供应上能够满足土壤生物的需要，土壤呼吸只受温度的影响，所以表现为单峰曲线。

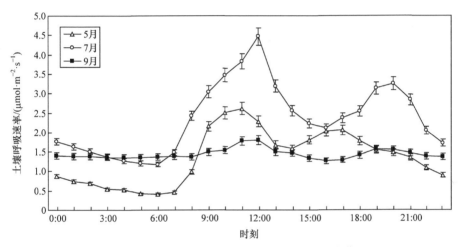

图 6-1　不同月份胡杨林地土壤呼吸速率的日变化

　　沙枣林地土壤呼吸速率的日变化趋势在不同月份基本一致(图 6-2)，尤其是 5 月的和 7 月呼吸速率的日变化，第一个峰值均出现在 12:00，21:00 左右出现第二个小的峰值，两个谷值分别出现在 07:00 和 16:00～17:00。从图 6-2 可以看出，7月不同时刻呼吸速率远远大于 5 月，7 月呼吸速率的最大值是 3.74μmol·m^{-2}·s^{-1}±0.39μmol·m^{-2}·s^{-1}，最小值是 3.18μmol·m^{-2}·s^{-1}±0.30μmol·m^{-2}·s^{-1}；5 月呼吸速率的最大值和最小值分别是 1.96μmol·m^{-2}·s^{-1}±0.23μmol·m^{-2}·s^{-1} 和 1.31μmol·m^{-2}·s^{-1}±0.13μmol·m^{-2}·s^{-1}；9 月，沙枣林地土壤呼吸速率的日变化幅度较小，呈单峰曲线，呼吸速率的最大值和最小值相差只有 0.26μmol·m^{-2}·s^{-1}±0.22μmol·m^{-2}·s^{-1}。沙枣林地不同月份土壤呼吸速率日变化趋势与胡杨林地相同。

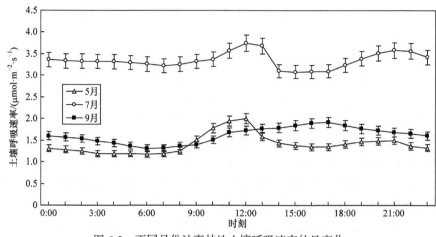

图 6-2　不同月份沙枣林地土壤呼吸速率的日变化

　　柽柳林地土壤呼吸速率在不同月份均比较小(图 6-3)，呼吸速率的日变化趋势相同，均为单峰曲线，5 月和 7 月最大值出现在 14:00，最小值出现在 07:00，5 月、7 月和 9 月的峰值和谷值分别是 $0.80\mu mol \cdot m^{-2} \cdot s^{-1} \pm 0.12\mu mol \cdot m^{-2} \cdot s^{-1}$、$1.22\mu mol \cdot m^{-2} \cdot s^{-1} \pm 0.11\mu mol \cdot m^{-2} \cdot s^{-1}$、$1.0\mu mol \cdot m^{-2} \cdot s^{-1} \pm 0.1\mu mol \cdot m^{-2} \cdot s^{-1}$ 和 $0.26\mu mol \cdot m^{-2} \cdot s^{-1} \pm 0.07\mu mol \cdot m^{-2} \cdot s^{-1}$、$0.73\mu mol \cdot m^{-2} \cdot s^{-1} \pm 0.10\mu mol \cdot m^{-2} \cdot s^{-1}$、$0.62\mu mol \cdot m^{-2} \cdot s^{-1} \pm 0.07\mu mol \cdot m^{-2} \cdot s^{-1}$。这说明柽柳林地土壤含水量可以满足土壤生物的需要，不同月份土壤呼吸速率只受温度限制。可能柽柳林地土壤表皮有一层约为 2mm 的盐结皮，而且土壤中的微生物较少，使得土壤呼吸速率在整个生长季都较小。

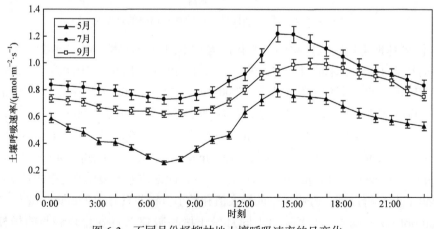

图 6-3　不同月份柽柳林地土壤呼吸速率的日变化

　　由胡杨林地、沙枣林地和柽柳林地土壤呼吸速率在不同月份的日变化趋势可知，胡杨林地的日变化幅度最大，沙枣林地次之，柽柳林地最小，这可能是土壤类型、植被覆盖类型综合影响的结果。

2. 生长季不同类型林地平均土壤呼吸速率

从表 6-1 中可以看出，在生长季三种不同类型林地平均土壤呼吸速率 7 月达到最大，5 月最小，从植物生长初期的 5 月到生长旺盛期的 7 月，土壤呼吸速率几乎直线上升；从 7 月到植物成熟期的 9 月，7 月、8 月土壤呼吸速率变化较小，而 8 月到 9 月土壤呼吸速率下降较快，生长季各月平均呼吸速率的大小顺序多表现为 7 月>8 月>6 月>9 月>5 月。其中，在整个生长季内，沙枣林地平均土壤呼吸速率变化幅度最大，柽柳林地变化幅度较小。这说明不同类型林地土壤呼吸速率的变化主要受植物生长阶段和温度的影响。

表 6-1　生长季不同林地平均土壤呼吸速率

月份	平均土壤呼吸速率/$(\mu mol \cdot m^{-2} \cdot s^{-1})$		
	胡杨林地	沙枣林地	柽柳林地
5	1.35±0.61	1.41±0.72	0.53±0.24
6	1.74±0.68	2.41±1.20	0.74±0.28
7	2.38±0.74	3.35±0.91	0.91±0.27
8	2.13±0.52	2.85±0.76	0.87±0.21
9	1.44±0.64	1.67±0.83	0.78±0.24

6.2.2　温度、湿度对土壤呼吸速率的影响

1. 土壤温度对土壤呼吸速率的影响

土壤温度对土壤呼吸速率有重要的影响，为了探究研究区内土壤温度与土壤呼吸速率的关系，在观测土壤呼吸速率的时候同步观测了不同深度土壤温度的日变化(表 6-2～表 6-4)。

表 6-2　不同月份胡杨林地不同土层深度土壤温度的日变化

时刻	5 月土壤温度/℃			7 月土壤温度/℃			9 月土壤温度/℃		
	0cm	5cm	10cm	0cm	5cm	10cm	0cm	5cm	10cm
00:00	14.7	14.9	16.2	26.1	23.0	23.9	14.6	15.2	16.9
01:00	13.8	14.2	15.8	24.5	22.6	23.6	14.4	15.1	15.2
02:00	12.3	13.5	15.3	20.1	22.3	23.4	14.1	14.7	15.1
03:00	10.7	12.9	14.8	20.7	21.9	23.1	14	14.6	15.0
04:00	9.7	12.4	14.3	19.4	21.6	22.8	13.9	14.4	14.8
05:00	8.5	11.9	13.9	20.1	21.3	22.6	13.2	14.2	14.4

时刻	5月土壤温度/℃			7月土壤温度/℃			9月土壤温度/℃		
	0cm	5cm	10cm	0cm	5cm	10cm	0cm	5cm	10cm
06:00	8.9	11.6	13.5	20.2	21.2	22.4	14	14.5	14.2
07:00	10.4	12.0	13.3	23.5	21.1	22.3	14.2	15.1	14.3
08:00	16.8	16.2	16.2	26.4	24.1	23.5	16.6	16.1	15.3
09:00	18.5	17.5	16.9	32.2	29.0	26.8	18.3	17.4	16.1
10:00	25.5	19.8	18.2	38.4	31.8	28.4	24.5	19.6	16.5
11:00	41.5	29.1	21.5	50.5	40.1	31.4	31.5	20.7	18.8
12:00	42.9	34.1	24.6	53.0	46.7	35.5	29	21.8	19.7
13:00	44.2	41.6	29.2	59.5	45.5	36.8	30.1	23.4	20.3
14:00	45.9	34.7	28.1	58.0	43.1	37.6	29.3	24.4	20.7
15:00	39.5	32.2	27.6	55.5	43.5	37.2	27.4	24.1	21
16:00	35.5	30.5	25.5	53.4	41.2	36.8	25.8	23.4	20.9
17:00	32.5	29.1	25.2	48.8	41.3	36.2	24.2	22.8	20.6
18:00	30.2	27.7	26.9	44.8	39.5	35.4	22.1	22.0	20.1
19:00	29.5	26.1	24.1	38.5	36.2	34.0	20.3	20.7	19.8
20:00	24.5	23.8	22.5	35.8	32.6	33.7	18.6	19.4	18.8
21:00	21.5	22.1	21.8	32.9	28.7	30.9	16.3	17.1	18.2
22:00	18.1	18.5	20.6	29.6	24.2	26.9	15.1	15.9	17.9
23:00	16.2	16.1	18.4	27.5	23.1	24.6	14.8	15.6	17.3

表 6-3 不同月份沙枣林地不同土层深度土壤温度的日变化

时刻	5月土壤温度/℃			7月土壤温度/℃			9月土壤温度/℃		
	0cm	5cm	10cm	0cm	5cm	10cm	0cm	5cm	10cm
00:00	14.5	16.0	16.5	21.6	24.8	28.0	12.4	13.2	12.4
01:00	14.1	15.6	16.2	21.2	23.1	27.1	12.1	12.7	11.8
02:00	12.9	15.1	15.9	20.7	22.6	26.6	11.4	12.1	11.3
03:00	12.1	14.6	15.6	20.2	22.4	26.1	10.2	11.3	10.9
04:00	11.7	14.1	15.3	20.1	21.8	25.7	8.9	10.6	10.5
05:00	10.9	13.6	15.0	20.1	21.1	25.2	8.0	9.7	10.1
06:00	10.3	13.1	14.6	20.4	21.2	24.7	7.1	9.4	9.8
07:00	11.2	12.7	14.3	21.4	21.4	24.4	7.3	8.7	9.5
08:00	13.1	12.8	14.1	24.3	23.2	24.1	8.1	9.1	9.4
09:00	18.9	13.7	14.1	28.0	26.1	25.5	10.1	9.7	9.9
10:00	23.6	15.5	14.3	30.2	28.9	26.8	13.3	11.1	11.1
11:00	29.4	17.5	15.2	33.5	31.2	29.0	16.3	12.8	12.5

续表

时刻	5月土壤温度/℃			7月土壤温度/℃			9月土壤温度/℃		
	0cm	5cm	10cm	0cm	5cm	10cm	0cm	5cm	10cm
12:00	31.2	19.9	16.4	35.5	33.5	29.6	20.5	14.2	14.1
13:00	33.3	21.5	17.1	38.5	35.4	30.3	26.7	17.3	15.4
14:00	35.3	21.0	18.3	42.5	36.8	31.6	32.4	19.4	16.2
15:00	33.5	21.3	18.4	39.1	37.2	32.0	31.2	21.2	16.8
16:00	29.5	21.1	18.7	38.2	37.2	33.2	27.2	23.9	17.9
17:00	26.9	21.4	18.8	37.2	36.5	33.3	25.4	24.7	18.3
18:00	24.7	20.8	19.6	35.5	36.7	32.8	23.6	23.2	18.0
19:00	22.2	20.5	19.2	34.4	35.4	32.6	20.8	21.8	17.6
20:00	19.8	19.8	18.8	32.6	34.2	31.8	18.8	20.7	16.9
21:00	17.7	19.4	18.6	28.4	32.1	30.4	16.2	18.4	16.3
22:00	16.4	18.1	18.2	26.2	30.5	29.6	14.3	16.8	15.7
23:00	15.2	17.3	17.8	23.2	27.2	29.5	13.1	15.1	15.1

表 6-4 不同月份柽柳林地不同土层深度土壤温度的日变化

时刻	5月土壤温度/℃			7月土壤温度/℃			9月土壤温度/℃		
	0cm	5cm	10cm	0cm	5cm	10cm	0cm	5cm	10cm
00:00	18.7	21.7	24.2	25.3	31.8	29.8	18.4	14.9	14.2
01:00	16.2	19.5	23.5	23.6	27.5	29.1	16.9	13.1	12.9
02:00	14.4	17.3	22.2	22.1	25.5	28.4	16.0	12.4	11.9
03:00	13.4	16.3	21.8	20.7	23.7	27.5	14.9	11.8	11.2
04:00	11.7	15.4	20.4	19.4	21.9	27.2	13.7	10.2	10.5
05:00	10.2	14.5	19.8	18.2	20.2	26.8	12.6	9.8	9.8
06:00	10.2	13.7	18.1	17.0	19.5	25.5	11.6	8.2	9.2
07:00	10.8	13.3	16.8	17.8	18.8	25.8	12.3	7.7	8.6
08:00	13.9	13.2	17.7	22.4	18.1	25.3	15.5	8.2	8.2
09:00	16.4	15.7	17.2	28.8	19.8	25.2	19.0	10.3	8.6
10:00	21.3	18.5	18.5	33.2	20.6	26.0	22.4	14.2	15.6
11:00	24.8	20.2	20.6	37.8	22.6	26.3	25.1	20.2	15.8
12:00	28.6	23.6	22.3	39.2	24.1	25.5	27.5	24.4	19.3
13:00	30.1	26.1	23.1	44.8	26.6	26.3	31.9	27.4	21.5
14:00	32.5	27.4	24.4	51.1	29.1	27.1	34.8	28.9	22.9
15:00	35.3	28.9	24.9	53.9	32.5	27.5	35.8	30.4	23.4
16:00	38.5	30.1	25.6	47.1	35.5	28.8	34.9	31.5	24.4
17:00	37.6	31.6	25.9	42.1	38.9	28.8	31.9	33.4	26.3

续表

时刻	5月土壤温度/℃			7月土壤温度/℃			9月土壤温度/℃		
	0cm	5cm	10cm	0cm	5cm	10cm	0cm	5cm	10cm
18:00	38.1	32.4	27.4	39.1	41.1	29.7	29.5	31.2	27.5
19:00	34.0	33.1	26.4	34.2	40.2	30.4	25.9	27.1	25.7
20:00	28.8	31.3	26.6	30.2	38.0	30.2	23.2	25.0	23.3
21:00	24.1	29.4	27.6	30.2	36.6	30.4	21.8	20.8	22.8
22:00	21.4	27.4	27.1	28.5	34.6	30.9	21.3	18.0	22.2
23:00	19.5	24.1	27.7	26.2	33.6	31.1	20.7	16.7	17.8

由表 6-2～表 6-4 可知，林地 7 月土壤温度最高，这与土壤呼吸速率 7 月最高一致，说明温度与土壤呼吸速率关系密切，但确切的关系还需要通过模型确定。根据胡杨林地、柽柳林地和沙枣林地观测到的土壤呼吸速率数据，分别用不同的模型拟合土壤呼吸速率(F)与土壤温度(T)之间的关系，结果见表 6-5～表 6-7。

表 6-5　胡杨林地土壤呼吸速率与不同土层深度土壤温度之间的关系

类型	方程	0cm		5cm		10cm	
		拟合参数	R^2	拟合参数	R^2	拟合参数	R^2
线性	$F=a+bT$	$a=0.47$, $b=0.05$	0.49	$a=0.03$, $b=0.07$	0.56	$a=-0.26$, $b=0.09$	0.52
多项式	$F=a+bT+cT^2$	$a=-0.05$, $b=0.09$, $c=-6.34\times10^{-4}$	0.54	$a=-0.16$, $b=0.09$, $c=-2.92\times10^{-4}$	0.61	$a=-0.58$, $b=0.12$, $c=-5.71\times10^{-4}$	0.57
幂函数	$F=aT^b$	$a=0.11$, $b=0.83$	0.55	$a=0.05$, $b=1.08$	0.62	$a=0.03$, $b=1.25$	0.56
	$F=a(T+10)^b$	$a=0.03$, $b=1.16$	0.66	$a=0.01$, $b=1.54$	0.65	$a=0.003$, $b=1.81$	0.56
	$F=a(T-T_{\min})^b$	$a=0.51$, $b=0.43$, $T_{\min}=8.5$	0.63	$a=0.69$, $b=0.38$, $T_{\min}=11.6$	0.75	$a=0.82$, $b=0.35$, $T_{\min}=13.3$	0.58
指数函数	$F=ae^{bT}$	$a=0.73$, $b=0.03$	0.58	$a=0.57$, $b=0.04$	0.62	$a=0.48$, $b=0.05$	0.53
	$F=a\exp(bT+cT^2)$	$a=0.36$, $b=0.08$, $c=-8.58\times10^{-4}$	0.64	$a=0.23$, $b=0.12$, $c=-0.001$	0.64	$a=0.16$, $b=0.15$, $c=-0.001$	0.57

注：$T_{\min}$ 为土壤最低温度。

从表 6-5 可以看出，对于胡杨林地，当土壤温度是一个独立控制因素时，地面以下 10cm 深处，不论用哪种类型的方程拟合，结果都相差不大，R^2 均在 0.5～

0.6，而 0cm 和 5cm 深度土壤呼吸与温度的拟合中，幂函数和指数函数的拟合明显优于线性和多项式拟合，其中，土壤温度与土壤呼吸速率拟合最好的是幂函数中的改进函数 $[F = a(T - T_{\min})^b]$，地面以下 5cm 深度处的相关性最好，决定系数 $R^2 = 0.75$。

表 6-6 沙枣林地土壤呼吸速率与不同土层深度土壤温度之间的关系

类型	方程	0cm		5cm		10cm	
		拟合参数	R^2	拟合参数	R^2	拟合参数	R^2
线性	$F = a + bT$	$a = 0.84$, $b = 0.06$	0.37	$a = 0.44$, $b = 0.08$	0.48	$a = 0.28$, $b = 0.09$	0.50
多项式	$F = a + bT + cT^2$	$a = 0.59$, $b = 0.08$, $c = -5.50 \times 10^{-4}$	0.48	$a = 0.49$, $b = 0.07$, $c = 1.04 \times 10^{-4}$	0.58	$a = 0.71$, $b = 0.04$, $c = 9.81 \times 10^{-4}$	0.61
幂函数	$F = aT^b$	$a = 0.37$, $b = 0.58$	0.43	$a = 0.21$, $b = 0.74$	0.60	$a = 0.19$, $b = 0.79$	0.63
	$F = a(T + 10)^b$	$a = 0.10$, $b = 0.87$	0.43	$a = 0.04$, $b = 1.14$	0.61	$a = 0.03$, $b = 1.21$	0.66
	$F = a(T - T_{\min})^b$	$a = 1.07$, $b = 0.25$, $T_{\min} = 7.9$	0.45	$a = 1.06$, $b = 0.28$, $T_{\min} = 8.83$	0.46	$a = 1.17$, $b = 0.25$, $T_{\min} = 9.4$	0.56
指数函数	$F = ae^{bT}$	$a = 1.08$, $b = 0.03$	0.50	$a = 1.02$, $b = 0.04$	0.50	$a = 0.98$, $b = 0.05$	0.55
	$F = a\exp(bT + cT^2)$	$a = 68.7$, $b = 43.32$, $c = -18.69$	0.47	$a = 0.81$, $b = 0.05$, $c = -2.49 \times 10^{-4}$	0.41	$a = 0.94$, $b = 0.03$, $c = 2.41 \times 10^{-4}$	0.55

从表 6-6 可以看到，在只考虑温度影响的情况下，沙枣林地 0cm 处土壤呼吸速率与土壤温度的相关性较弱，决定系数 R^2 均不超过 0.5。用相同的拟合方程，不论是哪种类型的方程拟合，地面以下 10cm 处的土壤温度与呼吸速率的拟合更好，改善后幂函数 $[F = a(T + 10)^b]$ 的相关性最好，决定系数 $R^2 = 0.66$。

表 6-7 柽柳林地土壤呼吸速率与不同土层深度土壤温度之间的关系

类型	方程	0cm		5cm		10cm	
		拟合参数	R^2	拟合参数	R^2	拟合参数	R^2
线性	$F = a + bT$	$a = 0.33$, $b = 0.02$	0.40	$a = 0.32$, $b = 0.02$	0.20	$a = 0.43$, $b = 0.01$	0.15
多项式	$F = a + bT + cT^2$	$a = 0.27$, $b = 0.02$, $c = -7.94 \times 10^{-5}$	0.51	$a = 0.62$, $b = -0.01$, $c = 8.75 \times 10^{-4}$	0.33	$a = 1.13$, $b = -0.07$, $c = 0.002$	0.26

类型	方程	0cm		5cm		10cm	
		拟合参数	R^2	拟合参数	R^2	拟合参数	R^2
幂函数	$F = aT^b$	$a = 0.11$，$b = 0.60$	0.53	$a = 0.17$，$b = 0.49$	0.27	$a = 0.32$，$b = 0.25$	0.22
	$F = a(T + 10)^b$	$a = 0.03$，$b = 0.86$	0.55	$a = 0.04$，$b = 0.82$	0.31	$a = 0.16$，$b = 0.42$	0.39
	$F = a(T - T_{min})^b$	$a = 0.38$，$b = 0.26$，$T_{min} = 8.13$	0.57	$a = 0.53$，$b = 0.13$，$T_{min} = 10$	0.36	$a = 0.60$，$b = 0.06$，$T_{min} = 8.36$	0.36
指数函数	$F = ae^{bT}$	$a = 0.39$，$b = 0.02$	0.60	$a = 0.39$，$b = 0.03$	0.34	$a = 0.47$，$b = 0.01$	0.35
	$F = a\exp(bT + cT^2)$	$a = 0.28$，$b = 0.05$，$c = -4.66 \times 10^{-4}$	0.62	$a = 0.59$，$b = -0.02$，$c = 0.001$	0.36	$a = 1.5$，$b = -0.11$，$c = 0.003$	0.47

由表 6-7 可以看出，对于柽柳林地，不论用哪种拟合模型，土壤表面温度与呼吸速率的拟合都比地面下 5cm 和 10cm 土壤温度与土壤呼吸速率的拟合结果更优。

当土壤温度是一个独立控制因素时，不同林地土壤呼吸速率与一定深度的土壤温度之间的关系相同，胡杨林地土壤呼吸速率与地面下 5cm 土壤温度相关性较好；沙枣林地土壤呼吸速率与地面下 10cm 处的土壤温度相关性较好；柽柳林地土壤呼吸速率与地面(0cm)土壤温度相关性较好，适合的拟合方程均为改善后的幂函数或指数函数方程。这说明在土壤湿度较小的情况下，土壤呼吸速率主要受土壤不同深度的温度影响。显然，这些温度模型并不能表示随着温度升高或者降低土壤湿度对土壤呼吸速率的影响。

2. 土壤湿度对土壤呼吸速率的影响

由于研究区极端干旱，胡杨林地和沙枣林地 0～5cm 的土壤含水量几乎为 0，因此选取 0～10cm 的土壤含水量 W 来研究土壤呼吸速率与含水量(湿度)之间的关系；柽柳林地土壤含水量较高，而且土壤呼吸速率与地表温度相关性较好，所以选取 0～10cm 的土壤湿度拟合与土壤呼吸速率之间的关系。由不同形式的模型可以看出，在生长季，土壤湿度作为土壤呼吸速率的独立控制因素时，胡杨林地和沙枣林地土壤呼吸速率与土壤湿度之间的相关性较强，决定系数见表 6-8，R^2 均大于等于 0.50。柽柳林地土壤呼吸速率与含水量的相关性与前二者相比较弱，这主要是因为柽柳林地土壤含水量较高，在整个观测阶段，土壤湿度基本能够满足土壤微生物和根的需求，土壤呼吸速率基本只受温度的控制，因此在模式中表现为与湿度的关系较弱。胡杨林地和沙枣林地土壤湿度低于柽柳林地，因而在观测阶段，当温度升高，蒸发加强，水分就不能满足植被根系和微生物的需求，使得土壤生物的呼吸受到抑制，从而影响土壤呼吸速率，表现出湿度与呼吸有较强的作用。从整个土壤湿度与土壤呼吸速率的拟合方程来看，二次方模型对沙枣林地和柽柳林地土壤呼吸速率的拟合比其他模型更好，而胡杨林地的土壤呼吸速率用三次方模型拟合得较好。

表 6-8　土壤呼吸速率与土壤湿度及温度–湿度之间的拟合关系

物理量	模型类型	方程式	胡杨林地		沙枣林地		柽柳林地	
			拟合参数	R^2	拟合参数	R^2	拟合参数	R^2
湿度	线性	$F=a+bW$	$a=-45.34$, $b=46.62$	0.52	$a=-74.65$, $b=42.25$	0.59	$a=-87.18$, $b=15.51$	0.48
	多项式	$F=a+bW+cW^2$	$a=-371.93$, $b=-80.64$, $c=-2.83$	0.62	$a=-748.77$, $b=3435.6$, $c=-393.91$	0.64	$a=-105.75$, $b=-20.01$, $c=-0.82$	0.56
		$F=a+bW^3$	$a=64.38$, $b=0.17$	0.68	$a=187.98$, $b=0.13$	0.50	$a=24.13$, $b=0.03$	0.46
	指数	$F=ae^{bW}$	$a=40.45$, $b=0.21$	0.64	$a=127.74$, $b=0.09$	0.64	$a=14.59$, $b=0.12$	0.46
		$F=a+b\lg W$	$a=-247.82$, $b=827.68$	0.66	$a=-560.67$, $b=935.75$	0.53	$a=-300.51$, $b=372.55$	0.41
温度–湿度	线性	$F=a+bTW$	$a=-82.96$, $b=1.68$	0.81	$a=180.24$, $b=0.71$	0.77	$a=37.53$, $b=0.14$	0.62
		$F=a+bT+cW$	$a=-136.76$, $b=-3.9$, $c=62.64$	0.85	$a=-371.23$, $b=8.58$, $c=40.62$	0.82	$a=-12.28$, $b=0.67$, $c=7.82$	0.68
		$F=a+bT+cW$ $+dTW$	$a=-454.32$, $b=31.5$, $c=17.04$, $d=-1.59$	0.88	$a=75.08$, $b=-13.43$, $c=-7.45$, $d=2.24$	0.85	$a=80.15$, $b=-8.27$, $c=-13.21$, $d=1.46$	0.75
	指数	$\ln F=a+bT+cW$	$a=2.38$, $b=-0.55$, $c=2.11$	0.77	$a=2.31$, $b=0.07$, $c=0.16$	0.75	$a=1.81$, $b=0.05$, $c=0.14$	0.82
		$\ln F=a+bT+cW$ $+dTW$	$a=2.51$, $b=0.094$, $c=3.01$, $d=0.006$	0.75	$a=2.78$, $b=0.04$, $c=0.11$, $d=0.002$	0.78	$a=1.96$, $b=0.06$, $c=0.12$, $d=0.001$	0.87
	幂指数	$F=ae^{bT}W^c$	$a=0.33$, $b=0.69$, $c=0.04$	0.76	$a=1.18$, $b=0.07$, $c=1.66$	0.74	$a=0.92$, $b=0.07$, $c=1.51$	0.80

3. 土壤水热条件对土壤呼吸速率的影响

研究范围属于干旱的荒漠绿洲区，区域的土壤呼吸受温度和水分的共同作用。根据前人对不同植被类型土壤呼吸速率的研究工作可以看出，土壤呼吸速率与土壤温度-湿度之间的关系主要有线性模型、指数模型及幂指数模型。在生长季，荒漠绿洲各种不同植被群落土壤呼吸速率与温度-湿度之间的关系见表6-8。对于胡杨林地和沙枣林地，线性拟合能够更好地反映出土壤呼吸与土壤温度、湿度之间的相关关系，尤其是 $F = a + bT + cW + dTW$ 这一线性拟合方程，决定系数 R^2 分别为 0.88 和 0.85，指数模型和幂指数模型并没有提高模拟精度；对于柽柳林地，土壤呼吸与温度、湿度的相关性用指数模型 ($\ln F = a + bT + cW + dTW$) 模拟更为准确 ($R^2 = 0.87$)，其次是幂指数模型，而线性模型模拟准确性相对较差。总之，除了一些特殊高温和高湿度的点外，这两个方程能比较精确估计荒漠绿洲几种植被群落的土壤呼吸数据。

各地区的模型均根据当地的区域环境建立，这在区域尺度上增加了全球碳源-汇估计的不确定性。为了能一致、精确地估计全球 CO_2 通量，采用广泛适用的观测方法和统一适用的模型是关键。

土壤呼吸速率和温度之间的关系模型主要有线性函数、多项式函数、幂函数、指数函数，均具有很好的理论基础。其中，幂函数模型 $[F = a(T - T_{\min})^b]$ 是方精云等(2001，1996)根据 Kucera 和 Kirkhan(1971)的 $F = a(T + 10)^b$ 关系模型和 Lomander 等(1998)的 $F = a(T - T_{\min})^2$ 关系模型改进的。改进模型中，当农田土壤温度为最小值 $T_{\min} = -26.5℃$ 或者森林里土壤温度为最小值 $T_{\min} = -13.4℃$ 时，土壤呼吸全部停止，即土壤呼吸速率 $R_s = 0$。本书拟合的最小温度是沙枣林地的 7.9℃，属于上述改进模型的温度范围。

土壤水分充足的条件下，土壤温度是最主要的影响因素，但是在干旱半干旱地区，由于土壤水分受到限制，土壤呼吸和土壤湿度及土壤的温度-湿度均有很重要的关系(Liu & Fang，1997；Buyanovsky et al.，1986；Wildung et al.，1975)。湿度一般用体积含水量、质量含水量、水势或者湿度指数等表达。一般是指近地面的土壤含水量，但是并没有统一的取样深度(如 0～5cm、0～10cm 或 0～20cm 等)。本节使用的土壤含水量是地表、0～5cm 和 0～10cm 的湿度标准。土壤含水量和土壤呼吸速率的关系一般用经验公式表示(Jia et al.，2017a)。线性函数是一种最常见的表达二者关系的函数方程，多项式、三次方程、指数和对数函数在一些文献里也能见到。

土壤呼吸最主要的是根呼吸和微生物呼吸，Howard 和 Howard(1993)指出，它们受土壤湿度的强烈影响。一般来讲，土壤湿度影响土壤呼吸主要有三个阶段：第一阶段，土壤含水量很低，土壤呼吸速率随土壤含水量的增加而增大；第二阶段，土壤含水量适当，土壤湿度对土壤呼吸速率几乎没有影响；第三阶段，土壤含水量很大，阻碍了土壤中气体的扩散，随湿度的增加，土壤呼吸速率反而降低。第二个阶段，一般土壤体积含水量是饱和含水量的 50%~80%(Linn & Doran，1984)。有些模型中三个阶段都包括(Schlentner & van Cleve，1985)或者只包括前两个阶段(Raich & Potter，1995)。本书研究区内，最大的体积含水量不超过 30%，是柽柳林地 0~5cm 土层的土壤含水量，因此所有参数模型都只包括第一阶段，这可能与已有模型的适用范围并不一致。

6.3　典型植被群落土壤碳蓄积

全球碳循环是地球上最主要的生物地球化学循环，CO_2 在大气、海洋和陆地三大系统之间进行交换。然而，在全球碳循环研究中，分析参与碳循环的各个碳库之间的相互作用关系，对全球碳平衡中主要碳汇(sink)和源(source)的估计结果表明，在进行的各种全球碳平衡估计中，都指出了碳失汇(missing carbon sink)的存在(周广胜，2003；王效科等，2002)。已知的碳汇不能平衡已知的碳源，存在一个很大的"漏失汇"，成为碳循环研究中的一个关键问题(钟华平等，2005)。Houghton 和 Hackler(1999)对碳失汇最合理的解释是，在三大系统中，大气中的碳含量是一个相对准确的值，海洋作为一个均质体，其碳含量的测定也相对准确，而陆地生态系统受地形、气候、植被状况等诸多因素的影响，对其碳含量进行测定相当困难，而且准确度也不太高，因此认为碳失汇主要发生在陆地生态系统中。干旱区生物生产力虽然较低，但土壤类型复杂多样，存在着大面积的荒漠绿洲，这些绿洲是荒漠中唯一适合人类居住的地区，是维护区域环境稳定，保护区域经济建设的屏障，研究荒漠绿洲碳蓄积的变化与进程，可以确定区域生态环境的演化趋势，积极采取相应的措施，对维持区域的可持续发展具有重要意义。

6.3.1　土壤有机碳密度测定

土壤有机碳密度不仅是估算土壤有机碳储量最重要的参数，也是反映土壤有机碳分布的重要指标之一。土壤有机碳密度与有机碳储量的统计数据对于研究土壤与大气间温室气体通量、土地利用方式对土壤质量的影响及土地质量演变规律等都是至关重要的(金峰等，2001)。土壤碳循环仍然是陆地碳循环研究中最缺乏的部分，尤其对土壤有机碳动态变化的研究还不够深入，各研究结果之间存在很大差异。尽管对全球碳循环的部分定性与定量结果已有了解，但要更加精确地确定循环中各个环节碳的收支平衡，仍存在很多难点(金峰等，2000)。为此，土壤有机碳密度是估算土壤有机碳储存的前提，也是土壤有机碳储量估算过程中首先遇到的问题。

目前，国内外通常根据文献、统计资料、调查数据、调查报告等土壤剖面的土壤有机碳数据来估算土壤有机碳密度。Olson(1982)、Post 等(1982)曾比较全面地估计全球各种生态系统类型的有机碳密度，但他们也仅仅是以有限的样本进行估计，对于全球尺度的土壤碳库来说，估计的精度和质量难以保证。我国对土壤有机碳密度的研究起步较晚，李忠等(2001)根据第二次全国土壤普查数据，估算了我国东部土壤有机碳密度，但对于各种类型土壤剖面的有机碳密度没有详细说明；金峰等(2001)用 7 种形式的回归方程，对每一个单独的土壤剖面有机碳进行回归拟合，估计土壤有机碳密度；孙维侠等(2003)以单独剖面统计分析时，有机碳随土层深度的分布并没有很好的相关性，拟合曲线方程需要进一步验证。潘根兴(1999)没有采用统一的剖面深度，而是根据第二次全国土壤普查的实际采样深度，计算土壤有机碳密度，计算结果很难与国际研究进行比较和交流。2003年，孙维侠等(2003)以东北三省为例，用第二次全国土壤普查数据，通过插补、回归等方法研究了 0～100cm 深度的土壤密度和土壤有机碳储量，较准确、合理地计算了土壤有机碳密度。

1. 土壤剖面有机碳密度的推算方法

本节土壤剖面有机碳计算过程中，采用国际上通用的土壤剖面 1 m 的深度基准。由于自然界的土壤千差万别，土壤剖面的深度不可能正好是 1m，因此利用孙维侠等(2003)的方法：一种情况是对于深度 ≥1m 的剖面，土壤密度计算比较简单，取土壤剖面深度为 1m。剖面深度不到 1m 的，分为两种情况，土层下面为坚硬岩石，根据现有剖面实测有机碳含量估算，土层以下石质部分土壤有机碳密度为 0；另一种情况是土层厚度超过 1m，但采样深度不到 1m，这种情况一般根据>1m 的土壤剖面深度和采样分析数据，拟合出一条土壤有机碳含量随土壤剖面深度变化的曲线，根据拟合曲线来估算。

先计算各土壤类型和亚类的每个土种各土层的有机碳储量，有机碳储量通过有机质含量乘以 Bemmelen 系数(即 $0.58gC \cdot g^{-1}$)求得。然后以土层厚度作为权重系数，求得各土层的平均有机碳含量，通过面积加权平均得到各类土壤类型和亚类的土壤有机碳密度。计算公式如下：

$$T_0 = 0.58 \sum_{i=1}^{5} \frac{(1-\delta)\rho_i c_i h_i}{100} \tag{6-1}$$

式中，T_0 为土壤有机碳密度(单位：$kgC \cdot m^{-2}$)；δ 为砾石(粒径>2mm)的体积分

数；ρ_i 为第 i 层土壤平均容重(单位：$g \cdot cm^{-3}$)；h_i 为第 i 层土层厚度(单位：cm)；c_i 为第 i 层土壤有机质含量；0.58 为 Bemmelen 系数(单位：$gC \cdot g^{-1}$)。

2. 绿洲典型土壤有机碳储量推算方法

在以往的研究中，土壤有机碳储量的估计方法主要有如下 5 种：①根据植被类型推算。假定土壤有机碳储量与植被类型相关，根据各植被类型下的土壤平均有机碳储量及面积推算总有机碳储量。②根据土壤类型推算。利用土壤普查资料中各土壤类型面积及土壤类型剖面或结合植被类型的土壤剖面平均有机碳储量来推算该类土壤的有机碳储量。③根据生命气候带推算。利用分布于各生命气候带内的土壤剖面数据来推算气候带内各主要生态系统的有机碳储量。④模型推算。以主要气候因子及土壤枯落物的输入量为影响因子建立数学模型，来推算不同气候带及不同植被类型下土壤的有机碳储量。Bohn(1976)所用的按土壤类型的研究方法和 Post 等(1982)的按生命带方法的研究最有代表性。⑤根据 GIS 估算土壤有机碳储量。用地理信息系统软件 ARC/INFO 将一定比例土壤图数字化，建立以土属为单位的空间数据库，然后计算各土壤土属每个土层的有机碳储量。选取该土属内所有土种的典型土壤剖面，按照土壤发生层分别采集土壤有机质质量分数、土层厚度和容重等数据，计算出每个土层的土壤平均有机质质量分数和土层平均深度及其平均容重等，并建立土壤有机质的属性数据库，利用 ARC/INFO 的空间分析功能计算各类土壤的有机碳储量。

本小节使用计算方法②，即根据土壤类型推算。各类土壤有机碳储量的计算公式为

$$C_i = 0.58 S_i \sum (H_j Q_j W_j) \tag{6-2}$$

式中，i 为土壤类型；C_i 为第 i 种土壤类型的有机碳储量(单位：t)；0.58 为 Bemmelen 系数；S_i 为第 i 种土壤类型的面积；H_j 为第 i 种土壤 j 层的土属平均厚度；Q_j 为第 i 种土壤 j 层的土属平均有机质质量分数；W_j 为第 i 种土壤 j 层的土属平均容重。

3. 典型植被区土壤有机碳密度和有机碳储量的估算

对研究区内不同土壤类型进行剖面采样分析，为了研究土地利用变化对土壤有机碳储量的影响，在非研究区的戈壁、沙地也分别进行了剖面采样，以测定该区的有机碳密度和土壤容重。得到研究区内不同土壤类型的平均容重及平均有机质含量，进而得出其平均有机碳密度(表 6-9)。从表 6-9 可以看出，研究区内土壤平均有机碳密度普遍较小，其中风沙土的平均有机碳密度最小，盐化林灌草甸土的平均有机碳密度最大。

表 6-9　额济纳绿洲土壤亚类特征及平均有机碳密度

土壤亚类	厚度/cm	平均有机质含量 /%	平均容重 /(g·cm⁻³)	平均有机碳密度 /(kgC·m⁻²)
盐化林灌草甸土	100	1.270	1.368	10.077
林灌草甸土	100	0.702	1.456	5.928
灰棕漠土	100	0.253	1.397	2.050
盐化潮土	100	0.938	1.314	7.149
草甸盐土	100	0.641	1.424	5.294
龟裂土	100	0.232	1.361	1.831
风沙土	100	0.204	1.403	1.636

　　额济纳绿洲不同土地利用类型土壤有机碳储存统计如表 6-10 所示，其中河岸乔木林的主要植被类型是胡杨、沙枣，还伴生了苦豆子等植被，乔木稀疏，林龄大；河岸灌草林主要是柽柳灌丛及苦豆子、芦苇，局部有苏枸杞、花花柴，灌木密生，草丛矮小。从表 6-10 可以看出，研究区内河岸乔木林的平均有机碳密度和平均有机质含量相对较大，土壤容重普遍比较大，整个区域的平均有机质含量较小，平均有机碳密度和有机碳储量都很小。

表 6-10　不同土地利用类型土壤有机碳储存统计

土地利用类型	土壤亚类	面积 /km²	平均容重 /(kg·m⁻³)	平均有机质 含量/%	平均有机碳密度 /(kgC·m⁻²)	有机碳 储量/tC
河岸乔木林	盐化林灌草甸土、林灌草甸土	12.982	1402	1.158	9.416	122240
河岸灌草林	草甸盐土	38.652	1456	0.641	7.323	283050
荒漠稀疏灌丛	草甸盐土	61.899	1397	0.702	5.294	327690
荒漠稀疏草地	灰棕漠土	123.153	1397	0.253	2.050	252460

6.3.2　土地利用/覆盖变化对土壤有机碳储量的影响

　　土壤碳释放主要有两种途径，一种是土壤呼吸，包括基础土壤呼吸和植物根系呼吸；另一种是土地利用方式变化引起的土壤有机碳变化，因此随着大气中 CO_2 浓度的上升，人们更加关注陆地生态系统有机碳储量，尤其是土壤有机碳的释放与吸收(Bernoux et al.，2001)。人类活动对陆地生态系统有机碳储量和有机碳通量的影响极其严重，主要包括城市和道路建设、砍伐森林、过度放牧及其他改变土地利用状况的活动等。土地利用及其变化对土壤有机碳储量具有明显的影响(周涛等，2003)。一方面，土地利用变化直接改变了生态系统的类型，从而改变了生态系统的 NPP 及相应的土壤有机碳的输入(周涛等，2004)。研究表明，土地利用变化直接影响我国土壤有机碳储量的变化。基于土壤剖面的配对样本 T 检验表明，森林与草地转变成耕地后土壤有机碳储量显著地降低了(周涛等，2003)。另一方面，土地利用变化潜在地改变了土壤的理化属性，从而改变了土壤呼吸的温度敏感性系数(常用 Q_{10} 表示)，Q_{10} 值的改变反过来又会影响气候变暖背景下土壤有机碳释放的强度，从而间接地影响土壤的有机碳储量变化。土地利用和土地覆盖变化导致的碳素从陆地生态系统的释放是大气 CO_2 浓度不断升高的主要原因之一(Murty et al.，2002)。土地覆盖的变化不仅直接影响土壤有机碳储量和分布，而且通过影响土壤有机碳的形成和转化因子间接影响土壤有机碳储量和分布，还可以通过改变有机碳的分解速率影响土壤有机氮储量。因此，精确估计土地利用/覆盖变化对陆地生态系统碳平衡的影响是全球变化和陆地碳循环研究的重点内容。

土壤有机碳储量变化是输入土壤光合固定碳速率与土壤有机碳分解速率之间平衡的一个数学函数。输入土壤的有机质含量和质量以及土壤有机碳的分解速率主要取决于气候、土壤性质和土地利用/土地覆盖变化、土地管理之间的相互作用。在自然状态的生态系统下，气候和土壤条件是碳平衡的主要决定因素；土地利用/土地覆盖变化等能改变土壤有机物的输入，土壤有机碳储量降低主要是由于凋落物输入的减少，有机质分解速度提高及一些管理措施对有机质物理保护的破坏。同时，土地利用/土地覆盖变化也能改变小气候和土壤环境条件来改变土壤有机碳的分解速率(李克让，2002)。

土地利用变化造成的碳排放通量采用式(6-3)计算(王根绪等，2003)：

$$E_c = S\rho(P_{c0} - P_{ct}) \tag{6-3}$$

式中，E_c 为土地利用变化引起的碳排放量(单位：tC；1tC = 1000kgC)；S 为原有土地面积(单位：km^2)；ρ 为过去一定时间内土地利用转化(退化)率；P_{c0}、P_{ct} 分别为原有土地与转化后的土壤有机碳密度(单位：$kgC \cdot m^{-2}$)。

额济纳地处黑河下游，由于上中游对水量的控制，河岸林生态系统变化反映了额济纳绿洲河岸林由乔木林向灌木林的演替，生态系统的结构、功能趋向简单，说明河岸生态系统在退化。20 世纪 70～90 年代，荒漠稀疏灌丛面积有较大增加，年平均增幅为 1.44%；荒漠稀疏草地的面积在不断减少，年平均减少率为 0.81%，整个荒漠草原生态系统的面积减少 824.6hm²，减少了 4.3%。

通过额济纳绿洲典型植被 1986～2006 年土地覆盖变化中土壤有机碳的变化可知，除了稀疏荒漠草地积累碳，其余植被覆盖的土壤均释放了碳，其中河岸灌木林因土地覆盖变化释放的碳最多，其次是荒漠稀疏灌丛，释放的碳量分别是

697.7tC 和 493.5tC，河岸乔木林释放的碳量较少，主要原因是河岸乔木林本身的覆盖面积较小，因此虽然转化比例较大，但是释放的碳量相对少。几种典型植被覆盖的土壤有机碳总的释放量是 396.7tC。

土壤有机碳密度主要用孙维侠等(2003)提出的估算方法进行研究，结果表明，由于研究区属于极端干旱的荒漠地区，土壤有机碳的密度和总储量较低，有机碳密度较大的是盐化林灌草甸土、林灌草甸土和盐化潮土，分别是 $10.077kgC \cdot m^{-2}$、$5.928kgC \cdot m^{-2}$ 和 $7.149kgC \cdot m^{-2}$，主要植被是河岸乔木林和河岸灌草林；土壤有机碳密度较小的土壤是灰棕漠土、龟裂土和风沙土，其中龟裂土和风沙土基本没有植被分布，灰棕漠土的土壤有机碳密度是 $2.050kgC \cdot m^{-2}$，植被类型属于稀疏荒漠草地。与土壤有机碳密度对应的土壤碳储量研究，主要运用李克让(2002)的研究方法，估算了 2006 年额济纳绿洲典型植被覆盖的土壤有机碳储量，荒漠稀疏灌丛的土壤中，有机碳储量是 327690tC，相对较高，其次是荒漠稀疏草地，有机碳储量是 252460 tC，这主要是因为研究区荒漠草地面积分布最大。根据近几十年额济纳绿洲局部绿洲土壤沙化、生态环境恶化的状态，对区域典型植被区的土地覆盖变化对土壤有机碳蓄积或者释放的影响做了研究。1986～2006 年，河岸乔灌木林、河岸灌草林及荒漠稀疏灌丛均释放了有机碳，多年表现为有机碳源，释放有机碳最多的是河岸灌草林，释放量达到 697.7tC，只有荒漠稀疏草地蓄积了有机碳，有机碳储量达到 573.9tC，多年表现为有机碳汇。综合研究土地覆盖变化中主要土地类型土壤有机碳的变化特征和各类土地覆盖类型相互转化中碳的源汇变化，得出以下结论：研究区降水资源、地表水资源的缺乏，造成生态环境恶化现象严重，使得区域成为有机碳释放的源区，有机碳的总释放量达到 396.7tC，这就需要引起各方关注，增加黑河中、上游的下泄水量，保护绿洲不发生退化，并进一步改善环境，使绿洲扩大，整个区域成为一个碳汇。

6.4　土壤碳循环动态模拟

土壤碳循环是通过土壤有机质(SOM)模型进行的(陈庆强等，1998)。土壤有机质作为土壤碳库，调节着土壤养分循环，与土壤肥力水平密切相关(Greenland & Nye，1959)。在一定的条件下，有机质含量的多少，标志着土壤肥力水平的高低，不仅如此，有机质还影响着土壤的物理、化学及生物学性质，因此土壤有机质也是土壤质量的一个关键属性，是土壤质量和土壤生产力最重要的单一指示物(Doran & Parkin，1994)。研究表明，土壤碳损失是大气 CO_2 的一个重要的源(Anderson & Paul,1984)，所以土壤有机碳对全球碳循环起着重要作用。

土壤有机质模型表示土壤-植被-大气系统碳和氮的转变，土壤有机组分的数量为状态变量(McGill，1996)。土壤有机质处于不断分解和积累的动态变化过程中。一方面由于动植物残体(包括死亡个体、脱落物、分泌物等)的不断输入及有机物的施入，土壤有机质不断蓄积；另一方面，在微生物的作用下，土壤有机质又不断被分解。当单位时间内蓄积量与分解量相等时，土壤有机质达到收支平衡，这是一个动态平衡。总的说来，无论土壤有机质质量上升或下降，最终都会从一个平衡状态到达另一个平衡状态，而该平衡点的高低将会对土壤肥力、土壤质量等状况产生重大影响。因此，对土壤有机质蓄积和分解过程及其含量的变化进行研究，可为土壤肥力、土壤质量、土壤健康的评价，及科学管理农业生态系统提供依据，也为全球碳循环研究提供基础数据。建立 SOM 模型有助于揭示土壤有机质的分解积累机制，而模型的基础则是常微分方程(组)，下面简要介绍常微分方程的一些基本理论和概念。

6.4.1　常微分方程的稳定性理论

微分方程是用来描述物体或质点的运动规律的，而微分方程的某一解表示质点可能出现的一种运动状态。微分方程的解依赖于初始值。不可避免的测量误差可能导致初值有误差，因此如果设计时把某一状态作为设计目标，就必须考虑其稳定性。简单讲，某一状态的稳定性是指其抗御外界干扰的能力。这里讨论的主要是定态(steady state)解的稳定性。

一般地，考虑自治微分方程组：

$$\begin{cases} \dfrac{\mathrm{d}X}{\mathrm{d}t} = \bar{X} = f(\bar{X}) \\ X(0) = X_0 \end{cases} \tag{6-4}$$

式中，如果 $f(\bar{X}) = 0$ ，则称 $\bar{X}$ 为单位时间内积累量与分解量的平衡点。在常微分方程组及其应用中，平衡点的研究具有极其重要的作用。然而为了物理上有意义，平衡点必须满足一定的稳定性准则。

最常见的稳定性概念是李雅普诺夫(Lyapunov)建立的。数学上的定义如下。

定义 1： 假定 $\bar{X} \in W$ 是微分方程的一个平衡点，其中 $f:W \to R^n; W \subset R^n$ 是连续映射，如果 W 中 $\bar{X}$ 的每个邻域 U ，有 U 中 $\bar{X}$ 的邻域 U_1 使得每一个有初值 $X(0) \in U_1$ 的解 $X(t)$ 有定义，且对所有 $t > 0$ ， $X(t)$ 在 U 中，则称 $\bar{X}$ 为稳定平衡点：

$$\frac{\mathrm{d}X}{\mathrm{d}t} = \bar{X} = f(\bar{X}) \tag{6-5}$$

定义 2： 如果 U_1 除了定义 1 中所描述的性质外，还有 $\lim\limits_{t \to \infty} X(t) = \bar{X}$ ，则 $\bar{X}$ 是渐进稳定的。

定义 3： 不稳定的平衡点 $\bar{X}$ 称为不稳定点，指 $\bar{X}$ 存在邻域 U ，使得 U 中 $\bar{X}$

的每一个邻域 U_1，至少有一个从 $X(0) \in U_1$ 出发的解 $X(t)$，不全在 U 中(张锦炎和冯贝叶，2000)。

对于 n 维系统，有

$$\frac{dX}{dt} = \bar{X} = f(X) \tag{6-6}$$

式中，$X = (x_1, x_2, \cdots, x_n) \in R^n$，$f(X) = \begin{pmatrix} f_1(x_1, x_2, \cdots, x_n) \\ f_2(x_1, x_2, \cdots, x_n) \\ \vdots \\ f_n(x_1, x_2, \cdots, x_n) \end{pmatrix}$。

设 $\bar{X}$ 是系统的平衡点，即 $f(\bar{X}) = 0$。假设 $f_i(x_1, x_2, \cdots, x_n)(i = 1, 2, \cdots, n)$ 足够光滑，则称系统

$$\frac{dX}{dt} = \bar{X} = Df(\bar{X})(X - \bar{X}) \tag{6-7}$$

为平衡点 $\bar{X}$ 处的线性近似方程，其中 $Df(\bar{X})$ 为 Jacobi 矩阵：

$$Df(\bar{X}) = \begin{pmatrix} \dfrac{\partial f_1}{\partial x_1} & \dfrac{\partial f_1}{\partial x_2} & \cdots & \dfrac{\partial f_1}{\partial x_n} \\ \dfrac{\partial f_2}{\partial x_1} & \dfrac{\partial f_2}{\partial x_2} & \cdots & \dfrac{\partial f_2}{\partial x_n} \\ \vdots & \vdots & & \vdots \\ \dfrac{\partial f_n}{\partial x_1} & \dfrac{\partial f_n}{\partial x_2} & \cdots & \dfrac{\partial f_n}{\partial x_n} \end{pmatrix} \tag{6-8}$$

系统(6-8)是一个常系数线性系统，可利用常系数线性系统的方法与结论来研究系统(6-7)在平衡点 $\bar{X}$ 处的稳定性和轨线图貌(许兰喜，2003)。下面给出常系数线性微分方程组的稳定性判断定理。

定理：考虑常系数线性系统

$$\frac{dX}{dt} = \bar{X} = AX \tag{6-9}$$

式中，A 为 $n \times n$ 常数矩阵。设 $\lambda_i = (i = 1, 2, \cdots, k)$ 为 $n \times n$ 阶矩阵 A 的所有特征值，令 $\xi_0 = \max_{1 \leqslant i \leqslant k} \{\mathrm{Re}\, \lambda_i\}$，则 $\dfrac{dX}{dt} = \bar{X} = AX$ 的解具有如下性质：

(1) 若 $\xi_0 < 0$，则对任一解 $X(t)$ 有 $\lim\limits_{t \to \infty} \|X(t)\| = 0$；

(2) 若 $\xi_0 > 0$，则存在解 $X(t)$ 有 $\lim\limits_{t \to \infty} \|X(t)\| = \infty$；

(3) $\xi_0 = 0$ 的情形通常称为临界情形，此时解的性态就复杂多了，在此不予讨论。

6.4.2　SOM 模型概述

1. 数学模型

最简单的描述有机质分解的数学公式如下：

$$\begin{cases} \dfrac{\mathrm{d}C}{\mathrm{d}t} = -kC \\ C(0) = C_0 \end{cases} \tag{6-10}$$

式中，t 为时间；k 为有机质分解速率；C 为 t 时刻的有机碳含量。C_0 为起始时刻的有机碳含量。这是一个一级动力学反应微分方程，是有机质分解模型的理论基础。考虑到土壤有机质库的输入，式(6-10)可表示如下(Jenny，1941)：

$$\frac{\mathrm{d}C}{\mathrm{d}t} = A - kC \tag{6-11}$$

式中，A 为输入土壤中的有机质量。这是一个具有输入输出，并且只对土壤有机质库的输入输出进行研究的统计模型，即黑箱模型。该模型具有简单、需要输入参数少的优点，且通过其积分式及田间长期试验的测定数据，可以求得土壤有机质的分解速率 k。这种方法存在的问题是将土壤层看作一个整体，即没有对土壤有机质库的各个组分进行分析，无法解释 SOM 分解速率不断变化等土壤有机质分解机制问题。

为了明确土壤有机质的分解机制，就必须对土壤有机质库的内部组分进行分析研究，同时也要考虑土壤有机质分解的众多影响因素，如温度、湿度、土壤质地、有机质的输入、碳氮含量比等，这就增加了模型所需的参数，使模型复杂化。

2. RothC 模型

RothC 模型是 Jenkinson 和 Rayner(1997)基于著名的英国洛桑试验站大量的长期田间试验数据建立的，包括 5 个分室：易分解植物残体(decomposable plant material，DPM)、难分解植物残体(resistant plant material，RPM)、微生物生物量(microbial biomass，BIO)、物理稳定性有机质(physically stabilized organic matter，POM)、化学稳定性有机质(chemically stabilized organic matter，COM)。Jenkinson 在后来的改进模型中用腐殖化有机质(humified organic matter，HUM)和惰性有机质(inert organic matter，IOM)代替了 POM 和 COM。DPM 和 RPM 为新输入的有机质，BIO、HUM、IOM 是土壤有机质库的 3 个组分(图 6-4)。

Jenkinson (1997，1991，1990)在 RothC 模型中提出了有机质周转的概念：有机碳在一定的土壤中连续变化，即有机质进入土壤，然后逐渐被分解，土壤中的

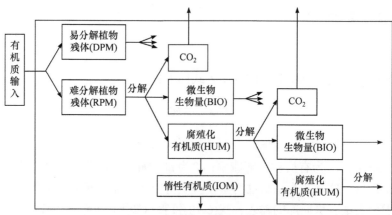

图 6-4　RothC 模型结构简图

有机碳周转与土壤类型、温度、湿度和植被覆盖密切相关。

Wu 等(1998)发现，RothC 模型模拟土壤湿度和作物覆盖对有机质分解速度影响的方法不适于热带土壤。另外，HUM 分解分室包含未腐殖化有机质(微生物代谢物)和结构稳定的腐殖质，可能是 RothC 模型在有机质含量大幅度下降的情况下产生模拟偏差较大的原因。因为这两部分有机质在分解速度和对微生物利用有效性上存在很大差异，HUM 分室不能准确地反映出两种成分的变化情况。

3. CENTURY 模型

CENTURY 模型是美国科罗拉多州立大学的 Parton 等(1987)建立的，用于模拟草地生态系统土壤有机质的长期动态变化和植物生长。该模型包括 3 种土壤有机质：活性土壤有机质(active SOM)，即土壤 C、N 的活性部分，包括活的微生物和微生物产物，活性土壤有机质的周转时间很短，为 1～5a；慢分解土壤有机质(slow SOM)，包括难分解的有机物质和土壤固定的微生物产物，周转时间在 20～40a，或者更长；惰性土壤有机质(passive SOM)，极难分解，周转时间长达 200～1500a。输入土壤的植物残体分为两个库，不易分解的、周转时间在 1～5a 的结构碳库(structural pool)，易分解的、周转时间在 0.1～1a 的代谢碳库(metabolic pool) (图 6-5)。

各库的最大分解速率为常数，但受环境因素的影响。CENTURY 模型将影响土壤有机质分解的 4 个重要变量(降水量、温度、土壤质地和植物木质素含量)，作为确定一个地点的特征值，从而能够应用于不同环境条件。另外，CENTURY 模型除了土壤有机质子模型外，还包括植物生产子模型、N 素子模型，所以应用范围较广，能够模拟不同植物-土壤系统 C、N、P 的长期动态变化。后来的改进模型也考虑了人为因素的影响，增加了栽培、施肥、灌溉、火烧、放牧等影响因

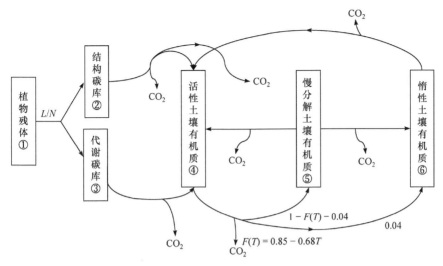

图 6-5　CENTURY 有机质模型结构图

L/N-木质素与氮素含量之比

子，使 CENTURY 模型应用范围从草地生态系统扩大到农业生态系统、森林生态系统、稀疏草原(savanna)生态系统。

4. Yasso 模型

Yasso 模型是由 Liski 等(2005)提出的，描述森林生态系统土壤有机碳的分解和累积。模型的基本假设如下：

枯落物和土壤有机质的化学组分不同，分解的速率各不相同；木质枯落物的分解不仅与其化学成分有关，还与它在空气中的暴露程度有关；一部分分解的物质作为土壤异养呼吸移出，另一部分则进入下一级土壤分解室；木质枯落物的分解速率为土壤温度和湿度的函数。

该模型为线性房室系统，由 2 个木质枯落物房室和 5 个分解房室组成。其中，木质枯落物房室包括细木质枯落物房室(fwl)和粗木质枯落物房室(cwl)，而分解房室由可溶性组分房室(ext)、纤维素房室(cel)、木质素房室(lig)、快速分解腐殖质房室(hum1)及慢速分解腐殖质房室(hum2)组成(图 6-6)。非木质组分(叶和细根)进入土壤后，根据其化学成分的不同分别分配到可溶性组分房室(ext)、纤维素房室(cel)和木质素房室(lig)中。

落叶房室有机碳动态：

$$\begin{cases} \dfrac{\mathrm{d}x_{\text{fwl}}}{\mathrm{d}t} = u_{\text{fwl}} - a_{\text{fwl}}x_{\text{fwl}} \\[2mm] \dfrac{\mathrm{d}x_{\text{cwl}}}{\mathrm{d}t} = u_{\text{cwl}} - a_{\text{cwl}}x_{\text{cwl}} \end{cases} \qquad (6\text{-}12)$$

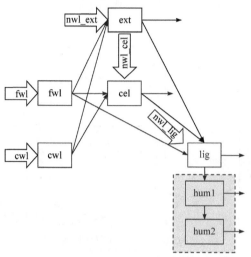

图 6-6　Yasso 模型结构图
nwl-非木质枯落物

分解物质房室动态方程：

$$\begin{cases} \dfrac{dx_{ext}}{dt} = u_{nwl}c_{nwl\_ext} + c_{fwl\_ext}a_{fwl}x_{fwl} + c_{cwl\_ext}a_{cwl}x_{cwl} - k_{ext}x_{ext} \\[2mm] \dfrac{dx_{cel}}{dt} = u_{nwl}c_{nwl\_cel} + c_{fwl\_cel}a_{fwl}x_{fwl} + c_{cwl\_cel}a_{cwl}x_{cwl} - k_{cel}x_{cel} \\[2mm] \dfrac{dx_{lig}}{dt} = u_{nwl}c_{nwl\_lig} + c_{fwl\_lig}a_{fwl}x_{fwl} + c_{cwl\_lig}a_{cwl}x_{cwl} + p_{ext}k_{ext}x_{ext} + p_{cel}k_{cel}x_{cel} - k_{lig}x_{lig} \\[2mm] \dfrac{dx_{hum1}}{dt} = p_{lig}k_{lig}x_{lig} - k_{hum1}x_{hum1} \\[2mm] \dfrac{dx_{hum2}}{dt} = p_{hum1}k_{hum1}x_{hum1} - k_{hum2}x_{hum2} \end{cases}$$

(6-13)

式中，a_i 为第 i 种落叶房室微生物的入侵速率；k_j 为第 j 个分解房室的分解速率；c_{i_j} 为落叶房室 i 所含分解房室 j 的比例；p_j 为从每一个房室转移到下一个房室的比例；u_{nwl} 为非木质组分(叶)的输入量；u_{fwl} 为细木质组分(细枝和细根)的输入量；u_{cwl} 为粗木质组分(粗枝、茎和粗根)。c_{i_j} 可以通过实验获得，而且对于特定研究区的特定物种，这个值通常是固定的。

令式(6-12)和式(6-13)等号右端等于 0，即

$$
\begin{cases}
u_{\text{fwl}} - a_{\text{fwl}} x_{\text{fwl}} = 0 \\
u_{\text{cwl}} - a_{\text{cwl}} x_{\text{cwl}} = 0 \\
u_{\text{nwl}} c_{\text{nwl\_ext}} + c_{\text{fwl\_ext}} a_{\text{fwl}} x_{\text{fwl}} + c_{\text{cwl\_ext}} a_{\text{cwl}} x_{\text{cwl}} - k_{\text{ext}} x_{\text{ext}} = 0 \\
u_{\text{nwl}} c_{\text{nwl\_cel}} + c_{\text{fwl\_cel}} a_{\text{fwl}} x_{\text{fwl}} + c_{\text{cwl\_cel}} a_{\text{cwl}} x_{\text{cwl}} - k_{\text{cel}} x_{\text{cel}} = 0 \\
u_{\text{nwl}} c_{\text{nwl\_lig}} + c_{\text{fwl\_lig}} a_{\text{fwl}} x_{\text{fwl}} + c_{\text{cwl\_lig}} a_{\text{cwl}} x_{\text{cwl}} + p_{\text{ext}} k_{\text{ext}} x_{\text{ext}} + p_{\text{cel}} k_{\text{cel}} x_{\text{cel}} - k_{\text{lig}} x_{\text{lig}} = 0 \\
p_{\text{lig}} k_{\text{lig}} x_{\text{lig}} - k_{\text{hum1}} x_{\text{hum1}} = 0 \\
p_{\text{hum1}} k_{\text{hum1}} x_{\text{hum1}} - k_{\text{hum2}} x_{\text{hum2}} = 0
\end{cases}
\tag{6-14}
$$

求出系统的唯一正平衡点，系统的 Jacobi 矩阵为

$$
J = \begin{vmatrix}
-a_{\text{fwl}} & 0 & 0 & 0 & 0 & 0 & 0 \\
0 & -a_{\text{cwl}} & 0 & 0 & 0 & 0 & 0 \\
c_{\text{fwl\_cel}} a_{\text{fwl}} & c_{\text{cwl\_ext}} a_{\text{cwl}} & -k_{\text{ext}} & 0 & 0 & 0 & 0 \\
c_{\text{fwl\_cel}} a_{\text{fwl}} & c_{\text{cwl\_cel}} a_{\text{cwl}} & 0 & -k_{\text{cel}} & 0 & 0 & 0 \\
c_{\text{fwl\_lig}} a_{\text{fwl}} & c_{\text{cwl\_lig}} a_{\text{cwl}} & p_{\text{ext}} k_{\text{ext}} & p_{\text{cel}} k_{\text{cel}} & -k_{\text{lig}} & 0 & 0 \\
0 & 0 & 0 & 0 & p_{\text{lig}} k_{\text{lig}} & -k_{\text{hum1}} & 0 \\
0 & 0 & 0 & 0 & 0 & p_{\text{hum1}} k_{\text{hum1}} & -k_{\text{hum2}}
\end{vmatrix}
\tag{6-15}
$$

矩阵 J 的特征值分别为

$$
\lambda_1 = -a_{\text{fwl}};\ \lambda_2 = -a_{\text{cwl}};\ \lambda_3 = -k_{\text{ext}};\ \lambda_4 = -k_{\text{cel}};\ \lambda_5 = -k_{\text{lig}};\ \lambda_6 = -k_{\text{hum1}};\ \lambda_7 = -k_{\text{hum2}}
\tag{6-16}
$$

上述特征值均为负根，所以系统的正根为稳定的平衡点。

6.4.3　河岸林生态系统碳循环过程的数值模拟

1. 植被生态系统碳循环过程

植物通过光合作用将大气 CO_2 固定在叶、径、根这 3 个不同的部分。固碳量由下面的微分方程来描述：

$$
\frac{\mathrm{d}C_i}{\mathrm{d}t} = a_i \text{NPP} - \frac{C_i}{\tau_i}
\tag{6-17}
$$

式中，下标 i 为 u、s、f 和 r，分别表示叶、径、细根和粗根；a_{u}、a_{s}、a_{f} 和 a_{r} 之和为 1，为光合作用固碳量在叶、径、细根和粗根的分配比率；NPP 为净初级生产力；τ_i 为叶、径、细根和粗根的存留周期。植物冠层初始碳含量储存系数如表 6-11(Kucharik et al.，2000)所示。

表 6-11　植物冠层初始碳含量储存系数

项目	叶	茎	根	
			根径<10mm	根径≥10mm
存留周期/a	1	25	1	25
固碳比例	0.45	0.40	0.10	0.05
初始碳含量储存系数	0.50	0.25	0.44	0.135

NPP 用修正的 MIAMI 模型(Friedlingsterin，1995)计算。在这个模型中，NPP(单位：kgC·m^{-2}·a^{-1})分别表示年平均气温 T(单位：℃)和降水量 p(单位：mm)的函数，其中 NPP 与年平均气温 T 的函数关系用 NPP$_T$ 表示：

$$NPP_T = \begin{cases} 0.0692, & T \leqslant 8℃ \\ \dfrac{1.35}{1+\exp(1.315-0.119T)}, & T > 8℃ \end{cases}$$

NPP 与降水量 p 的函数关系用 NPP$_p$ 表示：

$$NPP_p = 1.35\left[1-\exp(-0.000664P)\right] \tag{6-18}$$

进一步根据 Liebig 最小因子定律(Liebig et al.，1996)，把净初级生产力对降水量和气温的依赖表示为上述两个函数的最小值：

$$NPP = \min(NPP_T, NPP_p) \tag{6-19}$$

2. 河岸胡杨林土壤碳循环动态模拟

胡杨林是额济纳旗河岸林的主要建群树种，对维护当地生态环境起重要的作用。胡杨林土壤碳动态利用 Yasso 模型进行，模型的输入参数为枯落物数量、类型及简单的气象数据(额济纳旗绿洲多年年均降水量、年平均气温)。将植被生态系统碳循环模型与 Yasso 模型耦合(图 6-7)，模拟未来 50a 额济纳旗天然胡杨林土壤碳的动态趋势。Yasso 模型中枯落物不同化学组分含量 c、微生物入侵速率 α、分解速率 k 及不同分解房室的转化率 P 的取值见表 6-12。

表 6-12　Yasso 模型中枯落物不同化学组分含量、枯落物分解速率、微生物入侵速率及转化率参数取值

参数类型	参数名称	云杉/松树	落叶树
枯落物组分含量/(g·g^{-1})	c_nwlext	0.27	0.38
	c_nwlcel	0.51	0.36
	c_nwllig	0.22	0.26
	c_fwlext	0.03	0.03

续表

参数类型	参数名称	云杉/松树	落叶树
枯落物组分含量/(g · g⁻¹)	c_fwlcel	0.65	0.65
	c_fwllig	0.32	0.32
	c_cwlext	0.03	0.03
	c_cwlcel	0.69	0.75
	c_cwllig	0.28	0.22
分解速率/a⁻¹	k_ext	0.48	0.82
	k_cel	0.3	0.3
	k_lig	0.22	0.22
	k_hum1	0.012	0.012
	k_hum2	0.0012	0.0012
微生物入侵速率/a⁻¹	α_fwl	—	0.33
	α_cwl	—	0.077
不同分解房室的转化率/a⁻¹	P_ext	—	0.2
	P_cel	—	0.2
	P_lig	—	0.2
	P_hum1	—	0.2

注：表中参数源自文献 Helene 等(2006)。

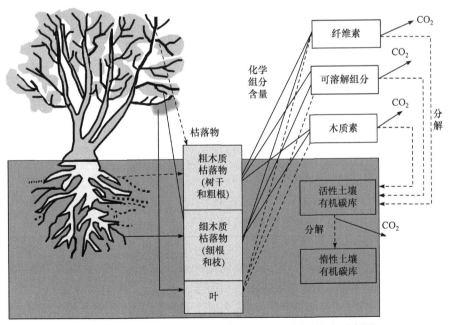

图 6-7　植物生态系统碳循环模型与 Yasso 模型耦合示意图

从模拟结果看(图 6-8)，土壤惰性有机碳在未来 50a 一直处于增加趋势；土壤活性有机碳呈现出先增加后减少的趋势；土壤总有机碳密度维持在 9.4～10.5kgC·m^{-2}。

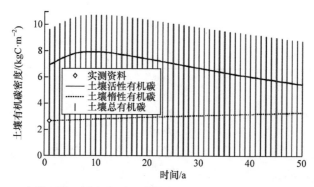

图 6-8　额济纳旗天然胡杨林土壤有机碳动态趋势(年平均气温 8.2℃)

6.4.4　全球变化背景下胡杨林土壤有机碳变化趋势

全球气候大幅度变暖，导致水循环加快，降水和蒸发增强。施雅风等(2002)提出 20 世纪 80 年代以来西北气候自暖干向暖湿转型。Gao 等(2001)利用中国区域气候模式模拟 CO_2 倍增情况，发现中国西北部升温 2.5～3.0℃，降水量增加 20%以上。另外，考虑太阳黑子周期的自然变化，气温和降水量的综合预测结果如表 6-13 所示(赵宗慈等，2002)。这一变化将对西部生态环境产生重要的影响。预测全球气候变化背景下胡杨林土壤碳动态具有重要的现实和理论意义。

表 6-13　新疆、甘肃、青海等省(自治区)气温与降水量综合预测结果

气象要素	年代	新疆	青海	甘肃
气温变化量/℃	21 世纪 10 年代	−0.1～0.3	−0.3～0.1	−0.1～0.3
	21 世纪 30 年代	0.8～1.2	0.8～1.2	0.9～1.3
	21 世纪 50 年代	1.9～2.3	2.2～2.6	1.9～2.3
降水量变化量/%	21 世纪 10 年代	1～12	13～22	3～13
	21 世纪 30 年代	8～18	9～19	11～21
	21 世纪 50 年代	4～34	6～15	29～38

考虑温度和降水的影响，全球气候变化背景下，未来 50 年额济纳旗天然胡杨林土壤有机碳的动态变化趋势如图 6-9 所示。其动态特征与未考虑气候变化基本一致，但是数值有微弱的差别。与未考虑全球气候变化(参考条件气温 8.2℃，降水量 37.9mm)相比，胡杨林土壤总有机碳密度在前 9 年呈增加趋势，随后开始

下降(图 6-10)。土壤活性有机碳密度一直呈增加趋势。这主要是因为受全球气候变化的影响，植被生产力有所提高，通过植物向土壤输入的有机碳增加；土壤惰性有机碳密度除了前 9 年呈现增加趋势外，其余年份均比未考虑气候变化情形要低。说明全球气候变化导致土壤惰性有机碳的分解加快、含量下降。这主要是温度和降水量的变化导致 Yasso 模型中落叶房室的生物入侵速率 α 和分解房室的分解速率 k 发生变化。分解速率 k 和生物入侵速率 α 的计算公式为

$$k_{\text{spec}} = k_{\text{ref}}[1 + \beta(\text{MAT}_{\text{spec}} - \text{MAT}_{\text{ref}})]; \alpha_{\text{spec}} = \alpha_{\text{ref}}[1 + \theta(\text{MAT}_{\text{spec}} - \text{MAT}_{\text{ref}})] \qquad (6\text{-}20)$$

式中，k_{spec}、k_{ref} 分别为特定(specific)年份和参考(reference)年份的分解速率；MAT_{spec}、MAT_{ref} 分别为特定年份和参考年份的年平均气温(单位：℃)；α_{spec}、α_{ref} 分别为特定年份和参考年份的生物入侵速率；β、θ 为参数，分别为 0.105 和 0.0274。

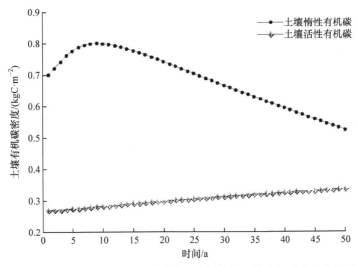

图 6-9　全球气候变化背景下额济纳旗天然胡杨林土壤有机碳动态变化趋势

　　总之，通过耦合植被生产系统模型和土壤碳 Yasso 模型，模拟了多年参考气候条件下(气温 8.2℃、降水量 37.9mm)及全球气候变化背景下，额济纳旗胡杨林土壤有机碳动态变化趋势，结果表明：在参考气候条件下，额济纳旗天然胡杨林土壤碳密度基本维持在 9.4～10.5kgC·m^{-2}；在全球气候变化背景下，额济纳旗天然胡杨林的土壤有机碳储量将会下降，这主要是土壤有机碳惰性组分的分解速率加快导致的。

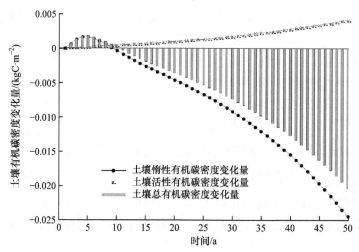

图 6-10　全球气候变化背景下与参考条件下额济纳旗天然胡杨林土壤有机碳密度动态变化趋势
对比

第7章 人工绿洲土壤水盐动态

7.1 引　　言

7.1.1　研究意义

　　盐渍土和土壤次生盐渍化，是人类面临的世界性生态环境问题(武之新和卢赞明，1990)。据联合国粮食及农业组织(Food and Agriculture Organization of the United Nations，FAO)不完全统计，全球盐渍土面积为 $3.97 \times 10^8 \text{hm}^2$(FAO，2020)，并且这个数字还在不断增加。我国盐渍土总面积在第二次全国土壤普查数据中显示约为 $3.6 \times 10^7 \text{hm}^2$，占全国可利用土地面积的 4.88%(全国土壤普查办公室，1998)。土壤次生盐渍化问题是威胁全球生态环境和人类生存的潜在"化学定时炸弹(CTB)"之一(龚子同和黄标，1998；谢学锦，1993)，它与人口、资源、环境、粮食问题密切相关。因此，防止土壤盐渍化、保护现有土地资源，是改善生态环境，保护人类生存发展必须解决的重要课题之一。

　　石羊河流域是我国内陆河流域中人口较多，水资源开发利用程度较高，用水矛盾较突出，生态环境问题较严重的流域之一，流域水资源开发利用程度曾高达172%，已远远超过其承载能力。过去几十年间，随着石羊河地表淡水来水量的骤减，石羊河下游民勤绿洲区地下水被大规模开采利用，地下水位急剧下降的同时，重复提灌浓缩导致地下水矿化度不断升高，而用高矿化度地下水进行灌溉又进一步导致绿洲区土壤次生盐渍化的不断发展。其中，问题最严重的湖区，1959 年盐渍化耕地面积为 1.05 万 hm^2，1981 年为 2.56 万 hm^2，发展速度惊人。1991 年，民勤全境共有盐渍化土地 4.08 万 hm^2，到 1994 年，民勤细土带面积为 3733.5km^2，除 1205km^2 为非盐渍化土外，其余 2528.5km^2 都存在不同程度的盐渍化。1987~2000 年专题制图仪(TM)影像数据显示，坝区的盐渍土平均变化速度已明显高于湖区，土壤盐渍化面积向全区域扩大的趋势逐步形成。民勤绿洲土壤盐渍化问题与其他干旱、半干旱及滨海地区有很大不同，最主要的特征是其地下水埋藏非常深，对土壤盐分的影响有限。相关问题的研究对于西北地区水土资源开发利用具有实用意义。

7.1.2　研究进展

　　1. 土壤水盐运移机理的研究

　　土壤水(soil water)是指地面以下至地下水面(潜水面)以上土壤层中的水分，

也称土壤中非饱和带水分。Bear(1972)所著 *Dynamics of Fluids in Porous Media*(《多孔介质流体动力学》)一书中，将非饱和带(又称"充气带""包气带")分为三个亚带，即土壤水带、中间带(或称"渗水带")和毛细管带。土壤水研究可视为土壤学的一个分支，但它又与多个学科、多个应用领域有着密不可分的关系。

土壤水研究在理论上和应用上均有重要作用(雷志栋等，1999)，但由于问题的复杂性，在相当长的时期内，只能定性描述或用各种经验方法处理生产实践中不断遇到的土壤水问题。1907 年，Buckingham 提出毛管势理论，1931 年 Richards 推导出非饱和流方程，数学、物理方法被逐步引入土壤水研究，使该领域的研究有了长足的进步，逐步由静止走向动态，由定性走向定量，由经验走向机理。20 世纪 70 年代以来，土壤水的研究发展迅速，从用形态学观点与方法(以苏联罗戴为代表)研究发展到用能态观点研究(Donigian，1979)。20 世纪 90 年代《土壤水文学》(Kuti & Niel，1994)的问世，标志着土壤水研究逐步发展成较为独立的学科分支。

国内 20 世纪 50 年代开始，对土壤水的探讨主要围绕农业发展(对作物或产量探讨)和土壤普查等，后来以苏联罗戴为代表的形态学观点系统地引入我国，对我国土壤水分研究有重要影响，客观地起到积极作用。第一次全国土壤物理学术讲座会上(1977 年 12 月，杭州)，土壤水分的能量观点首次被介绍到国内，促进了国内土壤水研究的发展。20 世纪 80 年代开始，我国科技工作者在吸收国际学术界各种有益学术观点的基础上，相继开展了土壤水的理论与试验研究，学术氛围十分活跃，国际、国内交流也日益增多。1980～2000 年是我国土壤水研究发展最快的时期，除了一批译著的出现，国内有关土壤水(或以土壤水分运动为重要内容的)著作也陆续问世。例如，雷志栋等(1988)撰写的《土壤水动力学》、张蔚榛(1996)所著的《地下水与土壤水动力学》、康绍忠等(1994)所著的《土壤—植物—大气连续体水分传输理论及其应用》、李韵珠和李保国(1998)编著的《土壤溶质运移》、杨邦杰和隋红建(1997)所著的《土壤水热运动模型及其应用》、荆恩春等(1994)所著的《土壤水分通量法实验研究》，反映了我国学者 20 世纪 90 年代以来在土壤水的研究成果较为丰硕。土壤水分逐渐成为土壤物理学科中较为活跃的一个领域。

20 世纪 80 年代初，土壤—植物—大气连续体(soil-plant-atmosphere continuum，SPAC)系统理论被介绍到国内，通过统一的能量指标——水势将不同介质之间的相互关系看作整体中的内部关系，使土壤水和作物及生态环境协调研究成为可能，为农田水循环等研究开辟了一片广阔的天地，标志着国内土壤水研究从单一学科走向多学科的交叉。

随着计算机的普及以及计算技术的发展，土壤水运动机理基本方程求解困难的问题通过数学模拟方法得到了解决。国内在有限差分法和有限单元法的基础上又发展了很多计算技术。例如，任理(1994)把有限解析法(FAM)引入求解非饱和流问题；朱学愚和谢春红(1994)发展了非饱和流动问题的 SUPG(streamline upwind/Petrov Galerkin)有限元数值法；由于溶质运移中对流项在数值计算中容易产生数值弥散问题，左强(1993)采用了特征有限元(CFE)法、二阶迎风隐式差分(QUD)法、改进交替方向有限元法等，较有效地处理了数值弥散或振荡。对优先流的研究促使对土壤水运动机理的研究由均质走向非均质。在土壤水研究中，水分和污染物在非饱和土壤中的迁移多年来一直用一维数学模型估算，未能预示其污染的威胁，但若考虑土壤中优先途径的存在，则研究成果会有新的突破。对优先流的理论研究和实验成果有水分视觉技术、X 射线法和地面渗透雷达测绘等，对优先流的机理研究仍在探索阶段。20 世纪 70 年代开始，土壤特性空间变异性的研究受到国际学术界的普遍重视，深化了土壤水运动机理研究。

　　20 世纪 80 年代初，土壤特性空间变异性的研究在国内受到关注，标志着国内开始侧重于土壤水理论在生产实践中的应用。土壤的空间变异性是指空间分布上的非均一性。土壤的物理参数(各种粒径组成、干容重、水分特征曲线、非饱和导水率等)，土壤中各种状态变量(含水量、基质势等)都存在变异性。由于描述土壤水分运动的方程及参数仅可表达"点"状况的土壤性质各向异性，所以由"点"到"面"、由"面"到"区域"等不同尺度问题的研究成为难题。主要用两种途径解决：一是处理确定性数学模型的参数，由此研究参数的空间变异规律性；二是把确定性模型和随机模型结合起来，即后期新发展的"标定"(scaling)理论与方法(Holger & Graeme，1996)。国际上还将地学统计学方法引入研究领域，通过研究各种土壤特性的空间结构，在田间实测含水量、基质势及各种土壤物理特性的自相关性、空间分布半方差的基础上，对成果进行最优内插。此外，还将不确定模型与随机模拟引入土壤水研究领域，对非均质土壤中二维非饱和土壤水分运动进行随机分析等(雷志栋等，1999)。

　　土壤中溶质的运移规律是研究土壤水盐动态的基础。土壤中溶质的运动是十分复杂的。溶质随着土壤水分的运动而迁移，也会在自身浓度梯度的作用下运动，部分溶质被土壤吸附，或为植物吸收，或浓度超过了在水中的溶解度后离析沉淀。溶质在土壤中还有化合分解、离子交换等化学变化。因此，土壤中的溶质处在一个物理、化学、生物的相互联系和连续变化的系统中(隋红建等，1992)。土壤中溶质迁移的物理过程包括对流、溶质分子扩散、机械弥散过程、土粒与土壤溶液界面处的离子交换吸附作用，以及溶质随薄膜水的运动(田长彦，2001)。

　　1952 年，Lapidus 和 Amundson(1952)提出了一个类似于对流-弥散方程(CDE)的模拟模型，揭开了溶质运移研究的序幕。后来，Nielsen 和 Biggar(1963，1962，1961)系统地论述了对流-弥散方程的科学性和合理性，建立了一维对流-弥散方程。后来，其他学者在应用 Nielsen 提出的对流-弥散方程研究生产实际中的溶质运移问题时，出现了理论结果与实测值不吻合的问题。Biggar 和 Nielsen(1963，1962)针对这一问题，研究认为理论值与野外实测值之间的差异是土壤的空间变异性所致。之后，野外溶质运移的模拟模型便分为两大类：第一类是确定性模型，即对流-弥散方程(CDE)，该模型可较好地揭示溶质在均质多孔介质中的运移机理，以及时间、空间对溶质运移的影响。但是，由于模型中参数的空间变异性等问题，到目前为止，确定性模型还不能有效地应用于野外大田的研究中。第二类模型是随机传输函数模型，也称"黑箱模型"(Jury et al.，1986)，是由美国加州大学 Jury 教授 1982 年提出的。Jury 教授认为，溶质在土壤中运移的具体细节过程犹如黑箱，是无法准确描述的，溶质在不同深度土层中迁移的通量，可通过已知浓度的累积入渗通量来估计(Jury et al.，1986)。在溶质运移的野外大田试验观测资料还不丰富的情况下，"黑箱模型"是目前模拟大田溶质运移规律最有效的模型。另外，美国农业部盐土实验室(Salinity Laboratory, Agricultural Research Service, United States Department of Agriculture)的 van Genuchten(1982)，在对流-弥散模型的基础上，提出了考虑土壤中不动水体影响的动水-不动水体模型。该模型认为溶质在可动水与不动水区域中，且在两个区域间相互运移，考虑了可动水、不动水区的作用及相互影响，更为切合实际。对流-弥散方程(CDE)模型、黑箱模型和动水-不动水体模型构成了溶质运移研究的三大学派(魏新平等，1998)。

国外对溶质运移理论问题的研究重点集中在以下几个方面：一方面开展了大量的室内外试验，以搞清溶质运移这一客观事实的规律。其次，寻求对流-弥散方程中水动力弥散系数的估计方法。对流-弥散方程(CDE)是描述溶质在非饱和土壤中运移的基本方程，用 CDE 模拟溶质运移问题，首先要求出方程中的关键参数 D_{sh}(水动力弥散系数)。目前，估计水动力弥散系数的方法有 20 多种。近年来的论文资料表明，国外学者常用极大似然估计法和最小二乘法估计 D_{sh}，优点是可用多点观测值确定 D_{sh}，且误差最小。另外，进一步研究 CDE 的求解也是非常重要的。无论解析方法还是数值方法，求解 CDE 都会遇到困难，这阻碍了溶质运移理论的研究与推广。对此，国外学者进行了大量的探索性研究。美国农业部盐土实验室的 van Genuchten(1982)就各种初边界条件下 CDE 的解析进行了系统的研究，Barry 和 Sposito(1989)用时间独立变量来表示水动力弥散系数、孔隙水流速度，从而成功地求解 CDE。

我国土壤物理学者、环境科学工作者及农业科学工作者，注意到国际社会溶质运移研究的新动向，也在室内、室外开展了一些溶质运移的试验研究和数值模拟。清华大学的雷志栋和杨诗秀(1982a，1982b)用里兹(Ritz)有限元法对非饱和土壤水一维流动问题进行了数值计算，1983 年用有限差分法对均质土壤降雨喷洒入渗模型进行了数值计算，1985 年用 FORTRAN 语言编写了均质土壤一维非饱和流动适于有限差分法计算的通用程序。叶自桐(1990)、黄康乐(1988)分别对饱和-非饱和土壤溶质运移进行了试验研究及数值模拟，叶自桐(1990)还对传输函数模型(TFM)进行了简化，提出了适宜于入渗条件下土壤盐分对流运移的传输函数修正模型。武汉水利电力大学的左强(1993)研究了排水条件下饱和-非饱和水盐运移规律。中国科学院南京土壤研究所的王福利(1992)用室内试验及数值模拟的方法研究了降雨淋洗条件下，溶质在土壤中运移的问题。中国农业大学的黄元仿等(1996)研究了田间条件下土壤氮素运移的模拟模型，用田间观测值进行了氮素平衡计算。徐玉佩(1993)对野外条件下水动力弥散系数的测定方法进行了研究。冯绍元等(1995)研究了排水条件下饱和土壤中氮肥转化与运移问题。清华大学的杨大文等(1992)在室内土柱上研究了杀虫剂在土壤中的运移及其影响因素。学者们从溶质运移的对流-弥散方程出发，通过室内控制试验，测定对流-弥散方程中的水动力弥散系数和孔隙水流速度，然后用有限差分法求解方程，分析了主要参数对溶质运移的影响，以便研究影响溶质运移的因素。

2. 土壤水盐运移动态的研究

19 世纪，人们开始了与土壤盐渍化的斗争，在改良合理排水、灌溉的盐碱地生产实际中，注意到水盐运移的规律，并在田间开始了观测研究。有研究指出，黏土层厚度大于 30cm，其底面距地下水又大于 50cm 时，水盐运移就受到强烈抑制(刘有昌等，1962)。罗焕炎(1962)认为，当黏土夹层位于砂性土的毛管水饱和带内，有抑制毛管水上升速度的作用。位置越高，抑制作用也越大，如超过此饱和带，对同一海拔的砂性土而言，反而起促进作用。袁剑舫和周月华(1980)根据室内风干扰动土柱试验，提出黏土层离地下水位远者，地下水位达到某一高度的速度要较近者高。水位相同时，黏土层离地下水位越近，阻水作用越大，地表不易返盐。在土壤水分运动方面，陆锦文等(1992)针对作物发育阶段、灌溉制度、土体构型不同条件进行了研究。在盐分运移方面，左强(1993)通过建立盐分运移的动力学模型，对盐分运移进行模拟计算，并把取得的成果应用于盐碱地改良实践中。

3. 不同节水灌溉方式下的土壤水盐运移

1) 膜垄沟灌土壤水盐运移

国外关于普通沟灌土壤水分运动的报道多是基于模型的模拟研究，针对性的试验研究较少，而对于沟灌土壤盐分运移的研究更是少之又少。Zohrab 等(1985)在用高矿化度地下水进行沟灌对土壤特性和作物产量的影响方面作了一些研究，Moreno 等(1995)研究了使用地下咸水沟灌对土壤和作物的影响，研究结果表明，沟灌的盐分淋洗效率高于喷灌。Evans 等(2013，1990)的研究结果表明，与高水质相比，用咸水沟灌能提高土壤的入渗性能，但增加了土壤中盐分的累积。

国内沟灌土壤水盐运移方面的系统研究比较少，针对沟灌的研究大多是关于沟灌水分入渗问题。例如，孙西欢等(1994)采用静水沟灌入渗仪进行了入渗参数影响因素的试验研究，分析了沟距、湿周及侧向影响数等因素对 Kostiakov 入渗模型参数的影响；Tabuada 等(1995)针对普通沟灌的二维入渗偏微分模型进行了有限差分计算，并在田间观测了累积入渗量随入渗历时的变化规律，利用张力计观测了若干点的土壤水分，以验证模型计算结果的合理性；张新燕等(2004)针对普通沟灌的侧向与垂向二维入渗特性进行了室内研究，分析了灌水沟断面尺寸、土壤初始含水量及土壤导水率对普通沟灌入渗特性的影响。

在沟灌土壤水盐运移方面，袁普金(2001)用地下咸水和黄河水混合进行玉米的沟灌，取得了很好的效果，研究表明，沟灌和漫灌相比普遍增产，但在黄河水中加入地下咸水会有一定幅度的减产。雷廷武等(2004)同样用地下咸水和黄河水混合进行沟灌，并分析了沟灌灌水沟中土壤盐渍度和玉米产量之间的相关关系。田东生等(2006)研究了咸淡水交替沟灌对土壤盐分及玉米产量的影响，研究表明，灌溉水矿化度越高，土壤盐分累积情况越严重，作物减产比例越大。

膜垄沟灌地膜覆盖在土壤表面，设置了一层不透气的物理阻隔层，直接阻挡了水分的垂直蒸发，不仅减少了无效的土壤蒸发，而且由于地膜阻断了近地面层与大气直接进行的气流交换，增大了光热交换阻力，改善了通风透光条件和光照强度，影响土壤中的酶活性及土壤的孔隙度、微生物数量，协调光、温、水、气的关系，非常有利于作物的生长发育，使用面积迅速扩大。由于膜垄沟灌属于膜下二维入渗，目前对膜垄沟灌土壤水盐运移的研究结论还很少。由于覆膜对土壤水盐状况有显著影响，将在极大程度上改变沟灌土壤水盐分布状态。因此，可以预见，膜垄沟灌条件下土壤水盐运移问题将成为一个不可忽略的重要研究课题。

2) 膜下滴灌土壤水盐运移研究

国外膜下滴灌多用于水果、蔬菜、花卉等经济价值高的作物(Kirkham，1999)。学者们在此方面进行了大量试验观测工作(Leib et al.，2000)。试验的目的在于探明滴灌对作物根系结构、耗水量、土壤温度、肥料利用率、早熟性、产品品质等方面的影响。在国内，赵淑银等(1994)为了控制呼和浩特市地区保护地黄瓜的病虫害，首次应用膜下滴灌技术，但是这项技术在当时未受到重视。膜下滴灌技术的大面积应用是 1990 年，我国新疆生产建设兵团第八师，为了克服新疆北部土壤含盐量(盐分含量)高以及蒸发强烈等因素，用井水滴灌覆膜棉花(陈多方等，2001)。马富裕和李蒙春(1998)于 1997 年在大田进行了两年的膜下滴灌棉花高产水分的试验研究，认为实行"小灌量、短周期"的灌溉制度，可确保棉花高产稳产，提高棉花水分利用效率。马富裕和季俊华(1999)对膜下滴灌的增产机理和主要配套技术进行了研究。结果表明，膜下滴灌能保证棉花的生长始终处于良好的水分环境中，有利于棉花节水增产。王全九等(2000)认为地表积水区的大小是时间、滴头流量、土壤质地的函数，土壤入渗过程实质上是充分供水变边界的三维入渗问题，因而这种情况下的土壤水盐动态将是一个非常复杂的问题。吕殿青(2000)研究认为，在给定的土壤质地上，积水区的大小与滴头流量呈幂函数关系；无论滴头流量如何，地表积水范围随时间的增加而增大，且入渗初期增加较快，然后逐渐减小。李明思和贾宏伟(2001)对棉花膜下滴灌条件下三种质地的土壤湿润锋进行了研究，在重壤土上湿润锋基本呈一旋转抛物体，5cm 深处湿润直径最大，而地表直径略小，中壤土湿润锋形状如同一个"碗"，最大湿润锋在地表，沙土湿润锋呈现一柱状，在沙土上水分运移以垂直下渗为主，水平扩散很小。程冬玲和吴恩忍(2001)对膜下滴灌棉花的两种种植方式进行了试验研究，对比分析了两种种植方式的土壤湿润体剖面，简单分析了土壤质地、灌溉定额、滴孔流量、滴孔间距对土壤湿润锋的影响，为膜下滴灌在大田推广提供了一定的依据。马东豪等(2005)研究了田间条件下，滴头流量、灌水量和灌水水质对微咸水点源入渗水盐运移的影响。研究结果表明，在充分供水条件下，水平湿润锋和积水锋面随时间的推进符合幂函数关系。2007 年，李明思和康绍忠(2007)对比分析了棉花覆膜与不覆膜情况下土壤水分分布特征及作物生长状况，膜下滴灌的土壤湿润区比无膜滴灌增大，膜下滴灌土壤湿润比为 0.67～0.83，但是无膜滴灌在 0.67 以内；地表覆膜阻碍了滴头下方地表积水区向膜外扩展，使膜外土壤湿润少，其土壤水利用率比无膜覆盖高，但是会造成生长在膜边沿的作物比生长在膜内行的作物差。因此，实际生产中应增大覆膜宽度或使边行作物距离膜边远一些。

张建新等(2001)膜下滴灌棉花种植试验的研究表明，滴头下 0～50cm，土壤盐分含量由小到大，形成了一个盐分含量淡化区，部分盐分在滴头下 50cm 有所增加，0～30cm 脱盐率达到 83.5%。在相同的灌水量和土壤初始含水量下，随着滴头流量的增加，脱盐区垂直距离减小，不利于作物正常生长淡化区的形成。在相同的灌水量和滴头流量下，随着土壤初始含水量的增加，脱盐区垂直距离减小。土壤盐分的水平迁移速率大于垂直迁移速率，使得滴灌条件下，水平脱盐距离大于垂直脱盐距离。王全九等(2000)认为，在滴灌水分的带动下，滴灌土壤盐分分布存在着明显的积盐区和脱盐区，并给出了地面滴灌条件下典型的土壤盐分分布及土壤含盐率分布等值线。王全九等(2001)为了分析滴灌压盐过程淋洗盐分消耗水的有效性，提出了淋洗水效率的概念，并得出在含水量较低情况下，淋洗水效率比较高。吕殿青等(2001)针对新疆盐碱地的改良特征，通过室内膜下滴灌土壤盐分运移试验，初步研究了土壤脱盐过程、滴头流量、灌水量等对脱盐过程的影响，提出灌水量的增加有助于土壤脱盐。这些结果对膜下滴灌新技术开发利用盐碱地的生产实践具有指导意义。孟江丽等(2004)以新疆阿瓦提县丰收灌区为例，利用 Hydrus 数值模型分析了灌溉水量对土壤盐分分布的影响，特别是耕作层土壤盐分的变化情况，同时也对当地实行的冬季灌水进行了分析，为农业技术操作提供了依据。赖波等(2006)对膜下滴灌条件下棉田耕层土壤中盐分变化的影响因素进行了研究，研究结果表明，土壤盐分与土壤含水量之间呈极显著负相关，与温度呈极显著正相关，说明土壤含水量和温度的变化极大程度地影响土壤盐分的变化和积累。

膜下滴灌技术涉及作物根区诸多土壤环境因素，目前膜下滴灌条件下土壤湿润区的确定问题、地膜对土壤湿润区的影响、地下咸水灌溉对膜下滴灌土壤水盐分布的影响等问题大多还没有解决或没有很好地解决。

4. 土壤水盐运移模型与模拟方法

土壤水盐运移模型的研究是在大量的实验和理论探索中进行的。土壤水盐运移模型可分为物理模型、宏观水盐平衡模型、确定性模型和随机理论基础模型。其中，确定性模型主要有对流弥散传输模型、考虑源汇模型、传递函数模型等(Parker et al., 1988)，以质量守恒和动量守恒定律为基础，由基本的对流-弥散方程及其辅助性方程组成，模型中的变量、边界及初始条件都是确定的，因此每次都能得到一组确定的解。确定性模型能较好地描述溶质在多孔介质中的运移机理，以及时间、空间对溶质运移的影响。

对流-弥散方程(CDE)的模拟模型考虑溶质在土壤中的对流弥散作用，有时也伴随着溶质被吸附与分解的过程。在 Nielsen 等(1986)的研究基础上，王全九(1993)、同延安和王全九(1998)发展了两区模拟，它是在对流-弥散方程(CDE)模拟模型的基础上，以物理非平衡模型(一部分水是运动的，一部分水是静止的)为依据，考虑土壤中不动水体影响的可动水-不动水模型。在两区模型中，van Genuchten 和 Lee(1988)更进一步，研究了溶质在可动水与不动水两孔隙中，且在两个区域间相互运移，考虑了可动水、不动水区的作用及相互影响，更为切合实际。

Nielsen 和 Genuchten(1986)提出考虑汇源项(土壤矿物分解、植物吸收、养分还原、放射性衰减、沉淀)的饱和土壤溶质迁移数学模型，综合考虑了土壤中溶质迁移的各种现象(黄冠华等，1995)，反映了土壤溶质迁移的物理、化学、生物等过程，更为完善。半解析模型以对流-弥散方程为基础，假定不存在溶质吸附和交换及最初为矩形脉冲的溶质流，可获得土壤溶质的分布(Katerji et al., 2000)。

基于土壤参数的空间时间变异性，又发展了随机对流-弥散传输模型和随机函数模型。随机理论模型考虑了土壤的空间变异性及水分、盐分运移的随机性。传递函数模型是以溶质运移时间为随机变量的一个随机传输模型，将溶质在土壤孔隙中的复杂运动作为随机过程来处理。对于一个确定的溶质运移过程，总可以通过随机变量定义的联合概率密度函数来描述，条件密度函数体现了研究土体内复杂运移机制及其溶质运移过程的作用和影响。该模型的最大特点是便于考虑空间变异性及土壤各向异性问题，对田间溶质迁移研究是十分方便的。

土壤水盐运移的求解方法主要有两种，即解析或半解析法和数值计算法。解析法计算式的物理概念明确，通过分析各有关因素的影响，可得到较精确的结果。刘亚平(1985)根据 Darcy 定律水分方程求解了稳定蒸发条件下的土壤水分和盐分一维运移的解析解，与实测结果吻合较好，但是该方法只适于求解特定的初始和边界条件下的确定性数学模型。由于土壤水盐运移基本方程的非线性、土壤的非均质性及初始、边界条件的复杂性，用解析法求解一般条件下的土壤水盐运移是很困难的。因此，目前数值计算还是最有效的方法。

7.1.3　区域水盐问题

以流域为基本单位的区域水盐运移的特点是以水盐平衡为基础，从盐分的各种来源表示水盐变化，进行盐渍化的预报，使人们对复杂的大范围水盐运移的认识进一步深化和定量化。区域水盐运移研究的成果相对较少，主要是因为区域的空间变异大，直接受气候，尤其是人类活动影响，区域与区域之间的差异也很显著。区域水盐运移为宏观结果，与微观的水盐运移研究相比，它只能提供区域的总体信息(黄领梅和沈冰，2000)。徐力刚等(2004)指出，以流域为单位的水文盐渍化研究使人们对复杂的大范围水盐运移的认识进一步深化和定量化，但是大部分研究是在某些具体条件和专门目标下建立的，需要大量的监测数据，缺乏普遍性和一般性的指导意义。

20 世纪 70 年代至今，石元春等(1986)系统研究了半湿润季风气候区黄淮海平原的水盐动态特点，提出了黄淮海平原的水均衡方程和模型，并提出了小流域或县级为单位划分区域水盐运移类型的原则、方法和不同条件下的水盐调节管理模式。1984 年，他们在曲周县建立了一个较为完善的区域水盐监测系统，以及一个区域水盐监测预报体系(PWS)(李保国等，2003)。黄运祥和何建坤(1990)运用系统工程方法对区域水盐运移进行系统研究，并在新疆塔里木盆地和焉耆盆地做了有效尝试。1992 年，石元春(1992)教授系统地介绍了"区域水盐运动监测预报体系"的研究目的、理论依据、服务对象及其结构体系。同年，张蔚榛和杨金忠(1992)根据水盐均衡原理提出了一种简单的区域水盐运移预测预报方法。近年来，围绕着大型灌区或大小流域的水盐平衡，姜卉芳等(2000)以焉耆盆地为例探讨了水盐平衡模型的率定与检验。李少华和秦胜英(2000)探讨了可视化程序设计在塔里木河流域和田子项目区水盐平衡研究中的应用问题。

姚荣江和杨劲松(2007)运用电磁感应仪(EM38 和 EM31)及其移动测定系统，结合 GIS 和地统计学方法，研究了黄河三角洲典型地块土壤盐分与磁感表观电导率间的响应关系，分析了表观电导率的空间变异特征，并对土壤盐分空间分布进行了定量评价。买买提·沙吾提等使用加拿大卫星雷达影像(Radarsat SAR)与陆地资源卫星影像(Landsat TM)进行主成分融合，提取了干旱区绿洲盐渍土地及其空间分布信息。研究发现，盐渍土地主要分布在绿洲和沙漠之间的交错带，盐渍地的分布在绿洲内部呈条形状分布，而在绿洲外部呈片状分布，且绿洲外部重度盐渍地交错分布在中轻度盐渍地中。

7.1.4 民勤绿洲土壤水盐问题研究现状

　　民勤绿洲土壤盐渍化问题的研究始于 1969 年，甘肃省水电设计院三总队在民勤绿洲进行了土壤盐渍化调查工作，认为当时民勤绿洲的土壤盐渍化属于蒸发型积盐，并主要分布在湖区。1979 年，该机构对绿洲区土壤盐渍化进行了二次调查，详细评价了该区土壤盐渍化，为民勤绿洲土壤盐渍化早期研究工作奠定了基础。20 世纪 80 年代以来，由于民勤绿洲地下水位持续下降，土壤盐渍化现象趋缓，针对这一问题的研究也随之减少。魏怀东等(2007)对土地利用的空间变化进行了分析，高志海等(1998)将民勤盐渍化土地划分为三类，绿洲外缘耕种的土地大部分属于轻度盐渍化土地，因为其土地生产力普遍下降，灌水蒸干后，盐分普遍上涨，0～30cm 土壤盐分含量均在 0.5%～1%；中度、重度盐渍化土地属于不能耕种的土地，0～30cm 土壤盐分含量在 1%以上。

　　1977～1993 年，民勤县因盐渍化弃耕地为 2.88 万 hm^2，到 1998 年各类盐渍化土地达到 19.49 万 hm^2。2001 年，为了查明石羊河流域土壤含盐量变化特征，王琪等(2003)系统地采集了石羊河上游至下游未耕作土壤样品进行化学分析，结果表明，土壤中阳离子，如 Ca^{2+}、Mg^{2+}、$K^+ + Na^+$的含量具有明显的波动升高趋势，特别是民勤县邻近沙漠的地区，土壤含盐量显著增高，可达 12.9～17.1g·kg^{-1}，土壤盐渍化非常严重。杨永春(2003)根据社会调查结果资料分析了民勤绿洲土壤盐渍化动态，结果表明 20 世纪 70 年代之前，民勤盆地土壤盐渍化属于蒸发型积盐，主要分布在湖区，之后民勤县大部分地下水位下降到 3m 以下，大规模开采地下咸水进行农业灌溉，导致盐分从深处提到地表，造成土壤盐分的人为再分配，次生盐渍化成为民勤绿洲土壤盐渍化的主导类型。这种盐渍化分布有下列特点：①由原来斑块状发展为面状；②分布与地下水质方向一致，咸水灌后，土壤盐分含量迅速增高，面积由北向南逐年扩大；③盐渍化类型仍然以硫酸型和氯化物-硫酸型为主。由于民勤湖区主要用浅层咸水灌溉，几乎全部耕地都有不同程度的盐渍化，植被有向盐生植被系列转化的趋势。汪杰等(2006)、张晓伟等(2005)对民勤绿洲 20 世纪 50 年代至 2000 年土壤盐渍化的成因、分布、分类、演化过程进行了简要阐述。李小玉等(2004)对 1986 年和 2000 年 TM 影像数据的研究表明，2000 年民勤绿洲盐碱地较 1986 年减少了 3%。2006 年，李小玉等(2006)根据野外实际调查资料及社会经济统计资料，按照作物灌溉定额为7500m^3·hm^{-2}计算，估算了民勤绿洲每年因灌溉滞留在土壤耕作层的盐分质量，

1987 年为 $1.20 \times 10^7 t$，2001 年达到 $2.07 \times 10^8 t$，两个时期的平均滞盐量分别为 16.7t·hm^{-2} 和 18.9t·hm^{-2}，并指出地下水矿化度的升高，使得耕地土壤盐渍化加剧，生产力大大降低，甚至被迫弃耕，直接影响到了民勤绿洲的存亡。韩惠等 (2006)利用 TM 影像资料对民勤绿洲 1987～2000 年盐渍化土地的变化进行了研究，发现民勤绿洲地区的盐渍化土地 1987 年以来有减少趋势，2000 年达到最低，并对盐渍化土变迁与地下水位相关性进行了研究。

研究区民勤位于阿拉善高原与河西走廊之间的褶皱带东段，属石羊河流域下游。民勤绿洲耕地面积仅 6.0 万 hm^2，占全县总面积的 3.8%，是全县农业生产的主要场所。由于民勤受人类活动影响很大，选择该区域进行人工灌溉绿洲盐碱动态变化研究对西北荒漠绿洲利用保护意义重大。

7.2　民勤绿洲地下水及土壤特征

7.2.1　民勤绿洲地下水水位变化特征

1. 年际水位动态

根据民勤县地下水监测井 1999～2008 年地下水埋深逐月变化数据(表 7-1)，分析水埋深变化过程可以看出，10a 间，民勤绿洲平均地下水埋深由 1999 年的 15.98m 增大到 2008 年的 20.89m，地下水埋深呈逐年增大的趋势，平均增幅达 0.55m·a^{-1}。1999 年，地下水埋深为 10～20m 的地区占全绿洲区总面积 38.5%，地下水埋深为 20～30m 的地区占 36.5%，至 2008 年，地下水埋深为 10～20m 与 20～30m 的地区已分别占绿洲区总面积的 15.4%和 59.6%，同时，埋深为 30～40m 的地区占 11.5%。

表 7-1　1999～2008 年地下水埋深数据统计分析表

年份	平均值/m	最小值/m	最大值/m	中间值/m	增大速率 /(m·a^{-1})	平均增幅 /(m·a^{-1})
1999	15.98	2.09	28.51	17.23	—	
2000	16.87	2.32	30.47	17.79	0.89	
2001	17.32	2.38	30.47	18.98	0.45	
2002	17.73	2.43	32.25	19.29	0.40	
2003	18.60	2.46	32.71	20.48	0.87	0.55
2004	19.21	2.57	33.75	21.14	0.61	
2005	19.78	3.10	33.14	22.03	0.57	
2006	20.55	3.25	34.63	23.18	0.76	
2007	20.35	3.41	34.53	22.92	-0.19	
2008	20.89	3.61	32.41	25.03	0.54	

民勤绿洲已经形成多处明显的地下水漏斗群。在坝区县城以南、泉山区红沙梁以西、湖区西渠镇玉成和出薛村存在4个较大的漏斗群,以地下水埋深在28~35m为界,总面积达1.4万hm²,其中坝区的漏斗面积最大,涉及坝区4个乡镇的近50个村,面积1.03万hm²,漏斗中心水位平均每年下降1.4m。

民勤绿洲地下水位降幅存在明显的空间变化特征,地形地貌、开采条件、水文地质状况不同,地下水埋深也不同(图7-1)。坝区和泉山区地下水位波动较湖区剧烈,持续下降速度快。十年间地下水埋深增幅大于10m,最大增幅达14.4m(三雷镇三新村);湖区地下水埋深增大速度整体较缓,增幅为2~5m,最大增幅7.9m。这是近年来湖区人口迁移政策使湖区人口密度逐渐降低,地下水开采程度有所放缓所致。坝区和泉山区人口较湖区稠密、灌溉面积也较大,周期性的大量抽水,使地下水位持续下降速度加快。

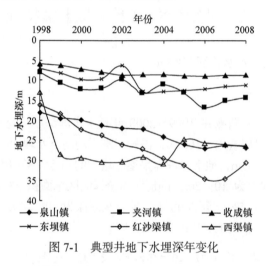

图 7-1　典型井地下水埋深年变化

2. 年内水位动态

民勤绿洲地下水位年内的动态变化,具有在开采灌溉期(4~11月)水位持续下降,在非灌溉期(11月至次年3月)水位抬升的特点。由于开采量大于补给量,地下水位在年内出现亏缺的状态。水位最低点普遍出现在7~8月,各地平均水位埋深为22.33m,水位最高点出现在1月,各地平均水位埋深为18.02m(图7-2)。

地下水严重超采是民勤绿洲地下水位下降的直接原因。民勤绿洲区从20世纪60年代中期开始开发地下水,70年代在全区范围内出现了盲目打井的现象。1965年民勤盆地仅有162眼井,1995年全流域已有14200眼井(含300m的深井250眼),总开采量达$1.2 \times 10^9 m^3$,地下水年超采$4.0 \times 10^8 m^3$,在一定程度上加剧了地下水位的持续下降。2004年,石羊河流域水资源总量利用率达154%,直接导致红崖山水库向下游下泄水量的减少。

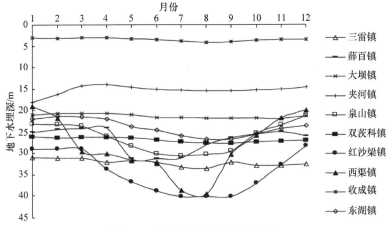

图 7-2　典型井地下水埋深月变化

7.2.2　民勤绿洲地下水水质空间分布特征

1. 民勤绿洲地下水水质水平分布特征

根据民勤县水务局提供的全县 8000 眼生产井地理坐标、井深、井水位等信息，选择井深 100m 的典型生产井 30 眼，采集水样测定水质 TDS 和离子含量，研究区地下水化学组成结果见表 7-2。

表 7-2　研究区地下水化学组成

灌区	采样点	离子含量/(mg·L⁻¹)							TDS /(mg·L⁻¹)
		HCO_3^-	Cl^-	SO_4^{2-}	Ca^{2+}	Mg^{2+}	Na^+	K^+	
坝区	W1	167	48	200	71	32	50	2.7	570
	W2	176	53	213	55	33	73	3.9	606
	W3	126	29	150	41	14	62	2.3	424
	W4	302	105	458	98	68	138	5.9	1172
	W5	216	190	764	207	67	197	3.5	1644
	W6	92	88	188	38	15	90	6.0	517
泉山区	W7	267	93	307	97	40	109	7.0	921
	W8	257	100	331	97	53	105	8.2	951
	W9	107	334	752	101	55	376	5.9	1730
	W10	353	369	880	219	129	295	9.0	2254
湖区	W11	418	114	325	112	65	143	7.2	1184
	W12	563	876	1470	384	196	590	5.1	4085
	W13	694	1566	3057	265	442	1592	9.9	7626
	W14	689	2906	6334	438	1043	2655	33.6	14099

根据水化学分析结果(表 7-2),民勤绿洲地下水阴离子(Cl^-、HCO_3^-、SO_4^{2-})中 SO_4^{2-} 的含量最高,平均为 $1102mg \cdot L^{-1}$;HCO_3^- 的含量最低,平均为 $316mg \cdot L^{-1}$。阳离子(Ca^{2+}、Mg^{2+}、Na^+、K^+)中 Na^+ 的含量最高,平均为 $463mg \cdot L^{-1}$;K^+ 的含量最低,平均为 $7.9mg \cdot L^{-1}$。Ca^{2+} 的平均含量为 $159mg \cdot L^{-1}$,变异系数为 0.8,说明它在地下水中的含量相对比较稳定,而 Cl^- 和 Mg^{2+} 的平均含量分别为 $491mg \cdot L^{-1}$ 和 $161mg \cdot L^{-1}$,变异系数分别为 1.66 和 1.72,说明这两种离子在地下水中含量的变幅较大。

民勤绿洲地下水矿化度介于 $0.43 \sim 14.78g \cdot L^{-1}$(图 7-3),平均为 $3.74g \cdot L^{-1}$。沿地下水水流方向(西南至东北),地下水矿化度总体上呈现增加的趋势,其中 SO_4^{2-} 和 Na^+ 的含量增加趋势最明显,离东北方向越近,其含量越高。从表 7-2 中可以看出,坝区和泉山区南部大部分地下水(表 7-2 中 W1～W8)属于 $SO_4^{2-} \cdot HCO_3^-$-Na^+ 或 $SO_4^{2-} \cdot HCO_3^-$-Ca^{2+} 型水,为淡水-微咸水带,SO_4^{2-} 和 HCO_3^- 平均占阴离子总量的 86%,Na^+ 和 Ca^{2+} 平均占阳离子总量的 81%,TDS(可溶解固体总量)为 $0.42 \sim 1.64g \cdot L^{-1}$。泉山区北部和湖区南部大部分地下水属于 $SO_4^{2-} \cdot Cl^-$-$Na^+ \cdot Ca^{2+}$ 型水,为微咸水带,SO_4^{2-} 和 Cl^- 平均占阴离子总量的 75%,Na^+ 和 Ca^{2+} 平均占阳离子总量的 82%,TDS 为 $1.18 \sim 4.09g \cdot L^{-1}$。湖区东部和北部地下水样属于 $SO_4^{2-} \cdot Cl^-$-$Na^+ \cdot Mg^{2+}$ 型水,为咸水-苦咸水带,SO_4^{2-} 含量达 61%,Cl^- 含量达 29%,TDS 为 $7.63 \sim 14.10g \cdot L^{-1}$。

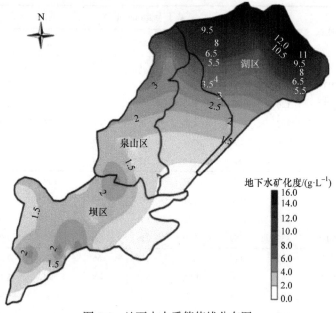

图 7-3　地下水水质等值线分布图

民勤绿洲地下水化学成分中阳离子 Na^+、阴离子 Cl^- 和 SO_4^{2-} 占绝对优势的特点反映了干旱炎热条件下地下水构成的普遍特征，陈功新等(2008)在对公婆泉盆地地下水的研究中也发现了类似的规律。石培泽等(2004)对民勤地下水水化学特征进行了模拟，认为民勤地下水形成于山区，沿途经历了强烈的蒸发浓缩作用，形成了浅层高矿化盐水，水化学沿水流路径以 Ca^{2+}、Na^+、SO_4^{2-}、Cl^-、HCO_3^- 含量升高为主要特征，水质不断恶化。他同时分析发现，Na^+ 主要来自斜长石等含矿物质的风化溶解，HCO_3^- 主要来源于钙长石($CaAl_2Si_2O_8$)、白云石、泥灰石等的碳酸盐类沉积物，SO_4^{2-} 主要来自民勤绿洲地下泥质岩层中普遍存在的石膏的溶解。此外，绿洲部分区域的大量芒硝也成为地下水中 SO_4^{2-} 和 Na^+ 的主要来源。刘文杰等(2009)分析，民勤绿洲地下水中 Ca^{2+} 含量的逐渐增大主要受石羊河对民勤放水的影响。地下水在由南向北径流补充过程中发生了强烈的水岩(钙长石和水)作用，另外，泥质岩层中石膏的溶解也导致了 Ca^{2+} 含量的增加。

赵华等(2004)的研究结果表明，20 世纪 70 年代至 2004 年，民勤绿洲地下水 TDS 呈现出逐年升高的趋势(图 7-4)。其中，坝区 20 世纪 70 年代 TDS 较 60 年代上升 10%~50%，增加了 0.1~0.5g·L^{-1}；80 年代红崖山水库附近除小片零星的淡水分布外，其余大部分地区是 TDS 为 1.0~3.0g·L^{-1} 的微咸水，坝区西部 TDS 增加了 0.5~1.0g·L^{-1}，夹河、东坝一带 TDS 增加了 1.0~3.0g·L^{-1}，薛百南部一带 TDS 增加了 0.2~0.5g·L^{-1}；1991 年 TDS > 2.0g·L^{-1} 的水主要分布在夹河与东坝，而 2000 年这些地区不但连成了一片，而且还由苏武山西侧向西北扩展到了薛百镇一带。泉山区 20 世纪 70 年代大部分地区 TDS 较 60 年代增加了 0.1~0.5g·L^{-1}；红沙梁一带面积约 40km^2 的地区 TDS 由 2.0g·L^{-1} 上升到 3.0g·L^{-1} 以上；80 年代双茨科一带 TDS 增加值达 3.0g·L^{-1}，大滩、泉山及红沙梁一带 TDS 增加了 0.5~1.0g·L^{-1}，截至 1989 年，泉山区地下水 TDS 总体达到 2~4g·L^{-1}；90 年代全区 TDS 增加速度为 0.12g·L^{-1}。20 世纪 70 年代，湖区 TDS 增加值大于 1.0g·L^{-1}，也有个别地段地下水 TDS 下降，主要是湖区冲积扇上部河网密集区及河渠两侧 0.5km 范围以内的地区；80 年代收成镇地下水 TDS 增加值大于 1.0g·L^{-1}，西渠及湖区一带都超过 3g·L^{-1}；90 年代，湖区边缘地区 TDS 普遍高达 4~6g·L^{-1}，其北部局部地区甚至超过 10g·L^{-1}。与此同时，地下水 TDS 升高的范围也在逐渐扩大，咸水面积由东北向西南推进，淡水和微咸水的面积逐渐缩小，深层地下淡水也开始矿化。1979 年，民勤各灌区地下水 TDS 均小于 5g·L^{-1}，而 1990 年，湖区一带地下水 TDS 超过 5g·L^{-1} 的分布面积约 250km^2。

刘文杰等(2009)的研究结果表明，2005 年绿洲区薛百、大坝、大滩、红柳园(现泉山镇)、红沙梁和西渠地下水 TDS 比 2002 年分别增加了 67%、20%、81%、18%、3% 和 6%，但 2008 年则比 2005 年分别降低了 35%、34%、71%、32%、

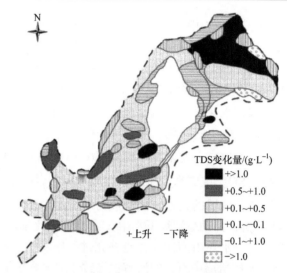

图 7-4　20 世纪 70 年代至 2004 年民勤绿洲地下水 TDS 变化量

8%和 5%。这说明 2005 年以后，各级地方政府针对石羊河流域水资源问题实施的一系列措施起到了一定的积极作用，随着红崖山水库储水量的增加，绿洲区地下水水质有了较好的改善。

20 世纪 70 年代至 2004 年，在民勤绿洲，地下水开采破坏了地下水含水层的压力均衡，造成了湖区以北上层苦咸水的越流补给，并且在灌溉活动使地下水反复消耗和浓缩的基础上，该区大部分地下水 TDS 逐年上升，伴随开采深度的不断增大向中部泉山区扩散，最终导致地下水水质急剧恶化。2005 年以来，石羊河分水计划、引黄民调工程等措施逐步实施，并在一定程度上向湖区倾斜(如红崖山水库每年下泄淡水量中有 53%直接抵达湖区)，使得湖区水质 TDS 逐渐回落，这一趋势将对未来整个民勤绿洲区地下水水质动态产生积极的影响。

2. 民勤绿洲地下水水质垂直分布特征

民勤绿洲地下水水质存在着垂直分异性，地下水 TDS 随深度的增加呈现出阶梯状递减的趋势。伴随着地下水由南至北的流动，水质垂直分布表现出明显的地区差异，在南部水质较好的地区，浅层地下水接受了大量的渠系渗漏淡水补给，其 TDS 较低，地下水垂直分异性不明显；在北部湖区，浅层地下水 TDS 均值较高，地下水的垂直分异性非常明显。

民勤绿洲区地下水水质垂直分异性在形态上表现为全淡水型、上咸下淡型、上淡下咸型及全咸水型。其中，全淡水型主要分布在民勤绿洲南部和中部并与上咸下淡型水相互穿插；上咸下淡型分布在民勤绿洲大部分地区；上淡下咸型水主要分布在收成镇附近，但面积不大，随着时间的推移，逐渐消失；全咸水型主要分布在北部和东部。

7.2.3　民勤绿洲土壤水盐分布特征

1. 民勤绿洲土壤含水量分布特征

2010 年 9 月中旬～10 月下旬，在农田休闲期(秋收后、秋耕冬灌之前)采集绿洲区土样，用烘干称重法测定土壤质量含水量，并用 DDS-308A 型电导率仪测定 1∶5 土水比(体积比)土壤浸提溶液电导率($EC_{1:5}$，单位：$dS \cdot m^{-1}$；在一定浓度范围内，土壤水溶液的含盐量与电导率呈正相关关系，可以直接用电导率的数值来表示土壤含盐量的高低，除特别说明外，本书所有土壤含盐量用 $EC_{1:5}$ 表示)。运用 Surfer 软件绘制土壤水分三维分布特征图，如图 7-5 所示，可以看出，受土壤岩性影响，0～40cm 土层土壤含水量在整个研究区呈现一定的波动性。

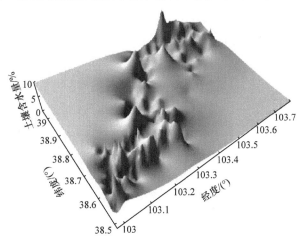

图 7-5　研究区 0～40cm 土壤含水量分布

根据区域水盐信息采样结果，水盐信息统计特征参数列于表 7-3。按一般对变异系数 C_v 值的评估，当 $C_v < 0.1$ 时，称弱变异，$0.1 \leqslant C_v \leqslant 1.0$ 为中等变异，$C_v > 1.0$ 属于强变异。从表 7-3 土壤含水量 θ、土壤浸提溶液电导率的变异系数可知，研究区土壤含水量属于中等变异($C_v = 0.58$)，$EC_{1:5}$ 属于强变异($C_v = 1.12$)，土壤盐分的变异情况远大于土壤水分的变异。

表 7-3　土壤水盐调查数据统计分析表

测项	样本容量	最小值	最大值	均值 μ	方差 δ^2	标准差 S	变异系数 C_v	偏度系数 C_s	峰度系数 P_c
θ/%	209	0.46	15.51	5.39	9.84	3.14	0.58	0.63	0.00
$EC_{1:5}$ /(dS·m^{-1})	209	0.07	5.99	0.81	0.83	0.91	1.12	2.04	5.35

2. 民勤绿洲土壤含盐量空间分布特征

受地貌、水文地质条件、土壤质地等因素的影响，民勤绿洲的盐渍土呈散点状分布(图 7-6)。北部湖区盐化程度高于南部，重盐渍化区与低洼地分布一致，呈斑块状分布，土壤盐分表聚作用强烈。沿坝区至湖区，土壤浸提溶液电导率从 $0.07\mathrm{dS} \cdot \mathrm{m}^{-1}$ 增加到 $5.99\mathrm{dS} \cdot \mathrm{m}^{-1}$，从非盐渍化土过渡为中度盐土。坝区 $EC_{1:5}$ 在 $0.087\sim2.84\mathrm{dS} \cdot \mathrm{m}^{-1}$，除夹河部分地区出现含盐量高值区外，非盐渍化和轻度盐渍化土($EC_{1:5} < 2.0\mathrm{dS} \cdot \mathrm{m}^{-1}$)的区域占整个坝区面积的 94.5%(图 7-7)。泉山区 $EC_{1:5}$ 在 $0.16\sim2.91\mathrm{dS} \cdot \mathrm{m}^{-1}$，呈现出明显的过渡性特点，非盐渍化土与盐渍化土交替分布，互相影响，在一定条件下，非盐渍化土极易发生盐渍化。湖区盐渍化土分布较为广泛，由洪积扇前缘收成镇大部和西渠镇南部地区的非盐渍化土及盐渍化土演变为北部西渠镇和东部东湖镇一带的轻盐渍化土及志云村、正新村以北的中度盐渍化土，平均 $EC_{1:5}$ 达 $1.27\mathrm{dS} \cdot \mathrm{m}^{-1}$，盐渍化土($1.0\mathrm{dS} \cdot \mathrm{m}^{-1} < EC_{1:5} < 4.0\mathrm{dS} \cdot \mathrm{m}^{-1}$)占湖区总面积的 39.2%，中度盐渍化土($EC_{1:5} > 4.0\mathrm{dS} \cdot \mathrm{m}^{-1}$)占 2.7%。

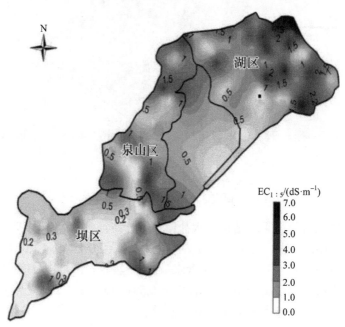

图 7-6　研究区土壤浸提溶液电导率分布

3. 民勤绿洲盐渍土分类

本节主要以 0~40cm 土层平均土壤浸提溶液电导率作为划分土壤盐渍化积蓄的指标，参考《土壤农化分析》(鲍士旦，2008)和《国土工作手册》(王忠贤，1988)两书中土壤盐渍化的分级标准，将民勤绿洲盐渍化土划分为五种类型，见表 7-4。

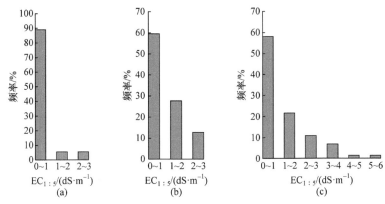

图 7-7　坝区、泉山区、湖区土壤浸提溶液电导率频率直方图

(a) 坝区；(b) 泉山区；(c) 湖区

表 7-4　土壤盐渍化分级表

$EC_{1:5}/(dS \cdot m^{-1})$	盐渍化类型
0～1.0	非盐渍化土
1.0～2.0	轻度盐渍化土
2.0～3.0	中度盐渍化土
3.0～4.0	强度盐渍化土
4.0～8.0	中度盐土

非盐渍化土广泛分布于地势相对较高的各乡(镇)灌淤土、潮土及各级渠道旁土壤中，占整个绿洲区总耕地面积(仅包括坝区、泉山区、湖区灌区面积)的73.04%。0～40cm 土层土壤平均 $EC_{1:5}$ < 1.0dS · m^{-1}，土壤含盐量较低，土壤化学类型以硫酸盐型土为主，只在底土层形成石膏沉积。该类土壤大多是民勤绿洲的高产田，适合种植各类作物。

轻度盐渍化土在坝区主要分布在薛百镇石羊河林场、夹河的东部和南部及东坝镇东部和东南部地区，在泉山区和湖区分布面积较广，几乎各个乡镇都有分布，面积占整个绿洲区总耕地面积的 15.22%。0～40cm 土层土壤 $EC_{1:5}$ 为 1.0～2.0dS · m^{-1}，属硫酸盐型土。

中度盐渍化土 0～40cm 土层土壤 $EC_{1:5}$ 为 2.0～3.0dS · m^{-1}，主要分布在湖区西渠镇南部、东湖镇中部以及收成镇的东南部，在泉山区和坝区也有零星分布，但面积相对较小。中度盐渍化土地面积占整个绿洲区总耕地面积的 8.70%。0～40cm 土层土壤含盐量较高，以下各层分布较均匀。作物种植期 0～100cm 土层土壤盐分含量较低，农田休闲期则出现盐分表聚现象。

强度盐渍化土占整个绿洲区总耕地面积的 2.17%，主要分布在湖区西金、附智、盈科、西辰、红英等村。强度盐渍化土俗称"腐土"，干燥时膨胀，沾水即泥泞不堪，属硫酸盐-氯化物型和氯化物-硫酸盐型土，较难利用。

中度盐土所占比例很小，仅占整个绿洲区总耕地面积的 0.87%，主要分布在湖区正新村和志云村，属氯化物型盐土，基本已大面积弃耕。

通过上述分类发现，灌溉水的化学类型与土壤盐分类型基本趋于一致。

7.2.4　民勤绿洲盐渍土成因分析

绿洲区盐渍化土壤的形成与当地自然地理条件密不可分，气候、地形地貌、地质、水文地质条件等自然因素是盐渍土形成的内在驱动力，不合理的灌溉及生态平衡的破坏等外部人为因素，是土壤盐渍化的主要诱因。概括起来，民勤绿洲土壤盐渍化主要受到下列因素的影响。

1. 气候条件

气候因素影响土壤盐分的季节性变化。一般情况下，3～4 月，民勤绿洲土壤开始解冻，随着气温的升高，土壤水分不断因蒸发而散失，由于降水稀少，淋洗作用极其微弱，土壤盐分随水分向地表迁移，土壤耕层开始集聚盐分。5～8 月，气温逐渐升高，降水集中在这一时期，加之农田作物灌溉补充土壤水分，土壤水分充足，土壤耕层盐分被淋洗向下层移动，耕层开始脱盐，进入脱盐期。9～11 月，气温降低，作物种植基本结束，地面裸露，蒸发加剧，土壤又开始出现一定积盐。12 月至次年 2 月进入封冻期，土壤冻结深度达几十厘米甚至 2m 以上，土壤在垂向上形成温差，在地温梯度影响下，土壤水从下面的高温区向低温区(冻结锋面)迁移，盐分随之向上运移，形成盐分浓度差异，水盐被抬升靠近地表，形成潜在盐渍化的孕育期，当低温区的盐分浓度达到饱和状态时，多余的盐分就开始结晶聚积，如此频繁交替进行。随着盐渍化过程的发展，土壤逐渐变成盐土。

2. 地形地貌的影响

民勤绿洲地处石羊河流域最下游，石羊河水源区祁连山因其风化壳尚处于含盐风化壳阶段，在洪水和经常性水流的作用下，土壤处于淋溶状态，溶解度高的氯化物-硫酸盐类多被淋洗和搬运，随水流运移。在向中、下游聚集的过程中，随着地势变缓，径流变慢，沿途土壤中的矿物盐类不断溶解于河水中，导致河水含盐量逐渐升高(红崖山水库以上河水的矿化度为 $0.5g \cdot L^{-1}$ 左右)，民勤绿洲自然而然成为石羊河流域的积盐场(石羊河来水过程中每年带入民勤盆地的水溶性盐类约 $1.5 \times 10^5 t$)。从局部地形来看，在绿洲洼地边缘及低洼地的局部高起处，因蒸发强烈，盐分极易聚集；从微地形上来看，在相对高起的微地形上，由于同时存在纵横方向的湿度差，水分由低处向高处运移，加之蒸发浓缩，积盐也较多。

3. 地质条件的影响

成土母质中的盐分是土壤盐渍化的源泉。民勤地区寒武纪-石炭纪曾被海水淹没，白垩-第三纪时已经形成湖泊，沉积了巨厚的火山岩、碎屑岩、碳酸盐岩、浅海相砂岩、泥灰岩等。第四纪初在喜马拉雅山脉运动影响下，区内原有湖泊再次下沉，接受了大量下更新统砂砾石、砂和黏土类物质。下更新世构造运动使祁连山上升并有冰川形成，中更新世祁连山再度上升，民勤地区相对下沉，由于气候转暖，融冰水巨大洪流促使河流水网形成，在县境南部汇入石羊河，北流注入民勤，古金川河也穿过走廊北山汇入本区，形成湖面远较历史时期为大的古终端湖，全新世后期气候趋于干燥，湖泊面积逐渐缩小，形成众多大小不一的小湖盆，其中盐湖就有白土井盐池、汤家海盐池、青山小湖、黄草湖、麻山湖、嘴头湖、头道湖等，化学沉积物以固体食盐和芒硝为主。在地质构造过程中，民勤绿洲周围形成由前震旦纪变质岩系、白垩纪砂岩、砾岩、泥岩及新第三纪红色砂岩、泥岩等组成的苏武山、狼刨山等孤立山丘，富含芒硝等盐类。这些岩石风化释放出来的易溶盐类随水进入绿洲内，为土壤盐渍化提供了物质条件。

土壤的物理性质及组合方式对包气带水盐运移也有显著影响。土壤质地不同，则土壤的孔隙状况不同，直接影响盐分的积累过程。民勤绿洲的土壤以粉砂质壤土为主，该类土毛管适中，毛管水上升速度快，上升高度也较大，土壤极易产生盐渍化。另外，民勤绿洲 0～2m 土层土壤中普遍存在一层或多层黏质土壤覆盖层，加剧了垂向影响因素的复杂性，黏质土壤一方面毛管过于细小，毛管水上升高度受到抑制，土壤不易受潜水蒸发影响，不易盐化，但另一方面，它又对洗盐排碱起阻滞作用，不利于土壤脱盐。

4. 水文地质条件的影响

20 世纪 70 年代以前，大水漫灌制度曾使民勤绿洲灌区地下水位居高不下，随季节的不同，地下水位大多处于 0.5～3.0m，地下水中的盐分随重力水积聚于土壤之中，又随强烈的潜水蒸发累积于地表，造成灌区大面积土壤次生盐渍化。零能量面以上地下水以毛细水的形式源源不断地通过中间带运移到土壤水带，并蒸发损失，水中的盐分滞留在土壤表层，产生土壤盐渍化，属典型的蒸发型积盐期。

20 世纪 70 年代中后期，大部分地区地下水位已降至 5m 以下，蒸发积盐的程度逐渐削弱，蒸发作用不再成为盐分上升的主要动力，大部分土壤耕层处于脱盐的状态(图 7-8)。由于气候干旱，淋溶微弱，积聚在土体中的盐分得以长期保留下来，其最大含盐量多位于土壤亚表层或心土层中。

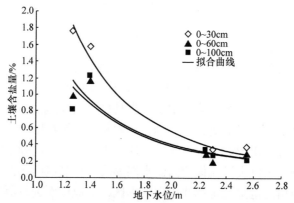

图 7-8　不同土层土壤含盐量与地下水位关系(张江辉，2010)

民勤绿洲 20 世纪 70 年代开始的大规模提灌打乱了地下水原有的平衡体系，反复提灌、淋洗的过程中，地下水位越来越低，地下水降落漏斗越来越深，不同区域不同水质的地下水在水压的作用下向地下水位低处汇集，重新分配，高矿化度地下水面积越来越大，土壤盐渍化程度越来越严重，最终形成了咸水灌溉型盐渍化土。大面积的高矿化度地下水区域使原来斑块状分布的盐渍化土壤逐渐发展成面状，并且由北向南逐年扩大。

表 7-5 为灌溉水质与土壤盐渍化类型关系表。灌溉水质与土壤盐渍化类型关系十分密切，地下水矿化度低时，土壤盐渍化程度轻，地下水矿化度高时，土壤盐渍化程度重。地下水化学类型与土壤盐分类型也趋于一致，湖区地下水化学类型以硫酸盐-氯化物型为主，湖区的土壤盐渍化类型以氯化物-硫酸盐型为主。

表 7-5　灌溉水质与土壤盐渍化类型关系

灌溉水质		土壤	
矿化度/(g·L⁻¹)	水化学类型	盐渍化程度	化学类型
<1	HCO_3^--Ca^{2+}·Mg^{2+}	非盐渍化土	碳酸盐-硫酸盐型
1～3	SO_4^{2-}·HCO_3^--Mg^{2+}·Na^+ SO_4^{2-}·Cl^--Na^+·Mg^{2+}	非盐渍化土或 轻度盐渍化土	硫酸盐型
3～5	SO_4^{2-}·Cl^--Na^+·Mg^{2+}	中度盐渍化土	硫酸盐型 氯化物-硫酸盐型
5～10	SO_4^{2-}·Cl^--Na^+·Mg^{2+} Cl^-·SO_4^{2-}-Na^+·Mg^{2+}	中度-强度盐渍化土 强度盐渍化土	氯化物-硫酸盐型 硫酸盐-氯化物型
>10	Cl^-·SO_4^{2-}-Na^+·Mg^{2+}	盐土	氯化物型

5. 人类活动的影响

民勤绿洲灌溉农业的发展，直接导致区域地表水与地下水水量、水质的不利变化。绿洲农业发展对水资源的开发利用，加强了人为因素对水资源转化过程的干预，形成了基于绿洲农业开发的地表水与地下水转化关系(图 7-9)，从而使地表水与地下水之间的转化关系变得更加频繁和复杂(高前兆等，2004)。

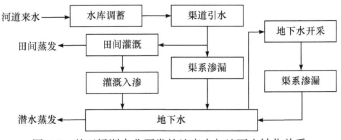

图 7-9　基于绿洲农业开发的地表水与地下水转化关系

人为活动影响下，盐分天然的迁移聚集规律发生改变，灌区引水、提水、灌水和排水等各种人为用水方式将地表径流或地下径流中的盐分带入农区，同时随渠系渗漏、田间入渗聚集于土壤或溶于土壤水中，间或以洗盐或排水的形式渗入地下水或排入非农区(图 7-10)。

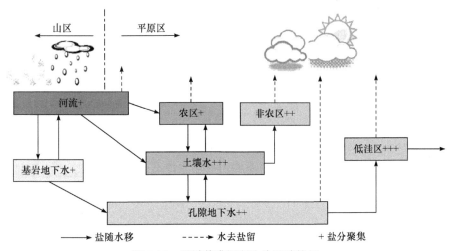

图 7-10　干旱荒漠绿洲盐分迁移特征

由于缺乏地表淡水灌溉，农民在新开发的土地上大量发展井灌，将大量高矿化度咸水提到地面发展灌溉，使土壤含盐量迅速增加，加之相应的水利工程措施不完善，致使局部地区水文地质发生变化，从而造成土壤盐渍化。

总之，民勤绿洲地下水位在 2000 年以来总体呈逐年下降的趋势，年均降幅达 0.55m；在《石羊河流域重点治理规划》等政策措施的影响下，2005 年、2007 年和 2008 年地下水位降幅均呈现减小趋势，并在 2007 年首次出现 0.01m 的回升，说明一系列改善水资源及环境政策的实施，对遏制地下水位的持续下降起到了一定的积极作用；坝区和泉山区地下水位年均降幅较湖区分别高 0.23m 和 0.52m，下降速度明显快于湖区。同时，在四个较大的地下水降落漏斗群中，坝区的漏斗面积最大，漏斗中心水位平均每年下降 1.4m；地下水埋深越深的地区，年内地下水位变幅越大，地下水位受人为开采的影响也越大；整个绿洲区地下水平均矿化度为 3.34g·L^{-1}，地下水矿化度的高低和各离子成分含量的变化与距离补给源的远近有关，距离地下水补给源区越远，地下水矿化度越大，SO_4^{2-} 和 Na^+ 的离子含量也越大，沿地下水流动方向，由坝区和泉山区南部的 $SO_4^{2-} \cdot HCO_3^-$-Na^+ 或 $SO_4^{2-} \cdot HCO_3^-$-Ca^{2+} 型淡水–微咸水逐渐变为湖区的 $SO_4^{2-} \cdot Cl^-$-$Na^+ \cdot Mg^{2+}$ 咸水–苦咸水；大规模的地下水开采与反复利用是过去几十年地下水位逐年下降与水质矿化度逐年上升的主要原因，随着一系列水资源利用政策措施的调整实施，地下水环境有望得到改善。

通过采样分析发现，绿洲区土壤水分受土壤岩性影响，0～40cm 土层土壤含水量在整个研究区呈现出一定的波动性，土壤含水量属于中等变异强度(C_v = 0.58)，其变异情况远小于土壤盐分(C_v = 1.12)的变异情况；绿洲盐渍土呈散点状分布。同时，北部湖区盐渍化程度明显高于南部，重盐渍化区与低洼地分布一致，土壤盐分表聚作用强烈。从坝区至湖区，土壤浸提溶液电导率从 0.07dS·m^{-1} 增加到 5.99dS·m^{-1}，从非盐渍化土过渡为中度盐土；根据土壤盐渍化的分级标准，将民勤绿洲盐渍化土划分为五种类型，其中非盐渍化土占整个绿洲区总耕地面积(仅包括坝区、泉山区、湖区灌区面积)的 73.04%，说明绿洲的盐渍化程度尚未达到影响大面积农业生产的地步，但由于轻度盐渍化土、中度盐渍化土分别占 15.22%和 8.70%，故治理与预防土壤进一步盐渍化的任务依然较重；分析认为，除本身所处地理、气候环境对民勤绿洲区土壤盐分本底值产生较大影响外，水文地质条件辅以人类活动引起的土壤次生盐渍化是民勤绿洲当前土壤盐渍化形成的主要因素。

7.3　节水灌溉方式下民勤绿洲土壤水盐运移规律

民勤绿洲主要农作物包括小麦、玉米等，主要经济作物包括棉花、油料(主要为胡麻籽)、大麻、葵花、茴香、辣椒、洋葱及瓜类(主要为白兰瓜、籽瓜)等。根据 2008 年民勤绿洲主要作物种植结构，综合考虑该地区生态、社会和经济效益目标，结合实际调查，选取小麦、玉米和棉花作为农田土壤水盐运移研究的作物背景。三种作物在民勤绿洲区的种植比例分别为 17.06%、10.37%和 35.52%。

根据民勤绿洲地区的实际应用情况：2008 年，畦灌占绿洲灌区总配水面积的 75%以上，沟灌占 20%以上，其他灌溉方式不到 5%，结合 2010 年实际推广情况，选取畦灌、膜垄沟灌和膜下滴灌作为农田土壤水盐运移研究的节水灌溉方式。通过研究民勤绿洲典型灌区节水灌溉方式下不同灌水量、不同水质及土壤条件下的土壤水盐运移规律、盐分动态，为进行大尺度面上土壤水盐运移动态研究提供试验基础。

试验地海拔 1347m，多年平均气温 7.8℃，多年平均降水量 110mm，多年平均蒸发量 2644mm。地下水矿化度为 0.92g·L^{-1}，埋深在 18～25m 波动，0～120cm 土层土壤平均含盐量 0.19%，平均土壤干容重 1.54g·cm^{-3}，孔隙度 44.16%，田间最大持水量为 36.41%，凋萎系数为 7.65%，土壤透水性能中等。

春小麦畦灌、玉米膜垄沟灌、棉花膜下滴灌试验区布局见图 7-11。2010 年分层采集试验区原状土样，分析其土壤肥力及盐分特性，结果见表 7-6 和表 7-7。春小麦畦灌试验区 0～30cm 土层土壤以砂壤土为主，干容重 1.51g·cm^{-3}；30～60cm 土层以壤土为主，质地较均一，干容重 1.53g·cm^{-3}；60～80cm 土层土壤以黏土为主，黏粒增多，粒径在 0.5～2.0mm，有胶泥质夹杂少量腐殖质，土质不均，干容重 1.67g·cm^{-3}；80～100cm 土层土壤与表层一致，以砂壤土为主，干

图 7-11　试验基地及节水灌溉试验区布局

容重 1.55g·cm^{-3}；100cm 以下土层为砂土，干容重 1.41g·cm^{-3}。玉米膜垄沟灌试验区以垄面向下，0～60cm 土层土壤以砂壤土为主，干容重 1.55g·cm^{-3}；60～100cm 土层存在黏土夹层，质地均一，以黏土为主，干容重 1.63g·cm^{-3}；100cm 以下土层为砂土，干容重 1.46g·cm^{-3}。棉花膜下滴灌试验区 0～40cm 土层以壤土为主，干容重 1.57g·cm^{-3}；40～70cm 土层以砂壤土为主，干容重 1.54g·cm^{-3}；70～100cm 土层以黏土为主，干容重 1.60g·cm^{-3}；100cm 以下土层为砂土，干容重 1.40g·cm^{-3}。

表 7-6　试验区土壤肥力特性

土层深度 /cm	有机质含量 /%	全氮含量/%	全磷含量/%	全钾含量%	碱解性氮含量 /(mg·kg^{-1})	速效磷含量 /(mg·kg^{-1})	速效钾含量 /(mg·kg^{-1})
0～20	0.70	0.058	0.12	1.75	28.90	19.02	140
20～40	0.73	0.056	0.11	1.75	26.10	4.01	140
40～60	0.51	0.058	0.12	1.75	17.50	1.72	140
60～80	0.24	0.025	0.09	1.50	10.20	3.67	70
80～100	0.23	0.024	0.11	1.50	11.10	3.32	90
100～120	0.33	0.037	0.09	1.50	11.90	5.04	100

表 7-7　试验区土壤盐分特性

| 土层深度/cm | 土壤盐分含量/(g·kg^{-1}) | | | | | | | | | pH |
	CO_3^{2-}	HCO_3^-	Cl^-	SO_4^{2-}	Ca^{2+}	Mg^{2+}	K^+	Na^+	全盐	
0～20	0.14	0.45	0.03	0.13	0.10	0.11	0.05	0.20	1.21	8.92
20～40	—	0.48	0.06	0.30	0.04	0.16	0.03	0.39	1.45	7.45
40～60	0.03	0.50	0.09	0.50	0.04	0.22	0.03	0.48	1.89	8.05
60～80	0.03	0.38	0.10	0.68	0.03	0.27	0.03	0.36	1.88	7.97
80～100	0.02	0.38	0.12	0.90	0.03	0.31	0.03	0.40	2.19	7.79
100～120	—	0.36	0.18	1.04	0.04	0.36	0.03	0.61	2.61	7.60

　　作物生育期降水量、水面蒸发量、温度、湿度、日照及风速风向等气象要素从试验站气象观测场获得，2010 年作物全生育期内降水量见图 7-12。

7.3.1　春小麦畦灌土壤水盐分布

1. 试验设计

　　春小麦参试品种为民勤县主栽品种"永良四号"，每公顷下种量 450kg，全生育期 112d。试验按不同灌溉水矿化度设 5 个处理，分别为 0.9g·L^{-1}、2.0g·L^{-1}、3.0g·L^{-1}、4.0g·L^{-1}、5.0g·L^{-1}，每个处理设 3 次重复，共 15 个小

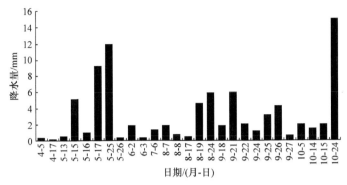

图 7-12　2010 年作物全生育期内降水量

区。灌溉制度采用当地生产栽培条件下的成熟灌溉制度，全生育期灌水 5 次，灌水时间为 4 月 30 日、5 月 16 日、6 月 1 日、6 月 16 日、7 月 2 日，灌水定额为 750m³·hm⁻²，灌溉定额为 3750m³·hm⁻²。农田休闲期用地表水进行冬灌，灌水定额为 2400m³·hm⁻²。

不同灌溉水矿化度参考绿洲区地下水水质化验结果，采用湖区西渠镇皇辉村苦咸水(矿化度 14.1g·L⁻¹)与试验基地深井淡水(矿化度 0.9g·L⁻¹)配制而成(表 7-8)。

表 7-8　试验用水源水化学组成

水源	盐分含量/(mg·L⁻¹)							矿化度 /(mg·L⁻¹)
	HCO_3^-	Cl^-	SO_4^{2-}	Ca^{2+}	Mg^{2+}	Na^+	K^+	
试验站深井淡水	267	93	307	97	40	109	7.0	921
皇辉村苦咸水	689	2906	6334	438	1043	2655	33.6	14099
地表水	150	29	126	41	13	64	2.0	425

试验按自然地形随机区组设计，随机排列，小区面积 36m × 1.5m = 54m²，按完全试验设计共布设 10 个封闭小区。在各小区间留有宽 50cm、高 40cm 的土埂供试验灌溉和观测，对所有供试畦块采用同样的田间栽培与管理措施，施肥与农药喷洒措施等参照当地大田，见图 7-13。

在春小麦播种前 2d、整个生育期内每隔 10d、灌水前后，测定 0～120cm 土层土壤质量含水量(每 20cm 一层，共 6 层)和土壤浸提溶液电导率($EC_{1:5}$，dS·m⁻¹)。

2. 生育期土壤水盐分布特征

1) 土壤水分分布特征

从春小麦种植至第二次灌水期间，土壤水分呈现不断减少的趋势，但各处理间并无差异。第二次灌水前至收获前不同处理 0～120cm 土层土壤含水量的变化

图 7-13　春小麦畦灌田间试验布局

情况见图 7-14。0～20cm 土层为灌水及蒸发决定层，土壤含水量受灌水和蒸发因素的影响较大，在全生育期变化非常剧烈，且平均含水量总是低于 20～40cm 土层及更深层土壤含水量。从不同处理土壤水分看，在灌水量相同的情况下，不同矿化度处理 0～120cm 土层土壤平均含水量大致呈现 5g · L^{-1} > 4g · L^{-1} > 3g · L^{-1} > 2g · L^{-1} > 0.9g · L^{-1} 的趋势，即灌溉水矿化度越大，土壤含水量越大，并随着时间的推移越来越明显。5g · L^{-1} 处理在整个生育期 0～120cm 土层土壤平均含水量 (18.67%)比 0.9g · L^{-1} 处理(15.76%)高 18.46%。这可能是高矿化度灌溉水累次灌溉改变了土壤结构，增加了大孔隙比例，导致土壤入渗能力增大，土层持水能力增强，一定程度上减少了土壤深层渗漏；也可能是高矿化度水灌溉使土壤浓度增加，降低了土壤水势能，使作物对水分吸收困难，植株蒸腾减少，导致耗水量减少，或者是上述两方面综合作用的结果。

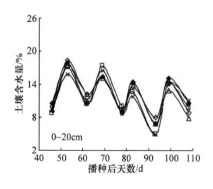

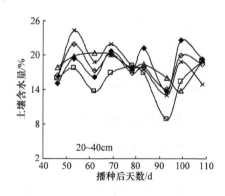

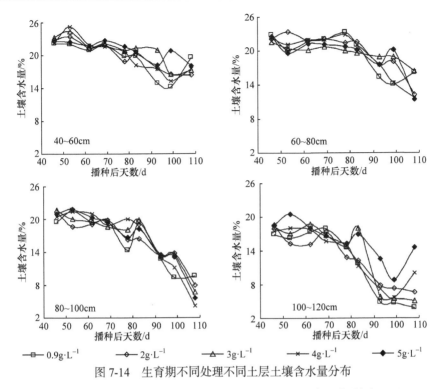

图 7-14　生育期不同处理不同土层土壤含水量分布

从土层深度来看，整个生育期土壤含水量最大值基本上保持在 40～80cm 土层，该层的土壤水分变化主要取决于作物生长发育状况和灌溉条件。每次灌水后，补充于 40～80cm 土层的土壤水分占总灌水量的 30%～40%，同时，由于 60～80cm 土层存在黏土夹层，黏土层的不透水性使上层土壤水分向下运移的速度减慢，入渗水量减少，从而保证了 40～80cm 土层的高含水量。100～120cm 土层生育前期(40～80d)土壤平均含水量为 16.29%，只比其初始含水量(14.04%)高 16.03%，而生育后期(80d 以后)土壤含水量则普遍低于初始含水量。

2) 土壤盐分分布特征

从春小麦种植至第二次灌水期间，深层土壤盐分随水分向表层土壤运移，表土 0～20cm 土层出现一定程度的积盐，但各处理间盐分含量基本没有差异。从第二次灌水前(46d)至收获前不同处理 0～120cm 土层土壤盐分(用 $EC_{1:5}$ 表示，下同)的变化情况见图 7-15。整个生育期土壤盐分波动较频繁，含盐量受灌水淋洗和高矿化度水增盐的双重影响，时增时减。不同处理 0～40cm 土层土壤含盐量表现出灌溉期与土壤积盐期同步的规律，说明灌溉水带来的盐分含量明显大于其淋洗掉的盐分含量。第二次灌水后(53d)不同处理 40～120cm 土层土壤含盐量均出现一定程度的降低，$EC_{1:5}$ 平均从灌水前的 0.34dS·m^{-1} 下降至 0.17dS·m^{-1}。随后，由于灌溉水矿化度较高，刚灌完水时平均土壤盐分会增大，至下一次灌水前平均土壤盐分随水分的再分配过程而出现回落。随着生育期推移，这一特征越来越明显。

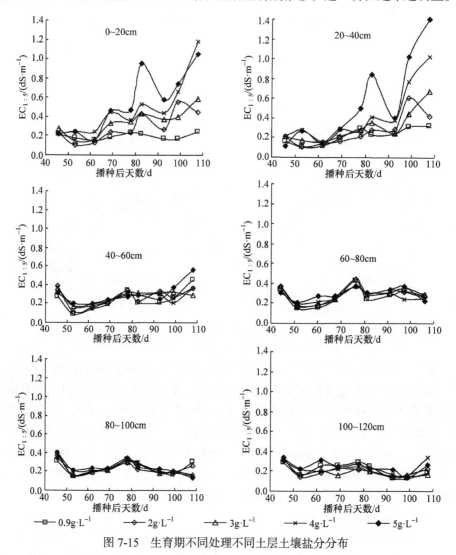

图 7-15　生育期不同处理不同土层土壤盐分分布

小麦收获前(108d)不同矿化度处理 $EC_{1:5}$ 达最大值，0.9g·L^{-1} 处理平均 $EC_{1:5}$ 值为 0.30dS·m^{-1}，2g·L^{-1} 处理平均 $EC_{1:5}$ 为 0.33dS·m^{-1}，3g·L^{-1} 处理平均 $EC_{1:5}$ 为 0.36dS·m^{-1}，4g·L^{-1} 处理平均 $EC_{1:5}$ 为 0.55dS·m^{-1}，5g·L^{-1} 处理平均 $EC_{1:5}$ 为 0.66dS·m^{-1}。从不同处理盐分分布情况看，不同矿化度处理浅层(0~40cm)土壤盐分差异显著，其盐分含量大小关系为 5g·L^{-1} > 4g·L^{-1} > 3g·L^{-1} > 2g·L^{-1} > 0.9g·L^{-1}，灌溉水矿化度越高，土壤积盐越严重。其中，矿化度 5g·L^{-1} 处理在整个生育期积盐度最高，20~40cm土层 $EC_{1:5}$ 从0.112dS·m^{-1} 增大到1.397dS·m^{-1}，

呈持续快速积盐状态。40cm 以下土层土壤盐分变化较复杂，由于受到初始含盐量高、上层盐分向下运移、蒸发及阶段性灌溉的综合影响，各处理间盐分差异不如表层明显。

　　盐分随灌溉水矿化度的变化情况见图 7-16，0～120cm 各土层平均含盐量都呈随灌溉水矿化度的增加而增加，随土层深度的增加而减小的趋势。0～80cm 土层处于虚线以上，平均含盐量增加，整个生育期呈积盐状态，末期与初期相比土壤平均积盐率达 95.2%。其中，5g·L⁻¹ 处理积盐速度和幅度均最高，0～80cm 土层积盐率达 242.7%，灌溉水的洗盐效应远小于高矿化度水灌溉引起的表盐累积效应。80～120cm 土层处于虚线以下，平均含盐量减少，出现一定程度的脱盐，0.9g·L⁻¹ 处理平均脱盐率为 18.1%，2g·L⁻¹ 处理平均脱盐率为 34.4%，3g·L⁻¹ 处理平均脱盐率为 53.7%，4g·L⁻¹ 处理平均脱盐率为 32.2%，5g·L⁻¹ 处理平均脱盐率为 37.9%。由于黏土夹层的过滤作用，上层盐分较水分难以运移至该层，所以灌溉水洗盐效应大于高矿化度水灌溉引起的表盐累积效应。

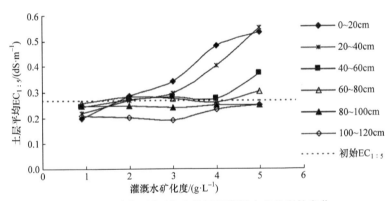

图 7-16　不同土层平均含盐量随灌溉水矿化度的变化

　　图 7-17 为 0～80cm 土层积盐率随灌溉水矿化度的变化特征。可以看出，0～20cm 土层积盐率与灌溉水矿化度关系密切，对其关系进行曲线拟合，得到 $y = -6.7432x^3 + 76.022x^2 - 235.33x + 225.42 (R^2 = 1)$。20～40cm 土层在 0～80cm 土层中积盐率变幅最大，与灌溉水矿化度呈二次抛物线关系($R^2 = 0.998$)，其最高积盐率达到 109.7%。综合土壤含水量空间分布特征分析，60～80cm 黏土夹层相当于弱透水层。40～60cm 土层含水量始终较高，这种情况类似于高地下水位下的土壤水盐运移过程，在强烈的蒸发作用下，40～60cm 土层的水分源源不断地向上运移，盐分也随之向上，在阶段性灌溉水作用下，盐分又有所回落。如此往复，使得大量盐分保持在 0～40cm 土层中。60～80cm 土层最高积盐率仅为 14.9%，黏土层的小孔隙将大部分盐分顶托于上层土壤中，对本层影响较小。

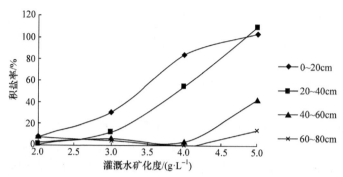

图 7-17　不同土层积盐率随灌溉水矿化度的变化特征

3. 农田休闲期土壤水盐分布特征

1) 土壤水分分布特征

民勤绿洲区夏作物休闲期长达 7 个多月，这一阶段向上的土面蒸发和向下的深层运移成为农田水分消耗的主要方式，而降水和冬灌则是水分补给的主要来源。图 7-18 为小麦收割后至来年春播前(休闲期)的土壤含水量动态变化情况。根据冬灌前后土壤含水量变化情况可将其分为两个阶段，在小麦刚收割完时不同处理 0～60cm 土层土壤含水量与收割前基本保持一致，即灌溉水矿化度越高，土壤平均含水量越大。在强烈的蒸发作用和水分进一步向深层运移的双重影响下，不同处理 0～40cm 土层土壤含水量均呈现出逐渐减小的趋势，至 8 月 14 日，不同处理土壤含水量降至最低，其中 0.9g·L⁻¹ 处理和 2g·L⁻¹ 处理土壤含水量最低，降至 5%以下。8～10 月，民勤降水明显增多，且伴有几次较大的降水过程(降水量大于 5mm)，0～40cm 土层土壤含水量出现一定回升。10 月下旬至 11 月中旬，随着降水的减少(10 月 24 日出现一次降雪)，0～40cm 土层土壤含水量又开始下降，但此时蒸发作用已不如之前强烈，故含水量降幅不大。深层土壤含水量变幅小于浅层，40～60cm 土层土壤水分在毛管张力作用下向上运移，在重力作用下补给深层土壤水分，同时还得到上层土壤水分的补给，多重因素影响下，各处理含水量变化趋势出现一定差异。8 月 14 日之前，该层土壤水分补排基本保持平衡，含水量变幅较 0～40cm 土层小。8 月 14 日之后，随着降水增加，土壤含水量出现小幅增长。由于 60～80cm 土层的透水性较弱，40～60cm 土层水分下渗量有限，所以就含水量分布总体情况来看，40～60cm 土层依然是土壤含水量最高的区域(图 7-18)。60cm 以下土层受蒸发作用影响较小，上层土壤水分入渗补给使该层土壤含水量总体呈缓慢增大趋势。

11 月 15 日，试验基地对各试验区农田实施了冬灌(河水灌溉，水质矿化度为 0.43g·L⁻¹)，由于灌水定额较大(2400m³·hm⁻²)，各层土壤含水量均有较大幅度的增加，各处理间土壤含水量的差异基本被消除，土壤处于较湿润状态。从 100～

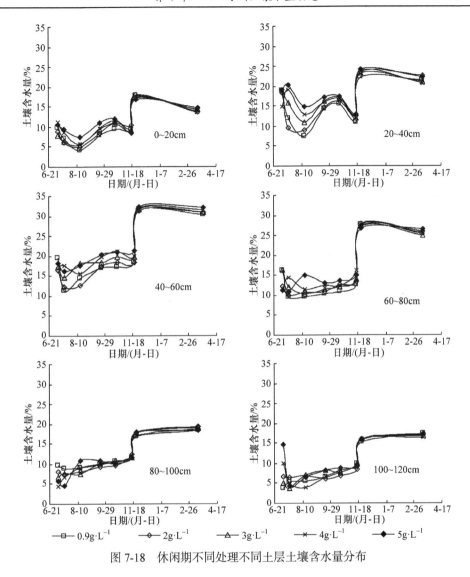

图 7-18　休闲期不同处理不同土层土壤含水量分布

120cm 土层土壤含水量分布情况看，冬灌造成大量的土壤水分向深层渗漏，灌溉水存在一定的损失，虽然一定程度上补充地下水，但也将大量盐分淋洗入地下水中。由于冬灌后气温较低，土壤出现冰冻层。冰冻层以上，土壤含水量受气候影响而波动；冰冻层以内，土壤水分运动基本停滞，土壤含水量变化不大；冰冻层以下，土壤水分继续向深层运移，含水量随之减小，但随着上层补水量的减少，水分运移速度放缓，补给地下水量减少。次年春播时，冰冻层逐渐下移，由于此时的民勤强风频繁，土壤水分散失速度加快，60cm 以上土层土壤水分出现不同程度的减少。与此同时，冻融水逐渐向深层土壤运移，60～100cm 土层土壤水分逐渐增加，并同底层土壤水分一起向更深层运移。

2) 土壤盐分分布特征

图 7-19 为小麦收割后至来年春播前休闲期土壤含盐量动态变化情况，不同处理的盐分运移过程相似。冬灌前，0～40cm 土层土壤盐分随土壤水分缓慢向深层运移，含盐量出现一定回落；40～60cm 土层由于黏土夹层滞水托盐，阻碍了盐分进一步向深层运移，盐分呈缓慢上升趋势；60～80cm 土层土壤质地黏重，盐分补排基本保持平衡，土壤盐分变化不大；80cm 以下土壤接收少量上层盐分，含盐量呈缓慢增加趋势。冬灌后，0～40cm 土层土壤盐分受水分淋洗迅速减少，土壤含盐量达最低值(0～40cm 土层平均 $EC_{1:5}$ 值为 0.12dS · m^{-1})，处于显著脱盐状态；60cm 以下土壤盐分均有所增加，由于黏土层的阻隔，部分盐分停滞于60～80cm 土层，呈严重积盐状态，同时，部分盐分越过黏土层向深层运移。次年春播时，40～80cm 土层土壤盐分随水分被带至地表，导致 0～40cm 土层返盐比较明显，0～20cm 土层 5g · L^{-1} 处理，土壤 $EC_{1:5}$ 从冬灌时的 0.09dS · m^{-1} 增大到 0.32dS · m^{-1}，返盐率达 73.1%。80～100cm 土层土壤盐分随冻融水向深层运移，土壤盐分逐渐减少。从图 7-19 可知，除 0.9g · L^{-1} 处理外，其他处理播前均处于盐分积累状态，且试验灌溉水矿化度越高，积盐率越大，由此可见，灌溉水的矿化度越高，带进土壤的盐分越多，黏土夹层的存在使土壤盐分不仅难于淋洗，而且可能造成土壤耕层积盐。

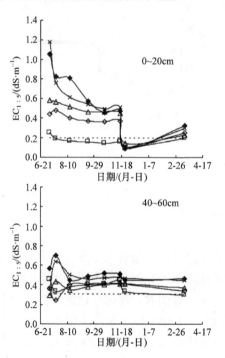
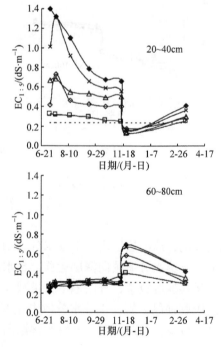

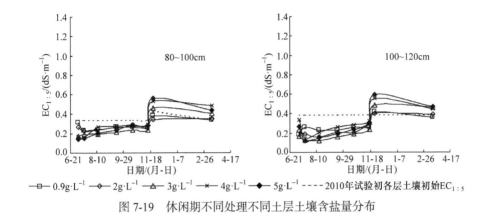

图 7-19　休闲期不同处理不同土层土壤含盐量分布

上述研究结果表明，在民勤地区的土壤和气象条件下，除淡水灌溉 (0.9g·L^{-1})外，用 2～5g·L^{-1} 矿化度地下水进行灌溉后，土壤剖面盐分均相对土壤初始含盐量有所增加，即使冬灌淋洗，依然无法完全将盐分有效淋洗出耕作层。尤其是在民勤当地土壤普遍存在黏土夹层的情况下，盐分在黏土层与地表间往返运移，非常不利于土地的持续利用。无论是在生育期还是休闲期，土壤盐分的峰值都出现在 0～40cm 土层中，这说明尽管灌水会溶解部分盐分使其向下运移，但是蒸发作用会使溶解的盐分稀释出来，又会使水分携带着盐分向上运移，水分被蒸发而损耗，盐分却残留在表层土壤中。土壤浅层易受微咸水中盐分影响，对作物生长产生极为不利，成为该地区土壤次生盐渍化的主要因素之一。

4. 生育期土壤水盐均衡分析

1) 土壤水分均衡分析

土壤水分均衡指特定时段(均衡期)一定空间范围(均衡区)土壤水分收支状态。图 7-20 为田间土壤水分循环示意图。土壤水分均衡方程一般形式如下：

$$\Delta W_s = W_{in} - W_{out} = (P + I + R_g + F_I) - (E_c + E_w + ET + D_s + F_O) \tag{7-1}$$

式中，ΔW_s 为土壤水分储变量；W_{in} 为土壤水分补给量；W_{out} 为土壤水分排泄量；P 为降水量；I 为灌溉水量；R_g 为潜水垂向补给量；F_I 为侧向流入量；E_c 为植被冠层截留蒸发量；E_w 为灌溉期积水蒸发量；ET 为水分蒸散发量，包括潜水蒸散、棵间蒸发和植株蒸腾量；D_s 为土壤水下渗量或土壤水进入均衡区之外的量；F_O 为侧向流出量。

根据实验绿洲水文地质条件，对式(7-1)进行简化：试验区地下水埋深一般在 18～25m 变动，故忽略潜水垂向补给量 R_g；将冠层截留蒸发量 E_c 从降水量中扣除，得有效降水量 $P_e = P - E_c$；将积水蒸发量 E_w 从田间灌溉量 I 中扣除，得有效灌溉量 $I_e = I - E_w$；根据已有民勤绿洲地下水的相关研究，当地下水埋深在 1.0～3.0m 时，全年潜水蒸散量约为 148mm，当地下水埋深在 3.0～5.0m 时，全年潜

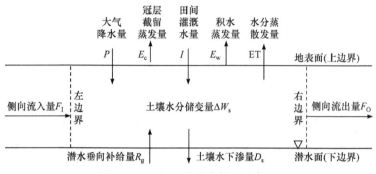

图 7-20　田间土壤水分循环示意图

水蒸散量约为 17mm，当地下水埋深大于 5m 时，潜水蒸散量基本为零(马兴旺等，2002)。试验区地下水埋深在 18~25m，潜水蒸散量基本为零，因此水分蒸散发量只包括棵间蒸发量 ET_s 和植株蒸腾量 ET_p；侧向流入量 F_I 与流出量 F_O 均很小，可忽略不计。最终得到简化后的土壤水分均衡方程：

$$\Delta W_s = (P_e + I_e) - (ET_s + ET_p + D_s) \tag{7-2}$$

式中，P_e 为有效降水量；I_e 为有效灌溉量；ET_s 为棵间蒸发量；ET_p 为植株蒸腾量；D_s 为土壤水下渗量或土壤水进入均衡区之外的量。

(1) 土壤水分储变量 ΔW_s。

土壤储水量是指某时刻一定深度以上单位面积土壤柱体所含水分的体积，为土壤体积含水量在深度上的积分[式(7-3)]。土壤储水量变化即土壤水分储变量[式(7-4)]。

$$W_s(t) = \int_0^d \theta(z,t)\mathrm{d}z \tag{7-3}$$

$$\Delta W_s = W_{se} - W_{si} \tag{7-4}$$

式中，$W_s(t)$ 为 t 时刻土壤储水量；d 为计算深度；$\theta(z,t)$ 为体积含水量；z 为坐标，向下为正；W_{se}、W_{si} 为均衡期末、初时刻土壤储水量。

春小麦播种前(2010 年 3 月)至收获后(7 月)各处理 0~120cm 深度土壤水分分布见表 7-9。从表 7-9 中可以看出，春小麦全生育期各处理土壤储水总量均减少，土壤水分处于亏损状态。

表 7-9　2010 年春小麦播种前(2010 年 3 月)至收获后(7 月)各处理 0~120cm 深度土壤水分分布

处理	不同深度土壤体积含水量/%						储水量/mm	水分储变量/mm
	0~20cm	20~40cm	40~60cm	60~80cm	80~100cm	100~120cm		
—	25.29	36.38	48.73	36.07	29.20	20.94	393.20	—
$0.9g \cdot L^{-1}$	11.84	14.87	19.91	17.72	15.20	6.56	172.19	−221.01

续表

处理	不同深度土壤体积含水量/%						储水量 /mm	水分储变量 /mm
	0～20cm	20～40cm	40～60cm	60～80cm	80～100cm	100～120cm		
2g·L⁻¹	10.34	15.82	21.49	18.55	12.56	10.14	177.80	−215.40
3g·L⁻¹	10.40	26.23	25.83	22.23	13.04	5.87	207.24	−185.96
4g·L⁻¹	14.46	31.78	31.09	26.82	11.55	7.59	246.60	−146.60
5g·L⁻¹	15.77	33.84	32.09	29.55	14.65	9.91	271.64	−121.56

(2) 有效降水量 P_e。

2010 年，小麦全生育期内总降水量为 31.66mm，扣除冠层截留蒸发量(一般平均为 3mm)得到有效降水量 $P_e = 17.12$mm。2010 年降水量及有效降水量结果见表 7-10。

表 7-10　2010 年小麦全生育期降水量及有效降水量结果

降水量	时间/(月-日)											合计
	4-5	4-17	5-13	5-15	5-16	5-17	5-25	5-26	6-2	6-3	7-6	
降水量/mm	0.30	0.20	0.50	5.08	1.01	9.14	11.90	0.25	1.77	0.25	1.26	31.66
有效降水量/mm	0	0	0	2.08	0	6.14	8.90	0	0	0	0	17.12

(3) 有效灌溉量 I_e。

春小麦畦灌全生育期共灌水 5 次，每小区灌水定额为 3750m³·hm⁻²，折合灌溉水深 375mm。由于采用畦灌，灌水第一天小区内会出现不同程度的地表积水，积水蒸发量按实测田间水面蒸发量计算。表 7-11 为各次灌溉地表积水蒸发量计算结果，均衡期总积水蒸发量为 18.19mm。最后得有效灌溉量 $I_e = I - E_w = 375$mm $- 18.19$mm $= 356.81$mm。

表 7-11　灌水期间地表积水蒸发量计算结果

物理量	4 月 30 日	5 月 16 日	6 月 1 日	6 月 16 日	7 月 2 日	合计
积水消退时间/h	22	22	20	20	20	104
田间水面蒸发率/(mm·d⁻¹)	4.12	4.12	4.43	4.21	4.12	—
积水蒸发量/mm	3.78	3.78	3.69	3.51	3.43	18.19

(4) 土壤水分蒸散发量 $ET_s + ET_p$。

土壤水分蒸散发是农田土壤水消耗的主要途径之一，土壤水分蒸散发量包括棵间蒸发量和植株蒸腾量两部分。

① 棵间蒸发量 ET_s。春小麦生育期农田棵间蒸发量的大小主要受冠层下方表层土壤含水量和地表盖度(即叶面积指数)的影响。表 7-12 为实测春小麦全生育期各处理土壤水棵间蒸发量。可以看出，使用高矿化度水灌溉的作物具有较小的叶面积指数(图 7-21)，且其对应处理的土壤含水量较高，故棵间蒸发量相对较大。

表 7-12   春小麦全生育期各处理土壤水棵间蒸发量

处理	$0.9g \cdot L^{-1}$	$2g \cdot L^{-1}$	$3g \cdot L^{-1}$	$4g \cdot L^{-1}$	$5g \cdot L^{-1}$
棵间蒸发量/mm	134.12	138.74	140.79	141.60	145.92

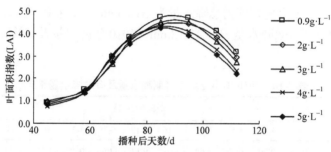

图 7-21   春小麦全生育期叶面积指数变化

② 植株蒸腾量 ET_p。由于实测植株蒸腾量存在比农田实际值偏小的可能，运用康绍忠等(1994)建立的蒸腾蒸发分摊模型[式(7-5)、式(7-6)]对实测值进行校核。

棵间蒸发量(ET_s)在蒸散发量(ET)中所占的比例为

$$ET_s / ET = e^{-k\left(1.0+A\left|\sin\left(\frac{t-13}{12}\pi\right)\right|\right)LAI} \tag{7-5}$$

植株蒸腾量(ET_p)在蒸散发量(ET)中所占的比例为

$$ET_p / ET = 1 - ET_{ps} / ET = e^{-k\left(1.0+A\left|\sin\left(\frac{t-13}{12}\pi\right)\right|\right)LAI} \tag{7-6}$$

式中，k、A 是经验系数，对于小麦，$k = 0.3973$，$A = 0.10364$；t 是时间(单位：h)，从 0 开始排序；LAI 是作物叶面积指数，根据实测值(图 7-21)选取。

经过公式校核，得春小麦全生育期植株蒸腾量，结果见表 7-13。可以看出，灌溉水矿化度越高，植株蒸腾量越小，可见在高矿化度灌溉水影响下，作物吸收水分的能力受到极大限制。

表 7-13   春小麦全生育期各处理植株蒸腾量

处理	$0.9g \cdot L^{-1}$	$2g \cdot L^{-1}$	$3g \cdot L^{-1}$	$4g \cdot L^{-1}$	$5g \cdot L^{-1}$
植株蒸腾量/mm	285.43	278.67	257.46	227.02	209.42

(5) 土壤水下渗量 D_s。

由于本次计算均衡区为 0～120cm 土层，土壤水下渗量特指进入 120～300cm 土层的土壤水分，根据式(7-2)及表 7-13 计算结果估算土壤水下渗量，结果见表 7-14。

表 7-14　生育期各处理土壤水下渗量

处理	$0.9g \cdot L^{-1}$	$2g \cdot L^{-1}$	$3g \cdot L^{-1}$	$4g \cdot L^{-1}$	$5g \cdot L^{-1}$
土壤水下渗量/mm	175.39	171.92	161.64	151.91	140.15

表 7-15 为 2010 年春小麦生育期土壤水分均衡结果。可以看出，2010 年春小麦生育期有效降水量较少，对 0～120cm 土层土壤水分储变量影响不大，土壤水分的补给主要依靠灌溉，占水分补给项的 95.42%。土壤水分主要通过蒸散发消耗，平均占土壤水分消耗量的 71.00%。

表 7-15　2010 年春小麦生育期土壤水分均衡结果

处理	补给量 W_{in}/mm		排泄量 W_{out}/mm			水分储变量 ΔW_s/mm
	有效降水量 P_e	有效灌溉量 I_e	棵间蒸发量 ET_s	植株蒸腾量 ET_p	土壤水下渗量 D_s	
$0.9g \cdot L^{-1}$	17.12	356.81	134.12	285.43	175.39	−221.01
$2g \cdot L^{-1}$	17.12	356.81	138.74	278.67	171.92	−215.40
$3g \cdot L^{-1}$	17.12	356.81	140.79	257.46	161.64	−185.96
$4g \cdot L^{-1}$	17.12	356.81	141.60	227.02	151.91	−146.60
$5g \cdot L^{-1}$	17.12	356.81	145.92	209.42	140.15	−121.56

高矿化度灌溉水虽然能减少土壤水分总蒸散发量，但是以抑制作物吸水能力为代价，对作物生长产生严重影响。同时，高矿化度灌溉水累次灌溉改变了土壤结构，一定程度上减少了土壤水分深层渗漏。从表 7-15 中可以看出，$5g \cdot L^{-1}$ 处理对应的土壤水下渗量较其他处理少。

2) 土壤盐分均衡分析

土壤盐分均衡指特定时段(均衡期)一定空间范围(均衡区)土壤盐分收支状态。图 7-22 为田间土壤盐分循环示意图，忽略侧向带入、流出盐量，土壤盐分均衡方程一般形式如下：

$$\Delta S_s = S_{in} - S_{out} = (S_P + S_I + S_R + S_F) - (S_D + S_C) \tag{7-7}$$

式中，ΔS_s 为土壤盐分储变量；S_{in} 为土壤盐分补给量；S_{out} 为土壤盐分排泄量；S_P 为降水带入盐量；S_I 为灌溉带入盐量；S_F 为施肥带入盐量；S_R 为潜水垂向补给带入盐量；S_D 为土壤水下渗带走盐量；S_C 为作物析出盐量。

民勤绿洲降水携带盐分很少，S_P 忽略不计；地下水埋深较深，忽略潜水垂向

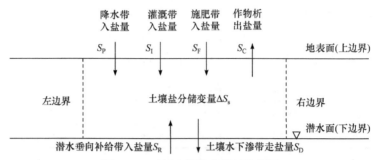

图 7-22　田间土壤盐分循环示意图

补给，故 S_R 可忽略不计；试验过程中未施有机肥，根据侯振安等(2007)的研究，施肥方式对土壤盐分无明显影响，因此 S_F 也可以忽略不计。简化后的土壤盐分均衡方程为

$$\Delta S_s = S_I - (S_D + S_C) \tag{7-8}$$

土壤盐分均衡项可表示为对应的水分均衡项与矿化度的乘积，将式(7-2)各水分项及对应矿化度代入式(7-8)得

$$\Delta S_s = IM_I - (D_s M_D + S_C) \tag{7-9}$$

式中，I 为有效灌溉量；D_s 为土壤水下渗量；S_C 为作物析出盐量；M_I、M_D 分别为灌溉水及土壤水矿化度。

(1) 土壤盐分储变量 ΔS_s。

土壤盐分储量是指某时刻一定深度以上，单位面积土柱所含可溶盐质量，为土壤含盐量与干密度乘积在深度上的积分：

$$S_s(t) = \int_0^d \varepsilon(z,t) \rho_d(z) \mathrm{d}z \tag{7-10}$$

式中，$S_s(t)$ 为 t 时刻的土壤盐分储量；d 为计算深度；$\varepsilon(z,t)$ 为土壤含盐量；$\rho_d(z)$ 为土壤干密度；z 为坐标，向下为正。

土壤盐分储变量计算公式为

$$\Delta S_s = S_{se} - S_{si} \tag{7-11}$$

式中，S_{se}、S_{si} 为均衡期末、初时刻土壤盐分储量。

根据春小麦畦灌播种前 0～120cm 深度土壤含盐量(表 4-2)，利用式(7-10)可计算出初始土壤盐分储量及储变量，结果见表 7-16。

表 7-16　生育期各处理 0～120cm 深度土壤盐分分布

时间	处理	不同深度土壤含盐量/(g·kg⁻¹)						盐分储量 /(g·m⁻²)	盐分储变量 /(g·m⁻²)
		0～20cm	20～40cm	40～60cm	60～80cm	80～100cm	100～120cm		
3 月 18 日	—	1.21	1.45	1.89	1.88	2.19	2.61	3435.67	—
7 月 18 日	0.9g·L⁻¹	1.41	1.81	2.54	1.47	1.77	1.02	3458.35	22.68
	2g·L⁻¹	2.45	2.33	2.05	1.43	1.51	1.26	3759.33	323.66

续表

时间	处理	不同深度土壤含盐量/(g·kg⁻¹)						盐分储量/(g·m⁻²)	盐分储变量/(g·m⁻²)
		0~20cm	20~40cm	40~60cm	60~80cm	80~100cm	100~120cm		
7月18日	3g·L⁻¹	3.14	3.62	1.65	1.56	0.97	0.96	4051.01	615.34
	4g·L⁻¹	4.36	3.69	2.05	1.34	0.94	1.88	4340.28	904.61
	5g·L⁻¹	3.72	4.92	3.04	1.22	0.83	1.50	4642.07	1206.40

选择不同 $EC_{1:5}$ 值的代表性土样 63 个,用残渣烘干法测得其土壤含盐量,从而得到民勤地区电导率与含盐量关系的曲线,见图 7-23。

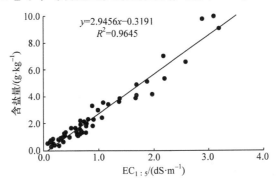

$$y = 2.9456x - 0.3191$$
$$R^2 = 0.9645$$

图 7-23　民勤地区土壤含盐量与电导率关系曲线

根据图 7-23 回归方程 $y = 2.9456x - 0.3191$ 及实测土壤水浸提溶液电导率计算春小麦收获后 0~120cm 深度土壤含盐量,利用式(7-10)计算收获后各处理土壤盐分储量,结果见表 7-16。从表 7-16 可以看出,全生育期内各处理 0~120cm 土层土壤盐分储量均出现大幅增加,表明有部分盐分积累在土壤中,且灌溉水矿化度越高,土壤盐分储量增量越大。从上面研究结果可知,这部分盐分多处于 0~60cm 土层中,将对作物生长不利。

(2) 灌溉带入盐量 S_I。

春小麦畦灌全生育期灌水定额为 3750m³·hm⁻²,第一次灌水为地表水,带入盐量忽略不计,第二次开始为不同矿化度灌溉水,灌水定额为 3000m³·hm⁻²。由应各处理灌溉水矿化度,计算可得各处理灌溉带入盐量(表 7-17)。

表 7-17　生育期各处理灌溉带入盐量

处理	0.9g·L⁻¹	2g·L⁻¹	3g·L⁻¹	4g·L⁻¹	5g·L⁻¹
灌溉带入盐量/(g·m⁻²)	270	600	900	1200	1500

(3) 土壤水下渗带走盐量 S_D。

土壤水向 120cm 以下深度下渗是一个持续进行的过程。根据张展羽等(2001)

的研究，下渗土壤水平均含盐量是计划湿润层土壤含盐量和农田供水平均含盐量的函数：

$$C_d = f\left[C_s(t_1) + (1-f)\bar{C}_w\right] \tag{7-12}$$

式中，C_d 为下渗土壤水平均含盐量；f 为淋滤效率，由土壤质地等因素决定，对壤质土 $f = 0.4 \sim 0.6$，对黏土 $f = 0.2 \sim 0.4$；$C_s(t_1)$ 为均衡期初始时刻土壤平均含盐量；$\bar{C}_w$ 为均衡期农田供水平均含盐量，因天然降水的含盐量为零，得

$$\bar{C}_w = \frac{C_w I_s}{I_s + I_f + P_e} \tag{7-13}$$

式中，C_w 为灌溉水含盐量；I_s 为微咸水净灌水总量；I_f 为淡水净灌水总量；P_e 为有效降水量。

根据上述公式计算得到小麦生育期各处理农田排水平均含盐量，结果见表7-18。由土壤水下渗量可计算出春小麦播种前至收获后各处理土壤水下渗带走盐量。

表 7-18　生育期各处理深层土壤水下渗带走盐量

处理	0.9g · L^{-1}	2g · L^{-1}	3g · L^{-1}	4g · L^{-1}	5g · L^{-1}
排水平均含盐量/(kg · m^{-3})	1.11	1.32	1.51	1.70	1.89
土壤水排水量/mm	175.39	171.92	161.64	151.91	140.15
土壤水下渗带走盐量/(g · m^{-2})	194.34	226.67	244.03	258.40	265.20

(4) 作物析出盐量 S_C。

作物析出盐量未进行实测，可根据式(7-8)及表7-18结果进行估算，从估算结果(表7-19)可以看出，各处理生育期作物析出盐量分别为 52.98g · m^{-2}、49.67g · m^{-2}、40.63g · m^{-2}、36.99g · m^{-2} 和 28.40g · m^{-2}。

表 7-19　生育期各处理作物析出盐量

处理	0.9g · L^{-1}	2g · L^{-1}	3g · L^{-1}	4g · L^{-1}	5g · L^{-1}
作物析出盐量 S_C/(g · m^{-2})	52.98	49.67	40.63	36.99	28.40

5. 农田休闲期土壤水盐均衡分析

1) 土壤水分均衡分析

休闲期土壤储水量变化分两个阶段计算，第一个阶段为夏季休闲期，从春小麦收获后至冬灌前；第二个阶段为冬季休闲期，从11月至来年春播前，计算结果见表7-20。可以看出，在夏季休闲期、冬季休闲期，各处理土壤储水量均以增加为主，夏季休闲期增加的储水量主要源于较大的降水量，冬季休闲期则主要源

于冬灌。

表 7-20　休闲期各处理 0～120cm 深度土壤水分分布

时间 /(年-月-日)	处理	不同深度土壤体积含水量/%						储水量 /mm	水分储变量 /mm
		0～20cm	20～40cm	40～60cm	60～80cm	80～100cm	100～120cm		
2010-11-16	0.9g·L⁻¹	15.91	18.19	28.55	23.38	17.67	13.82	235.03	62.84
	2g·L⁻¹	15.88	18.68	28.70	24.05	19.22	11.99	237.03	59.23
	3g·L⁻¹	15.07	19.85	34.82	25.55	17.75	14.10	254.28	47.04
	4g·L⁻¹	15.91	21.10	34.91	30.03	20.48	15.03	274.91	28.30
	5g·L⁻¹	14.22	21.52	37.46	31.85	20.86	15.32	282.46	10.82
2011-03-15	0.9g·L⁻¹	21.14	33.48	48.78	43.86	29.28	20.29	393.67	158.64
	2g·L⁻¹	21.37	35.03	49.75	44.89	30.88	21.68	407.21	170.18
	3g·L⁻¹	22.25	32.80	49.59	43.17	30.56	21.32	399.36	145.08
	4g·L⁻¹	21.81	32.16	50.72	44.38	30.08	20.29	398.87	123.97
	5g·L⁻¹	22.78	34.67	51.52	45.58	29.44	21.02	410.03	127.56

由于冬灌灌水量较大，对土壤结构和墒情有较大改变，不同灌水矿化度处理对年际间土壤储水量影响较小。2010 年 3 月 18 日至 2011 年 3 月 15 日，各处理土壤水分储变量分别如下：0.9g·L⁻¹ 为 0.47mm，2g·L⁻¹ 为 14.01mm，3g·L⁻¹ 为 6.16mm，4g·L⁻¹ 为 5.67mm，5g·L⁻¹ 为 16.83mm。相对而言，2010 年 9 月至 2011 年 3 月自然降雨较往年多，所以该期变化受自然因子影响。

2) 土壤盐分均衡分析

休闲期土壤盐分分布计算结果见表 7-21。可以看出，休闲期各处理的土壤盐分储量较生育期末均有所减少，盐分储变量呈现负值，说明这一时段土壤总体处于盐分向深层运移的过程，土壤逐渐脱盐。

表 7-21　休闲期各处理 0～120cm 深度土壤盐分分布

时间 /(年-月-日)	处理	不同深度土壤含盐量/(g·kg⁻¹)						盐分储量 /(g·m⁻²)	盐分储变量 /(g·m⁻²)
		0～20cm	20～40cm	40～60cm	60～80cm	80～100cm	100～120cm		
2010-11-16	0.9g·L⁻¹	0.93	1.42	2.52	2.08	1.48	1.48	3427.69	-30.67
	2g·L⁻¹	2.08	2.25	2.36	1.81	1.59	1.64	3704.50	-54.83
	3g·L⁻¹	2.52	2.79	2.30	1.70	1.37	1.37	4027.60	-23.41
	4g·L⁻¹	2.85	3.12	2.68	1.92	1.64	1.81	4258.18	-82.10
	5g·L⁻¹	2.63	3.67	2.85	1.75	1.59	1.70	4527.30	-114.77
2011-03-15	0.9g·L⁻¹	1.15	1.42	1.68	1.64	1.81	2.04	3410.29	-17.40
	2g·L⁻¹	1.42	1.59	1.85	1.71	1.73	2.20	3567.55	-136.95

时间 /(年-月-日)	处理	不同深度土壤含盐量/(g · kg⁻¹)						盐分 储量 /(g · m⁻²)	盐分 储变量 /(g · m⁻²)
		0～20cm	20～40cm	40～60cm	60～80cm	80～100cm	100～120cm		
	3g · L⁻¹	1.54	1.70	1.88	1.63	1.83	2.16	3577.19	−450.41
2011-03-15	4g · L⁻¹	1.97	1.92	1.77	1.75	1.89	2.16	3737.91	−520.27
	5g · L⁻¹	2.28	1.96	1.99	1.70	1.89	2.25	3875.85	−651.46

不同灌水矿化度处理年际间(2010 年 3 月 18 日至 2011 年 3 月 15 日)土壤盐分储变量：$0.9g \cdot L^{-1}$ 为 $-25.38g \cdot m^{-2}$，$2g \cdot L^{-1}$ 为 $131.88g \cdot m^{-2}$，$3g \cdot L^{-1}$ 为 $141.52g \cdot m^{-2}$，$4g \cdot L^{-1}$ 为 $302.24g \cdot m^{-2}$，$5g \cdot L^{-1}$ 为 $440.18g \cdot m^{-2}$。$2g \cdot L^{-1}$、$3g \cdot L^{-1}$、$4g \cdot L^{-1}$、$5g \cdot L^{-1}$ 处理的积盐率分别为 3.84%、4.12%、8.80% 和 12.81%，积盐率与各处理矿化度呈正相关关系，可见在蒸发极为强烈的民勤地区，连续累次微咸水灌溉会导致年际间土壤盐分增加。如果继续利用微咸水灌溉，土壤盐分可能会在几年内达到影响作物正常生长的水平。

7.3.2　玉米膜垄沟灌土壤水盐分布

1. 试验设计

玉米参试品种采用当地主栽品种"豫玉 22 号"，4 月 28 日播种，每公顷下种量为 45kg，9 月 30 日收获，全生育期 155d。试验以灌水量和灌水水质作为参试因子，共设 9 个处理(表 7-22)，每个处理设 2 次重复，共布置 18 个小区。咸水、淡水水源与春小麦畦灌一致，将不同矿化度的灌溉水贮存在容积为 5m³ 的蓄水池中，由水泵供应，利用水表控制灌溉水量。全生育期共灌水 5 次，第一次为地表水，灌水时间为 6 月 8 日，其余为地下水，灌水时间分别为 6 月 24 日、7 月 12 日、7 月 26 日、8 月 14 日。农田休闲期用地表水进行冬灌(2010 年 11 月 15 日)，灌水定额为 2400m³ · hm⁻²。

表 7-22　玉米膜垄沟灌试验方案

处理	地表水		地下水					灌溉定额 /(m³ · hm⁻²)
	灌既水矿化 度/(g · L⁻¹)	6月8日灌水 量/(m³·hm⁻²)	灌既水矿化 度/(g · L⁻¹)	6月24日灌水 量/(m³·hm⁻²)	7月12日灌水 量/(m³·hm⁻²)	7月26日灌水 量/(m³·hm⁻²)	8月14日灌水 量/(m³·hm⁻²)	
MMF1	0.43	450	2.76	450	450	600	450	2400
MMF2	0.43	450	4.60	450	450	600	450	2400
MMF3	0.43	450	6.44	450	450	600	450	2400
MMF4	0.43	450	2.76	600	600	750	600	3000
MMF5	0.43	450	4.60	600	600	750	600	3000

续表

处理	地表水		地下水					灌溉定额 /(m³·hm⁻²)
	灌既水矿化度(g·L⁻¹)	6月8日灌水量(m³·hm⁻²)	灌既水矿化度(g·L⁻¹)	6月24日灌水量(m³·hm⁻²)	7月12日灌水量(m³·hm⁻²)	7月26日灌水量(m³·hm⁻²)	8月14日灌水量(m³·hm⁻²)	
MMF6	0.43	450	6.44	600	600	750	600	3000
MMF7	0.43	450	2.76	750	750	900	750	3600
MMF8	0.43	450	4.60	750	750	900	750	3600
MMF9	0.43	450	6.44	750	750	900	750	3600

沟灌试验采用膜垄沟灌的方式(图 7-24),试验小区按试验地自然地形随机区组设计,随机排列,小区面积 12m × 3m。播种前开沟起垄,每小区布置三垄三沟,垄高 30cm,垄面宽 60cm,灌水沟宽 40cm,起垄后平整垄面并覆膜,覆膜膜宽 120cm 左右,沟底留 10cm 宽缝隙并盖土以便沟内水分入渗。每膜播 2 行,行距 45cm,株距 30cm,播深 3~4cm,每孔播种 2~3 粒,播后用湿土覆盖播种孔,出苗后每孔留苗 1 株。施肥与农药喷洒措施等参照当地大田。

图 7-24　玉米膜垄沟灌田间试验布局

在玉米播种前 2d、整个生育期内每隔 10d、灌水及降雨前后均采集土样一次,用烘干称重法测定垄面上 0~120cm 和灌水沟中 0~100cm 土壤含水量(每20cm 一层,垄上 6 层,沟中 5 层),并用 DDS-308A 型电导率仪测定 1∶5 土水比(体积比)土壤浸提溶液电导率(EC$_{1:5}$,单位∶dS·m⁻¹)。玉米播种后观测出苗情况,每 10 天选取有代表性玉米 3 株观测其生长指标(株高、叶面积),成熟期进行田间收获测产,各处理分别取 5 株进行考种。

2. 土壤水分分布特征

1) 全生育期土壤水分动态

图 7-25 为玉米全生育期不同处理灌水沟剖面不同土层的土壤含水量变化。膜垄沟灌由于地膜覆盖在土壤表面，设置了一层不透气的物理阻隔层，直接阻挡了水分的垂直蒸发，在拔节期之前土壤含水量整体保持较高水平，水分散失极少，故所有处理头水(6 月 8 日灌水)灌水量均较小且灌水量一致，至播后 56d 各处理不同土层含水量分布基本一致。自第二次灌水开始，随着灌水量和水质的不

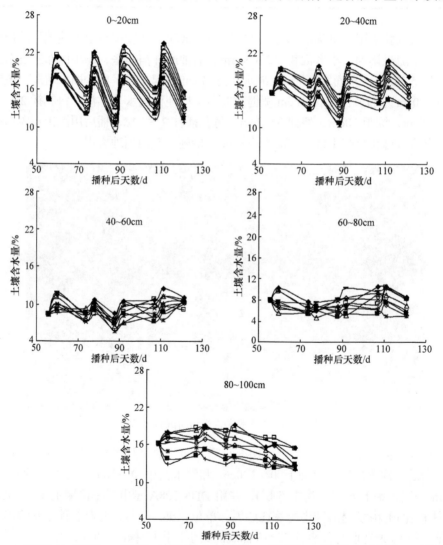

图 7-25　玉米全生育期不同处理灌水沟中不同土层土壤含水量分布

同，各处理土壤含水量变化差异逐渐显现。由图 7-25 可以看出，各处理含水量变化总体趋势为 0～20cm 土层土壤含水量在全生育期内波动较大，随灌水与蒸散发过程而波动。20～40cm 土层土壤含水量在玉米抽雄期之前(70d 之前)波动较小，主要是因为此时作物蒸腾少，耗水量也少。进入抽雄期，20～40cm 土层土壤含水量波动变大，此时玉米根系已经深扎到 60cm，但主根系层在 0～40cm，植株蒸腾增强，根系吸水对土壤含水量的影响占主要优势，每次灌水后土壤含水量减小速度较抽雄期前明显加快，这说明玉米抽雄期后 0～40cm 土层土壤含水量的变化主要是根系吸水引起的。受覆膜影响，灌后 0～20cm 土层土壤含水量总是大于 20～40cm 土层，而在下一次灌水前，由于蒸发损失，0～20cm 土层土壤含水量小于 20～40cm 土层。

40～60cm 土层土壤含水量在全生育期内变化始终较小，主要是因为起垄后，该层土壤为黏土夹层，土壤入渗和散失速度较慢。抽雄期之后，由于玉米根系深扎至该层，土壤水分才有了一定幅度变化，同样为黏土层的 60～80cm 土层直到灌浆期后土壤含水量才有了一定变化。80～100cm 土层为砂土层，土壤含水量变动较大且受上层影响，基本无规律可循。从图 7-25 还可以看出，每次刚灌水后，0～20cm 土层土壤含水量高于深层，即随着深度的增加，含水量降低，而从灌水后至下次灌水前，0～20cm 土层的土壤含水量低于 20～40cm 土层，这主要是因为地膜的覆盖有效减缓了地表土壤水分的散失，使地表在较长时间内保持较湿润的状态，一定时间内维持了较高的含水量。

不同灌溉水矿化度在不同灌水量下对土壤水分的影响机制较复杂，灌水量和水质同时作用情况下，水质和灌水量哪个因素对土壤水分影响更大？对各处理的土壤含水量进行比较可以看出，在玉米生育初期，灌水量因素引起的土壤水分差异较水质因素大。6 月 24 日灌水后(60d)，同一灌水量不同水质处理的土壤水分差异不明显，如 MMF7、MMF8 和 MMF9 在 0～100cm 土层的土壤平均含水量分别为 15.63%、15.80%和 15.92%；同一水质、不同灌水量各处理间则有显著差异，如 MMF1、MMF4 和 MMF7 土壤平均含水量分别为 12.54%、14.17%和 15.63%。随着生育期的推移，水质对土壤含水量的影响逐渐变大，最后一次灌水结束后(111d)，同一灌水量、不同水质处理的土壤水分差异显著，如 MMF7、MMF8 和 MMF9 土壤平均含水量分别为 15.22%、16.97%和 16.62%。表现出灌溉水矿化度越高，土壤含水量越大的趋势，所有处理间水分差异分散。但从处理间总体情况来看，水质对土壤含水量的影响依然有限，水质矿化度最高但灌水量最少的处理 MMF3 土壤平均含水量为 12.30%，比水质矿化度最低但灌水量最多的处理 MMF7 土壤平均含水量(15.22%)低 19.19%。可见，在用咸水进行灌溉的过程中，灌水量依然是影响土壤含水量大小的主要决定因素。纵观玉米生育期全过程，灌水量最大且水质矿化度最高的处理 MMF9 在 0～100cm 土层始终保持较高的含水量，结合小麦畦灌试验结论可知，对于畦灌和沟灌而言，高矿化度咸水能有效提高土壤含水量，但相比灌水量对土壤水分的影响，其提高幅度有限。

2) 土壤水分空间分布特征

图 7-26 为第二次和第五次灌水(即生育前期和末期)结束后 3 天 MMF9 和 MMF1 处理土壤含水量空间分布图(以灌水沟中心位置为对称轴)。在生育前期，MMF9 和 MMF1 处理沟中土壤含水量高于同一土层(图 7-26 中 30～90cm 土层)垄中土壤含水量，两处理沟中土壤含水量分别为 15.71%和 12.19%，垄中土壤含水量分别为 13.91%和 10.72%，分别高出 12.87%和 13.70%，即灌水量越小且水质矿化度越低的处理垄中与沟中土壤含水量差异越大。在生育期末，MMF9 和 MMF1 处理沟中土壤含水量分别为 16.87%和 13.36%，垄中土壤含水量分别为 16.47%和 11.14%，分别高出 2.40%和 19.92%，即灌水量大且水质高的处理沟中与垄上土壤含水量差异逐渐缩小的同时，灌水量小且水质低的处理相应差异却有所增大。在膜垄沟灌灌水方式下，水从输水沟进入灌水沟后，流动的过程中主要借助于土壤毛细管作用和重力作用从沟底沿水平和垂直两个方向向四周渗透，从而湿润土壤。其中，纵、横两个方向的浸润范围和湿润程度主要取决于土壤的透水性能与灌水沟中的水深，或水流在灌水沟中的入渗时间。对于轻质土而言，灌水沟中的水流受重力作用影响较大，其垂直下渗速度较快，而向灌水沟四周沟壁的侧渗速度相对较慢，因此其土壤湿润范围呈长椭圆形。在重质土壤中，毛细管力的作用则相对较强烈，灌水沟中水流通过沟底的垂直下渗与通过沟壁的侧渗接近平衡，其土壤湿润范围呈扁椭圆形。在生育前期，土壤孔隙较大，土壤较疏松，持水能力强，灌溉水进入土壤后受重力作用的影响比受毛细管力作用的影响大，灌水沟中水分垂直向下运移量相对更多，故能使灌水沟以下保持较多的水分。在生育期末，由于土壤容重在累次灌溉影响下逐渐增大，土壤孔隙减少，土壤变得更加密实，且受到 60～100cm 黏土夹层影响，水分向下运移过程受阻，从而保证了较多的侧渗量，此时，土壤湿润范围呈典型的扁椭圆形，同一土层沟中与垄中土壤含水量差异将逐渐减小。然而，对于灌水少的处理而言，由于土壤长期处于干燥状态，越接近生育期末，土壤水分亏缺越严重，进入灌水沟中的水分总是优先补充沟中土壤，沟中土壤尚处于极度干燥时很难保证足够的侧渗量，从而导致垄中土壤干燥程度逐渐加重，垄中与沟中土壤含水量差距逐渐增大。

观察垄中土壤含水量分布情况还可以看出，对于灌水量较大的处理 MMF9，在生育前期，土壤含水量从表层向深层逐渐递减，对于灌水量较小的处理 MMF1，则出现表层含水量小于 20cm 以下土层，说明在生育前期，较大的灌水量更有利于垄中耕层土壤的墒情，有利于根系尚浅的作物吸收利用。在生育期末，两处理均表现出浅层含水量小于 20cm 以下含水量状态，差异不大。

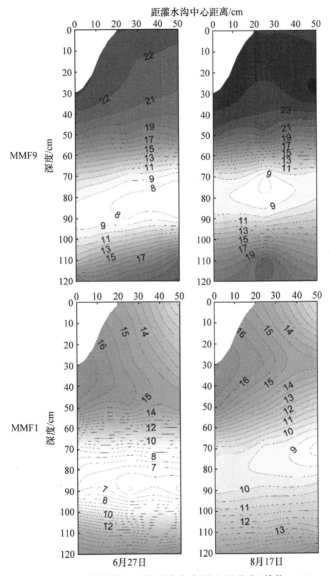

图 7-26　生育前期和末期土壤含水量空间分布(单位：%)

3. 土壤盐分分布特征

1) 全生育期土壤盐分动态

图 7-27 为玉米全生育期不同处理灌水沟中各土层土壤含盐量分布。可以看出，全生育期表层 0~40cm 土壤盐分含量波动较大，且随着生育期推移，各处理土壤含盐量逐渐增大。每次灌水后，各处理土壤盐分基本呈现出 MMF3 > MMF6 > MMF9 > MMF8 > MMF2 > MMF5 > MMF7 > MMF4 > MMF1 的趋势，

而至下一次灌水前，灌水量多的处理土壤盐分减少幅度小于灌水量小的处理，在水分二次再分布过程中，部分盐分随水进入深层土壤，部分则停留在 40cm 以上土层中。对于灌水量大的处理，由于带入土壤中的盐分较多，再分布过程中向表层积累的盐分含量也相应较多。40cm 以下由于受黏土层影响，土壤含盐量波动较小。

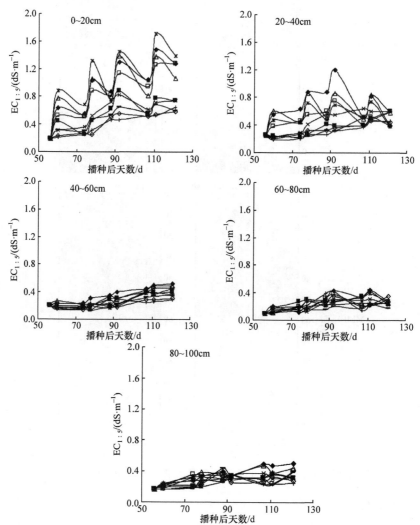

图 7-27　玉米全生育期不同处理灌水沟中各土层土壤含盐量分布

纵观整个生育期，相同灌水量不同灌水矿化度各处理土壤盐分基本呈现出随灌溉水矿化度增加而增加的趋势。例如，第二次灌水后，MMF7、MMF8、MMF9 处理 0～100cm 土层土壤平均 $EC_{1:5}$ 分别为 0.197dS · m^{-1}、0.270dS · m^{-1} 和

$0.364dS \cdot m^{-1}$。低矿化度灌水处理的土壤剖面盐分增加值较小，而中矿化度、高矿化度灌水处理的土壤剖面盐分增加值较大。在灌溉水矿化度相同的情况下，不同灌水量处理的土壤盐分分布较复杂。第二次灌水后灌溉水矿化度均为 $6.44g \cdot L^{-1}$ 的处理 MMF9、MMF6、MMF3 在表层 0～20cm 表现出灌水量越小，土壤含盐量越大的趋势，而在 40cm 以下灌水量大的处理土壤含盐量有所增加(图 7-28)。这说明对于灌溉水矿化度较大的处理而言，灌水量大的处理能将部分盐分带入深层土壤中，从而保证浅层土壤含盐量较小，而灌水量较少的处理由于灌水深度有限，每次灌水携带的盐分几乎都积累在耕层土壤中(沟中 40～60cm 为黏土夹层，对盐分有阻滞作用，灌水量较小时，越过黏土层进入深层的盐分很少)，致使耕层土壤盐分含量相对较大。灌溉水矿化度均为 $2.76g \cdot L^{-1}$ 的处理 MMF7、MMF4、MMF1，结论却完全相反。0～40cm 土层灌水量较大的处理 MMF7 土壤含盐量更大，而 40cm 土层以下土壤含盐量则有所减少。产生这一现象的原因是对于灌溉水矿化度较小的处理，灌水量较大的处理能携带更多的盐分进入土壤，虽然有部分盐分随水进入深层土壤，但还有一定量的盐分因黏土层而滞留在 50cm 以上土层中，随着沟底土壤蒸发向表层运移，虽然灌水量较小的处理带入的盐分几乎全部停留在 50cm 以上土层，但灌溉水矿化度本身较低，故盐分含量不大，50cm 以下 MMF7 处理对原有土壤盐分有淋洗作用，由于水质矿化度小，灌溉水的洗盐效应大于高矿化度水灌溉引起的盐分累积效应。灌溉水矿化度适中($4.60g \cdot L^{-1}$)的处理 MMF8、MMF5、MMF2 对土壤盐分的影响处于以上两种矿化度之间，40cm 以上土层盐分含量大小顺序为 MMF8>MMF5>MMF2。由此可见，同一水质梯度下，不同灌水量对土壤盐分的影响与灌溉水矿化度本身有非常大的关系，矿化度较大时，灌水量越少，表层积盐越多，底层积盐越少；矿化度较小时，灌水量越少，表层积盐量越少，底层盐分基本不变。结合民勤地区情况，对于地下水矿化度较高的地区，应适当增加灌水量，促使大量水、土中的盐分向深层运移；对于地下水矿化度较低的地区，则应适当减少灌水量，以免增加表层积盐的概率。

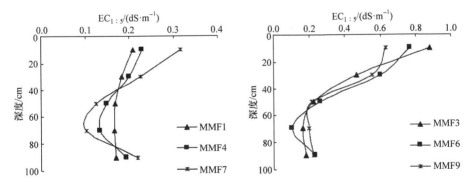

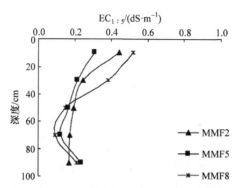

图 7-28　不同灌溉水量处理土壤盐分分布

2) 土壤盐分空间分布特征

不同处理膜垄沟灌播种前、第二次灌水前和第二次灌水后土壤剖面盐分变化情况如图 7-28 所示，土壤剖面的盐分分布受灌溉水矿化度和初始含盐量共同影响。作物播种前各处理 0~120cm 土层土壤盐分基本一致，平均电导率为 0.148dS·m^{-1}。由于播种的同时即在垄上覆膜，所以从播种后至第二次灌水前，垄上与灌水沟中土壤盐分出现一定差异。垄上覆膜使得垄顶土壤水分的蒸发受到抑制，减缓了下层土壤盐分的上移，故含盐量低于同期沟底土壤。第二次灌水前，垄顶土壤 $EC_{1:5}$ 为 0.181dS·m^{-1}，沟底土壤 $EC_{1:5}$ 为 0.195dS·m^{-1}，虽然较播种前 0cm 处土壤含盐量($EC_{1:5}$ = 0.173dS·m^{-1})均有所增加，但沟底土壤含盐量明显较高。由于 60~100cm 存在黏土夹层，垄上和沟中深层土壤盐分差异逐渐减小。整个 0~120cm 土层中，垄上土壤平均 $EC_{1:5}$ 为 0.151dS·m^{-1}，沟中土壤平均 $EC_{1:5}$ 为 0.175dS·m^{-1}。

第二次灌水后，垄顶和沟底的土壤盐分差异变得更加显著。垄顶 MMF7、MMF8、MMF9 处理的土壤 $EC_{1:5}$ 分别为 0.191dS·m^{-1}、0.355dS·m^{-1} 和 0.427dS·m^{-1}，沟底表层土壤 $EC_{1:5}$ 则分别为 0.316dS·m^{-1}、0.521dS·m^{-1} 和 0.631dS·m^{-1}。对于同一处理，垄顶土壤表层的盐分累积要比沟底少很多。这一规律与不覆膜沟灌土壤盐分分布有很大差别，主要与以下三方面因素有关：第一，沟中与垄中水分入渗方式不同，入渗水量也不同。由于沟中水分入渗主要以垂直入渗为主，而垄中水分以水平侧渗为主，相比而言，沟中盐分进入土壤速度较快、较集中，能在短时间内积累大量盐分，而水分侧渗过程相对比较缓慢，在此过程中，部分盐分会与土壤矿物质发生化学反应(吸附、解吸)而沉积，还有部分盐分可能接受土壤过滤而被阻滞，使得进入垄中的盐分部分损失。同时，每次灌水沟中接受的灌水量比垄中更多，致使沟中土壤盐分的来源较垄上多。第二，膜垄沟灌灌水种植模式的影响。通常认为，干旱地区降水稀少，灌水沟中盐分主要通过接收灌水淋洗而损失，而盐分积聚则主要源于灌溉带入盐分和土壤蒸发引起的盐分运移；垄上盐分的积聚主要源于灌溉带入盐分和棵间蒸发与植株蒸腾引起的盐分运移,其盐分的损失主要是通过作物吸收。垄上不接收直接的灌水淋洗,盐分损失量远远小于盐分补给量,积盐程度也远远高于灌水沟。对于膜垄沟灌垄上而言,虽然由灌水带入的盐分积累在地表,但地膜覆盖在土壤表面形成了一层不透气的物理阻隔,基本阻断了土壤水向大气蒸发的通道,水分循环限于膜下。这种特定的条件下,水分不断在膜面凝聚成水滴后滴入土壤,膜下的空气虽不能饱和,但始终保持相当高的湿度,有效地抑制了由土壤蒸发引起的土壤盐分向表层过分聚集。对于沟中而言,由于覆膜面积减少,受土壤蒸发影响,盐分出现一定程度的表聚。第三,土壤质地的影响。通常认为,灌水沟接收直接淋洗能将多余的盐分洗出作物耕层,但由于本试验区 60cm 以下存在较厚的黏质土壤,其特有的过滤作用使得盐分向深层的运移量有所减少,继而更多地保存在浅层土壤中。上述三方面因素互相影响,导致沟底土壤盐分始终高于垄中。整体而言,灌溉水矿化度越高,垄中土壤盐分分布较沟中越分散,赋存区域更多,盐分过分聚集情况较少。

70~100cm 土层土壤含盐量由于黏土夹层的存在而普遍较低,形成明显的盐分阻隔带。受此影响,垄上和沟中 100cm 以下土壤盐分差异不大。与播种前土壤盐分比较发现,仍有部分土壤盐分越过黏土层到达深层土壤,MMF7、MMF8 和 MMF9处理 100cm 以下土层平均土壤 $EC_{1:5}$ 分别为 $0.199dS \cdot m^{-1}$、$0.235dS \cdot m^{-1}$ 和 $0.296dS \cdot m^{-1}$,分别比播种前($EC_{1:5}=0.169dS \cdot m^{-1}$)增加 17.75%、39.05%和75.15%。

结合上述分析可以将膜垄沟灌土壤水盐运移过程划分为以下三个阶段:第一个阶段,重力作用影响阶段,灌水过程开始后,水分主要沿垂直方向运动,此时灌水沟中的土壤水分急剧增加,由此带入土壤的盐分含量也增加,完成了灌水沟中大部分土壤盐分的输入过程。第二个阶段,重力作用和土壤毛细管作用共同影响阶段,水分同时沿垂直和水平方向运动。灌水沟上部土壤湿润程度逐渐增加(灌水量大时可接近饱和),土壤水分一方面垂直向下运动,润湿灌水沟下部土壤,另一方面沿水平方向侧渗湿润垄中土壤。在此过程中,灌水沟中的下渗量受土壤质地及土壤湿润程度影响而逐渐减少,侧渗量逐渐增多,灌水沟四周土壤含水量逐渐增大,土壤盐分随水分逐渐向面上分布。灌水过程结束后,土壤水分进入二次再分布过程,沟中与垄中深层土壤含水量逐渐增加。随着入渗深度增加,土壤水势减小,水分下渗与侧渗过程放缓,直至停止,此时土壤水盐均呈现随水停留状态,即水分越多的部位,含盐量越大。第三个阶段,土壤蒸发与植株蒸腾影响阶段。沟中表层土壤水分在蒸发作用影响下逐渐散失,深层水分逐渐向上运移,盐分也逐渐向沟底表层运移并聚集,垄中土壤水分受蒸腾作用影响而缓慢向表层运移,除部分随作物蒸腾散失外,部分在膜面凝聚成水滴后又滴入土壤,土壤盐分随水分向表层聚集。上述三个阶段在时间上很难精确划分,因为从灌水开始至土壤水分再分配,重力作用、土壤毛细管作用、土壤蒸发、植株蒸腾几乎全程都有影响,但就其各自影响程度而言,每个阶段又都有侧重,决定每一阶段土壤水盐分布状况。在生育初期,灌水结束后很长一段时间内垄中的土壤水分始终小于灌水沟中,且灌水量越少的处理越明显。由于生育初期植株蒸腾量少且垄上覆膜,垄中大部分水分在灌水结束后很长一段时间内蓄积在表层或20~40cm土层,能够有效地被根系尚浅的作物吸收利用。正是由于垄中土壤水分少,由灌水带入垄中的土壤盐分也较少,反倒更有利于生育前期普遍更容易受到盐害影响的作物生长。在生育末期,土壤结构发生一定变化,第二阶段的土壤水分侧渗时间延长,垄中土壤水分较生育初期有所增加,但生育期末土壤蒸发量显著减小,植株蒸腾量显著增加,沟中水分散失少,垄中水分散失多,故垄中土壤水分依然小于沟中。对于灌水量大的处理,土壤水分亏缺状态在一次灌水后即可得到缓解,故垄中与沟中差异不大,但灌水量少的处理则会引起垄中水分锐减,并最终导致作物吸水困难。

7.3.3　棉花膜下滴灌土壤水盐分布

1. 试验设计

棉花参试品种为"新陆早 7 号",全生育期 179d。试验以灌水量和灌水水质作为参试因子,共设 9 个处理(表 7-23),每个处理设 2 次重复,共 18 个小区。全生育期共灌水 8 次,前两次为地表水,灌水时间为蕾期,其余为地下水,平均8.1d 灌水一次,一直到棉花吐絮期为止,施肥与化控措施参照当地大田。农田休闲期用地表水进行冬灌(2010 年 11 月 15 日),灌溉定额为 2400m³ · hm⁻²。咸水、淡水水源与春小麦畦灌一致。

表 7-23　棉花膜下滴灌试验方案

处理	地表水		地下水		总灌溉定额 /(m³ · hm⁻²)
	灌溉水矿化度 /(g · L⁻¹)	灌水量/(m³ · hm⁻²)	灌溉水矿化度 /(g · L⁻¹)	灌水量/(m³ · hm⁻²)	
CMD1	0.43	450	0.9	1650	2100
CMD2	0.43	450	4.0	1650	2100
CMD3	0.43	450	7.0	1650	2100
CMD4	0.43	450	0.9	1950	2400
CMD5	0.43	450	4.0	1950	2400
CMD6	0.43	450	7.0	1950	2400
CMD7	0.43	450	0.9	2250	2700
CMD8	0.43	450	4.0	2250	2700
CMD9	0.43	450	7.0	2250	2700

滴灌管为内镶式滴灌管，膜下固定，滴头间距 30cm，额定工作压力为 0.1MPa，额定滴头流量为 2.0L·h^{-1}，实际灌水用高位水箱供水，单滴头流量 1.5L·h^{-1}(图 7-29)。

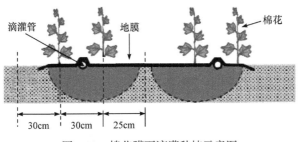

图 7-29　棉花膜下滴灌种植示意图

2. 土壤水分分布特征

研究了棉花生育期不同处理纵轴方向距滴灌带 20cm 处 0～40cm 土层土壤含水量变化。受灌溉和作物蒸腾的影响，灌水开始后(从咸水灌溉算起)，0～40cm 土层土壤含水量基本上呈现灌水前低、灌水后高的规律。与玉米膜垄沟灌一样，相同灌水量、不同灌溉水矿化度处理的土壤含水量随灌溉水矿化度的增加而增加，CMD7、CMD8 和 CMD9 处理全生育期 0～40cm 土层土壤平均含水量分别为 7.53%、7.62%和 8.90%；相同灌溉矿化度、不同灌水量处理的土壤含水量则随灌水量的增加而增加，CMD1、CMD4 和 CMD7 处理全生育期 0～40cm 土层土壤平均含水量分别为6.23%、6.73%和7.50%。从深度上看，0～20cm 土层土壤含水量波动性较大，其变异系数 C_v 为 24.97%，20～40cm 土层土壤含水量变异系数为 24.01%。由于土壤水分围绕滴头分布是滴灌的一个固有特征，灌溉水分受重力作用倾向于向下运移，因此对 0～20cm 土层土壤含水量影响较大。

3. 土壤盐分分布特征

图 7-30 为棉花生育期不同处理的 0～40cm 深度土壤盐分变化情况。整个生育期，0～40cm 土壤盐分处于不断积累的过程，总的来说，灌水量和灌溉水矿化度同时对棉田土壤盐分分布产生影响，全生育期 CMD1、CMD2 和 CMD3 处理 0～40cm 土壤平均 $EC_{1:5}$ 分别为 0.332dS·m^{-1}、0.517dS·m^{-1} 和 0.735dS·m^{-1}，说明同一灌水量水平不同水质水平下土壤盐分都随灌溉水矿化度的升高而增加。CMD3、CMD6 和 CMD9 处理 0～20cm 土壤平均 $EC_{1:5}$ 分别为 0.937dS·m^{-1}、0.882dS·m^{-1} 和 0.749dS·m^{-1}，说明同一水质矿化度水平不同灌水量水平下 0～20cm 土壤盐分随灌水量的增加而减少，而 CMD3、CMD6 和 CMD9 处理 20～40cm 土壤平均 $EC_{1:5}$ 分别为 0.533dS·m^{-1}、0.785dS·m^{-1} 和 0.844dS·m^{-1}，说明 20～40cm 土壤盐分随灌水

量的增加而增大，显然，灌水量较少的处理会导致表层积盐，但 20～40cm 土层含盐量却相应较低，而灌水量多的处理随着灌水量的增加，表层土壤盐分有所降低，但积盐深度会有所增加。这一特征与棉花滴灌灌水模式与水分运移途径有很大关系，由于滴灌属于脉冲式灌水方式，每一滴水携带的盐分总是被下一滴水推向土壤更深处，因此灌水量大更有利于盐分向深层土壤中运移。从 0～40cm 土壤平均 $EC_{1:5}$ 来看，CMD3、CMD6 和 CMD9 分别为 0.735dS·m^{-1}、0.833dS·m^{-1} 和 0.797dS·m^{-1}，可见对于膜下滴灌而言，灌溉量与矿化度同时决定土壤盐分含量，合适的灌溉量能起到较好的抑盐、控盐效果，不适宜的灌溉量却能引起土壤积盐。

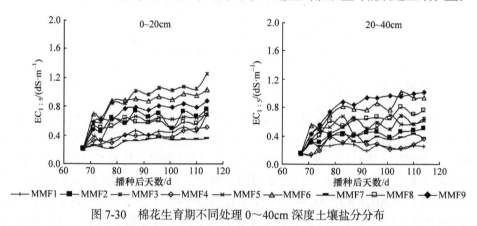

图 7-30　棉花生育期不同处理 0～40cm 深度土壤盐分分布

　　综合以上研究结果可以看出，当膜下滴灌灌水定额较小时，土壤水分入渗浅，又加之覆膜保水，很难产生深层渗漏，土壤水分利用率很高。但与之相对应，土壤盐分向下运移的通道也受到阻碍，土壤盐分停留在 0～60cm 土层，不利于土壤长期开发利用。

　　总之，春小麦畦灌试验的研究结果表明，在灌水量相同的情况下，不同处理 0～120cm 土层全生育期土壤平均含水量呈现出 5g·L^{-1} > 4g·L^{-1} > 3g·L^{-1} > 2g·L^{-1} > 0.9g·L^{-1} 的趋势，即灌溉水矿化度越大，土壤含水量越大，且随着生育期的推移，差异越来越显著，可能是高矿化度灌溉水累次灌溉改变了土壤结构及对土壤水势能产生影响导致作物吸收水分困难。不同处理浅层(0～40cm 土层)土壤盐分差异显著，其盐分含量大小关系为 5g·L^{-1} > 4g·L^{-1} > 3g·L^{-1} > 2g·L^{-1} > 0.9g·L^{-1}，即灌溉水矿化度越高，土壤积盐越严重；5g·L^{-1} 处理 0～80cm 土层积盐率高达 242.7%，灌溉水的洗盐效应远小于高矿化度水灌溉引起的表盐累积效应。黏土夹层的过滤作用，土壤盐分向深层运移比水分难，故深层土壤出现一定程度的脱盐。20～40cm 土层积盐率与灌溉水矿化度关系密切，决定系数 R^2 达到 0.998，说明高矿化度灌溉水对耕层土壤盐分影响最大，极不利于作物生长。冬灌对休闲期土壤水分补充作用较大，能有效淋洗 0～40cm 土层土壤盐分，受特殊气候及土质影响，$5g \cdot L^{-1}$ 处理停滞于 40～80cm 土层的盐分在来年春播时返回地表，致使 0～20cm 土层土壤返盐率高达 73.1%。生育期及休闲期土壤水盐平衡计算结果表明，生育期结束后试验各处理土壤储水量均减小，土壤盐分储量均增大，由灌溉带入土壤的盐分是生育期内土壤盐分的主要来源；整个农田休闲期，降水和冬灌使土壤储水量持续增加，土壤水分基本恢复至播种前，土壤盐分储量持续减少，但从年际间变化来看，各处理盐分储变量如下：$0.9g \cdot L^{-1}$ 为 $-25.38g \cdot m^{-2}$，$2g \cdot L^{-1}$ 为 $131.88g \cdot m^{-2}$，$3g \cdot L^{-1}$ 为 $141.52g \cdot m^{-2}$，$4g \cdot L^{-1}$ 为 $302.24g \cdot m^{-2}$，$5g \cdot L^{-1}$ 为 $440.18g \cdot m^{-2}$，说明连续累次微咸水灌溉会导致年际间土壤盐分储量增加。

玉米膜垄沟灌试验的研究结果表明，玉米生育初期，水量因素引起的土壤水分差异比水质因素大，相同灌水量、不同水质处理 MMF7、MMF8 和 MMF9 土壤平均含水量分别为 15.63%、15.80% 和 15.92%，差异不明显，同一水质、不同灌水量处理 MMF1、MMF4 和 MMF7 土壤平均含水量分别为 12.54%、14.17% 和 15.63%，差异显著。生育末期，MMF7、MMF8 和 MMF9 处理的土壤平均含水量分别为 15.22%、16.97% 和 16.62%，表现出灌溉水矿化度越高，土壤含水量越大的趋势；MMF3 处理的土壤平均含水量为 12.30%，比 MMF7 低 19.19%，说明灌水量依然是影响土壤水分的主要因素。高矿化度咸水能有效提高土壤含水量，但相比灌水量提高幅度有限。从土壤水分空间分布来看，生育前期，灌水量越小且水质矿化度越低的处理，垄中与沟中土壤含水量差异越大，沟中较垄中高 13.70%；生育末期，灌水量大且水质高的处理，沟中与垄上土壤含水量差异逐渐缩小，同时，灌水量小且水质低的处理相应差异却有所增大。相同水分梯度、不同水质矿化度，各处理土壤盐分含量随矿化度增大而增大，而相同水质矿化度、不同水分梯度，当矿化度较大时，灌水量越少，表层积盐越多，底层积盐越少；当矿化度较小时，灌水量越少，表层积盐量越少，底层盐分基本不变。相同灌水量处理垄顶土壤表层的盐分累积比沟底少，可能是灌水沟中含水量高，带入的盐分多及膜垄沟灌种植模式影响所致。根据研究结果将玉米膜垄沟灌土壤水盐运移过程划分为三个阶段。

针对棉花膜下滴灌试验的研究结果表明，相同灌水量、不同灌溉水矿化度处理，土壤含水量随灌溉水矿化度的增大而增加，土壤盐分也随灌溉水矿化度的增大而增大；相同灌水矿化度、不同灌水量处理，土壤含水量则随灌水量的增加而增加，土壤含盐量则表现为 0～20cm 土层随灌水量的增加而减少，20～40cm 土层随灌水量的增加而增大；0～20cm 土层土壤含水量变异系数 C_v 为 24.97%，大于 20～40cm 土层，说明膜下滴灌对 0～20cm 土层含水量影响较大。

7.4　农田土壤水盐运移数值模型的构建

众多学者在揭示土壤水盐运动规律的同时，力求建立各种水盐模型来定量分析土壤水盐的运移，以预报农田土壤水盐的动态变化过程。农田条件下土壤非饱和水分和盐分运移的机理和特征，至今尚未被完全了解。人们进行了大量室内一维、二维饱和-非饱和水盐运移实验，提出了各种描述土壤水盐运移的数学模型。这些模型大多由于室内条件的局限性，实际应用受到很大的限制，因此建立适合于农田土壤水盐运移特征的动态模型是土壤水盐运移研究领域的重点和热点问题。

本节采用 HYDRUS 软件(Simunek et al., 1999)来模拟畦灌、膜垄沟灌、膜下滴灌三种节水灌溉方式下土壤水分和盐分的运移规律，并根据实测资料确定参数的选取，建立土壤水盐运移数学模型，实现数值模拟过程。

7.4.1 HYDRUS 模型概述

HYDRUS 是由美国农业部农业研究所盐土实验室(Salinity Laboratory, Agricultural Research Service, United States Department of Agriculture)的 van Genuchten 在 Simunek 开发的 SWMS 模型基础上研制成功的一套用于模拟饱和-非饱和多孔介质中水分、能量、溶质运移的数值模型软件，后经改进又推出了一系列版本，增加了适用性，并改进为图形界面，增加了可视化操作的功能，以及强大的输入输出数据图形界面支持功能。

7.4.2 农田土壤水分运移数学模型的构建

1. 基本假定

土壤由空气、水、固体骨架三相组成。骨架是一种由无数散碎、直径不一、形状不规则且排列错综复杂的固体颗粒组成的多孔介质，介质内孔隙的成因、大小、形状和连通性对于包含的液体(水)的性质和运动特性有极大的影响，使土壤的物理机械性质和土壤水分运动参数产生了空间和时间变异性。因此，为了研究方便，对土壤做如下基本假定：

(1) 忽略土壤中水流的空气阻力，假定土壤由固相、液相和孔隙组成；

(2) 土壤中各点温度相同，忽略温度势作用；

(3) 土壤中的水是不可压缩的；

(4) 土壤为各向同性均质的多孔介质；

(5) 土壤固相骨架在土壤水流过程中保持不变，其中不存在不连通的孔隙；

(6) 不考虑化学作用对土壤水流的影响。

以上假定为非饱和土壤水动力学理论基本假设。在建立数学模型时流体在连续多孔介质中的运动是非饱和流动，忽略各点压力势，总土水势只考虑基质势和重力势两项。这种水的流动符合非饱和土壤水分运动的基本方程(经 Richards 推广后的达西定律)，在进行模型研究时，流体通过界面的运动可用边界条件来表达。

2. 土壤水分运移基本方程

土壤水分运移基本方程建立在达西定律和质量守恒定律的基础上。达西定律是多孔介质中流体流动应满足的运动方程，质量守恒定律是物质运动和变化普遍遵循的原理。将质量守恒定律应用于多孔介质中的流体流动即为连续方程。达西定律和连续方程相结合便可推导出描述土壤水分运移的基本方程。

根据质量守恒定律推导出连续方程：

$$\frac{\partial \theta}{\partial t} = -\nabla q \tag{7-14}$$

式中，θ 为土壤体积含水量；t 为时间；q 为水分通量。

非饱和流动的达西定律为

$$q = -K(\theta)\nabla \psi \tag{7-15}$$

式中，$K(\theta)$ 为土壤导水系数；ψ 为总水势。

将式(7-15)代入式(7-14)，即可得出非饱和土壤水流的基本方程：

$$\frac{\partial \theta}{\partial t} = \nabla\left[K(\theta)\nabla \psi\right] \tag{7-16}$$

将式(7-16)展开：

$$\frac{\partial \theta}{\partial t} = \frac{\partial}{\partial x}\left[K_x(\theta)\frac{\partial \psi}{\partial x}\right] + \frac{\partial}{\partial y}\left[K_y(\theta)\frac{\partial \psi}{\partial y}\right] + \frac{\partial}{\partial z}\left[K_z(\theta)\frac{\partial \psi}{\partial z}\right] \tag{7-17}$$

设土壤为各向同性，则 $K_x(\theta) = K_y(\theta) = K_z(\theta)$。对于非饱和流动，总水势 ψ 由基质势 ψ_m 和重力势 ψ_z 组成。取单位重量土壤水分的水势，则 $\psi = \psi_m \pm \psi_z$，代入式(7-17)后就可得到非饱和土壤水运动的基本微分方程式(Richard 方程)：

$$\frac{\partial \theta}{\partial t} = \frac{\partial}{\partial x}\left[K_x(\theta)\frac{\partial \psi_m}{\partial x}\right] + \frac{\partial}{\partial y}\left[K_y(\theta)\frac{\partial \psi_m}{\partial y}\right] + \frac{\partial}{\partial z}\left[K_z(\theta)\frac{\partial \psi_m}{\partial z}\right] \pm \frac{\partial K(\theta)}{\partial z} \tag{7-18}$$

利用式(7-18)解决实际问题时，为使问题分析比较简便，常将基本方程改成其他表达形式，比较常见的是以土壤含水量 θ 或负压水头 h 为变量及以 θ、h 混合为变量的方程。在利用方程求解土壤水分分布时，以 θ 为变量的 Richard 方程进行差分离散近似后具有较好的水量平衡性，但是对于层状土壤，由于层间界面处含水量是不连续的，因此并不适用 θ 为变量的 Richard 方程；以 h 为变量的方程水量平衡性较差；而以 θ、h 混合为变量的 Richard 方程则既保持了较好的水量平衡，又避免了层状土壤引起的不连续的缺点，因此这种表达式得到了广泛使用。

由于 $\dfrac{\partial \theta}{\partial t} = \dfrac{\mathrm{d}\theta}{\mathrm{d}\psi_m}\dfrac{\partial \psi_m}{\partial t} = C(\psi_m)\dfrac{\partial \psi_m}{\partial t}$，且 $h = \psi_m$，以 θ、h 混合为变量的土壤水分运动基本方程式为

$$\frac{\partial \theta}{\partial t} = \frac{\partial}{\partial x}\left[K(h)\frac{\partial h}{\partial x}\right] + \frac{\partial}{\partial y}\left[K(h)\frac{\partial h}{\partial y}\right] + \frac{\partial}{\partial z}\left[K(h)\frac{\partial h}{\partial z}\right] \pm \frac{\partial K(h)}{\partial z} - S(x,y,z,t) \quad (7\text{-}19)$$

式中，θ 为土壤体积含水量(单位：$cm^3 \cdot cm^{-3}$ 或%)；$K(h)$ 为土壤导水率(单位：$cm \cdot d^{-1}$)；$C(h)$ 为比水容量，$C(h) = d\theta/dh$，(单位：cm^{-1})；$S(x,y,z,t)$ 为根系吸水率，(单位：$cm \cdot d^{-1}$)；h 为负压水头(单位：cm)；t 为时间(单位：d)；x、y、z 为三维坐标(单位：cm)。

畦灌土壤水盐运移是典型的一维问题，则其土壤水分运动基本方程式为

$$\frac{\partial \theta}{\partial t} = \frac{\partial}{\partial z}\left[K(h)\left(\frac{\partial h}{\partial z} + 1\right)\right] - S(z,t) \quad (7\text{-}20)$$

膜垄沟灌灌水时受两种力的作用，其中，重力作用主要使沿灌水沟流动的灌溉水垂直下渗，另一种力——毛细管力除了使灌溉水向下浸润外，也向四周浸润。因此，膜垄沟灌土壤水盐运移是典型的二维问题。

$$\frac{\partial \theta}{\partial t} = \frac{\partial}{\partial x}\left[K(h)\frac{\partial h}{\partial x}\right] + \frac{\partial}{\partial z}\left[K(h)\frac{\partial h}{\partial z}\right] + \frac{\partial K(h)}{\partial z} - S(x,z,t) \quad (7\text{-}21)$$

滴灌的土壤水盐运移本质上属于空间三维运动，若假定各层土壤为各向同性的均质体，根据对称性，可将其简化为沿滴灌管方向和沿垂直滴灌管方向两个对称条件下的二维问题，其土壤水分运动方程为

$$\frac{\partial \theta}{\partial t} = \frac{1}{r}\frac{\partial}{\partial r}\left[rK(h)\frac{\partial h}{\partial r}\right] + \frac{\partial}{\partial z}\left[K(h)\frac{\partial h}{\partial z}\right] + \frac{\partial K(h)}{\partial z} - S(r,z,t) \quad (7\text{-}22)$$

式中，r 为径向坐标，取向右为正，单位 cm。

7.4.3 农田土壤溶质运移数学模型的构建

土壤中的溶质运移是十分复杂的，随着土壤水分的运动而迁移，而且在自身浓度梯度的作用下也会运移，部分溶质被土壤吸附，被植物吸收，或者当浓度大于其在水中的溶解度后离析沉淀，还有化合分解、离子交换等化学变化。因此，土壤中的溶质处于一个物理、化学和生物相互联系和连续变化的系统中。

1. 基本假定

(1) 溶质的属性和浓度无关；

(2) 扩散和弥散运动符合 Fick 定律；

(3) 溶质吸收可以用 Freundich 平衡等值线描述，动态吸收过程没有被考虑；

(4) 溶质的衰减可以用一阶过程来描述，该一阶过程对于溶解和吸收项有不同的吸收率常数值。

2. 土壤溶质运移基本方程

由对流作用引起的溶质质量变化为

$$M_1 = \left[-\frac{\partial}{\partial x}(cq_x) - \frac{\partial}{\partial y}(cq_y) - \frac{\partial}{\partial z}(cq_z) \right] \mathrm{d}x\mathrm{d}y\mathrm{d}z\mathrm{d}t \tag{7-23}$$

式中，c 为土壤溶质浓度(单位：$g \cdot cm^{-3}$)；q_i 为不同坐标方向上的水分通量(单位：$cm^2 \cdot d^{-1}$)。

由弥散作用引起的溶质质量变化为

$$M_2 = \left(-n\frac{\partial J_x}{\partial x} - n\frac{\partial J_y}{\partial y} - n\frac{\partial J_z}{\partial z} \right) \mathrm{d}x\mathrm{d}y\mathrm{d}z\mathrm{d}t \tag{7-24}$$

式中，n 为孔隙率；J_x、J_y、J_z 为不同方向的溶质通量。根据质量守恒原理，土壤单元体内溶质质量变化的代数和应等于流入和流出该单元体溶质质量的变化率，即

$$M_1 + M_2 = n\frac{\partial c}{\partial t}\mathrm{d}x\mathrm{d}y\mathrm{d}z\mathrm{d}t \tag{7-25}$$

将式(7-25)除以 $n\mathrm{d}x\mathrm{d}y\mathrm{d}z\mathrm{d}t$ 得

$$\frac{\partial c}{\partial t} = -\left(\frac{\partial J_x}{\partial x} + \frac{\partial J_y}{\partial y} + \frac{\partial J_z}{\partial z} \right) - \frac{\partial}{\partial x}\left(c\frac{q_x}{n} \right) - \frac{\partial}{\partial y}\left(c\frac{q_y}{n} \right) - \frac{\partial}{\partial z}\left(c\frac{q_z}{n} \right) \tag{7-26}$$

将非饱和溶液的 Fick 定律 $J_i = -\theta D_{ij}\dfrac{\partial c}{\partial x_j}$ 代入式(7-26)得溶质运移基本方程：

$$\frac{\partial(\theta c)}{\partial t} = \frac{\partial}{\partial x_i}\left(\theta D_{ij}\frac{\partial c}{\partial x_j} \right) - \frac{\partial}{\partial x}(q_x c) - \frac{\partial}{\partial y}(q_y c) - \frac{\partial}{\partial z}(q_z c)$$

$$(i, j = 1, 2, 3; x_1 = x, x_2 = y, x_3 = z) \tag{7-27}$$

式中，D_i 为水动力弥散系数(单位：$cm^2 \cdot d^{-1}$)，将式(7-27)展开为

$$\frac{\partial(\theta c)}{\partial t} = \frac{\partial}{\partial x}\left(\theta D_{xx}\frac{\partial c}{\partial x} \right) + \frac{\partial}{\partial x}\left(\theta D_{xy}\frac{\partial c}{\partial y} \right) + \frac{\partial}{\partial x}\left(\theta D_{xz}\frac{\partial c}{\partial z} \right) + \frac{\partial}{\partial y}\left(\theta D_{yy}\frac{\partial c}{\partial y} \right)$$

$$+ \frac{\partial}{\partial y}\left(\theta D_{yx}\frac{\partial c}{\partial x} \right) + \frac{\partial}{\partial y}\left(\theta D_{yz}\frac{\partial c}{\partial z} \right) + \frac{\partial}{\partial z}\left(\theta D_{zz}\frac{\partial c}{\partial z} \right) + \frac{\partial}{\partial z}\left(\theta D_{zx}\frac{\partial c}{\partial x} \right)$$

$$+ \frac{\partial}{\partial z}\left(\theta D_{zy}\frac{\partial c}{\partial y} \right) - \frac{\partial}{\partial x}(q_x c) - \frac{\partial}{\partial y}(q_y c) - \frac{\partial}{\partial z}(q_z c) \tag{7-28}$$

畦灌土壤盐分运移的基本方程为

$$\frac{\partial(\theta c)}{\partial t} + \rho\frac{\partial s}{\partial t} = \frac{\partial}{\partial z}\left(\theta D\frac{\partial c}{\partial z} \right) - \frac{\partial}{\partial z}(qc) \tag{7-29}$$

式中，ρ 为流体密度(单位：$g \cdot cm^{-3}$)；s 为溶质在土壤基模上的吸附量(单位：$g \cdot g^{-1}$)。

膜垄沟灌土壤盐分运移的基本方程为

$$\frac{\partial(\theta c)}{\partial t} + \rho \frac{\partial s}{\partial t} = \frac{\partial}{\partial x}\left(\theta D_{xx}\frac{\partial c}{\partial x}\right) + \frac{\partial}{\partial x}\left(\theta D_{xz}\frac{\partial c}{\partial z}\right) + \frac{\partial}{\partial z}\left(\theta D_{zz}\frac{\partial c}{\partial z}\right)$$
$$+ \frac{\partial}{\partial z}\left(\theta D_{zx}\frac{\partial c}{\partial x}\right) - \frac{\partial}{\partial x}(q_x c) - \frac{\partial}{\partial z}(q_z c) \tag{7-30}$$

膜下滴灌土壤盐分运移的基本方程为

$$\frac{\partial(\theta c)}{\partial t} + \rho \frac{\partial s}{\partial t} = \frac{1}{r}\frac{\partial}{\partial r}\left(r\theta D_r \frac{\partial c}{\partial r}\right) + \frac{\partial}{\partial z}\left(\theta D_z \frac{\partial c}{\partial z}\right) - \frac{1}{r}\frac{\partial}{\partial r}(rq_r c) - \frac{\partial}{\partial z}(q_z c) \tag{7-31}$$

7.4.4 农田土壤水盐运移定解条件

边界条件和初始条件统称为定解条件，通常由野外观测资料或试验确定。求解非饱和土壤水盐运移方程时，需要同时列举边界条件和初始条件。

1. 畦灌定解条件

1) 初始条件

试验开始前测定原状土的土壤含水量，经土壤水分特征曲线转换，作为数值模拟初始时刻(t_0)的土壤负压水头分布 $h_0(z)$，初始含盐量 c_0 分布为试验前土壤含盐量实测值，故初始条件为

$$h(z, t) = h_0(z), c(z, t) = c_0(z) \quad t = t_0, 0 \leqslant z \leqslant Z \tag{7-32}$$

式中，Z 为土层厚度，自地表向下为正，此处取 120cm。

2) 上边界条件

(1) 畦灌灌水过程中(t_i)，土壤表层出现积水层，积水深度随时间变化而变化，$h(t)$为变水头边界条件(variable pressure head boundary condition)：

$$h(z,t) = h(t) \quad 0 < t < t_i, z = 0 \tag{7-33}$$

此时，溶质上边界条件为 Cauchy 边界条件(灌溉水盐分浓度 c_R 已知)：

$$-\theta D \frac{\partial c}{\partial z} + qc = \varepsilon c_R \quad 0 < t < t_i, z = 0 \tag{7-34}$$

式中，ε 为上边界垂向水量交换强度(单位：$cm \cdot d^{-1}$)。

(2) 灌水结束后地表处于蒸发状态，上边界条件为大气边界条件(atmospheric boundary condition)，溶质通量为零：

$$-K(h)\frac{\partial h}{\partial z} + K(h) = E, -\theta D \frac{\partial c}{\partial z} + qc = 0 \quad 0 < t < t_i, z = 0 \tag{7-35}$$

式中，E 为水面蒸发与表土蒸发强度，根据实测小麦畦田土壤蒸发及试验过程中

气象站蒸发皿每日观测水面蒸发数据计算(Abbasi et al., 2003)。

3) 下边界条件

由于地下水埋深在18m以下,故下边界条件为自由排水边界(free drainage):

$$\frac{\partial h}{\partial z} = 0, \frac{\partial c}{\partial z} = 0 \qquad t > 0, z = Z \tag{7-36}$$

式中, h 为负压水头; c 为土壤溶质浓度。

2. 膜垄沟灌定解条件

沟灌灌水时主要借助土壤毛细管作用从沟底和沟壁向四周渗透而湿润土壤。与此同时,在沟底也有重力作用浸润土壤。因此,灌水沟断面不仅有纵向下渗湿润土壤,还有横向入渗浸润。图 7-31 为膜垄沟灌模拟计算区域示意图。根据试验区土壤质地情况,将模拟区土层分为3层。

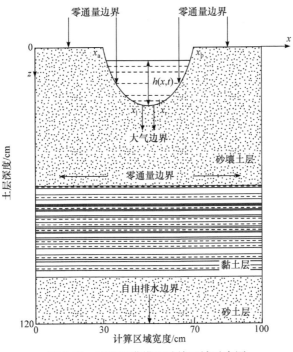

图 7-31　膜垄沟灌模拟计算区域示意图

1) 初始条件

膜垄沟灌初始条件的选取与畦灌相似,同时考虑垄上与沟中土壤的水盐分布:

$$h(x,z,t) = h_0(x,z), c(x,z,t) = c_0(x,z) \qquad t = t_0, 0 \leqslant x \leqslant X, 0 \leqslant z \leqslant Z \tag{7-37}$$

式中, X、Z 分别为模拟计算区域的径向和垂直方向最大距离,以地表为零基准面,分别取向右、向下为正。图 7-31 中, $X = 100\text{cm}$, $Z = 120\text{cm}$。

2) 上边界条件

(1) 沟灌灌水过程中，灌水沟中的水深[积水深度 $h(x,t)$]随时间变化而变化，这一阶段灌水沟(未覆膜区域，下同)的上边界条件为变水头边界条件：

$$-K(h)\frac{\partial h}{\partial z} + K(h) = h(x,t) \qquad 0 < t < t_i, x_l \leqslant x \leqslant x_r, z = z_b \tag{7-38}$$

式中，$z_b = 30\text{cm}$，为灌水沟底部深度。

此时，灌水沟中溶质上边界条件为 Cauchy 边界条件：

$$-\theta D\frac{\partial c}{\partial z} + qc = \varepsilon c_R \qquad 0 < t < t_i, x_l \leqslant x \leqslant x_r, z = z_b \tag{7-39}$$

式中，x_l 与 x_r 分别为未覆膜灌水沟的左右边界，$x_l = 45\text{cm}$，$x_r = 55\text{cm}$。

(2) 灌水结束后，进入水分再分配阶段，灌水沟的上边界条件为大气边界条件，且溶质通量为零：

$$-K(h)\frac{\partial h}{\partial z} + K(h) = E_f, -\theta D\frac{\partial c}{\partial z} + qc = 0 \qquad t > t_i, x_l \leqslant x \leqslant x_r, z = z_b \tag{7-40}$$

式中，E_f 为沟中水面蒸发与表土蒸发强度，根据实测灌水沟土壤蒸发及试验过程中气象站蒸发皿每日观测水面蒸发数据计算。

(3) 由于土壤表面覆盖地膜，垄上为零水流、零溶质通量边界条件(no flux boundary condition)，x_a 与 x_b 分别为垄的左右边界，$x_a = 30\text{cm}$，$x_b = 70\text{cm}$。

$$-K(h)\frac{\partial h}{\partial z} + K(h) = 0, -\theta D\frac{\partial c}{\partial z} + qc = 0 \qquad t > 0, 0 < x \leqslant x_a, x_b < x \leqslant X, z = 0 \tag{7-41}$$

灌水沟中覆膜部分与垄上条件相同，也为零通量边界条件：

$$-K(h)\frac{\partial h}{\partial x} - K(h)\frac{\partial h}{\partial z} + K(h) = 0 \qquad t > 0, x_a < x \leqslant x_l, x_r < x \leqslant x_b \tag{7-42}$$

3) 下边界条件

试验区地下水位埋深在 18m 以下，故下边界条件为自由排水边界：

$$\frac{\partial h}{\partial z} = 0, \frac{\partial c}{\partial z} = 0 \qquad t > 0, z = Z \tag{7-43}$$

3. 膜下滴灌定解条件

大田棉花膜下滴灌属于典型的线源滴灌，即滴灌土壤湿润区为沿滴灌毛管连续分布的湿润带。由于受到邻近滴头的影响，线源滴灌土壤湿润区出现不同程度的交汇，沿滴灌毛管方向的土壤水盐分布与垂直滴灌毛管方向的土壤水盐分布存在较大差异，其边界条件也有较大不同，因此应同时考虑沿滴灌管方向和垂直滴灌管方向进行数值模型的建立。

1) 沿滴灌管方向

(1) 初始条件。

膜下滴灌初始条件的选取与畦灌相似，同时考虑径向和垂直方向水盐的分布：

$$h(r,z,t) = h_0(r,z), c(r,z,t) = c_0(r,z) \qquad t = t_0, 0 \leqslant r \leqslant R, 0 \leqslant z \leqslant Z \tag{7-44}$$

式中，R、Z 分别为模拟计算区域的径向和垂直最大距离，以地表为零基准面，分别向右、向下为正(图 7-32)，沿滴灌管方向，$R = 15\text{cm}$，$Z = 50\text{cm}$。

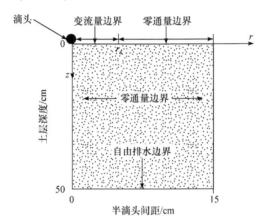

图 7-32 膜下滴灌沿滴灌管方向模拟计算区域示意图

(2) 上边界条件。

① 滴灌灌水过程中，会在滴头附近土壤表面形成积水，不同灌水量积水区半径 r_s 略有不同，可根据实际情况选取。积水区范围内为稳定流量边界条件(constant flux boundary condition)：

$$-K(h)\frac{\partial h}{\partial z} + K(h) = q_0 \qquad 0 < t < t_a, 0 \leqslant r \leqslant r_s, z = 0 \tag{7-45}$$

式中，q_0 为滴头流量；t_a 为滴灌灌水时间。

溶质上边界条件为 Cauchy 边界条件：

$$-\theta D\frac{\partial c}{\partial z} + qc = \varepsilon c_R \qquad 0 < t < t_a, 0 \leqslant r \leqslant r_s, z = 0 \tag{7-46}$$

② 灌水过程结束后，积水区为零通量边界：

$$-K(h)\frac{\partial h}{\partial z} + K(h) = 0, -\theta D\frac{\partial c}{\partial z} + qc = 0 \qquad t > t_a, 0 \leqslant r \leqslant r_s, z = 0 \tag{7-47}$$

③ 由于土壤表面覆盖地膜，积水区以外为零通量边界条件：

$$-K(h)\frac{\partial h}{\partial z} + K(h) = 0, -\theta D\frac{\partial c}{\partial z} + qc = 0 \qquad t > 0, r_s < x \leqslant R, z = 0 \tag{7-48}$$

(3) 下边界条件。

下边界为自由排水边界：

$$\frac{\partial h}{\partial z} = 0, \frac{\partial c}{\partial z} = 0 \qquad t > 0, z = Z \tag{7-49}$$

2) 沿垂直滴灌管方向

(1) 初始条件。

$$h(r,z,t) = h_0(r,z), c(r,z,t) = c_0(r,z) \qquad t = t_0, 0 \leqslant r \leqslant R, 0 \leqslant z \leqslant Z \tag{7-50}$$

垂直滴灌管方向，$R = 60cm$，$Z = 50cm$。

(2) 上边界条件。

① 积水区灌水过程中：

$$-K(h)\frac{\partial h}{\partial z} + K(h) = q_0, -\theta D\frac{\partial c}{\partial z} + qc = \varepsilon c_R \qquad 0 < t < t_a, r_l \leqslant r \leqslant r_r, z = 0 \tag{7-51}$$

式中，r_l 与 r_r 分别为积水区左、右边界，根据实际情况确定。

② 灌水过程结束后，积水区为零通量边界：

$$-K(h)\frac{\partial h}{\partial z} + K(h) = 0, -\theta D\frac{\partial c}{\partial z} + qc = 0 \qquad t > t_a, r_l \leqslant r \leqslant r_r, z = 0 \tag{7-52}$$

③ 在积水区以外：

$$-K(h)\frac{\partial h}{\partial z} + K(h) = 0, -\theta D\frac{\partial c}{\partial z} + qc = 0 \qquad t > 0, 0 \leqslant r \leqslant r_l, r_r < r \leqslant R, z = 0 \tag{7-53}$$

(3) 下边界条件。

$$\frac{\partial h}{\partial z} = 0, \frac{\partial c}{\partial z} = 0 \qquad t > 0, z = Z \tag{7-54}$$

7.4.5 农田土壤水力特征参数的确定

1. 土壤水分特征曲线的确定

作物种植前用环刀取试验区原状土(根据试验区土质，取砂壤土、黏土、砂土各 2 份)，用中国科学院南京土壤研究所研制的土壤水吸力测定仪(SXY-2)测定土壤水分特征曲线，测定时间为 2010 年 4～8 月，室内温度为 25℃左右。对 6 个土样的吸湿、脱湿持水特性进行了较系统的测定，并绘制出三种类型土样的土壤体积含水量与土壤水吸力的关系曲线(图 7-33)。

根据模型模拟需要，对土壤水分特征曲线参数进行拟合。HYDRUS 模型程序中土壤水分特性曲线 $\theta(h)$ 可用 van Genuchten 参数方程表示：

$$\theta(h) = \theta_r + \frac{\theta_s - \theta_r}{(1 + |\alpha h|^n)^m} \tag{7-55}$$

式中，θ_r 为残余土壤体积含水量(单位：$cm^3 \cdot cm^{-3}$ 或%)；θ_s 为饱和土壤体积含

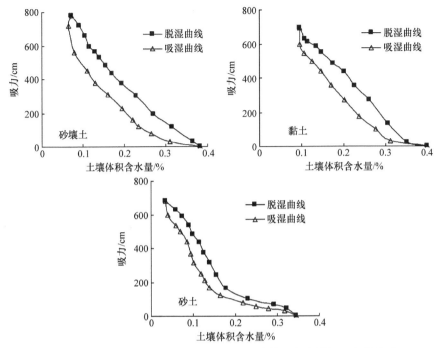

图 7-33　三种土样在吸湿和脱湿情况下土壤体积含水量与吸力的关系

水量(单位: $cm^3 \cdot cm^{-3}$ 或%); h 为压力水头(单位: cm); α、n、m 为土壤水分特征曲线的形状参数,根据试验拟合确定,$m = 1 - 1/n$,$n > 1$。

根据各类型土样实测脱湿过程数据,利用式(7-55),用 Origin7.0 数据分析软件对参数进行拟合,拟合参数见表 7-24。

表 7-24　土壤水分特性拟合参数

样品	θ_s /%	θ_r /%	α /(1 · cm^{-1})	n
砂壤土	0.382	0.072	0.0121	1.4080
黏土	0.480	0.096	0.0156	1.5645
砂土	0.346	0.035	0.0283	1.4883

2. 导水率的确定

非饱和土壤导水率又称水力传导度(K),土壤中部分孔隙被气体充填,故 K 低于土壤饱和导水率(K_s),并与土壤水基质势或含水量有关,但该函数的变化关系还不能由土壤的基本物理特性和理论分析方法得出(黄冠华,1999),常用实验方法确定,测定结果见表 7-25。

表 7-25　非饱和导水率与吸力关系

砂壤土		黏土		砂土	
吸力/cm	导水率/(cm · d⁻¹)	吸力/cm	导水率/(cm · d⁻¹)	吸力/cm	导水率/(cm · d⁻¹)
37.09	38.16	90.91	9.12	12.95	76.86
132.50	23.60	139.51	6.64	63.86	14.94
268.78	15.60	211.88	4.00	75.18	3.30
381.97	8.20	259.58	3.12	107.23	2.52
459.80	3.92	307.30	1.84	140.92	2.10
528.28	1.76	355.96	1.44	191.51	1.86
568.55	1.12	406.93	1.04	224.13	1.62
605.07	0.88	523.59	0.76	262.10	1.38
638.93	0.68	677.49	0.48	305.70	0.96
655.32	0.40	896.19	0.28	305.70	0.72

非饱和导水率随吸力变化的过程线外推到吸力为 0 时对应的导水率为饱和导水率 K_s。砂壤土、黏土、砂土的饱和导水率分别为 45.85cm · d⁻¹、10.19cm · d⁻¹、104.08cm · d⁻¹。

3. 土壤水分扩散率的确定

非饱和土壤水扩散率 $D(\theta)$ 与土壤含水量 θ 之间符合以下关系：

$$D(\theta)=\frac{K_s}{a(n-1)(\theta_s-\theta_r)}\left(\frac{\theta_s-\theta_r}{\theta-\theta_r}\right)^{\frac{n+1}{2(n-1)}}\left\{\left[1-\left(\frac{\theta-\theta_r}{\theta_s-\theta_r}\right)^{\frac{n}{n-1}}\right]^{\frac{1-n}{n}}+\left[1-\left(\frac{\theta-\theta_r}{\theta_s-\theta_r}\right)^{\frac{n}{n-1}}\right]^{\frac{n-1}{n}}-2\right\}$$

$$(7\text{-}56)$$

将表 7-24 中的参数值代入式(7-56)，可得

(1) 砂壤土：

$$D(\theta)=29959.33\left(\frac{0.31}{\theta-0.072}\right)^{2.95}\left\{\left[1-\left(\frac{\theta-0.072}{0.31}\right)^{3.45}\right]^{-0.29}+\left[1-\left(\frac{\theta-0.072}{0.31}\right)^{3.45}\right]^{0.29}-2\right\}$$

$$(7\text{-}57)$$

(2) 黏土：

$$D(\theta)=3831.59\left(\frac{0.30}{\theta-0.096}\right)^{2.27}\left\{\left[1-\left(\frac{\theta-0.096}{0.30}\right)^{2.77}\right]^{-0.36}+\left[1-\left(\frac{\theta-0.096}{0.30}\right)^{2.77}\right]^{0.36}-2\right\}$$

$$(7\text{-}58)$$

(3) 砂土：

$$D(\theta) = 24217.75 \left(\frac{0.31}{\theta - 0.035} \right)^{2.55} \left\{ \left[1 - \left(\frac{\theta - 0.035}{0.31} \right)^{3.05} \right]^{-0.33} + \left[1 - \left(\frac{\theta - 0.035}{0.31} \right)^{3.05} \right]^{0.33} - 2 \right\}$$

$$(7\text{-}59)$$

4. 水动力弥散系数的确定

水动力弥散系数是综合反映流体和介质特性的参数，依赖于流体速度、分子扩散和介质特性。水动力弥散系数数值上等于机械弥散系数 D_h 和多孔介质中分子扩散系数 D_s 之和。弥散系数是一个二秩张量，即使在各向同性的介质中，沿流向的纵向弥散和垂直流向的横向弥散也是不同的。

一般溶质在土壤中的机械弥散系数 D_h 仅表示为土壤含水量的函数，与溶质浓度无关，常采用经验公式表示(雷志栋等，1988)：

$$D_s(\theta) = D_0 a e^{b\theta} \tag{7-60}$$

式中，D_0 为溶质在自由水体中的扩散系数(单位：$cm^2 \cdot d^{-1}$)；a、b 为经验常数。

据文献报道(Olsen 和 Kemper，1968)，当土壤水吸力在 $0.3 \sim 15atm^*$ 的范围内变化时，式(7-60)中 $b = 10$ 比较合适，a 的变化范围为 $0.001 \sim 0.005$(从砂壤土向黏土变化)，土壤黏性越大，a 值越小。

一般认为，一维流情况下，机械弥散系数 D_h 与平均孔隙流速的一次方成正比：

$$D_h = \alpha |v| \tag{7-61}$$

式中，D_h 为机械弥散系数，(单位：$cm^2 \cdot d^{-1}$)；v 为平均孔隙流速(单位：$cm \cdot d^{-1}$)；α 为弥散度，为经验常数(单位：cm)。

综上所述，水动力弥散系数 D_{sh} 表示为分子扩散系数 D_s 和机械弥散系数 D_h 之和，即

$$D_{sh} = D_0 a e^{b\theta} + \alpha |v| \tag{7-62}$$

当对流速度相当大时，机械弥散的作用会大大超过分子扩散作用，因水动力弥散中只需考虑机械弥散作用；反之，土壤溶液静止时，则机械弥散完全不起作用，只剩下分子扩散。一般情况下，土壤中的溶质运移同时存在分子扩散和机械弥散作用，但实际上很难区分，因此将分子扩散和机械弥散统称为水动力弥散。本书根据田间咸水灌溉条件下的水盐动态试验进行模拟的相应参数进行计算，即 D_0 采用 $0.04cm^2 \cdot d^{-1}$，a 的变化范围为 $0.001 \sim 0.005$，$b = 10$，弥散度 α 为 $0.28 \sim 0.55$，计算中砂壤土、黏土、砂土的 α 分别取 0.28、0.39、0.55。

---

* atm 为标准大气压，$1atm = 1.013 \times 10^5 Pa$。

5. 根系吸水项的确定

根系吸水速率 S 是指单位时间内植物根系从单位体积土壤中吸取的水的体积，随土壤含水量(或压力水头)及作物根系垂向发育情况而变化。Feddes 等(1978)将 S 定义为

$$S = \frac{\alpha(h)}{\int_0^{L_r} \alpha(h)\mathrm{d}z} T_r \tag{7-63}$$

式中，L_r 为根系深度(研究表明，春小麦根系深度一般为 0.40～1.30m，玉米根系深度为 0.90～3.00m，棉花根系深度为 0.40～0.60m)；T_r 为作物蒸腾速率；$\alpha(h)$ 为根区土壤水势对根系吸水的影响函数，定义为

$$\alpha(h) = \begin{cases} 0 & h \geqslant h_1 \\ \dfrac{h-h_3}{h_4-h_3} & h_4 \leqslant h < h_3 \\ 1 & h_3 \leqslant h < h_2 \\ \dfrac{h-h_1}{h_2-h_1} & h_2 \leqslant h < h_1 \\ 0 & h < h_4 \end{cases} \tag{7-64}$$

式中，h 为土壤水势；h_1、h_2、h_3、h_4 为影响根系吸水的几个土壤水势临界值，通常春小麦根系吸水参数 h_1、h_2、h_3、h_4 分别为 0cm、–20cm、–500cm、–16000cm；夏玉米根系吸水参数 h_1、h_2、h_3、h_4 分别为–15cm、–30cm、–325cm、–8000cm；棉花根系吸水参数 h_1、h_2、h_3、h_4 分别为–20cm、–30cm、–200cm、–10000cm(许迪，1997)。

7.4.6 农田土壤水盐运移模型的率定

1. 畦灌土壤水盐运移模型率定

畦灌的模拟假定各土壤分层内土质均匀，不计空间变异性。采用三角形网格进行剖分。基本信息中，长度单位为 cm，时间单位为 h。模拟初始时间步长为 0.00001h，允许迭代 20 次，收敛条件为相对压力水头<0.01%，绝对压力水头<1cm，相对浓度<1%。

利用 HYDRUS 软件对数学模型进行求解，模拟计算区域深度定为 120cm，输入各层土壤质地名称及相应参数，并沿垂直方向设置土壤水盐运移模拟值的 6 个观察点(与田间土壤水盐实测的深度位置相对应)，便于将土壤水盐模拟值与田间实际观测值进行对比。模拟时段从春小麦播种前到次年春小麦播种前，模拟时间共 360d。模拟计算时段内 5g·L⁻¹ 处理 0～120cm 土层土壤含水量和含盐量模

拟值与实测值对比的结果表明，春小麦畦灌 0~60cm 土层土壤水盐某些观测点的实测值与模拟值存在一定差距，但总体而言，模拟结果与试验结果吻合较好。

用均方根误差 RMSE(root mean square error)表示模拟值和实测结果的拟合程度[(式 7-65)]，结果见表 7-26。

$$RMSE = \sqrt{\frac{1}{N}\sum_{i=1}^{N}(Y_{io}-Y_{ie})^2} \qquad (7-65)$$

式中，Y_{io}、Y_{ie} 分别为样本实测值和模拟值；N 为观测样本数。

表 7-26　春小麦畦灌不同土层模拟值与实测值的均方根误差

土层深度/cm	体积含水量的 RMSE /(cm³·cm⁻³)	EC$_{1:5}$ 的 RMSE /(dS·m⁻¹)
0~20	0.0077	0.0632
20~40	0.0155	0.0603
40~60	0.0141	0.0496
60~80	0.0107	0.0225
80~100	0.0198	0.0279
100~120	0.0230	0.0281

从表 7-26 中可以看出，模拟时段内各土层土壤含水量模拟精度较高，RMSE 在 0.0077~$0.0230 cm^3 \cdot cm^{-3}$，土壤含盐量模拟精度相对较差，RMSE 在 0.0225~$0.0632 dS \cdot m^{-1}$。总体上，RMSE 值在 0.50 以下，说明误差在允许范围之内，模拟值与实测值非常接近，模拟结果是准确可靠的。该模型可用于春小麦畦灌土壤水盐动态过程的模拟，揭示土壤水盐运移的规律。

2. 膜垄沟灌土壤水盐运移模型参数率定

利用处理 MMF3 对模拟参数进行调整，用处理 MMF8 实测数据与模拟数据进行模型的验证。从膜垄沟灌生育期内 MMF8 处理沟中 0~100cm 土壤含水量和含盐量的模拟值与实测值对比结果，以及表 7-27 所示 RMSE 值可以看出，模拟值与实测值吻合较好，说明提出的膜垄沟灌土壤水盐运移模型是可靠的，可以用来模拟膜垄沟灌土壤水盐运移过程，并对田间土壤水盐动态做中短期预报。

表 7-27　膜垄沟灌不同土层模拟值与实测值的均方根误差

土层深度/cm	体积含水量的 RMSE /(cm³·cm⁻³)	EC$_{1:5}$ 的 RMSE /(dS·m⁻¹)
0~20	0.0119	0.0341
20~40	0.0129	0.1215

土层深度/cm	体积含水量的 RMSE /(cm³·cm⁻³)	EC₁:₅ 的 RMSE /(dS·m⁻¹)
40～60	0.0149	0.0408
60～80	0.0135	0.0742
80～100	0.0062	0.0642

1) 模型率定

图 7-34 和图 7-35 为棉花滴灌生育期内 MMF8 处理沟中 0～40cm 土壤含水量和含盐量(电导率)的模拟值与实测值对比结果。从图示模拟结果的总体趋势及表 7-28 所示 RMSE 值可以看出，模拟值与实测值吻合较好。

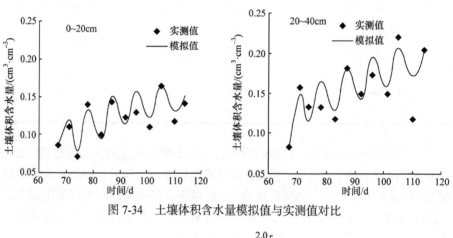

图 7-34　土壤体积含水量模拟值与实测值对比

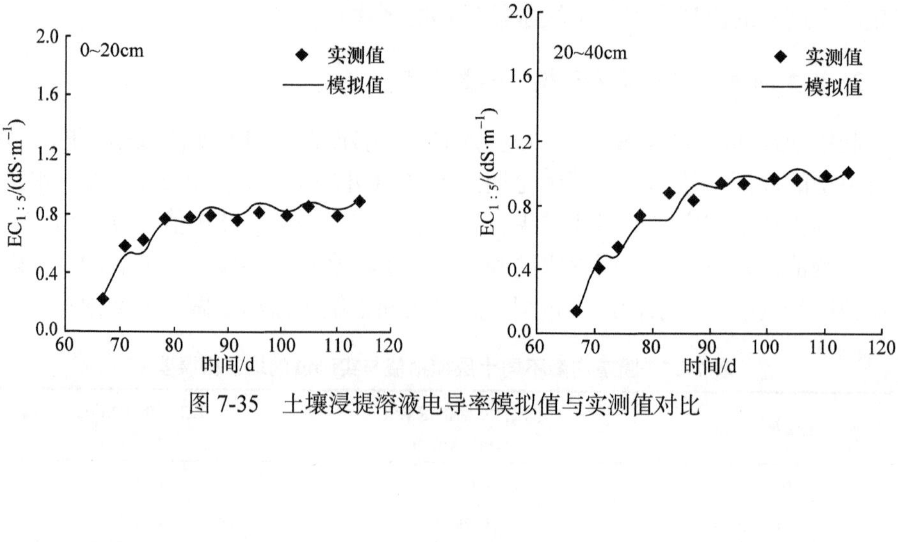

图 7-35　土壤浸提溶液电导率模拟值与实测值对比

表 7-28　膜下滴灌不同土层模拟值与实测值的均方根误差

土层深度/cm	体积含水量的 RMSE /(cm³·cm⁻³)	EC₁:₅的 RMSE /(dS·m⁻¹)
0~20	0.0095	0.0388
20~40	0.0168	0.0545

2) 土壤水分空间分布特征

大田棉花膜下滴灌属于典型的线源滴灌，即滴灌土壤湿润区为沿滴灌毛管连续分布的湿润带。通过模型模拟发现，膜下滴灌沿滴灌管方向和垂直滴灌管方向土壤水盐分布具有一定差异，因此本节根据模型模拟结果，对两个方向上各处理土壤水盐的分布规律进行研究。

(1) 垂直滴灌管方向水分分布。

从两次咸水灌水后纵轴界面土壤含水量分布的模型模拟结果(图 7-36)可以看出，CMD3 处理土壤含水量分布近似于种植作物条件下点源滴灌的情况，地表土壤含水量较低，从地表向下土壤含水量逐渐升高，最大土壤含水量出现在滴头以下 10~20cm 土层附近，之后又逐渐降低。CMD3 处理最大入渗深度为 35cm，在膜中间(−40cm 处)，土壤水分几乎没有交汇，即膜中间相邻两滴头滴出的水几乎没有衔接，土壤变得极度干燥。说明灌水量较小的情况下，膜中间土壤的湿润度非常低，灌水均匀度极差。比较 CMD3、CMD6 和 CMD9 三个处理发现，随着灌水量的增大，不同灌水量的湿润锋水平和垂直运移距离均在增大。CMD6 处理的土壤湿润深度接近 40cm，而 CMD9 湿润深度则越过了 50cm。CMD3 处理，滴头处表层土壤含水量为 7.68%，20cm 深度处土壤含水量为 8.25%，40cm 深度处土壤含水量为 4.31%。CMD6 处理，滴头处表层土壤含水量为 8.55%，20cm 深度处土壤含水量为 9.32%，40cm 深度处土壤含水量为 5.41%。CMD9 处理，滴头处表层土壤含水量为 8.80%，20cm 深度处土壤含水量为 9.49%，40cm 深度处土壤含水量为 8.19%。CMD9 和 CMD6 处理，滴头处 0~30cm 土层土壤平均含水量分别为 9.30%和 8.92%，较 CMD3 处理(平均含水量为 7.96%)分别高 16.84%和 12.08%。可见滴水量越大，对较深层土壤含水量影响越大，这是因为滴灌属于脉冲式灌水，每次滴水量较小，表层土壤含水量达到一定值后多余的水分才开始在重力作用下向深层土壤下渗，较小的灌水量使表层土壤湿润到一定程度后，已没有更多水分向深层运移。与此同时，CMD9 和 CMD6 处理湿润宽度也发生较大变化，对土壤含水量 8.0%来说，CMD3 只存在于滴头以下 20cm 深度内的很小范围，CMD6 存在于 15~23cm 深度处，而 CMD9 则贯穿 20~40cm。除此之外，CMD9 处理的土壤含水量等值线比 CMD3 平直得多，土壤含水量等值线变得更加宽浅，且 CMD9 表现出湿润面向膜中间倾斜的趋势，整个 0~50cm 土层，膜间 20cm 深度处土壤含水量为 8.25%，超过了滴头另一侧 20cm 深度处(7.90%)，相比较而言，膜中间土壤湿润度增加，灌水均匀度有所提高。

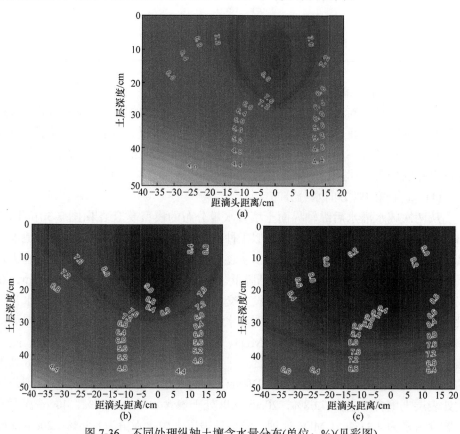

图 7-36　不同处理纵轴土壤含水量分布(单位：%)(见彩图)

(a) CMD3；(b) CMD6；(c) CMD9

上述模拟过程清楚地反映出，在灌溉水矿化度相同的情况下，膜下滴灌滴水量越大，越有利于交汇区的形成，湿润区水平扩展速度越快，湿润宽度越大。虽然土壤湿润深度也会越深，但湿润宽度的增幅略大于湿润深度。

(2) 滴灌管方向水分分布。

从第四次灌水后不同处理横轴土壤含水量分布图(图 7-37)可以看出，不同处理沿滴灌管方向形成深度不一、形态各异的湿润区，CMD3 交汇锋处表层土壤含水量为 7.40%，CMD9 交汇锋处表层土壤含水量为 9.40%，说明增大滴水量能增大交汇区土壤含水量，使各滴头下方的土壤湿润区更容易相接，拥有更好的湿润均匀性。与此同时，随着滴水量的增大，湿润深度有所增加。CMD9 处理 50cm 深度处土壤平均含水量为 5.99%，明显高于 CMD3 处理的 4.08%。与垂直滴灌管方向土壤含水量分布情况比较发现，沿滴灌管方向交汇锋处土壤水分比膜间同等距离(15cm)处深层土壤水分略大，可见沿滴灌管方向由于湿润锋交汇时间较早，重力作用更有利于土壤水分向深层运移。这一现象在实测值中通常很难反映出来，可见数值模拟方式非常有利于膜下滴灌土壤水盐运移机理的研究。

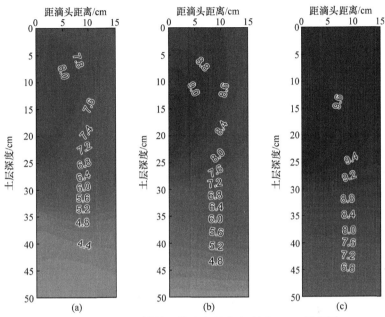

图 7-37　不同处理横轴土壤含水量分布(单位：%)(见彩图)

(a) CMD3；(b) CMD6；(c) CMD9

通过上述分析结果，沿滴灌管方向，可以将滴灌水分在土壤中的移动过程划分为两个阶段：第一阶段为相邻滴头入渗的湿润锋未发生交汇之前，入渗特性与点源滴灌入渗特性相同，即土壤基质势起主要作用，土壤基质势沿水平方向、垂直方向基本相同；第二阶段为湿润锋发生交汇以后，随着入渗时间的延长，交汇界面处土壤含水量增大，土壤吸水能力逐渐降低，重力势开始起主要作用，水分在重力势和吸力的作用下进一步扩散，当交汇界面土壤含水量接近饱和含水量时，土壤吸水能力接近于零，水分只在重力势的作用下垂直扩散。

综上所述，膜下滴灌能在作物主根区形成一个椭球形或球形湿润体，通过灌水量可以有效地控制其水平和垂直湿润半径，将湿润土体限定在主根系吸水的有效空间范围内，在一定程度上实现既节水又充分供给作物生长发育所需水量的效果。

3) 土壤盐分空间分布特征

(1) 垂直滴灌管方向盐分分布。

纵轴界面土壤盐分(EC$_{1:5}$)分布情况如图 7-38 所示。滴灌时滴头附近有不同程度的积水，而积水区的大小不是定值，形成了膜下变边界充分供水条件。在这样的条件下，土壤中可溶性盐分的运移锋面与湿润锋并不完全重合，而是通常滞后于湿润锋。从图 7-38 可以看出，不同滴水量下的土壤含盐量表现出以滴头下方 5cm 深度土层为中心，呈现随距滴头距离的增加逐渐增加的趋势，土壤盐分向湿润区边缘运移。由于覆膜后膜下滴灌土壤蒸发量大大减少，水盐的再分布过程可忽略蒸发作用的影响，上行水分减少的同时抑制了上行盐分的增加，减少了土表返盐。CMD7 处理滴头处土壤 $EC_{1:5}$ 值为 0.10dS·m^{-1}，远低于种植棉花前土壤初始表层含盐量($EC_{1:5}$ = 0.322dS·m^{-1})，形成了明显的盐分淡化区。在距滴头 20cm 处，CMD7 处理表层 $EC_{1:5}$ 值为 0.30dS·m^{-1}，CMD8 处理表层 $EC_{1:5}$ 值为 0.60dS·m^{-1}，CMD9 处理表层 $EC_{1:5}$ 值为 0.70dS·m^{-1}，说明在滴水量相同的情况下，灌溉水矿化度越高，土壤含盐量越大。与此同时，随着矿化度的减小，盐分淡化区水平距离和垂直距离都增加。如图 7-38 所示，CMD7 处理盐分淡化区($EC_{1:5}$ < 0.6dS·m^{-1})宽度为 60cm，深度在 44cm 土层以内；CMD8 处理盐分淡化区宽度为 60cm，深度在 26cm 土层以内；CMD9 处理盐分淡化区宽度为 35cm，深度在 20cm 土层以内。根系主要分布层盐分含量较高。三个处理滴水量都较

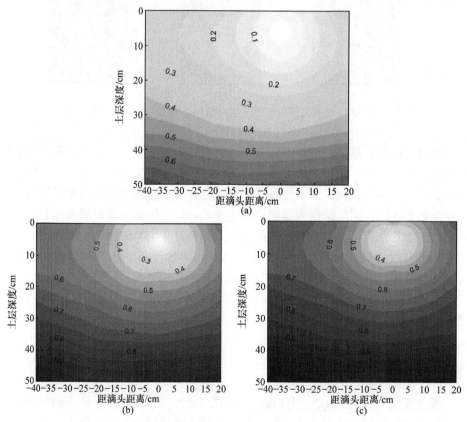

图 7-38　不同处理纵轴土壤 $EC_{1:5}$ 分布(单位：dS·m^{-1})(见彩图)

(a) CMD7；(b) CMD8；(c) CMD9

大，土壤水分的水平运移大于垂直运移，因此盐分淡化区的宽度增加值大于深度增加值。膜下滴灌水分和盐分的再分布可概化为二维情况，此时水中的易溶盐分分布与水分分布类似，因而在两滴头附近的湿润区交界处形成了盐分浓度相对较高的积盐区，积盐区浓度随灌溉入渗和再分布过程的交替进行而变化。从图 7-38 可以看出，三个处理在两滴头交界处(横坐标–40cm 处)都出现不同程度的积盐，其中 CMD9 积盐最严重，积盐深度也最大。

(2) 沿滴灌管方向盐分分布。

图 7-39 为沿滴灌管方向土壤盐分($EC_{1:5}$)分布示意图。在灌水量相同的情况下，灌溉水矿化度越大，土壤含盐量越高，在 0～50cm 土层，沿滴灌管方向距滴头 15cm 范围内，CMD7、CMD8 和 CMD9 三处理平均 $EC_{1:5}$ 值分别为 $0.307\mathrm{dS}\cdot\mathrm{m}^{-1}$、$0.604\mathrm{dS}\cdot\mathrm{m}^{-1}$ 和 $0.711\mathrm{dS}\cdot\mathrm{m}^{-1}$。与此同时，灌溉水矿化度越大，盐分淡化区深度和宽度越小，交汇锋处的含盐量越大。虽然对于 CMD7、CMD8 和 CMD9 三个处理而言，灌水量大，滴头下方的土壤湿润区比较容易相接，有较好的湿润均匀性，但在灌水矿化度较高时(CMD9)，交汇锋处土壤含盐量依然较高。该结论与膜下滴灌土壤水盐运移的机理有很大关系，滴灌持续滴水，脉冲式逐渐推进致使盐分集中到湿润锋边缘，当灌水量较大时，随着水分的侧向衔接并逐渐向下运移，形成一个平面整体向下洗盐，当灌水量较小时，部分盐分则会滞留在水分运移较慢的部位。对于交汇锋处，水分向下运移的动力较滴头处减弱，灌溉水矿化度太大时，交汇锋上部就会滞留部分未淋洗掉的盐分。

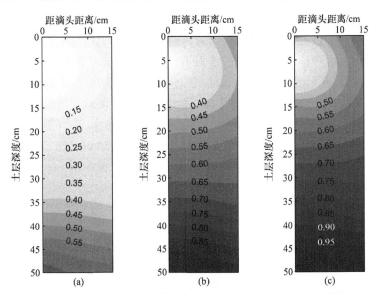

图 7-39　不同处理横轴土壤 $EC_{1:5}$ 分布(单位：$\mathrm{dS}\cdot\mathrm{m}^{-1}$)(见彩图)

(a) CMD7；(b) CMD8；(c) CMD9

总之，通过建立畦灌、膜垄沟灌、膜下滴灌三种节水灌溉方式的土壤水盐运移模型，实现利用模拟手段研究三种灌水方式下土壤水盐运移规律的目的，为区域土壤水盐动态预测、预警提供模型基础。

7.5　绿洲区土壤盐分动态预测

由 7.4 节研究结果可知，节水灌溉方式下用高矿化度地下水进行灌溉会增加土壤盐分，而盐分的积累是否会逐年递增？数年后土壤盐分累积的程度如何？是否会给绿洲区水土环境带来危害？这都是农业生产可持续发展必须解答的问题。

7.5.1　土壤水盐预测

民勤绿洲区土壤盐渍化的形成受到多种因素的影响，其自然因素如地形地貌、气候等对土壤盐渍化的推动是难以改变的，但人为的调控与治理却能很大程度上影响和改变绿洲区盐渍土的分布和面积。不同的水土资源利用方式下，土壤盐渍化的发展会有很大的不同，因此需要综合各种因素的影响，考虑不同模拟情境下的土壤盐分积累(消除)趋势。

1. 政策影响

针对石羊河流域出现的生态危机，政府制定了一系列政策。2010 年，民勤红崖山水库下泄水量增加到 $2.29 \times 10^8 m^3$，民勤绿洲地下水开采量减少到 $8.9 \times 10^7 m^3$；绿洲区农田灌溉用水减至 $2.62 \times 10^8 m^3$，总配水面积减至 3.75 万 hm^2，人均农田灌溉配水面积 2.5 亩[*](约 $0.17 hm^2$)；绿洲区实现以棉花、瓜类、苜蓿饲草作物为主的种植模式；绿洲区大田膜下滴灌面积达到 1.5 万 hm^2(人均 $0.07 hm^2$ 大田滴灌)，渠灌、管灌面积达到 1.9 万 hm^2。2010 年，农田灌溉综合配水定额为坝区 $6150 m^3 \cdot hm^{-2}$(含冬灌水)、泉山区 $6450 m^3 \cdot hm^{-2}$、湖区 $6750 m^3 \cdot hm^{-2}$，其中冬灌地表河水配水定额为坝区 $2100 m^3 \cdot hm^{-2}$、泉山区 $2400 m^3 \cdot hm^{-2}$、湖区 $3000 m^3 \cdot hm^{-2}$，生育期内地表河水配水定额为坝区和泉山区 $2100 m^3 \cdot hm^{-2}$、红沙梁镇和湖区 $3150 m^3 \cdot hm^{-2}$。2020 年，民勤红崖山水库下泄水量增加到 $2.35 \times 10^8 m^3$，地下水开采量减少到 $8.6 \times 10^7 m^3$；绿洲区农田灌溉用水减至 $2.58 \times 10^8 m^3$。

2. 土壤类型

不同的土壤性质对灌溉水入渗、土壤水蒸发或下渗、盐分运移会产生不同的影响，民勤绿洲 0~90cm 深度土壤质地主要包括砂壤土(48.15%)、砂土(25.93%)及少量其他类土(贾宏伟，2004)(表 7-29)。该地区 0~80cm 土层中含砂土的土地

---

* 1 亩 ≈ 666.67 m^2。

弃耕，并且民勤耕地在 0～200cm 土层土壤中普遍存在一层或多层黏质土壤覆盖层，因此本节设定 0～80cm 土层以砂壤土(干容重为 $1.56g \cdot cm^{-3}$，饱和含水量为 $0.42cm^3 \cdot cm^{-3}$)为主，黏土夹层作为方案设计因素考虑。

表 7-29　民勤绿洲部分地区土壤特性表

土样	采样点土地类型	有机质含量/%	饱和含水量/(cm³·cm⁻³)	干容重/(g·cm⁻³)	黏粒含量/%	砂粒含量/%	粗粉粒含量/%	土壤类型
新河乡 32cm	麦茬地	0.33	0.457	1.518	5.82	44.76	18.50	砂壤土
新河乡 52cm	麦茬地	0.19	0.318	1.741	4.73	72.93	10.20	粗砂土
新河乡 70cm	麦茬地	0.20	0.421	1.731	6.09	17.14	49.21	粉土
新河乡 90cm	麦茬地	0.29	0.414	1.746	5.23	30.88	46.89	砂粉土
中渠乡 32cm	弃耕地	0.25	0.396	1.607	9.72	29.93	39.41	砂壤土
中渠乡 50cm	弃耕地	0.35	0.462	1.511	12.07	20.73	35.83	砂壤土
中渠乡 80cm	弃耕地	0.37	0.533	1.358	9.54	0.86	27.17	壤土
收成镇 32cm	向日葵地	0.37	0.421	1.504	7.18	39.41	37.37	砂壤土
收成镇 50cm	向日葵地	0.45	0.503	1.568	6.81	0.59	27.44	壤土
收成镇 82cm	向日葵地	0.17	0.531	1.409	4.32	0.68	70.88	粉土
东湖镇 30cm	麦茬地	0.31	0.459	1.626	12.62	25.22	30.57	砂壤土
东湖镇 50cm	麦茬地	0.34	0.548	1.415	5.50	0.59	61.50	粉土
东湖镇 65cm	麦茬地	0.24	0.555	1.454	10.44	20.82	33.79	砂壤土
东湖镇 88cm	麦茬地	0.37	0.463	1.546	6.54	0.54	28.34	壤土
大坝镇 18cm	玉米地	0.34	0.405	1.418	11.62	40.50	27.80	砂壤土
大坝镇 40cm	玉米地	0.25	0.419	1.526	10.17	52.79	24.63	面砂土
大坝镇 60cm	玉米地	0.30	0.411	1.587	7.99	65.26	15.69	细砂土
三雷乡 28cm	苹果地	0.11	0.364	1.615	6.68	71.52	11.16	粗砂土
三雷乡 60cm	苹果地	0.22	0.386	1.593	6.63	81.63	2.45	粗砂土
红沙梁镇 30cm	麻子地	0.26	0.402	1.513	8.67	68.57	10.20	细砂土
红沙梁镇 62cm	麻子地	0.31	0.55	1.381	6.22	1.22	6.53	壤土
羊路乡 20cm	苜蓿地	0.32	0.956	1.604	13.57	25.31	37.55	砂壤土
羊路乡 50cm	苜蓿地	0.34	0.425	1.568	12.35	25.71	37.96	砂壤土
羊路乡 80cm	苜蓿地	0.32	0.449	1.454	9.90	35.10	29.39	砂壤土
夹河镇 25cm	小麦玉米地	0.29	0.385	1.652	9.49	41.63	28.98	砂壤土
夹河镇 55cm	小麦玉米地	0.18	0.384	1.587	6.63	80.82	4.08	粗砂土
夹河镇 85cm	小麦玉米地	0.34	0.448	1.571	11.94	47.76	15.92	砂壤土

3. 作物灌溉制度

根据民勤县水务局 2010 年针对农作物灌水技术进行的相关调查，民勤绿洲 2010 年主要作物灌溉制度见表 7-30。

表 7-30　2010 年民勤绿洲主要作物灌溉制度

作物名称	播种比例/%	灌水技术	灌水次数	灌水定额/(m³·hm⁻²)	灌溉定额/(m³·hm⁻²)
棉花	41.54	膜上畦灌	3~4	750~900	2400~3600
		膜下滴灌	8~10	270~375	2430~3500
小麦	12.68	畦灌	5~6	750~900	3500~5000
玉米	8.73	膜上畦灌	6~7	750~900	4500~5400
		膜垄沟灌	5~7	450~600	2400~4200
籽瓜和瓜类	6.93	膜垄沟灌	4~5	450~600	2000~3000
葵花	5.88	膜垄沟灌	3~4	450~600	1500~2400
茴香	4.78	膜上畦灌	3~4	750~900	2600~3200
饲草	1.28	畦灌	3~4	600~900	2000~3000

其中灌水定额单位与灌溉定额单位均为 $m^3 \cdot hm^{-2}$。

7.5.2　绿洲区畦灌春小麦种植区土壤盐分动态模拟

由表 7-31 可知，春小麦种植区基本覆盖了整个民勤绿洲，除坝区种植面积较分散外，泉山区和湖区基本在地下水矿化度不是很大的区域种植(矿化度>6.0g·L⁻¹时，春小麦将出现严重减产)，故设定其灌溉地下水的矿化度为 0.4~5.0g·L⁻¹。结合甘肃省《石羊河流域重点治理规划》实施情况及远期目标，对春小麦种植区共设计6个灌水方案进行土壤盐分动态模拟(表 7-31)。

表 7-31　春小麦畦灌模拟方案

模拟区域	模拟方案	灌溉定额/(m³·hm⁻²)		地下水矿化度/(g·L⁻¹)	灌水方式	冬灌定额/(m³·hm⁻²)
		地表水	地下水			
坝区	WH1	750	3000	0.5	淡咸咸咸	2100
	WH2	2100	1500	1.5	淡淡淡咸	2100
泉山区	WH3	2100	1500	1.5	淡淡淡咸	2400
	WH4	2100	2250	2.5	淡淡咸咸咸	2400
湖区	WH5	3150	1500	3.5	淡淡淡淡咸咸	3000
	WH6	3150	1500	4.5	淡淡淡淡咸咸	3000

注："淡"指地表水；"咸"指地下水。

表 7-31 中的 6 个方案基本能够完整反映整个绿洲小麦种植区的灌水方式及相应地下水矿化度情况，考虑到三个灌区所处地理位置，对于 WH1 和 WH2 方案，设定黏土层在150cm深度以下；WH3方案黏土层在120～140cm深度；WH4和WH5 方案黏土层在 80～100cm 深度。利用经过识别后的模型，模拟不同方案春小麦畦灌土壤盐分动态变化，结果见图 7-40。

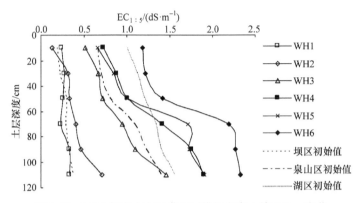

图 7-40　2016 年春小麦畦灌不同模拟方案土壤 $EC_{1:5}$ 变化

从 2016 年春小麦畦灌不同方案土壤 $EC_{1:5}$ 变化(图 7-40)可以看出，模拟方案 WH1、WH3 和 WH5 均比各自灌区初始含盐量有所降低，这主要是生育期内增加了地表水灌水量的缘故；其他三个模拟方案 0～120cm 土层土壤盐分较 2010 年均有所增加，WH2、WH4 和 WH6 方案土壤平均 $EC_{1:5}$ 分别增加 38.08dS·m^{-1}、30.46dS·m^{-1} 和 38.59dS·m^{-1}，WH6 处理土壤平均 $EC_{1:5}$ 达 1.764dS·m^{-1}，60～80cm 土层土壤 $EC_{1:5}$ 达到 2.19dS·m^{-1}，土壤积盐较强烈，出现一定程度的盐渍化倾向。WH5 处理虽然较湖区初始值有所降低，但其 60～80cm 土层土壤 $EC_{1:5}$ 达到 1.71dS·m^{-1}，依然会对作物生长产生较大影响。由此可见，在湖区用矿化度>3.5g·L^{-1} 的地下水进行春小麦灌溉将对农田土壤环境产生一定危害，土壤盐分的累积效应增强，即使生育期增加地表水灌水量，并在休闲期采取大定额冬灌洗盐(WH6)，耕层土壤含盐量仍将居高不下，最终很有可能导致土壤次生盐渍化的发生。

7.5.3　绿洲区膜垄沟灌玉米种植区土壤盐分动态模拟

玉米因耗水量较大，多种植于坝区和泉山区，湖区种植面积很少，其灌溉地下水的矿化度为 0.4～5.0g·L^{-1}。设计 4 个灌水方案进行土壤盐分动态模拟，见表 7-32，其他设置同春小麦畦灌。利用识别后的模型模拟 2016 年不同方案玉米膜垄沟灌土壤 $EC_{1:5}$ 变化，结果见图 7-41。从图 7-41 可以看出，膜垄沟灌不同模拟方案土壤含盐量总体较小，含盐量最大的处理 MH4 在 0～120cm 土层土壤

$EC_{1:5}$ 为 1.389dS·m^{-1}，属于轻度盐渍化土范畴。可见，在切实落实《石羊河流域重点治理规划》的背景下，民勤绿洲玉米种植区若都使用膜垄沟灌灌水种植模式，将极大地降低土壤盐渍化发生的概率。

表 7-32　玉米膜垄沟灌土壤盐分动态模拟方案

模拟区域	模拟方案	灌溉定额/(m³·hm⁻²)		地下水矿化度/(g·L⁻¹)	灌水方式	冬灌定额/(m³·hm⁻²)
		地表水	地下水			
坝区	MH1	1200	2000	0.5	淡淡咸咸咸	2100
	MH2	2100	1800	1.5	淡淡淡咸咸	2100
泉山区	MH3	2100	1800	2.5	淡淡咸咸咸	2400
泉山区和湖区	MH4	3000	1200	4.5	淡淡淡淡咸	2400

注："淡"指地表水；"咸"指地下水。

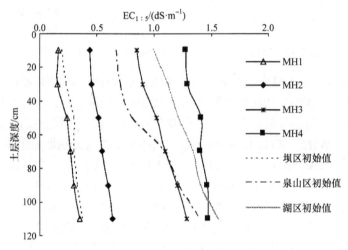

图 7-41　2016 年玉米膜垄沟灌不同模拟方案土壤 $EC_{1:5}$ 变化

7.5.4　绿洲区膜下滴灌棉花种植区土壤盐分动态模拟

棉花种植区覆盖了整个民勤绿洲区，已成为区域内种植面积最大的作物，其灌溉地下水的矿化度为 0.4～10.0g·L^{-1}。共设计 6 个灌水方案进行土壤盐分动态模拟，见表 7-33，其他设置同春小麦畦灌。利用识别后的模型模拟 2016 年不同方案棉花膜下滴灌土壤 $EC_{1:5}$ 动态变化，结果见图 7-42。从图 7-42 可以看出，不同方案处理较各灌区初始土壤含盐量均有所降低，增加的淡水量基本上淋洗掉了土壤中的盐分，对土壤环境有极大改善。

表 7-33　棉花膜下滴灌土壤盐分动态模拟方案

模拟区域	模拟方案	灌溉定额/(m³·hm⁻²)		地下水矿化度/(g·L⁻¹)	灌水方式	冬灌定额/(m³·hm⁻²)
		地表水	地下水			
坝区	CH1	500	1800	0.8	淡淡咸咸咸咸咸	2100
	CH2	2100	600	1.5	淡淡淡淡淡淡咸咸	2100
泉山区	CH3	2100	600	2.5	淡淡淡淡淡淡咸咸	2400
	CH4	2100	600	4.0	淡淡淡淡淡淡咸咸	2400
湖区	CH5	3150	300	6.0	淡淡淡淡淡淡淡咸	3000
	CH6	3150	300	9.0	淡淡淡淡淡淡淡咸	3000

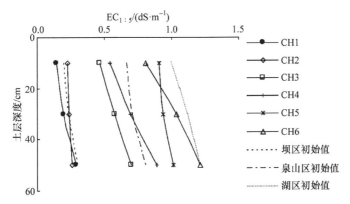

图 7-42　2016 年棉花膜下滴灌不同模拟方案土壤 $EC_{1:5}$ 分布图

上述研究结果表明，对于民勤绿洲而言，无论使用哪种节水灌溉技术，用矿化度低于 $1g·L^{-1}$ 的水进行灌溉均形成非盐渍土；用矿化度 $1\sim3g·L^{-1}$ 水灌溉时，畦灌较容易形成轻度盐渍化土，而膜垄沟灌和膜下滴灌则能起到很好的脱盐效果，形成非盐渍化土；用矿化度 $3\sim5g·L^{-1}$ 水灌溉时，除膜下滴灌外，其他灌水方式均有可能形成轻度甚至中度盐渍化土；用矿化度 $5\sim10g·L^{-1}$ 水进行膜下滴灌灌溉时，可能形成非盐渍化或轻度盐渍化土。当然，以上所有模拟方案均是建立在《石羊河流域重点治理规划》有效实施的基础上，因此政策是目前及未来很长一段时间影响民勤绿洲土壤盐渍化发展的重要决定因素。

第8章 下游灌区地下水动态特征及其土壤盐渍化

8.1 引　言

8.1.1 研究背景及意义

我国西北内陆干旱区深居亚欧大陆腹地，干旱少雨，年均降水量 160mm 以下，是世界上最严酷的干旱区之一(施雅风，1995)。水不仅是干旱区生态系统组成与发展的基础，也是制约干旱区经济发展与生态安全的瓶颈(陈亚宁等，2012)。由于地表来水量不足，地下水成为干旱区工农业生产及人民生活用水的主要来源之一，在维持区域生态系统稳定与经济社会可持续发展方面发挥着极其重要的作用。然而，随着干旱区经济的快速发展，地下水遭到过度及不合理开发利用，造成区域地下水位持续下降、地下水质不断恶化，成为困扰干旱区的主要环境问题之一。与此同时，在灌溉农耕的作用下，地下水环境的恶化对表层土壤环境也产生着深刻的影响，土壤盐化、沙化等问题日益突出，成为干旱区灌溉农业发展面临的巨大挑战(Aragues et al., 2015)。随着气候变化对水土环境影响的进一步加剧，以及人口激增对水土资源需求的增加(McClung, 2014)，干旱区水土环境问题将会更加突出。

8.1.2 地下水动态变化研究进展

地下水是人类社会赖以生存和发展不可缺少的自然资源，随着工农业生产大量用水，地下水开采量急剧增加，地下水位持续下降，同时工业废水、生活污水及农田过剩的化肥农药随着水循环进入地下水系统，造成地下水的污染，成为困扰世界各国的主要环境问题之一(Aly et al., 2015)。因此，越来越多的学者开始重视地下水动态的研究。

地下水埋深动态研究是地下水动态研究的一个重要方面，近年来的研究主要集中在地下水埋深的时空动态及地下水埋深动态模拟等方面。Neuman 和Jacobson(1984)利用克里金插值法研究了区域地下水位的空间变异性；Chen 和Feng(2013)利用地统计学方法研究了疏勒河流域地下水位波动的时空结构；Sun 等(2009)分别利用反距离加权法、径向基函数法和克里金插值法 3 种方法对民勤绿洲地下水埋深的时空变化进行了插值分析，通过与观测值对比，得出克里金插值法效果最佳；Kaman 等(2016)对土耳其南部一个灌区的地下水埋深及盐度进行了时空评价；仵彦卿和李俊亭(1992)、秦耀东和李保国(1998)分别利用不同的克里金方法对区域内地下水位空间动态进行了估值分析；范敬龙等(2009)应用地统计学对塔里木沙漠公路沿线的地下水要素空间分布规律进行了研究，为防护林带的正常生长提供了技术支撑。此外，Vaittinen 等(2006)通过地下水流模型，模拟了赫尔辛基市城区地下水的渗漏量，得出西部地区的地下水有可能作为补给源来维持赫尔辛基的地下水位和水头；Sreekanth 等(2011)利用前馈神经网络(FFNN)和自适应神经网络模糊推理系统(ANFIS)模型对流域内的地下水位进行了模拟预测，结果表明这两个模型具有较好的精度；国内也有一些学者对不同流域的地下水位动态进行了模拟(魏光辉和马亮，2016；张大龙等，2012；霍再林等，2009；付中原等，2008)。

关于地下水水化学动态变化，国内外许多学者对此进行了研究。Schlehuber 等(1989)研究了美国圣哈辛托盆地的地下水位和地下水水化学状况。Jeong(2001)通过对韩国大田地区土地利用和城市化对地下水水化学的影响研究，发现该区域大部分地下水为弱酸性，相比于含水层岩石的淋溶作用，地下水水化学更容易受到土地利用和城市化的影响。Jasrotia 和 Singh(2007)研究了克什米尔地区 Jammu 流域地下水水化学特征及水质，指出该区地下水水化学类型为碳酸钙型，当前的水质情况适宜灌溉和饮用。Abdalla 和 Scheytt(2012)对埃及 Helwan 地区来自于裂缝性碳酸盐含水层的地下水水化学特征进行了研究，发现该地区的地下水硬度和矿化度较高，且含有较高浓度的硝酸盐，可能是污水灌溉入渗进入地下水系统造成的。郜环等(2011)研究发现北京平原地下水化学场主要受到水岩相互作用的影响。孙熠(2003)发现关中平原地下水化学场主要受到水文地质条件的制约。李彬等(2014)发现河套灌区地下水的主要化学类型为 HCO_3^--Na^+ 型、SO_4^{2-}-Na^+ 型和 Cl^--Na^+型。温小虎等(2004)对整个黑河流域地下水水化学特征进行了详细分析，发现从上游到中游再到下游，地下水水化学类型发生了较大的变化。马金珠等(2005)对石羊河流域地下水地球化学演化规律进行了研究，发现石羊河流域地下水化学类型从武威盆地的 $HCO_3^-\cdot SO_4^{2-}$ 型演变成民勤盆地的 $Cl^-\cdot SO_4^{2-}$ 型。

8.1.3　地下水动态与土壤盐渍化关系研究进展

在干旱区，土壤盐渍化的发生，是不利的自然条件与不合理的人为因素共同引起的。干旱区蒸发较为强烈，土层中易产生由下向上的毛管水运动，盐分聚集地表，易形成土壤盐渍化(沈浩和吉力力·阿不都外力，2015；贡璐等，2012)。此外，许多绿洲灌区的灌溉制度落后，灌排系统不健全，不能满足合理灌溉和及时排涝的要求，使地下水出流以蒸发消耗为主，蒸发能力越大，返盐越快，次生盐渍化越严重。

土壤盐渍化主要是土壤水盐运动变化的结果，而土壤水盐运动与地下水动态变化之间存在着密切的联系，因此一些学者开始研究地下水动态变化与土壤盐渍化之间的关系，以期为土壤盐渍化防治提供科学依据。

预防和治理土壤次生盐渍化，控制区域地下水位已成为许多学者公认的重要措施之一(杨会峰，2011；郭占荣和刘花台，2002)。地下水合理水位至今没有一个统一的定义，张长春等(2003)将其定义为既能满足生态环境需求，又不造成生态环境恶化的地下水位。Ibrahimi 等(2014)研究了地下水位波动对土壤盐渍化的影响，通过模拟发现相同的蒸发条件下，增大地下水位的波动频率将会增加土壤表层的盐渍化。Abliz 等(2016)对中国西部于田绿洲的土壤盐渍化与浅层地下水位的关系进行了研究，得出该地区防止土壤盐渍化的地下水位临界深度为2.5m。杨建强和罗先香(1999)应用人工神经网络模型和趋势面分析等数学方法，对研究区内土壤盐渍化与地下水位动态特征之间的关系进行了研究。郭占荣和刘花台(2002)对西北内陆灌区土壤次生盐渍化与地下水动态调控措施进行了研究，得出土壤次生盐渍化成因与地下水水位抬升存在密切关系。金晓媚等(2009)基于遥感数据，对银川平原土壤盐渍化与植被和地下水埋深的关系进行了定量研究。李明等(2015)运用基于根群理论的毛管水上升高度法和野外调查统计方法确定了地下水临界深度，只有地下水埋深维持在地下水临界深度以下，土壤盐渍化问题才有可能得到有效控制。

在干旱区，利用地下咸水进行农业灌溉，灌溉水中的可溶性盐分直接进入土壤，如果不能及时使土壤脱盐，则会导致土壤进一步积盐，次生盐渍化加重(陈小兵等，2007；刘亚传和常厚春，1992)。地下水矿化度是地下水水质的重要指标之一，针对地下水矿化度与土壤盐渍化的关系，一些学者进行了研究。Ibrakhimov 等(2007)发现地下水矿化度与土壤盐渍化之间存在密切的关系。刘福汉等(1990)研究得出浅层地下水埋深、矿化度与土壤积盐过程关系密切。宋长春和邓伟(2000)提出了潜水埋深及矿化度与土壤盐渍化程度的定量指标。姚荣江和杨劲松(2007)对地下水矿化度与耕地积盐规律进行了定量分析，发现耕层土壤盐分与地下水矿化度的空间分布具有一定正相关。尤全刚等(2011)采用咸水沟灌大田试验，对于绿洲地下水深埋区(>5m)咸水灌溉对土壤盐渍化的影响进行了研究。麦麦提吐尔逊·艾则孜等(2015)运用相关分析法与主成分分析法，对伊犁河流域土壤盐分与地下水矿化度、电导率之间的关系进行了分析。

灰色关联分析和冗余分析为研究土壤盐分特征与地下水环境之间的关系提供了一种新的尝试。近年来，一些学者对此进行了研究，并取得了较好的结果。曹伟等(2009)利用灰色关联对地下水水化学特征进行了分析。李向和徐清(2012)利用灰色关联分析方法建立了土壤重金属污染评价模型，且评价结果较为合理。胡小韦(2008)利用灰色关联分析方法对于田绿洲土壤盐分特征与地下水环境的相互关系进行了研究。顿耀龙(2015)利用典范对应分析研究了松嫩平原西部土地利用类型与土壤理化性质之间的相互关系。王明飞等(2016)、吴雪梅等(2014)、赵秀芳等(2010)利用典范对应方法在不同区域研究了土壤盐分特征与其环境因子之间的相关性。董莉丽和郭玲霞(2016)利用冗余分析研究了黄河沿河土壤属性与环境因子之间的关系。

8.1.4　民勤地下水与土壤盐渍化研究进展

民勤绿洲作为典型的干旱区地下水灌区，20世纪50年代以来，该区地下水遭到大规模开采(尤全刚等，2011)，绿洲水资源供需矛盾的日益突出，地下水环境不断恶化，越来越多的学者开始关注民勤绿洲的地下水环境研究。肖笃宁等(2006)基于民勤盆地1987～2001年的地下水埋深和矿化度数据，对地下水的时空动态特征进行了模拟研究。王旭虎等(2014)对民勤绿洲地下苦咸水空间分布进行了研究，得出苦咸水面积达781km^2，其中微咸水区、咸水区和盐水区分别占到28%、55%和17%。李小玉等(2005)、刘文杰等(2009)分别对民勤绿洲地下水水化学特征及矿化度的时空变异进行了研究。冯起等(2012)对民勤地区植被生长适宜的地下水位进行了探讨。Edmunds等(2006)、朱高峰等(2005)、石培泽等(2004)分别对民勤盆地地下水地球化学演化进行了深入研究。

民勤绿洲土壤盐渍化问题研究始于20世纪60年代末，甘肃省水电设计院三总队分别于1969年和1979年对民勤绿洲的土壤盐渍化进行了调查，并详细评价了当时土壤盐渍化的程度，为该区早期土壤盐渍化研究工作奠定了基础。20世纪70年代开始，随着地下水的过度开采，绿洲地下水位持续下降，地下水水质不断恶化。一方面，农业灌溉用水不足，导致弃耕地面积不断增加，在强蒸发作用下土壤盐渍化面积不断扩大；另一方面，高矿化度地下水灌溉直接进入土壤，土壤盐分逐年累积，在缺乏淡水淋洗的情况下，土壤盐渍化程度在不断加重(魏怀东等，2007；安富博和丁峰，2000)。据统计，民勤土壤盐渍化面积从20世纪70年代的不足2万hm^2，发展到90年代末的超4万hm^2(民勤县地方志办公室，2014)。进入21世纪，更多的学者开始研究民勤绿洲土壤盐分时空变化特征。其中，徐先英等(2006)、张晓伟等(2005)、杨永春(2003)对20世纪50年代以来民勤绿洲土壤盐渍化的变化趋势及其原因、分类和演化进行了分析。庞国锦等(2014)、齐文文(2011)分别通过分析民勤绿洲土壤盐分数据的高光谱特征，构建了土壤光谱和土壤含盐量的定量预测方程。陈丽娟等(2013)对民勤绿洲土壤盐渍土进行了分类，并分析了盐渍土的成因。

8.2　数据来源与研究方法

民勤绿洲是石羊河流域最下游的冲积——湖积平原的主体，大部分位于红崖山水库以北，地势由西南向东北倾斜，坡降1/1000～1/1500。本节研究区范围选择坝区、泉山区和湖区 3 个灌区，南北长 100km，东西宽 20～30km，面积约为 1501km²，研究区的东面、北面及西北被腾格里沙漠和巴丹吉林沙漠包围。

1. 数据来源

多年地下水埋深数据由甘肃省武威市民勤县水务局提供，从中选择出位于研究区范围内的 48 眼长期地下水埋深数据，用于本章地下水埋深的动态特征分析。根据长期地下水埋深监测井的经纬度坐标，借助于 ArcGIS 软件绘制出地下水埋深长期监测井位置图，并分别标记为 1～48 号井，如图 8-1 所示。本章研究采集 2010 年和 2014 年地下水水化学数据和土壤数据，地下水样采样点位置如图 8-2 所示。

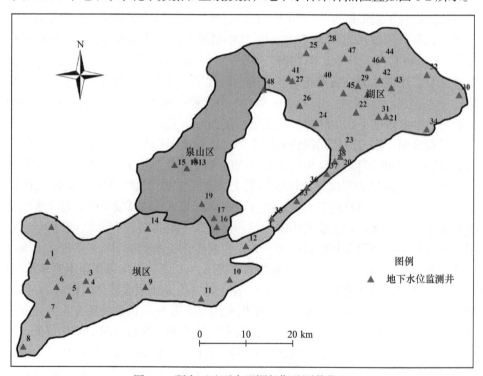

图 8-1 研究区地下水埋深长期监测井位置

(1) 地下水样品采集与测定。按照预设好的采样井，分两次采集了 63 个地下水样。采样时先用水样将预先备好的样品瓶冲洗 3 遍后再装水样，为了提高实验分析测试的精度，每个样品采集 2 份，一份用于测定，另一份用于比对。所有水样密封后在甘肃省水利科学研究院民勤试验站低温保存，再运回中国科学院西北研究院进行地下水指标的测定。地下水 Cl^-、SO_4^{2-} 含量的测定由 Dionex ICS-5000 多功能分析型离子色谱仪完成，HCO_3^-、CO_3^{2-} 含量的测定用滴定法，K^+、Na^+、Ca^{2+} 和 Mg^{2+} 含量用感应耦合等离子体法测定，电导率(EC)由电导率仪测得；可

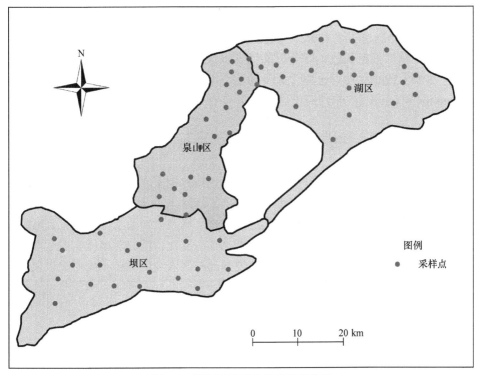

图 8-2 研究区地下水样采样点分布

溶解固体总量(TDS)由八大离子含量总和减去 HCO$_3^-$ 含量的一半计算所得，矿化度由八大离子含量总和计算所得。

(2) 土壤样品采集与测定。选择每个采样井灌溉范围内的耕地，在整块耕地内采集表层土壤样品。采样时先去除土壤表层的杂物，用环刀采集 0~30cm 土层土样，混合均匀后用四分法选出约 1kg，除部分用于土壤含水量测定外，其余样品运回中国科学院西北研究院用于土壤盐分指标和 pH 的测定。土壤盐分指标的测定在中国科学院西北研究院完成。将土样风干、磨碎后过 1mm 筛子备用。按 1 : 5 土水比(体积比)制备土壤浸提溶液，用酸度计法测土壤 pH，用 Dionex ICS-5000 多功能分析型离子色谱仪测定土壤八大盐分离子(K$^+$、Na$^+$、Ca^{2+}、Mg^{2+}、Cl$^-$、SO$_4^{2-}$、CO$_3^{2-}$ 和 HCO$_3^-$)含量，土壤全盐含量为八大盐分离子含量之和。

2. 数据处理

采用 3σ 准则对所有原始数据序列的特异值进行异常值检验与修正(刘广明等，2012)。利用 ArcGIS 软件绘制出采样点分布图和地下水埋深监测井位置图；利用 SPSS 19.0 软件对相关指标数据进行描述统计分析和相关分析；利用 GS+ 9.0 地统计软件对相关数据进行半方差函数模型拟合；利用 Sufer 11.0 地学制图软件进行 Kriging 插值，并绘制相关指标的空间分布图；利用 GW_Chart 软件中 Piper Diagram 模块绘制地下水 Piper 三线图；利用 Sigmaplot 10.0 绘制各类曲线图；借助于 Excel 软件根据灰色关联分析的计算步骤进行相关指标间的灰色关联分析；借助于 SPSS 19.0 软件对土壤含盐量与地下水水化学指标进行回归分析；借助于 Canoco for Window 4.5 软件对土壤含盐量与地下水离子指标进行冗余分析。

8.3 民勤灌区地下水动态特征及其影响因素

过去几十年来地下水遭到大量开采，民勤绿洲地下水环境不断恶化，严重影响到绿洲的用水安全。进入 21 世纪，实施了调水入民、关井压田、节水灌溉等一系列政策，旨在改善民勤绿洲恶化的地下水环境条件，为土壤盐渍化、沙漠化的防治提供有利条件。研究民勤绿洲地下水动态变化特征，对该区土壤盐渍化的防治具有重要的意义，同时也能够为荒漠绿洲灌区农业的可持续发展提供借鉴。

8.3.1 民勤灌区地下水埋深时空特征及其影响因素

1. 地下水埋深时间变化特征

1) 年内动态变化特征

从地下水埋深的季节变化来看(表 8-1)，坝区地下水埋深最大值主要集中在 8～9 月，最小值主要出现在 1 月和 4 月；泉山区最大值主要集中在 8～9 月，最小值主要集中在 1～3 月；湖区最大值主要集中在 6～8 月，最小值主要出现在 12 月至次年 2 月。整个研究区地下水埋深最大值主要出现在 8～9 月，这是因为该时段是民勤绿洲农业地下水灌溉的高峰期，地下水遭到大量的抽取。

表 8-1 研究区多年地下水埋深月变化特征值

灌区	井号	位置	最大值		最小值		年均值/m	年变幅/(m·a⁻¹)
			数值/m	发生月份	数值/m	发生月份		
坝区	2 号	大坝勤锋场部	24.76	8	22.48	1	23.54	2.28
	3 号	三雷新陶五社	32.78	9	31.59	1	32.20	1.19
	5 号	薛百二干水管所	30.91	9	29.83	4	30.44	1.08
	9 号	苏武羊路	31.75	8	30.80	4	31.27	0.95
	12 号	东坝新华四社	17.71	9	16.57	4	16.97	1.13
泉山区	13 号	泉山小西九社	26.63	8	22.03	4	23.83	4.60
	14 号	六干水管所	27.55	8	27.18	1	27.34	0.37
	17 号	双茨科中路七社	27.72	8	26.04	12	26.91	1.68

续表

灌区	井号	位置	最大值		最小值		年均值 /m	年变幅 /(m·a⁻¹)
			数值/m	发生月份	数值/m	发生月份		
泉山区	18 号	双茨科红星七社	27.06	8	24.77	3	25.50	2.97
	48 号	红沙梁孙指挥六社	26.04	8	21.55	3	23.95	4.49
湖区	26 号	西渠丰政一社	20.66	8	18.50	4	19.64	2.16
	30 号	东镇往致四社	9.81	8	7.11	3	7.76	2.70
	31 号	东渠水管所	22.84	7	22.04	12	22.35	0.80
	33 号	收成兴隆二社	7.81	8	6.43	11	7.35	1.38
	42 号	东镇洪圣一社	24.26	8	20.03	12	21.76	4.23
	45 号	中渠出鲜四社	34.79	6	32.72	2	33.95	2.07

坝区所选 5 眼井的地下水埋深年变幅在 $0.95\sim2.28\mathrm{m\cdot a^{-1}}$，其中 12 号井的地下水埋深年均值最小，为 16.97m，3 号井和 9 号井地下水埋深较大，年均值分别为 32.20m 和 31.27m。其中，9 号井的季节波动最小，年变幅为 $0.95\mathrm{m\cdot a^{-1}}$；2 号井的季节波动最大，年变幅为 $2.28\mathrm{m\cdot a^{-1}}$。泉山区所选的 5 眼井的地下水埋深年均值介于 $23.83\sim27.34\mathrm{m}$，其中 13 号井和 48 号井的地下水埋深季节波动较大，年变幅分别为 $4.60\mathrm{m\cdot a^{-1}}$ 和 $4.49\mathrm{m\cdot a^{-1}}$，14 号井的季节波动最小，年变幅为 $0.37\mathrm{m\cdot a^{-1}}$。湖区所选的 6 眼井中，45 号井的地下水埋深年均值最大，为 33.95m，30 号井和 33 号井的地下水埋深年均值较小，分别为 7.76m 和 7.35m；42 号井的地下水埋深季节波动最大，年变幅为 $4.23\mathrm{m\cdot a^{-1}}$，31 号井的季节波动最小，年变幅为 $0.80\mathrm{m\cdot a^{-1}}$。

坝区地下水埋深季节变化特征如图 8-3 所示，12 号井位于东坝镇东部，属于浅层地下水井，1~7 月该井地下水埋深几乎在同一条水平线上，7 月开始出现明显的增大，9 月达到最大值，此后地下水埋深逐渐减小。2 号井的地下水埋深季节波动趋势最明显，4 月开始一直在增大，在 8~9 月达到最大值，9~10 月出现明显的减小，此后处于稳定状态。3 号井、5 号井和 9 号井属于深层地下水，这 3 眼井的地下水埋深季节波动趋势与 2 号井相似，由于它们的年变化幅度较小，因此没有 2 号井的变化趋势明显。

泉山区地下水埋深季节变化特征如图 8-4 所示，13 号井位于泉山镇，48 号井位于红沙梁镇，这 2 眼井地下水埋深的年变化幅度均较大，季节波动趋势比较明显，4~8 月地下水埋深急剧增大，在 8 月达到最大值，8 月以后呈阶梯状减小。17 号井位于双茨科镇，年变化幅度较小，其地下水埋深在高值区持续了 4 个月，说明该区域的地下水抽灌量较大，但 14 号井的季节变化趋势不明显。

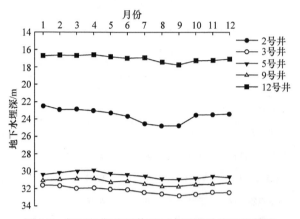

图 8-3　坝区长期监测井地下水埋深季节变化曲线

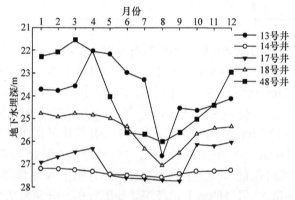

图 8-4　泉山区长期监测井地下水埋深季节变化曲线

湖区地下水埋深季节变化特征如图 8-5 所示，30 号井位于东湖镇东部，属于浅层地下水井，6～10 月呈现出先增大后减小的趋势，其他月份的地下水埋深

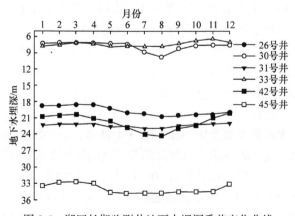

图 8-5　湖区长期监测井地下水埋深季节变化曲线

基本保持水平。31 号井和 33 号井的地下水埋深季节波动范围在 1m 左右，因此它们的季节变化趋势不明显。26 号井、42 号井和 45 号井属于深层地下水区域，地下水埋深的季节变化趋势与 30 号井一样，比较明显。

2) 年际动态变化特征

研究区 1999～2014 年地下水埋深年际动态变化曲线如图 8-6 所示。坝区地下水埋深年际变化总体上呈现出逐年增大的趋势，其中 12 号井属于浅层地下水井，其年际变化呈波动式增大；2 号井则呈直线式增大；5 号井先增大后减小，转折点发生在 2009 年。2 号井、5 号井和 12 号井从 1999～2014 年的年均增大幅度分别为 0.49m · a^{-1}、0.45m · a^{-1} 和 0.59m · a^{-1}。

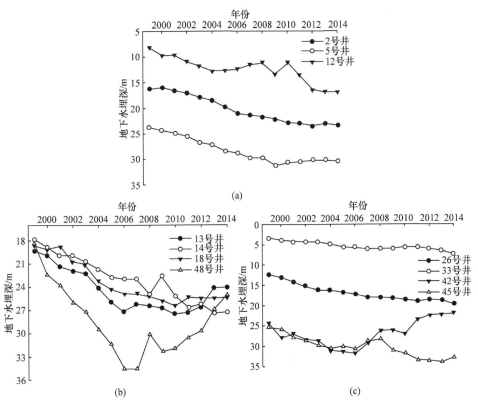

图 8-6　研究区长期监测井地下水埋深年际动态变化曲线图
(a) 坝区；(b) 泉山区；(c) 湖区

由图 8-6(b)可看出，泉山区地下水埋深年际变化总体上呈现先增大后减小的趋势，其中 48 号井的年际变化趋势最为明显，从 1999 年的 18.32m 直线增大到 2006 年的 34.61m，此后又波动减小到 2014 年的 25.13m；14 号井呈现逐年波动增大的趋势。13 号井、14 号井、18 号井和 48 号井地下水埋深 1999～2014 年的年均增大幅度分别为 0.32m · a^{-1}、0.63m · a^{-1}、0.46m · a^{-1} 和 0.45m · a^{-1}，其中 48 号井的最大增幅高达 16.29m。

由图 8-6(c)可知，湖区地下水埋深的年际增大幅度明显小于坝区和泉山区，总体上呈现出稳定的年际波动。其中，26 号井和 33 号井呈直线式的缓慢增大趋势；42 号井呈先增大后减小趋势，转折点发生在 2006 年；45 号井则呈现波动式的缓慢增大趋势。26 号井、33 号井、42 号井和 45 号井从 1999~2014 年的年均增大幅度分别为 0.44m·a^{-1}、0.26m·a^{-1}、–0.16m·a^{-1} 和 0.46m·a^{-1}。

2. 地下水埋深空间变化特征

基于研究区长期监测井的地下水埋深数据，选择 1999 年、2006 年和 2014 年的地下水埋深数据，研究地下水埋深的空间分布特征。对 3 年的地下水埋深数据进行描述统计分析和正态分布 K-S 假设检验见表 8-2。3 年的地下水埋深数据均服从正态分布[P(K-S)值均大于 0.05]。

表 8-2　1999 年、2006 年和 2014 年研究区地下水埋深描述统计和正态分布 K-S 特征值

年份	平均值 /m	标准差 /m	最小值 /m	最大值 /m	变异系数	偏度	峰度	P(K-S)	分布类型
1999	15.87	7.39	2.09	28.51	0.47	−0.266	−0.985	0.728	正态
2006	22.39	8.97	5.59	36.95	0.40	−0.409	−1.047	0.359	正态
2014	20.69	8.21	4.47	32.86	0.40	−0.514	−0.819	0.674	正态

注：P(K-S)表示正态分布 K-S 假设检验中的 P 值。

借助于 GS+地统计学软件进行半方差函数模型拟合，最优半方差函数模型相关参数见表 8-3。1999 年、2006 年和 2014 年地下水埋深的 $C_0/(C_0 + C)$ 均小于 25%，表现出强烈的空间相关性。3 年的地下水埋深空间自相关距离(变程)依次为 17.91h·km^{-1}、21.03h·km^{-1}、19.45h·km^{-1}，彼此之间相差较小，说明 3 年的地下水埋深空间自相关范围具有较大的相似性。其中，2006 年地下水位埋深的空间自相关距离最大，表明 2006 年的地下水埋深比 1999 年和 2014 年具有更大范围上的空间自相关。

表 8-3　半方差函数模型及相关参数

年份	理论模型	块金值 C_0	基台值 $C_0 + C$	$C_0/(C_0 + C)$ /%	变程 A /(h·km^{-1})	决定系数 R^2	残差平方和 RSS
1999	球状模型	0.10	96.10	0.3	17.91	0.645	4906
2006	高斯模型	0.10	96.30	0.1	21.03	0.635	4387
2014	高斯模型	7.10	80.30	8.8	19.45	0.615	3428

注：块金值 C_0 和基台值 $C_0 + C$ 量纲为 1。

最优半方差函数拟合曲线如图 8-7 所示，1999 年、2006 和 2014 年地下水埋深的半方差函数值随着分隔间距的增加均呈现出由小变大，最终趋于平稳的趋势，表明 3 年地下水埋深的半方差函数模型拟合较好，均具有明显的空间结构特征。

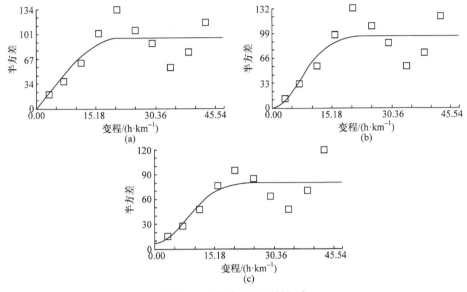

图 8-7　最优半方差函数拟合
(a) 1999 年；(b) 2006 年；(c) 2014 年

1999 年、2006 年和 2014 年的地下水埋深空间分布如图 8-8 所示，坝区地下水埋深从 1999 年的 17.54m 增大到 2006 年的 22.24m，再增大到 2014 年的 23.13m，一直呈现增大的趋势。2014 年，民勤县城附近区域的地下水埋深甚至超过了 30m，形成一个地下水位降落漏斗。泉山区地下水埋深从 1999 年的 18.36m 增大到 2006 年的 27.48m，然后减小到 2014 年的 26.55m，呈现出先增大后减小的趋势，尤其在红沙梁镇这种趋势更为明显。2006 年时红沙梁镇周围形成了一个地下水位降落漏斗，到 2014 年时该区域的地下水位降落漏斗在逐渐消失。在泉山区的大滩镇和双茨科镇，地下水埋深一直呈增大的趋势，且有发展成地下水位降落漏斗的趋势。湖区中部的地下水埋深从 1999～2014 年一直维持在 20 多米的水平，始终保持地下水位降落漏斗。在湖区四周靠近沙漠区域的地下水埋深呈现减小的趋势。在整个民勤灌区，靠近腾格里沙漠的坝区夹河镇东部，以及湖区的收成镇和东湖镇东部，地下水埋深从 1999～2014 年始终保持在小于 15m 的水平。

3. 地下水埋深动态变化的影响因素

地下水埋深动态变化主要受到气象因素(降水、蒸发等)、水文因素(河道来水

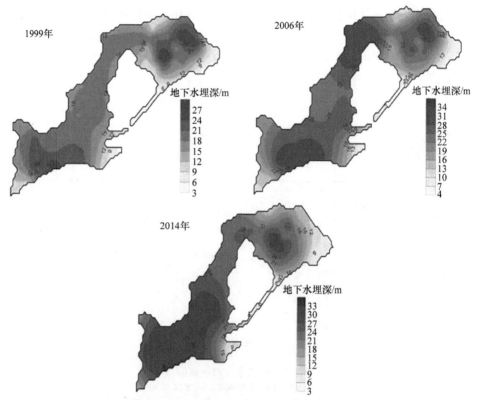

图 8-8　1999 年、2006 年和 2014 年地下水埋深空间分布(见彩图)

等)和人为因素(地下水开采等)的共同影响(彭芳等，2013)。地下水位波动是地下水补给与排泄之间相互作用的结果。

1) 气象因素

民勤灌区年均降水量只有 113mm，从南部坝区到北部湖区依次减少，而年均潜在蒸发量却超过 2600mm。降水对地下水起到补给的作用，每年夏季的强降雨能够补给浅层地下水，使地下水埋深减小。蒸发对地下水起到排泄的作用，对于浅层地下水区域，强烈的潜水蒸发排泄对地下水埋深的影响较大，造成地下水埋深增大。

2) 水文因素

为了保障民勤绿洲的用水安全，《石羊河流域重点治理规划》实施后，每年通过黄河和西营河向红崖山水库调水，2006 年起红崖山水库向民勤绿洲的下泄水量呈现上升的趋势，一部分河水通过农田灌溉补给浅层地下水，还有一部分河水通过河道入渗能够补给地下水。图 8-9 为 1998~2014 年红崖山水库下泄水量与地下水埋深的变化曲线，随着红崖山水库下泄水量的逐年增加，民勤绿洲地下水埋深在 2009 年开始止升回降。

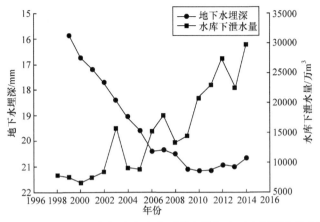

图 8-9　1998~2014 年红崖山水库下泄水量与地下水埋深变化曲线

3) 人为因素

人为因素对民勤灌区地下水埋深变化的影响主要体现在地下水开采。地下水开采是地下水排泄的主要途径。灌溉机井数可以从侧面反映该区地下水开采量，民勤灌溉机井数从 20 世纪 60 年代的不足 100 眼增加到 90 年代末的接近 1 万眼，地下水遭到疯狂开采的同时，地下水埋深呈直线增大。利用地下水灌溉，多余的田间水分能够通过入渗反补给浅层地下水。进入 21 世纪，随着关井压田、节水灌溉等政策的实施，民勤灌溉机井数逐年减少，到 2011 年时基本稳定在 6870 多眼，有效降低了该区地下水的开采量。图 8-10 为民勤历年灌溉机井数与地下水埋深的变化曲线。

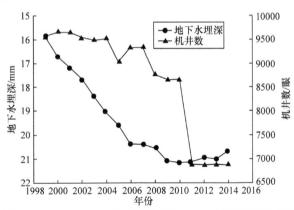

图 8-10　1999~2014 年民勤机井数与地下水埋深变化曲线

4. 基于灰色关联分析方法的地下水埋深影响因子分析

灰色关联分析方法是地理学中的一种重要的数学分析方法，由于地理系统中很多因素之间的关系是灰色的，很难利用统计相关分析中的关联系数去精确地判断因素之间的实际相关程度，灰色关联分析为解决这类问题提供了一种有效的方法(邓聚龙，1990)。

根据搜集到的研究区 2003～2014 年地下水埋深影响因子数据资料(表 8-4)，以地下水埋深作为母序列，与之对应的降水量、蒸发量、地下水开采量、水库下泄量作为子序列，共 5 个序列，进行灰色关联分析。

表 8-4　民勤地下水埋深及其影响因子数据资料

年份	降水量/mm	蒸发量/mm	地下水开采量/10⁴m³	水库下泄水量/10⁴m³	地下水埋深/m
2003	122.1	2576	52700	15679	18.39
2004	96.9	2661	59100	8999	19.05
2005	100.2	2044	58400	8786	19.61
2006	97.2	1965	54100	15199	22.39
2007	156.4	2800	49200	17882	20.42
2008	148.9	2704	39700	13312	20.06
2009	144.5	2893	27798	14370	21.12
2010	112.0	2209	14385	20716	21.17
2011	139.2	2623	12159	22892	21.14
2012	128.9	2394	11695	27433	20.93
2013	84.5	1934	11530	22500	21.00
2014	129.5	2576	11450	29700	20.69

注：资料数据来自甘肃省民勤县水务局。

根据灰色关联分析的计算步骤，计算出地下水埋深 4 个影响因子与地下水埋深的关联系数见表 8-5。计算地下水埋深各影响因子的关联系数的平均值，即关联度矩阵见表 8-6。根据关联度大小，各影响因子的排序为蒸发量>降水量>水库下泄水量>地下水开采量。由此可以看出，民勤地下水埋深与蒸发量的关系最为密切，然后依次为降水量、水库下泄水量、地下水开采量。表明在 2003～2014 年，气象因素、水文因素和人为因素均对地下水埋深产生了影响，但气象因素对地下水埋深的影响更大。

表 8-5　地下水埋深 4 个影响因子与地下水埋深的关联系数

年份	降水量	蒸发量	地下水开采量	水库下泄水量
2003	0.5357	0.4464	0.3815	0.4280
2004	0.4491	0.4780	0.3903	0.4013
2005	0.5360	0.7636	0.4422	0.4367
2006	0.7794	0.6547	0.8744	0.6955
2007	0.5193	0.5854	0.6698	0.8839

续表

年份	降水量	蒸发量	地下水开采量	水库下泄水量
2008	0.6459	0.5922	0.7809	0.5677
2009	0.5144	0.6424	0.6253	0.8763
2010	0.8171	0.5771	0.4608	0.7169
2011	0.5523	1.0000	0.4451	0.6261
2012	0.6991	0.8054	0.4622	0.5135
2013	0.6192	0.4530	0.4537	0.6711
2014	0.7518	0.8902	0.4862	0.4862

注：对原始数据进行了横向区间值化处理；计算关联系数时分辨系数 ζ 取 0.5。

表 8-6　地下水埋深与 4 个影响地下水埋深因素的关联度矩阵

项目	降水量	蒸发量	地下水开采量	水库下泄水量
地下水埋深	0.6266	0.6924	0.5394	0.6086

8.3.2　民勤灌区地下水水化学时空特征及其演化

1. 地下水主要离子的统计特征

选择 2014 年采集的地下水样数据，对地下水水化学数据进行统计特征分析的结果见表 8-7。研究区地下水矿化度平均值为 $3.142g \cdot L^{-1}$，变化范围为 $0.200 \sim 12.171g \cdot L^{-1}$。阳离子平均浓度大小为 $Na^+ > Mg^{2+} > Ca^{2+} > K^+$，其中 Na^+ 浓度 $(0.678g \cdot L^{-1})$ 约是 K^+ 平均浓度 $(0.011g \cdot L^{-1})$ 的 60 倍，约是 Ca^{2+} 平均浓度 $(0.104g \cdot L^{-1})$ 的 6.5 倍，约是 Mg^{2+} 平均浓度 $(0.294g \cdot L^{-1})$ 的 2.3 倍，表明地下水阳离子以 Na^+ 和 Mg^{2+} 为主；阴离子平均浓度大小为 $SO_4^{2-} > Cl^- > HCO_3^- > CO_3^{2-}$，其中 SO_4^{2-} 平均浓度 $(1.449g \cdot L^{-1})$ 约是 Cl^- 平均浓度 $(0.556g \cdot L^{-1})$ 的 2.6 倍，约是 HCO_3^- 平均浓度 $(0.092g \cdot L^{-1})$ 的 15.5 倍，约是 CO_3^{2-} 平均浓度 $(0.003g \cdot L^{-1})$ 的 483 倍，表明地下水阴离子以 SO_4^{2-} 和 Cl^- 为主。

表 8-7　研究区地下水水化学参数的统计特征值

测量指标	最大值/$(g \cdot L^{-1})$	最小值/$(g \cdot L^{-1})$	平均值/$(g \cdot L^{-1})$	标准差/$(g \cdot L^{-1})$	变异系数
K^+ 浓度	0.077	0.002	0.011	0.013	1.182
Na^+ 浓度	3.031	0.014	0.678	0.840	1.249
Ca^{2+} 浓度	0.294	0.020	0.104	0.075	0.721
Mg^{2+} 浓度	1.216	0.025	0.294	0.333	1.133
CO_3^{2-} 浓度	0.023	0	0.003	0.004	1.333
HCO_3^- 浓度	0.245	0.049	0.092	0.039	0.424

续表

测量指标	最大值/(g·L⁻¹)	最小值/(g·L⁻¹)	平均值/(g·L⁻¹)	标准差/(g·L⁻¹)	变异系数
Cl⁻浓度	2.007	0.021	0.556	0.579	1.041
SO_4^{2-}浓度	6.836	0.084	1.449	1.746	1.205
矿化度	12.171	0.200	3.142	3.440	1.095

研究区有 31%水样点的矿化度<1.0g·L⁻¹(淡水)，主要集中在坝区附近，有38%水样点的矿化度介于 1.0~3.0g·L⁻¹(微咸水)，主要集中在坝区和泉山区附近，有 24%水样点的矿化度介于 3.0~10.0g·L⁻¹(咸水)，有 7%水样点的矿化度>10.0g·L⁻¹(盐水)，主要集中在湖区附近。从变异系数来看，K⁺、Na⁺、Mg^{2+}、CO_3^{2-}、Cl⁻、SO_4^{2-}浓度的变异系数均大于 1，为强变异性，反映出这些离子对周围环境因素的变化较为敏感，是决定地下水盐化作用的主要变量；Ca^{2+}和HCO_3^-浓度的变异系数在 0.1~1，属中等变异强度，相较于其他离子，Ca^{2+}和HCO_3^-在该区地下水中的浓度相对稳定。

2. 地下水矿化度的时空动态特征

利用地统计学软件 GS＋9.0 进行半方差函数模拟，根据最优半方差函数模型及相关参数，借助于 Sufer11.0 软件进行 Kriging 插值，分别绘出 2010 年和 2014年地下水矿化度的空间分布图(图 8-11)。

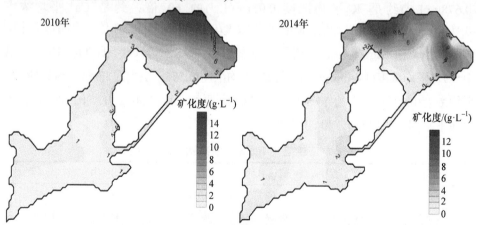

图 8-11　地下水矿化度空间分布(见彩图)

2010 年研究区地下水矿化度表现出明显的空间分布特征，从西南向东北呈现出逐渐升高的趋势。坝区地下水矿化度在 0~2g·L⁻¹，以淡水和微咸水为主。泉山区的大滩镇和双茨科镇地下水矿化度介于 2~3g·L⁻¹，属于微咸水范畴；泉山镇和红沙梁镇的地下水矿化度介于 3~4g·L⁻¹，属于中度咸水范畴。湖区的收成镇大部地下水矿化度介于 1~3g·L⁻¹，以微咸水为主；东湖镇大部分区域地下水矿化度介于 3~10g·L⁻¹，以中度咸水为主；在西渠镇的北部区域地下水矿化度>10g·L⁻¹，属于盐水范畴，其他区域基本上以中度咸水为主。

从 2010~2014 年，研究区地下水矿化度均值由 3.349g·L⁻¹ 减小到 3.142g·L⁻¹，减小了 6.2%。从整个研究区来看，2014 年的地下水矿化度仍呈现出从西南向东北逐渐升高的趋势。其中，坝区地下水矿化度基本上没有变化，仍以淡水和微咸水为主。泉山区地下水矿化度有一定程度的减小，主要以微咸水为主。湖区地下水矿化度的高值区主要分布在西渠镇的西部和东坝镇的东部，属于盐水范畴。

3. 地下水水化学类型及其演化规律

图 8-12(a)反映了 2010 年坝区、泉山区和湖区的地下水水化学类型及其演化规律。在 Piper 三线图的菱形分区，所有的水样点都位于菱形的 4 区，说明 SO_4^{2-} 浓度超过了 HCO_3^-；同时几乎所有的水样点分布于菱形的 7 区和 9 区，说明地下水离子以 Na^+ 和 SO_4^{2-} 为主。在左下角的阳离子三角形分区，沿着坝区→泉山区→湖区方向，Ca^{2+} 在阳离子中的比重在减小，而 Na^+ 和 Mg^{2+} 的比重在增大，尤其是 Na^+ 相对含量的增加最为明显。在右下角的阴离子三角形分区，沿着坝区→泉山区→湖区方向，HCO_3^- 在阴离子中的比重在减小，而 Cl^- 的比重在增大，SO_4^{2-} 一直处于较高的比重基本保持不变。2010 年，坝区地下水水化学类型以 SO_4^{2-}-

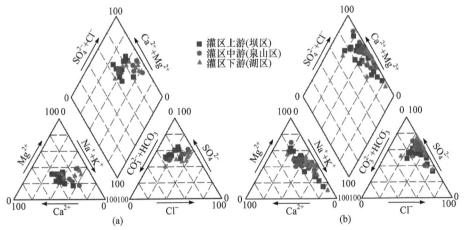

图 8-12　地下水水化学 Piper 三线图

(a) 2010 年；(b) 2014 年

图中数据表示各离子对应的相对含量(%)

Na$^+$型、SO$_4^{2-}$-Ca^{2+}型和HCO$_3^-$-Na$^+$型为主，泉山区和湖区则以SO$_4^{2-}$-Na$^+$型为主。

图8-12(b)反映的是2014年坝区、泉山区和湖区的地下水水化学类型及其演化规律。在Piper三线图的菱形分区，全部的水样点位于菱形的6区、7区和9区，表明地下水离子以Na$^+$、Mg^{2+}、SO$_4^{2-}$和Cl$^-$为主。沿着坝区→泉山区→湖区方向，阳离子中Mg^{2+}的主导地位逐渐被Na$^+$替代，而阴离子中SO$_4^{2-}$始终占主导地位，同时Cl$^-$比重在不断增加。2014年，坝区和泉山区地下水水化学类型以SO$_4^{2-}$-Mg^{2+}型、Cl$^-$-Mg^{2+}型和SO$_4^{2-}$-Na$^+$型为主，湖区以Cl$^-$-Na$^+$型和SO$_4^{2-}$-Na$^+$型为主。

从2010～2014年，坝区地下水中的Na$^+$和SO$_4^{2-}$始终占主导地位，但Ca^{2+}逐渐被Mg^{2+}所替代；泉山区地下水中Na$^+$和SO$_4^{2-}$仍然占主导，同时Mg^{2+}和Cl$^-$的相对含量在增加；湖区地下水水化学类型基本上没有变化。

4. 地下水水化学演化驱动机理

1) 蒸发浓缩作用

为了分析蒸发浓缩作用对该区地下水水化学特征的控制作用，利用TDS与$c(\text{Na}^+)/[c(\text{Na}^+)+c(\text{Ca}^{2+})]$、TDS与$c(\text{Cl}^-)/[c(\text{Cl}^-)+c(\text{HCO}_3^-)]$关系图绘出地下水Gibbs图(图8-13)，图中方块、圆圈和三角形分别代表坝区、泉山区和湖区的地下水水样点，图中显示有89%水样点的$c(\text{Cl}^-)/[c(\text{Cl}^-)+c(\text{HCO}_3^-)]$大于0.5，有69%的水

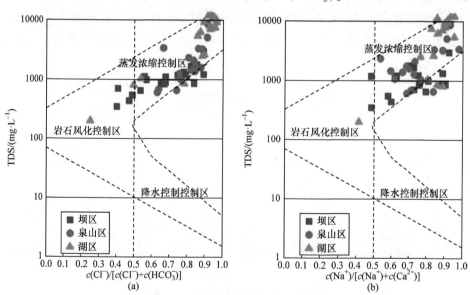

图8-13　研究区地下水Gibbs图

(a) TDS与$c(\text{Cl}^-)/[c(\text{Cl}^-)+c(\text{HCO}_3^-)]$的关系；(b) TDS与$c(\text{Na}^+)/[c(\text{Na}^+)+c(\text{Ca}^{2+})]$的关系

样 TDS 大于 1000mg·L^{-1}，表明地下水中 Cl^- 含量较高；泉山区和湖区的水样点基本分布在蒸发浓缩控制区，坝区的水样点除分布在蒸发浓缩控制区外，还有一部分水样点分布在岩石风化控制区与蒸发浓缩控制区之间。图 8-13(b) 中，有 95%水样点的 $c(Na^+)/[c(Na^+)+c(Ca^{2+})]$ 大于 0.5，有 90%的水样 TDS 大于 1000mg·L^{-1}，表明地下水中 Na^+ 含量非常高；坝区、泉山区和湖区的水样点几乎都分布在蒸发浓缩控制区。

因此，可以断定泉山区和湖区地下水水化学组分主要受蒸发浓缩作用的控制，坝区地下水水化学组分除受到蒸发浓缩作用控制外，还受到一定岩石风化作用的影响。

2) 阳离子交换作用

为了分析阳离子交换作用对该区地下水水化学组分的控制作用，绘制地下水水化学离子比例系数 $\gamma(Na^+-Cl^-)$ 与 $\gamma(Ca^{2+}+Mg^{2+})-\gamma(HCO_3^-+SO_4^{2-})$ 的关系见图 8-14，可看出湖区的部分水样点远离 1:1 阳离子交换线，且横纵坐标大于 0，表明在湖区的地下水和土层之间存在有 Na^+ 和 Ca^{2+} 阳离子交换作用，但图 8-14 中的阳离子交换作用不太明显。

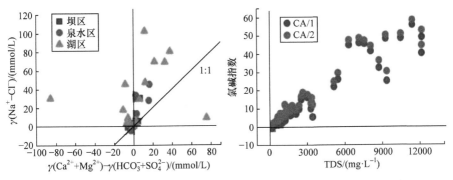

图 8-14　$\gamma(Na^+-Cl^-)$ 与 $\gamma(Ca^{2+}+Mg^{2+})-\gamma(HCO_3^-+SO_4^{2-})$ 和氯碱指数与 TDS 关系图

氯碱指数(choro-alkaline，CA/1 和 CA/2)可用来进一步研究地下水阳离子交换作用。图 8-14 显示了地下水的氯碱指数与 TDS 关系图，图中大部分水样点的 CA/1 和 CA/2 都大于 0，且氯碱指数与 TDS 呈显著正相关，表明 K^+、Na^+ 与 Ca^{2+}、Mg^{2+} 确实发生了阳离子交换作用。由此说明该区地下水水化学组分的另一控制因素是阳离子交换作用。

3) 溶滤作用

通过分析地下水水化学离子比例系数，可判断地下水水化学组分的补给来源 (洪涛等，2016)。图 8-15(a) 为地下水 γNa^+ 与 γCl^- 关系散点分布，图中显示坝区大部分水样点和泉山区部分水样点位于或接近 1:1 直线，说明这些区域地下水水化学成分主要是岩盐的溶滤作用形成的；泉山区另一部分水样点和湖区几乎全部水样点位于 1∶1 直线以上，表明这些区域的地下水经历了强烈的水岩作用，地下水溶解了岩盐的同时也溶解了其他含 Na⁺的矿物(如硅铝酸盐矿物)，同时水中 Ca^{2+} 和土壤中 Na⁺也可能发生了交换作用，从而使 Na⁺浓度大于 Cl⁻浓度。

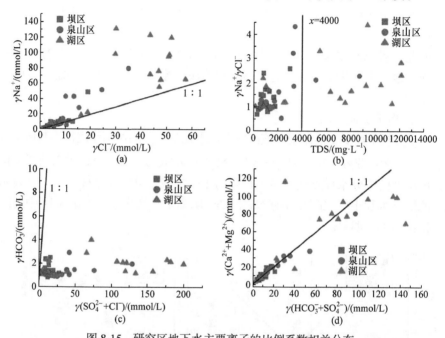

图 8-15　研究区地下水主要离子的比例系数相关分布

(a) 地下水 γNa^+ 与 γCl^- 关系；(b) 地下水 $\gamma Na^+/\gamma Cl^-$ 与 TDS 关系；(c) 地下水 γHCO_3^- 与 $\gamma(SO_4^{2-}+Cl^-)$ 关系；

(d) 地下水 $\gamma(Ca^{2+}+Mg^{2+})$ 与 $\gamma(HCO_3^-+SO_4^{2-})$ 关系

由图 8-15(b)可知，当 TDS < 4000mg · L⁻¹时，$\gamma Na^+/\gamma Cl^-$ 随着 TDS 的增加呈升高的趋势，说明沿着地下水流方向，矿化物风化溶解的 Na⁺浓度逐渐增加；当 TDS > 4000mg · L⁻¹时，$\gamma Na^+/\gamma Cl^-$ 随着 TDS 的增加基本保持不变，说明地下水中的 Na⁺与含水层黏土矿物中的 Ca^{2+}、Mg^{2+} 很少发生交换，且地下水中的 Ca^{2+} 与岩土中 Na⁺也较少发生交换，故 $\gamma Na^+/\gamma Cl^-$ 基本保持不变。

图 8-15(c)显示坝区、泉山区和湖区的地下水样点几乎全部位于 1∶1 直线的下方，表明研究区地下水水化学的形成主要来自蒸发岩(岩盐、石膏、芒硝等)的溶解，少部分来自碳酸盐矿物(方解石、白云石等)的溶解。图 8-15(d)为地下水 $\gamma(HCO_3^-+SO_4^{2-})$-$\gamma(Ca^{2+}+Mg^{2+})$ 散点图，通过分析该散点图可推断地下水体中 Ca^{2+} 和 Mg^{2+} 的来源(Lakshmanan et al., 2003；Umar & Absar, 2003)。图 8-15(d)中坝区和泉山区大部分地下水样点位于或接近 1∶1 直线，说明这些区域地下水中的 Ca^{2+} 和 Mg^{2+} 主要是硅铝酸盐矿物和碳酸盐矿物的溶解作用；湖区一部分地下水

样点位于 1∶1 直线的上方，说明碳酸盐矿物的溶解是该区域地下水水化学的主要过程；湖区位于 1∶1 直线下方的地下水采样点说明硅铝酸盐矿物的溶解则是这部分区域地下水的主要影响因素。

　　总之，通过民勤不同区域地下水埋深长期监测，发现研究区地下水埋深的年内变化趋势表现为从 4 月开始增大，8~9 月时达到了最大值，此后又逐渐减小。这是由于每年的 4~9 月为绿洲灌溉期，这一时期地表来水不足，只能抽取地下水来满足农业灌溉的需求，导致地下水埋深不断增大，在 9 月达到最大值；此后，随着农业用水的减少，以及红崖山水库向民勤绿洲放水，地下水埋深开始逐渐减小，地下水进入恢复阶段。这与仲生年等(2009)在民勤绿洲的研究结果相一致，同时在其他干旱区农业灌区也出现了类似的地下水埋深季节变化趋势(姚阿漫，2014；胡小韦，2008)。

　　根据前人的研究成果(宋冬梅等，2004；赵华等，2004)，20 世纪 70 年代至2000 年，民勤绿洲地下水矿化度总体上呈逐渐升高的趋势，且空间上从西南到东北方向总是呈递增的趋势。20 世纪 70 年代坝区地下水矿化度较 60 年代上升了$0.1\sim0.5g\cdot L^{-1}$；80 年代大部分地区为矿化度 $1.0\sim2.0g\cdot L^{-1}$ 的微咸水；到 90 年代末夹河镇和东坝镇的地下水矿化度超过了 $2.0g\cdot L^{-1}$，其他区域仍小于$2.0g\cdot L^{-1}$。泉山区大滩镇、双茨科镇和泉山镇的地下水矿化度平均增加了 $0.5\sim1.0g\cdot L^{-1}$，北部红沙梁镇矿化度增加了 $1.0\sim3.0g\cdot L^{-1}$；到 90 年代末，泉山区地下水矿化度平均值达到了 $3.6g\cdot L^{-1}$。湖区地下水矿化度的上升趋势较为明显，由 70 年代的 $3.8g\cdot L^{-1}$ 增加到 90 年代末的 $5.7g\cdot L^{-1}$，年平均增幅为 $0.09\sim0.13g\cdot L^{-1}$。由于地下水水质的不断恶化，已严重影响到民勤绿洲的生态安全，因此 21 世纪初开始，相关部门陆续出台相关政策，通过调水入民、灌井压田等措施，来遏制民勤绿洲地下水质不断恶化的趋势。根据刘文杰等(2009)的研究结果，发现 2000~2010 年坝区地下水矿化度呈现先上升后下降的趋势，湖区的地下水矿化度变化较为复杂，靠近沙漠的边缘地带呈上升趋势，而湖区中部呈先上升后下降的趋势。通过对 2010 年和 2014 年的地下水矿化度空间分布图对比，发现研究区地下水矿化度均值从2010年的$3.349g\cdot L^{-1}$减小到2014年的$3.142g\cdot L^{-1}$，减小了 6.2%，说明调水入民等政策对民勤绿洲地下水质的改善起到积极的作用。

8.4　民勤灌区地下水动态与土壤盐渍化

　　民勤灌区位于西北干旱区，受到气候、母质等自然因素以及人为活动的共同影响，土壤盐渍化现象在该地区较为严重，已影响到区域的生态安全和经济社会的可持续发展。土壤盐渍化是土壤水盐运动的结果，而土壤水盐运动与地下水埋深及矿化度的动态变化之间存在着密切的联系，因此研究民勤灌区地下水动态与土壤盐渍化之间的关系，可以为绿洲盐渍化土壤的防治提供科学依据。

8.4.1 民勤灌区土壤盐渍化特征

1. 土壤盐分的描述统计特征

借助 SPSS 软件对数据进行统计分析及正态分布检验的结果见表 8-8。研究区表层土壤全盐含量介于 $0.293 \sim 10.336 \mathrm{g \cdot kg^{-1}}$，其平均值为 $0.947 \mathrm{g \cdot kg^{-1}}$。从各离子含量($c$)来看，$K^+$、$Na^+$、$Ca^{2+}$ 和 Mg^{2+} 含量分别占阳离子总量的 5.8%、44.2%、26.1% 和 23.9%；Cl^-、SO_4^{2-} 和 HCO_3^- 含量分别占阴离子总量的 15.2%、63.9% 和 20.9%，表明表层土壤阳离子以 Na^+ 为主，阴离子以 SO_4^{2-} 为主。HCO_3^- 含量代表着土壤的总碱度(张飞等，2007)，表中 HCO_3^- 平均含量为 $0.174 \mathrm{g \cdot kg^{-1}}$，占阴离子总量的 20.9%，可推测该区表层土壤偏碱性。此外，土壤 pH 范围为 $7.71 \sim 9.08$，均值为 8.40，进一步说明表层土壤总体上偏碱性。从变异系数来看，全盐、K^+、Na^+、Ca^{2+}、Mg^{2+} 和 SO_4^{2-} 含量的变异系数均大于 1，表现为强变异性；Cl^- 和 HCO_3^- 含量变异系数在 $0.1 \sim 1$，呈中等变异性；pH 的变异系数小于 0.1，为弱变异性。

表 8-8 表层土壤盐分含量描述统计及正态分布检验特征值

项目	分布类型	平均值 /(g·kg⁻¹)	标准差 /(g·kg⁻¹)	最小值 /(g·kg⁻¹)	最大值 /(g·kg⁻¹)	变异系数	偏度 /(g·kg⁻¹)	峰度 /(g·kg⁻¹)	P(K-S)
全盐含量	对数正态	0.947	1.522	0.293	10.336	1.61	1.88*	4.28*	0.113*
K^+含量	对数正态	0.006	0.007	0.001	0.037	1.07	0.73*	0.63*	0.633*
Na^+含量	对数正态	0.049	0.052	0.004	0.262	1.05	−0.03*	−0.31*	0.991*
Ca^{2+}含量	对数正态	0.029	0.068	0.004	0.492	2.35	1.92*	6.79*	0.101*
Mg^{2+}含量	对数正态	0.027	0.030	0.008	0.147	1.12	1.71*	3.56*	0.051*
Cl^-含量	对数正态	0.127	0.121	0.028	0.690	0.95	0.61*	−0.17*	0.124*
SO_4^{2-}含量	对数正态	0.533	1.327	0.030	8.960	2.49	0.92*	1.38*	0.444*
HCO_3^-含量	正态	0.174	0.032	0.116	0.257	0.18	0.02	−0.10	0.843
CO_3^{2-}含量	—	—	—	—	—	—	—	—	—
pH	正态	8.40	0.29	7.71	9.08	0.03	−0.51	0.22	0.352

注：*表示对数转换后的值。

结合 K-S 非参数检验 P 值和频率直方图(图 8-16)，可知 HCO_3^- 和 pH 的偏度值和峰度绝对值均接近于 0，且两者的 P(K-S)值分别为 0.843 和 0.352，大于 0.05，因此服从正态分布；全盐和其他离子含量不服从正态分布，经自然对数转换后，它们的偏度值和峰度值绝对值均接近于 0，且 P(K-S)值均大于 0.05，因此服从对数正态分布。

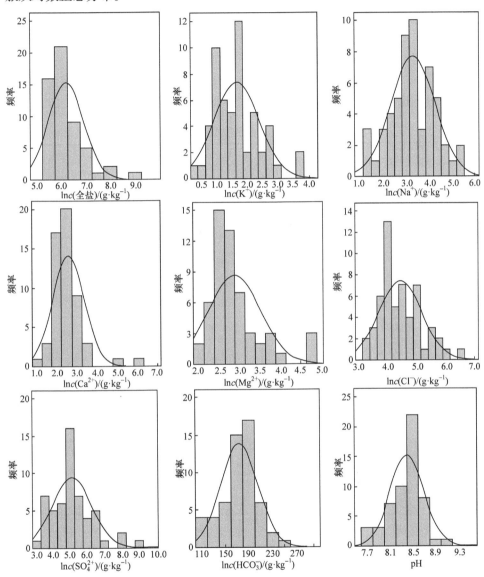

图 8-16　表层土全盐分及各离子频率直方图

2. 土壤盐分各离子的空间变异特征

1) 2014 年表层土壤全盐及各离子空间分布特征

利用 GS+9.0 软件对 2014 年土壤全盐及各离子数据进行的统计学分析，最优半方差函数模型及相关参数见表 8-9，全盐和各离子的块金值 C_0 均较小，介于 0.001～

0.586，说明研究区由随机变异、采样误差及短距离误差引起的变量变异不大；其中 Cl^- 和 HCO_3^- 的 C_0 接近于 0，说明它们在最小间距内的变异分析过程引起的误差很小。全盐及各离子的 $C_0/(C_0 + C)$ 均小于 25%，表现出强烈的空间相关性，说明这些变量的空间变异主要由气候、地形、土壤母质等结构性因素控制，从而导致样点间的空间自相关作用强。各变量的变程值在 4.62~11.13h · km^{-1}，彼此间相差较小，表明各变量的空间自相关范围具有很大相似性；其中 Ca^{2+} 的变程最大，为 11.13h · km^{-1}，说明相较于其他离子，Ca^{2+} 具有更大范围上的空间自相关。

表 8-9　最优半方差函数模型及相关参数

项目	理论模型	块金值 C_0	基台值 $C_0 + C$	$C_0/(C_0 + C)$ /%	变程 A /(h · km^{-1})	决定系数 R^2	残差平方和 RSS
全盐	指数模型	0.072	0.531	13.56	7.71	0.288	0.0509
K^+	纯块金效应	0.586	0.586	—	—	—	—
Na^+	高斯模型	0.013	0.828	1.57	6.51	0.631	0.1470
Ca^{2+}	指数模型	0.093	0.634	14.67	11.13	0.311	0.1570
Mg^{2+}	球状模型	0.011	0.338	3.25	6.33	0.342	0.0308
Cl^-	高斯模型	0.001	0.532	0.19	5.58	0.693	0.0369
SO_4^{2-}	指数模型	0.145	1.343	10.80	4.62	0.103	0.261
HCO_3^-	球状模型	0.002	0.0365	4.11	7.44	0.584	2.177×10^{-4}

除 K^+ 外，全盐及其他离子的半方差随着变程的加大均呈现由小变大(图 8-17)，最终趋于平稳的趋势，表明表层土壤全盐及大多数盐分离子具有明显的空间结构特征，其中全盐、Ca^{2+} 和 SO_4^{2-} 符合指数模型，Na^+ 和 Cl^- 符合高斯模型，Mg^{2+} 和 HCO_3^- 符合球状模型，而 K^+ 则是纯块金效应，说明在误差范围内，研究区内 K^+ 的分布不具备空间相关性。

表层土壤全盐及各离子含量的空间分布如图 8-18 所示。全盐和大多数盐分离子的空间结构性较好，空间变异规律性强，具有明显的方向性和连续性。由土壤全盐空间分布图可看出，在坝区东坝镇东部和泉山区双茨科镇南部的全盐量[c(全盐)]超过了 7.0g · kg^{-1}，根据盐渍化土壤分级标准(鲍士旦，2008)可知，该区域以重度盐渍土和盐土为主。在泉山区的大滩镇、双茨科镇和红沙梁镇的大部分区域，以及湖区的西渠镇北部、东湖镇东部和收成镇的大部分区域，表层土壤全盐量在 3.0~6.0g · kg^{-1}，以中度盐渍土为主。在坝区南部的大片区域、泉山区的泉山镇及湖区中部的大片区域，表层土壤全盐量小于3.0g · kg^{-1}，以非盐渍土和轻度盐渍土为主。在整个研究区范围内，盐渍土以斑块状分布在民勤灌区的中部和北部区域。

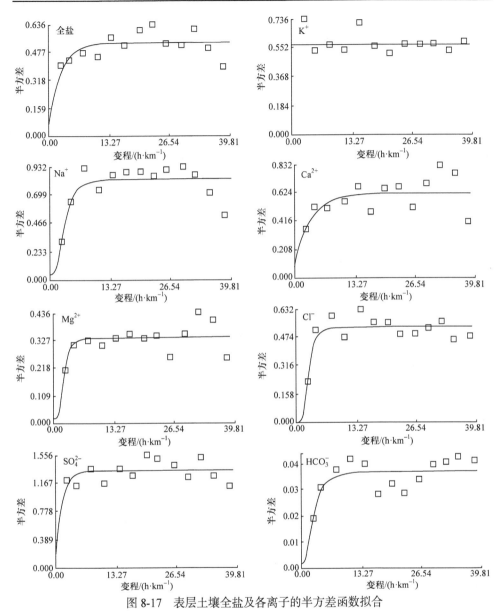

图 8-17　表层土壤全盐及各离子的半方差函数拟合

由表层土壤各盐分离子含量(c)的空间分布图可知，Na^+含量的高值区主要位于泉山区和湖区，呈现出从西南向东北递增的趋势。Ca^{2+}、Mg^{2+}、Cl^-和SO_4^{2-}含量的空间分布与全盐量具有一定的相似性，它们的高值区主要分布在泉山区以及湖区的收成镇、西渠镇北部和东湖镇东部，低值区则主要分布于坝区大部分区域及湖区的中部区域，说明这 4 种离子在很大程度上影响了表层土壤盐分的空间分布状态。K^+含量在研究区范围内普遍较低，其对土壤盐分在研究区内的空间分布影响

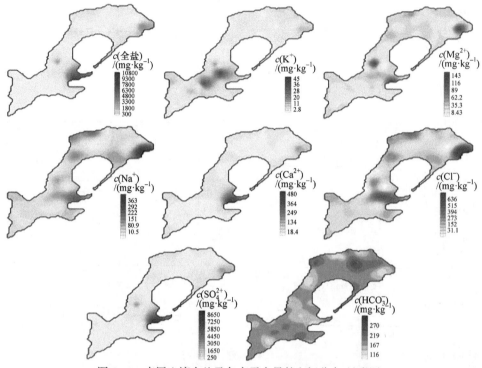

图 8-18　表层土壤全盐及各离子含量的空间分布(见彩图)

较小。HCO_3^- 在研究区内的含量较为均匀，未呈现明显的地带性分布特征。

2) 2010～2014 年表层土壤全盐含量的时空动态变化

2010 年，研究区盐土主要分布在湖区的东湖镇东部，以及东湖镇与西渠镇交界的区域，该区域的土壤全盐含量普遍超过了 $10.0g \cdot kg^{-1}$，局部区域甚至达到 $20g \cdot kg^{-1}$(图 8-19)；重度盐渍化土主要分布在湖区西渠镇大部分地区，以及泉山

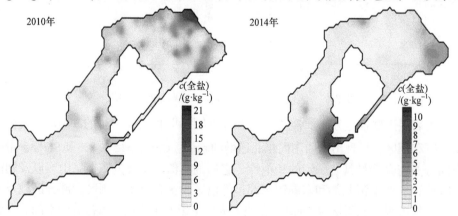

图 8-19　2010 年和 2014 年土壤全盐含量空间分布(见彩图)

区大部分地区；中度盐渍化土主要分布在坝区夹河镇和东坝镇东部的区域；坝区的其他区域以及湖区的收成镇则以轻度盐渍化土与非盐渍化土为主。从整个研究区来看，土壤全盐含量从西南往东北方向呈现出递增的趋势。

通过对研究区土壤全盐含量空间分布的比较，发现研究区表层土壤全盐含量平均值由 2010 年的 2.645g·kg^{-1} 下降到 2014 年的 0.947g·kg^{-1}，总体上呈现下降的趋势，尤其在湖区中北部、泉山区北部及坝区南部大部分区域，这种下降的趋势更为明显(图 8-19)。在坝区东坝镇的东部地区则出现了明显的土壤盐渍化现象，这可能与该区域地下水埋深过浅有关。

8.4.2 民勤灌区地下水动态与土壤盐渍化

1. 地下水埋深与土壤盐分之间的关系

在干旱区，土壤盐渍化的发生与地下水埋深之间存在密切的关系(郭占荣和刘花台，2002)。只要地下水埋深维持在地下水临界埋深以上，土壤盐渍化就可以得到有效抑制(李明等，2015)。张明柱等(1979)认为"地下水临界埋深"就是"既能满足生态环境的需求，又不会使土壤发生次生盐渍化的地下水最小埋深"。

在干旱荒漠区，地下水浅埋区极易产生土壤次生盐渍化。当潜水埋深在 4.0m 以内时，表层土壤容易形成重盐化土或盐土；当潜水埋深在 4.0m 以上时，表层土壤以非盐化土或轻盐化土为主(冯起等，2012)。

地下水埋深小于 9m 的浅层地下水分布区主要包括坝区夹河镇东部和东坝镇东部，以及湖区的收成镇和东湖镇东部，如图 8-20 所示，在这些区域均存在不同程度的土壤盐渍化现象，可推测这些区域的土壤盐渍化主要是由于潜水蒸发将浅层地下水中的可溶性盐分离子运移到土壤表层而形成的。其他区域存在的土壤盐渍化则可能是其他因素引起的。

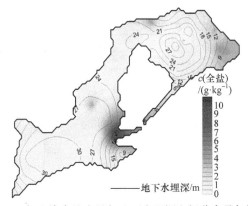

图 8-20　2014 年土壤全盐含量与地下水埋深空间分布叠加图(见彩图)

2. 地下水矿化度与土壤全盐含量之间的关系

选择坝区、泉山区和湖区的表层土壤全盐含量与地下水矿化度数据，利用 SPSS 软件分别研究各灌区两者之间的相关性见表 8-10。坝区土壤全盐含量与地下水矿化度之间 Spearman 分析的相关系数为 0.758，达到了 0.01 水平上的显著相关。泉山区土壤全盐含量与地下水矿化度之间相关系数为 0.498，达到了 0.05 水平上的显著相关，而湖区土壤全盐含量与地下水矿化度之间不存在显著相关性。

表 8-10　坝区、泉山区和湖区表层土壤全盐含量与地下水矿化度之间的相关系数矩阵

项目		表层土壤全盐含量		
		坝区	泉山区	湖区
地下水矿化度	坝区	0.758**	—	—
	泉山区	—	0.498*	—
	湖区	—	—	0.144

注：Spearman 相关分析；**表示 0.01 水平上显著相关；*表示 0.05 水平上显著相关。

坝区表层土壤全盐含量与地下水矿化度之间为三次方函数回归关系，最优回归方程及显著性检验结果见表 8-11，决定系数为 0.987，通过了 0.01 水平上的显著性检验，说明坝区表层土壤全盐含量与地下水矿化度之间的回归函数拟合效果非常好，由图 8-21 可看出，坝区表层土壤全盐含量随着地下水矿化度的升高呈三次方增加的趋势。表明坝区土壤盐渍化受到地下水矿化度的影响。

表 8-11　坝区、泉山区和湖区表层土壤全盐含量与地下水矿化度的回归拟合模型

灌区	回归曲线	R^2	F 检验	
			F 值	显著性水平
坝区	$y = 1.50x^3 - 5.08x^2 + 5.35x - 1.20$	0.987	464.87	<0.00001
泉山区	$y = 0.14^x + 0.46$	0.296	6.73	0.0196
湖区	$y = -0.003x^3 + 0.06x^2 - 0.30x + 0.85$	0.065	0.47	0.7090

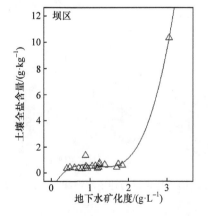

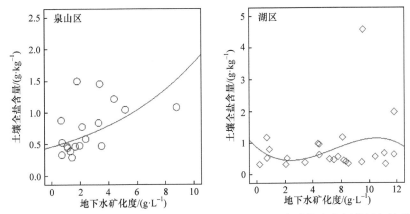

图 8-21　坝区、泉山区和湖区表层土壤全盐含量与地下水矿化度之间的回归关系

泉山区土壤全盐含量与地下水矿化度之间为指数函数回归关系,决定系数为 0.296,通过了 0.05 水平上的显著性检验,表明泉山区表层土壤全盐含量与地下水矿化度之间的回归函数拟合效果较好,由图 8-21 可看出泉山区表层土壤全盐含量随着地下水矿化度的升高呈指数增加的趋势。表明泉山区土壤盐渍化受到地下水矿化度一定的影响。

湖区表层土壤全盐含量与地下水矿化度之间的回归函数拟合未通过 0.05 水平上的显著性检验,由图 8-21 可看出随着地下水矿化度的升高,湖区表层土壤全盐含量上下波动,说明湖区土壤盐渍化主要受到其他因素的影响。

由 2014 年土壤全盐含量与地下水矿化度的空间分布叠加图(图 8-22)可知,坝区除东坝镇东部以外的其他区域表层土壤盐分含量与地下水矿化度都较低,说明这些区域土壤盐渍化可能受到地下水矿化度的影响;东坝镇东部不是盐分含量的高值区,其地下水矿化度只有 $2\sim3\mathrm{g}\cdot\mathrm{L}^{-1}$,说明该区域土壤盐渍化可能主要与地下水埋深有关。在湖区地下水矿化度的高值区,其土壤盐分含量却偏低,这可

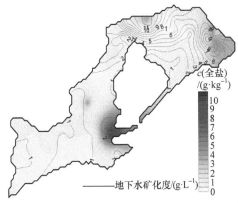

图 8-22　2014 年土壤全盐含量与地下水矿化度空间分布叠加图(见彩图)

能是由于近年来红崖山水库下泄水量不断增加，该区域地表水灌溉的比重在增大，表层土壤盐分得到了较好的淋洗。

3. 地下水各盐分离子与土壤盐分含量之间的关系

借助灰色关联分析和冗余分析分别研究坝区、泉山区和湖区土壤全盐含量与地下水各盐分离子含量之间的关系。

1) 灰色关联分析

将坝区表层土壤全盐含量数据作为母序列，与之相对应的地下水盐分离子 K^+、Na^+、Ca^{2+}、Mg^{2+}、Cl^-、SO_4^{2-}、HCO_3^- 含量作为子序列，根据灰色关联分析的计算步骤，得出坝区地下水各盐分离子含量与表层土壤全盐含量的关联系数，结果见表 8-12。关联度矩阵见表 8-13，根据关联度的大小，坝区地下水各盐分离子含量的排序为 $Na^+ > Cl^- > SO_4^{2-} > Mg^{2+} > Ca^{2+} > HCO_3^- > K^+$。由此可知，坝区地下水各盐分离子中，$Na^+$ 和 Cl^- 含量与表层土壤全盐含量的关系更密切，表明坝区地下水各盐分离子含量对表层土壤盐渍化产生了影响，但 Na^+ 和 Cl^- 含量对表层土壤盐渍化的影响更大。

表 8-12　坝区地下水各盐分离子含量与表层土壤全盐含量的关联系数

K^+	Na^+	Ca^{2+}	Mg^{2+}	Cl^-	SO_4^{2-}	HCO_3^-
0.93	0.86	0.87	0.93	0.89	0.89	0.94
0.88	0.94	0.97	0.92	0.97	0.90	0.85
0.88	0.88	0.98	0.99	0.96	0.96	0.91
0.98	0.92	0.89	0.97	0.78	0.99	0.99
0.96	0.85	0.98	0.99	0.86	0.95	0.95
0.92	0.84	0.99	0.97	0.87	0.90	0.92
0.88	0.95	0.98	0.97	0.98	0.99	0.88
0.78	0.96	0.98	0.94	0.97	0.96	0.85
0.87	0.97	0.94	0.91	0.97	0.93	0.77
0.87	0.94	0.83	0.86	0.90	0.86	0.76
0.90	0.99	0.78	0.79	0.91	0.85	0.92
0.94	0.97	0.95	0.93	1.00	0.97	0.87
0.88	0.85	0.80	0.78	0.85	0.78	0.93
0.96	0.98	0.85	0.89	0.92	0.90	0.98
0.84	0.94	0.93	0.88	0.92	0.90	0.88
0.87	0.89	0.81	0.81	0.88	0.81	0.99
0.88	0.87	0.78	0.80	0.79	0.81	0.95
0.92	0.95	0.86	0.89	0.95	0.88	0.91
0.97	0.95	1.00	0.97	0.98	1.00	0.90
0.33	0.49	0.35	0.34	0.39	0.36	0.33

注：对原始数据进行了均值化处理(量纲为 1)；计算关联系数时分辨系数 ζ 取值 0.5。

表 8-13　坝区地下水各盐分离子含量与表层土壤全盐含量的关联度矩阵

离子类型	K$^+$	Na$^+$	Ca^{2+}	Mg^{2+}	Cl$^-$	SO$_4^{2-}$	HCO$_3^-$
与表层土壤全盐含量的关联度	0.8727	0.9018	0.8759	0.8766	0.8870	0.8792	0.8742

同理，对泉山区和湖区的表层土壤全盐含量数据和地下水各盐分离子含量分别进行灰色关联分析，关联度计算结果分别见表 8-14 和表 8-15。其中，泉山区和湖区的原始数据均进行了初值化处理(量纲为 1)，计算关联系数时分辨系数 ζ 取值 0.5。

表 8-14　泉山区地下水各盐分离子含量与表层土壤全盐含量的关联度矩阵

离子类型	K$^+$	Na$^+$	Ca^{2+}	Mg^{2+}	Cl$^-$	SO$_4^{2-}$	HCO$_3^-$
与表层土壤全盐含量的关联度	0.8365	0.8070	0.8702	0.8473	0.8623	0.8498	0.8231

表 8-15　湖区地下水各盐分离子含量与表层土壤全盐含量的关联度矩阵

离子类型	K$^+$	Na$^+$	Ca^{2+}	Mg^{2+}	Cl$^-$	SO$_4^{2-}$	HCO$_3^-$
与表层土壤全盐含量的关联度	0.7853	0.8795	0.7186	0.8664	0.8327	0.8751	0.8151

由表 8-14 可知，泉山区地下水各盐分离子含量与表层土壤全盐含量的关联度排序为 Ca^{2+} > Cl$^-$ > SO$_4^{2-}$ > Mg^{2+} > K$^+$ > HCO$_3^-$ > Na$^+$。其中，地下水中的 Ca^{2+} 和 Cl$^-$ 含量与表层土壤全盐量的关系更密切，表明泉山区地下水中的 Ca^{2+} 和 Cl$^-$ 含量对表层土壤盐渍化的影响更大。由表 8-15 可知，湖区地下水各盐分离子含量与表层土壤全盐含量的关联度排序为 Na$^+$ > SO$_4^{2-}$ > Mg^{2+} > Cl$^-$ > HCO$_3^-$ > K$^+$ > Ca^{2+}。其中，地下水中的 Na$^+$ 和 SO$_4^{2-}$ 含量与表层土壤全盐含量的关系更密切，表明湖区地下水中的 Na$^+$ 和 SO$_4^{2-}$ 含量对表层土壤盐渍化的影响更大。

2) 冗余分析

为进一步揭示坝区、泉山区和湖区表层土壤盐分与地下水盐分离子之间的关系，借助 Canoco for Window 4.5 软件进行冗余分析(RDA 排序)，以土壤全盐含量和土壤 pH 为研究对象；以地下水 K$^+$、Na$^+$、Ca^{2+}、Mg^{2+}、Cl$^-$、SO$_4^{2-}$、HCO$_3^-$ 含量为环境变量，RDA 排序图可以反映出研究对象与环境变量之间的关系。

环境变量(地下水各盐分离子含量)与 RDA 排序的前 2 个排序轴的相关系数矩阵见表 8-16。坝区地下水中的 Na$^+$、Cl$^-$ 和 SO$_4^{2-}$ 含量与研究对象第 1 排序轴之间具有显著正相关性，相关系数分别为 0.8874、0.7773 和 0.5421；环境变量第 1 排序轴主要反映了坝区地下水中 Na$^+$、Ca^{2+}、Cl$^-$ 和 SO$_4^{2-}$ 含量的变化情况，环境变量第 2 排序轴则主要反映了坝区地下水中 Mg^{2+} 和 HCO$_3^-$ 含量的变化情况。

表 8-16　环境变量与 RDA 排序前 2 个排序轴的相关系数矩阵

灌区	环境变量	研究对象第 1 排序轴	研究对象第 2 排序轴	环境变量第 1 排序轴	环境变量第 2 排序轴
坝区	K^+ 含量	0.0318	−0.0773	0.0305	−0.1215
	Na^+ 含量	0.8874	0.0206	0.9773	0.0324
	Ca^{2+} 含量	0.3398	0.2036	0.3742	0.3201
	Mg^{2+} 含量	0.1916	0.2036	0.2110	0.3202
	Cl^- 含量	0.7773	0.2084	0.8560	0.3278
	SO_4^{2-} 含量	0.5421	0.1999	0.5970	0.3143
	HCO_3^- 含量	−0.1603	0.1695	−0.1765	0.2665
泉山区	K^+ 含量	0.1896	0.3576	0.3425	0.6592
	Na^+ 含量	0.1448	0.0977	0.2615	0.1802
	Ca^{2+} 含量	0.4425	0.0743	0.7992	0.1370
	Mg^{2+} 含量	0.2058	0.2171	0.3718	0.4003
	Cl^- 含量	0.2519	0.0536	0.4549	0.0987
	SO_4^{2-} 含量	0.2164	0.1524	0.3908	0.2810
	HCO_3^- 含量	−0.0570	0.2560	−0.1029	0.4720
湖区	K^+ 含量	0.2172	0.2039	0.3071	0.4247
	Na^+ 含量	−0.4064	0.0307	−0.5744	0.0640
	Ca^{2+} 含量	−0.0480	−0.2654	−0.0678	−0.5528
	Mg^{2+} 含量	−0.1295	−0.0632	−0.1831	−0.1316
	Cl^- 含量	−0.0142	−0.0685	−0.0200	−0.1426
	SO_4^{2-} 含量	−0.1304	−0.0440	−0.1844	−0.0916
	HCO_3^- 含量	−0.2704	0.2600	−0.3823	0.5415

　　泉山区地下水中 Ca^{2+}、Cl^- 和 SO_4^{2-} 含量与研究对象第 1 排序轴的相关性更显著,而 K^+、Mg^{2+} 和 HCO_3^- 含量与研究对象第 2 排序轴的相关性更为显著;环境变量第 1 排序轴主要反映了泉山区地下水中 Ca^{2+}、Cl^- 和 SO_4^{2-} 含量的变化情况,环境变量第 2 排序轴则主要反映了泉山区地下水中 K^+、Mg^{2+} 和 HCO_3^- 含量的变化情况。

　　湖区地下水中 Na^+、Mg^{2+} 和 HCO_3^- 含量与研究对象第 1 排序轴之间存在明显的负相关性,而 Ca^{2+} 含量与研究对象第 2 排序轴之间存在有明显的负相关性。环境变量第 1 排序轴主要反映了湖区地下水中 Na^+、HCO_3^-、K^+、Mg^{2+} 和 SO_4^{2-} 含量的变化情况,环境变量第 2 排序轴则主要反映了湖区地下水中 K^+、

Ca^{2+}和HCO_3^-含量的变化情况。

由图 8-23(a)可知,坝区地下水中的盐分离子含量可以解释表层土壤全盐含量方差的 82.4%(即所有特征值之和为 1.00,所有典型特征值之和为 0.824),其中,坝区地下水中的 Na^+、Cl^-和SO_4^{2-} 含量与土壤全盐含量之间的夹角相对较小,表明这 3 种地下水离子对坝区表层土壤盐分含量的影响更大。泉山区地下水中的盐分离子含量可以解释表层土壤全盐含量方差的 30.7%(即所有特征值之和为 1.00,所有典型特征值之和为 0.307),其中泉山区地下水中的 Ca^{2+}、Cl^-含量与土壤全盐含量之间的夹角相对较小,表明这 2 种地下水离子对泉山区表层土壤盐分含量的影响更大。由图 8-23(c)可知,湖区地下水中的盐分离子含量可以解释表层土壤全盐含量方差的 50.0%(即所有特征值之和为 1.00,所有典型特征值之和为 0.500),其中湖区地下水中的 Na^+、SO_4^{2-} 和 Mg^{2+}含量与土壤全盐含量之间的夹角相对较小,表明这 3 种地下水离子含量对湖区表层土壤盐分含量的影响更大。

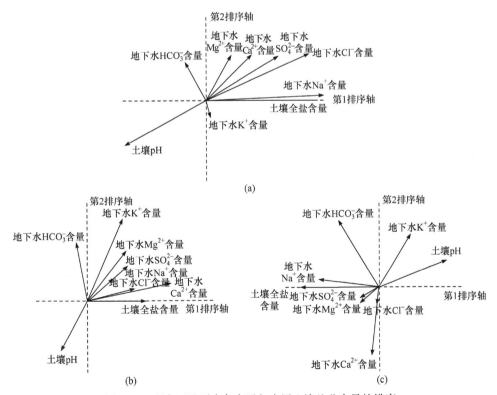

图 8-23 研究区地下水各离子与表层土壤盐分含量的排序

(a) 坝区;(b) 泉山区;(c) 湖区

　　总之，通过对民勤灌区表层土壤盐分的研究，得出该区表层土壤阳离子以 Na^+ 为主，阴离子以 SO_4^{2-} 为主。Cl^- 和 HCO_3^- 含量呈中等变异性，全盐、K^+、Na^+、Ca^{2+}、Mg^{2+} 和 SO_4^{2-} 含量则表现为强变异性，这与陈丽娟等(2013)、张建明和齐文文(2013)和齐文文(2011)在民勤绿洲的研究结果相一致。石羊河上游与中游土壤中的盐分随水流运移到下游的民勤灌区，导致该区成为石羊河流域的天然积盐场，历史上民勤盆地众多大小不一的盐湖，也为该区土壤盐渍化提供了物质基础。

　　通过对研究区表层土壤盐分数据的统计学分析，可知该区土壤全盐及各离子含量均表现出强烈的空间相关性，这一结论支持了土壤盐分离子含量强烈的空间相关性规律在干旱区较为普遍(杨红梅等，2010)的观点，说明土壤全盐和各离子含量的空间变异主要受到结构性因素的影响，但这种结构性变异是由气候因素、地形或土壤母质等因素引起的，有待进一步研究。

　　根据前人的研究(陈丽娟等，2013；徐先英等，2006)，从 20 世纪 70 年代到 2010 年，民勤灌区土壤盐分呈现出从西南往东北方向递增的趋势，其空间分布与石羊河流向及地下水流向一致，表明该区土壤盐分主要受到自然因素的影响。本书相关研究发现，2010 年湖区表层土壤含盐量普遍偏高，到 2014 年时湖区中部大片区域的土壤含盐量出现较为明显的下降，这主要与民勤绿洲近年来各项水土资源政策和相关措施的实施有关。随着红崖山水库每年下泄水量的增多，湖区地表水灌溉的比例在不断增加，表层土壤盐分得到了有效的淋洗，湖区中部区域表层土壤盐分含量出现明显的下降。

　　灰色关联分析的结果表明坝区地下水中的 Na^+ 和 Cl^- 含量对表层土壤含盐量的影响更大，泉山区是地下水中的 Ca^{2+} 和 Cl^- 含量，湖区则是地下水中的 Na^+ 和 SO_4^{2-} 含量，这与冗余分析得出的结果相一致。通过比较坝区、泉山区和湖区地下水水化学的主要类型，发现各灌区表层土壤含盐量的主要地下水影响离子与对应灌区的地下水水化学主要类型相一致，这说明民勤灌区地下水中的盐分离子含量极有可能通过灌溉形式对表层土壤理化性质产生影响，进而对土壤微生物活性及作物的新陈代谢过程产生损害。

8.5　民勤灌区水盐调控措施

　　通过对民勤灌区地下水动态和土壤盐分状况的研究可知，当前研究区地下水埋深仍普遍较深，地下水矿化度呈缓慢增加的趋势，而表层土壤含盐量总体上呈下降的趋势，但局部区域存在严重的土壤盐渍化。民勤绿洲处于巴丹吉林沙漠和腾格里沙漠之间，具有重要的生态地位。因此，必须采取合理而科学的对策，预防民勤绿洲地下水环境的恶化和土壤盐渍化面积的扩大，实现民勤绿洲生态环境的稳定和社会经济的可持续发展。根据本书的研究结果，并结合其他学者对本地区的相关研究，接下来将主要从几个措施入手。

8.5.1　民勤灌区地下水环境改良措施调控

民勤绿洲地下水埋深总体上普遍较深，因此在继续贯彻关井压田政策，减少抽灌对地下水消耗的同时，每年仍需要继续通过外流域向民勤调水来补给地下水。由于坝区地下水埋深呈现明显的增大趋势，且水泥沟渠中的地表水很难补给坝区地下水，因此需要增加坝区的地表水灌溉分配比重，以减少该区农田灌溉对地下水的大量消耗。

针对民勤绿洲北部湖区地下水矿化度明显高于坝区和泉山区，可以通过继续向湖区调集河水，通过地表水渗透补给湖区的地下水，使地下水矿化度得到一定程度减小。同时继续在湖区实行退耕还牧的政策，从而降低农业灌溉对地下水的消耗浓缩作用。

8.5.2　民勤灌区农田灌溉措施调控

1. 节水灌溉

近年来，国家在民勤灌区大力实行农田节水灌溉，主要方式有膜垄沟灌、膜下滴灌和喷灌。采用节水灌溉方式，既可以节约用水，又可以预防蒸发作用引起的土壤次生盐渍化。从反馈的信息来看，膜下滴灌和喷灌的推广效果没有膜垄沟灌好，主要原因是膜下滴灌对技术要求过高，当地农民很难掌握；民勤夏季多风，喷灌效果也比较差；而膜垄沟灌技术相对比较简单，农民比较容易掌握。因此，从实际推广情况和节水治盐效果综合考虑，应该在研究区大力推广膜垄沟灌。

2. 表层土壤洗盐

在每年农业耕作的冬歇期，经过一个冬天的土壤蒸发作用，民勤灌区土壤表层会积累大量的盐分，因此洗盐对于该区农田土壤次生盐渍化的防治具有重要的作用。在洗盐过程中，首先要保证充足的地表淡水；其次要掌握好洗盐时间，一般在每年的播种前和收割后各需要一次洗盐，如果在灌溉期可以使用地表水与地下水间隔混灌，既能够缓解地表用水的紧张，又能够达到很好的洗盐效果；最后是掌握好灌溉量，如果灌溉量过小，无法将表层盐分淋洗到耕层以下，如果灌溉量过大，则会造成水资源的浪费。

8.5.3　民勤灌区其他措施调控

针对高矿化度地下水中的盐分离子可能通过灌溉形式进入土壤，进而对土壤微生物活性和作物的新陈代谢产生损害。在争取减少地下水灌溉比重的同时，可以适当的利用土壤改良剂，在作物生长季暂时降低盐分离子对作物的毒害作用。

由于民勤地区特殊的地质地貌构造和气候条件，土壤盐渍化的威胁始终存在。因此，有必要在民勤绿洲建立起长期的水盐动态监测体系，同时与科研机构加强合作，对该区盐渍化土壤中水盐运移规律进行长期的监测，从而为该区土壤盐渍化的防治工作提供科学理论支持。

总之，继续向民勤绿洲调水的同时，应适当增大坝区地表水灌溉的比重，且在湖区继续实行退耕还牧的政策，减小湖区农田灌溉对地下水的消耗浓缩作用。应大力推广膜垄沟灌的节水灌溉方式，并定期对农田土壤进行洗盐作业，防止次生盐渍化对作物生长的不利影响。在坝区和泉山区应加大耐旱耐盐经济作物的种植，适当减少高耗水作物的种植，实现生态效益和经济效益双赢。此外，也可以适当利用土壤改良剂，在生长季暂时降低盐分离子对作物的毒害作用。

基于研究区内采集的地下水样数据和表层土壤数据，利用经典统计学与地统计学相结合的方法，研究地下水时空动态特征和表层土壤盐分空间特征，并利用灰色关联分析和冗余分析研究地下水动态与土壤盐渍化之间的关系，提出切实可行的水盐调控措施。

第9章 荒漠区包气带硝态氮的迁移转化

9.1 引　言

9.1.1 研究意义

　　氮(N)对所有生命都至关重要，它如同水一样，是干旱半干旱生态系统功能的主要控制因素，是不可替代的生命元素(Bai et al.，2012)。我国国土面积的26.73%为干旱和半干旱区(2.566 × 10⁶km²)(林年丰和汤洁，2001)，该区域在调节全球氮循环中占据举足轻重的位置(Poulter et al.，2014)。荒漠区包气带是巨大的硝态氮(NO_3^--N)库(Walvoord et al.，2003)，Bowden (1986)推测，每年从陆地生态系统进入大气中氮总量的1/3发生在荒漠化地带。如果考虑干旱区包气带中NO_3^--N 的储量，全球氮的总存储量和荒漠地区的氮储量将会分别增加 3%～16%和14%～71%。包气带作为连接大气降水、地表水和地下水的纽带(Scanlon et al.，2008)。极高的硝态氮储量，加上强烈的气候和土地利用变化，使荒漠区包气带硝态氮来源和转化过程的研究逐渐被关注。另外，地下水无机氮污染缓解政策的制定依赖于对包气带硝态氮的来源和迁移转化的认识。

　　工业化以来，大气活性氮沉降日益增加，扰乱了自然界常规氮循环过程，导致生态环境恶化现象频现(Cui et al.，2012)。那么除了受工业影响外，荒漠区大气沉降中的无机氮究竟来源于何处？受控于何种因素？大气无机氮沉降量如何分布？这些问题都与荒漠包气带硝态氮来源密切相关。如今气候变化强烈，干旱生态系统正在遭受更为强烈的极端干旱和极端降水事件(Knapp et al.，2008)。同时，在复杂的生物和非生物作用驱动下，干旱生态系统中包气带硝态氮循环过程相比其他生态系统更为复杂。生物和非生物过程会引起稳定氮氧同位素的分馏，使土壤残留含氮物质的同位素组分发生改变(Fang et al.，2015)。准确地识别沙漠包气带中NO_3^-的初始来源，确定NO_3^-在包气带中的迁移转化过程及其动力机制，降水淋溶过程引起荒漠区土壤的氮流失(Scott & Rothstein，2017)，对地下水水质存在潜在影响的问题引起人们高度关注。

　　沙漠深层包气带中存在高浓度NO_3^-(Walvoord et al.，2003)，揭示了自然条件下包气带天然NO_3^-的累积冲刷过程(Seyfried et al.，2005)。人为活动导致土地利用类型从荒漠向农田转化，这不但影响土壤蒸发和蒸腾速率、渗透速率、地下水埋深、还会改变包气带养分的循环和储存，进而引起水分平衡、溶质平衡及水质的变化(Meglioli，2014)，最终改变包气带中 NO_3^- 迁移、转化和累积过程。因此，在自然和人为活动的共同作用下，荒漠区包气带中 NO_3^- 分布特征有何变化，对于水资源短缺的干旱区而言至关重要。

9.1.2　研究现状

1. 干旱区包气带 NO_3^- 转化迁移过程及影响因素

1) 陆地生态系统 NO_3^- 转化过程

自然界内大气水-地表水-包气带水-地下水四者是不断运动并且相互转化的。由于气象、水文地质和地形地貌等条件的差异，四种水体之间相互转化关系也不相同。大气降水、蒸发和径流三个重要的水循环环节都与包气带存在紧密关系(王康，2010)。硝态氮循环存在于水体转化过程中，而包气带水分运动情况直接影响 NO_3^- 运移，其含水量直接关系土壤透气性、微生物活跃性和植物根系的生长情况。硝态氮循环是生态系统中不可或缺的自然过程，如果不受人为活动的影响，陆地生态系统能消受硝态氮循环过程中产生的氧化物和氮化物。现在，全球硝态氮循环受人类活动的强烈干扰，循环状态严重失衡，循环过程中所形成的过量的活性氮物质正在破坏自然环境。陆地生态系统硝态氮循环过程主要包含大气氮沉降、固氮作用、同化作用、氨化作用、氨挥发、硝化作用和反硝化作用几个环节，这些环节都与硝态氮的转化、储存和迁移过程存在必然联系。

固氮作用是指通过化学反应将大气中的氮气转化为其他形式氮的反应过程(Cleveland et al.，1999)，主要包括生物固氮和雷电过程。现在这一术语也被广泛地应用于生产活性氮(NO_x 和 NH_y)的人为活动中(能源生产、化肥生产和农作物种植等)。Galloway 等(2004)指出全球范围内通过人类活动(工业和农业)而产生的氮固定量为 $160TgN \cdot a^{-1}$，占氮总固定量的45%，并预测在 2020 年人为氮固定速率将增长 60%，这主要归因于化石燃料的燃烧和化肥施用量的增加。

土壤有机氮是土壤氮素的主要形式，约占据表层土壤全氮含量的85%，矿化作用是土壤中有机氮分解转化为 NH_4^+ 的过程，也称作氨化作用。NH_4^+ 是土壤中最重要的活性氮形态，主要来源于农业化肥、土壤有机氮矿化、大气沉降及土壤矿物(朱兆良和邢光熹，2010)。NH_4^+ 不仅是直接的氮素养分，也是土壤氮素气体流失的物源，土壤 NH_3 挥发和反硝化作用的初始来源都是土壤中的 NH_4^+。因此，NH_4^+ 的转化过程在硝态氮循环中至关重要。此外，NH_4^+ 的固定和释放也是土壤氮循环过程中不可忽略的组成部分。土壤中有机氮的矿化作用对农业生态系统具有重要意义。通过施肥和其他途径进入土壤中的无机氮部分被植物吸收利用，部分以气态和淋溶形式流失到大气和水体中，其余部分则经过转化形成土壤有机氮，最终部分有机氮通过腐殖化过程形成土壤腐殖质，贮存于土壤中，形成有稳定价值的土壤氮库(朱兆良和邢光熹，2010)。

氨挥发是 NH_3 从土壤、动物排泄物和水体中流失到大气的过程。大气中的 NH_3 是气溶胶的组成成分，部分进入大气的 NH_3 会通过大气干湿沉降重返地表。影响氨挥发过程的因素众多，主要包括土壤性质(pH、$CaCO_3$ 含量等)，气象条件(温度、风速和降水)及农业措施等。NH_3 挥发过程有利有弊，它不仅是氮素流失过程，还与氮沉降和生态环境问题密切相关。适当的沉降有利于增加土壤中的有效氮含量，对植物的生长有利，反之则会增加水质富营养化的风险。

作为陆地生态系统氮循环中非常重要的过程，众多学者所关注的硝化作用和反硝化作用既独立又相互联系。硝化作用是指 NH_4^+ 在自养型硝化细菌或异养微生物(真菌、细菌等)的作用下氧化成 NO_2^- 和 NO_3^- 的过程。硝化作用分为两个阶段，第一阶段为 NH_4^+ 氧化成 NO_2^- 的过程；第二阶段为 NO_2^- 氧化成 NO_3^- 的过程。研究发现土壤中 NO_2^- 的含量很低，通常是因为第二阶段的反应速率远远大于第一阶段(傅利剑等，2005)。土壤的通气状况是影响土壤硝化作用的首要因素，但这并不意味着透气性好的土壤都存在硝化作用。其他因素(如 pH)也会影响土壤硝化过程，总体而言，中性、碱性土壤环境更为适宜硝化反应的进行(Haynes，1986)。土壤含水量和孔隙中氧气之间的平衡状况也会干扰硝化反应进行。最适宜硝化反应进行的土壤含水量约为田间持水量的 60%。同时，干湿交替变化可加强氨化作用，随后硝化作用也随之加强，进而促进 NO_3^- 累积(Campbell & Biederbeck，1982)。温度方面，最为适宜硝化反应进行的土壤温度一般为 25~35℃(Haynes，1986)。此外，关系到土壤透气性和透水性的土壤理化特征会影响硝化反应的进行，土壤有机氮矿化形成的 NH_4^+ 及有机肥料的施加都会促进硝化作用。

在缺氧环境下反硝化作用发生作用，在此环境中 NO_3^- 在反硝化微生物的作用下还原成气体产物(N_2、N_2O)的过程。反硝化作用会减少土壤内 NO_3^- 的储量，从而减弱土壤中氮素养分含量，对植物生长造成不良的影响，并且中间产物 N_2O 和 NO_x 还会污染大气环境。反硝化作用的影响也是利弊共存的，在土壤 NO_3^- 污染地区，该作用又会减少土壤 NO_3^- 淋溶及消除由于过量 NO_3^- 存在产生的污染现象。影响反硝化过程的因素主要包括透气性、水分状况、温度、氮源及碳源等。旱地土壤中局部或短暂的微环境都会触发反硝化作用，此外，农业灌水、大气降水，以及各种土壤理化性质也是土壤水分和透气状况的主要影响因素，间接影响反硝化过程的发生(傅利剑等，2005)。

　　岩石圈中氮储存量最大，一般这些氮并不参与氮循环，只有火山喷发产生的氮化合物会进入生态系统氮循环过程，进入大气圈中的氮气是氮循环过程的主要成分。此外，水圈、生物圈和土壤圈中氮含量相比岩石圈虽然微小，但是均为活性氮，因此这些圈层中氮循环过程活跃。每年从大气进入陆地和海洋系统的氮总量为542TgN，而从陆地和海洋系统进入大气中的氮总量却仅为269TgN，储存在土壤和植物中的氮，形成巨大的氮库(朱兆良和邢光熹，2010)。研究荒漠和干旱生态系统中硝态氮循环过程对全球生态环境变化都具有深远影响。

　　2) 干旱区 NO_3^- 转化迁移过程及驱动因素

　　近年来，针对陆地生态系统大气沉降、土壤及水体各部分 NO_3^- 循环的研究已经广泛开展(Qi et al., 2018)。但是将大气-包气带(土壤)-地下水系统研究 NO_3^- 转化和迁移过程较少，尤其是在干旱区农业生态系统和荒漠生态系统。

　　大气氮沉降是全球氮循环过程中的重要组成部分。19 世纪中期以来，全球氮循环受到人为活动的强烈干扰(Canfield et al., 2010)，进入大气中的含氮物质日益增加(Braakhekke et al., 2017)。20 世纪中期以来，我国各地无机氮干湿沉降量均有所增加(Lu & Tian, 2014)，增加的氮沉降量已经改变了我国陆地、水生和沿海生态系统的结构和功能(Liu et al., 2011)。过去，关于大气氮沉降的研究主要集中在温带森林生态系统中，之后研究范围逐渐向热带和干旱半干旱生态系统中发展(Braakhekke et al., 2017; Lamarque et al., 2013)。草原生态系统或干旱半干旱生态系统中的土壤氮主要以气体释放形式流失，而导致气体释放的因素众多，主要包括人为因素(秸秆焚烧、草原火灾、施加化肥)和自然因素(温度、风速、碱性土壤)(Qi et al., 2018)。McCalley 和 Sparks(2009)观测发现随着气候变暖，当地表温度达到 40～50℃时，受非生物机制驱动，沙漠地区土壤 N 会以氧化气体形式(NO_x)和氨气形式大量流失到大气中，而且温度越高，释放速度越快。这一现象在世界上任何高温干旱的地区都可能发生。包气带中 $\delta^{15}N\text{-}NO_3^-$ 和 $\delta^{18}O\text{-}NO_3^-$ 的分析结果也证实了沙漠地区地表氨挥发现象普遍存在(Qi et al., 2018)。在干旱半干旱区农业生态系统中，为促进作物生长而大量施加氮肥，这些氮肥在高温及碱性土壤条件影响下，氨挥发程度更为强烈(Wang et al., 2014a)。在风向和风速作用下，进入空气中的大量 NO_x 及氨气最终仍然会通过大气氮沉降的方式重新返回陆地表面，影响陆地硝态氮循环过程。对于干旱区，由于降水量有限，氮的湿沉降量并不是很多，但是氮的干沉降量却不容忽视。Li 等(2014)对中亚干旱地区氮的干湿沉降进行监测，分析发现氮的干沉降量已经成为大气氮总沉降量的主要部分，所占比例高达 83.8%。此外，大量关于干旱半干旱地区大气氮沉降的研究也证明氮的干沉降形式的重要性(Zhang et al., 2017)。因此，干旱环境中硝态氮是如何响应气候变化和人类活动这一问题值得关注。

Braakhekke 等(2017)分析了全球变化影响下天然生态系统中的氮淋溶现象，1997～2006 年与工业化之前相比，氮沉降增加导致全球氮淋溶量增加了 88%，气候变化导致全球氮淋溶量增加了31%，说明氮沉降是土壤氮淋溶增强的主要驱动因素。过量的土壤氮输入，势必会导致土壤氮输出量的增加，氮输出主要以 NO_3^- 形式分别通过淋溶和横向径流的方式进入地下水和地表水中。关于干旱生态系统包气带硝态氮循环过程已经开展了一些研究，研究表明土壤质地(Jia et al.，2014)、水文条件(Hartmann et al.，2014)、气候条件(Liu et al.，2017)、化肥使用情况(Zhou et al.，2016)和作物系统(Min et al.，2018)等都会显著影响包气带中 NO_3^- 的累积状态。在干旱半干旱区关于土壤氮对降水机制响应的研究表明，水分脉冲可以刺激土壤 N 的生物过程，包括微生物氮吸收、土壤氮矿化、氨化及硝化反应(Zhou et al.，2013)。其中，水分脉冲增加会引起土壤氮吸收、矿化及硝化作用的增强(Dijkstra et al.，2012)，但更小更频繁的水分脉冲更容易促进土壤氮的氨化反应和硝化反应。干旱区短暂而小型的降水事件对土壤硝态氮循环的影响也不容忽视，尽管其仅仅可以影响土壤表层，但是它依然可以在短时间内增强表层微生物活性和浅层植物根系的呼吸作用；中型降水事件则会对更深层包气带土壤湿度产生显著的影响，同时激发微生物活性，引发植物呼吸作用，对深层包气带的相关硝态氮循环过程产生影响；强降水事件则会引发包气带全部生物的响应，还可能会导致养分淋溶(Nielsen & Ball，2015)。虽然，干旱区土壤矿化速率有限，但是与湿度条件适宜的其他生态系统相比，干旱生态系统中土壤氮流失量相对于氮储存量而言更高(Dijkstra et al.，2012)。土壤中氮的矿化程度随着土壤有机质含量和温度的增加呈现线性增长趋势(Leirós et al.，1999)，导致土壤中无机氮累积(Olesen & Bindi，2002)。持续干旱可以促进土壤无机氮的累积，进而大幅增加了干旱区包气带中的 NO_3^- 储量(Cregger et al.，2014)。土壤氨挥发的重要驱动因素为更高的土壤 pH 及更低的降水量，值得注意的是，土壤中无机氮累积也会驱动氮流失的非生物过程。降水量增加，土壤矿化作用也随之增强。矿化作用所形成的 NH_4^+，不仅为植物提供了养分，同时还为土壤硝化反应提供了物源。土壤异质性及脉冲式降水事件可以为土壤硝态氮循环的生物过程提供特殊热点区域(Homyak et al.，2016)。土壤质地也是干旱区硝态氮循环过程中不可忽视的影响要素，总体来说土壤粒径越大， NO_3^- 及其他溶质随孔隙水进入深层包气带及地下水中的运移时间越短(Jia et al.，2014)。美国得克萨斯州跨佩科斯区域内 10～100m 的包气带钻孔中溶质运移时间的评估结果分别为砂砾石需要 5～54a；沙子需要 10～102a；黏土需要 59～590a(Robertson et al.，2017)。土壤质地除了会影响 NO_3^- 在包气带中的运移速度之外，还与包气带中 NO_3^- 反硝化作用息息相关。在具备反硝化过程发生其他条件的基础上，土壤质地越细，越容易形成缺氧或厌氧环境，促进包气带反硝化反应的发生，导致包气带中 NO_3^- 流失。

NO_3^- 在包气带中的储存过程和反硝化过程，以及地下水对包气带中 NO_3^- 的稀释过程都是导致人为源 NO_3^- 补给衰减的首要机制(Izbicki et al.，2015)。尤其是在干旱区包气带中，微弱的微生物过程及较弱的大气降水稀释作用，延缓了 NO_3^- 进入地下水的时间。但这并不意味着可以忽视包气带中储存的大量 NO_3^- 对地下水水质的影响。这些存储的 NO_3^- 会在灌溉水、极端降水及地下水水位上升的作用下迁移进入浅层地下水中，对地下水水质产生潜在影响。有氧条件(Winograd & Robertson，1982)及有机质含量少(Edmunds，2009)、反硝化作用受限(Hartsough et al.，2001)等条件导致干旱生态系统中土壤 NO_3^- 得以有效保存。因此，累积的 NO_3^- 可能在包气带中存在数十年甚至数百年，之后随水流运移到更深的包气带中，最终到达地下水中(Jia et al.，2014)。在美国高原地区、非洲和澳大利亚有大量研究记录表明，沙漠包气带中天然累积的 NO_3^- 被极端降水冲刷到地下水中，并产生地下水水质污染的现象(McMahon et al.，2006b；Schwiede et al.，2005)。在荒漠绿洲区，尤其是在春季耕种初期，灌溉水会将之前滞留在土壤和包气带中的 NO_3^- 淋失到地下水中，威胁地下水水质安全(赵梦竹，2016)。相关研究显示，在夏末、秋季和冬季，植物对土壤氮素的需求量较低，土壤中的 NO_3^- 更易发生淋溶效应(White et al.，1983)。干旱生态系统中降水主要为间断的偶然事件，这种降雨模式导致干旱区土壤时常经历干湿循环事件(赵蓉等，2015)，这将强烈影响净生态系统碳平衡(Austin et al.，2004)，导致氮淋溶量增加(Gordon et al.，2008)。在我国西北地区毛乌素沙漠的固定沙丘、半固定沙丘和移动沙丘中也发现明显的 NO_3^- 淋溶现象，且移动沙丘中 NO_3^- 淋溶量更大(Jin et al.，2015)。

Wang 等(2012)提出了一个简单的概念模型，在流域尺度上对英国地下水 NO_3^- 浓度所能达到的最大值进行预测。模型中 NO_3^- 迁移到达地下水的过程主要依赖于三个函数，即陆地表面 NO_3^- 输入函数，NO_3^- 通过包气带的运移速率及包气带的厚度。结果表明，许多地区包气带中 NO_3^- 可能已经运移到含水层中，只有一些包气带深厚的区域还没有达到。Gates 等(2008b)对影响中国西北部巴丹吉林沙漠潜层含水层 NO_3^- 浓度的生态因素进行分析，发现地下水中 NO_3^- 浓度/Cl^- 浓度明显低于该地区大气降水中的该值，因此 NO_3^- 在包气带以及地下水中的循环机制是必须考虑的。同时，还发现一些浅层地下水 NO_3^- 主要来源于动物粪肥，结合实际调查证实这些浅水井主要用来供给动物饮用，进一步证实了干旱区地表生物活动同样会通过包气带对地下水 NO_3^- 污染产生影响这一观点。

2. 稳定同位素技术在硝态氮循环研究中的应用

稳定同位素技术是探究大气-土壤-生物-水体之间硝态氮循环过程的重要方法。NH_4^+ 和 NO_3^- 的稳定同位素组分是包气带氮转化过程的一个有效记录，它们直接响应 NH_4^+ 和 NO_3^- 的产生和消耗过程(Liu et al., 2017)，比较 NH_4^+、NO_3^- 和土壤有机氮的 $\delta^{15}N$ 值可以揭示硝态氮各个转化过程的相对重要性(Koba et al., 2010)。NO_3^- 稳定氮同位素通常用于评估水体 NO_3^- 来源(Kendall et al., 2007)，不同来源的 NO_3^- 氮同位素组分有所不同。然而，NO_3^- 来源与整个氮循环有关，$\delta^{15}N\text{-}NO_3^-$ 值的不同是因为不同来源 NO_3^- 的混合及动力学分馏。因此，单独的氮同位素不能准确地识别 NO_3^- 来源，于是 $\delta^{15}N$ 和 $\delta^{18}O$ 双稳定同位素示踪技术得到广泛应用(Kendall et al., 2007)。

生态系统中不同氮源具有不同的 $\delta^{15}N$ 和 $\delta^{18}O$ 特征值。大气湿沉降中 $\delta^{15}N\text{-}NH_4^+$ 和 $\delta^{15}N\text{-}NO_3^-$ 值的分布范围为 $-15‰\sim15‰$，总体来说 $\delta^{15}N\text{-}NO_3^-$ 值高于 $\delta^{15}N\text{-}NH_4^+$。大气中 $\delta^{15}N\text{-}N_2$ 值为 $0‰$，另外有研究显示，$\delta^{15}N\text{-}NO_3^-$ 值在极地降雪中更偏负(Heaton et al., 2004)。同时，闪电和土壤 NO_x 排放的 $\delta^{15}N\text{-}NO_x$ 值低于化石燃料燃烧所形成的 $\delta^{15}N\text{-}NO_x$。在德国、美国和南非关于大气沉降氮氧同位素组分的研究表明，$\delta^{15}N\text{-}NO_3^-$ 值呈现季节性变化模式，春季和夏季降水中的 $\delta^{15}N\text{-}NO_3^-$ 值偏低，冬季 $\delta^{15}N\text{-}NO_3^-$ 值偏高(Russell & Voroney, 1998)。干沉降作为干旱气候条件下大气沉降的主要形式，其 $\delta^{15}N\text{-}NH_4^+$ 和 $\delta^{15}N\text{-}NO_3^-$ 值要比湿沉降更高(Heaton et al., 1997)，^{15}N 呈现富集现象。气体 NO、NO_2 与溶解 NO_3^- 之间的等价交换反应也是 $\delta^{15}N\text{-}NO_3^-$ 富集的原因。对于大气沉降 $\delta^{18}O\text{-}NO_3^-$ 的研究较少，20 世纪 90 年代中后期关于大气沉降 $\delta^{18}O\text{-}NO_3^-$ 值的研究表明，其分布范围在 $14‰\sim75‰$(Kendall et al., 2007)。随后 Elliott 和 Brush(2006)在美国广泛搜集大气降水样品，测定 $\delta^{18}O\text{-}NO_3^-$ 特征值，其分布范围在 $63‰\sim94‰$，平均值为 $76.3‰$。与大气降水中 $\delta^{15}N\text{-}NO_3^-$ 值的变化规律相似，$\delta^{18}O\text{-}NO_3^-$ 也存在同样的季节变化，即冬季高于夏季。

包气带中 NH_4^+ 和 NO_3^- 的 $\delta^{15}N$ 和 $\delta^{18}O$ 可以用来阐述包气带硝态氮的循环过程并分析其控制因素(Tu et al., 2016)。土壤肥料种类众多。因此，可以利用同位素技术区分土壤中天然 NO_3^- 肥料和合成 NO_3^- 肥料。无机化肥中 $\delta^{15}N$ 值通常较低，总体范围在 $-4‰\sim4‰$，硝态氮肥的 $\delta^{15}N$ 值通常要比铵态氮肥略微高一些。覆盖作物、植物残体混合物、流体和固体的动物排泄物等有机肥料所具有的 $\delta^{15}N$ 值的范围要更为广泛一些，在 $2‰\sim30‰$，要比无机肥的 $\delta^{15}N$ 值高，反映出更为多样化的初始来源。在 NH_4^+-N 的硝化反应过程中，土壤残余 NH_4^+ 及形成的 NO_3^- 中的 $\delta^{15}N$ 会发生很大的变化。NO_3^--N 的 $\delta^{18}O$ 的分布范围在 17‰～25‰，高于 NH_4^+-N 硝化反应形成 NO_3^- 的 $\delta^{18}O$ 值(−1‰～15‰)。沙漠沉积物中 NO_3^- 具有更高的 $\delta^{18}O$ 值，在 46‰～58‰(Vitoria，2004)。土壤氮主要包括有机氮和溶解无机氮，土壤氮反应所形成 NO_3^- 的 $\delta^{15}N$ 分布在−10‰～15‰，但是主要集中在2‰～5‰(Kendall，1998)。氮氧稳定同位素是生态系统中氮源识别的有效示踪剂，但应用其示踪来源时必须考虑生物地球化学循环过程对各种无机氮同位素组分的影响。氮循环过程中的固氮作用、同化作用、矿化作用、硝化作用及反硝化作用通常会导致底物中 $\delta^{15}N$ 的增加和产物中 $\delta^{15}N$ 的降低。反硝化作用会引起残余 $\delta^{15}N$-NO_3^- 特征值随 NO_3^- 浓度的降低呈指数增加，同时也会引起残余 $\delta^{18}O$-NO_3^- 增加，微生物反硝化作用表现出很大程度的分馏，导致残余 $\delta^{18}O$-NO_3^- 和 $\delta^{15}N$-NO_3^- 值之间的比例在 0.5～1(Kendall et al.，2007)。这些导致 $\delta^{15}N$ 和 $\delta^{18}O$ 值发生改变的同位素分馏过程受控于各种外界环境条件。$\delta^{18}O$ 还可以用来区分来源于微生物硝化作用和大气产生的 NO_3^- (Brookshire et al.，2012)。在干旱半干旱区，土壤 ^{15}N-NO_3^- 的相对富集度随降水量的增加而增加，说明反硝化作用更容易发生在降水量增加的情境下(Liu et al.，2017)。土壤 $\delta^{18}O$-NO_3^- 和 $\delta^{15}N$-NO_3^- 受土壤排水、地形位置、植被、植物凋谢物、土地利用和气候条件等诸多因素的强烈影响。因此，土壤 $\delta^{18}O$-NO_3^- 和 $\delta^{15}N$-NO_3^- 可以响应自然条件和人类活动。

Sebilo 等(2013)使用 $\delta^{15}N$ 示踪法探究了 1982～2012 年间法国 NO_3^- 肥料在耕地中的长期变化过程，量化了氮肥在包气带中滞留时间及被作物吸收利用的程度。$\delta^{18}O$-NO_3^- 和 $\delta^{15}N$-NO_3^- 为探究陆地生态系统(Fang et al.，2015)及淡水生态系统(Yue et al.，2014)中微生物硝化作用提供了充分证据。土壤氮(NH_4^+、NO_3^-、溶解有机氮)的 $\delta^{15}N$ 和植物叶片 $\delta^{15}N$ 之间的相关关系可以用来研究植物氮吸收的优先选择(Mayor et al.，2012)。在地表水 NO_3^- 循环的相关研究中，Yue 等(2014)利用溶解有机氮浓度、$\delta^{18}O$-NO_3^-、$\delta^{15}N$-NO_3^- 和 $\delta^{15}N$-NH_4^+，以及 $\delta^{18}O$-H_2O 和 δ^2H-H_2O 分别识别了中国东北地区松花江和辽河流域 NO_3^- 来源及其相关转化过程。表明松花江 NO_3^- 来源具有季节变化：丰水期，NO_3^- 主要来源于有机氮、氮肥和污水排放；枯水期，NO_3^- 主要来源于土壤有机氮和污水排放。这充分说明丰水期就是耕种季节，施肥对地表水环境的强烈影响。辽河流域内地表河流 NO_3^- 在丰水期及枯水期都主要来源于粪肥和污水，并且丰水期 $\delta^{18}O$-NO_3^- 和

δ^{15}N-NO_3^- 范围要比枯水期更为广泛。Mayer 等(2002)采用 δ^{18}O-NO_3^- 和 δ^{15}N-NO_3^- 并结合当地土地利用类型和氮通量信息阐述了美国东北部的 16 个流域内地表河流 NO_3^- 来源及其转换规律。在森林占主导的流域内，δ^{18}O-NO_3^- 和 δ^{15}N-NO_3^- 范围分别为 12‰～19‰和<5‰；农业和城市用地占主导的流域内 δ^{18}O-NO_3^- 和 δ^{15}N-NO_3^- 范围分别为<15‰和 5‰～8‰，这表明河流 NO_3^- 主要来源于土壤的硝化反应过程。另外，Panno 等(2006)使用 δ^{18}O-NO_3^- 和 δ^{15}N-NO_3^- 揭示了美国密西西比河中的反硝化作用主要发生在排水管向河流的排放过程中，并且识别了河流 NO_3^- 主要来源为合成化肥和土壤有机氮，与前人对密西西比河的氮输入评估结果一致。因此，地表水、地下水及包气带水 NO_3^- 稳定氮氧同位素技术已然成为广大研究者用来识别 NO_3^- 来源和 NO_3^- 转化迁移的有效途径。

尽管现阶段在不同生态系统中进行了大量无机氮稳定同位素的分析，为识别各个生态系统中硝态氮转化过程提供了强有力的证据。但是，在干旱生态系统中，尤其是荒漠生态系统，关于包气带 δ^{18}O-NO_3^- 和 δ^{15}N-NO_3^- 的测试记录还很少。因此，开展干旱荒漠生态系统各种水体之间 NO_3^- 识别和转化过程的研究对整个陆地生态系统硝态氮循环过程都具有指导意义。

3. 土地利用变化和气候变化对干旱区地下水中 NO_3^- 的影响

干旱区包气带 NO_3^- 反映了土地利用变化对包气带硝态氮来源、迁移转化过程的影响，并且对农业氮管理和地下水水质变化具有指示作用。研究认为在降水量较低、蒸发量高及包气带深厚的条件下，地表过程变化与地下水之间往往是脱离联系的(Newman et al.，2010)。然而，由于局地或瞬时渗透及灌溉回流的存在(McMahon et al.，2006b)，这一结论往往是不正确的。干旱区包气带盐分在千年尺度上的累积可以很好地记录盐分运动，随着增加的渗透作用，包气带溶质可以对地下水水质产生影响。Scanlon 等(2008)探究了美国得克萨斯州南部半干旱区土地利用变化对包气带硝态氮迁移过程的影响，发现旱作农田灌溉会导致排水量和补给量的增加，从而引起 NO_3^- 存储层向下迁移。在美国得克萨斯州跨佩科斯沙漠区进行的深层地下水对土地利用变化响应的研究中，学者利用水化学和同位素数据再一次证实地下水中 NO_3^- 浓度的增加是流域范围内的扩散渗透和局部的灌溉回流(来源于包气带中天然的盐分累积和氮肥的施加)所致。这说明在包气带深厚和潜在蒸发量较高及降水量较小的条件下，土地利用和植被变化依然会影响地下水 NO_3^- 含量。灌溉农业或历史上是灌溉农业的土地，其地下水 NO_3^- 增加幅度更大；与此同时，在无灌溉历史的土地含水层中也存在 NO_3^- 浓度增加的现象。揭示了流域含水层中 NO_3^- 含量的增加主要是来自土壤氮的天然累积冲刷，而局部 NO_3^- 含量的增加是农业氮肥的贡献(Robertson et al.，2017)。

干旱区土地利用变化和植被变化都有可能通过径流、渗透作用、蒸散发作用，以及同化作用的变化而改变土壤水分和土壤水化学成分(养分和氯)。例如，灌溉可以提高补给，导致地下水水质下降，同时改变包气带的盐分(Giménez et al.，2016)。一般来说，地下水中来源于大气降水、土壤和地质源等天然源的 NO_3^--N 浓度要低于 $3mg \cdot L^{-1}$(Dwivedi，2007)，如果超过这一天然值，通常是由于农业化肥的使用，NO_3^- 控制不当，粪肥及污水排放(Izbicki et al.，2015)。总体来说，评估土地利用变化对生物化学循环的影响还受到耕种前监测数据缺失的限制，然而，干旱区深厚的包气带又为响应土地利用变化提供了一个良好的历史纪录。地下水补给不仅受控于主要气候变量的时空变化，同时还受地表属性、土壤深度、水力学性质、植被，以及这些因素之间相互关系的影响，理解这些要素对评估地下水水质和补给速率至关重要。干旱区过度放牧现象较为常见，这无疑会导致植被和根系密度减少，增加裸地覆盖及灌木密度，从而改变蒸发、蒸腾、渗透速率、地下水水位及径流量等(Scanlon et al.，2007)，进而改变养分循环及其在包气带中的储存(Meglioli，2014)。全球农业生态系统中，已经开展了许多关于合成化肥参与氮循环方面的研究。法国开展的长达 30a 的 $\delta^{15}N$ 化肥示踪研究，分析了氮肥施加到农业土壤后的变化过程。发现约有 61%～65%的氮肥被作物吸收，12%～15%来源于化肥的氮在 30a 后仍然残留在土壤有机质中，8%～12%的氮肥已经流失到地下水中。这些残留在土壤中的氮肥至少在未来 50a 内还会持续被作物吸收，并且还将继续以 NO_3^- 形式进入水圈中，影响地下水的时间要比之前考虑得更长(Sebilo et al.，2013)。众多学者研究也表明，土壤氮库中累积的来源于化肥的 NO_3^- 可以淋溶脱离土壤层，特别是在非生长季(Sieling & Kage，2010)。相比之下，草地和灌木可以吸收更多的土壤矿化氮和水分，因为他们比作物具有更长的生产周期及更深的根系(Jia et al.，2017b)，这会阻碍 NO_3^- 从浅层包气带向深层包气带迁移(Qi et al.，2018)。过度地使用氮肥已经成为地下水 NO_3^- 污染的主要来源(Kaushal et al.，2011)。Gu 等(2013)研究显示，在过去 30a 内，来自农业渗透而进入地下水的活性氮贡献比例已经从50%下降到40%，但是农业依旧是地下水 NO_3^- 的最大贡献源，5%～10%化肥将淋溶进入地下水中(Gu et al.，2012)。由于农业生态系统中灌溉量增加而增大的补给也会使几千年来积累在干旱区土壤中的溶质发生迁移(Scanlon et al.，2010)。

近年来，世界范围内大面积半干旱区土地正逐渐从天然植被向农田转变，这些转换区位于含水层之上，是半干旱地区的主要水源地。在半湿润和半干旱地区，天然土地转化为耕地不仅影响地下水的补给，同时还会对地下水水质造成潜在威胁(Kurtzman & Scanlon，2011)。前人研究表明，不同土地利用类型的包气带中 NO_3^- 淋溶通量由小到大依次为森林、草原、牧场、种植耕地、耕作农场和蔬菜农场(Di & Cameron，2002)。Scanlon 等(2008)经过实验测试发现美国得克萨斯州南部地区由天然生态系统向农业生态系统转化后，包气带中 NO_3^--N 储量的范围明显增大，范围为 $28\sim580kg \cdot (hm^2 \cdot m)^{-1}$，平均值为 $135kg \cdot (hm^2 \cdot m)^{-1}$，远大于未转化的天然包气带中 NO_3^--N 储量范围，为 $2\sim10kg \cdot (hm^2 \cdot m)^{-1}$。土地利用类型转化为耕种后，包气带盐分的移动、渍水，以及肥料淋溶共同导致了地下水水质的恶化(Silburn et al.，2009)。此外，灌溉对水资源的影响还取决于灌溉用水的来源(Kurtzman & Scanlon，2011)。如果灌溉水来自地表水或外来水，通常会通过增强补给而增加地下水水资源；反之，如果灌溉水来源于当地地下水，则会消耗地下水资源，导致地下水水位严重下降。Pulidovelazquez 等(2015)在西班牙胡加河流域西南部地区开展气候变化和土地利用变化对地下水水质和水量影响评价研究。指出过去 25a 内，区内由旱地向灌溉地转化，耕地引起包气带中氮肥输入量的增加，而且强烈的地下水灌溉导致区内地下水 NO_3^- 污染增强，含水层 NO_3^- 浓度高达 $125mg \cdot L^{-1}$，远远超过饮用水标准值。氮肥在包气带中的滞留问题，以及农业生态系统中强烈的灌溉作用提示我们，在制定水污染缓解和恢复措施时，必须考虑过去农业生态系统中使用的合成肥料在包气带中的遗留延迟问题及灌溉回流作用。

气候变化不仅影响地表水和土壤，还对地下水存在潜在影响。Stuart 等(2011)以英国为例，指出温度、降水量及大气 CO_2 的变化会通过土壤过程和农业生产力的变化来影响氮循环过程，并表明该地区 NO_3^- 淋溶速率会在未来气候变化条件下逐渐增加。Callesen 等(2010)表明，冻土冻结和解冻也可能会改变氮的流动，增加的氨化和矿化作用导致霜冻期间大量 NO_3^- 流失。高山或极寒地区的土壤 NO_3^- 流失仅仅发生在土壤冰冻的后一年。因此，冻融和解冻事件可能会引发土壤氮淋溶的年尺度变化。预测气候变化对瑞典南部冬小麦地影响的研究表明，预计到 2050 年瑞典冬季小麦产量将比现在增加 $10\%\sim20\%$，同时降水量和排水量也会增加，NO_3^- 淋溶量也随之增加 17%(Eckersten et al.，2001)。Ducharne 等(2007)在塞纳河流域的相关研究表明，在当时的农业实践方式下，未来含水层 NO_3^- 浓度将比之前增加 50%。土壤氮淋溶中 NO_3^- 淋溶量在总淋溶量中占主导地位，其次为溶解有机氮，最后为氨氮(Fu et al.，2017)。Butterbach-Bahl 等(2013)研究了温度和水分供给对独立生物化学过程的影响，表明它们对 NO_3^- 淋溶过程存在影响。Yano 等(2015)对美国草地土壤的研究结果也表明增加的降水量会导致氮淋溶速率大大增加。

利用地球系统气候模型预测发现，未来水文循环会逐渐加强，将出现更长期的干旱和更强的降水事件(Huntington, 2006)。在这些条件影响下，水分脉冲在调整生态系统功能中的角色越来越重，降水时间变化可能会改变年平均降水和生态系统进程之间的关系(Knapp et al., 2002)，进而对陆地和水生态系统中硝态氮循环过程造成影响。我国西北部的毛乌素沙漠，由于地下水埋深较浅，NO_3^- 容易迁移进入地下水(Chen et al., 2013)，并且在极端降水影响下形成明显的氮淋溶过程(Jin et al., 2015)。在过去 8500a 间，亚洲东部地区降水持续稳定上升，并且未来气候将持续湿润趋势(Hong et al., 2014)。因此，我国西部干旱区大幅增加的降水量会促进包气带中 NO_3^- 的迁移潜力，进而增加其对地下水环境的威胁。Walvoord 等(2003)研究揭示土壤中可利用的 NO_3^- 不会完全被植物消耗，或完全经过非生物过程返回到大气中，而是滞留在包气带中，这可能会引起沙漠包气带中 NO_3^- 的淋溶。经历土地利用和气候变化影响后，原本储存于沙漠包气带深层的 NO_3^- 会向更深层包气带迁移，存在污染地下水的可能性(Walvoord et al., 2003)。

目前，通过改变氧化还原条件、土壤质地、溶解氧浓度等条件来缓解地下水 NO_3^- 污染现象技术不足。因此，分析影响硝态氮循环过程的驱动因素变得尤为重要，理解这些驱动过程有助于整治地下水 NO_3^- 污染现象。不同来源的活性氮淋溶过程可能对各种驱动因子存在不同的敏感性。掌握影响地下水 NO_3^- 浓度变化的人为和自然因素，并量化二者的贡献率，有利于优选有效策略，进而从污染源上治理 NO_3^- 污染(Gu et al., 2013)。

9.2　研究区概况及区域特征

9.2.1　研究区概况

腾格里沙漠位于中国西北部石羊河流域的东侧，与巴丹吉林和乌兰布和沙漠毗邻，总面积约为 $4.3 \times 10^4 km^2$，经度范围为 101°41′E～104°16′E，纬度范围为 36°29′N～39°27′N，海拔在 1200～1700m。以腾格里沙漠西部为研究区，包气带采样点包括沙漠腹地裸沙地样点，沙漠腹地邓马营湖附近的天然植被覆盖沙漠样点和耕地样点，沙漠西缘和南缘的林地、耕地和荒漠样点。

研究区全年受西风环流控制，属于中温带大陆性气候，干旱少雨。降水时空变化显著，季节降水量变化为夏季>秋季>春季>冬季，主要集中在 6～9 月；降水空间分布特征表现为南多北少，降水量随海拔增加呈现明显上升趋势，随纬度增加呈现明显降低趋势。研究区年均降水量(1981～2010 年)为 112～354mm，上、中、下地区具有很明显的降水空间分布差异。年均空气相对湿度在40%左右，潜在蒸发量在2000~3000mm，大约是降水量的10倍。

研究区主要位于荒漠区，植被覆盖类型主要包括人工植被和天然植被等。人工植被为作物、培育林和防风固沙林等，其中粮食作物主要有玉米、小麦、马铃薯等，经济作物包括葡萄、葵花、苜蓿等，此外邓马营湖还种植黑枸杞、甜高粱等饲料作物；人工林地主要为沙拐枣(*Calligonum momgolicum*)、梭梭(*Haloxylon ammodendron*)、沙枣(*Elaeagnus angustifolia*)、同时还种植柳树和杨树等。天然植被主要为荒漠化植被，绿洲边缘和荒漠交界处以及丘间地中分布有荒漠化草甸植被，包括芨芨草(*Achnatherum splendens*)、芦苇(*Phragmites australis*)、大叶白麻(*Poacynum hendersonii*)和冰草(*Agropyron cristatum*)等。沙质荒漠化植被主要散布于沙漠中，植被生长稀疏，包括白刺(*Nitraria tangutorum*)、柽柳(*Tamarix chinensis*)、骆驼刺(*Alhagi camelorum*)、沙蒿(*Artemisiaarenaria*)和沙生针茅(*Stipa glareosa*)等。

研究区水资源开发利用程度已高达172%，农业用水分配见表9-1，水资源消耗量巨大，因此全区绿洲区基本均属于地下水超采区。长期开采利用地下水给生态环境带来严重的损害，也导致人类与大自然之间矛盾持续加剧。为满足干旱区农业发展需求，极高的水资源重复率及地表和地下水之间的多次转化，共同导致区内地下水污染具有一定的重复性。流域内地表水污染现象加剧，地下水水质严重恶化，流域内生态环境恶化的问题已经成为了不能忽视的严峻问题。

表9-1 2015年流域内农业用水分配情况

耕地面积/km²	农田有效灌溉面积/km²	农田实灌面积/km²			林牧渔用水面积/km²		
		水浇地	菜田	合计	林果灌溉	草场灌溉	合计
3080.13	3000.4	2085.8	383.8	2469.6	274.0	37.5	311.5

9.2.2 气候变化

根据石羊河流域44个水文站30a(1983~2012年)降水月平均数据和11个气象站年均气温数据(来源：甘肃省水文水资源勘测局)，以及流域内武威、民勤、永昌、乌鞘岭和古浪5个气象站30a(1981~2010)日平均降水量，日平均气温资料(来源：中国气象数据网)，共同分析石羊河流域降水量和气温的时空分布特征。

1. 降水量变化及其影响

图9-1(a)表明，无论是流域中下游地区还是上游山区，年均降水量和纬度之间都存在较为显著的负相关关系，即年均降水量由南向北逐渐减少；同一纬度条

件下[图 9-1(b)]，山区和平原区受海拔和山区复杂多样的气候条件影响，以及受水汽凝结高度的限制，经度和年均降水量之间在中下游地区呈现负相关关系，由于中下游地区越靠近东部离荒漠地区越近，年均降水量较少，但是在上游地区二者之间不存在明显的线性关系。

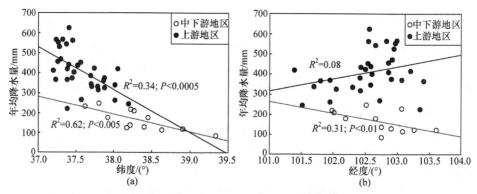

图 9-1　流域年均降水量在纬度和经度上的分布特征
(a) 年均降水量在纬度上的分布特征；(b) 年均降水量在经度上的分布特征

　　同一经度条件下，海拔越高，降水量越大。但是受祁连山走向影响，不同纬度区域降水量增加的梯度变化有所不同，表现为中部高，两侧低的趋势。石羊河流域从经度上分析降水量与海拔之间的正相关关系显著($R^2 = 0.67$、$R^2 = 0.73$、$R^2 = 0.88$)。流域内最大降水量出现在海拔 2800m 附近。这一高度接近森林带下限高度，同时这一高度代表当地水汽凝结高度。这与之前研究一致(祁连山山区水汽凝结海拔为 3000m)，意味着此海拔以下，降水量随海拔增加而增加(康兴成和丁良福，1981)。

　　纬度越低，海拔越高，降水量越多。同一纬度，海拔越高，降水量越大；降水空间差异性极为明显，37.5°N 以南区域降水量随高度递增速率最快，高达 65.5mm · (100m)$^{-1}$，区域内降水量与海拔呈极显著正相关关系($R^2 = 0.59$、$R^2 = 0.76$、$R^2 = 0.85$ 和 $R^2 = 0.96$)。流域内降水量随纬度降低，海拔与降水量之间的正相关关系也更为显著。

　　表 9-2 反映了 30a 来石羊河流域上中下游地区降水量随季节变化的特征。标准差(SD)和变异系数(C_v)用来表示降水量变化的离散程度。四季变化中，流域下游 SD 和 C_v 最小，其次是中游地区，上游 SD 和 C_v 最大，说明上游地区降水量波动性较大，而下游干旱区降水量最为稳定。整个流域降水量四季分布情况依次为夏季>春季>秋季>冬季。其中，春季和秋季降水量较为相近，流域下游和中游降水量在春季要略低于秋季，而上游地区降水量在春季要高于秋季。夏季，流域内各区域降水量最大，但 C_v 却最小，说明降水量在夏季的变化相对最为平稳。

对于干旱区而言，这种降水量对流域整体水文过程起到重要作用。C_v 的四季变化显示，流域内春季和冬季降水量波动较大。但是该流域内降水主要集中分布在夏季，因此均衡了流域年降水量的波动幅度。

表 9-2　石羊河流域不同地区四季降水量统计值

时段	位置	最大值/mm	最小值/mm	平均值/mm	标准差 SD	变异系数 C_v
春季	下游	24.48	21.08	22.55	1.51	0.07
	中游	51.78	26.80	39.30	9.23	0.23
	上游	160.17	46.75	94.89	30.31	0.32
	石羊河流域	160.17	21.08	80.41	37.89	0.47
夏季	下游	79.77	64.76	71.90	6.53	0.09
	中游	135.61	97.56	118.04	14.44	0.12
	上游	307.61	124.38	214.70	46.77	0.22
	石羊河流域	307.61	64.76	187.93	65.09	0.35
秋季	下游	30.39	25.74	27.99	2.21	0.08
	中游	55.47	38.66	45.98	7.42	0.16
	上游	133.57	42.24	87.21	23.50	0.27
	石羊河流域	133.57	25.74	75.95	29.57	0.39
冬季	下游	3.65	2.53	3.26	0.52	0.16
	中游	8.22	4.14	6.02	1.58	0.26
	上游	25.66	4.24	11.50	5.11	0.44
	石羊河流域	25.66	2.53	9.97	5.35	0.54
全年	下游	137.52	114.1	125.15	9.03	0.07
	中游	245.89	176.24	209.33	28.27	0.14
	上游	624.11	221.17	407.84	101.98	0.25
	石羊河流域	624.11	114.10	353.88	135.15	0.38

图 9-2 为 30a(1983～2012 年)来石羊河流域年均降水量季节变化的时间序列分布图。各地区年均降水量季节变化情况并不相同，但是上游、中游、下游三个区域中降水变化趋势基本一致。

流域内各区域年均降水量变化总体表现为波动状态(图 9-2)。春季流域上游地区年均降水量呈现略微下降的趋势，变化速率仅为 $-0.53\text{mm} \cdot \text{a}^{-1}$，中游和下游地区年均降水量表现出相对稳定的波动变化规律；夏季流域上、中、下游各区域年

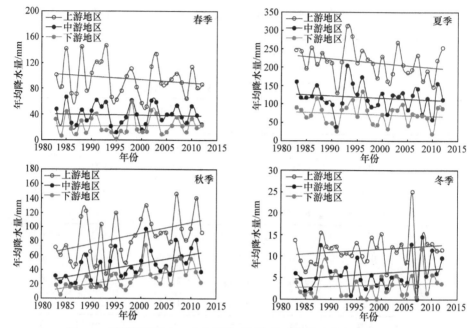

图 9-2 石羊河流域上、中和下游区域年均降水量季节变化时间序列

均降水量总体呈现略微下降的波动变化趋势，速率分别为 $-1.26\text{mm} \cdot \text{a}^{-1}$、$-0.65\text{mm} \cdot \text{a}^{-1}$ 和 $-0.46\text{mm} \cdot \text{a}^{-1}$；秋季流域各区域呈现明显的上升波动变化趋势，30a 来无论是上游、中游还是下游区域年均降水量都呈现相对较快的增加趋势，增加速率分别为 $1.51\text{mm} \cdot \text{a}^{-1}$、$1.26\text{mm} \cdot \text{a}^{-1}$ 和 $1.08\text{mm} \cdot \text{a}^{-1}$(图 9-2)；冬季流域内年均降水量也呈现出上升的趋势，但是幅度很小。

流域年均降水量变化趋势受季节影响，因此流域年均降水量总体变化趋势呈现稳定波动状态，无明显上升或下降趋势，全流域年均降水量变化趋势线极为平直。流域下游和中游年均降水量呈现增加状态，增加速率分别为 $0.72\text{mm} \cdot \text{a}^{-1}$ 和 $0.62\text{mm} \cdot \text{a}^{-1}$，这符合施雅风等(2002，2003)的研究结果，即我国西北地区气候逐渐由暖干向暖湿转变。上游年均降水量略为下降，降低速率为 $-0.2\text{mm} \cdot \text{a}^{-1}$。流域内年降水量呈现干湿交替变化，基本以 3~5a 为一个周期，1995~2002 年 8a 间年均降水量呈现持续偏低现象。此外，周俊菊等(2012)探究了极端干湿时间演变情况，发现石羊河流域近 60a 来暖湿化趋势明显，同样冬季和秋季最为明显，并且流域内极端湿润事件发生频率也呈现明显的增加趋势。

2. 气温变化规律

30a 来，石羊河流域内 5 个站点(九条岭站、杂木寺站、红崖山水库站、南营水库站和黄羊水库站)气温季节变化时间序列见图 9-3。5 个站点气温呈现升温趋

势，升温速率分别为 0.012℃·a⁻¹、0.023℃·a⁻¹、0.022℃·a⁻¹、0.034℃·a⁻¹ 和
0.046℃·a⁻¹，这与李玲萍等(2010)对石羊河流域内武威站、民勤站、古浪站、乌
鞘岭站和永昌站 1965~2005 年的气温和降水量变化规律分析结果相一致。证实
整个石羊河流域在近 30a 内气温的上升趋势。春、夏和秋季各站点气温表现出较
为一致的上升趋势，春季和夏季上升趋势相对更为明显(图 9-3)。其中，5 个站点
春季气温的增加速率分别为 0.027℃·a⁻¹、0.029℃·a⁻¹、0.042℃·a⁻¹、
0.053℃·a⁻¹ 和 0.052℃·a⁻¹；夏季的增加速率分别为 0.033℃·a⁻¹、0.046℃·a⁻¹、
0.035℃·a⁻¹、0.054℃·a⁻¹ 和 0.065℃·a⁻¹；秋季除黄羊水库站(0.059℃·a⁻¹)，其
他 4 个站点气温增长趋势相对缓慢，增长速率分别为 0.003℃·a⁻¹、
0.023℃·a⁻¹、0.009℃·a⁻¹ 和 0.018℃·a⁻¹；冬季，九条岭站、杂木寺站和红崖山
水库站气温呈现缓慢下降趋势，降低速率分别为 0.010℃·a⁻¹、0.012℃·a⁻¹ 和
0.003℃·a⁻¹，但是南营水库站和黄羊水库站气温呈上升趋势，增长速率分别为
0.023℃·a⁻¹ 和 0.012℃·a⁻¹。流域极端降水事件发生频率大幅增加，与流域内气
温增加有一定联系。徐影等(2003)和李玲萍等(2010)分别指出水体运动速度和冰
雪融水量在气候变暖的条件下都会逐渐加强，这不仅加大季风携带水分的强度，
同时还加剧流域水循环过程，这都是流域内极端降水事件频发的重要因素。

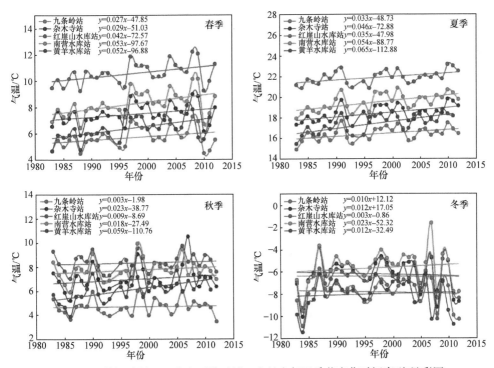

图 9-3　石羊河流域上、中和下游区域 5 个站点气温季节变化时间序列(见彩图)

9.2.3　地质构造及水文地质条件

腾格里沙漠西缘与武威和民勤盆地相接，盆地主要由荒漠和绿洲组成(陈理，2008)。武威盆地地处祁连山强烈上升而形成的山前凹陷地带，适宜储藏地下水资源。受山前大断层切割的影响，盆地被划分为断层台阶带和盆地两个部分。其中，断层台阶带形成于洪积扇上部，其第四系厚度>50m，含水层主要由砂砾石堆积而成，地下水流贯通，但含水层富水性较差，是武威盆地地下水的补给区，因此盆地部分是该流域内的地下水富集区。民勤盆地堆积深厚的松散沉积物，含水层系统由上新统-下更新统含水层和中上更新统-全新统含水层组成。岩性以砂砾和砂为主，其中夹含不稳定黏性土层。红崖山位于两个绿洲盆地之间，阻隔导致盆地之间不存在直接水利联系。沙漠西南缘为古浪和大靖河洪积-冲积平原，主要为倾斜的平原绿洲农业区。山前倾斜平原区含水层岩性主要为砂砾卵石，其孔隙较大，下游的永丰滩和海滩子镇含水层中细砂较多，厚度变化大。

腾格里沙漠为一断陷盆地，位于阿拉善地区东南部，具有较为复杂的基底结构，出露地层显示(图 9-4)，存在石炭纪-二叠纪和第三纪的砂岩互层和砂岩泥岩。该沙漠的形成经历了反复分选过程，所以沙漠的沙质很细。沙漠下垫层分别为中上更新统或上新统的松散、半松散含水层。含水层自西向东存在差别，即自西向东逐渐变薄，部分地段第四系不含水。其中，东部以细砂、中细砂为主，并且夹有砾砂，含水层厚度最大可达 100m，大体厚度约为 30~50m；西部含水层主要为细粉砂，在八十里沙漠和白碱槽一带主要分布为中细砂和砾砂；南部的黑岗一带第四地层厚度达到200~250m，地下水埋深高达 120~150m，含水层厚度为 80~100m，沙漠北部含水层变薄，土层富水性逐渐减弱。

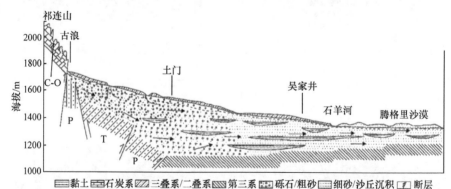

图 9-4　古浪-腾格里沙漠水文地质剖面示意图(Ma et al., 2009a)

C-O-石炭系-奥陶系；P-二叠系；T-三叠系

腾格里沙漠西部的邓马营湖湿地是自第三纪以来新构造运动形成的。受控于北部红崖山-阿拉古山 EW 向构造带和湖区南部 NNW 向断裂带，导致湖区北部基底隆起，在湖区中部和南部形成较大规模的储水盆地，其四周基本以断裂带为界，分别为汤家海子-南井大断裂、汤家海子 NNE 断裂和赤金堡-泥房子大断裂。湖区为第四系湖积盆地，以上新统(N_2)泥岩为基底，东部和北部区域在早更新世后期断裂活动逐渐加剧，升降运动反复出现，基底呈现阶梯状。位于湖区北部的汤家海子地区不断抬升的基底逐渐受到剥蚀，勘察发现盐池区域第三系广泛出露。湖区中部和南部地区(敦煌市阳关镇政府-南井村)则形成宽阔的沟槽，沟槽中主要为更新统沉积，颗粒较粗，并且沉积厚度大，有利于储水。

邓马营湖区内仅存在全新统风积沙和湖相沉积地层。湖区地层岩性主要分为第三系上新统(N_2)和第四系。第三系上新统(N_2)是干旱条件下的湖相沉积产物，分别由砖红色和暗红色的中厚层中细砂岩和含泥细砂岩，由不稳定含砾砂岩的粉砂岩及泥质粉砂岩组成。第四系地层在南部地区最大厚度可达 150m，但是在北部仅约为 25m，在汤家海子一带消失。第四系地层分别为中下更新统(Q_{1-2})、上更新统(Q_3^{al-l})和全新统(Q_4)组成。中下更新统表现为内陆湖相沉积，岩性主要为粉细砂质黏土，上部还存在密实、半胶结的泥质粉细砂和粉砂，下部含有大量的泥岩粉砂，并且在顶部分布较薄的砾石层，湖区北缘该层厚度仅为 0.5m，是强烈剥蚀作用所致。上更新统在湖区南部厚度高达 90m 以上，在邓马营湖北部东石板井一带厚度仅为 10m 左右，呈现冲积、湖积相沉积，岩性主要为中细砂，颜色为红色。颗粒由上而下，由南向北均呈现由粗到细的变化趋势。全新统包括湖沼相沉积(Q_4^l)和风积相沉积(Q_4^{eol})，在全区内广布。湖沼沉积主要表现为地表覆有 2cm 左右的盐碱层，下伏 5～10m 厚度的亚砂土-砂土-亚黏土-砂土交互层。风积层主要遍布于湖区周边地区及中部的固定沙丘地区，岩性为粉细砂和中细砂，颜色为灰黄色(图 9-5)。

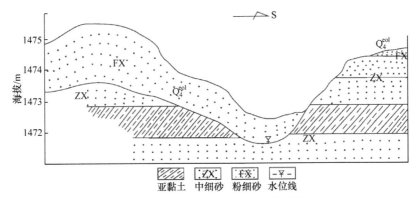

图 9-5 邓马营湖风积含水层(田辽西和何剑波，2015)

Q_4^{eol}-第四纪风积物；ZX-中细砂；FX-粉细砂；S-南

9.3 大气降水中无机氮来源及沉降量

全球活性氮排放量在人类活动影响下迅速加大，导致进入大气的活性氮种类和数量均有所增加。这不仅加剧了空气污染现象，同时增加的氮沉降量还会给陆地生态系统的生态环境带来严重威胁。因此，氮沉降问题的探究已经成为全球范围关注的一个热点问题(Sutton et al.，2011)。荒漠区大气无机氮沉降是包气带中 NO_3^- 的重要来源之一，因此在分析大气-包气带-地下水硝态氮迁移转化过程中，必须确定大气沉降中无机氮来源及无机氮沉降量。大气无机氮沉降分为干沉降和湿沉降，其中无机氮干沉降主要包括干气体 NH_3、NO_2 和 HNO_3 蒸气，还有干气溶胶 PNH_4^+ 和 PNO_3^- 等；无机氮湿沉降包括 NH_4^+、NO_2^- 和 NO_3^- (Li et al.，2014)。

沿腾格里沙漠西缘，采集大气降水样品，进行 NO_3^-、NH_4^+ 和 Cl⁻浓度的测试。同时整理前人研究的降水资料，分析区内降水 NO_3^--N 和 NH_4^+-N 来源，并量化流域内不同区域降水中 NO_3^--N 和 NH_4^+-N 沉降量。

NH_4^+-N 和 NO_3^--N 大气湿沉降量的计算公式如下(Liu et al.，2006)：

$$A = B \times C \times 10 \tag{9-1}$$

式中，A 为每次降水事件中 N 沉积量(单位：$g \cdot hm^{-2}$)；B 为每次降水事件的降水量；C 为降水中 NH_4^+-N 或 NO_3^--N 浓度(单位：$mg \cdot L^{-1}$)。

$$A_n = 0.001 \times \sum A_i \tag{9-2}$$

式中，A_n 每月或每年降水中 N 沉积总量(单位：$kg \cdot hm^{-2}$)；A_i 为 1 年或 1 月内每次降水事件中的 N 沉积量。

为确定研究区内近 30a 来的土地利用变化情况，从 LocaSpace Viewer(LSV)软件中获取 1985 年 6 月、2000 年 6 月和 2016 年 6 月研究区遥感影像，通过 ENVI 5.3 自动识别和人工手动校正解译 2016 年邓马营湖区域的遥感影像，确定土地利用类型。

实验数据首先采用 Excel 2016 进行初步汇总，再应用 Sigmaplot10.0 软件进行数据的回归分析以及结果图绘制。研究区位置图和采样点分布图绘制，以及区内降水量和气温时空变化插值分析均在 Arcgis 10.2.2 中进行。水文地质条件图在 CorelDRAW 中完成。

9.3.1 大气降水中 NO_3^- 及 NH_4^+ 来源

1. 大气降水中 NO_3^- 和 NH_4^+ 浓度的时空变化

如表 9-3 所示，2017 年 7 月武威市降水中 NO_3^- 和 NH_4^+ 浓度变化范围分别为

$1.92 \sim 3.23 \text{mg} \cdot \text{L}^{-1}$ 和 $0.43 \sim 1.73 \text{mg} \cdot \text{L}^{-1}$，权重平均值分别为 $2.29 \text{mg} \cdot \text{L}^{-1}$ 和 $1.38 \text{mg} \cdot \text{L}^{-1}$；民勤县降水中 NO_3^- 和 NH_4^+ 浓度变化范围分别为 $1.32 \sim 1.94 \text{mg} \cdot \text{L}^{-1}$ 和 $2.09 \sim 7.09 \text{mg} \cdot \text{L}^{-1}$，权重平均值分别为 $1.48 \text{mg} \cdot \text{L}^{-1}$ 和 $5.79 \text{mg} \cdot \text{L}^{-1}$。8 月武威市降水中 NO_3^- 和 NH_4^+ 浓度变化范围分别为 $2.19 \sim 19.59 \text{mg} \cdot \text{L}^{-1}$ 和 $0.19 \sim 4.61 \text{mg} \cdot \text{L}^{-1}$，权重平均值分别为 $5.91 \text{mg} \cdot \text{L}^{-1}$ 和 $1.58 \text{mg} \cdot \text{L}^{-1}$。由于 8 月在民勤仅搜集到一次降水样品，因此不存在 NO_3^- 和 NH_4^+ 浓度变化范围。武威市和民勤县降水中 NO_3^- 和 NH_4^+ 浓度具有较明显的时空变化。在空间上，降水中 NH_4^+ 浓度表现为下游高中游低的特征，而降水中 NO_3^- 浓度则表现为下游低中游高的特征。Ma 等(2012b)基于石羊河流域九条岭站、红崖山水库站和南营水库站大气降水水化学分析的结果也表明了这一空间分布差异：民勤县的红崖山水库站降水中 NH_4^+ 浓度最大，位于中游地区的南营水库站降水中 NO_3^- 浓度最大(表 9-3)。在时间上，由于 7 月和 8 月均属于夏季，所以两个站点降水中无机氮浓度并不存在明显的时间变化。但是在年尺度上，降水中 NH_4^+ 浓度呈现明显的四季变化，浓度从大到小依次为夏季、春季、冬季和秋季；NO_3^- 浓度变化从大到小依次为冬季、夏季、秋季和春季。影响降水中 NO_3^- 和 NH_4^+ 浓度的因素众多，包括人为活动、风速、湿度和温度等。因此，在探究大气中 NO_3^- 和 NH_4^+ 浓度变化过程时，必须分析降水中 NO_3^- 和 NH_4^+ 的来源。

表 9-3　大气湿沉降中 Cl^-、NO_3^- 和 NH_4^+ 的特征值

采样地点及时间 /(年-月)	项目	浓度/(mg · L⁻¹)			$n(NO_3^-)$ /$n(Cl^-)$	$n(NH_4^+ \text{-N})$/ $n(NO_3^- \text{-N})$	$n(NH_4^+)$ /$n(Cl^-)$	$[n(NH_4^+)+n(NO_3^-)]$ /$n(Cl^-)$
		NH_4^+	NO_3^-	Cl^-				
武威市 2017-07	VWM	1.38	2.29	0.56	2.37	2.38	5.69	8.06
	Max	1.73	3.23	0.81	2.40	3.13	7.53	9.93
	Min	0.43	1.92	0.46	2.27	0.46	1.04	3.31
武威市 2017-08	VWM	1.58	5.91	2.18	2.06	1.18	2.35	4.41
	Max	4.61	19.59	9.08	3.43	2.49	5.01	7.03
	Min	0.19	2.19	0.36	1.18	0.15	0.22	1.67
民勤县 2017-07	VWM	5.79	1.48	11.67	0.77	14.64	3.39	4.16
	Max	7.09	1.94	15.65	2.83	18.50	10.49	13.31
	Min	2.09	1.32	0.39	0.05	3.71	0.89	0.94
民勤县 2017-08	VWM	1.95	3.02	2.51	0.69	2.23	1.53	2.22
河西走廊东段春季[a]	AV	1.76	7.25	8.93	0.46	0.84	0.39	0.85
河西走廊东段夏季[a]	AV	2.87	8.83	5.72	0.88	1.12	0.99	1.87

采样地点及时间 /(年-月)	项目	浓度/(mg · L^{-1})			$n(NO_3^-)$ /$n(Cl^-)$	$n(NH_4^+$ -N)/ $n(NO_3^-$ -N)	$n(NH_4^+)$ /$n(Cl^-)$	$[n(NH_4^+) + n(NO_3^-)]$ /$n(Cl^-)$
		NH$_4^+$	NO$_3^-$	Cl$^-$				
河西走廊东段秋季[a]	AV	0.33	7.66	3.52	1.25	0.15	0.18	1.43
河西走廊东段冬季[a]	AV	0.70	9.34	4.62	1.16	0.26	0.30	1.46
九条岭站[b]	VWM	3.56	2.52	3.11	0.46	4.87	2.25	2.72
南营水库站[b]	VWM	2.92	4.20	7.22	0.33	2.39	0.80	1.13
红崖山水库站[b]	VWM	4.69	1.89	5.84	0.19	8.55	1.58	1.77

注: a. 李宗杰等, 2016; b. Ma et al., 2012a。VWM-权重平均值; AV-平均值; Max-最大值; Min-最小值; $n(x)$-x 的物质的量。

降水中 Cl$^-$成分极为稳定, 是一种主要的惰性示踪元素。海洋水汽为内陆区域降水中Cl$^-$的主要来源, 各种离子与Cl$^-$之间的相互关系可以作为衡量离子来源的一个标准。但是由于降水采样点位于巴丹吉林沙漠和腾格里沙漠附近, 因此强烈的风沙会增加大气中氯化物的含量, 促使降水中 Cl$^-$浓度的增加(李宗杰等, 2016)。物质的量之比, 如 $n(NH_4^+)/n(Cl^-)$ 和 $n(NO_3^-)/n(Cl^-)$ 可以用来判断区域大气沉降中NO$_3^-$ 和NH$_4^+$的主要来源(Gates et al., 2008a)。由于难以获取沙漠腹地的降水样品, 同时腾格里沙漠又临近巴丹吉林沙漠, 所以选取 Ma 和 Edmunds(2006)在巴丹吉林沙漠腹地采集的降水样品的 $n(NO_3^-)/n(Cl^-)$ 比值(0.22)作为研究区内大气沉降 $n(NO_3^-)/n(Cl^-)$ 的标准。7 月和 8 月武威市和民勤县降水中NO$_3^-$ 浓度和 Cl$^-$浓度之间存在极为显著的正相关关系(图 9-6), R^2高达 0.95, $P < 0.0001$, 然而 NH$_4^+$ 和 Cl$^-$之间不存在明显的相关关系。这表明降水中NO$_3^-$ 和 Cl$^-$具有相似的来源, 而NH$_4^+$ 和 Cl$^-$之间不具有相似来源。7 月和 8 月降水样品中 $n(NO_3^-)/n(Cl^-)$ 值基本远大于 0.22(Ma & Edmunds, 2006), 表明区内降水中存在额外的 NO$_3^-$ 来源。武威市 7 月和 8 月降水中$n(NO_3^-)/n(Cl^-)$ 权重平均值(2.37 和 2.06)明显大于民勤县降水中$n(NO_3^-)/n(Cl^-)$ 权重平均值(0.77 和 0.69)。这与前人研究结果一致, 南营水库站降水中$n(NO_3^-)/n(Cl^-)$ 权重平均值大于红崖山水库站降水中$n(NO_3^-)/n(Cl^-)$ 权重平均值(表 9-3), 说明武威市和民勤县降水中NO$_3^-$ 来源并不完全相同。同时, 武威市和民勤县降水中$n(NH_4^+)/n(Cl^-)$ 值明显高于 $n(NO_3^-)/n(Cl^-)$ 值(表 9-3), 说明降水中额外 NH$_4^+$源的贡献较大。

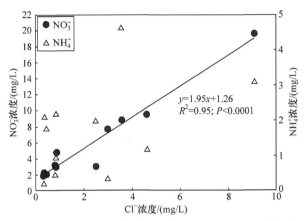

图 9-6　7 月和 8 月武威市和民勤县大气降水中 NO_3^- 浓度和 NH_4^+ 浓度与 Cl^- 浓度的关系

　　大量研究表明，动物排泄物和化肥的氨挥发作用(Huang et al.，2012)、土壤的反硝化作用(Schlesinger，2009)和化石燃料的燃烧等(Zhang & Ding，2007)会导致生态系统中大气氮沉降量的增加。Cui 等(2012)研究发现，1978 年，我国源于氨挥发、土壤反硝化作用和化石燃料燃烧的氮沉降量分别为 5.1TgN、4.7TgN 和 1.8TgN，2010 年，这些氮沉降量分别增加到 10TgN、11TgN 和 8.5TgN，30 多年来大气氮沉降中额外源的贡献越发强烈。在干旱区为减缓土壤氮肥力不足的压力，农业施肥量也是大幅增加，这无疑增加了化肥的氨挥发量。

　　降水中 $n(NO_3^-)/n(Cl^-)$ 和 $n(NH_4^+)/n(Cl^-)$ 均表现出明显的季节变化。搜集的降水样品与李宗杰等(2016)的研究结果一致，夏季降水中的 $n(NH_4^+)/n(Cl^-)$ 值较高(表 9-3)。夏季正值农业活动旺季，施肥量大幅增加，同时夏季气温较高，导致氨挥发作用更为强烈，降水中具有更高的 $n(NH_4^+)/n(Cl^-)$。McCalley 和 Sparks(2009)在美国莫哈韦沙漠进行的研究表明，地表温度越高，受到太阳辐射的驱动，土壤氨挥发越强烈，因此高温为氨挥发提供了更为适宜的条件。在西北干旱区敦煌市的研究中也同样发现，土壤氨挥发现象主要发生在作物生长季(Qi et al.，2018)。河西走廊东段大气降水中 $n(NO_3^-)/n(Cl^-)$ 存在季节变化，秋季和冬季高于春季和夏季(表 9-3)。主要因为秋季和冬季用于家庭供暖的化石燃料燃烧量加大，此外，由于研究区内秋冬季风速比春季小，相对静止的空气抑制了大气中污染物质的扩散和运输，导致大气中积累了大量 NO_x。这不仅加大了氮的干沉降量，NO_x 还会在降水过程中溶于大气降水，加大大气湿沉降中的 $n(NO_3^-)/n(Cl^-)$。

　　在区域尺度上，降水中 $n(NH_4^+\text{-}N)/n(NO_3^-\text{-}N)$ 可以用来衡量工业、运输业、农业及畜牧业所产生的活性氮对大气氮沉降的相对贡献(Anderson & Downing，2006)。通常情况下，若 $n(NH_4^+\text{-}N)/n(NO_3^-\text{-}N)$ 远小于 1，表示为工业化区域；若

$n(NH_4^+-N)/n(NO_3^--N)$ 大于 1，表示为集约农业化区域(Fahey et al.，1999)。搜集的降水样品中 $n(NH_4^+-N)/n(NO_3^--N)$ 的权重平均值均大于 1，并且 7 月明显大于 8 月(表 9-3)，这主要是受到气温的影响。7 月和 8 月降水中 NH_4^+ 浓度主要受到农业影响，土壤氨挥发产生的 NH_3 是降水 NH_4^+ 的主要来源。此外，对比武威市和民勤县降水中 $n(NH_4^+-N)/n(NO_3^--N)$ 的权重平均值，发现民勤县远大于武威市，说明民勤县降水中无机氮受农业影响更为强烈。这与利用 Ma 等(2012b)研究中的数据分析结果一致，红崖山水库站降水中 $n(NH_4^+-N)/n(NO_3^--N)$ 的权重平均值明显高于南营水库站和九条岭站降水中 $n(NH_4^+-N)/n(NO_3^--N)$ 的权重平均值(表 9-3)。对李宗杰等(2016)在河西走廊东段研究中的数据进行分析，发现四季中，只有夏季降水中 $n(NH_4^+-N)/n(NO_3^--N)$ 的均值大于 1，其他季节均小于 1，这同样表明在夏季区内降水无机氮受农业影响更为严重；在秋冬季降水中 $n(NH_4^+-N)/n(NO_3^--N)$ 的均值远远小于 1，说明降水中无机氮的主要贡献源为 NO_x，是供暖等化石燃料燃烧排放的 NO_x 在相对静止的空气中储存所致。

2. 大气干沉降 NO_2 浓度特征

受样品搜集条件限制，缺少研究区内大气干沉降样品，仅从中国环境监测总站网站获取 2015 年 1 月～2017 年 12 月三年内河西走廊四个主要城市，即嘉峪关市、张掖市、金昌市和武威市的空气质量数据。其中，与大气氮沉降有关的数据为大气中的 NO_2 浓度和 PM_{10}(其中含有干气溶胶 PNH_4^+ 和 PNO_3^-)，但由于无法确定 PM_{10} 中干气溶胶 PNH_4^+ 和 PNO_3^- 的含量，仅对大气中 NO_2 的浓度进行分析。

大气中 NO_2 浓度的分布特征如表 9-4 所示。2015～2017 年，大气 NO_2 浓度由大到小分别为武威市、嘉峪关市、张掖市和金昌市。这不仅与各城市向大气输入的 NO_2 排放量有关，还与风速存在一定联系。分析发现，月平均风速与大气中 NO_2 月平均浓度之间存在明显的负相关关系，R^2 为 0.49，$P < 0.0001$，如图 9-7 所示。四个城市中武威市的年均风速最小，为 $1.65m \cdot s^{-1}$。

表 9-4　武威市、金昌市、张掖市和嘉峪关市大气 NO_2 浓度

项目	大气 NO_2 浓度/$(\mu g \cdot m^{-3})$			
	武威市	金昌市	张掖市	嘉峪关市
2015 年	28.00	19.25	23.08	27.08
2016 年	27.42	16.67	22.42	25.50
2017 年	28.33	15.50	20.83	25.25
变化范围	15～42	11～27	14～36	19～39

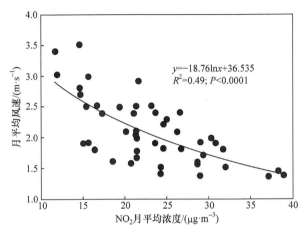

图 9-7　河西走廊武威市、金昌市、张掖市和嘉峪关市大气 NO_2 月平均浓度与月平均风速的关系

2015～2017 年四个城市大气中 NO_2 月平均浓度的变化趋势基本一致(图 9-8)。NO_2 月平均浓度存在明显的时间变化，表现为 3～9 月较低，10 月至次年 2 月较高。这与冬季供暖，大量煤炭等化石燃料燃烧有重要联系，同时也与风速存在密切联系。通过分析 1981～2010 年武威市、金昌市和张掖市的平均风速(数据来源：中国气象数据网)，发现月平均风速与大气 NO_2 月平均浓度之间存在负相关

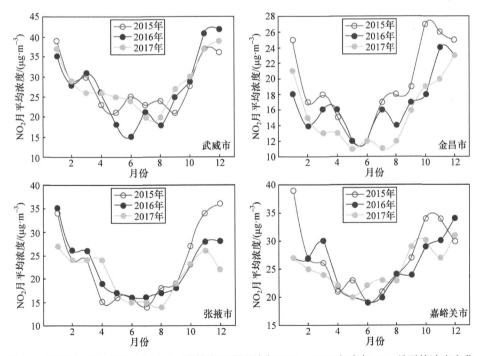

图 9-8　河西走廊武威市、金昌市、张掖市和嘉峪关市 2015～2017 年大气 NO_2 月平均浓度变化

关系(武威市 $R^2 = 0.29$；金昌市 $R^2 = 0.53$；张掖市 $R^2 = 0.23$)。说明风速越大，越有利于大气中 NO_2 的扩散，从而减小大气中 NO_2 浓度。这说明秋冬季大气中 NO_x 含量高，且不易扩散，从而导致降水中具有更高的 $n(NO_3^-)/n(Cl^-)$ 和更低的 $n(NH_4^+\text{-N})/n(NO_3^-\text{-N})$。

9.3.2　大气湿沉降中无机氮的沉降量

　　大气氮沉降分为干沉降和湿沉降两种。大气氮的湿沉降是指大气氮以水体形式转化到地球表面的所有过程，包括降水、降雪及雾(Noone，1998)。大气干沉降则是指气体和微粒在没有降水的情况下直接进入地球表面的过程，包括干气体和气溶胶。如表 9-5 所示，武威市 2017 年 7～8 月的大气湿沉降中 $NO_3^-\text{-N}$ 的沉降量为 $0.79\text{kgN} \cdot \text{hm}^{-2} \cdot \text{a}^{-1}$，$NH_4^+\text{-N}$ 的沉降量为 $0.96\text{kgN} \cdot \text{hm}^{-2} \cdot \text{a}^{-1}$，$NO_3^-\text{-N}$ 的沉降量略低于 $NH_4^+\text{-N}$；民勤县 2017 年 7～8 月的大气湿沉降中 $NO_3^-\text{-N}$ 的沉降量为 $0.14\text{kgN} \cdot \text{hm}^{-2} \cdot \text{a}^{-1}$，$NH_4^+\text{-N}$ 的沉降量为 $0.89\text{kgN} \cdot \text{hm}^{-2} \cdot \text{a}^{-1}$，$NO_3^-\text{-N}$ 的沉降量低于 $NH_4^+\text{-N}$。武威市和民勤县 7～8 月降水中无机氮总沉降量分别为 $1.75\text{kgN} \cdot \text{hm}^{-2} \cdot \text{a}^{-1}$ 和 $1.03\text{kgN} \cdot \text{hm}^{-2} \cdot \text{a}^{-1}$。降水样品的搜集仅持续 3 个月，无法量化 2017 年武威市和民勤县全年降水中的无机氮总沉降量。因此，整理获取 2008 年 11 月～2009 年 10 月石羊河流域大气降水的相关研究数据(Ma et al.，2012a)。调查显示 2008 年 11 月～2009 年 10 月，南营水库站降水量为 170.6mm；红崖山水库站降水量为 109.9mm；九条岭站为 288.2mm(数据来源：甘肃省水文水资源勘测局)。计算得出石羊河流域内九条岭站、南营水库站和红崖山水库站大气降水中 $NO_3^-\text{-N}$ 的沉降量分别为 $1.64\text{kgN} \cdot \text{hm}^{-2} \cdot \text{a}^{-1}$、$1.62\text{kgN} \cdot \text{hm}^{-2} \cdot \text{a}^{-1}$ 和 $0.47\text{kgN} \cdot \text{hm}^{-2} \cdot \text{a}^{-1}$；$NH_4^+\text{-N}$ 的沉降量分别为 $7.98\text{kgN} \cdot \text{hm}^{-2} \cdot \text{a}^{-1}$、$3.87\text{kgN} \cdot \text{hm}^{-2} \cdot \text{a}^{-1}$ 和 $4.01\text{kgN} \cdot \text{hm}^{-2} \cdot \text{a}^{-1}$；大气降水中年无机氮总沉降量分别为 $9.62\text{kgN} \cdot \text{hm}^{-2} \cdot \text{a}^{-1}$、$5.49\text{kgN} \cdot \text{hm}^{-2} \cdot \text{a}^{-1}$ 和 $4.48\text{kgN} \cdot \text{hm}^{-2} \cdot \text{a}^{-1}$，如表 9-5 所示。降水无机氮总沉降量中 $NH_4^+\text{-N}$ 沉降量所占比例更高，三个站点中 $NH_4^+\text{-N}$ 沉降量所占比例分别约为 83%、71% 和 90%。受降水量影响，流域下游地区大气无机氮总沉降量小于中上游地区无机氮总沉降量。并且南营水库站和红崖山水库站中大气年无机氮总沉降量小于乌鲁木齐($7.4\text{kgN} \cdot \text{hm}^{-2} \cdot \text{a}^{-1}$)和我国东部地区($24\sim27\text{kgN} \cdot \text{hm}^{-2} \cdot \text{a}^{-1}$)(Li et al.，2014)，并且小于中国大气降水年无机氮总沉降量的平均值($9.9\text{kgN} \cdot \text{hm}^{-2} \cdot \text{a}^{-1}$)(Lu & Tian，2007)。

表 9-5　大气降水中无机氮沉降量

站点/地区(时间)	无机氮总沉降量 /(kgN · hm^{-2} · a^{-1})	NO$_3^-$-N 沉降量 /(kgN · hm^{-2} · a^{-1})	NH$_4^+$-N 沉降量 /(kgN · hm^{-2} · a^{-1})
九条岭站	9.62	1.64	7.98

站点/地区(时间)	无机氮总沉降量 /(kgN·hm^{-2}·a^{-1})	NO$_3^-$-N 沉降量 /(kgN·hm^{-2}·a^{-1})	NH$_4^+$-N 沉降量 /(kgN·hm^{-2}·a^{-1})
南营水库站	5.49	1.62	3.87
红崖山水库站	4.48	0.47	4.01
武威市(2017 年 7~8 月)	1.75	0.79	0.96
民勤县(2017 年 7~8 月)	1.03	0.14	0.89

由于条件限制，没有量化流域内的干沉降量。但是在我国西北干旱区大气 N 的干沉降量是不容忽视的。之前大量研究表明，亚洲中部地区大气 N 的干沉降量占总沉降量的主要部分(Li et al.，2014)。在美国东节干沉降量占大气 N 总沉降量的 20%~50%(Butler & Butlev，2005)。同样，在中国新疆大气 N 的干沉降量也占大气 N 总沉降量的很大比例，约占 83.8%(Li et al.，2014)。总体而言，干沉降采样条件的限制，干沉降中氮化物繁多的种类，以及干沉降监测点分布的局限性，共同导致对干沉降的理解要差于湿沉降。为了更精准地量化干旱区大气氮沉降的输入量，在今后的研究中还需搜集干沉降样品，对大气 N 的干沉降量进行量化。

综上所述，土壤中 NO$_3^-$-N 和 NH$_4^+$-N 存在季节变化和空间变化，这些变化反映了人类活动和气候条件的影响。在秋冬季和春夏季，降水中无机氮分别受控于 NO$_3^-$-N 和 NH$_4^+$-N。秋冬季煤炭燃烧量加大，增加了 NO$_x$ 的排放量，并且较小的风速抑制了大气中 NO$_x$ 的扩散，从而加大了 NO$_3^-$-N 对降水无机氮沉降量的贡献；春夏季受强烈的农业活动影响，加之气温升高，大幅增加了土壤氨挥发速率及氨挥发量，进而增加了降水中 NH$_4^+$ 的含量。流域内降水中无机氮主要来源于农业活动，其中下游地区受农业影响更明显，而流域中游地区降水中的无机氮还受供暖、工业和运输业影响。

九条岭站、南营水库站和红崖山水库站大气降水中无机氮总沉降量分别为 9.62kgN·hm^{-2}·a^{-1}、5.49kgN·hm^{-2}·a^{-1} 和 4.48kgN·hm^{-2}·a^{-1}。受降水量影响，流域下游地区降水中的无机氮沉降量小于中上游地区降水中的无机氮沉降量。其中，无机氮总沉降量中 NH$_4^+$-N 沉降量所占比例更高，三个站点中 NH$_4^+$-N 沉降量所占比例分别约为 83%、71%和 90%。

9.4　荒漠区包气带硝态氮迁移转化及其驱动因素

研究荒漠区包气带硝态氮的来源、迁移转化过程及其驱动因素，可以揭示其对全球气候变化的响应。选取腾格里沙漠西部区域的天然包气带剖面，分别利用水化学测试和稳定同位素技术(氢氧稳定同位素和氮氧稳定同位素)探究了包气带中 NO_3^- 来源及迁移转化过程，结合气候特征揭示了包气带中 NO_3^- 转化过程的驱动因素，为荒漠区包气带硝态氮迁移转化过程的数值模拟提供思路。

9.4.1 荒漠区包气带土壤剖面特征

为探究干旱区包气带中 NO_3^- 来源及迁移转化过程，在腾格里沙漠选取 21 个荒漠钻孔(13 个裸沙地和 8 个植被钻孔)，钻孔剖面分布和详情信息见表 9-6。

表 9-6　土壤剖面信息

剖面代号	海拔/m	深度/m	样品个数	植被类型	备注	采样时间/(年-月)
LS-3	1426	9	37	—	—	
LS-2	1438	6	25	—	—	
SZ-1	1512	11.5	47	—	—	
C-1	1556	5.5	23	—	—	2017-06
LS-1	1560	5.5	23	—	—	
SZ-2	1610	12	49	—	—	
LS-4	1672	7	29	—	—	
FY-2	1326	5.5	23	—	—	
DJQ-3	1367	5.5	23	—	—	
LS-5	1474	5.5	23	—	—	
LS-6	1504	3	13	—	达到潜水面	2018-05
LS-7	1556	5.5	23	—	—	
LS-8	1646	5.5	23	—	—	
FY	1308	2	9	芦苇	达到潜水面	
YC	1452	3.75	16	盐爪爪	达到潜水面	
YM	1459	2.5	11	大叶白麻	达到潜水面	
LW-2	1466	2.25	10	芦苇	达到潜水面	
LW	1498	5	21	芦苇	达到潜水面	2017-06
SL-2	1500	3.5	15	沙柳	达到潜水面	
C-2	1546	3	13	沙柳	—	
SL-1	1675	3	13	沙柳	—	

1. 裸沙地

裸沙地剖面中 $n(NO_3^-)/n(Cl^-)$、质量含水量、Cl^-和 NO_3^- 浓度的分布情况如表 9-7 所示。除了达到潜水面的 LS-6 剖面外，各剖面质量含水量的变化范围为 0.12%～4.94%，剖面质量含水量与海拔呈正相关关系（$R^2 = 0.39$，$P < 0.05$），各土层质量含水量基本呈现稳定波动趋势，标准差和变异系数均较小（表 9-7）。表土 5cm 范围内土壤质量含水量均较小，随后呈现快速上升趋势，这是沙漠地区地表强烈蒸发造成的。各剖面中 NO_3^- 浓度和 Cl^- 浓度范围分别为 0.00～88.48mg·kg^{-1} 和 0.22～43.07mg·kg^{-1}（表 9-7），总体来说，海拔更低的剖面中 NO_3^- 和 Cl^- 含量更高。其中，LS-3 剖面在 4m 深度附近 NO_3^- 和 Cl^- 浓度达到最大值，数值远远大于其他剖面。实验过程中，在该深度土层中发现大量根系残体，这可能是因为植被受到极端干旱气候影响而死亡，残体留在土层内。FY-2 和 DJQ-3 剖面 NO_3^- 和 Cl^- 浓度均在 3m 以下迅速上升，在 5m 附近达到最大值，这是因为在采样前民勤县发生了强降水事件，导致溶质的快速淋溶。

表 9-7　裸沙地剖面 Cl^- 浓度、NO_3^- 浓度、$n(NO_3^-)/n(Cl^-)$ 和质量含水量的特征值

指标	特征值	采样剖面												
		LS-3	LS-2	SZ-1	C-1	LS-1	SZ-2	LS-4	FY-2	DJQ-3	LS-5	LS-6	LS-7	LS-8
	平均值/(mg·kg^{-1})	11.85	3.66	0.85	1.11	0.46	2.00	0.43	2.33	4.58	0.52	2.38	0.47	0.27
	最大值/(mg·kg^{-1})	88.48	12.87	6.07	2.71	1.76	6.47	0.93	9.39	17.04	1.02	8.02	0.94	2.40
NO_3^- 浓度	最小值/(mg·kg^{-1})	0.72	0.38	0.00	0.05	0.00	0.39	0.00	0.00	0.07	0.00	0.00	0.00	0.00
	标准差/(mg·kg^{-1})	17.3	3.35	1.18	0.81	0.31	1.25	0.12	2.60	5.54	0.70	2.70	0.66	0.71
	变异系数	1.46	0.92	1.39	0.73	0.66	0.63	0.29	1.12	1.21	1.35	0.44	1.39	2.58
	平均值/(mg·kg^{-1})	7.77	4.41	1.09	1.24	0.63	1.12	0.58	5.99	7.07	0.62	3.71	0.51	0.40
	最大值/(mg·kg^{-1})	43.07	17.4	3.66	2.73	1.36	3.85	0.76	25.83	21.66	1.70	11.59	1.12	1.20
Cl^-浓度	最小值/(mg·kg^{-1})	1.21	0.51	0.48	0.30	0.39	0.53	0.44	1.01	0.48	0.23	0.37	0.25	0.22
	标准差/(mg·kg^{-1})	8.61	4.27	0.75	0.62	0.25	0.56	0.07	6.64	7.43	0.31	4.73	0.17	0.21
	变异系数	1.11	0.97	0.69	0.50	0.40	0.49	0.13	1.11	1.05	0.50	1.27	0.34	0.54
	平均值	0.81	0.49	0.39	0.50	0.41	1.04	0.44	0.15	0.29	0.18	0.41	0.25	0.20
	最大值	2.60	0.84	1.43	0.88	0.74	3.51	1.10	0.26	0.61	0.34	0.45		1.14
$n(NO_3^-)$/$n(Cl^-)$	最小值	0.17	0.39	0.09	0.01	0.2	0.34	0.31		0.07	0.02	0.36	0.02	0.01
	标准差	0.46	0.1	0.24	0.27	0.13	0.61	0.18	0.09	0.17	0.23	0.04	0.33	0.32
	变异系数	0.58	0.21	0.63	0.53	0.31	0.59	0.40	0.63	0.58	1.28	0.09	1.32	1.61

指标	特征值	采样剖面											
		LS-3	LS-2	SZ-1	C-1	LS-1	SZ-2	LS-4	FY-2	DJQ-3	LS-5	LS-6	LS-7	LS-8
质量含水量	平均值/%	2.09	1.62	1.99	2.07	2.38	2.88	2.49	1.81	2.10	1.58	7.72	1.58	2.82
	最大值/%	3.02	2.40	3.43	2.79	3.20	3.65	4.94	2.88	2.89	2.67	20.44	2.34	3.38
	最小值/%	0.12	0.18	0.29	0.43	0.36	0.97	0.26	0.38	0.60	0.31	0.38	0.50	0.82
	标准差/%	0.59	0.48	0.48	0.47	0.52	0.47	0.85	0.63	0.50	0.44	8.45	0.38	0.48
	变异系数	0.28	0.30	0.24	0.22	0.22	0.16	0.34	0.35	0.24	0.28	1.10	0.24	0.17

剖面各土层中 Cl^-浓度和NO_3^-浓度标准差和变异系数值显示NO_3^-浓度的变化波动程度高于 Cl^-浓度(表 9-7)，各剖面中 Cl^-浓度和NO_3^-浓度的变化趋势基本一致，决定系数分别为 SZ-1 剖面 $R^2 = 0.37$，$P < 0.0001$；SZ-2 剖面 $R^2 = 0.19$，$P < 0.005$；LS-3 剖面 $R^2 = 0.89$，$P < 0.0001$；LS-2 剖面 $R^2 = 0.92$，$P < 0.0001$；LS-1 剖面 $R^2 = 0.44$，$P < 0.005$；C-1 剖面 $R^2 = 0.42$，$P < 0.001$；LS-4 剖面 $R^2 = 0.12$，$P = 0.16$；FY-2 剖面 $R^2 = 0.84$，$P < 0.0001$；DJQ-3 剖面 $R^2 = 0.86$，$P < 0.0001$，表明裸沙地中NO_3^-和 Cl^-的来源相似。基于Cl^-在包气带中的稳定性，包气带水和地下水中的NO_3^- 和 Cl^-物质的量的比值可以用来检测包气带中可能发生的不稳定氮的添加或移除过程(Robertson et al.，2017)。各个剖面中$n(NO_3^-) / n(Cl^-)$平均值的分布范围在0.15~1.04，变化较大(表9-7)，并且小于研究区大气降水中$[n(NO_3^-) + n(NH_4^+)] / n(Cl^-)$的范围(1.13~2.72) (Ma et al.，2012a)，表明剖面中NO_3^-主要来源于大气沉降，并不存在明显的 NO_3^-额外源。各剖面中$n(NO_3^-) / n(Cl^-)$存在差异，变异系数分布范围在 0.09~1.61，尽管都是裸沙地剖面，但是各剖面中NO_3^-的含量和富集情况各不相同，说明各剖面中的NO_3^-所经历的生物和非生物过程不同。

2. 植被覆盖沙漠地区

植被覆盖沙漠剖面中的 $n(NO_3^-) / n(Cl^-)$、质量含水量、Cl^-和NO_3^-浓度分布情况和植被类型如图 9-9、图 9-10 和表 9-8 所示。各剖面质量含水量的变化范围为 0.18%~23.85%，受植物根系吸收的影响，潜水面以上土层中土壤质量含水量小，且波动较为平缓。受强烈蒸发作用影响，表土 5cm 范围内质量含水量最小。C-2 剖面在 2.5~3m 土层范围内质量含水量的快速增加，这并不是剖面到达潜水面所致，而是 2.5~2.75m 土壤质地发生了变化，出现粉砂土，导致质量含水量增加，而在 3m 处又出现沙土，质量含水量再次下降。由于本地过去发生了大规模洪水改变了周围的土壤质地。如图9-10所示，各剖面中NO_3^-浓度和Cl^-浓度的变化范围分别为0.05～19.55mg·kg^{-1}和0.48～1404.61mg·kg^{-1}，变化幅度很大。YC 剖面中NO_3^-和 Cl^-浓度最大，NO_3^-和 Cl^-浓度均值分别为 8.99mg·kg^{-1}和 384.44mg·kg^{-1}。NO_3^-和 Cl^-浓度最小的剖面为C-2剖面，均值仅为0.34mg·kg^{-1}和 1.6mg·kg^{-1}。8 个植被剖面中均存在 Cl^-浓度的峰值，但是峰值的深度和数值不同，其中LW、LW-2、YM 和 FY 剖面中 Cl^-浓度在潜水面处达到最大值。受植物根系吸收和复杂氮循环过程的影响，植被覆盖剖面中NO_3^-浓度和 Cl^-浓度基本不存在明显的相关关系(除 YC、LW-2 和 FY 外)。SL-1 和 C-2 剖面在表土以下并不存在明显的 NO_3^-浓度峰值，这是沙柳根系对养分的强烈吸收所致。SL-2 剖面中NO_3^-和 Cl^-浓度在 1.5～3.5m 土层内变化趋势一致，呈现明显的正相关关系，但是在 0～1.5m 土层内，二者变化趋势不一致，是由于沙柳对氮素的吸收以及表土复杂的硝态氮转化过程影响。

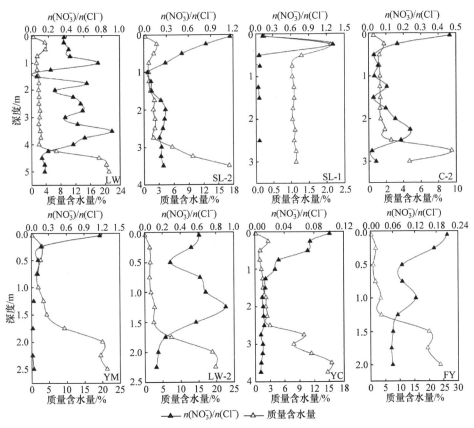

图9-9 植被覆盖沙漠剖面质量含水量和$n(NO_3^-)/n(Cl^-)$分布特征

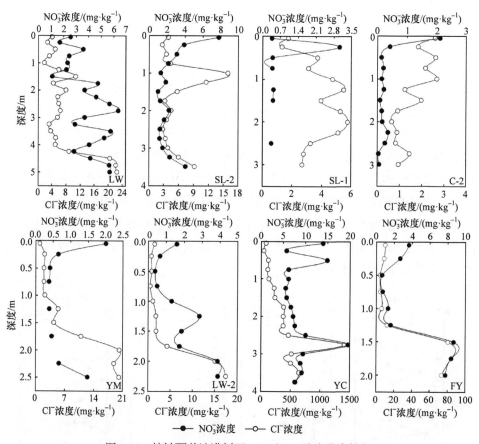

图 9-10　植被覆盖沙漠剖面 NO_3^- 和 Cl^- 浓度分布特征

表 9-8　植被覆盖沙漠剖面 Cl^- 浓度、NO_3^- 浓度、$n(NO_3^-)/n(Cl^-)$ 和质量含水量的特征值

指标	特征值	采样剖面							
		YC	YM	LW-2	LW	SL-2	C-2	SL-1	FY
NO_3^- 浓度	平均值/(mg·kg⁻¹)	8.99	0.81	1.89	3.88	2.44	0.34	0.78	3.95
	最大值/(mg·kg⁻¹)	19.55	2.00	3.92	6.38	7.75	2.11	3.03	8.70
	最小值/(mg·kg⁻¹)	5.52	0.39	0.40	1.14	1.01	0.05	0.36	0.65
	标准差/(mg·kg⁻¹)	3.94	0.60	1.30	1.52	1.75	0.54	1.00	3.40
	变异系数	0.44	0.74	0.69	0.39	0.72	1.58	1.28	0.86
Cl^- 浓度	平均值/(mg·kg⁻¹)	384.44	8.12	4.52	7.59	5.54	1.60	3.76	31.60
	最大值/(mg·kg⁻¹)	1404.61	20.11	17.49	22.49	15.80	2.67	5.75	84.15
	最小值/(mg·kg⁻¹)	43.48	0.98	0.48	1.78	2.65	0.65	1.33	4.31
	标准差/(mg·kg⁻¹)	331.83	7.89	6.31	6.25	3.74	0.75	1.44	36.04
	变异系数	0.86	0.97	1.40	0.82	0.68	0.47	0.38	1.14

指标	特征值	采样剖面							
		YC	YM	LW-2	LW	SL-2	C-2	SL-1	FY
$n(NO_3^-)/n(Cl^-)$	平均值	0.03	0.21	0.47	0.41	0.33	0.12	0.25	0.10
	最大值	0.10	1.16	0.91	0.9	1.16	0.47	1.31	0.21
	最小值	0.01	0.02	0.13	0.06	0.05	0.02	0.05	0.06
	标准差	0.03	0.39	0.26	0.22	0.30	0.12	0.47	0.05
	变异系数	1.10	1.84	0.55	0.54	0.89	1.00	1.89	0.53
质量含水量	平均值/%	4.94	7.97	5.81	4.85	3.45	2.31	1.11	8.34
	最大值/%	15.53	21.27	19.86	20.85	17.15	9.49	2.12	23.85
	最小值/%	0.21	0.36	0.18	0.57	0.32	0.59	0.24	0.32
	标准差/%	5.15	8.22	7.43	6.36	4.46	2.38	0.39	9.70
	变异系数	1.04	1.03	1.28	1.31	1.29	1.03	0.35	1.16

　　YC、YM、LW-2、LW 和 FY 剖面中 Cl⁻浓度和土壤质量含水量之间呈现显著的正相关关系，R^2 分别为 0.44、0.99、0.98、0.90 和 0.95。受植物根系分布差异，根系对氮素的选择性吸收，以及地表动物粪肥的影响，YC、YM、LW-2 和 LW 剖面中 NO_3^- 浓度与质量含水量之间的关系并不明显；但是除了表土 50cm 土层及 LW 剖面 4~5m 土层外，这些剖面中 NO_3^- 浓度与质量含水量之间也呈现正相关关系，R^2 分别为 0.19、0.66、0.72 和 0.59。FY 剖面中 NO_3^- 浓度和质量含水量呈现显著的正相关关系，R^2 为 0.86，这说明 NO_3^- 和 Cl⁻会在强降水作用下随土壤水分迁移到地下水中。不同植被覆盖剖面中 NO_3^- 浓度的变化趋势存在差异，这是因为植被根系分布特征及地表生物活跃性的差异。各剖面中 $n(NO_3^-)/n(Cl^-)$ 值的分布范围为 0.01~1.16(表 9-8)，除芦苇覆盖剖面的变异系数相对较低之外，其他几个剖面中该值的变化均较大，NO_3^- 整体表现为地表富集度高，植物根系活动层富集度低的特征(图 9-10)。

9.4.2　荒漠区包气带水同位素分布特征

1. 荒漠区包气带水中 $\delta^{15}N$-NO_3^- 和 $\delta^{18}O$-NO_3^- 组分

　　$\delta^{15}N$-NO_3^- 和 $\delta^{18}O$-NO_3^- 测试对待测样品 NO_3^- 浓度有所限制(NO_3^--N浓度不得低于 $0.2mg \cdot L^{-1}$)，选取 4 个裸沙地剖面(SZ-2、LS-3、LS-2 和 C-1)与 3 个植被覆盖剖面(LW、SL-2 和 YC)的部分样品进行 $\delta^{15}N$-NO_3^- 和 $\delta^{18}O$-NO_3^- 的测试。裸沙地剖面包气带水中 $\delta^{15}N$-NO_3^- 的变化范围为–5.97‰~5.00‰，中值为–2.2‰

(图 9-11)；δ^{18}O- NO$_3^-$ 的变化范围为–2.07‰～48.18‰，中值为 16.99‰。4 个剖面中 δ^{18}O- NO$_3^-$ 存在明显的差异，除表土外，LS-3 和 C-1 剖面中 δ^{18}O- NO$_3^-$ 较贫瘠(图 9-11)，SZ-2 和 LS-2 剖面中 δ^{18}O- NO$_3^-$ 较为富集。三个植被覆盖剖面包气带水中 δ^{15}N- NO$_3^-$ 的变化范围为–3.12‰～15.49‰，中值为 6.96‰，各剖面中 δ^{15}N- NO$_3^-$ 存在较为明显的差异，其中 SL-2 剖面中 δ^{15}N- NO$_3^-$ 更为贫瘠(图 9-11)，LW 和 YC 剖面中 δ^{15}N- NO$_3^-$ 相对富集；δ^{18}O- NO$_3^-$ 变化范围为–2.64‰～30.03‰，中值为 14.16‰，SL-2 剖面中 δ^{18}O- NO$_3^-$ 更为富集。

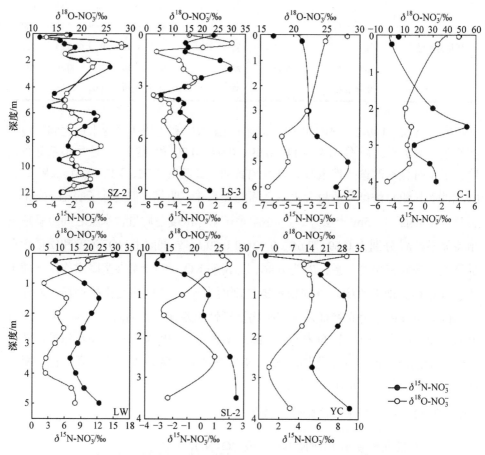

图 9-11　天然剖面包气带水 δ^{18}O- NO$_3^-$ 和 δ^{15}N- NO$_3^-$ 分布特征

对比裸沙地剖面和植被覆盖剖面中的 δ^{15}N- NO$_3^-$ 和 δ^{18}O- NO$_3^-$，发现植被覆盖剖面(LW 和 YC 剖面)中的 δ^{15}N- NO$_3^-$ 更为富集，而 δ^{18}O- NO$_3^-$ 则不存在显著差别。图 9-11 中可以看出，各个剖面中 δ^{18}O- NO$_3^-$ 和 δ^{15}N- NO$_3^-$ 之间存在明显区

别。在 0～1m 土层中，SZ-2 剖面中 $\delta^{18}O$-NO_3^- 和 $\delta^{15}N$-NO_3^- 组分呈现先降低，再增加的变化趋势；LS-3 和 SL-2 剖面中 $\delta^{18}O$-NO_3^- 和 $\delta^{15}N$-NO_3^- 变化一致，$\delta^{18}O$-NO_3^- 先增加后降低，$\delta^{15}N$-NO_3^- 先降低后增加；LW 剖面中 $\delta^{18}O$-NO_3^- 持续降低，$\delta^{15}N$-NO_3^- 先降低后增加。在 0～25cm 土层中，LS-2 剖面中 $\delta^{18}O$-NO_3^- 降低，$\delta^{15}N$-NO_3^- 增加；C-1 剖面中 $\delta^{18}O$-NO_3^- 和 $\delta^{15}N$-NO_3^- 均呈降低趋势。SZ-2、LS-3、LW、C-1 和 SL-2 剖面在 1m 以下土层中 $\delta^{18}O$-NO_3^- 和 $\delta^{15}N$-NO_3^- 之间基本呈一致的变化趋势。说明生物活动层(0～1m)中复杂的生物和非生物过程导致各剖面中 $\delta^{18}O$-NO_3^- 和 $\delta^{15}N$-NO_3^- 组分的变化。

2. 荒漠区包气带水中 $\delta^{18}O$ 和 δ^2H 组分

抽提 SZ-2、LS-3、LS-2、LW、SL-2 和 YC 6 个天然剖面的包气带水分，进行包气带水的氢氧同位素测试。但沙漠地区表土土壤含水量极低，因此未能抽提得到足够的待测样品量，部分剖面缺失表层土壤水氢氧同位素特征值。各剖面包气带水 $\delta^{18}O$-H_2O 和 δ^2H-H_2O 值呈现一致的变化趋势。裸沙地剖面包气带水中 $\delta^{18}O$-H_2O 值的分布范围分别为–5.43‰～3.48‰、–3.19‰～8.26‰和–3.35‰～0.40‰，平均值分别为–2.81‰、–0.69‰和–1.54‰；δ^2H-H_2O 值的分布范围分别为–57.44‰～–20.71‰、–50.34‰～–23.75‰和–44.56‰～–35.09‰，平均值分别为–38.15‰、–39.14‰和–38.54‰。其中，SZ-2 和 LS-3 剖面在 25cm 土层中 $\delta^{18}O$ 和 δ^2H 更为富集，其他土层中 $\delta^{18}O$ 和 δ^2H 相对贫瘠，这是因为地表强烈的蒸发作用使重同位素残留。同时，LS-3 和 LS-2 剖面包气带水中 $\delta^{18}O$-H_2O 更为富集，SZ-2 剖面包气带水中 $\delta^{18}O$-H_2O 更为贫瘠，这一现象与剖面所在位置有关，SZ-2 剖面所在位置较 LS-3 和 LS-2 剖面偏南，无论是气温还是土壤温度都比 LS-3 和 LS-2 剖面更低，在一定程度上限制了蒸发作用的强度，同时这也符合 $\delta^{18}O$-H_2O 的温度效应(赵玮，2017)。

植被覆盖剖面包气带水中 $\delta^{18}O$ 值的分布范围分别为–4.62‰～–1.18‰、–2.92‰～5.01‰和–9.39‰～5.29‰，平均值分别为–2.63‰、–0.36‰和–1.69‰；δ^2H 值的分布范围分别为–45.53‰～–33.56‰、–39.97‰～–16.94‰和–69.89‰～–20.06‰，平均值分别为–39.18‰、–31.49‰和–42.31‰。植被覆盖剖面中包气带水的 $\delta^{18}O$ 和 δ^2H 组分从表层向深层逐渐递减，这是因为深层土层受到地下水的影响，$\delta^{18}O$ 和 δ^2H 组分较为贫瘠，而剖面上部土层受蒸发作用影响，$\delta^{18}O$ 和 δ^2H 较为富集。地表 25cm 土层中，LW 剖面包气带水的 $\delta^{18}O$ 和 δ^2H 组分更为贫瘠，这与植被覆盖情况有关。LW 剖面覆盖的植被为茂密的芦苇，而 SL-2 剖面覆盖的植被为稀疏的沙柳，YC 剖面覆盖的植被为靠近地表的盐爪爪，所以 LW 剖面的植被减弱了地表的蒸发作用，使得表土孔隙水中 $\delta^{18}O$-H_2O 和 δ^2H-H_2O 相对贫瘠。

9.4.3 荒漠区包气带硝态氮的来源和迁移转化

1. 裸沙地沙漠包气带中 NO_3^- 和 NO_2^- 的海拔效应

1) 包气带中 NO_3^- 对海拔的响应

裸沙地剖面中 Cl^- 和 NO_3^- 的分布情况具有差异性，SZ-2 和 LS-3 剖面中 NO_3^- 的平均浓度高于 Cl^- 浓度，而其他剖面中 Cl^- 浓度略高于 NO_3^- 的浓度。这说明各剖面所处的局地环境不同，NO_3^- 和 Cl^- 的输入量，NO_3^- 在包气带中的循环过程及它的控制因素也有所不同。Liu 等(2017)研究了我国北方干旱和半干旱区的土壤氮循环过程，发现降水量是土壤氮循环过程的驱动因子，100mm 的年均降水量可以作为一个阈值，阈值两侧氮循环过程所经历的生物和非生物过程有所不同。腾格里沙漠西部的裸沙地剖面海拔从南到北相差 346m。从石羊河流域年均降水量的插值结果中得出，13 个裸沙地剖面的年均降水量从南到北相差约为71.41mm。各剖面 $0\sim1m$、$1\sim5.5m$ 和 $0\sim5.5m$ 土层范围内的平均含水量与海拔呈现明显的正相关关系，R^2 分别为 0.64、0.38 和 0.53，$P < 0.05$，说明海拔和大气降水量之间存在较高的相关性。此外，区内海拔和温度之间也存在明显相关性，沙漠南部气温明显高于沙漠北部。因此，分析裸沙地剖面 $0\sim1m$，$1\sim5.5m$ 和 $0\sim5.5m$ 范围内 Cl^-、NO_3^- 浓度与海拔之间的关系，可以反映降水和气温对包气带硝态氮循环过程的影响(图 9-12)。在 $0\sim1m$、$1\sim5.5m$ 和 $0\sim5.5m$ 三个土层中 Cl^- 浓度与海拔之间均存在显著的对数下降关系；在生物活跃土层($0\sim1m$)内 NO_3^- 浓度与海拔之间没有明显的关系，但在 $0\sim5.5m$ 和 $1\sim5.5m$ 土层中 NO_3^- 浓度与海拔之间呈现明显的线性负相关关系(图 9-12)。这是因为 1m 范围内为生物活跃层，并且近地表受到强烈的外界和蒸发作用影响，导致 NO_3^- 浓度在微生物活跃层具有多变性。随深度的增加，Cl^- 和 NO_3^- 的浓度与海拔之间负相关关系越显著(图 9-12)。各剖面中 Cl^- 浓度和 NO_3^- 浓度之间显著的正相关关系，说明荒漠区包气带中 NO_3^- 和 Cl^- 的初始来源主要为大气沉降。包气带中 NO_3^- 浓度与海拔的相关性明显低于包气带中 Cl^- 浓度与海拔的相关性，尤其是在生物活跃层中，这说明除了受大气沉降的直接输入影响外，包气带中 NO_3^- 的浓度还与土壤微生物活动息息相关。土壤微生物的活性与土壤含水量之间存在必然联系，即含水量越高，微生物越活跃。因此，包气带中 NO_3^- 的富集度就越低(Liu et al.，2017)。Cl^- 浓度和 NO_3^- 浓度之间的相关性可以用来反映二者关系的稳定性，二者的决定系数 R_1^2 与海拔呈现显著的负相关关系，$R^2 = 0.90$，$P < 0.0005$[图 9-12(d)]。说明海拔越

低，Cl⁻浓度和NO₃⁻浓度的关系越稳定，各种氮循环过程越不活跃，越有利于NO₃⁻在包气带中的储存。裸沙地剖面中 Cl⁻和NO₃⁻浓度的空间分布特征整体呈现北高南低的变化趋势，但是位于沙漠南部的 SZ-2 剖面中NO₃⁻浓度却较高，表明除了大气降水中 NO₃⁻的直接输入和气候条件可以改变包气带中NO₃⁻浓度外，环境因素也可能改变局地硝态氮循环过程。

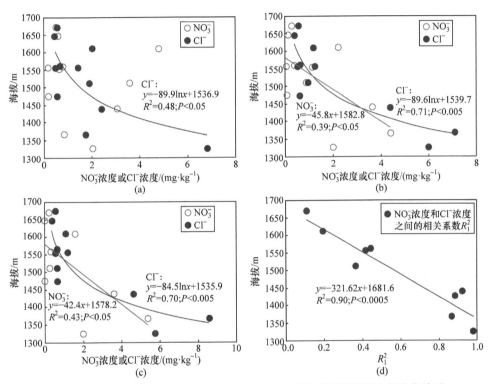

图 9-12　裸沙地剖面不同土层 NO₃⁻ 和 Cl⁻浓度及其决定系数随海拔的变化关系

(a) 0～1cm 土层 NO₃⁻ 和 Cl⁻浓度；(b) 0～5.5cm 土层 NO₃⁻ 和 Cl⁻浓度；(c) 1～5.5cm 土层 NO₃⁻ 和 Cl⁻浓度；(d) 0～5.5cm 土层 NO₃⁻ 和 Cl⁻决定系数

2) 包气带中NO₂⁻对海拔的响应

包气带中NO₂⁻主要来源于包气带中的硝化过程和反硝化过程。主要形成于生物过程，包气带中NO₂⁻含量受包气带中原有NO₃⁻含量和NH₄⁺含量的共同影响。并且，NO₂⁻的积累可以用来反映包气带水土系统中硝化作用和反硝化作用的发生强度(朴河春等，1995)，这主要受到包气带中溶解氧含量的控制。为了更好地衡量各个包气带剖面中NO₂⁻含量之间的关系，需要以 Cl⁻含量作为参照。通过分析裸沙地剖面中 $n(NO_3^-)/n(Cl^-)$ 和 $n(NO_2^-)/n(Cl^-)$ 值来检验深层包气带中

NO_3^- 和 NO_2^- 之间的转化过程。鉴于表土 1m 范围内为生物活跃层，NO_2^- 和 NO_3^- 之间的反应关系更为复杂，因此分别针对浅层包气带 0～1m 和深层包气带 1～5.5m 两个范围进行包气带中 NO_2^- 含量的分析。如表 9-9 所示，在生物活跃层(0～1m)中，除了 SZ-2 剖面外，其他剖面中的 $n(NO_2^-)/n(Cl^-)$ 和 $n(NO_3^-)/n(Cl^-)$ 值分别表现为南高北低和南低北高的变化趋势，反映了局地环境对土壤氮循环的控制作用。如图 9-13 所示，深层包气带剖面中，沙漠南部的 LS-1、LS-4 和 SZ-1 剖面中具有较低的 $n(NO_3^-)/n(Cl^-)$ 和较高的 $n(NO_2^-)/n(Cl^-)$，这时包气带处于缺氧环境(在氧气充足和厌氧环境之间)，反硝化作用和硝化作用均强烈发生，导致两个反应过程的共同中间产物 NO_2^- 大量积累(朴河春等，1995)。SZ-2 剖面同样位于海拔较高的沙漠南部区域，其 $n(NO_2^-)/n(Cl^-)$ 值与其他高海拔剖面相似，但 $n(NO_3^-)/n(Cl^-)$ 值却明显偏高，这可能是因为该剖面质量含水量最高，微生物活性加强，生物过程更为复杂；也可能是存在更强的矿化作用，加大了包气带中 NO_3^- 的含量。海拔较低的 LS-3 剖面中 $n(NO_3^-)/n(Cl^-)$ 明显高于 $n(NO_2^-)/n(Cl^-)$，说明该区域包气带中氧分含量适宜，硝化作用明显强于反硝化作用，包气带中无机氮主要以 NO_3^- 形式存在，导致北部区域包气带中 NO_3^- 的累积。与 LS-3 相似，整体来说，LS-2 剖面中的 $n(NO_3^-)/n(Cl^-)$ 也高于 $n(NO_2^-)/n(Cl^-)$，但是在 1～2m 土层范围内 $n(NO_2^-)/n(Cl^-)$ 偏高，这可能是因为质量含水量偏低以及土层的特殊环境，减缓了硝化反应进程；2m 以下土层中，随质量含水量的增加，$n(NO_2^-)/n(Cl^-)$ 逐渐降低，说明此时硝化反应又占据了主导地位，使 NO_3^- 在深层包气带中大量储存。LS-3 和 SZ-2 剖面中 $n(NO_3^-)/n(Cl^-)$ 和 $n(NO_2^-)/n(Cl^-)$ 与质量含水量之间分别存在一定的正相关关系和负相关关系，说明在硝化作用占据主导的情况下，随着剖面质量含水量的增加，NO_2^- 向 NO_3^- 的转化过程加剧。

表 9-9 裸沙地沙漠浅层包气带中 $n(NO_3^-)/n(Cl^-)$ 和 $n(NO_2^-)/n(Cl^-)$ 与海拔之间的关系

采样剖面	LS-3	LS-2	SZ-1	LS-1	SZ-2	LS-4
海拔/m	1426	1438	1512	1560	1610	1672
$n(NO_3^-)/n(Cl^-)$	0.81	0.61	0.88	0.52	2.11	0.59
$n(NO_2^-)/n(Cl^-)$	0.38	0.40	0.47	1.12	0.38	1.25

以上分析表明，土壤质量含水量会影响包气带中的硝化过程和反硝化过程。研究区内天然包气带水分明显受海拔影响，同时海拔不同，其土壤温度也有所不同。为了融合土壤水分和土壤温度对包气带中 NO_3^- 转化的影响，分析了包气带中

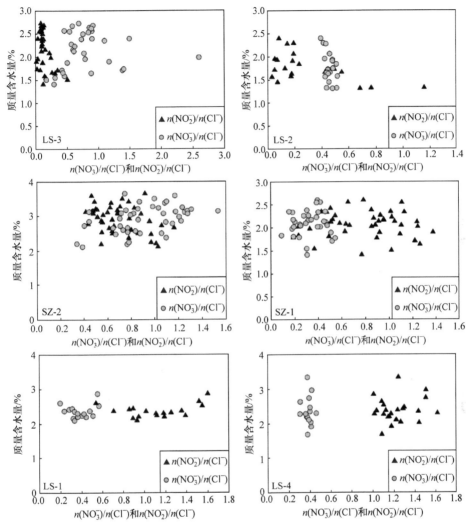

图 9-13　裸沙地剖面 1m 以下土层中的 $n(NO_3^-)/n(Cl^-)$ 和 $n(NO_2^-)/n(Cl^-)$ 与质量含水量的关系

$n(NO_2^-)/n(Cl^-)$ 和海拔之间的关系，如图 9-14 所示。各个剖面中 $n(NO_2^-)/n(Cl^-)$ 的平均值和各个剖面不同土层中 $n(NO_2^-)/n(Cl^-)$ 的值分别与海拔呈显著的正相关关系（$R^2 = 0.70$，$P < 0.05$；$R^2 = 0.50$，$P < 0.0001$）。海拔越高，越适宜包气带中 NO_2^- 的积累。这一结果说明，海拔越高各种土壤微生物活性均较强，同时包气带瞬时可能处于缺氧环境，适宜硝化作用和反硝化作用共同发生，导致 NO_2^- 在包气带中的产生和积累。海拔较低时，土壤质量含水量相对较小，溶解氧的浓度相对较高，更适宜硝化作用的发生，包气带中硝化作用占据主导地位。除了利用包气带中 NO_2^- 的累积来探究包气带中 NO_3^- 的相关反应过程之外，还可以利用包

气带中硝酸盐的氮氧稳定同位素技术来分析包气带硝态氮的转化过程。在分析包气带水化学的基础上，结合稳定氢氧同位素和氮氧同位素技术，将为理解分析大气-包气带中的硝态氮来源、迁移转化过程提供更具有说服力的依据。

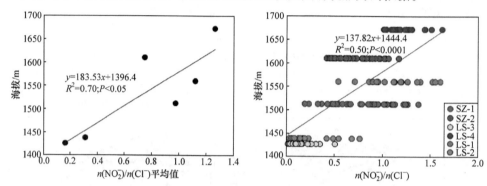

图 9-14　裸沙地剖面深层包气带 $n(NO_2^-)/n(Cl^-)$ 平均值及 $n(NO_2^-)/n(Cl^-)$ 与海拔之间的关系
(见彩图)

2. 包气带中 NO_3^- 的来源及迁移转化过程

包气带中 NO_3^- 的潜在来源主要包括：大气干湿沉降、肥料、生物固氮、矿化作用及微生物硝化作用(Scanlon et al., 2008)。天然荒漠包气带中，不受人为施肥的直接影响，但是不排除动物排泄物的影响。通过测定研究区内 7 次大气降水中 $\delta^{15}N\text{-}NO_3^-$ 和 $\delta^{18}O\text{-}NO_3^-$(潘艳辉，2014)，结合 Yue 等(2014)、Xue 等(2009)和 Kendall 等(2007，1998)的研究，确定不同来源的硝酸盐氮氧稳定同位素组分的分布范围，如图 9-15 所示[修改自 Yue 等(2014)和 Kendall 等(2007)]。铵肥、土壤有机质和动物粪肥所生成的 $\delta^{18}O\text{-}NO_3^-$ 值存在重叠，因此，$\delta^{15}N$ 成为区分这三种硝酸盐来源的有效辨别方式。

在识别包气带中 NO_3^- 来源之前，先对各剖面是否存在反硝化作用进行分析。比较 $\delta^{15}N\text{-}NO_3^-$ 与 NO_3^- 浓度之间的关系，可以揭示各剖面中 NO_3^- 是否经历了反硝化作用或者是混合作用(Kendall et al., 2007)。研究发现，SZ-2 和 LS-3 剖面的深层包气带中，$\delta^{15}N\text{-}NO_3^-$ 与 NO_3^- 浓度之间呈现明显的对数关系，R^2 分别为 0.54 和 0.46，包气带水中 NO_3^- 浓度越低，$\delta^{15}N\text{-}NO_3^-$ 值越高[图 9-16(a)]；$\delta^{15}N\text{-}NO_3^-$ 和 $\delta^{18}O\text{-}NO_3^-$ 呈现正相关关系，斜率分别为 0.57 和 0.98[图9-16(b)]。斜率分布在0.5～1(Kendall et al., 2007)，表明 SZ-2 和 LS-3 剖面深层包气带中存在明显的反硝化作用。受反硝化作用影响，部分包气带中 NO_3^- 还原成气体产物，流失到大气中，最终导致 SZ-2 和 LS-3 剖面中残余的 NO_3^- 中 $\delta^{15}N$ 和 $\delta^{18}O$ 富集。在干旱荒漠区，微生物反硝化作用的发生可能仅仅是一个短暂的过程，通常发生在强降水事

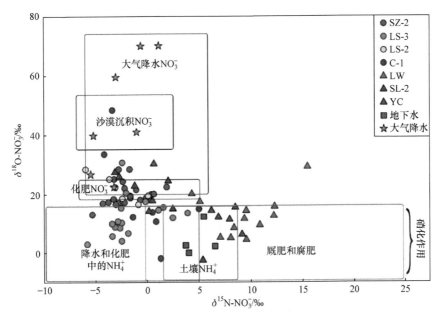

图 9-15　天然包气带剖面和地下水中 $\delta^{15}N\text{-}NO_3^-$ 和 $\delta^{18}O\text{-}NO_3^-$ 的分布(见彩图)

件之后，这时反硝化作用可能会发生在一些特殊的地区(Abed et al.，2013；Zaady et al.，2013)。其他 5 个剖面中都不存在明显的反硝化作用。浅层包气带作为生物活跃层，虽然不存在反硝化作用，但是受外界影响大，存在多种多样的硝酸盐转化过程。

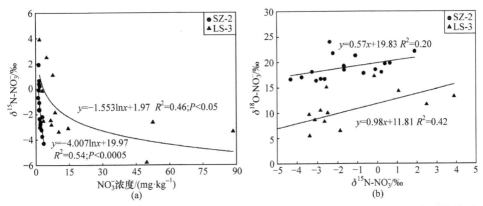

图 9-16　1m 以下土层中 $\delta^{15}N\text{-}NO_3^-$ 与 NO_3^- 浓度的关系及 $\delta^{18}O\text{-}NO_3^-$ 和 $\delta^{15}N\text{-}NO_3^-$ 的线性关系

(a) $\delta^{15}N\text{-}NO_3^-$ 与 NO_3^- 浓度的关系；(b) $\delta^{18}O\text{-}NO_3^-$ 和 $\delta^{15}N\text{-}NO_3^-$ 的线性关系

图 9-15 显示，裸沙地剖面(SZ-2、LS-3、LS-2 和 C-1)中 $\delta^{15}N\text{-}NO_3^-$ 值的分布范围明显要低于植被覆盖剖面(LW 和 YC)，$\delta^{18}O\text{-}NO_3^-$ 值相对略高于植被覆盖剖

面。SL-2 剖面和裸沙地剖面具有相似的 $\delta^{15}N$-NO_3^- 和 $\delta^{18}O$-NO_3^- 值。从图 9-15 中可以直观地看出，裸沙地剖面中 NO_3^- 主要来源为大气降水、沙漠沉积 NO_3^-、降水和化肥中的 NH_4^+ 和部分土壤 NH_4^+ 的硝化作用。裸沙地剖面位于沙漠中，因此排除人为农业施肥的直接影响。植被覆盖剖面(LW 和 YC)中 NO_3^- 的主要来源包括大气降水、土壤 NH_4^+、厩肥和腐肥的硝化作用。采样过程中发现，植被覆盖剖面的地表存在动物排泄物，这与分析结果相一致。SL-2 剖面中的 NO_3^- 主要来源与裸沙地剖面相似，是因为其位于沙漠腹地，远离绿洲区，受生物活动影响较小。

各剖面表土 5cm 内 $\delta^{15}N$-NO_3^- 和 $\delta^{18}O$-NO_3^- 值显示，LS-3 剖面的 $\delta^{15}N$-NO_3^- 更为富集，$\delta^{18}O$-NO_3^- 更为贫瘠，这是因为受到非生物过程的影响。LS-3 剖面所处位置降水稀少，地表温度高，引起强烈的氨挥发现象，导致包气带中 ^{15}N-NH_4^+ 的富集，进而导致硝化作用产生的 NO_3^- 中 ^{15}N 富集。同时，强烈的氨挥发作用也引发了表土氮素以气体的形式流失，减少了包气带中 NO_3^- 的储量。SZ-2 剖面处于年降水量偏多的沙漠南部，地表 5cm 土层内 $\delta^{15}N$-NO_3^- 和 $\delta^{18}O$-NO_3^- 都较为贫瘠，说明地表硝态氮循环过程受相对强烈的生物因素控制，氨挥发程度相对减弱，同时，降水量的增加导致矿化作用的增强，使得包气带中 NO_3^- 含量增加。LS-2 剖面海拔较低，降水量也较小，其地表 5cm 土层 $\delta^{15}N$-NO_3^- 最为贫瘠，而 $\delta^{18}O$-NO_3^- 相对富集，同时该土层中 NO_3^- 浓度很高，这反映了较为强烈的大气沉降信号。C-1 剖面地表 5cm 土层内 $\delta^{15}N$-NO_3^- 贫瘠，但是 $\delta^{18}O$-NO_3^- 最为富集，明显反映了沙漠中大气 NO_3^- 沉积物的信号。植被剖面中表土 5cm 范围内 $\delta^{18}O$-NO_3^- 值较为相近；$\delta^{15}N$-NO_3^- 值在 LW 剖面最为富集，其次是 YC，二者均偏正，而 SL-2 剖面偏负。SL-2 剖面 NO_3^- 来源反映了明显的大气沉降信号；LW 剖面表层 NO_3^- 受生物干扰和大气沉降混合作用的影响，具有极高的 $\delta^{15}N$-NO_3^- 和较高的 $\delta^{18}O$-NO_3^-；YC 剖面中地表 NO_3^- 则受大气沉降和硝化作用的共同影响。

利用包气带水的 $\delta^{18}O$ 值来识别各包气带中硝态氮的准确来源。如果 NO_3^- 主要形成于硝化反应，那么生成的 NO_3^- 中包含一个来自大气氧气中的 O 原子和两个来自 H_2O 中的 O 原子(Hollocher, 1984)。大气 $\delta^{18}O$-O_2 值相对稳定，为 23.5‰，假设大气 O_2 和水中 O 的同位素组分一致。这样通过硝化反应产生的 NO_3^- 中 $\delta^{18}O$ 值就依赖包气带水的 $\delta^{18}O$ 值，通过 $\delta^{18}O$-$H_2O_{土壤}$ 来计算硝化反应生成的 $\delta^{18}O$-NO_3^- 值(图 9-17，$\delta^{18}O$-NO_3^- 计算值是土壤水中的 $\delta^{18}O$-H_2O 和大气氧气中的 $\delta^{18}O$-O_2 计算硝化反应生成 NO_3^- 中的 $\delta^{18}O$ 值，计算值 $\delta^{18}O$-$NO_3^- = 2/3\delta^{18}O$-$H_2O_{土壤} +$

1/3 δ^{18}O- O$_{2大气}$)。δ^{18}O- NO$_3^-$ 的计算值和观测值之间的差别为识别硝化作用提供了证据(Liu et al.，2017)。SZ-2 剖面 25~100cm 土层中δ^{15}N- NO$_3^-$ 和δ^{18}O- NO$_3^-$ 实测值均呈现上升趋势，同时 NO$_3^-$ 浓度降低。SZ-2 剖面δ^{18}O- NO$_3^-$ 的计算值在 25cm 处与δ^{18}O- NO$_3^-$ 的实测值十分接近，而在 100cm 土层中却远远小于实测值[图 9-17(a)和(b)]，说明在 25cm 土层中硝化作用明显，而在 100cm 土层中 NO$_3^-$ 受到强烈的大气降水影响，当然也可能是反硝化作用影响所致。LS-3 剖面在 25~100cm 土层中δ^{15}N- NO$_3^-$ 值基本保持不变，δ^{18}O- NO$_3^-$ 值明显下降，同时 NO$_3^-$ 含量增加。LS-3 剖面δ^{18}O- NO$_3^-$ 的计算值在 25cm 处远远小于实测值，而在 100cm 二者几乎一致[图 9-17(a)和(b)]，说明在 25cm 土层中，NO$_3^-$ 的来源是大气沉降，而在 100cm 土层中 NO$_3^-$ 主要来源于包气带中的硝化反应。LW 剖面在 25~100cm 土层中δ^{15}N- NO$_3^-$ 值上升，δ^{18}O- NO$_3^-$ 值下降，δ^{18}O- NO$_3^-$ 计算值在 25cm 处远远小于实测值，而在 100cm 二者比较一致[图 9-17(a)和(b)]，NO$_3^-$ 浓度先增加后下降。说明 LW 剖面中 25cm 土层内的 NO$_3^-$ 受生物干扰和大气沉降影响，而 100cm 土层

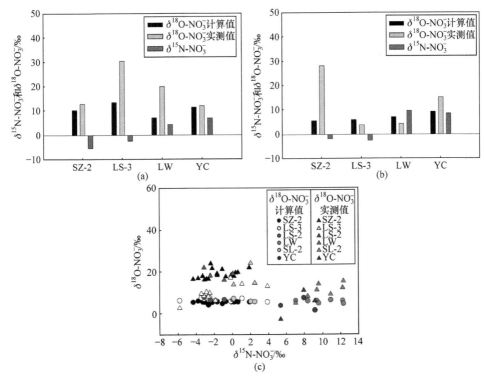

图 9-17　δ^{18}O- NO$_3^-$ 计算值和δ^{18}O- NO$_3^-$ 实测值的分布关系(见彩图)

(a) 25cm 浅层包气带；(b) 100cm 浅层包气带；(c) 深层包气带

中的 NO_3^- 受植物根系吸收和硝化作用的影响。YC 剖面在 25～100cm 土层中 $\delta^{15}N$-NO_3^- 和 $\delta^{18}O$-NO_3^- 值均呈现上升的趋势，在 25cm 土层中，$\delta^{18}O$-NO_3^- 的计算值与实测值相符，而在 100cm 土层中 $\delta^{18}O$-NO_3^- 的计算值低于实测值[图 9-17(a)和(b)]，NO_3^- 浓度先增加后下降，说明在 25cm 土层中包气带中 NO_3^- 主要受硝化作用影响，而在 100cm 土层中包气带中 NO_3^- 还受植物根系吸收作用的影响。

在深层包气带中，$\delta^{18}O$-NO_3^- 的实测值和 $\delta^{18}O$-NO_3^- 的计算值的分布如图 9-17(c) 所示。前人研究显示，在干旱区通过硝化作用产生的 NO_3^- 通常具有较低的 $\delta^{18}O$ 值(Kendall et al.，2007)。总体来说，在深层包气带中，$\delta^{18}O$-NO_3^- 计算值明显小于 $\delta^{18}O$-NO_3^- 实测值，仅存在少量 $\delta^{18}O$-NO_3^- 实测值大于 $\delta^{18}O$-NO_3^- 计算值的现象。说明深层包气带的 NO_3^- 主要来源于包气带中的硝化作用及大气沉降。植被剖面中 $\delta^{18}O$-NO_3^- 实测值和 $\delta^{18}O$-NO_3^- 计算值更为接近，差值较小，说明天然植被覆盖剖面中 NO_3^- 受到更为强烈的硝化作用影响。此外，LS-3 和 SZ-2 剖面深层包气带中 NO_3^- 还受反硝化作用的影响，但其初始来源依然为包气带中的硝化作用和大气沉降的混合作用。沙漠北部的 LS-3 和 LS-2 剖面深层包气带中 $\delta^{18}O$-NO_3^- 实测值与 $\delta^{18}O$-NO_3^- 计算值之间的差值小于沙漠南部的 SZ-2 剖面，这再一次说明沙漠北部区域包气带中 NO_3^- 受硝化作用影响更为强烈。

$\delta^{18}O$-$H_2O_{土壤}$、δ^2H-$H_2O_{土壤}$、$\delta^{15}N$-NO_3^- 和 $\delta^{18}O$-NO_3^- 的分析表明，在荒漠区天然深层包气带中 NO_3^- 来源均受大气沉降的影响，说明大气沉降 NO_3^- 可以随土壤水进入深层包气带。植被覆盖剖面在潜水面附近 Cl^- 含量迅速上升，部分剖面 NO_3^- 含量也快速上升，并且与土壤含水量之间存在明显的正相关关系，说明剖面中存在溶质的淋溶过程。土地利用的改变和观测到的地下水响应之间存在长期的时间滞后效应，这就意味着水资源的可持续管理必须考虑长时间尺度上的水文过程(Robertson et al.，2017)。因此，我们必须重视天然变化和人为过程对包气带中 NO_3^- 的潜在影响。

总之，荒漠区包气带硝态氮转化过程主要包括生物过程和非生物过程。研究区海拔南高北低、降水量南多北少、气温南低北高。包气带中 NO_3^- 含量和 NO_2^- 含量与海拔和土壤含水量之间关系密切，说明天然包气带硝态氮来源、迁移转化过程的驱动因素较为复杂，主要受降水量、温度、植被和生物活动的影响。在北部区域，硝化作用是控制包气带硝态氮循环的主导生物过程，导致沙漠北部包气带中 NO_3^- 的富集；南部区域的气候条件更适宜硝化作用和反硝化作用共同发生，并且反硝化作用占据主要地位。受高温条件影响，沙漠北部区域浅层包气带硝态氮循环中非生物过程更为强烈，强烈的氨挥发和高温引起的氮以气体形式的流失导致土壤内残留 NO_3^- 的 ^{15}N 富集。此外，多变的局地环境也会通过生物过程和非生物过程影响不同区域的硝态氮转化。部分剖面深层包气带中存在反硝化作用，减少了包气带中 NO_3^- 的储量，这表明无论是生物过程还是非生物过程都会导致土壤氮流失。植被的存在却减少了土壤氮流失。

在生物活动层(0～100cm)中，硝态氮转化过程更为复杂。裸沙地剖面中 $\delta^{15}N\text{-}NO_3^-$ 和 $\delta^{18}O\text{-}NO_3^-$ 的分布范围分别为 –5.97‰～5.00‰ 和 –2.07‰～48.18‰，$n(NO_3^-)/n(Cl^-)$ 平均值的分布范围在 0.15～1.04，明显低于研究区大气降水中 $[n(NO_3^-)+n(NH_4^+)]/n(Cl^-)$ 值，说明包气带中 NO_3^- 主要来源于降水中 NH_4^+ 的硝化反应和降水中的 NO_3^-。位于邓马营湖区的天然植被覆盖剖面中的 NO_3^- 主要来源于大气降水 NO_3^- 和植物、动物排泄物的硝化反应，其 $\delta^{15}N\text{-}NO_3^-$ 和 $\delta^{18}O\text{-}NO_3^-$ 的分布范围分别为 –3.12‰～15.49‰ 和 –2.64‰～30.03‰，$n(NO_3^-)/n(Cl^-)$ 平均值范围也更广，为 0.01～1.16。总体来说，天然包气带剖面中 $\delta^{18}O\text{-}NO_3^-$ 计算值小于 $\delta^{18}O\text{-}NO_3^-$ 实测值，进一步说明了大气沉降和硝化作用是包气带中 NO_3^- 的主要来源。此外，邓马营湖区天然包气带中 NO_3^- 含量和 Cl^- 含量与含水量之间一致的变化趋势，表明包气带溶质的天然冲刷现象。

9.5 荒漠区浅层包气带 NO_3^- 的分布及其来源

土地利用和土地覆盖(LULC)变化对水循环和污染物产生及其运输都具有重大影响(Robertson et al.，2017)。气候变化及人为影响下的土地利用和土地需求会影响地下水径流和地下水储量，进而改变水文循环，随后影响区域供水系统的水质和水量(Pulidovelazquez et al.，2015)。天然生态系统向农业生态系统转变过程中通常伴随着无机和有机氮肥料的施加(McMahon et al.，2006a)、豆科植物的固氮作用(Deans et al.，2005)和农业灌水(Scanlon et al.，2005)等现象，这无疑增加了额外的氮输入量。随着农业用地面积的扩大，化肥使用强度大幅增加，导致局地地下水中 NO_3^- 浓度过高(Seyfried et al.，2005)。

9.5.1 近30年土地利用变化

从不同时期的遥感影像中可以看出，近 30 年来荒漠区内土地利用状况发生了显著变化。转化区主要包括武威-民勤、邓马营湖和古浪-内蒙古巴润霍德三个区域。1986 年，沙漠西南缘以荒漠为主；2000 年，耕地面积逐渐增加，荒漠逐渐向耕地转化；2016 年，耕地面积进一步增加，天然生态系统向农业生态系统的转化现象越发显著。

半个世纪前，邓马营湖是一个灌木丛生、绿草遍地的天然湿地，是腾格里沙漠西部的一块天然绿洲，地下水埋深为 0.5～1.5m，海拔在 1460～1500m。1990 年以来，武威周边乡镇的居民在邓马营湖开始无节制地开荒利用。到 2006 年左右，湖区灌溉面积达到 0.36 万 hm²，作物以小麦和玉米为主，地下水开采量达到 $5 \times 10^7 \mathrm{m}^3 \cdot \mathrm{a}^{-1}$。粗放式种植模式对湖区地下水资源造成了严重影响，地下水位明显下降，地下水埋深增加了 7m 左右，地下水矿化度不断升高，生态恶化趋势明显。《石羊河流域重点治理规划》实施后，实施退耕还林和限制地下水开采政策，地下水水位转为缓慢提升状态。但从 2007 年开始，湖区内开始大范围种植优质枸杞，截至 2010 年，已经栽培枸杞约 200hm²。2013 年，为扩大畜牧业饲草料资源，推动农牧业协调发展，在邓马营湖区西南部种植大量甜高粱。

分析邓马营湖区域土地利用类型分布特征(图 9-18、表 9-10)，区内主要的土地利用类型为荒漠、未利用土地和耕地，2016 年耕地面积已经接近 0.8 万 hm²，约占湖区总面积的 1/4(湖区总面积为 3.43 万 hm²)。种植作物主要为高粱、黑枸杞、小麦等，耕地面积在 30 年之内呈现显著的增加趋势。

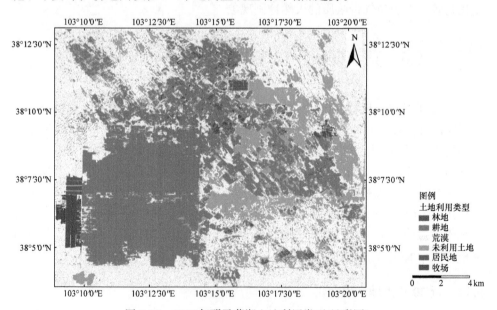

图 9-18　2016 年邓马营湖土地利用类型(见彩图)

表 9-10　浅层包气带采样点信息

采样时间 /(年-月)	采样点编号	土地利用类型	植被类型	采样点位置	备注
	MX	耕地	苜蓿	邓马营湖	—
	HGQ	耕地	黑枸杞	邓马营湖	—
	XM	耕地	小麦	邓马营湖	—
	GL	耕地	高粱	邓马营湖	—
	GZ	耕地	葵花	邓马营湖	—
2017-06	WD	荒漠	—	邓马营湖	达到潜水面
	PT	耕地	葡萄	武威九墩	—
	YM	耕地	玉米	武威九墩	—
	LS	防护林	柳树	武威五墩湾	达到潜水面
	NT	荒漠	柠条	民勤蔡旗	—
	SZS	防护林	沙枣树	民勤重兴	—
	DJQ-1	荒漠	—	民勤黄案村	达到潜水面
	DS	培育林	丁香、松树	武威双树村	—
	GH	培育林	国槐	武威九墩滩	—
	YM-2	耕地	玉米	武威十墩村	—
	MY	防护林	苜蓿、杨树	武威赵家滩	—
	PTD	耕地	葡萄	武威清源	—
	XM-2	耕地	小麦	武威蓄水村	—
	SS	荒漠	梭梭	武威十二墩村	—
	HD	荒漠	—	武威十墩村	—
2018-05	YS	培育林	榆树沙柳	武威吴家井	—
	LSL	培育林	柳树	武威长城乡	—
	NT-2	培育林	柠条	古浪马路滩	—
	SL	培育林	沙柳林	古浪黄花滩	—
	CD	耕地	蚕豆	大靖海滩子	—
	BS	荒漠	白刺	大靖海滩子	—
	MX-2	耕地	苜蓿	大靖海滩子	—
	YM-3	耕地	玉米	内蒙古巴润霍德	—
	SC	耕地	洋葱	内蒙古巴润霍德	—
	HD-2	荒漠	—	内蒙古巴润霍德	—

9.5.2 荒漠区浅层包气带中 NO_3^- 的分布特征

1. 荒漠剖面

选取武威-民勤、邓马营湖和古浪-内蒙古巴润霍德三个土地利用转化区内天然荒漠剖面的 NO_3^- 浓度、Cl^- 浓度和土壤质量含水量的均值分别作为转化区内包气带中 NO_3^- 浓度、Cl^- 浓度和土壤质量含水量的基准本底值,以便衡量土地利用类型的改变对干旱区荒漠包气带硝态氮的来源、迁移转化过程的影响。

WD、NT、DJQ-1、SS、HD、BS 和 HD-2 剖面中 NO_3^- 浓度和 Cl^- 浓度的分布特征见图9-19。除BS剖面外,剖面各土层中 NO_3^- 本底值范围为0.09~5.54mg·kg^{-1}。BS 剖面中 NO_3^- 浓度很高(NO_3^- 浓度为 41.4mg·kg^{-1}),并且明显高于 Cl^- 浓度,这是因为 BS 剖面距耕地很近,周围均为农田,受额外氮输入的影响。其他荒漠剖面中 NO_3^- 浓度较为接近,而 Cl^- 浓度的变化相对较大。如表9-11所示,研究区内荒漠剖面中平均质量含水量、NO_3^- 平均浓度和 Cl^- 平均浓度范围分别为0.65%~

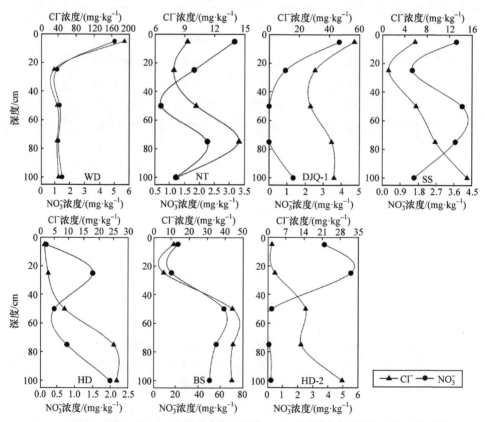

图 9-19 荒漠剖面浅层包气带中 Cl^- 和 NO_3^- 浓度的分布特征

14.25%、0.08~41.4mg·kg⁻¹ 和 0.24~67.27mg·kg⁻¹，平均值为 2.69%、3.15mg·kg⁻¹和8.17mg·kg⁻¹。其中，荒漠剖面WD和DJQ-1深度达到潜水面，因此具有更高的平均质量含水量(图 9-20)。地下水的强烈蒸发导致两个剖面中Cl⁻浓度更高。荒漠包气带中 NO₃⁻ 浓度和 Cl⁻的浓度可以作为该区域包气带中 NO₃⁻ 浓度和 Cl⁻浓度的本底值，用来衡量土地利用类型转化后土壤 NO₃⁻ 浓度的变化。

表 9-11　浅层包气带土壤平均质量含水量、NO₃⁻ 平均浓度、Cl⁻平均浓度和 $n(\text{NO}_3^-)/n(\text{Cl}^-)$ 分布特征

剖面类型	剖面代号	平均质量含水量/%	NO₃⁻平均浓度/(mg·kg⁻¹)	Cl⁻平均浓度/(mg·kg⁻¹)	$n(\text{NO}_3^-)/n(\text{Cl}^-)$
荒漠剖面	SZ-1	1.45	2.89	1.91	0.86
	SZ-2	2.64	4.83	2.03	1.36
	LS-3	1.73	3.07	2.12	0.83
	LS-4	3.02	0.54	0.57	0.55
	LS-1	2.41	0.59	0.66	0.51
	LS-2	1.03	3.08	2.41	0.73
	C-1	1.55	0.62	1.44	0.24
	LW	2.22	2.54	3.30	0.44
	SL-2	1.36	3.63	6.00	0.35
	SL-1	1.14	0.84	2.92	0.16
	YM	1.95	0.87	1.91	0.26
	LW-2	1.30	0.91	0.92	0.56
	C-2	1.23	0.61	2.37	0.15
	LS-8	2.67	0.08	0.24	0.18
	LS-7	1.76	0.19	0.50	0.22
	LS-5	1.63	0.20	0.57	0.20
	LS-6	1.90	0.31	0.91	0.19
	DJQ-3	1.81	1.04	1.76	0.34
	FY-2	0.88	5.10	6.79	0.43
	LS-9	3.76	0.65	1.65	0.23
	WD	14.25	2.03	67.27	0.02
	HD	1.88	0.97	12.84	0.04
	HD-2	3.84	1.98	12.24	0.09
	DJQ-1	11.42	1.23	39.92	0.02
	NT	0.65	1.83	9.99	0.10
	BS	1.41	41.4	29.84	0.79
	SS	1.76	2.92	7.56	0.22

续表

剖面类型	剖面代号	平均质量含水量/%	NO$_3^-$平均浓度/(mg·kg^{-1})	Cl$^-$平均浓度/(mg·kg^{-1})	$n(NO_3^-)/n(Cl^-)$
耕地剖面	MX-2	11.89	30.78	78.01	0.23
	YM-2	17.02	27.05	40.10	0.39
	CD	26.63	99.99	59.63	0.96
	YM-3	13.09	65.28	156.58	0.24
	PTD	15.02	61.20	18.44	1.90
	SC	18.58	1051.88	259.19	2.32
	XM-2	9.30	80.55	5.01	9.18
	MX	9.41	6.92	366.06	0.01
	HGQ	11.78	6.29	14.07	0.26
	PT	12.11	4.97	27.17	0.10
	YM	9.73	200.86	7.58	15.15
	GL	7.48	51.10	251.90	0.12
	GZ	6.84	8.89	13.54	0.38
	XM	6.81	27.10	585.01	0.03
林地剖面	DS	6.94	1.11	1.10	0.58
	LSL	13.26	0.89	16.08	0.03
	GH	6.50	3.48	4.49	0.44
	NT-2	2.37	1.47	12.34	0.07
	YS	2.52	0.33	4.51	0.04
	SL	2.42	0.31	1.09	0.16
	LS	19.12	539.55	401.05	0.77
	SZS	21.64	100.01	3677.69	0.02
	MY	16.17	0.14	29.07	0.002
荒漠	—	3.31	1.63	8.66	0.39
植被覆盖沙漠	—	1.45	6.17	7.20	0.34
耕地	—	12.55	123.06	134.45	2.23
培育林	—	5.67	1.26	6.60	0.22
防护林	—	18.98	213.23	1369.27	0.26

根据武威-民勤、邓马营湖、古浪-内蒙古巴润霍德三个采样区附近的荒漠包气带剖面中NO$_3^-$和Cl$^-$的浓度,确定三个转化区内荒漠包气带中NO$_3^-$和Cl$^-$浓度的平均本底值分别为 1.29mg·kg^{-1} 和 6.89mg·kg^{-1}、1.15mg·kg^{-1} 和 2.48mg·kg^{-1}、21.69mg·kg^{-1}和21.02mg·kg^{-1}。如图9-21所示,各转化区内荒漠剖面中NO$_3^-$和Cl$^-$浓度较低,除古浪-内蒙古巴润霍德浓度采样区域标准差较大外,其他区域的标准差均较小,波动不大。古浪-内蒙古巴润霍德采样区荒漠剖面中NO$_3^-$ 和 Cl$^-$浓度的波动较大,是由于个别采样点距离耕地极近,受农

业施肥影响较大所致。

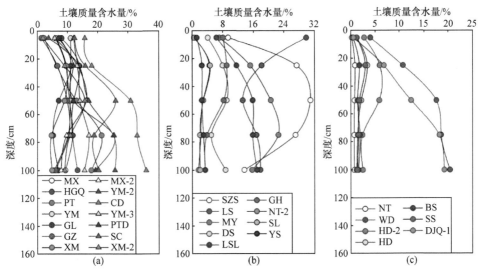

图 9-20　浅层包气带剖面土壤质量含水量特征(见彩图)

(a) 耕地；(b) 林地；(c) 荒漠

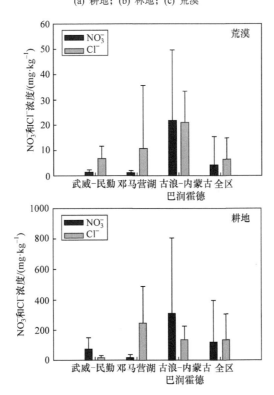

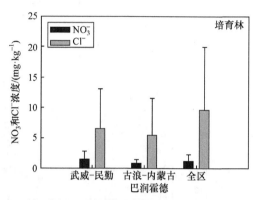

图 9-21 各区域不同土地利用类型剖面中 NO_3^- 和 Cl^- 浓度分布特征

2. 林地剖面

林地剖面采样点主要分布于腾格里沙漠西缘的武威市沙漠边缘和古浪县沙漠边缘地区，主要为培育林和防护林。林地剖面中 NO_3^- 浓度和 Cl^- 浓度如图 9-22 和表 9-11 所示。

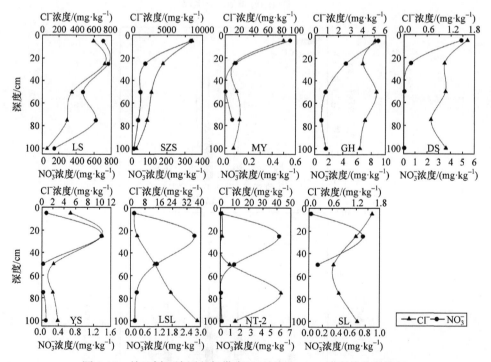

图 9-22 林地剖面浅层包气带中 Cl^- 浓度和 NO_3^- 浓度的分布特征

培育林剖面中 NO_3^- 和 Cl^- 平均浓度分别为 1.26mg · kg^{-1} 和 6.60mg · kg^{-1}。武威-

民勤地区剖面中 NO_3^- 和 Cl^- 的浓度分别为 1.45mg·kg^{-1} 和 6.54mg·kg^{-1}；古浪-内蒙古巴润霍德地区剖面中 NO_3^- 和 Cl^- 浓度分别为 0.89mg·kg^{-1} 和 6.71mg·kg^{-1}。防护林剖面平均质量含水量相比培育林更高，并且剖面中 NO_3^- 和 Cl^- 浓度变化幅度更大，分别为 0.14~539.55mg·kg^{-1} 和 29.07~3677.69mg·kg^{-1}。这与防护林类型和所处环境位置有关，LS 剖面位于红水河旁，为河流防护林，受河流影响极大，并且表层附有极厚的腐殖质层，加大了剖面中溶质含量；SZS 剖面为道路防护林，平均质量含水量最高(21.64%)，受人工灌溉影响极大，湿润的土壤环境及大量腐殖质的存在使得 SZS 剖面具有很高的 NO_3^- 和 Cl^- 浓度；MY 剖面为荒漠中的普通农田防护林，剖面中 NO_3^- 和 Cl^- 浓度较低。培育林剖面中 NO_3^- 和 Cl^- 平均浓度略低，范围为 0.31~3.48mg·kg^{-1} 和 1.09~16.08mg·kg^{-1}。LS、SZS、MY、YS 和 DS 剖面中 NO_3^- 浓度和 Cl^- 浓度之间具有一致的变化趋势(图 9-22)，GH、LSL、NT-2 和 SL 剖面 NO_3^- 浓度和 Cl^- 浓度之间的变化趋势并不一致，这与植物根系的分布、根系养分吸收及豆科植物(国槐和柠条)的固氮作用有关。受到植被对养分的选择性吸收作用，剖面 NO_3^- 浓度基本小于 Cl^- 浓度。

武威-民勤地区培育林剖面中 NO_3^- 和 Cl^- 的浓度与荒漠剖面中 NO_3^- 和 Cl^- 浓度的本底值相近(图 9-21)，分别是荒漠剖面本底值的 1.32 倍和 95%。古浪-内蒙古巴润霍德地区培育林剖面中 NO_3^- 和 Cl^- 的浓度则小于荒漠剖面中 NO_3^- 和 Cl^- 浓度的本底值。而且各区域培育林剖面中 NO_3^- 和 Cl^- 浓度的标准差也较小，波动变化较小。但是道路防护林(S2S)和河流防护林(LS)剖面中 NO_3^- 和 Cl^- 浓度远大于荒漠剖面中 NO_3^- 和 Cl^- 浓度的本底值(表 9-11、图 9-22)。因此，可以在荒漠区进行林地培育，在进行生态系统转化时，需要先将荒漠转化为干旱林地，这样不会增加农业施肥对干旱区土壤氮循环的威胁。

3. 耕地剖面

耕地剖面中 NO_3^- 和 Cl^- 平均浓度的分布情况如表 9-11 所示。邓马营湖区的耕地剖面 MX、HGQ、XM、GL 和 GZ 中 NO_3^- 平均浓度范围为 6.29~51.10mg·kg^{-1}，Cl^- 平均浓度的范围为 13.54~585.01mg·kg^{-1}；武威-民勤地区耕地剖面 PT、YM、YM-2、PTD 和 XM-2 中 NO_3^- 平均浓度范围为 4.97~200.86mg·kg^{-1}，Cl^- 平均浓度的分布范围为 5.01~40.10mg·kg^{-1}；古浪-内蒙古巴润霍德地区耕地剖面 CD、MX-2、YM-3 和 SC 中 NO_3^- 平均浓度范围为 30.78~1051.88mg·kg^{-1}，Cl^- 平均浓度范围为 59.63~259.19mg·kg^{-1}。其中，武威-民勤和古浪-内蒙古巴润霍德附近的耕

地剖面中 NO_3^- 浓度明显高于 Cl^- 浓度，而邓马营湖剖面中的 NO_3^- 浓度低于 Cl^- 浓度。各剖面中 NO_3^- 和 Cl^- 浓度分布的差异，是因为外界化肥施加量和施肥时间的差异，以及土壤中原有 Cl^- 浓度本底值的不同。耕地剖面中 Cl^- 浓度和 NO_3^- 浓度之间基本不具有一致的变化趋势，主要是耕地施肥和灌溉造成的额外氮输入，以及剖面溶质流失。三个采样区内的耕地、林地和荒漠剖面中土壤平均质量含水量由大到小分布依次为耕地、林地和荒漠，灌溉使土壤质量含水量增加(图 9-20)。各耕地剖面表土土壤质量含水量总体较低，这是因为表层强烈蒸发作用，随后质量含水量增加，分别在其他不同土层达到最大值，并且出现极大值的土层也不同，这反映了灌溉时间和灌溉水量的不同。

武威-民勤、邓马营湖、古浪-内蒙古巴润霍德三个土地利用转化区内耕地剖面中 NO_3^- 和 Cl^- 浓度的平均值分别为 74.83mg · kg^{-1} 和 19.66mg · kg^{-1}；20.41mg · kg^{-1} 和 246.11mg · kg^{-1}；311.98mg · kg^{-1} 和 138.35mg · kg^{-1}。如图 9-22 所示，NO_3^- 和 Cl^- 浓度远远大于三个区域内荒漠剖面中 NO_3^- 和 Cl^- 浓度的本底值，分别是荒漠本底值的 58.01 倍和 2.85 倍、17.82 倍和 19.72 倍、14.38 倍和 6.58 倍。各类剖面均具有较大的标准差，其中，古浪-内蒙古巴润霍德耕地剖面中 NO_3^- 浓度波动最大，这与耕地中额外氮肥的施加有关。以上结果说明，人为活动导致荒漠向农业生态系统的转化过程中，大幅增加了土壤中 NO_3^- 的储量，对干旱区硝态氮迁移转化过程产生影响。

9.5.3　荒漠区浅层包气带中 NO_3^- 的来源及转化过程

浅层包气带中 NO_3^- 富集情况见表 9-11。剖面 NO_3^- 的富集情况可以在一定程度上反映额外氮源-施肥的情况。武威-民勤、邓马营湖和古浪-内蒙古巴润霍德三个采样区耕地剖面中 $n(NO_3^-)/n(Cl^-)$ 分别为 5.62、0.17 和 1.11；裸沙地剖面中 $n(NO_3^-)/n(Cl^-)$ 分别为 0.15、0.06 和 0.49，前者明显大于后者。区内各类剖面中 $n(NO_3^-)/n(Cl^-)$ 的分布范围为 0.002～15.15，由大到小依次为耕地、荒漠、植被覆盖沙漠、防护林和培育林。其中，耕地剖面中 $n(NO_3^-)/n(Cl^-)$ 远大于其他剖面，表明耕地中施加的氮肥增加了土壤 NO_3^- 储量。

区内耕地和林地剖面中 $\delta^{15}N\text{-}NO_3^-$ 和 $\delta^{18}O\text{-}NO_3^-$ 特征值分布情况如图 9-23 所示(修改自 Yue et al., 2014 和 Kendall et al. 2007)。$\delta^{15}N\text{-}NO_3^-$ 和 $\delta^{18}O\text{-}NO_3^-$ 的分布范围分别为-1.54‰～11.81‰和-1.85‰～15.2‰，$\delta^{18}O\text{-}NO_3^-$ 值低于区内天然沙漠浅层包气带中的 $\delta^{18}O\text{-}NO_3^-$ 值。包气带中 NO_3^- 主要来源于土壤中复杂的硝化反应，初始来源主要为施加的铵肥、厩肥、腐肥和土壤 NH_4^+。相关研究表

明，加拿大西部地区土地利用类型从草原向耕地发生了改变，从而引起了土壤有机氮和有机碳的大量流失，流失比例分别为 31%～56% 和 41%～53%(Campbell & Souster，1982)。耕种破坏了土壤的总体结构，影响了土壤湿度和氧化作用，并且分别促进了有机氮和有机碳向硝酸盐和温室气体的转化(Knops & Tilman，2000)。

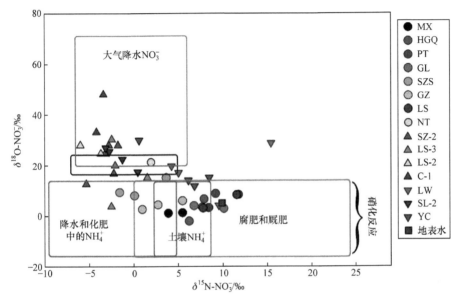

图 9-23　浅层包气带水、地表水和地下水中 δ^{15}N- NO$_3^-$ 和 δ^{18}O- NO$_3^-$ 特征值分布(见彩图)

　　位于邓马营湖的 HGQ、MX、GZ 耕地剖面中 δ^{15}N- NO$_3^-$ 和 δ^{18}O- NO$_3^-$ 值的分布范围分别为 1‰～7.48‰ 和 −1.85‰～6.79‰，均值分别为 4.71‰ 和 3.01‰，反映了大气降水、化肥中 NH$_4^+$ 及土壤氮源的信号。PT、GL 剖面中 δ^{15}N- NO$_3^-$ 和 δ^{18}O- NO$_3^-$ 值的分布范围分别为 6.81～11.81‰ 和 3.01‰～8.99‰，平均值分别为 9.20‰ 和 5.42‰，均高于 HGQ、MX 和 GZ 剖面，其 NO$_3^-$ 初始来源主要反映了土壤 NH$_4^+$、腐肥和厩肥的信号。耕地剖面中硝酸盐的氮氧稳定同位素组分说明土壤中的 NO$_3^-$ 主要来源于铵肥、土壤 NH$_4^+$、腐肥和厩肥，这与野外调查结果一致。林地剖面 SZS 中 δ^{15}N- NO$_3^-$ 的变化范围为 −1.54‰～3.69‰，平均值为 0.76‰，明显低于其他剖面；δ^{18}O- NO$_3^-$ 值的变化范围为 8.19‰～15.2‰，平均值为 10.96‰，高于其他剖面，说明其 NO$_3^-$ 初始来源主要为降水和化肥中的 NH$_4^+$。由于待测样品浓度限制，仅测量了 NT 剖面 5～25cm 土层内的 δ^{15}N- NO$_3^-$ 和 δ^{18}O- NO$_3^-$ 特征值，位于大气降水 NO$_3^-$ 的范围内，与其他荒漠剖面具有一致的硝酸盐氮氧稳定同位素组分, 这反映了大气中 NO_3^- 对荒漠区包气带中 NO_3^- 的贡献。

值得注意的是, 位于红水河附近的 PT 和 LS 剖面与红水河河水(地表水)中的 $\delta^{15}N$- NO_3^- 和 $\delta^{18}O$- NO_3^- 相似, 说明红水河河水对土壤水的补给作用明显(图9-23)。耕地和林地剖面中的 $\delta^{18}O$- NO_3^- 值明显低于天然浅层包气带剖面, 说明耕地和林地剖面中的 NO_3^- 主要受铵肥的施加和地下水灌溉的影响。施肥和灌溉作用对耕地和林地剖面中硝酸盐的贡献要强于区内大气降水作用对包气带硝酸盐的贡献。区内天然植被覆盖沙漠剖面、耕地剖面和林地剖面中 $\delta^{15}N$- NO_3^- 值都要明显高于沙漠腹地中裸沙地剖面中 $\delta^{15}N$- NO_3^- 值, 这是因为天然裸沙地中 NO_3^- 的初始来源主要为大气沉降, 具有较为贫脊的 $\delta^{15}N$ 值和较高的 $\delta^{18}O$ 值。研究区浅层包气带中不存在明显的反硝化作用, 而施肥又加大了土壤中 NO_3^- 的浓度。在荒漠生态系统向农田生态系统转化初期, 土壤类型依然为沙土, 透水性更强。尤其是邓马营湖区, 地下水埋深较浅, 浅层水、中层水和深层水中又不存在明显的隔水板, 在气候变化导致的极端降水和灌溉水回流的影响下, 浅层包气带中的 NO_3^- 迅速向深层迁移。

总之, 通过不同时期的遥感影像变化和影像解译发现, 1980 年来, 腾格里沙漠西南缘和邓马营湖区的土地利用类型发生了重要转变, 转变模式为天然生态系统向农田生态系统转化。转化区主要包括武威-民勤、邓马营湖和古浪-内蒙古巴润霍德三个区域。尤其是邓马营湖地区, 由湿地转化为耕地, 转化面积约为12 万亩(约占湖区面积的 1/4), 地下水位明显下降, 给当地生态环境带来了不可忽视的影响。

未转化的荒漠剖面和已转化为耕地的剖面中 NO_3^- 的平均浓度分别为3.15mg · kg^{-1} 和 123.06mg · kg^{-1}。在三个转化区中, 耕地剖面中 NO_3^- 的浓度远大于荒漠剖面中 NO_3^- 的浓度(可以代表各采样区包气带中 NO_3^- 浓度的本底值), 其值分别是包气带中 NO_3^- 本底值的 58.01 倍和 2.85 倍、17.82 倍和 19.72 倍、14.38倍和 6.58 倍。说明在人为活动影响下, 荒漠正在迅速向耕地转化, 土壤 NO_3^- 储量也大幅增加。培育林剖面中 NO_3^- 的平均浓度为 1.26mg · kg^{-1}, 与荒漠 NO_3^- 浓度本底值接近, 因此, 可以在荒漠区培育林地, 这不但可以防风固沙, 还可以减轻人为氮输入对土壤硝态氮迁移转化过程的影响。

包气带中 $\delta^{15}N$- NO_3^- 和 $\delta^{18}O$- NO_3^- 特征值为–1.54‰ ～ 11.81‰ 和–1.85‰ ～15.2‰, 说明耕地剖面中 NO_3^- 主要来源于大气降水、铵肥、土壤 NH_4^+、厩肥和腐肥, 而防护林剖面中 NO_3^- 的来源与局地补给环境密切相关。氮肥输入的大幅增加不仅存在污染包气带的风险, 且在荒漠转化为耕地初期土壤质地依然较粗,透水性极好，在灌溉回流和极端降水的作用下，也加大了地下水被 NO_3^- 污染的可能性。因此，必须重视荒漠生态系统向农业生态系统转化区域包气带中 NO_3^- 的来源和转化过程的探究，以便为干旱区农业组织和地方农业氮管理模式提供有效信息，提高土壤肥力和可持续性，并减少其未来对地下含水层的影响。

9.6　荒漠区包气带中 NO_3^- 对地下水水质的影响

包气带是 NO_3^- 运移进入地下水的必经通道。耕地中施加的化肥是农业区地下水中 NO_3^- 污染的主要来源，同时也不能忽视包气带中累积的大量天然 NO_3^-。特别是在干旱区，极端干湿事件的交替出现对包气带溶质产生极大影响，干旱条件促进包气带中 NO_3^- 的大量累积，而极端降水事件会将浅层包气带中的溶质冲刷到深层包气带，甚至是地下水中，对地下水水质产生影响(Robertson et al.，2017)。因此，探究荒漠生态系统向农业生态系统转化的干旱区地下水中 NO_3^- 的来源，并分析包气带中 NO_3^- 对地下水水质的潜在影响，对干旱区水资源的合理开发，及实施有效的农业氮管理至关重要。

9.6.1　荒漠区包气带含水层特征及地下水水化学特征

1. 邓马营湖区内含水层的埋藏和分布特征

腾格里沙漠西部地区沙漠含水层自西向东逐渐变薄，西部保疙瘩梁一带地下水埋深达到 80~100m。邓马营湖区地下水埋深较浅，含水层特征详细介绍如下：

孔隙水是区内唯一的地下水类型，地下水埋深通常在 3~10m(田辽西和何剑波，2015)。根据地下水成因类型，区内地下水分为风积和湖积层潜水。邓马营湖周边及中部地区沙丘丘间地中分布着风积层潜水(图 9-24)。湖积层潜水可划分为浅层水、中层水和深层水，三个含水层之间无明显天然隔水层的阻隔，并且与风积层潜水联通，四者水力联系密切，因此大气降水的入渗补给对区内地下水的影响不容忽视。区内浅层水分布较广，含水层岩性主要为粉细砂，由于埋深浅，强烈的蒸发作用使水质矿化度高，极易形成盐渍化土壤；中层水存在于上更新统冲湖积相砂层中，受地质构造作用影响，地下形成的多级陡坎阻碍了地下水的运移排泄，进而在湖区形成了宽约 10km，厚度约 60~90m 的中粗砂和中细砂含水层，被区内居民大量开采；深层水主要存在于中下更新统时期的粉细砂透镜体或是底部砂砾层，含水层中存在大量黏土和泥质砂岩，透水性和富水性能都极差，不具有实质的供水价值(田辽西和何剑波，2015)。湖区内主要开采含水层分布在南部和中部地区，邓马营湖位于腾格里沙漠腹地，气候干燥且地表无水系，因此不利于地下水的形成。但是该区域内地下水资源富集，是因为该地区具有良好的储水构造。此外，湖区内地下水与祁连山山区地下水之间存在水力联系。湖区内地下水主要补给来源为南部山区的侧向补给、当地大气降水和凝结水的入渗补给，此外，随着耕地增加，湖区灌溉面积逐渐加大，在开采期，农业灌溉水回渗也成为该区地下水补给来源之一(贾新颜，2006)。

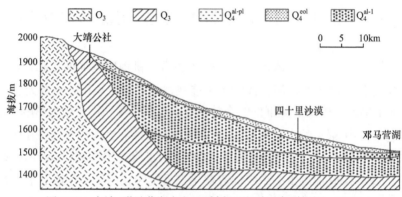

图 9-24 大靖-邓马营湖水文地质剖面图(引用自贾新颜，2006)

O₃-晚奥陶世；Q₃-晚更新世；Q_4^{al-pl}-第四系全新统冲洪积层；Q_4^{eol}-第四纪风积物；Q_4^{al-1}-第四系全新统冲积层

2. 地下水水化学分析

地下水采样点自西向东分别为腾格里沙漠西缘的防风固沙基地(JD)、腾格里沙漠西部的水厂(SC)、邓马营湖区的农田灌溉井(RH)、邓马营湖区的家用井(NH)。地下水样品的水化学特征测试结果如表 9-12 所示。

表 9-12 地下水水化学特征

样品代号	矿化度或离子浓度/(mg · L⁻¹)									$n(NO_3^-)/n(Cl^-)$	海拔/m	井深/m
	矿化度	Na⁺	K⁺	Mg²⁺	Ca²⁺	Cl⁻	NO₂⁻	SO₄²⁻	NO₃⁻			
JD	393	53.66	5.16	37.76	50.25	54.76	4.31	153.10	33.95	0.35	1468	70
SC	398	50.05	4.61	31.12	50.97	47.72	4.71	124.91	17.66	0.21	1508	65
RH	913	187.97	7.73	77.07	106.53	264.31	6.98	425.54	31.67	0.07	1499	60
NH	1595	442.34	9.52	98.53	116.44	465.82	10.07	785.14	35.44	0.04	1491	68

从沙漠西缘到邓马营湖区，地下水矿化度迅速升高，变化范围为 393～1595mg · L⁻¹。JD 和 SC 样品的矿化度和离子含量相对较低，且差异较小。RH 和 NH 样品的矿化度和各离子浓度较高，说明邓马营湖南部区域水质更差。2006 年，邓马营湖区内中层地下水(井深为 30～99m)矿化度分布范围为 370～1060mg · L⁻¹，均值为 520mg · L⁻¹；浅层地下水(井深为 0.8～2.45m)矿化度在 440～2650mg · L⁻¹，

均值为 1504mg·L^{-1}(贾新颜，2006)。本部分实测区内 RH 和 NH 样品的矿化度分别为 913mg·L^{-1} 和 1595mg·L^{-1}，远远高于 2006 年湖区内中层水的矿化度，甚至接近 2006 年浅层地下水的矿化度。这说明近 2006 年来区内地下水资源受到强烈外界干扰，天然植被退化，生态环境恶化极为严重。

中华人民共和国国家质量监督检验检疫总局和中国国家标准化管理委员会共同发布的《地下水质量标准》(GB/T 14848—2017)规定饮用水 NO_3^- 和 NO_2^- 浓度限值，如表 9-13 所示。JD、SC、RH 和 NH 四个水样中 NO_3^--N 浓度分别为 7.67mg·L^{-1}、3.99mg·L^{-1}、7.15mg·L^{-1} 和 8.00mg·L^{-1}，SC 属于 Ⅱ 类水，其他均为 Ⅲ 类水。同时 NO_3^- 浓度低于 WHO(2011)规定的饮用水 NO_3^- 浓度标准(50mg·L^{-1})，达到了安全饮用水标准。但是 JD、SC、RH 和 NH 地下水 NO_2^--N 浓度分别为 1.26mg·L^{-1}、1.37mg·L^{-1}、2.04mg·L^{-1} 和 2.94mg·L^{-1}，均属于 Ⅳ 类水，没有达到饮用水的标准。地下水中高浓度的 NO_2^-，可能是地下水中 NO_3^- 的反硝化作用，也可能是受到农业污染所形成大量 NO_2^- 快速迁移进入湖区地下水所致。

表 9-13　地下水无机氮指标和限值

指标	Ⅰ 类	Ⅱ 类	Ⅲ 类	Ⅳ 类	Ⅴ 类
NO_2^--N 浓度(以 N 计)/(mg·L^{-1})	≤0.01	≤0.10	≤1.00	≤4.80	>4.80
NO_3^--N 浓度(以 N 计)/(mg·L^{-1})	≤2.0	≤5.0	≤20.0	≤30.0	>30.0

除 SC 地下水样品中 NO_3^- 浓度相对较低外，其他地下水中 NO_3^- 浓度值相近。这是因为 SC 采样点位于荒漠中，周围耕地较少。但是地下水中 Cl^- 浓度变化范围为 47.72~465.82mg·L^{-1}，呈现东部区域高，西部区域低的变化趋势(表 9-12)。地下水样品中 $n(NO_3^-)/n(Cl^-)$ 的变化范围为 0.04~0.35，远远低于大气降水中 $[n(NO_3^-)+n(NH_4^+)]/n(Cl^-)$ 特征值，范围为 1.13~2.72(Ma et al.，2012a)，但是却与包气带中 $n(NO_3^-)/n(Cl^-)$ 较为相近(表 9-11)，说明 NO_3^- 进入地下水之前在包气带中进行了复杂的硝态氮转化过程。同时，地下水化学分析结果表明邓马营湖区域地下水无机氮污染严重，需要尽早采取防治措施。

为确定邓马营湖地下水中 NO_3^- 的准确来源，首先需要分析流域中游地区武威-古浪冲积含水层和古浪-大靖冲积含水层中 NO_3^- 的分布情况。Ma 等(2009b)在武威-古浪冲积含水层、古浪-大靖冲积含水层和邓马营湖区采集了大量地下水样品。一般来说，来源于大气降水、土壤和地质源等天然源的地下水 NO_3^- 浓度要低于 13.3mg·L^{-1}(Dubrovsky et al.，2010)，如果超过这一天然值，通常是农业化肥的使用、NO_3^- 控制不当、粪肥及污水排放所导致(Izbicki et al.，2015)。区内

NO$_3^-$浓度分布特征表现出古浪-大靖冲积含水层最高，NO$_3^-$浓度严重超标，受农业污染严重，这一检测结果与9.5节中耕地剖面中NO$_3^-$含量的分布情况一致。古浪-内蒙古巴润霍德区域内包气带中具有极高的NO$_3^-$含量，揭示了储存在包气带中的NO$_3^-$对地下水水质的影响。武威-古浪冲积含水层中NO$_3^-$在武威市区附近区域偏高，这与农业发展和区内含水层特征有关。邓马营湖区地下水NO$_3^-$浓度表现为南部区域大于北部区域，是因为地下水开采区主要位于湖区南部，农业活动频繁。并且区域地下水径流方向显示，这也可能是受到上游古浪-大靖冲积含水层中高浓度NO$_3^-$的影响。

9.6.2 荒漠区包气带地下水补给氢氧同位素证据

1. 大气降水氢氧同位素特征

2001年，全球降水同位素监测网(Global Network for Isotopes in Precipitation，GNIP)数据库资料显示，中国大气降水δ^2H和δ^{18}O权重平均值的变化范围分别为−134‰～−17‰和−13.9‰～−3.6‰(顾慰祖等，2011)。河西走廊三大内陆河流域大气降水中δ^2H和δ^{18}O的权重平均值均分布在上述范围之内，如表9-14所示。其中，疏勒河流域大气降水中δ^2H和δ^{18}O的权重平均值较高，石羊河流域和黑河流域较为接近，这主要是地区环境和气候条件差异造成的。石羊河流域内武威和民勤两个采样点大气降水中δ^2H和δ^{18}O的权重平均值也存在差异。平均温度和降水量是影响中国西部区域大气降水中δ^2H和δ^{18}O变化的主要因素(黄天明等，2008)。大量研究表明，干旱区降水中的δ^{18}O值存在明显的温度效应，温度上升，δ^{18}O值增加(赵玮，2017)。李亚举等(2011)认为，在全球大尺度范围内，我国西北干旱区降水中δ^{18}O组分不存在降水量效应。吴锦奎等(2011)指出，黑河流域大气降水δ^{18}O组分的降水量效应在月尺度上是不存在的，但是在单个降水事件尺度上是存在的。由于民勤气候较武威更为干旱，降水期间存在较强的二次蒸发。同时，在单个降水事件尺度上大气降水中δ^{18}O存在随降水量增加而降低的降水量效应，关系式为$y = -0.83x + 3.73$，$R^2 = 0.35$。因此，受温度和降水量共同影响，民勤大气降水氢氧同位素的权重平均值明显高于武威。

表9-14 武威和民勤大气降水氢氧同位素特征

研究区域	δ^{18}O/‰			δ^2H/‰		
	权重平均值	最大值	最小值	权重平均值	最大值	最小值
民勤	−6.10	−3.42	−9.65	−37.68	−20.38	−76.75
武威	−10.00	2.82	−18.05	−68.06	30.53	−133.51
石羊河流域[a]	−7.25	4.63	−23.34	−50.80	35.71	−170.94

续表

研究区域	$\delta^{18}O$/‰			δ^2H/‰		
	权重平均值	最大值	最小值	权重平均值	最大值	最小值
黑河流域[b]	−7.64	6.50	−33.40	−52.86	59.00	−254.00
疏勒河流域[c]	−6.78	8.14	−28.27	−50.07	39.72	−225.58

注：a. Ma 等，2012b；b. 吴锦奎等，2011；c. 赵玮，2017。

　　Ma 等(2012b)根据三个站点(南营水库站、九条岭站和红崖山水库站)的 75 个降水样品中的 δ^2H 和 $\delta^{18}O$ 确定了石羊河流域的局地大气降水线(LMWL)(图 9-25)。受干旱区蒸发强度和蒸发速率的影响，该流域内大气降水线的斜率和截距都小于全球大气降水线(GMWL)，即 $\delta^2H = 8\delta^{18}O + 10$(Craig，1961)。通过分析武威和民勤 12 个大气降水样品中的 δ^2H 和 $\delta^{18}O$，也得到一条相应的大气降水线，回归方程为 $\delta^2H = 7.97\delta^{18}O + 9.06$($R^2 = 0.97$，$P < 0.0001$)(图 9-25)。其斜率和截距也略小于全球大气降水线，同时高于石羊河流域的局地大气降水线的斜率和截距(Ma et al.，2012b)，这可能与各降水事件的水汽来源差异及降水过程有关。由于缺少流域上游的采样点，所以该条大气降水线仅代表流域中下游武威和民勤的大气降水线。

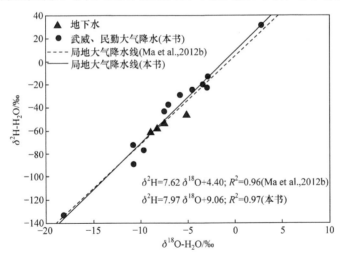

图 9-25　武威和民勤大气降水和地下水 $\delta^{18}O$ 和 δ^2H 之间的关系

2. 包气带水氢氧同位素特征

　　无论是天然剖面还是耕地剖面，其包气带水中的 δ^2H 和 $\delta^{18}O$ 特征值都基本位于石羊河流域局地大气降水线(Ma et al.，2012b)的下方(图 9-26)，反映了强烈蒸发作用的影响。SZ-2 剖面土壤水蒸发线为 $\delta^2H = 3.35 \delta^{18}O - 28.72$，$R^2 = 0.66$，其斜率明显高于 LS-2 剖面和 LS-3 剖面，这两个剖面的土壤水蒸发线分别为$\delta^2H = 2.38\delta^{18}O-34.88$，$R^2 = 0.68$ 和$\delta^2H = 2.12\delta^{18}O-37.68$，$R^2 = 0.70$，说明 SZ-2 剖面受蒸发作用影响相对较弱。这与剖面分布位置有关，SZ-2 剖面位于荒漠偏南部区域，其他两个剖面位于荒漠北部区域，海拔差接近 200m，相比之下 SZ-2 剖面具有更大的降水量和相对较小的蒸发量。各个剖面表土层受蒸发作用影响更大，δ^2H 和 $\delta^{18}O$ 更大。

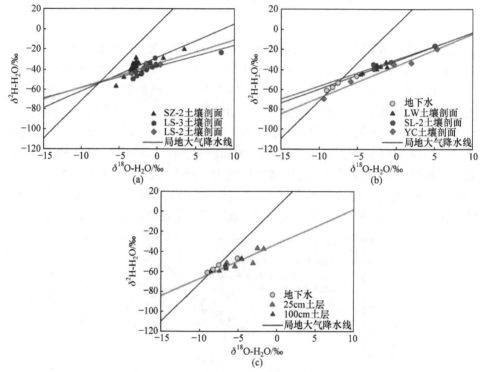

图 9-26　土壤水的氢氧同位素特征(见彩图)

(a) 天然裸沙地剖面；(b) 天然植被覆盖沙漠剖面；(c) 浅层包气带剖面(包括耕地、荒漠和林地)

LW、SL-2 和 YC 剖面土壤水蒸发线分别为$\delta^2H = 2.83\delta^{18}O-31.74$，$R^2 = 0.78$；$\delta^2H = 2.66\delta^{18}O-30.53$，$R^2 = 0.97$ 和$\delta^2H = 3.19\delta^{18}O-36.93$，$R^2 = 0.97$。在天然植被覆盖沙漠剖面中，剖面深度越深，土壤水的氢氧同位素组分受蒸发影响越小，因此偏离大气降水线程度越小，并且越为接近区域地下水样品中的δ^2H 和 $\delta^{18}O$ 值，说明区域内深层地下水会受到快速入渗的大气降水和浅层地下水的混合影响。部分耕地剖面的土壤水蒸发线为$\delta^2H = 3.19\delta^{18}O-34.12$，$R^2 = 0.81$，在 25cm 土层中受蒸发影响，土壤水$\delta^2H$ 和 $\delta^{18}O$ 偏重，100cm 土层中土壤水δ^2H 和 $\delta^{18}O$ 值大多位于局地大气降水线($\delta^2H = 5.03\delta^{18}O-21$)以下，并且与区内地下水样品中的$\delta^2H$ 和 $\delta^{18}O$ 值相似，说明在灌溉作用下，土壤水受到大气降水和地下水混合作用的影响。

3. 地下水氢氧同位素特征

地下水的稳定氢氧同位素组分可用来确定地下水的补给来源。地下水的 $\delta^{18}O$ 和 δ^2H 组分特征值如表 9-15 所示,腾格里沙漠地下水中 $\delta^{18}O$ 和 δ^2H 变化范围为 $-9.04‰\sim-5.13‰$ 和 $-61.33‰\sim-47.11‰$。自西向东从沙漠西缘到邓马营湖区,地下水中 $\delta^{18}O$ 和 δ^2H 值由重变轻(表 9-15)。除 JD 样品外,其他三个地下水样品的 $\delta^{18}O$ 和 δ^2H 值基本位于武威、民勤的局地大气降水线($\delta^2H = 7.97\delta^{18}O + 9.06$)附近(图 9-25),并且大于流域上游山区古浪-大靖冲积含水层深层地下水中的 $\delta^{18}O$ 和 δ^2H 特征值(Ma et al.,2009b),反映了现代大气降水对地下水的影响。

表 9-15　地下水氢氧同位素特征

地点	采样点	$\delta^{18}O$-H_2O/‰	δ^2H-H_2O/‰	^3H 浓度/TU	井深/m	备注
腾格里沙漠	JD	−5.13	−47.11	—	70	
	SC	−7.54	−53.81	—	65	
	RH	−8.27	−58.09	—	60	
	NH	−9.04	−61.33	—	68	
古浪-大靖	黄花滩(东)	−9.54	−73.19	0	180	
	黄花滩(西)	−9.53	−70.29	0	170	
	马路滩	−8.76	−75.43	0	180	
	金滩农场	−8.86	−66.51	0	180	
	土门镇	−8.89	−65.86	0	180	
	李家湾果园	−10.04	−74.18	0	100	
	李家湾	−10.23	−77.78	0	100	
	海滩子	−8.58	−64.30	0	170	
邓马营湖	盖笆子井	−9.56	−74.39	4.58	60	
	茨湾子	−7.42	−59.85	17.05	60	Ma 等,2009b
	掌心子	−9.52	−74.36	0.65	20	
	九个井(北)	−7.80	−62.41	0.45	30	
	新村	−8.03	−63.97	2.38	15	
	南井	−7.56	−61.31	0	15	
古浪-武威	铁门村南	−8.11	−59.73	32.46	170	
	铁门村北	−7.61	−57.89	32.21	160	
	沙漠公园	−7.42	−59.84	16.23	60	
	清源	−7.61	−60.14	27.17	60	
	发放镇	−8.22	−65.39	34.00	88	
	清水	−7.03	−56.15	31.47	20	

注:—表示未测。

　　腾格里沙漠西部地区地下水径流存在明显的分水岭，邓马营湖区地下水主要来源于沙漠南部祁连山山区的侧向补给。邓马营湖地下水补给源——古浪冲积扇的黄花滩村和大靖冲积扇地下水中氚同位素的检测结果显示，源区深层地下水不存在氚同位素信号，同时地下水$\delta^{18}O$和δ^2H值偏轻，说明该地地下水至少形成于 1952 年之前。然而，邓马营湖区地下水中却存在明显的氚同位素信号，地下水中$\delta^{18}O$和δ^2H值也比补给区重(表 9-15)，说明其地下水受到现代水的影响，再次证实了邓马营湖区地下水与现代平原大气降水之间存在联系。说明 SC、RH 和 NH 三个采样点的浅层地下水受现代大气降水的直接补给，因此包气带中溶质储存势必会对地下水水质产生威胁。JD(地下水)采样点处武威盆地北部，$\delta^{18}O$和δ^2H特征值最为偏离局地大气降水线，并且几乎位于武威盆地地下水蒸发线上，说明该处地下水基本不受平原现代大气降水的影响。

　　JD 采样点地下水的$\delta^{18}O$和δ^2H值明显高于武威盆地地下水的$\delta^{18}O$和δ^2H值，武威盆地地下水中$\delta^{18}O$和δ^2H组分范围分别为–8.89‰～–7.03‰和–65.9‰～–56.2‰。丁贞玉(2010)研究表明，顺武威盆地地下水流方向，自南向北，$\delta^{18}O$和δ^2H特征值逐渐变重，其地下水补给不是平原现代大气降水，而是来源于祁连山降水和冰川融水的快速补给，同时冲积含水层的地下水在渗透前经历了蒸发过程，也会导致同位素组分变重。古浪-武威冲积含水层中氚同位素浓度分布范围为 16.23～34.00TU(表 9-15)，说明该区内地下水可能形成于 1952 年以后，主要受现代大气降水和地表径流的影响。此外，RH 和 NH 地下水采样点位于耕地附近，因此，地下水中的$\delta^{18}O$和δ^2H特征值也受到灌溉水回流作用的影响。

9.6.3　荒漠区包气带地下水中 NO_3^- 的来源

　　地下水中$\delta^{18}O\text{-}NO_3^-$和$\delta^{15}N\text{-}NO_3^-$值如表 9-16 所示。$\delta^{18}O\text{-}NO_3^-$和$\delta^{15}N\text{-}NO_3^-$值主要反映土壤氮素硝化作用的信号(图 9-27)。JD 采样点地下水中的$\delta^{18}O\text{-}NO_3^-$明显高于 SC、RH 和 NH 采样点地下水中$\delta^{18}O\text{-}NO_3^-$值，同时，更为偏离耕地剖面土壤水中的$\delta^{18}O\text{-}NO_3^-$值，JD 采样点周围没有大量的农业用地，以荒漠为主，因此更为接近天然剖面土壤水中的$\delta^{18}O\text{-}NO_3^-$值，地下水受土地利用影响相对较小。

表 9-16　地下水 NO_3^- 氮氧同位素特征

指标	单位	样品代号			
		JD	SC	RH	NH
$\delta^{15}N\text{-}NO_3^-$	‰	5.47	3.72	6.54	4.02
$\delta^{18}O\text{-}NO_3^-$	‰	12.06	2.33	2.06	–0.19

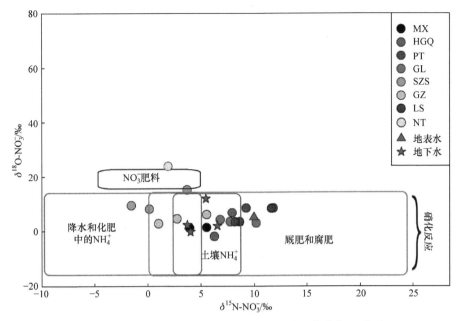

图 9-27　地下水中 $\delta^{15}N$- NO_3^- 和 $\delta^{18}O$- NO_3^- 特征值分布(见彩图)

SC、RH 和 NH 三个地下水样品具有相似的 $\delta^{18}O$- NO_3^- 值。$\delta^{15}N$- NO_3^- 值略有不同，RH 采样点 $\delta^{15}N$- NO_3^- 值更大一些，更为接近其附近耕地剖面 GL(高粱)和 HGQ(黑枸杞)土壤水中的 $\delta^{18}O$- NO_3^- 和 $\delta^{15}N$- NO_3^- 值；NH 也与其附近的耕地剖面 MX(苜蓿)土壤水中的 $\delta^{18}O$- NO_3^- 和 $\delta^{15}N$- NO_3^- 值具有一致性。地下水 NO_3^- 可能来源于农田包气带中的 NO_3^-，说明在土地利用迅速转化的邓马营湖区，农业无机氮肥已经开始影响浅层地下水水质。同时，地下水中的 $\delta^{18}O$- NO_3^- 和 $\delta^{15}N$- NO_3^- 值也比较接近湖区天然植被覆盖沙漠剖面深层包气带水中的 $\delta^{18}O$- NO_3^- 和 $\delta^{15}N$- NO_3^- 值，说明包气带中的天然 NO_3^- 也可能在强降水事件的触发下进入地下水。以上研究结果共同证实了研究区内包气带中存在天然和非天然 NO_3^- 在极端降水和农业灌溉水的冲刷下迁移至地下水中这一现象。

利用氢氧稳定同位素示踪技术对研究区地下水补给来源进行了分析，发现 SC、RH 和 NH 采样点存在现代平原大气降水的直接补给作用。邓马营湖区的天然植被剖面中 Cl⁻浓度和含水量呈现显著的正相关关系(R^2 为 0.44～0.99)。由于植物的选择性吸收，以及地表更为复杂的硝态氮循环过程，NO_3^- 浓度与含水量之间的关系没有 Cl⁻浓度和含水量之间的关系显著，但是除表土 50cm 土层外，剖面中 NO_3^- 与含水量也存在正相关关系(R^2 为 0.12～0.71)，说明包气带溶质随水分的垂向迁移过程。地下水水化学结果显示，古浪-大靖冲积含水层和邓马营湖区

地下水中的 NO_3^- 浓度总体偏高。并且地下水中 K^+ 浓度和 NO_3^- 浓度之间存在明显的正相关关系，R^2 分别为 0.94 和 0.68，这表明地下水中 NO_3^- 受农业影响严重。尤其是在夏末、秋季和冬季，植物对土壤中养分的需求较低，土壤中无机氮的淋溶现象更为明显(Stuart et al.，2011)。石羊河流域气候变化的分析结果表明，1980年来，区内降水量在秋季呈现明显的上升趋势。大量研究表明，石羊河流域内极端降水事件频繁发生，这与流域内气温升高有关。徐影等(2003)研究表明气温升高会加快水体运动速度，进而加大季风所携带水分的强度，是导致河西走廊东部极端降水事件增加的主要原因之一；李玲萍等(2010)也表示在气候变暖的影响下，祁连山冰雪融水量增加，这不但促使植被恢复，同时加剧水循环过程，也可能加大极端降水发生的概率。秋季增加的降水及极端降水事件的增加都将加剧流域内土壤氮淋溶过程。

总之，古浪-内蒙古巴润霍德地区，耕地土壤中 NO_3^- 含量极高，达到311.98mg·kg^{-1}，且来源于农业活动。本章的研究发现古浪-大靖冲积含水层中 NO_3^- 浓度也极高，分布范围在 52.19～486.66mg·L^{-1}，严重超出了饮用水标准(50mg·L^{-1})，这说明荒漠向农田的转化，导致土壤 NO_3^- 储量的大幅增加，对地下水质构成威胁。邓马营湖区含水层中 NO_3^- 浓度分布趋势为北低南高。区内水文地质条件显示，在邓马营湖区中部和南部存在较大规模的储水盆地，区内南部地区地下水过度开采，地下水环境恶化。而且古浪-大靖含水层和邓马营湖区地下水之间存在明显的水力联系，这进一步证实了上游含水层中的 NO_3^- 可以通过地下水侧向径流流入下游含水层，造成下游地下水水质的污染。

大气降水-包气带水-地下水中同位素组分分析结果证明了三种水体之间的联系。RH、NH 和 SC 地下水采样点的 $\delta^{18}O$ 和 δ^2H 值基本落在局地大气降水线上，说明地下水补给受当地大气降水的影响。邓马营湖区天然植被覆盖沙漠剖面的深层包气带和耕地剖面中 100cm 土层 $\delta^{18}O$-H$_2$O $_{土壤}$ 和 δ^2H-H$_2$O $_{土壤}$ 值大多位于局地大气降水线以下，证明该区地下水可能受大气降水、包气带水分以及灌溉水补给。湖区地下水存在氚同位素信号，但山前侧向补给区却缺失氚同位素信号，加上湖区地下水埋深浅，各含水层间无明显隔水板，这再次证明湖区含水层极易受现代大气降水和灌溉水的影响。此外，湖区内地下水与邻近天然植被覆盖沙漠剖面深层包气带水中 $\delta^{18}O$-NO_3^- 和 $\delta^{15}N$-NO_3^- 值也较为接近。说明在地下水埋深较浅的区域降水淋溶作用也会冲刷天然包气带中 NO_3^-，促进土壤氮素的流失，对地下水水质产生潜在影响。

综上所述，耦合分析大气降水、包气带水和地下水水化学和同位素特征，结合区内特殊的水文地质条件，分析了区内包气带中 NO_3^- 的累积和迁移对地下水水质的潜在影响。

(1) 九条岭站、南营水库站和红崖山水库站大气降水中无机氮总沉降量分别为 9.62kgN · hm^{-2} · a^{-1}、5.49kgN · hm^{-2} · a^{-1} 和 4.48kgN · hm^{-2} · a^{-1}。其中，无机氮总沉降量中 NH$_4^+$-N 沉降量所占比例更高，三个站点中 NH$_4^+$-N 沉降量所占比例分别为83%、71%和90%。降水中 NO$_3^-$-N 和 NH$_4^+$-N 浓度存在季节变化和空间变化，这些变化反映了人类活动和气候条件的影响。

(2) 在生物活动层(0～100cm)中，硝态氮转化过程更为强烈。裸沙地包气带中 δ^{15}N-NO$_3^-$ 和 δ^{18}O-NO$_3^-$ 的范围为–5.97‰～5.00‰和–2.07‰～48.18‰，n(NO$_3^-$)/n(Cl$^-$)的平均值在 0.15～1.04，明显低于研究区降水中[n(NO$_3^-$)+n(NH$_4^+$)]/n(Cl$^-$)值，说明 NO$_3^-$ 主要来源于降水中 NH$_4^+$ 的硝化反应和降水中的 NO$_3^-$。位于邓马营湖区的天然植被覆盖沙漠包气带中 NO$_3^-$ 的来源还受植物和动物排泄物的影响，其 δ^{15}N-NO$_3^-$ 和 δ^{18}O-NO$_3^-$ 的范围分别为–3.12‰～15.49‰和–2.64‰～30.03‰，而 n(NO$_3^-$)/n(Cl$^-$)的平均值分布范围也更广，为 0.01～1.16。总体来说，天然包气带剖面中 δ^{18}O-NO$_3^-$ 的计算值小于 δ^{18}O-NO$_3^-$ 的实测值，进一步说明了大气降水和硝化作用是区内包气带中 NO$_3^-$ 的主要来源。北部区域，硝化作用是控制包气带硝态氮循环的主导生物过程，导致沙漠北部包气带中 NO$_3^-$ 的富集；南部区域的气候条件更为适宜硝化作用和反硝化作用的共同发生，并且反硝化作用占据主要地位。

(3) 通过不同时期的遥感影像变化和影像解译发现，1980 年来，腾格里沙漠西南缘和邓马营湖区的土地利用类型发生了巨大转变，主要转变模式为天然生态系统向农田生态系统转化。转化区主要包括武威-民勤、邓马营湖和古浪-内蒙古巴润霍德区域三个区域。转化区内荒漠和耕地剖面中 NO$_3^-$ 含量分别为 3.15mg · kg^{-1} 和 123.06mg · kg^{-1}，耕地剖面中 NO$_3^-$ 含量远大于未开发的荒地，说明荒漠向耕地的转化过程中，土壤 NO$_3^-$ 储量大幅增加，增加的 NO$_3^-$ 正在逐渐干扰干旱区硝态氮循环过程。培育林剖面中 NO$_3^-$ 含量为 1.26mg · kg^{-1}，接近荒漠剖面中 NO$_3^-$ 含量的本底值，因此可以在荒漠区培育林地，这不但可以防风固沙，还可以减轻人为氮输入对土壤硝态氮迁移转化过程的影响。

耕地剖面中 δ^{15}N-NO$_3^-$ 和 δ^{18}O-NO$_3^-$ 的范围为 1‰～11.81‰和–1.85‰～8.99‰。说明 NO$_3^-$ 主要来源于铵肥和土壤 NH$_4^+$ 的硝化反应，而防护林剖面中 NO$_3^-$ 来源与局地补给环境密切相关。氮肥输入的大幅增加不仅存在污染包气带的风险，且在荒漠转化为耕地初期，土壤质地依然较粗，透水性极好，在灌溉回流和极端降水的作用下，也加大了地下水 NO$_3^-$ 污染的可能性。

(4) 古浪-内蒙古巴润霍德地区耕地剖面中 NO_3^- 含量极高，达到 $311.98mg \cdot kg^{-1}$，且来源于农业活动。古浪-大靖冲积含水层中 NO_3^- 浓度也极高，分布在 $52.19 \sim 486.66mg \cdot L^{-1}$，严重超出了饮用水标准($50mg \cdot L^{-1}$)。这说明荒漠向农田转化后，土壤中大幅增加的 NO_3^- 已经对地下水质构成了威胁。

邓马营湖区天然植被覆盖沙漠剖面的深层包气带和耕地剖面100cm土层中的 $\delta^{18}O\text{-}H_2O_{\text{土壤}}$ 和 $\delta^2H\text{-}H_2O_{\text{土壤}}$ 值均位于局地大气降水线和蒸发线之间，证明湖区地下水可能受大气降水、包气带水分及灌溉水的补给。湖区地下水中存在氚同位素信号，但山前侧向补给区地下水中却缺失氚同位素信号，而且湖区地下水埋深浅，各含水层间无明显隔水板，这再次证明湖区含水层极易受现代大气降水和灌溉水的影响。

第10章 黑河流域土地沙漠化土壤盐分与养分特征

黑河流域土壤研究的代表为中国科学院兰州沙漠研究所(高前兆和李福兴，1991)。闫琳等(2000)根据实地考察、土样分析结果讨论了黑河下游三角洲中部地区土壤的基本特征，研究了土壤盐分与地貌部位、地下水的关系；张小由等(2004)讨论了额济纳三角洲地区土壤的基本特征。刘蔚等(2005)在土壤水理特性研究的基础上提出黑河下游三角洲地区的土壤具有质地粗、含盐量高、盐分表聚性强的特征。在所有剖面上盐分呈现漏斗型分布，土壤中盐分随地形变化较为复杂，但与地下水化学变化一致。地下水矿化度普遍较高，大多数地区的矿化度在800～3000mg·L^{-1}；水化学类型主要有HCO$_3^-$·SO$_4^{2-}$-Na$^+$、Cl$^-$·SO$_4^{2-}$-Na$^+$(Ca^{2+})、HCO$_3^-$·Cl$^-$-Na$^+$(Ca^{2+})-SO$_4^{2-}$·Cl$^-$-Na$^+$和SO$_4^{2-}$·Cl$^-$-Na$^+$(Ca^{2+}·Mg^{2+})型。通过剖面分析，该区地下水矿化度与距离补给源的远近密切相关，在河岸附近的水矿化度变化幅度较小；在远离河道地区，随离岸距离的增减而升降(刘蔚等，2004)。综述这些研究和调查工作，对内陆河流域生态环境构成要素的单项研究方面缺乏整体性，产生原因与机理研究不够，对各种沙漠化土地微生态环境变化研究也不多。

10.1 研究区生态系统

10.1.1 天然荒漠绿洲生态系统

分布在黑河下游额济纳河两岸的疏林灌丛结合的禾草草甸系统称为天然荒漠绿洲。土壤为沙土、盐化灰棕荒漠土、盐化草甸土、沙质草甸土。河岸疏林灌丛结合的禾草草甸系统面积为167050hm^2，是骆驼、羊的良好牧场。根据乔木、灌木结合情况，分为三种群落结构，即稀胡杨-柽柳-芦苇+杂类草、胡杨-白刺+黑果枸杞-杂类草、沙枣-柽柳-芦苇+杂类草。草地生态系统包括河泛地、湖盆低地、沼泽草甸草场组，细枝盐爪爪+西伯利亚白刺+红砂组和固定、半固定沙丘灌木、小乔木荒漠草场组三个组(表10-1)。

表 10-1　河岸林生态系统分类、结构、利用状况

系统	子系统	类别	结构	利用	功能*
绿洲生态系统	河岸林	河岸疏林灌丛结合禾草草甸	稀胡杨-柽柳-芦苇+杂类草		Ⅳ等4级
			胡杨-白刺+黑果枸杞-杂类草	季节草场	Ⅳ等7级
			沙枣-柽柳-芦苇+杂类草		Ⅳ等5级
		河泛地多枝柽柳灌丛、杂类草	多枝柽柳-杂类草	季节草场	Ⅳ等6级
	草地	河泛地、湖盆低地、沼泽草甸	芦苇-杂类草	草库仑	Ⅲ等5级、6级
			芨芨草+杂类草		

注：Ⅲ-中等牧草重量占 60% 以上，良等及低等牧草占 40% 以上；Ⅳ-低等牧草重量占 60% 以上，中等牧草重量占 40% 以上；4 级草场-产鲜草 6000～4500kg·hm⁻²；5 级草场-产鲜草 4500～3000kg·hm⁻²；6 级草场-产鲜草 3000～1500kg·hm⁻²；7 级草场-产鲜草 1500～750kg·hm⁻²。

过渡带既受荒漠系统的牵制，又受到绿洲系统的干扰。荒漠-绿洲过渡带既提供了荒漠野生动植物的栖息地，也是保护绿洲生态安全的屏障。绿洲-沙漠过渡带长期受到风沙危害，生态系统比较脆弱，从绿洲至沙漠依次可分为人工植被、半人工植被和天然植被，梭梭、花棒、甘蒙锦鸡儿、泡泡刺为主。绿洲-戈壁过渡带的物种单一，靠近绿洲是由泡泡刺灌丛沙堆和红砂组成的优势群落，群落总盖度在 3%～5%，远离绿洲的区域，泡泡刺种群逐渐退出。

10.1.2　荒漠生态系统

按基质可分为沙质荒漠、砾质荒漠、壤质荒漠、黏土荒漠和岩漠等，高等植物不超过 150 种，其中绝大部分是生长缓慢、株形矮小的旱生灌木和半灌木，植被盖度较低，具有贫乏性、古老性、独特性的特点(表 10-2)。

表 10-2　荒漠区主要物种及其丰富度

中文名	学名	丰富度/%	中文名	学名	丰富度/%
珍珠猪毛菜	*Salsola passerina*	35.5	尖头叶藜	*Chenopodium acuminatum*	1.4
白茎盐生草	*Halogeton arachnoideus*	52.6	狗尾草	*Setaria viridis*	10.0
红砂	*Reaumuria soongorica*	7.4	蝎虎霸王	*Zygophyllam mueronatum*	4.6
紫菀木	*Asterothamnus alyssoides*	5.8	丝颖针茅	*Stipa capilcea*	0.6
碱蓬	*Suaeda glauca*	29.7	白刺	*Nitraria tangutorum*	0.3
合头草	*Sympegma regelii*	24.2	甘蒙锦鸡儿	*Caragana opulens kom*	1.4
大蔛萝蒿	*Artemisia anethifolia*	20.7	二裂棘豆	*Oxytropis biloba*	2.1
猪毛蒿	*Artemisia scoparia*	35.7	鹅绒藤	*Cynanchum chinense*	10.0

中文名	学名	丰富度/%	中文名	学名	丰富度/%
草麻黄	*Ephedra sinica*	7.3	阿尔泰狗娃花	*Heteropappus altaicus*	2.9
泡泡刺	*Nitraria sphaerocarpa*	0.2	冷蒿	*Artemisia frigida*	1.5
拐轴雅葱	*Scorzonera muriculata*	6.3	长矛黄芪	*Astragalus macrotrichus*	0.4
大籽蒿	*Artemisia sieversiana*	0.1	栉叶蒿	*Neopallasis pectinata*	0.8
猪毛菜	*Salsola collina*	2.8	刺旋花	*Convolvulus tragacanthoides*	3.5
骆驼蓬	*Peganum harmala*	0.1	紫筒草	*Stenosolenium saxatile*	0.4

注：3000 个 10m² 小样方的统计数据。

荒漠、戈壁主要群落是红砂，砾石戈壁上为膜果麻黄、霸王，覆沙戈壁上为泡泡刺，在地下水位较高的地段有梭梭生长，石质低山残丘上为合头藜、短叶假木贼、山丘间谷地有麻黄、沙拐枣、霸王、西伯利亚白刺群落。地带性土类有灰棕漠土、灰漠土、风沙土，灰棕漠土是温带荒漠地带性土壤。红荒漠面积为 4318397hm²，占本组面积的 67.2%，分布于额济纳全旗；梭梭-红砂面积为 1589306hm²，分布于赛汉陶来西部和达镇的东部山前冲积平原上。

巴丹吉林沙漠面积为 $4.92 \times 10^4 km^2$，极端干旱，沙山高大，沙山之间还有湖盆分布。新月形沙丘及沙丘链主要分布在沙漠的西北部，复合新月形沙垄分布在沙漠腹地和南部，星状沙丘主要分布在沙漠南部地区。中南部及东南部一些湖泊边缘的草滩尚可作为牧业利用。

10.2　土地沙漠化土壤盐分与养分

土壤是植物生长的基质，土壤盐分又是影响植物生长的重要因素。为了保护荒漠绿洲生态环境，实现天然绿洲的可持续发展，研究绿洲区土壤盐分的类型、特征及变化规律是一项重要的工作。由于研究区沙漠化土地大部分处于自然状态，人类对其变化过程的干预影响不大，土地沙漠化的土壤养分和盐分的变化具有典型性和代表性。研究区取样分析编号及不同取样点土地类型和土壤名称如表 10-3 所示。

表 10-3　取样点的土地类型和土壤名称

取样编号	植被类型	沙漠化土地类型	土壤名称
1	芦苇	潜在的沙漠化土地	草甸盐土
2	零星沙拐枣	严重沙漠化土地	弱石膏灰棕漠土
3	稀疏沙蒿	强烈发展的沙漠化土地	半固定风沙土

续表

取样编号	植被类型	沙漠化土地类型	土壤名称
4	白刺+红柳	正在发展的沙漠化土地	林灌草甸土
5	苏枸杞+红柳+白刺	潜在的沙漠化土地	盐化草甸土
6	柽柳片林	潜在的沙漠化土地	柽柳林土
7	沙枣+苦豆子	正在发展的沙漠化土地	沙枣林土
8	胡杨林+苦豆子	正在发展的沙漠化土地	胡杨林土
9	柽柳沙包	强烈发展的沙漠化土地	龟裂土
10	密集苦豆子+少量苏枸杞	正在发展的沙漠化土地	荒漠化草甸土
11	枯死胡杨林	潜在的沙漠化土地	荒漠化胡杨林土
12	稀疏苦豆子	正在进行的沙漠化土地	沙质土

对采集土壤样品进行全盐、pH、有机质、HCO_3^-、SO_4^{2-}、Cl^-、CO_3^{2-}、Na^+、Ca^{2+}、Mg^{2+}、K^+等含量进行测定；对采集的 106 个潜水水样的 pH、含盐量、矿化度、电导率等进行分析。同时，在野外现场测定电导率(electrical conductivity，EC)，再进行温度校正。对土壤全盐含量、pH、有机质、八大离子含量等，以及水样中 pH、八大离子含量、矿化度等进行测定。其中，全盐采用水提取容量法、pH 用酸度计、有机质用重铬酸钾-硫酸法；采用筛分和吸管法分别对采集的样品进行土壤机械组成 > 0.1mm 和 ≤ 0.1mm 颗粒实验测定，测定结果见 10.2.1 小节。

10.2.1　土壤盐分变化

1. 土壤颗粒组成变化

黑河沙质戈壁荒漠土壤的成土母质为河流冲积-洪积物，经过长时间的风蚀作用，细粒物质少，使土壤中 ≥ 2.0mm 的砾石含量可达 26.6%(表 10-4)，表层土壤(0～1cm)中的 0.1～0.25mm 粒径含量达 47.09%，0.25～0.5mm 粒径含量达 25.65%，≤ 0.1mm 粒径含量达 25.16%，表层以下粒径粗化物理性黏粒含量不足 0.5%。中度荒漠化灌丛草地土壤中砾石含量在 82～124cm 处有 5.45%的 ≥ 2mm 的砾石。土壤剖面中各层物理性黏粒含量较高，土壤质地细，发育良好，粒径主要集中在 ≤ 0.1mm。潜在沙漠化地区胡杨林土，由于洪水的多次灌溉，表层土壤中 ≤ 0.1mm 占 95.77%，其中 ≤ 0.002mm 的物理性黏粒较高，达到 12.58%，其他各层的粒径主要集中在 0.25～0.5mm(表 10-4)。

表 10-4　沙漠化地区土壤机械组成

地点	深度/cm	>0.1mm 各级颗粒含量/%					≤0.1mm 各级颗粒含量/%				
		≥2.0	1.0~2.0	0.5~1.0	0.25~0.5	0.1~0.25	≤0.1	0.05~0.1	0.02~0.05	0.002~0.02	≤0.002
河岸地	0~7	—	—	—	0.41	5.10	94.49	41.23	34.90	12.80	5.56
	7~20	—	—	—	—	9.73	90.27	39.43	26.64	17.23	6.97
	20~47	—	—	—	—	4.43	95.57	37.70	30.78	21.02	6.07
	47~82	—	—	—	1.71	5.24	93.05	21.71	41.56	28.70	1.08
	82~124	5.45	0.70	6.60	53.78	25.96	7.51	7.07	0.38	0.06	0.00
	124~180	—	—	—	7.52	0.70	91.78	17.15	44.85	25.98	3.80
沙质戈壁	0~1	0.2	—	1.90	25.65	47.09	25.16	22.28	2.11	0.77	0.00
	1~15	26.6	4.99	27.48	27.69	3.78	9.46	4.41	1.03	3.51	0.51
	15~49	7.63	9.48	42.05	38.03	0.95	1.86	1.37	0.18	0.16	0.15
	49~57	20.7	5.76	31.26	38.91	1.35	1.90	1.57	0.07	0.14	0.12
	57~120	0.3	0.10	2.31	42.78	44.33	10.58	8.69	1.22	0.26	0.41
胡杨林地	0~17	—	—	—	0.70	3.53	95.77	15.48	21.79	45.92	12.58
	17~62	—	—	1.1	36.04	58.06	4.80	4.08	0.57	0.05	0.10
	62~85	—	—	1.75	35.75	59.19	3.31	2.89	0.25	0.05	0.12
	85~168	—	—	0.25	4.62	52.08	43.05	30.98	5.20	4.19	2.68

2. 不同沙漠化土地土壤盐分的基本特征

本地不同沙漠化土地土壤含盐量高、表聚性强、剖面分布呈典型的漏斗型，土壤剖面中盐分含量表层最高，向下层迅速减小。如图 10-1 所示，剖面表层土壤含盐量 27.84%，5~30cm 土层即减少为 6.84%，仅及表层的 24.6%，30cm 以下更是减少为表层的 4.7%，仅为 1.31%。因此，盐分含量分布图呈典型的漏斗型，反映盐分分布首先受区域自然地理条件即地带性因素的影响(图 10-1、表 10-5)。

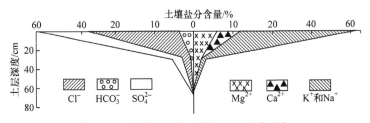

图 10-1　沙漠化地区土壤含盐量垂直分布

表 10-5　沿河两岸土壤盐分组成

土地类型（剖面号）	深度/cm	离子组成占阴阳离子的百分比/%							
		CO_3^{2-}	HCO_3^-	Cl^-	SO_4^{2-}	Ca^{2+}	Mg^{2+}	Na^+	K^+
正在发展的沙漠化土地(1)	0~10	<0.05	0.36	14.34	23.21	6.75	2.22	28.58	0.40
		—	0.94	37.82	61.22	17.80	5.80	75.34	1.06
	10~50	<0.05	0.31	3.44	20.60	9.56	3.88	10.69	0.22
		—	1.27	14.13	84.60	39.26	15.93	43.90	0.90
	50~100	0.14	0.43	1.90	4.24	0.17	0.20	6.21	0.13
		2.08	6.40	28.32	63.18	2.53	2.98	92.54	1.94
潜在沙漠化土地(2)	0~10	<0.05	0.48	0.13	0.10	0.29	0.09	0.28	0.05
		—	67.60	18.31	14.08	40.84	12.68	39.44	7.04
	10~50	<0.05	0.41	0.35	0.05	0.35	0.20	0.13	0.07
		—	50.62	43.21	6.17	46.66	26.66	17.33	9.33
	50~100	0.20	0.36	0.13	0.38	0.29	0.17	0.49	0.12
		18.69	33.64	12.15	35.51	27.10	15.88	45.79	11.22
严重沙漠化土地(3)	0~10	<0.05	1.71	43.75	26.36	10.44	35.94	25.36	0.08
		—	2.38	60.92	36.70	14.54	50.04	35.31	0.11
	10~50	0.14	0.39	5.62	25.39	6.70	3.24	21.22	0.38
		0.44	1.24	17.82	80.50	21.24	10.27	67.28	1.20
	50~100	0.07	0.43	6.81	17.81	0.55	1.36	23.00	0.21
		0.28	1.71	27.11	70.90	2.19	5.41	91.56	0.84
正在发展的沙漠化土地(4)	0~10	0.05	0.68	60.94	12.84	11.60	68.12	10.60	0.11
		0.03	0.36	32.67	66.93	6.22	36.52	57.16	0.06
	10~50	0.07	0.33	7.06	18.68	4.06	5.65	15.9	0.53
		0.27	1.26	27.01	71.46	15.53	21.61	60.83	2.03
	50~100	0.05	0.38	4.31	9.75	0.72	3.16	10.32	0.29
		0.35	2.62	29.74	67.29	4.97	21.81	71.22	2.00
正在发展的沙漠化土地(5)	0~10	0.05	0.31	17.10	34.97	13.01	1.22	37.74	0.37
		0.10	0.59	32.49	66.83	24.86	2.33	72.12	0.71
	10~50	<0.05	0.33	5.37	22.40	13.60	0.87	13.26	0.37
		0.17	1.17	19.11	79.72	48.40	3.10	47.19	1.32
	50~100	<0.05	0.26	0.31	4.27	3.56	0.35	0.73	0.20
		1.03	5.37	6.40	88.22	73.55	7.23	15.08	4.13
严重沙漠化土地(6)	0~10	0.05	0.58	64.75	34.71	8.17	48.47	37.85	5.54
		0.05	0.58	64.69	34.68	8.16	48.43	37.82	5.54

续表

剖面号	深度/cm	离子组成占阴阳离子的百分比/%							
		CO_3^{2-}	HCO_3^-	Cl^-	SO_4^{2-}	Ca^{2+}	Mg^{2+}	Na^+	K^+
严重沙漠化土地(6)	10~50	0.05	0.43	58.06	41.26	12.29	14.73	69.06	3.67
		0.05	0.43	58.18	41.34	12.31	14.76	69.20	3.68
	50~100	0.07	0.50	6.31	10.54	7.13	2.00	7.86	0.43
		0.40	2.87	36.22	60.51	40.93	11.48	45.15	2.47
正在发展的沙漠化土地(7)	0~10	<0.05	3.59	25.94	55.34	12.76	6.96	65.15	0.05
		0.06	4.23	30.55	65.17	15.03	8.20	76.72	0.06
	10~50	0.07	0.45	2.28	5.44	2.09	2.29	3.49	0.30
		8.50	5.46	27.67	66.02	25.35	27.79	42.35	3.64
	50~100	0.07	0.51	0.28	0.43	0.35	0.64	0.25	0.05
		5.43	39.53	21.71	33.33	27.13	49.61	19.38	3.88
潜在沙漠化土地(8)	0~10	0.05	0.60	0.25	0.07	0.52	0.26	0.06	0.08
		5.16	61.86	25.77	7.22	56.52	28.26	6.52	8.70
	10~50	0.05	0.53	1.50	4.71	3.07	0.55	2.96	0.21
		0.74	7.80	22.09	69.37	45.21	8.10	43.59	3.09
	50~100	0.05	0.70	0.50	0.12	0.23	0.23	0.77	0.09
		3.65	51.09	36.50	8.76	17.42	17.42	58.33	6.82
强烈发展的沙漠化土地(9)	0~10	0.06	0.63	0.25	0.05	0.46	0.29	0.12	0.06
		5.10	64.29	25.51	5.10	49.46	31.18	12.90	6.45
	10~50	0.05	0.55	0.50	1.43	0.81	1.01	0.66	0.06
		1.98	21.74	19.76	56.52	31.89	39.76	25.98	2.36
	50~100	0.05	0.48	0.97	1.44	0.93	1.42	0.54	0.05
		1.70	16.33	32.99	48.98	31.63	48.30	18.37	1.70
严重沙漠化土地(10)	0~10	0.05	2.56	102.50	88.25	20.00	98.56	74.64	0.12
		0.03	1.32	53.01	45.64	10.34	50.97	38.60	0.06
	10~50	0.05	1.71	34.06	73.72	10.73	41.45	57.26	0.05
		0.05	1.55	30.97	67.02	9.76	37.69	52.06	0.05
	50~100	0.05	0.50	3.12	6.40	1.19	4.26	4.38	0.19
		0.50	4.97	30.98	63.56	11.82	42.40	43.50	1.89
强烈发展的沙漠化土地(11)	0~10	<0.05	4.0	2.28	8.16	7.53	1.59	1.62	0.14
		0.05	0.40	20.96	75.00	69.21	14.61	14.89	1.29
	10~50	<0.05	0.56	0.62	0.84	0.35	0.78	0.84	0.05
		2.48	27.72	30.69	41.58	17.33	38.61	41.58	2.48

续表

剖面号	深度/cm	离子组成占阴阳离子的百分比/%							
		CO_3^{2-}	HCO_3^-	Cl^-	SO_4^{2-}	Ca^{2+}	Mg^{2+}	Na^+	K^+
强烈发展的沙漠化土地(11)	50～100	<0.05	0.74	0.47	0.37	0.26	0.43	0.89	0.05
		3.07	45.40	28.83	22.70	15.95	26.38	54.60	3.07
强烈发展的沙漠化土地(12)	0～10	<0.05	0.51	1.34	2.78	1.25	1.39	1.93	0.06
		1.08	11.02	28.94	60.04	27.00	30.02	41.68	1.30
	10～50	<0.05	0.65	0.25	0.00	0.26	0.49	0.11	0.05
		5.15	67.01	25.77	5.15	26.80	50.52	11.34	5.15
	50～100	<0.05	0.61	0.28	0.23	0.32	0.49	0.26	0.05
		4.46	54.46	25.00	20.54	28.57	43.75	23.22	4.46

　　离子类型多样，盐类成分复杂，各离子含量差异显著。通过对研究区剖面的分析可知，该地区离子类型多样，八大离子在每个沙漠化土地均有分布，呈多元复合型盐类。但各个剖面差异显著，既有以重碳酸盐为主要成分的，也有以硫酸盐或氯化物为主要成分的，反映了盐分来源的复杂性和影响因素的多样性。

　　盐土类型与沙漠化土地发育程度关系密切，特别是强度沙漠过程的影响不可忽视。根据各剖面土样的 pH、全盐量、离子类型及主要离子所占比例，可将本区土壤沙化和水分条件分成四种类型。

　　潜在沙漠化土地的土壤水化学类型为 $HCO_3^- \cdot Cl^- - Ca^{2+} \cdot Na^+$，代表剖面为 2号、8 号。总体特征是土壤含盐量低，2 号剖面含盐量平均值仅有 0.05%，是 12个剖面中最低的。两个剖面均位于平沙地上，远离河床或高出河床很多，由于地下水位较深，所以表层土壤受河水和地下水的影响较小，含盐量低。

　　正在发展的沙漠化土地土壤水化学类型为 $SO_4^{2-} \cdot Cl^- - Mg^{2+} \cdot Na^+$ 离子型盐土，代表剖面为 1、4、5、7 号。总体特征是土壤含盐量高，五个剖面的平均含盐量可达 4.47%，最低的 1 号剖面也达 1.52%。五个剖面均位于高河漫滩地上。地面生长有梭梭、柽柳、胡杨或稀疏芦苇，非特大洪水出现的年份河水不能漫溢，沙生植物主要依靠土壤水而存活，由于地下水矿化度很高，长期强烈蒸发作用下盐分在土壤表层聚积，形成含盐量很高的盐土。

　　强烈发展的沙漠化土地土壤水化学类型为 $Cl^- \cdot SO_4^{2-} - Na^+ \cdot Mg^{2+}$ 离子型土，代表剖面为 9、11、12 号，三个剖面的平均含盐量为 0.20%，在 12 个剖面中含盐量都是很低的。9 号剖面临近居延海湖盆边缘，11 号剖面位于河谷低地区，两地长期接受河水的漫灌，12 号剖面为已垦的农田。虽然地势低洼，地下水位也较高(2m 左右)，但因为有河水、井水的冲洗，盐分在土壤上层聚积不明显，次生盐渍化程度并不重。

严重沙漠化土地土壤水化学类型为 $Cl^- \cdot SO_4^{2-} - Mg^{2+} \cdot Na^+$ 离子型盐土，代表剖面为 3 号、6 号、10 号。三个剖面的平均含盐量为 4.57%。严重沙漠化土地表层氯离子含量高于硫酸根离子，而且镁离子与钠离子含量大体接近。此外，镁离子在阳离子中所占比例很高。如 3 号、6 号、10 号剖面镁离子在土壤表层成为主要成分。这可能与祁连山区以镁钙质重碳酸盐为主要补给成分的河水作用有关，后经长期的风蚀作用形成。

总之，黑河沙漠化土地土壤质地粗，成土作用差，有机质含量低，土壤含盐量高，表聚性强，具有干旱区漠境土壤的典型特征。不同沙漠化土地土壤含盐量、盐分类型差异很大。沙漠化土地土壤水化学类型潜在沙漠化土地为 $HCO_3^- \cdot Cl^- - Ca^{2+} \cdot Na^+$，正在发展的沙漠化土地为 $SO_4^{2-} \cdot Cl^- - Mg^{2+} \cdot Na^+$，强烈发展的沙漠化土地为离子型盐土 $Cl^- \cdot SO_4^{2-} - Na^+ \cdot Mg^{2+}$，严重沙漠化土地为 $Cl^- \cdot SO_4^{2-} - Mg^{2+} \cdot Na^+$ 离子型盐土。

10.2.2　土壤养分变化

土壤养分是构成土壤肥力的物质基础，由于自然因素和人为因素的影响，不同的土壤类型所含的养分不同，其养分含量常具有明显的时空分布特征，这种时空分布特征会影响区域植被分布(何文寿，2004)。因此，研究土壤养分的分布特征，对于土壤养分的科学管理和合理利用，有针对性地采取合理施肥技术，提高肥料养分资源的利用率和防止土地荒漠化，保持和提高土壤肥力，促进区域农业可持续发展等方面具有十分重要的理论和实践意义(黄绍文等，2003)，同时，可作为沙漠化土地是否稳定的判别指标。

1. 土壤养分变化规律

土壤养分测定结果见表 10-6。土壤有机质含量在 0.100%～3.731%，集中分布在 1%～2.5%；pH 在 7.97～9.35，呈碱性；全 N 含量在 0.015%～0.190%；全 K 含量比较高，分布在 1.81%～3.17%；速效 N、速效 P 和速效 K 含量分别在 7.7～161.0mg·kg^{-1}、3.0～211.8mg·kg^{-1}、120～2061mg·kg^{-1}，平均值分别为 83.1mg·kg^{-1}、42.8mg·kg^{-1} 和 690.1mg·kg^{-1}。统计结果显示，全 N 含量、全 P 含量、全 K 含量、pH 和有机质含量标准差偏小，速效 N 含量、速效 P 含量次之，速效 K 含量的标准差最大。说明额济纳旗土壤速效 N、速效 P 和速效 K 的含量比较分散，差异大，而全 N 含量、全 P 含量、全 K 含量、pH 和有机质含量比较集中，变化不大(刘敏和甘枝茂，2004；苏永红，2004；苏永红等，2004；张小由等，2004)。

表 10-6 黑河沙漠化地区土壤养分分析结果

编号	全N 含量/%	全P 含量/%	全K 含量/%	有机质 含量/%	速效N含量 /(mg·kg⁻¹)	速效P含量 /(mg·kg⁻¹)	速效K含量 /(mg·kg⁻¹)	pH
1	0.078	0.065	1.81	1.174	119.0	211.8	1233	9.20
2	0.026	0.033	2.01	0.233	11.9	2.7	257	9.35
3	0.021	0.037	2.11	0.244	21.0	3.2	120	8.58
4	0.190	0.069	2.04	3.731	114.1	21.9	481	8.42
5	0.088	0.052	2.11	1.702	122.5	8.7	2061	8.75
6	0.078	0.065	1.81	1.174	119.0	211.8	1233	9.20
7	0.164	0.063	2.41	2.326	121.1	14.0	286	8.22
8	0.139	0.068	3.01	0.362	90.3	3.2	300	8.18
9	0.015	0.046	2.05	0.100	7.7	3.0	128	8.44
10	0.140	0.064	3.17	2.284	161.0	11.5	348	7.97
11	0.094	0.056	2.27	1.808	65.8	16.2	1546	9.06
12	0.071	0.065	2.71	0.895	44.1	5.9	288	8.34
均值	0.092	0.0569	2.29	1.353	83.1	42.8	690.1	8.64
标准差	0.056793	0.012303	0.448029	1.085617	51.42207	79.15938	651.42312	0.441462

2. 土壤肥力的主成分分析

为分析各个因子对土壤肥力的影响次序，研究中采用主成分分析(principal component analysis)对黑河沙漠化地区土壤的养分进行分析。为了消除数据单位的影响，将原始数据按照下列公式进行标准化：

$$Z_{i,j} = \frac{x_{i,j} - \overline{x_J}}{s_k} \quad i = 1, 2, \cdots, n; j = 1, 2, \cdots, m \tag{10-1}$$

式中，$x_{i,j}$ 为原始指标数据；n 为样品数；m 为评价指标数；$\overline{x_J} = \dfrac{\sum\limits_{i=1}^{n} x_{i,j}}{n}$ 为 j 指标

数据的均值；$s_k = \dfrac{1}{n} \sum\limits_{i=1}^{n} \left(x_{i,j} - \overline{x_J} \right)^2$ 为标准差。

得到标准矩阵 $Z = \left(Z_{i,j} \right)_{n \times m}$，从标准矩阵 Z 中计算出土壤养分的相关系数矩阵 $R_{n \times m}$，然后计算特征值与特征向量。通过 SPSS 11.0(周皓，2004)计算得到黑河沙漠化土壤养分的相关系数矩阵。

相关系数矩阵的特征根 λ_i 及特征向量 $Y(i)(i = 1, 2, \cdots, 7)$ 由 Matlab 6.5(张智星，2002)求得(表 10-7)。其中，最大的两个特征值 $\lambda_1 = 3.3941$，$\lambda_2 = 1.9428$，累计贡献率为 76.24%，表明这两个特征根已提供了全部指标 75% 以上的信息。由此可

以用第一主成分和第二主成分作为土壤养分特性的概括。各样点的主成分值根据公式 $Z_i = Z \cdot Y(i)$ 求得，黑河沙漠化地区各样点第一、二主成分值计算结果见表 10-8。这就将载有这些信息的有效维数从 7 降到 2，使得对土壤养分的分析变得直观容易。

表 10-7　黑河沙漠化土壤养分含量的主成分特征表

土壤养分及特征值	$Y(1)$	$Y(2)$	$Y(3)$	$Y(4)$	$Y(5)$	$Y(6)$	$Y(7)$
全 N 含量	0.4974	0.2031	0.1227	0.1932	0.0605	0.7002	−0.4062
全 P 含量	0.4772	0.0073	−0.4113	0.0417	0.6544	−0.1032	0.4031
全 K 含量	0.1704	0.5788	−0.3061	−0.5363	−0.0967	−0.3052	−0.3900
有机质含量	0.4523	0.0273	0.5076	0.3612	−0.0263	−0.6141	−0.1699
速效 N 含量	0.4984	−0.1141	−0.0698	−0.1994	−0.6758	0.0831	0.4799
速效 P 含量	0.1257	−0.5887	−0.5599	0.1908	−0.1706	−0.1417	−0.4884
速效 K 含量	0.1648	−0.5132	0.3823	−0.6831	0.2687	0.0429	−0.1504
正向最大	速效 N 含量	全 K 含量	有机质含量	有机质含量	全 P 含量	全 N 含量	速效 N 含量
负向最大	—	速效 P 含量	速效 P 含量	速效 K 含量	速效 N 含量	有机质含量	速效 P 含量
特征根	3.3941	1.9428	0.7598	0.5758	0.2163	0.0864	0.0248
贡献率/%	48.49	27.75	10.85	8.23	3.09	1.23	0.35
累计贡献率/%	48.49	76.24	87.10	95.32	98.41	99.65	100

注：$Y(i)$ 为第 i 主成分 ($i = 1, 2, \cdots, 7$)。

表 10-8　黑河沙漠化土壤样点第一、第二主成分值

Z	1	2	3	4	5	6	7	8	9	10	11	12
Z_1	0.6863	2.9430	2.7350	2.4360	0.5246	0.6863	1.5368	0.6096	2.6490	2.0350	0.1694	−0.3576
Z_2	2.4370	0.1543	0.3523	0.3428	−1.1580	2.4370	0.8858	1.6630	0.2797	1.6630	−0.4489	1.1410

由表 10-7 中列出的主成分值看出：各指标中全 N 含量、全 P 含量、有机质含量和速效 N 含量的指标系数 $Y(1)$ 都在 0.45 以上，对第一主成分值的贡献率比较大；全 K 含量、全 N 含量对第二成分 (Z_2) 有正向负荷，其中全 K 含量的指标系数是 0.5788，因此全 K 含量对第二主成分的贡献率最大，而速效 P 含量和速效 K 含量为负值，对第二主成分有逆向负荷。从以上的分析可以看出，全 N 含量、全 P 含量、全 K 含量和有机质含量基本上代表了土壤肥力的水平，对土壤肥力有正向负荷；速效 N 含量、速效 P 含量和速效 K 含量对土壤肥力有逆向负荷。

以第一主成分值为横坐标 $x(Z_1)$，第二主成分值为纵坐标 $y(Z_2)$ 作图，以反映黑河沙漠化土壤类型(图 10-2)，将土壤样品分为 4 类。

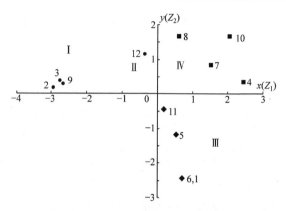

图 10-2　主成分分析聚类分布

图中横坐标 $x(Z_1)$ 为第一主成分值，纵坐标 $y(Z_2)$ 为第二主成分值；图中数值为土壤样点编号

对第Ⅰ类土壤，第一特征值为负，而第二特征值为正。说明土壤中各养分含量大都低于本区养分含量均值，尤乏速效养分，土壤较贫瘠。在研究区内，这类土壤主要是弱石膏灰棕漠土、灌丛沙堆与龟裂土和半固定风沙土。这些土壤主要表现为上覆植被稀疏，盖度一般不超过 5%，大气降水稀少，地下水埋深大，补给不足，加之长期的风蚀作用。这种土壤在短期内很难改造为肥沃的土地，只能通过种植草皮、草方格，进行土壤结皮，固定半流动沙丘，控制土壤的进一步退化，防止沙漠化进一步扩大。

对第Ⅱ类土壤，虽然第一特征值仍为负，第二特征值为正。但土壤中各养分含量相对高于第Ⅰ类土壤，土壤较贫瘠。在研究区内，这类土壤主要是灌丛沙堆与龟裂土和半固定风沙土。这些土壤主要表现为上覆植被盖度在 5%～15%，地下水埋深仍较大。这种土壤在短期内很难改造为肥沃的土地，如不加以保护植被和防止固定半流动沙丘运动，土地沙漠化会更严重。

对第Ⅲ类土壤，其第一特征值为正，而第二特征值为负，说明土壤中速效养分含量相对较高；但第一特征值较第Ⅱ类土壤偏低，又说明其他养分含量较Ⅱ类土低。所取土壤主要属于草甸盐土和荒漠化胡杨林土。这类土地曾经是比较肥沃的，但随着几十年来黑河中游下泄水量的减少，其地下水位下降，地下水补给不足，加之长期人类活动(过度放牧、开荒等)的叠加作用，使这里植被遭到严重破坏，已经开始向沙化发展。对此类土地主要是通过协调全流域水量，每年定期灌溉，使植被恢复以往的繁茂，并在周围种植草库伦。

对第Ⅳ类土壤，其第一、二主特征值均为正值，说明土壤中速效 P 和速效 K 含量低于平均水平，而有机质、速效 N 及全 N、全 P 和全 K 等养分含量则较平均值较高。这类土壤主要分布区是林地，如林灌草甸地、沙枣林地和胡杨林地，植被盖度超过70%。这是因为这些土地主要分布在东、西河的两侧及古日乃沼泽附近，水分补给比较充足，同时树木和植被有较好的固氮作用。这些植被的落叶等腐殖质年复一年形成了较好的有机质和其他肥料供给植被的生长，形成良性循环，从而形成现状土壤。对这类土壤主要实施保护措施，防止过度放牧及开荒，实施围栏，同时针对土壤中速效 P 和速效 K 含量较低的状况，对该区适当施磷肥和钾肥。

总之，通过对黑河沙漠化土壤的分析，得到以下结论：①土壤 pH 在 7.97～9.35，呈碱性。从统计结果看，全 N 含量、全 P 含量、全 K 含量、pH 和有机质含量比较集中，速效 N、速效 P 和速效 K 养分含量比较分散。②从主成分分析看，全 N、全 P、有机质和速效 N 含量的累计贡献率达到 76.24%，基本上代表了土壤肥力水平，对土壤有正向负荷；速效 N、速效 P 和速效 K 含量对土壤肥力有逆向负荷。③通过对主成分低维聚类分析方法，反映出 12 个样点土壤类型综合养分等级的分异和类同性，由此可将研究区的土壤大致划分为 4 类，土壤养分低于全区土壤养分均值，尤其缺乏速效养分的贫瘠土壤；速效 P、速效 K 含量略低于均值，而其他养分含量丰富的林地土壤；速效养分含量相对较高开始向荒漠化发展的林地和草地土，4 类土壤与 4 种沙漠化土地类型相一致。

10.3　表层土壤盐分及水化学特征

土层中的土壤盐分组成：分布在河道两岸、湖盆洼地，以柽柳+泡泡刺+苏枸杞为代表的林灌草甸土，盐化十分严重，其盐分含量明显高于其他地方，其表层总盐量可达 6.81%～9.46%，表层以下逐步减小。该类型土壤剖面中 SO_4^{2-} 含量明显高于其他阴离子，表层以下所有阴离子迅速减小，在剖面的最下层 128cm，所有阴离子含量接近零。表层阳离子中 Mg^{2+} 和 Ca^{2+} 含量较高，K^+ 和 Na^+ 含量较低，随深度增加 Mg^{2+} 和 Ca^{2+} 含量迅速减小。近河岸地区土壤为河流冲积物形成的胡杨土，该土壤主要分布在靠近河岸两旁的一级阶地，植被类型为胡杨或以胡杨+柽柳、胡杨+沙枣、胡杨+苦豆子，盖度 30%以上。该土壤剖面中各层含盐量小于其他土壤类型，表土层以下，离子有减小的趋势，在土壤剖面中 CO_3^{2-} 和 Mg^{2+} 的含量较高。远河岸地区的沙质灰棕漠土是绿洲的主体土壤，分布于东西戈壁、沿河两岸波状平原，地表是一些旱生超旱生荒漠植物。该表层土壤总含盐量高达 2.6%，其中阴离子中 SO_4^{2-} 和 Cl^- 含量较高，阳离子 K^+ 和 Na^+ 含量较高，深层土壤含盐量降低。在 20～30cm 土层存在 5cm 厚的石膏层，离子在这里富积，因此盐分含量分布图呈典型的漏斗型。

10.3.1　表层土壤盐分变化

通过对 42 个剖面的分析，除 CO_3^{2-} 在 42 个剖面中 4 个有分布外，其他离子在每个样品中均出现，呈多元复合型盐类。但各个类型剖面差异显著，同一类型的剖面中，各离子的含量与分布差异并不显著。既有以重碳酸盐为主要成分的胡杨林地，也有以硫酸盐或氯化物为主要成分的戈壁和灌丛地，反映了盐分来源的复杂性和影响因素的多样性。

根据各剖面土样的 pH、全盐量、离子类型及主要离子所占比例，可将本区盐土分成以下类型。

$SO_4^{2-} \cdot Cl^- - Na^+ \cdot Mg^{2+}$ 离子型盐土。总体特征是土壤含盐量高，平均含盐量达6.67%，含盐量最高可达 15.09%，最低达 1.75%。该类型盐土位于古河床和较高河漫滩、湖盆低地上。部分地面生长有梭梭、柽柳、胡杨或稀疏芦苇，地下水位较高。由于地下水矿化度很高，在强烈的蒸发作用下盐分在土壤表层聚积，含盐量较高。

$SO_4^{2-} \cdot Cl^- - Na^+ \cdot Ca^{2+}$ 离子型盐土。平均含盐量3.29%，最高达8.07%，最低为0.61%。该类型盐土分布在河道低地半固定沙丘和低河漫滩上，Ca^{2+}含量较高。该土壤上生长有红砂、苏枸杞、苦豆子等灌木和草本植物。与 $SO_4^{2-} \cdot Cl^- - Na^+ \cdot Mg^{2+}$ 离子型盐土相比，地形较高。

$SO_4^{2-} \cdot Cl^- - Ca^{2+} \cdot Mg^{2+}$ 离子型盐土。该类型盐土分布在农场弃耕地上，表层盐分含量较高，达到13.83%，表层以下总含盐量不足 1%，平均含盐量为 3.32%。

$SO_4^{2-} \cdot HCO_3^- - Na^+ \cdot Mg^{2+}$ 离子型盐土。剖面平均含盐量为 0.20%，井水灌溉农田属于该类型，地下水位也较高(2m 左右)，由于河水、井水的经常性冲洗，土壤含盐量较低。

$Cl^- \cdot SO_4^{2-} - Na^+ \cdot Ca^{2+}$ 型土。总体特征是土壤含盐量低，平均含盐量仅 0.05%。该类型位于戈壁滩上和冲积扇的中部，不受河水和地下水的影响，含盐量很低。

$Cl^- \cdot HCO_3^- - Na^+ \cdot Ca^{2+}$ 型土。剖面平均含盐量 0.11%，Cl^-含量高于其他阴离子；在阳离子中Na^+含量，明显高于Ca^{2+}和Mg^{2+}含量。该类型分布在农场的灌耕地和河道边。

土壤含盐量受地下水矿化度影响，离子类型与地下水离子类型基本一致。河谷低地或湖盆边缘区，其主要水化学类型为$SO_4^{2-} \cdot HCO_3^- \cdot Cl^- - Na^+ \cdot Mg^{2+} \cdot Ca^{2+}$ 型或$SO_4^{2-} \cdot HCO_3^- \cdot Cl^- - Ca^{2+} \cdot Na^+ \cdot Mg^{2+}$ 型，全盐量较低，变化为 0.7731g·L^{-1}，河漫滩地达到 3.92g·L^{-1} 以上；苏果淖尔达到 34.92g·L^{-1}，矿化度高，水化学类型为$SO_4^{2-} \cdot Cl^- - Mg^{2+} \cdot Ca^{2+}$。戈壁滩水化学类型为$SO_4^{2-} \cdot HCO_3^- \cdot Cl^- - Na^+ \cdot Mg^{2+} \cdot Ca^{2+}$ 或$SO_4^{2-} \cdot HCO_3^- \cdot Cl^- - Na^+ \cdot Mg^{2+} \cdot Ca^{2+}$ 型，全盐量相对较低，与土壤的盐分特征一致。

10.3.2　地表水水化学特征

黑河流域地表水矿化度变化范围大，最小值为 0.53g·L^{-1}，最大值达

12.67g·L⁻¹，平均 2.68g·L⁻¹。其中 Na⁺ + K⁺浓度变化范围为 0.049～1.85g·L⁻¹，Na⁺ + K⁺浓度占总离子浓度的 14.25%；Mg²⁺浓度变化范围在 0.002～0.82g·L⁻¹，Mg²⁺浓度是总离子浓度的 6.84%；Ca²⁺浓度浓度变化范围在 0.008～2.78g·L⁻¹，Ca²⁺浓度占总离子的 7.08%；Cl⁻浓度变化范围在 0.005～2.3g·L⁻¹，Cl⁻浓度占总离子浓度的 13.01%；SO₄²⁻浓度变化范围在 0.18～4.64g·L⁻¹，其离子总量占总离子浓度的 45.9%；HCO₃⁻浓度的变化范围在 0.009～1.53g·L⁻¹，HCO₃⁻含量占总离子浓度的 13.43%。阳离子约占离子总量的 28%，阴离子约占 72%。

古日乃剖面矿化度变化见图 10-3，即从古日乃沼泽出发，矿化度不断升高，矿化度的变化范围为 1.0～6.8g·L⁻¹，取样点 14 矿化度最高，继续沿径向向苏果淖尔方向前进，其矿化度迅速下降。西河剖面矿化度变化见图 10-4，即从狼心山水库附近出发，沿西河河道直到嘎什淖尔，矿化度在 6.4～11.0g·L⁻¹，地下水矿化度均没有大幅度的改变，并且该剖面的总体矿化度比较小。

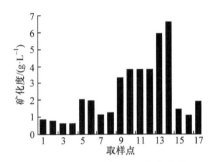

图 10-3 古日乃剖面矿化度变化

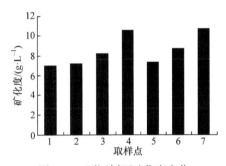

图 10-4 西河剖面矿化度变化

古日乃剖面取样点远离河道，基本上不受河道入渗补给的影响。水化学类型具有明显的分带性，基本上反映了干旱区地下水在径流过程中的类型变化。在取样点地表水丰富的古日乃湖取样点，地下水水质较好，矿化度一般小于 1.0g·L⁻¹，水化学类型为 HCO₃⁻·SO₄²⁻-Na⁺(Ca²⁺·Mg²⁺)；地下水在径流过程中，在干旱区强烈的蒸发浓缩作用下矿化度不断升高，矿化度升高，水化学类型为 SO₄²⁻·Cl⁻-Na⁺型水。由于尾闾湖(排泄区)湖水对地下水的补给作用，地下水的矿化度有所降低，矿化度降低，水化学类型又为 HCO₃⁻·SO₄²⁻-Na⁺(Ca²⁺·Mg²⁺)型水。西河剖面取样点临近河道，受河道入渗补给的影响，矿化度较低，水化学类型主要为 HCO₃⁻·SO₄²⁻-Na⁺(苏永红等，2005a，2005b)。

10.3.3 地下水水化学特征

1. 地下水矿化度

地下水的矿化度是地下水各组分浓度的总指标，是表征水文地球化学过程的重要参数，也是反映地下水径流条件的重要指标。为了揭示地下水化学组分的共生聚集关系，探讨它们之间的关系，将矿化度与各化学成分用最小二乘法分别进行线性回归分析。结果表明，阴离子中 Cl^-、SO_4^{2-} 浓度的相关系数最大，阳离子中 Mg^{2+}、Na^+ 浓度的相关系数最大，Ca^{2+} 浓度次之，体现该区地下水中这几种离子对整体矿化度变化的贡献较大(苏永红等，2005a，2005b)。

古日乃区，取样位置接近古日乃沼泽，受沼泽湖水的补给，地下水的蒸发浓缩作用比较微弱，阴离子以 HCO_3^- 为主，SO_4^{2-}、Cl^- 含量少，阳离子以 Na^+ 为主，其矿化度一般小于 $1.0g \cdot L^{-1}$，水化学类型为 HCO_3^--Na^+。随着纬度的升高，地表水补给量的减少，蒸发浓缩作用不断加强。吉日嘎朗图地区，HCO_3^- 的浓度不断减小，SO_4^{2-} 浓度显著增加，Cl^- 的浓度也有所增大，阳离子中 Mg^{2+} 浓度略有增加，但仍以 Na^+ 为主，其矿化度在 $2.0\sim5.0g \cdot L^{-1}$，水化学类型为 $SO_4^{2-} \cdot Cl^-$-Na^+ 型水。苏果淖尔地区，地下水的矿化度降低，HCO_3^- 的浓度增加。西河剖面离河道较远，受河水的影响较少，基本上反映了干旱区内陆盆地典型的蒸发浓缩作用，其显著的特点就是 HCO_3^-、SO_4^{2-} 浓度的变化，对于未经蒸发浓缩前为低矿化度的地下水，以 HCO_3^- 为主，浓度居第二位的阴离子是 SO_4^{2-}，Cl^- 的浓度最少。随着蒸发作用的进行，溶液浓缩，HCO_3^- 的浓度减少，SO_4^{2-} 上升为主要成分，形成硫酸盐水(苏永红，2004；苏永红等，2004)。由于古日乃剖面离河道较近，地下水受河道水的补给使得地下水矿化度较低，在水化学成分上阴离子以 HCO_3^-、SO_4^{2-} 为主，阳离子以 Na^+ 为主，在运移过程中均没有发生明显改变(图 10-5)。

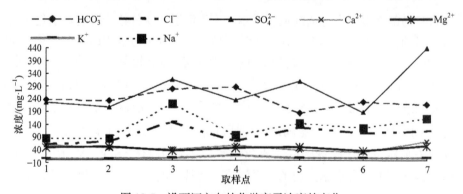

图 10-5 沿西河方向的化学离子浓度的变化

由上述分析可以看出，黑河沙漠化地区地下水水质的优劣取决于地表水资源状况。在离河道较近，地表水资源充分，地下水容易获得补给的地段，地下水水质通常较好。在远离河道的地方，由于强烈的蒸发浓缩作用，地下水矿化度不断升高(Feng & Lin，2002；Feng et al.，2002a，2002b)。

2. 地下水电导率的变化

全区地下水电导率的最高值出现于湖盆，由湖盆向外，电导率逐渐降低，最大值为 189.58mS·cm^{-1}。

自南向北，地下水的电导率有规律地增加。南部狼心山一带取值范围大约在 1.2～3.5mS·cm^{-1}，北部湖区大约在 3.2～5.1mS·cm^{-1}。黑河尾闾湖嘎什淖尔地下水的电导率为 85.48mS·cm^{-1}。

东河地下水的电导率从狼心山的 0.7～2.1mS·cm^{-1}，上升到苏果淖尔的 3.5～5.0mS·cm^{-1}，西河地下水的电导率从狼心山的 1.2～3.5mS·cm^{-1}，上升到嘎什淖尔的 4.0～5.5mS·cm^{-1}。

从不同植被覆盖的地下水的电导率来看，胡杨林地水样电导率最大值为 7.96mS·cm^{-1}，均值为3.19mS·cm^{-1}，柽柳林地水样电导率最大值为13.79mS·cm^{-1}，均值为 5.64mS·cm^{-1}，苏枸杞等小灌木电导率最大值为 9.71mS·cm^{-1}，均值为 3.86mS·cm^{-1}。可见，柽柳的耐盐性最好，胡杨和苏枸杞等小灌木为中等耐盐。柽柳的耐盐性是由于其叶片解剖构造上有盐腺组织，能将根部吸入体内的盐液浓缩经腺体孔排出体外，盐晶随风而散。

沿河道电导率由南向北有规律地上升，南部狼心山一带电导率最低，向北至冲湖积平原为咸水，湖区为氯化物型卤水(刘亚传和常厚春，1992)。西河电导率地下水的最大值出现于嘎什淖尔，东河地下水的电导率最大值出现于头道河旁的柽柳林中。以河为轴线，地下水的电导率向两侧的戈壁降低。柽柳林地下水的 EC 值较高，河岸胡杨林地下水电导率最低。

由表 10-9 可知，1985～2003 年，黑河沙漠化地区地下水的平均电导率大多稍有上升。湖盆地下水的电导率上升幅度最大，河道、河岸地下水的平均电导率变化不大，戈壁地下水、承压水、东西河沿岸平均 EC 下降。全区 2003 年的最大值比 1985年增大了很多。1985年最高值为87.28mS·cm^{-1}，2003 年为 189.58mS·cm^{-1}。主要是因为上中游来水减少，地表水补给地下水减少，强烈的潜水蒸发造成湖盆地区电导率上升；河道、河岸时有周期性中游洪水或分水补给，使地下水的电导率变化不大。

表 10-9 黑河沙漠化地区 1985 年和 2003 年地下水的电导率

位置	1985 年地下水的 EC 值/(mS·cm^{-1})		2003 年地下水的 EC 值/(mS·cm^{-1})	
	EC 均值(地下水类型)	最大值	EC 均值(地下水类型)	最大值
全区	5.95(咸水)	87.28	7.19(咸水)	189.58
东河	4.60(弱咸水)	12.83	4.11(弱咸水)	13.79
西河	9.61(咸水)	69.12	6.56(咸水)	85.48
河道	1.04(弱咸水)	2.86	1.88(弱咸水)	2.95

续表

位置	1985 年地下水的 EC 值/(mS · cm⁻¹)		2003 年地下水的 EC 值/(mS · cm⁻¹)	
	EC 均值(地下水类型)	最大值	EC 均值(地下水类型)	最大值
河岸	3.50(弱咸水)	15.83	3.87(弱咸水)	13.79
湖盆	47.78(强咸水)	87.28	89.51(卤水)	189.58
戈壁	4.38(弱咸水)	11.30	4.20(弱咸水)	8.69
承压水	3.14(弱咸水)	6.06	2.90(弱咸水)	8.82

10.4　绿洲区域潜水蒸发与水盐运动

10.4.1　绿洲区域潜水蒸发与水盐运动关系

潜水蒸发过程中，水分的损失造成溶解在潜水中的盐分聚集于土壤上层。一些学者采用经验公式计算土壤潜水蒸发和积盐速率，并得出表土积盐量与地下水埋深呈负指数关系，与蒸发量呈线性关系(娄溥礼等，1961)。潜水蒸发在地下水埋深较浅时与可能蒸散也呈线性关系(雷志栋等，1984)。该区蒸发强度(E_g)采用向维扬诺夫公式 $E_g = E_0(1 - h/h_0)^n$ 计算，其中 E_0 为可能蒸散，h_0 为地下水蒸发的极限深度，h 为地下水埋深。地下水矿化度(C)采用甘肃水利厅经验公式 $C = 5.276e$ 计算，利用以上两个公式，建立了一个表土积盐量(M)的经验公式：

$$M = 5.276E_0(1 - h/h_0)^2 e^{-0.635h} \tag{10-2}$$

式(10-2)反映了地表积盐是气候因子(通过 E_0 表示出来)和地下水埋深 h 的函数。表 10-10 是实际调查的黑河沙漠化地区土壤积盐速率与地下水埋深关系。从其变化规律可以看出，随地下水埋深增加，土壤积盐速率呈指数下降。

表 10-10　不同地下水埋深的土壤 0~50cm 土层积盐速率

项目	地下水埋深/m							
	0.5	1.0	1.5	2.0	2.5	3.0	3.5	4.0
积盐速率/(kg · m⁻² · a⁻¹)	2.95	1.67	0.88	0.36	0.13	0.09	0.02	0.01
与 0.5m 的积盐速率比值	1.00	0.57	0.30	0.12	0.04	0.03	0.006	0.00

若将地下水埋深划分成若干段，其不同埋深下地表积盐速率平均值如表 10-10所示。表 10-10 说明当地下水埋深在 3.5~4.0m 时，土壤停止积盐；2.5~3.0m 微弱积盐，与积盐最强烈的 0.5m 深度比较积盐速率仅为其 3%~4%。从埋深 2.0m开始积盐速率提高，为 0.5m 埋深的 12%。据此，可用地下水埋深 2.0m(或 2.5m)作为自然绿洲土壤强度积盐的起始点，大于 2.0m(或 2.5m)仅以百分位增加，是

微弱积盐；小于 2.0m(或 2.5m)以十分位增加，为强度积盐。

由以上分析可以看出，冲积平原自然绿洲区域潜水蒸发在地下水埋深小于 2.0m(或 2.5m)时水分损失和盐分积累最为强烈，在 2.0～4.0m(或 2.5～4.5m)时通过土壤蒸发其水分损失和盐分积累大大减弱，地下水埋深大于 4.0m(或 4.5m)时通过土壤蒸发其水分损失和盐分积累已十分微弱。

构成黑河荒漠绿洲的各植物种群消长与水文特征变动条件相适应，确定生态水位时还要考虑地下水位变幅的大小。根据三角洲地下水位和水位变幅，结合植物的长势和地面景观调查，用对比分析的方法计算出黑河荒漠绿洲不同种植生长的地下水位埋深阈值、适宜区间及其相应的水位变幅(表 10-11)。经济阈值是指植物生长适宜的地下水位，但会引起土壤次生盐渍化；生命阈值是植物死亡的地下水位。适宜区间是指植物生长良好，土壤既不发生沙化也不会产生次生盐渍化的水位范围。胡杨的适宜水位埋深为 2.5～3.5m，相应的水位变幅为 0.5～1.0m，水位变幅<0.5m。

表 10-11　黑河荒漠地区主要几种植物生长与地下水位阈值

名称	经济阈值		适宜区间		生命阈值	
	埋深/m	变幅/m	埋深/m	变幅/m	埋深/m	变幅/m
芦苇	0～0.5	<0.5	0.5～1.0	<0.5	1.0～1.5	<0.5
胡杨	1.52～0.5	0.5～1.0	2.5～3.5	0.5～1.0	>5.0	0.5
红柳	1.02～0.0	0.5～1.0	2.0～3.0	0～0.5	>3.5	<0.5
梭梭	1.52～0.5	<0.5	2.5～3.5	0～0.5	>4.0	<0.5

由于地下水位持续下降，大面积土地严重旱化。在春季，表层干燥土层深度通常达到全年的最大值，当风速达 4.5m·s^{-1} 时就会起沙，年风蚀深度可达 2.2mm。流动沙地在一场大风中侵蚀深度可达 3～5cm。同一水位条件下不同类型的植被沙化程度不同。从黑河荒漠绿洲主要几种树种在不同地下水位下的土地沙漠化情况可看出，要避免土地沙漠化，地下水埋深应小于 5.0m。

10.4.2　绿洲区域植被分布与土壤水盐含量关系

对黑河流域荒漠绿洲 71 个样地的分类和排序分析表明，这些样地代表了出现在不同地点的 5 个群落类型，它们的分布反映了黑河沙漠化地区土壤含水量、含盐量、降水量、有机质含量、pH 和不同地形的变化规律，把 71 个样地在去趋势对应分析法(DCA)排序的前两个轴上的位置与不同环境因子进行一元回归，得出土壤含水量、土壤含盐量是决定该区植被类型变化与分布最主要的生态-环境因子，二者显著相关，其他一些环境因子如 CO_3^{2-} 含量、HCO_3^- 含量、pH、有机质含量的测定结果表明，各群落类型之间差异不甚显著，无明显相关关系。

从黑河两岸到洪积-冲积扇扇缘，再到山麓，海拔的逐渐升高，伴随着温度的降低和降水量增加，水分状况的好转势必对植被产生很大影响。综合起来看，群落的盖度随土壤含水量的不同而明显变化，而土壤含水量包括地下水和降雨两部分的贡献。一般的植物群落盖度随土壤含水量(10～30cm 土层)的升高而增大，它们之间有下列关系：

$$C = 3.296 + 1.396W \quad (P = 0.001) \tag{10-3}$$

式中，C 为植物群落盖度(单位：%)；W 为 10～30cm 土层的土壤含水量(单位：%)。在土壤含水量为 1%时，群落盖度在 4%～5%；当土壤含水量在 5%左右时，群落盖度则达 8%；当含水量超过 20%时，群落盖度超过 30%。可见土壤含水量对群落的盖度影响非常明显。同样，土壤含盐量越高，植物不仅受到土壤干旱的强烈影响，而且要受到盐分胁迫，植物利用土壤水分就更难，这使得一些一年生植物和一些根系不太发达或耐旱和耐盐能力较弱的植物在土壤含盐量较高的地段不能生长、繁殖，而在土壤盐分较低的地段上物种多样性丰富。经研究土壤含盐量和物种多样性之间存在如下关系(Feng et al.，2001)：

$$N = 6.945e^{0.081S} \quad (P = 0.001) \tag{10-4}$$

式中，N 为物种数；S 为土壤电导率×1000。在土壤含盐量较高、电导率在 1×10^{-2}时，植物的种类单调，多数仅由 3 种组成；在含盐量较低，电导率在 5×10^{-4} 时，植物种数可达 6～7 种，证明土壤含盐量和物种多样性密切相关。由此可见，影响黑河沙漠化地区群落的特征、盖度和种类的主导生态-环境因子是水分和盐分。在不断变化的生态-环境特别是水盐条件的作用下，植被生态的演替过渡类型广泛分布于干旱地区内陆河流域，同时，现存的植被类型大多不稳定，呈现脆弱生态的特征。

黑河沙漠化地区土壤质地粗，土壤含盐量高，表聚性强。在不同的地貌部位，土壤含盐量、盐分类型差异很大。戈壁滩上土壤含盐量较低，沿河谷方向，从上游向下游含盐量逐步增高；废弃河漫滩，湖盆边缘，古河床等地土壤含盐量较高，现代河两岸和洪水可以漫流的地区，土壤含盐量较低。土壤含盐量与地下水矿化度、离子类型非常吻合，区域变化也很吻合，反映两者变化机理是一致的。

研究区的浅层地下水矿化度普遍比较高，大多数地区的矿化度在 0.80～3.00g · L^{-1}；整个区域矿化度变化幅度比较大，最小的矿化度不超过 0.60g · L^{-1}，而最大的样点矿化度超过 12.00g · L^{-1}。水化学类型较少，主要有 $HCO_3^- · SO_4^{2-} -Na^+$、$Cl^- · SO_4^{2-} -Na^+(Ca^{2+})$、$HCO_3^- · Cl^- -Na^+(Ca^{2+})- SO_4^{2-} · Cl^- -Na^+$ 和 $SO_4^{2-} · Cl^- -Na^+(Ca^{2+} · Mg^{2+})$。

总之，研究区浅层地下水矿化度与距离补给源的远近密切相关，整个河道矿化度变化幅度小；在远离河道，随补给源距离的增加而升高。从而说明矿化度受来水条件影响。

三角洲地下水电导率的空间分布规律较为明显：湖盆的电导率较高，从湖盆向外逐渐降低。自狼心山至两湖地区，电导率明显增大。东西方向上，从达来呼布镇向东西两侧的戈壁地下水的电导率呈降低趋势。不同植被的电导率也有变化：胡杨林的电导率最低，戈壁小灌木稍高，柽柳林地下水电导率最高。1985～2003 年，各湖盆因强烈的蒸发浓缩作用，湖泊干涸，电导率有明显增大。东西河沿岸地下水电导率均值呈下降趋势，东河尤为明显。

参 考 文 献

安富博, 丁峰, 2000. 甘肃省民勤县土地荒漠化的发展趋势及其防治[J]. 干旱区资源与环境, 14(2): 42-47.

安尼瓦尔·买买提, 杨元合, 郭兆迪, 等, 2006. 新疆天山中段巴音布鲁克高山草地碳含量及其垂直分布[J]. 植物生态学报, 30(4): 545-552.

鲍士旦, 2008. 土壤农化分析[M]. 北京: 中国农业出版社.

曹广民, 李英年, 张金霞, 等, 2001. 高寒草甸不同土地利用格局土壤 CO_2 的释放量[J]. 环境科学, 22(6): 14-19.

曹伟, 张胜江, 张明, 2009. 基于灰色关联分析的地下水化学成分特征[J]. 节水灌溉, (8): 7-9.

柴华, 何念鹏, 2016. 中国土壤容重特征及其对区域碳贮量估算的意义[J]. 生态学报, 36(13): 3903-3910.

常宗强, 2007. 祁连山(北坡)不同植被类型土壤有机碳动态研究[D]. 兰州: 中国科学院寒区旱区环境与工程研究所.

常宗强, 车克钧, 王艺林, 等, 2002. 祁连山坡地草场水土流失回归模型的建立[J]. 甘肃林业科技, 27(4): 1-4.

常宗强, 冯起, 司建华, 等, 2007. 土壤水热条件对祁连山荒漠草原土壤 CO_2 通量的影响[J]. 干旱区地理, 30(6): 812-819.

常宗强, 冯起, 司建华, 等, 2008. 祁连山不同植被类型土壤碳贮量和碳通量[J]. 生态学杂志, 27(5): 681-688.

常宗强, 冯起, 吴雨霞, 等, 2005a. 祁连山亚高山灌丛林土壤呼吸速率的时空变化及其影响分析[J]. 冰川冻土, 27(5): 666-672.

常宗强, 马亚丽, 刘蔚, 等, 2014. 土壤冻融过程对祁连山森林土壤碳氮的影响[J]. 冰川冻土, 36(1): 200-206.

常宗强, 史作民, 冯起, 2005b. 气温对祁连山不同植被状况土壤呼吸的影响[J]. 中国农业气象, 26(2): 85-89.

车克钧, 张虎, 贺红元, 等, 1993. 祁连山森林草原带大气降水特性的研究[J]. 甘肃林业科技, (1): 17-21.

车宗玺, 金铭, 张学龙, 等, 2008. 祁连山不同植被类型对积雪消融的影响[J]. 冰川冻土, 30(3): 392-397.

陈昌笃, 张立运, 1987. 中国的极旱荒漠[J]. 干旱区资源与环境, 1(3-4): 1-12.

陈多方, 许鸿, 徐腊梅, 等, 2001. 北疆棉花棉花膜下滴灌蒸散规律研究[J]. 新疆气象, 24(2): 81-84.

陈功新, 张文, 刘金辉, 等, 2008. 中国西北中小型盆地天然地下水水化学特征——以公婆泉盆地为例[J]. 干旱区研究, 25(6): 812-817.

陈静生, 2006a. 河流水质原理及中国河流水质[M]. 北京: 科学出版社.

陈静生, 2006b. 中国河流水质原理[M]. 北京: 科学出版社.

陈理, 2008. 石羊河流域水文地质环境与水资源利用[J]. 兰州大学学报(自然科学版), 44(3): 6-11.

陈丽娟, 冯起, 成爱芳, 2013. 民勤绿洲土壤水盐空间分布特征及盐渍化成因分析[J]. 干旱区资源与环境, 27(11): 99-105.

陈隆亨, 曲耀光, 1992. 河西地区水土资源及其合理开发利用[M]. 北京: 科学出版社.

陈隆亨, 肖洪浪, 2003. 河西山地土壤及其利用[M]. 北京: 海洋出版社.

陈庆强, 沈承德, 易惟熙, 等, 1998. 土壤碳循环研究进展[J]. 地球科学进展, 13(6): 555-563.

陈四清, 崔骁勇, 周广胜, 等, 1999. 内蒙古锡林河流域大针茅草原土壤呼吸和凋落物分解的 CO_2 排放速率研究[J]. 植物学报, 41(6): 645-650.

陈小兵, 杨劲松, 杨朝晖, 等, 2007. 基于水盐平衡的绿洲灌区次生盐碱化防治研究[J]. 水土保持学报, 21(3): 32-37, 51.

陈亚宁, 杨青, 罗毅, 等, 2012. 西北干旱区水资源问题研究思考[J]. 干旱区地理, 35(1): 1-9.

程冬玲, 吴恩忍, 2001. 棉花膜下滴灌两种布设方式的试验研究[J]. 干旱地区农业研究, 19(4): 87-91.

崔高阳, 曹扬, 陈云明, 2015. 陕西省森林各生态系统组分氮磷化学计量特征[J]. 植物生态学报, 39(12): 1146-1155.

崔永清, 2008. 区域耕地资源综合生产能力核算——以河北省为例[D]. 保定: 河北农业大学.

邓聚龙, 1990. 灰色系统理论教程[M]. 武汉: 华中理工大学出版社.

丁贞玉, 2010. 石羊河流域及腾格里沙漠地下水补给过程及演化规律研究[D]. 兰州: 兰州大学.

董莉丽, 郭玲霞, 2016. 青海黄河沿岸土壤盐分特征及影响因素研究[J]. 土壤通报, 47(4): 882-888.

董晓红, 2007. 祁连山试验小流域森林植被水分影响的模拟研究[D]. 北京: 中国林业科学研究院.

顿耀龙, 2015. 松嫩平原西部土地整理区景观格局及土壤属性空间变异特征研究[D]. 北京: 中国地质大学(北京).

樊自立, 穆桂金, 马英杰, 等, 2002. 天山北麓灌溉绿洲的形成和发展[J]. 地理科学, 22(2): 184-189.

范敬龙, 徐新文, 雷加强, 等, 2009. 塔里木沙漠公路沿线地下水空间变异性及分布规律研究[J]. 干旱区资源与环境, 23(10): 137-142.

范叶青, 周国模, 施拥军, 等, 2012. 坡向和坡位对毛竹林生物量与碳储量的影响[J]. 浙江农林大学学报, 29(3): 321-327.

方精云, 刘国华, 徐嵩龄, 1996. 中国陆地生态系统碳库: 现代生态学的热点问题研究[M]. 北京: 中国科学技术出版社.

方精云, 朴世龙, 赵淑清, 2001. CO_2失汇与北半球中高纬度陆地生态系统的碳汇[J]. 植物生态学报, 25(5): 594-602.

方精云, 沈泽昊, 崔海亭, 2004. 试论山地的生态特征及山地生态学的研究内容[J]. 生物多样性, 12(1): 10-19.

冯芳, 李忠勤, 张明军, 等, 2011. 天山乌鲁木齐河源区径流水化学特征及影响因素分析[J]. 资源科学, 33(12): 2238-2247.

冯起, 李宗礼, 高前兆, 等, 2012. 石羊河流域民勤绿洲生态需水与生态建设[J]. 地球科学进展, 27(7): 806-814.

冯绍元, 张瑜芳, 沈荣开, 1995. 排水条件下饱和土中氮肥转化与运移模拟[J]. 水利学报, (6): 16-22, 30.

付中原, 刘俊民, 李丽, 等, 2008. 人工神经网络在渭北灌区地下水位动态预测中的应用[J]. 水土保持通报, 28(4): 144-146.

傅利剑, 郭丹钊, 史春龙, 等, 2005. 碳源及碳氮比对异养反硝化微生物异养反硝化作用的影响[J]. 生态与农村环境学报, 21(2): 42-45.

高海宁, 张勇, 秦嘉海, 等, 2014. 祁连山黑河上游不同退化草地有机碳和酶活性分布特征[J]. 草地学报, 22(2): 283-290.

高前兆, 杜虎林, 1996. 西北干旱区水资源及其持续开发利用 [M]// 刘昌明, 何希吾, 任鸿遵. 中国水问题研究. 北京: 气象出版社, 33-35.

高前兆, 李福兴, 1991. 黑河流域水资源合理开发利用 [M]. 兰州: 甘肃科学技术出版社.

高前兆, 王润, 1996. 中国西北地区的水系统与环境问题. 中国地理学会冰川冻土分会——第五届全国冰川冻土大会论文集[C]. 兰州: 甘肃文化出版社.

高前兆, 仵彦卿, 2004. 河西内陆河流域的水循环分析[J]. 水科学进展, 15(3): 391-397.

高前兆, 仵彦卿, 刘发民, 等, 2004. 黑河流域水资源的统一管理与承载能力的提高[J]. 中国沙漠, 24(2): 156-161.

高前兆, 仵彦卿, 俎瑞平, 2003. 河西内陆区水循环的水资源评价[J]. 干旱区资源与环境, 17(6): 1-7.

高志海, 魏怀东, 丁峰, 1998. 甘肃民勤县土地荒漠化遥感调查及现状评价[C]//中国西北荒漠区持续农业与沙漠综合治理国际学术论文集. 兰州: 兰州大学出版社.

耿增超, 姜林, 李珊珊, 等, 2011. 祁连山中段土壤有机碳和氮素的剖面分布[J]. 应用生态学报, 22(3): 665-672.

龚子同, 黄标, 1998. 关于土壤中"化学定时炸弹"及其触爆因素的探讨[J]. 地球科学进展, 13(2): 184-191.

巩杰, 王合领, 钱大文, 等, 2014. 高寒牧区不同土地覆被对土壤有机碳的影响[J]. 草业科学, 31(12): 2198-2204.

贡璐, 韩丽, 任曼丽, 等, 2012. 塔里木河上游典型绿洲土壤水盐空间分异特征[J]. 水土保持学报, 26(4): 251-255, 278.

顾慰祖, 2011. 同位素水文学[M]. 北京: 科学出版社.

郭澎涛, 李茂芬, 刘洪斌, 等, 2011. 丘陵地区田间尺度农地景观坡位划分[J]. 农业工程学报, 27(4): 324-329.

郭占荣, 刘花台, 2002. 西北内陆灌区土壤次生盐渍化与地下水动态调控[J]. 农业环境保护, 21(1): 45-48.

韩惠, 冯兆东, 俄有浩, 等, 2006. 利用 TM 系列影像监测盐碱化土地变化——以民勤绿洲为例[J]. 兰州大学学报 (自然科学版), 42(4): 2-6.

豪树奇, 2005. 额济纳绿洲土壤水分状况的研究[D]. 呼和浩特: 内蒙古农业大学.

何文寿, 2004. 宁夏农田土壤耕层养分含量的时空变化特征[J]. 土壤通报, 35(6): 170-174.

侯振安, 李品芳, 吕新, 等, 2007. 不同滴灌施肥方式下棉花根区的水、盐和氮素分布[J]. 中国农业科学, 40(3): 549-557.

侯学煜, 1981. 中国植被地理分布的规律性[J]. 西北植物学报, 1(1): 1-11.

胡良平, 1999. 一般线性模型的几种常见形式及其合理选用[J]. 中国卫生统计, 16(5): 269-272.

胡小韦, 2008. 于田绿洲土壤盐渍化与地下水环境变化的关系研究[D]. 乌鲁木齐: 新疆大学.

黄昌勇, 2000. 土壤学[M]. 北京: 中国农业出版社.

黄冠华, 1999. 土壤水力特性空间变异的试验研究进展[J]. 水科学进展, 10(4): 450-457.

黄冠华, 叶自桐, 杨金忠, 1995. 一维非饱和溶质随机运移模型的谱分析[J]. 水利学报(11): 1-7.

黄康乐, 1988. 求解二维和饱和——非饱和溶质运移问题的交替方向特征有限单元法[J]. 水利学报, 7: 1-13.

黄领梅, 沈冰, 2000. 水盐运动研究述评[J]. 西北水资源与水工程, 11(1): 6-12.

黄绍文, 金继运, 杨俐苹, 等, 2003. 县级区域粮田土壤养分空间变异与分区管理技术研究[J]. 土壤学报, 40(1): 79-88.

黄天明, 聂中青, 袁利娟, 2008. 西部降水氢氧稳定同位素温度及地理效应[J]. 干旱区资源与环境, 2008, 22(8): 76-81.

黄元仿, 李韵珠, 陆锦文, 1996. 田间条件下土壤氮素运移的模拟模型 I [J]. 水利学报(6): 9-14.

黄运祥, 何建坤, 1990. 新疆塔里木盆地盐碱土综合治理与水资源合理分配规划模型研究[J]. 中国农业科学, 23(5): 60-66.

霍再林, 冯绍元, 康绍忠, 等, 2009. 神经网络与地下水流动数值模型在干旱内陆区地下水位变化分析中的应用[J]. 水利学报, 40(6): 724-728.

贾宏伟, 2004. 石羊河流域土壤水分运动参数空间分布的试验研究[D]. 杨凌: 西北农林科技大学.

贾文雄, 2010. 祁连山气候的空间差异与地理位置和地形的关系[J]. 干旱区研究, 27(4): 607-615.

贾新颜, 2006. 邓马营湖区水资源评价与承载能力研究[D]. 兰州: 兰州大学.

姜卉芳, 董新光, 郭西力, 等, 2000. 新疆焉耆盆地水——盐平衡模型的率定与检验[J]. 灌溉排水, 19(1): 78-80.

蒋丽花, 石福臣, 王化田, 等, 2004. 东北地区落叶松人工林的根呼吸[J]. 植物生理学通讯, 40(1): 27-30.

金峰, 杨浩, 蔡祖聪, 等, 2001. 土壤有机碳密度及储量的统计研究[J]. 土壤学报, 38(4): 522-528.

金峰, 杨浩, 赵其国, 2000. 土壤有机碳储量及影响因素研究进展[J]. 土壤, 32(1): 11-17.

金晓媚, 胡光成, 史晓杰, 2009. 银川平原土壤盐渍化与植被发育和地下水埋深关系[J]. 现代地质, 23(1): 23-27.

荆恩春, 费瑾, 张孝和, 等, 1994. 土壤水分通量法实验研究[M]. 北京: 地震出版社.

康绍忠, 刘晓明, 熊运章, 1994. 土壤—植物—大气连续体水分传输理论及其应用[M]. 北京: 水利电力出版社.

康兴成, 丁良福, 1981. 天山和祁连山的冰川物质平衡、雪线位置与天气气候的关系[J]. 冰川冻土, 3(1): 53-56.

孔彦龙, 庞忠和, 2010. 高寒流域同位素径流分割研究进展[J]. 冰川冻土, 32(3): 619-625.

赖波, 蒋平安, 单娜娜, 2006. 膜下滴灌条件下棉田耕层土壤中盐分变化的影响因素研究[J]. 新疆农业大学学报, 29(3): 19-22.

蓝永超, 丁宏伟, 胡兴林, 等, 2015. 黑河山区气温与降水的季节变化特征及其区域差异[J]. 山地学报, 33(3): 294-302.

雷廷武, 肖娟, 詹卫华, 等, 2004. 沟灌条件下不同灌溉水质对玉米产量和土壤盐分的影响[J]. 水利学报, (9): 118-122.

雷志栋, 胡和平, 杨诗秀, 1999. 土壤水研究进展与述评[J]. 水科学进展, 10(3): 311-318.

雷志栋, 杨诗秀, 1982a. 非饱和土壤水分运动的数学模拟[J]. 水利学报, 19(2): 141-153.

雷志栋, 杨诗秀, 1982b. 非饱和土壤水一维流动的数值计算[J]. 土壤学报, 19(2): 141-153.

雷志栋, 杨诗秀, 谢森传, 1984. 潜水稳定蒸发的分析与经验公式[J]. 水利学报, (8): 60-64.

雷志栋, 杨诗秀, 谢森传, 1988. 土壤水动力学[M]. 北京: 清华大学出版社.

李保国, 李韵珠, 石元春, 2003. 水盐运动研究 30 年(1973–2003)[J]. 中国农业大学学报, (S1): 5-19.

李彬, 史海滨, 张建国, 等, 2014. 节水改造前后内蒙古河套灌区地下水水化学特征[J]. 农业工程学报, 30(21): 99-110.

李克让, 2002. 土地利用变化和温室气体净排放与陆地生态系统碳循环[M]. 北京: 气象出版社.

李玲萍, 薛新玲, 李岩瑛, 等, 2010. 1961—2005 年河西走廊东部极端气温事件变化[J]. 冰川冻土, 32(1): 497-504.

李凌浩, 王其兵, 白永飞, 等, 2000. 锡林河流域羊草草原群落土壤 CO_2 通量及其影响因子的研究 [J]. 植物生态学报, 24: 680-686.

李明, 宁立波, 卢天梅, 2015. 土壤盐渍化地区地下水临界深度确定及其水位调控[J]. 灌溉排水学报, 34(5): 46-50.

李明思, 贾宏伟, 2001. 棉花膜下滴灌湿润锋的试验研究[J]. 石河子大学学报, 5(4): 316-319.

李明思, 康绍忠, 2007. 地膜覆盖对滴灌土壤湿润区及棉花耗水与生长的影响[J]. 农业工程学报, 23(6): 49-54.

李启权, 王昌全, 岳天祥, 等, 2014. 基于定性和定量辅助变量的土壤有机质空间分布预测——以四川三台县为例[J]. 地理科学进展, 33(2): 259-269.

李少华, 秦胜英, 2000. 可视化程序设计在塔里木河流域水盐平衡研究中的应用[J]. 陕西水力发电, 16(1): 20-22.

李甜甜, 季宏兵, 江用彬, 等, 2007. 赣江上游河流水化学的影响因素及 DIC 来源[J]. 地理学报, 62(7): 764-775.

李向, 徐清, 2012. 基于灰色关联分析理论的典型区域土壤重金属污染评价研究[J]. 安全与环境学报, 12(1): 150-154.

李小玉, 宋冬梅, 肖笃宁, 2005. 石羊河下游民勤绿洲地下水矿化度的时空变异[J]. 地理学报, 60(2): 319-327.

李小玉, 肖笃宁, 何兴元, 2006. 内陆河流域中、下游绿洲耕地变化及其驱动因素——以石羊河流域中游凉州区和下游民勤绿洲为例[J]. 生态学报, 26(3): 672-680.

李小玉, 张峰, 肖笃宁, 2004. 石羊河流域中、下游绿洲景观动态变化的比较研究[J]. 水土保持学报, 18(5): 151-178.

李亚举, 张明军, 王圣杰, 等, 2011. 我国大气降水中稳定同位素研究进展[J]. 冰川冻土, 33(3): 624-633.

李韵珠, 李保国, 1998. 土壤溶质运移[M]. 北京: 科学出版社.

李真, 姚檀栋, 田立德, 等, 2006. 慕士塔格冰川地区降水中 $\delta^{18}O$ 的时空变化特征[J]. 中国科学(地球科学), 36(1): 17-22.

李正才, 傅懋毅, 徐德应, 等, 2006. 农田营造早竹林后土壤有机碳的变化[J]. 林业科学研究, 19(6): 773-777.

李忠, 孙波, 林心雄, 2001. 我国东部土壤有机碳的密度及其转化的控制因素[J]. 地理科学, 21(4): 301-307.

李自珍, 何俊红, 1999. 生态风险评价与风险决策模型及应用——以河西走廊荒漠绿洲开发为例[J]. 兰州大学学报, 35(3): 149-156.

李宗杰, 宋玲玲, 田青, 2016. 河西走廊东段大气降水特征及水汽来源分析[J]. 环境化学, (4): 721-731.

林年丰, 汤洁, 2001. 中国干旱半干旱地区的环境演变与荒漠化成因[J]. 地理科学, 21(1): 24-29.

刘福汉, 黎立群, 陈章英, 等, 1990. 天然文岩渠流域浅层地下水状况与土壤盐渍化的关系[J]. 土壤, 22(6): 312-316.

刘广明, 吕真真, 杨劲松, 等, 2012. 典型绿洲区土壤盐分的空间变异特征[J]. 农业工程学报, 28(16): 100-107.

刘建军, 王德祥, 雷瑞德, 等, 2003. 秦岭天然油松、锐齿栎林地土壤呼吸与 CO_2 释放[J]. 林业科学, 39(2): 8-13.

刘旻霞, 王刚, 2013. 高寒草甸植物群落多样性及土壤因子对坡向的响应[J]. 生态学杂志, 32(2): 259-265.

刘敏, 甘枝茂, 2004. 黑河流域水资源开发对额济纳绿洲的影响及对策[J]. 中国沙漠, 24(2): 162-166.

刘绍辉, 方精云, 清田信, 1998. 北京山地温带森林土壤呼吸研究[J]. 植物生态学报, 22(2): 119-126.

刘蔚, 王涛, 高晓清, 等, 2004. 黑河流域水体化学特征及其演变规律[J]. 中国沙漠, 24(6): 755-762.

刘蔚, 王涛, 苏永红, 等, 2005. 黑河下游土壤和地下水盐分特征分析[J]. 冰川冻土, 27(6): 890-899.

刘文杰, 苏永中, 杨荣, 等, 2009. 民勤地下水水化学特征和矿化度的时空变化[J]. 环境科学, 30(10): 2911-2917.

刘晓晴, 马亚丽, 常宗强, 2014. 土壤有机碳/氮对高山草甸水分入渗的影响[J]. 甘肃科学学报, 26(3): 50-54.

刘新民, 杨劼, 2005. 干旱、半干旱区集中典型生态大型土壤动物群落多样性比较[J]. 中国沙漠, 25(2): 216-222.

刘亚传, 常厚春, 1992. 干旱区咸水资源利用与环境[M]. 兰州: 甘肃科学技术出版社.

刘亚平, 1985. 稳定蒸发条件下土壤水盐运动的研究[C]. 济南: 国际盐渍土改良学术讨论会论文集.

刘有昌, 1962. 鲁北平原地下水安全深度的探讨[J]. 土壤通报, (4): 13-22.

刘志民, 2013. 河西走廊沙尘源区生态环境治理研究[M]. 兰州: 甘肃科学技术出版社.

刘志鹏, 2013. 黄土高原地区土壤养分的空间分布及其影响因素[D]. 杨凌: 中国科学院教育部水土保持与生态环境研究中心.

刘忠方, 田立德, 姚檀栋, 等, 2009. 中国大气降水中$\delta^{18}O$的空间分布[J]. 科学通报, 54 (6): 804-811.

刘子刚, 2006. 土壤碳储存功能价值评估方法探讨——以三江平原湿地土壤为例[J]. 自然资源学报, 21(2): 180-187.

刘子刚, 张坤民, 2002. 湿地生态系统碳储存功能及其价值研究[J]. 环境保护, (9): 31-33.

娄溥礼, 1961. 灌区的防碱和排水[J]. 中国农业科学, (4): 27-32.

陆锦文, 张和平, 吴海洋, 1992. 土壤水量均衡预报模型的研究及应用[J]. 土壤肥料, (5): 3-7.

罗焕炎, 1962. 畦灌的不恒定流分析[J]. 水利学报, (5): 1-7.

罗辑, 杨忠, 杨清伟, 2000. 贡嘎山东坡峨嵋冷杉林区土壤CO_2排放[J]. 土壤学报, 37(3): 402-409.

吕殿青, 2000. 土壤水盐试验研究与数学模拟[D]. 西安: 西安理工大学.

吕殿青, 王全九, 王文焰, 等, 2001. 膜下滴灌土壤盐分特性及影响因素的初步研究[J]. 灌溉排水, 20(1): 28-31.

马东豪, 王全九, 来剑斌, 等, 2005. 膜下滴灌条件下灌水水质和流量对土壤盐分分布影响的田间试验研究[J]. 农业工程学报, 21(3): 42-46.

马富裕, 季俊华, 1999. 棉花膜下滴灌增产机理及主要配套技术研究[J]. 新疆农业大学学报, 22(l): 63-68.

马富裕, 李蒙春, 1998. 新疆棉花高产水分生理基础的初步研究[J]. 新疆农垦科技, (5): 81-84.

马金珠, 李相虎, 黄天明, 等, 2005. 石羊河流域水化学演化与地下水补给特征[J]. 资源科学, 27(3): 117-122.

马文瑛, 赵传燕, 王超, 等, 2014. 祁连山天老池小流域土壤有机碳空间异质性及其影响因素[J]. 土壤, 46(3): 426-432.

马祥华, 焦菊英, 温仲明, 等, 2005. 黄土丘陵沟壑区退耕地植被恢复中土壤物理特性变化研究[J]. 水土保持研究, 12(1): 17-21.

马兴旺, 李保国, 吴春荣, 等, 2002. 绿洲区土地利用对地下水影响的数值模拟分析——以民勤绿洲为例[J]. 资源科学, 24(2): 49-55.

麦麦提吐尔逊·艾则孜, 米热古力·艾尼瓦尔, 古丽孜巴·艾尼瓦尔, 等, 2015. 伊犁绿洲土壤盐渍化与浅层地下水水化学特征分析[J]. 干旱地区农业研究, 33(5): 193-200.

孟江丽, 董新光, 周金龙, 等, 2004. HYDRUS 模型在干旱区灌溉与土壤盐化关系研究中的应用[J]. 新疆农业大学学报, 27(l): 45-49.

民勤县地方志办公室, 2014. 石羊河志(民勤卷)[M]. 民勤: 民勤县地方志办公室.

聂振龙, 陈宗宇, 申建梅, 等, 2005. 应用环境同位素方法研究黑河源区水文循环特征[J]. 地理与地理信息科学, 21(1): 104-108.

潘根兴, 1999. 中国土壤有机碳和无机碳库量研究[J]. 科技通报, (5): 330-332.

潘红云, 2009. 巴丹吉林沙漠南部水化学特征及其水文学意义[D]. 兰州: 中国科学院寒区旱区环境与工程研究所.

潘华, 刘晓艺, 2018. 云南森林生态系统服务功能经济价值评价[J]. 生态经济, 34(5): 201-206.

潘艳辉, 2014. 巴丹吉林沙漠包气带硝酸盐循环富集特征及其对古水文气候环境的响应[D]. 兰州: 兰州大学.

庞国锦, 王涛, 孙家欢, 等, 2014. 基于高光谱的民勤土壤盐分定量分析[J]. 中国沙漠, 34(4): 1073-1079.

彭芳, 田志强, 岳瑞, 等, 2013. 乌兰布和分洪区地下水位特征及主要影响因素分析[J]. 中国农村水利水电, (11): 37-40.

蒲玉琳, 刘世全, 张世熔, 等, 2008. 横断山区北段山地土壤基本属性的坡向分异[J]. 水土保持学报, 22(6): 112-117.

朴河春, 袁芷云, 刘广深, 等, 1995. 冻融对土-水系统中亚硝酸盐积累的影响[J]. 环境科学学报, 15(3): 281-288.

齐文文, 2011. 基于高光谱数据的民勤绿洲土壤含盐量预测[D]. 兰州: 兰州大学.

秦承志, 朱阿兴, 李宝林, 等, 2009. 坡位的分类及其空间分布信息的定量化[J]. 武汉大学学报(信息科学版), 34(3): 374-377.

秦耀东, 李保国, 1998. 应用析取克里格方法估计区域地下水埋深分布[J]. 水利学报, (8): 29-34.

瞿思敏, 包为民, McDonnell J, 等, 2008. 同位素示踪剂在流域水文模拟中的应用[J]. 水科学进展, 19(4): 587-596.

全国土壤普查办公室, 1998. 中国土壤[M]. 北京: 中国农业出版社.

任理, 1994. 地下水溶质运移计算方法及土壤水热动态数值模拟的研究[D]. 武汉: 武汉水利电力大学, 50-58.

申献辰, 刘玲花, 赵炳成, 等, 1994. 天然水化学[M]. 北京: 中国环境科学出版社.

沈浩, 吉力力·阿不都外力, 2015. 玛纳斯河流域农田土壤水盐空间分布特征及影响因素[J]. 应用生态学报, 26(3): 769-776.

施雅风, 1995. 气候变化对西北华北水资源的影响[M]. 济南: 山东科学技术出版社.

施雅风, 沈永平, 胡汝骥, 2002. 西北气候由暖干向暖湿转型的信号、影响和前景初步探讨[J]. 冰川冻土, 24(3): 219-226.

施雅风, 沈永平, 李栋梁, 等, 2003. 中国西北气候由暖干向暖湿转型的特征和趋势探讨[J]. 第四纪研究, 23(2): 152-164.

石培泽, 马金珠, 赵华, 2004. 民勤盆地地下水地球化学演化模拟[J]. 干旱区地理, 27(3): 305-309.

石元春, 1992. 区域水盐运动监测预报体系[J]. 土壤肥料, (5): 1-3.

石元春, 李韵珠, 陆锦文, 等, 1986. 盐渍土的水盐运动[M]//李韵珠, 陆锦文. 土壤蒸发率的估算. 北京: 北京农业大学出版社.

舒洋, 魏江生, 周梅, 等, 2013. 乌拉山天然油松林土壤碳密度空间异质性研究[J]. 土壤通报, 44(6): 1304-1307.

宋冬梅, 肖笃宁, 马明国, 等, 2004. 民勤湖区地下水资源时空变化对灌区景观生态安全的影响研究[J]. 应用生态学报, 15(10): 1815-1820.

宋献方, 刘相超, 夏军, 等, 2007. 基于环境同位素技术的怀沙河流域地表水和地下水转化关系研究[J]. 中国科学(地球科学), 37(1): 102-110.

宋长春, 邓伟, 2000. 吉林西部地下水特征及其与土壤盐渍化的关系[J]. 地理科学, 20(3): 246-250.

苏永红, 2004. 额济纳浅层地下水环境研究[D]. 兰州: 中国科学院寒区旱区环境与工程研究所.

苏永红, 冯起, 吕世华, 等, 2004. 额济纳旗生态—环境退化及成因分析[J]. 高原气象, 23(2): 264-270.

苏永红, 冯起, 朱高峰, 2005a. 额济纳旗浅层地下水环境研究[J]. 干旱区资源与环境, 18(8): 158-162.

苏永红, 冯起, 朱高峰, 等, 2005b. 额济纳旗浅层地下水环境分析[J]. 冰川冻土, 27(2): 297-303.

隋红建, 饶纪龙, 1992. 土壤溶质运移的数学模拟研究现状以及展望[J]. 土壤学进展, (5): 1-6.

孙俊英, 秦大河, 任贾文, 等, 2002. 乌鲁木齐河源区水体和大气气溶胶化学成分分析[J]. 冰川冻土, 24(2): 186-191.

孙维侠, 史学正, 于东升, 2003. 土壤有机碳的剖面分布特征及其密度的估算方法研究——以我国东北地区为例[J]. 土壤, 35(3): 236-241.

孙文义, 郭胜利, 宋小燕, 2010. 地形和土地利用对黄土丘陵沟壑区表层土壤有机碳空间分布影响[J]. 自然资源学报, 25(3): 443-453.

孙西欢, 王文焰, 党志良, 1994. 沟灌入渗参数影响因素的试验研究 [J]. 西北农业大学学报, 22(4): 102-106.

孙熠, 2003. 关中盆地浅层地下水水化学场演化及其相关环境问题研究[D]. 西安: 长安大学.

田东生, 任树梅, 杨培岭, 等, 2006. 咸淡水交替沟灌对土壤盐分及玉米产量的影响[J]. 农业工程学报, 22(S2): 292-298.

田立德, 姚檀栋, STIEVENARD M, 等, 1998. 中国西部降水中 δD 的初步研究[J]. 冰川冻土, 20(2): 175-179.

田立德, 姚檀栋, WHITE J W, 等, 2005. 喜马拉雅山中段过量氘与西风带水汽输送有关[J]. 科学通报, 50(7): 669-672.

田辽西, 何剑波, 2015. 腾格里沙漠邓马营湖开发区地下水资源现状评价[J]. 地下水, 37(5): 14-18.

田长彦, 2001. 新疆棉产业可持续发展面临的挑战与科技对策[J]. 干旱区研究, (4): 62-67.

同延安, 王全九, 1998. 土壤—植物—大气连续体系中水运移理论和方法[M]. 西安: 陕西科学技术出版社.

汪杰, 王耀琳, 李昌龙, 等, 2006. 民勤绿洲水资源利用中的问题与节水途径[J]. 中国沙漠, 26(1): 103-107.

汪业勖, 1999. 中国森林生态系统区域碳循环研究[D]. 北京: 中国科学院地理科学与资源研究所.

汪有奎, 李进军, 杨全生, 等, 2014. 祁连山北坡生态现状与治理对策[J]. 中国水土保持, (9): 27-31.

王福利, 1992. 降雨淋洗条件下溶质在土壤中运移的初步研究[J]. 土壤学报, 29(4): 451-457.

王根绪, 卢玲, 程国栋, 2003. 干旱内陆河流流域景观格局变化下的景观土壤有机碳与氮源汇变化[J]. 第四纪研究, 23(3): 270-279.

王金叶, 常学向, 葛双兰, 等, 2001. 祁连山(北坡)水热状况与植被垂直分布[J]. 西北林学院学报, 16(S1): 1-3.

王金叶, 车克钧, 2000. 祁连山青海云杉林碳平衡研究[J]. 西北林学院学报, 15(1): 9-14.

王康, 2010. 非饱和土壤水流运动及溶质运移[M]. 北京: 科学出版社.

王淼, 姬兰柱, 李秋荣, 等, 2003. 土壤温度和水分对长白山不同森林类型土壤呼吸研究[J]. 应用生态学报, 14(8): 1234-1238.

王敏, 2014. 河西走廊荒漠草地生物量和土壤有机碳储量[D]. 兰州: 中国科学院寒区旱区环境与工程研究所.

王宁练, 张世彪, 贺建桥, 等, 2009. 祁连山中段黑河上游山区地表径流水资源主要形成区域的同位素示踪研究[J]. 科学通报, 54(15): 2148-2152.

王宁练, 张世彪, 蒲建辰, 等, 2008. 黑河上游河水中 $\delta^{18}O$ 的季节变化特征及其影响因素研究[J]. 冰川冻土, 30: 914-920.

王朋飞, 杨思存, 陈英, 等, 2016. 基于典范对应分析的河西绿洲灌区土壤盐渍化特征[J]. 甘肃农业大学学报, 51(4): 92-100.

王琪, 史基安, 张中宁, 等, 2003. 石羊河流域环境现状及其演化趋势分析[J]. 中国沙漠, 23(1): 46-52.

王全九, 1993. 土壤溶质迁移特性的研究[J]. 水土保持学报, 7(2): 10-15.

王全九, 王文焰, 吕殿青, 等, 2000. 膜下滴灌盐碱地水盐运移特征研究[J]. 农业工程学报, 16(4): 54-57.

王全九, 王文焰, 王志荣, 等, 2001. 盐碱地膜下滴灌技术参数的确定[J]. 农业工程学报, 17(3): 47-50.

王顺利, 刘贤德, 金铭, 等, 2011. 祁连山区气候变化与流域径流特征研究[J]. 干旱区资源与环境, 25(1): 162-165.

王效科, 白艳莹, 欧阳志云, 等, 2002. 全球碳循环中的失汇及其形成原因[J]. 生态学报, 22(1): 94-103.

王旭虎, 徐先英, 柴成武, 等, 2014. 民勤绿洲苦咸水空间分布及成因分析[J]. 干旱区研究, 31(2): 193-200.

魏光辉, 马亮, 2016. 基于自记忆方程的干旱区地下水水位动态模拟[J]. 节水灌溉, (3): 58-60.

魏怀东, 徐先英, 丁峰, 等, 2007. 民勤绿洲土地荒漠化动态监测[J]. 干旱区资源与环境, 21(10): 12-17.

魏克勤, 1990. 祁连山水源涵养林区的青海云杉林[J]. 兰州大学学报(自然科学版), 26: 2-8.

魏文寿, 胡汝骥, 1990. 中国天山的降水与气候效应[J]. 干旱区地理, (1): 29-36.

魏新平, 王文焰, 王全九, 等, 1998. 溶质运移理论的研究现状与发展趋势[J]. 灌溉排水, 17(4): 58-63.

温小虎, 仵彦卿, 常娟, 等, 2004. 黑河流域水化学空间分异特征分析[J]. 干旱区研究, 21(1): 1-6.

吴海东, 崔丽娟, 王金枝, 等, 2018. 若尔盖高原泥炭地碳收支特征及固碳价值评价研究[J]. 湿地科学与管理, 14(1): 16-19.

吴建国, 张小全, 徐德应, 2004. 土地利用变化对土壤有机碳贮量的影响[J]. 应用生态学报, 15(4): 593-599.

吴锦奎, 杨淇越, 丁永建, 等, 2011. 黑河流域大气降水稳定同位素变化及模拟[J]. 环境科学, 32(7): 1857-1866.

吴锦奎, 杨淇越, 叶柏生, 等, 2008. 同位素技术在流域水文研究中的重要进展[J]. 冰川冻土, 30(6): 1024-1032.

吴强, PENG Y Y, 马恒运, 等, 2019. 森林生态系统服务价值及其补偿校准——以马尾松林为例[J]. 生态学报, 39(1): 117-130.

吴雪梅, 塔西甫拉提·特依拜, 姜红涛, 等, 2014. 基于 CCA 方法的于田绿洲土壤盐分特征研究[J]. 中国沙漠, 34(6): 1568-1575.

仵彦卿, 李俊亭, 1992. 动态聚类法用于地下水位动态分类[J]. 地球科学与环境学报, 13(1): 57-63.

武小波, 李全莲, 贺建桥, 等, 2008. 黑河上游夏半年河水化学组成及年内过程[J]. 中国沙漠, 28(6): 1190-1196.

武之新, 卢赞民, 1990. 黄淮海平原(沧州)类型区盐渍土的现状特点及利用改良对策[C]//中国土地退化防治研究论文集. 北京: 中国科学技术出版社.

肖笃宁, 李小玉, 宋冬梅, 等, 2006. 民勤绿洲地下水开采时空动态模拟[J]. 中国科学(地球科学), 36(6): 567-578.

效存德, 姚檀栋, 秦大河, 等, 2001. 青藏高原雪冰电导率与降水碱度以及大气粉尘载荷变化的关系[J]. 中国科学(地球科学), 31(5): 362-371.

谢学锦, 1993. 化学定时炸弹的研究[J]. 中国地质, (4): 18-19.

徐力刚, 杨劲松, 徐南军, 等, 2004. 农田土壤中水盐运移理论与模型的研究进展[J]. 干旱区研究, 21(3): 254-258.

徐先英, 丁国栋, 高志海, 等, 2006. 近 50 年民勤绿洲生态环境演变及综合治理对策[J]. 中国水土保持科学, 4(1): 40-48.

徐影, 丁一汇, 赵宗慈, 2003. 人类活动引起的我国西北地区 21 世纪温度和降水变化情景分析[J]. 冰川冻土, 25(3): 327-330.

徐玉佩, 1993. 水动力弥散系数野外试验方法的初步研究[J]. 武汉水利电力大学学报, 26(3): 276-284.

许迪, 1997. 典型经验根系吸水函数的田间模拟检验及评价[J]. 农业工程学报, 13(9): 37-42.

许兰喜, 2003. 高等应用数学——非线性分析[M]. 北京: 化学工业出版社.

薛立, 薛晔, 列淯文, 等, 2012. 不同坡位杉木林土壤碳储量研究[J]. 水土保持通报, 32(6): 43-46.

郇环, 王金生, 翟远征, 等, 2011. 北京平原区永定河冲洪积扇地下水水化学特征与演化规律[J]. 地球学报, 32(3): 357-366.

闫琳, 胡春元, 董智, 等, 2000. 额济纳绿洲土壤盐分特征的初步研究[J]. 干旱区资源与环境, 14(5): 25-30.

杨邦杰, 隋红建, 1997. 土壤水热运动模型及其应用[M]. 北京: 中国科学技术出版社.

杨大文, 杨诗秀, 莫汉宏, 1992. 农药在土壤中迁移及其影响因素的初步研究[J]. 土壤学报, 29(4): 383-391.

杨红梅, 徐海量, 樊自立, 等, 2010. 塔里木河下游表层土壤盐分空间变异和格局分析[J]. 中国沙漠, 30(3): 564-570.

杨会峰, 2011. 次生盐渍化地区包气带水盐运移试验及地下水位动态调控研究[D]. 北京: 中国地质科学院.

杨建强, 罗先香, 1999. 土壤盐渍化与地下水动态特征关系研究[J]. 水土保持通报, 19(6): 11-15.

杨黎芳, 李贵桐, 赵小蓉, 等, 2007. 栗钙土不同土地利用方式下有机碳和无机碳的剖面分布特征[J]. 生态环境, 16(1): 158-162.

杨永春, 2003. 干旱区流域下游绿洲环境变化及其成因分析——以甘肃省河西地区石羊河流域下游民勤县为例[J]. 人文地理, 18(4): 42-47.

杨玉盛, 陈水光, 董彬, 等, 2004a. 格氏拷天然林和人工林土壤呼吸对干湿交替的响应[J]. 生态学报, 24(5): 954-958.

杨玉盛, 董彬, 谢锦升, 等, 2004b. 森林土壤呼吸及其对全球变化的响应[J]. 生态学报, (3): 583-591.

杨元合, 2008. 青藏高原高寒草地生态系统碳氮储量[D]. 北京: 北京大学.

姚阿漫, 2014. 石河子垦区浅层地下水动态及其与生态环境关系的研究[D]. 西安: 长安大学.

姚荣江, 杨劲松, 2007. 黄河三角洲地区浅层地下水与耕层土壤积盐空间分异规律定量分析[J]. 农业工程学报, 23(8): 45-51.

姚檀栋, 孙维贞, 蒲健辰, 等, 2000. 内陆河流域系统降水中的稳定同位素——乌鲁木齐河流域降水中 $\delta^{18}O$ 与温度关系研究[J]. 冰川冻土, 22(1): 15-22.

叶宏萌, 袁旭音, 葛敏霞, 等, 2010. 太湖北部流域水化学特征及其控制因素[J]. 生态环境学报, 19(1): 23-27.

叶自桐, 1990. 利用盐分迁移函数模型研究入渗条件下土层的水盐动态[J]. 水利学报, (2): 1-8.

尤全刚, 薛娴, 黄翠华, 2011. 地下水深埋区咸水灌溉对土壤盐渍化影响的初步研究——以民勤绿洲为例[J]. 中国沙漠, 31(2): 302-308.

袁剑舫, 周月华, 1980. 粘土夹层对地下水上升运行的影响[J]. 土壤学报, (1): 94-100.

袁普金, 2001. 用 PAM 及波涌技术优化地表灌溉控制地下水位并减少盐碱化[D]. 北京: 中国农业大学(东区).

张大龙, 闫卫, 于虎广, 等, 2012. 基于 Visual Modflow 的邯郸县地下水位动态研究[J]. 地下水, 34(6): 103-106.

张飞, 丁建丽, 塔西甫拉提·特依拜, 等, 2007. 干旱区典型绿洲土壤盐渍化特征分析——以渭干河-库车河三角洲
    为例[J]. 草业学报, 16(4): 34-40.

张建明, 齐文文, 2013. 民勤绿洲土壤盐分组成与光谱特征[J]. 生态学杂志, 32(10): 2620-2626.

张建新, 王丽玲, 王爱云, 2001. 滴灌技术在重盐碱地上种植棉花的试验[J]. 干旱区研究, 18(1): 43-45.

张江辉, 2010. 干旱区土壤水盐分布特征与调控方法研究[D]. 西安: 西安理工大学.

张锦炎, 冯贝叶, 2000. 常微分方程几何理论与分支问题[M]. 北京: 北京大学出版社.

张梦旭, 刘蔚, 朱猛, 等, 2019. 甘肃河西山地土壤有机碳储量及分布特征[J]. 中国沙漠, 39(4): 64-72.

张明柱, 黎庆淮, 石秀兰, 1979. 土壤学与农作学[M]. 北京: 中国水利水电出版社.

张鹏, 张涛, 陈年来, 2009. 祁连山北麓山体垂直带土壤碳氮分布特征及影响因素[J]. 应用生态学报, 20(3): 518-524.

张苏峻, 黎艳明, 周毅, 等, 2010. 粤西桉树人工林土壤有机碳密度及其影响因素[J]. 中南林业科技大学学报(自然
    科学版), 30(5): 22-28.

张蔚榛, 1996. 地下水与土壤水动力学[M]. 北京: 中国水利水电出版社.

张蔚榛, 杨金忠, 张瑜芳, 等, 1992. 一种简单的区域水盐运动预测预报方法[J]. 土壤肥料, (5): 11-14

张小由, 龚家栋, 周茅先, 2004. 额济纳三角洲土壤盐分特征分析[J]. 中国沙漠, 24(4): 442-447.

张晓伟, 张永明, 沈清林, 等, 2005. 从甘肃民勤生态危机反思石羊河流域水资源利用模式[J]. 西北水力发电,
    21(1): 36-39.

张新燕, 蔡焕杰, 付玉娟, 2004. 沟灌二维入渗特性试验研究[J]. 灌溉排水学报, 23(4): 19-22.

张瑜芳, 张蔚榛, 1984. 垂直一维均质土壤水分运动的数学模拟[J]. 工程勘察, (4): 51-55.

张展羽, 郭相平, 汤建熙, 等, 2001. 节水控盐灌溉制度的优化设计[J]. 水利学报, (4): 89-94.

张长春, 邵景力, 李慈君, 等, 2003. 华北平原地下水生态环境水位研究[J]. 吉林大学学报(地球科学版), 33(3): 323-326.

张智星, 2002. MATLAB 程序设计与应用[M]. 北京: 清华大学出版社.

章新平, 姚檀栋, 1994. 大气降水中氧同位素分馏过程的数学模拟[J]. 冰川冻土, 16(2): 156-165.

赵传燕, 冯兆东, 刘勇, 2002. 祁连山区森林生态系统生态服务功能分析——以张掖地区为例[J]. 干旱区资源与环
    境, 16(1): 66-70.

赵华, 马金珠, 朱高峰, 等, 2004. 甘肃省民勤盆地地下水环境变化及原因探讨[J]. 干旱区研究, 21(3): 210-214.

赵锦梅, 张德罡, 刘长仲, 等, 2012. 祁连山东段高寒地区土地利用方式对土壤性状的影响[J]. 生态学报, 32(2):
    548-556.

赵景波, 张晓龙, 岳应利, 等, 2005. 西安南郊春季土壤碳释放研究[J]. 干旱区地理, 25(3): 208-213.

赵梦竹, 2016. 疏勒河流域包气带硝酸盐氮的分布迁移规律及其对地下水的影响[D]. 兰州: 兰州大学.

赵蓉, 李小军, 赵洋, 等, 2015. 固沙植被区土壤呼吸对反复干湿交替的响应[J]. 生态学报, 35(20): 6720-6727.

赵锐锋, 张丽华, 赵海莉, 等, 2013. 黑河中游湿地土壤有机碳分布特征及其影响因素[J]. 地理科学, 33(3): 363-370.

赵淑银, 郭元贞, 1994. 膜下滴灌对保护地黄瓜产量的及病害的影响[J]. 内蒙古农牧学院学报, 15(3): 95-98.

赵维俊, 刘贤德, 张学龙, 等, 2014. 祁连山青海云杉(Picea crassifolia)林土壤有机碳与化学性质的相互关系[J]. 冰
    川冻土, 36(6): 1565-1571.

赵玮, 2017. 疏勒河流域大气降水同位素特征及水汽来源研究[D]. 兰州: 兰州大学.

赵秀芳, 杨劲松, 姚荣江, 2010. 基于典范对应分析的苏北滩涂土壤春季盐渍化特征研究[J]. 土壤学报, 47(3): 422-428.

赵宗慈, 高学杰, 汤懋苍, 等, 2002. 气候变化预测[M]. 北京: 科学出版社.

郑华, 李屹峰, 欧阳志云, 等, 2013. 生态系统服务功能管理研究进展[J]. 生态学报, 33(3): 702-710.

钟华平, 樊江文, 于贵瑞, 等, 2005. 草地生态系统碳循环的研究进展[J]. 草业学报, 22(1): 4-11.

仲生年, 柴成武, 王方琳, 等, 2009. 石羊河下游民勤绿洲地下水埋深时空分布动态研究[J]. 水土保持研究, 16(1): 227-229.

周广胜, 2003. 全球碳循环 [M]. 北京: 气象出版社.

周皓, 2004. 统计基础和 SPSS 11. 0 入门与提高 [M]. 北京: 清华大学出版社.

周俊菊, 石培基, 师玮. 2012. 1960——2009 年石羊河流域气候变化及极端干湿事件演变特征[J]. 自然资源学报, 27 (1): 143-153.

周李磊, 朱华忠, 钟华平, 等, 2016. 新疆伊犁地区草地土壤容重空间格局分析[J]. 草业学报, 25(1): 64-75.

周莉, 李宝国, 周广胜, 2005. 土壤有机碳的主导影响因子及其研究进展[J]. 地球科学进展, 20(1): 99-105.

周涛, 史培军, 孙睿, 等, 2004. 气候变化对净生态系统生产力的影响[J]. 地理学报, 59(3): 357-365.

周涛, 史培军, 王绍强, 2003. 气候变化及人类活动对中国土壤有机碳储量的影响[J]. 地理学报, 58(5): 727-734.

周文昌, 史玉虎, 庞宏东, 等, 2016. 洪湖湿地生态系统服务价值研究概述[J]. 湖北林业科技, 45(2): 43-48.

朱阿兴, 杨琳, 樊乃卿, 等, 2018. 数字土壤制图研究综述与展望[J]. 地理科学进展, 37(1): 66-78.

朱高峰, 马金珠, 李自珍, 等, 2005. 民勤绿洲地下水系统数值模拟[J]. 兰州大学学报, 41(5): 10-14.

朱学愚, 谢春红, 钱孝星, 1994. 非饱和流动问题的 SUPG 有限元数值解法[J]. 水利学报, (6): 37-42.

朱兆良, 邢光熹, 2010. 氮循环[M]. 北京: 清华大学出版社.

左强, 1993. 改进交替方向有限单元法求解对流-弥散方程[J]. 水利学报, (3): 1-10, 47.

ABBASI F, FEYEN J, ROTH R L, et al., 2003. Water flow and solute transport in furrow irrigated fields[J]. Irrigation Science, 22 (2): 57-65.

ABDALLA F A, SCHEYTT T, 2012. Hydrochemistry of surface water and groundwater from a fractured carbonate aquifer in the Helwan Area, Egypt [J]. Journal of Earth System Science, 121(1): 109-124.

ABED R M M, LAM P, BEER D D, et al., 2013. High rates of denitrification and nitrous oxide emission in arid biological soil crusts from the Sultanate of Oman[J]. Isme Journal, 7(9): 1862-1875.

ABLIZ A, TIYIP T, GHULAM A, et al., 2016. Effects of shallow groundwater table and salinity on soil salt dynamics in the Keriya Oasis, Northwestern China [J]. Environmental Earth Sciences, 75(3): 260.

ADGER W N, BARNETT J, 2005. Compensation for climate change must meet needs [J]. Nature, 436 (7049): 328.

AGGARWAL P K, FRÖHLICH K, KULKARNI K M, et al., 2004. Stable isotope evidence for moisture sources in the asian summer monsoon under present and past climate regimes[J]. Geophysical Research Letters, 31: 10. 1029/2004GL019911.

AJAMI M, HEIDARI, A, KHORMALI, F, et al., 2016. Environmental factors controlling soil organic carbon storage in loess soils of a subhumid region, Northern Iran[J]. Geoderma, 281: 1-10.

AKPA S I C, ODEH I O A, BISHOP T F A, et al., 2016. Total soil organic carbon and carbon sequestration potential in Nigeria[J]. Geoderma, 271: 202-215.

ALBALADEJO J, ORTIZ R, GARCIA-FRANCO N, et al., 2013. Land use and climate change impacts on soil organic carbon stocks in semi-arid Spain[J]. Journal of Soils and Sediments, 13(2): 265-277.

ALY A A, AL-OMRAN A M, ALHARBY M M, 2015. The water quality index and hydrochemical characterization of groundwater resources in Hafar Albatin, Saudi Arabia [J]. Arabian Journal of Geosciences, 8(6): 4177-4190.

AMEZAGA I, MENDARTE S, ALBIZU I, et al., 2009. Grazing intensity, aspect, and slope effects on limestone grassland structure[J]. Rangeland Ecology and Management, 57(6): 606-612.

ANDERSON D W, PAUL E A, 1984. Organ-mineral complexes and their study by radiocarbon dating[J]. Journal of the Soil Science Society of America, 48: 298-301.

ANDERSON K A, DOWNING J A, 2006. Dry and wet atmospheric deposition of nitrogen, phosphorus and silicon in an agricultural region [J]. Water Air & Soil Pollution, 176(1-4): 351-374.

ANDREWS J A, SCHLESINGER W H, 2001. Soil CO_2 dynamics, acidification, and chemical weathering in a temperate forest with experimental CO_2 enrichment [J]. Global Biogeochemical Cycles, 15(1): 149-162.

ARAGUES R, MEDINA E T, ZRIBI W, et al., 2015. Soil salinization as a threat to the sustainability of deficit irrigation under present and expected climate change scenarios [J]. Irrigation Science, 33(1): 67-79.

ARROUAYS D, DAROUSSIN J, KICIN J L, et al., 1998. Improving topsoil carbon storage prediction using a digital elevation model in temperate forest soils of France [J]. Soil Science, 163(2): 103-108.

AUSTIN A T, YAHDJIAN L, STARK J M, et al., 2004. Water pulses and biogeochemical cycles in arid and semiarid ecosystems[J]. Oecologia, 141(2): 221-235.

BAI E, HOULTON B Z, WANG, Y P, 2012. Isotopic identification of nitrogen hotspots across natural terrestrial ecosystems[J]. Biogeosciences, (9): 3287-3304.

BARFORD C C, WOFSY S C, GOULDEN M L, et al., 2001. Factors controlling long- and short-term sequestration of atmospheric CO_2 in a mid-latitude forest[J]. Science, 294 (5547): 1688-1691.

BARRY D. A. SPOSITO G, 1989. Analytical solution of a convection-dispersion model with time-dependent transport coefficients[J]. Water Resources Research, 25(12): 2407-2416.

BEAR J, 1972. Dynamics of Fluids in Porous Media[M]. New York: Elsevier Publishing Company.

BELLAMY P H, LOVELAND P J, BRADLEY R I, et al., 2005. Carbon losses from all soils across England and Wales 1978—2003[J]. Nature, 437(7056): 245-248.

BENNIE J, HILL M O, BAXTER R, et al., 2006. Influence of slope and aspect on long-term vegetation change in british chalk grasslands[J]. Journal of Ecology, 94(2): 355-368.

BENNIE J, HUNTLEY B, WILTSHIRE A, et al., 2008. Slope, aspect and climate: Spatially explicit and implicit models of topographic microclimate in chalk grassland [J]. Ecological Modelling, 216(1): 47-59.

BERNOUX M, CARVALHO M D C S, VOLKOFF B, et al., 2001. CO_2 emission from mineral soil following land-cover change in brazil [J]. Global Change Biology, 7: 779-787.

BIGGAR J W, NIELSEN D R, 1962. Miscible displacement: II behavior of tracers [J]. Soil Science Society of America Journal, 26(2): 125-128.

BIGGAR J W, NIELSEN D R, 1963. Miscible displacement: V exchange processes[J]. Soil Science Society of America Journal, 27(6): 623-627.

BILLINGS S A, RICHTER D D, YARIE J, 1998. Soil carbon dioxide fluxes and profile concentrations in two boreal forests [J]. Canadian Journal of Forest Research, 28: 1773-1783.

BOGUNOVIC I, TREVISANI S, PEREIRA P, et al., 2018. Mapping soil organic matter in the Baranja region (Croatia): Geological and anthropic forcing parameters [J]. Science of the Total Environment, 643: 335-345.

BOHN H, 1976. Estimates of organic carbon in world soils [J]. Soil Science Society of America Journal, 40: 468-470.

BONDI G, CREAMER R, FERRARI A, et al., 2018. Using machine learning to predict soil bulk density on the basis of visual parameters: tools for in-field and post-field evaluation [J]. Geoderma, 318: 137-147.

BOTTOMLEY D J, CRAIG D, JOHNSTON L M, 1986. Oxygen-18 studies of snowmelt runoff in a small precambrian shield watershed: Implications for streamwater acidification in acid-sensitive terrain [J]. Journal of Hydrology, 88: 213-234.

BOUWMAN A F, 1990. Soils and the Greenhouse Effect [M]. Chichester: John Wiley & Sons.

BOWDEN W B, 1986. Gaseous nitrogen emmissions from undisturbed terrestrial ecosystems: An assessment of their impacts on local and global nitrogen budgets [J]. Biogeochemistry, 2(3): 249-279.

BRAAKHEKKE M C, REBEL K T, DEKKER S C, et al., 2017. Nitrogen leaching from natural ecosystems under global change: A modelling study [J]. Earth System Dynamics, 8(4): 1-36.

BROOKSHIRE E N J, HEDIN L O, NEWBOLD J D, et al., 2012. Sustained losses of bioavailable nitrogen from montane tropical forests[J]. Nature Geoscience, 5(2): 123-126.

BUCHMANN N, 2000. Biotic and abiotic factors controlling soil respiration rates in picea abies stands [J]. Soil Biology & Biochemistry, 32 (11/12): 1625-1635.

BUCKINGHAM E, 1907. Studies on the movement of soil moisture [J]. Diffusion, 9(11): 85-98.

BURKE I C, LAUENROTH W K, COFFIN D P, 1995. Soil organic matter recovery in semiarid grasslands [J]. Ecological Applications, 5: 793-801.

BUTLER T J, STUNDER B J B, 2005. The impact of changing nitrogen oxide emissions on wet and dry nitrogen deposition in the northeastern USA [J]. Atmospheric Environment, 39(27): 4851-4862.

BUTTERBACH-BAHL K, BAGGS E M, DANNENMANN M, et al., 2013. Nitrous oxide emissions from soils: How well do we understand the processes and their controls? [J]. Philosophical Transactions of the Royal Society B, 368(1621): 20130122.

BUTTLE J M, 1994. Isotope hydrograph separations and rapid delivery of pre-event water from drainage basins [J]. Progress in Physical Geography, 18: 16-41.

BUYANOVSKY G A, WAGNER G H, GANTZER C J, 1986. Soil respiration in a winter wheat ecosystem [J]. Soil Science Society of America Journal, 50: 338-344.

CALLESEN I, BORKEN W, KALBITZ K, MATZNER E, et al., 2010. Long-term development of nitrogen fluxes in a coniferous ecosystem: Does soil freezing trigger nitrate leaching? [J]. Journal of Plant Nutrition and Soil Science, 170(2): 189-196.

CALLESEN I, LISKI J, RAULUND-RASMUSSEN K, et al., 2003. Soil carbon stores in Nordic well-drained forest soils-relationships with climate and texture class [J]. Global Change Biology, 9(3): 358-370.

CALVO A I, OLMO F J, LYAMANI H, et al., 2010. Chemical composition of wet precipitation at the background EMEP station in Víznar(Granada, Spain)(2002—2006) [J]. Atmospheric Research, 96 (2-3): 408-420.

CAMPBELL C A, BIEDERBECK V O, 1982. Changes in mineral N and numbers of bacteria and actinomycetes during two years under wheat-fallow in southwestern Saskatchewan [J]. Canadian Journal of Soil Science, 62(1): 125-137.

CAMPBELL C A, SOUSTER W, 1982. Loss of organic matter and potentially mineralizable nitrogen from Saskatchewan soils due to cropping[J]. Canadian Journal of Soil Science, 62(4): 651-656.

CANFIELD D E, GLAZER A N, FALKOWSKI P G, 2010. The evolution and future of earth's nitrogen cycle [J]. Science, 330(6001): 192-196.

CEBRIAN J, DUARTE C M, 1995. Plant growth-rate dependence of detritus carbon storage in ecosystem [J]. Science, 268: 1606-1608.

CHAPLOT V, BERNOUX M, WALTER C, et al., 2001. Soil carbon storage prediction in temperate hydromorphic soils using a morphologic index and digital elevation model [J]. Soil Science, 166(1): 48-60.

CHEN L F, HE Z B, DU J, et al., 2015a. Patterns and controls of soil organic carbon and nitrogen in alpine forests of Northwestern China[J]. Forest Science, 61(6): 1033-1040.

CHEN L F, HE Z B, DU J, et al., 2016a. Impacts of afforestation on plant diversity, soil properties, and soil organic carbon storage in a semi-arid grassland of Northwestern China [J]. Catena, 147: 300-307.

CHEN L F, HE Z B, DU J, et al., 2016b. Patterns and environmental controls of soil organic carbon and total nitrogen in alpine ecosystems of Northwestern China [J]. Catena, 137: 37-43.

CHEN L J, FENG Q, 2013. Geostatistical analysis of temporal and spatial variations in groundwater levels and quality in the Minqin Oasis, Northwest China [J]. Environmental Earth Sciences, 70(3): 1367.

CHEN L Y, LIANG J Y, QIN S Q, et al., 2016c. Determinants of carbon release from the active layer and permafrost deposits on the Tibetan Plateau [J]. Nature Communications, 7: 13046.

CHEN L Y, SMITH P, YANG Y H, 2015b. How has soil carbon stock changed over recent decades? [J]. Global Change Biology, 21(9): 3197-3199.

CHENG W X, FU S L, SUSFALK R B, et al., 2005. Measuring tree root respiration using ^{13}C natural abundance: Rooting medium matters [J]. New Phytologist, 167 (1): 297-307.

CHIRINDA N, RONCOSSEK S D, HECKRATH G, et al., 2014. Root and soil carbon distribution at shoulderslope and footslope positions of temperate toposequences cropped to winter wheat[J]. Catena, 123: 99-105.

CIAIS P, TANS P P, TROLIER M, et al., 1995. A large northern hemisphere terrestrial CO_2 sink indicated by $^{12}C/^{13}C$ ratio of atmospheric CO_2 [J]. Science, 269: 1098-1102.

CLEVELAND C C, TOWNSEND A R, SCHIMEL D S, et al., 1999. Global patterns of terrestrial biological nitrogen (N_2) fixation in natural ecosystems[J]. Global Biogeochemical Cycles, 13(2): 623-646.

COX P M, BETTS R A, JONES C D, et al., 2000. Acceleration of global warming due to carbon-cycle feedbacks in a coupled model [J]. Nature, 408: 184-187.

CRAIG H, 1961. Isotopic variations in meteoric waters [J]. Science, 133(3465): 1702-1703.

CREGGER M A, MCDOWELL N G, PANGLE R E, et al., 2014. The impact of precipitation changes on nitrogen cycling in a semi‐arid ecosystem[J]. Functional Ecology, 28(6): 1534-1544.

CUI S, SHI Y, GROFFMAN P M, et al., 2012. Centennial-scale analysis of the creation and fate of reactive nitrogen in China (1910–2010) [J]. Proceedings of the National Academy of Sciences of the United States of America, 110 (6): 2052-2057.

CZIMCZIK C I, SCHMIDT M W I, SCHULZE E D, 2005. Effects of increasing fire frequency on black carbon and organic matter in Podzols of Siberian Scots pine forests[J]. European Journal of Soil Science, 56(3): 417-428.

DANSGAARD W, 1953. The abundance of ^{18}O in atmospheric water and water vapor [J]. Tellus, 5(4): 461-469.

DANSGAARD W, 1964. Stable isotope in precipitation [J]. Tellus, 16(4): 436-468.

DAVIDSON E A, BELK E, BOONE R D, 1998. Soil water content and temperature as independent or confounded factors controlling soil respiration in a temperate mixed hardwood forest [J]. Global Change Biology, 4: 217-227.

DAVIDSON E A, LV E H V, VELDKAMP E, et al., 2000a. Testing a conceptual model of soil emissions of nitrous and nitric oxides[J]. Bioscience, 50(8): 667-680.

DAVIDSON E A, THUMBORE S E, AMUNDSON R, 2000b. Soil warming and organic carbon content [J]. Nature, 408(14): 789-790.

DAVIDSON E A, VERCHOT L V, CATTANIO J H, et al., 2000c. Effects of soil water content on soil respiration in forests and cattle pastures of Eastern Amazonia[J]. Biogeochemistry, 48 (1): 53-69.

DEANS J D, EDMUNDS W M, LINDLEY D K, et al., 2005. Nitrogen in interstitial waters in the Sahel; Natural baseline, pollutant or resource? [J]. Plant and Soil, 271(1/2): 47-62.

DEUTSCH W J, 1997. Groundwater Geochemistry Fundamentals and Applications to Contamination [M]. Boca Raton:

Lewis Publisher.

DI H J, CAMERON K C, 2002. Nitrate leaching in temperate agroecosystems: Sources, factors and mitigating strategies[J]. Nutrient Cycling in Agroecosystems, 64(3): 237-256.

DIJKSTRA F A, AUGUSTINE D J, BREWER P, et al., 2012. Nitrogen cycling and water pulses in semiarid grasslands: Are microbial and plant processes temporally asynchronous? [J]. Oecologia, 170(3): 799-808.

DING J Z, CHEN L Y, JI C J, et al., 2017. Decadal soil carbon accumulation across Tibetan permafrost regions [J]. Nature Geoscience, 10(6): 420-425.

DING J Z, LI F, YANG G B, et al., 2016. The permafrost carbon inventory on the Tibetan Plateau: A new evaluation using deep sediment cores [J]. Global Change Biology, 22(8): 2688-2701.

DONIGIAN A S, 1979. Water Quality Model for Agricultural Runoff in Modeling of Rivers [M]. Hoboken: Wiliey-Interscience Publication.

DORAN J W, PARKIN T B, 1994. Defining and Assessing Soil Quality[M]. Madison: Soil Science Society of America, Inc., America Society of Agronomy, Inc.

DUBROVSKY N M, BUROW K R, CLARK G M, et al., 2010. The Quality of Our Nation's Waters-Nutrients in the Nation's Streams and Groundwater, 1992–2004[R]. Reston: U. S. Department of The Interior, And U. S. Geological Survey.

DUCHARNE A, BAUBION C, BEAUDOIN N, et al., 2007. Long term prospective of the Seine River system: Confronting climatic and direct anthropogenic changes [J]. Science of the Total Environment, 2007, 375(1): 292-311.

DUTTON A, WILKINSON B H, WELKER J M, et al., 2005. Spatial distribution, and seasonal variation in $^{18}O/^{16}O$ of modern precipitation and river water across the conterminous USA [J]. Hydrological Processes, 19: 4121-4146.

DWIVEDI U N, 2007. Nitrate Pollution and its Remediation (Chpt. 16)[M]//SINGH SN, TRIPATHI RD. Environmental Bioremediation Technologies. Berlin: Springer.

ECKERSTEN H, BLOMBACK K, KATTERER T, et al., 2001. Modelling C, N, water and heat dynamics in winter wheat under climate change in Southern Sweden [J]. Agriculture Ecosystems & Environment, 86(3): 221-235.

EDMUNDS W M, 2009. Geochemistry's vital contribution to solving water resource problems [J]. Applied Geochemistry, 24(6): 1058-1073.

EDMUNDS W M, MA J, AESCHBACH-HERTIG W, et al., 2006. Groundwater recharge history and hydrogeochemical evolution in the Minqin Basin, North West China [J]. Applied Geochemistry, 21(12): 2148-2170.

EDWARDS N T, NORBY R J, 1998. Below-ground respiratory responses of sugar maple and red maple saplings to atmospheric CO_2 enrichment and elevated air temperature[J]. Plant and Soil, 206 (1): 85-97.

EDWARDS R T, MCKELVIE I D, FERRETT P C, et al., 1992. Sensitive flow-injection technique for the determination of dissolved organic carbon in natural and waste waters [J]. Analytica Chimica Acta, 261 (1/2): 287-294.

ELLIOTT E M, BRUSH G S, 2006. Sedimented organic nitrogen isotopes in freshwater wetlands record long-term changes in watershed nitrogen source and land use [J]. Environmental Science & Technology, 40(9): 2910.

EPRON D, FARQUE L, LUCOT E, et al., 1999. Soil CO_2 efflux in a beech forest: The contribution of root respiration [J]. Annals of Forest Science, 56: 289-295.

ERSEK V, MIX A C, CLARK P U, 2010. Variations of ^{18}O in rainwater from southwestern Oregon [J]. Journal of Geophysical Research Atmospheres, 115(D9): D09109.

ESSERY R, 2004. Statistical representation of mountain shading[J]. Hydrology and Earth System Sciences, 8(6): 1045-1050.

ESWARAN H, VAN DEN BERG E, REICH P, 1993. Organic carbon in soils of the world [J]. Soil Science Society of America Journal, 57: 192-194.

ESWARAN H, VAN DEN BERG E, REICH P, et al., 1995. Global Soil Carbon Resources[M] //LAL R, KIMBLE J, LEVINE E, et al. Soils and Global Change. Boca Raton: CRC Press, Inc.

EVANS R G, SMITH C J, OSTER J D, 1990. Saline water application effects on furrow infiltration of red-brown earths[J]. Trnasactions of the ASAE, 33(5): 1563-1572.

EVANS S E, BURKE I C, 2013. Carbon and nitrogen decoupling under an 11-year drought in the shortgrass steppe [J]. Ecosystems, 16(1): 20-33.

EVRENDILEK F, CELIK I, KILIC S, 2004. Changes in soil organic carbon and other physical soil properties along adjacent mediterranean forest, grassland, and cropland ecosystems in Turkey [J]. Journal of Arid Environments, 59(4): 743-752.

FAHEY T J, SICCAMA T G, DRISCOLL C T, et al., 2005. The biogeochemistry of carbon at Hubbard Brook [J]. Biogeochemistry, 75 (1): 109-176.

FAHEY T J, WILLIAMS C J, ROONEYVARGA J N, et al., 1999. Nitrogen deposition in and around an intensive agricultural district in central New York [J]. Journal of Environmental Quality, 28(5): 1585-1600.

FANG C, MONCRIEFF J B, 1999. A model for soil CO_2 production and transport 1: Model development [J]. Agricultural and Forest Meteorology, 95 (4): 225-236.

FANG C, MONCRIEFF J B, 2001. The dependence of soil CO_2 efflux on temperature [J]. Soil Biology & Biochemistry, 33(2): 155-165.

FANG C, MONCRIEFF J B, GHOLZ H L, et al., 1998. Soil CO_2 efflux and its spatial variation in a Florida slash pine plantation[J]. Plant and Soil, 205: 135-146.

FANG Y, KOBA K, MAKABE A, et al., 2015. Microbial denitrification dominates nitrate losses from forest ecosystems [J]. Proceeding of the National Academy of Sciences of the United states of America, 112(5): 1470-1474.

FAO, 2020. Fao Soils Portal[R]. Food and Agriculture Organization of the United Nations.

FEDDES R A, KOWALIK P J, ZARADNY H, 1978. Simulation of Field Water Use and Crop Yield. In: Simulation Monographs[M]. Wageningen: Springer Science.

FENG F, LI Z Q, JIN S, et al., 2012. Hydrochemical characteristics and solute dynamics of meltwater runoff of Urumqi Glacier No. 1, Eastern Tianshan, Northwest China [J]. Journal of Mountain Sciences, 9(4): 472-482.

FENG F, LI Z Q, ZHANG M J, et al., 2013. Deuterium and oxygen 18 in precipitation and atmospheric moisture in the upper Urumqi River Basin, Eastern Tianshan Mountains [J]. Environmental Earth Science, 68(4): 1199-1209.

FENG Q, CHENG G D, ENDO K H, 2001. Towards sustainable development of the environmentally degraded River Heihe Basin, China [J]. Hydrological Sciences Journal, 46(5): 647-658.

FENG Q, ENDO K H, CHENG G D, 2002a. Soil water and chemical characteristics of sandy soils and their significance to land reclamation [J]. Journal of Arid Environments, 51: 35-54.

FENG Q, ENDO K N, CHENG G D, 2002b. Soil carbon in desertified land in relation to site characteristics[J]. Geoderma, 106(1-2): 21-43.

FENG Q, LIU W, 2002. Water resources management and rehabilitation in China [J]. Journal of Experimental Botany, 54 (S1): 149.

FENG Q, LIU W, SU Y H, et al., 2004. Distribution and evolution of water chemistry in Heihe River Basin [J]. Environmental Geology, 2004, 45: 947-956.

FENG X, FAIIA A M, POSMENTIER E S, 2009. Seasonality of isotopes in precipitation: A global perspective [J]. Journal of Geophysical Research, 114(D8): D08116.

FERNÁNDEZ-ROMERO M L, LOZANO-GARCÍA B, PARRAS-ALCÁNTARA L, 2014. Topography and land use change effects on the soil organic carbon stock of forest soils in mediterranean natural areas[J]. Agriculture Ecosystems & Environment, 195(195): 1-9.

FLINT A L, CHILDS S W, 1987. Calculation of solar radiation in mountainous terrain[J]. Agricultural and Forest Meteorology, 40(3): 233-249.

FOX P, ABOSHANP W, ALSAMADI B, 2005. Analysis of soils to demonstrate sustained organic carbon removal during soil aquifer treatment [J]. Journal of Environmental Quality, 34 (1): 156-163.

FRICKE H C, O'NEIL J R, 1999. The correlation between $^{18}O/^{16}O$ ratios of meteoric water and surface temperature: Its use in investigating terrestrial climate change over geologic time [J]. Earth and Planetary Science Letters, 170: 181-196.

FRIEDLINGSTERIN C P, FUNG K C, FUNG J Y, 1995. Carbon-biosphere-climate interaction in the last glacial maximum climate[J]. Journal of Geophysical Research, 100: 7203-7221.

FRIEDMAN I, 1953. Deuterium content of natural waters and other substances [J]. Geochimica et Cosmochimica Acta, 4: 89-103.

FRIEDMAN I, MACHTA L, SOLLER R, 1962. Water-vapor exchange between a water droplet and its environment [J]. Journal of Ganphysical Research, 67: 2761-2767.

FROEHLICH K, GIBSON J J, AGGATWAL P, 2002. Deuterium Excess in Precipitation and its Climatological Significance [R]. Vienna: Study of Environmental Change Using Isotope Techniques, C&S Papers Series 13/P, IAEA.

FU J, GASCHE R, WANG N, et al., 2017. Impacts of climate and management on water balance and nitrogen leaching from montane grassland soils of S-Germany [J]. Environmental Pollution, 229: 119-131.

FUNG I Y, DONEY S C, LINDSA K, et al., 2005. Evolution of carbon sinks in a changing climate[J]. Proceedings of the National Academy of Sciences, 102 (32): 11201-11206.

GALLOWAY J N, DENTENER F J, CAPONE D G, et al., 2004. Nitrogen Cycles: Past, Present, and Future [M]// Fruit Present and Future. Royal Horticultural Society. Netherlands: Kluwer Academic Publishers. Springer.

GAO X J, ZHAO Z C, DING Y H, et al., 2001. Climate change due to greenhouse effects in China as simulated by regional climate model[J]. Advance in Atmosphere Science, 18: 1224-1230.

GARCIAL M G, HIDALGO M, BLESA M A, 2001. Geochemistry of groundwater in the alluvial plain of Tucuman Province Argentina [J]. Hydrogeology Journal, 9: 597-610.

GATES J B, BÖHLKE J K, EDMUNDS W M, 2008a. Ecohydrological factors affecting nitrate concentrations in a phreatic desert aquifer in Northwestern China [J]. Environmental Science & Technology, 42(10): 3531-3537.

GATES J B, EDMUNDS W M, MA J Z, et al., 2008b. A 700-year history of groundwater recharge in the drylands of NW China [J]. Holocene, 18 (7): 1045-1054.

GENEREUX, 1998. Quantifying uncertainty in tracer-based hydrograph separation [J]. Water Resources Research, 34(4): 915-919.

GESSLER P E, CHADWICK O A, CHAMRAN F, et al., 2000. Modeling soil-landscape and ecosystem properties using terrain attributes[J]. Soil Science Society of America Journal, 64(6): 2046-2056.

GIBBS R J, 1970. Mechanisms controlling world water chemistry[J]. Science, 170: 1088-1090.

GIBSON J J, EDWARDS T W D, BIRKS S J, et al., 2005. Progress in isotope tracer hydrology in Canada[J]. Hydrological Processes, 19: 303-327.

GIMÉNEZ R, MERCAU J, NOSETTO M, et al., 2016. The ecohydrological imprint of deforestation in the semiarid Chaco: Insights from the last forest remnants of a highly cultivated landscape [J]. Hydrological Processes, 30(15): 2603-2616.

GORDEEV V V, SIDOROV L S, 1993. Concent rations of major elements and their outflow into the Laptev Sea by the

Lena River [J]. Marine Chemistry, 43: 33-45.

GORDON H, HAYGARTH P M, BARDGETT R D, 2008. Drying and rewetting effects on soil microbial community composition and nutrient leaching [J]. Soil Biology and Biochemistry, 40(2): 302-311.

GRACE J, RAYMENT M, 2000. Respiration in the balance [J]. Nature, 404: 819-820.

GREENLAND D J, NYE P H, 1959. Increases in carbon and nitrogen contents of tropical soils under natural fallows[J]. European Journal of Soil Science, 10: 284-299.

GU B, DONG X, PENG C, et al., 2012. The long-term impact of urbanization on nitrogen patterns and dynamics in Shanghai, China [J]. Environmental Pollution, 171(4): 30-37.

GU B, GE Y, CHANG S X, et al., 2013. Nitrate in groundwater of China: Sources and driving forces [J]. Global Environmental Change, 23(5): 1112-1121.

HAASE P, PUGNAIRE F I, CLARK S C, et al., 1999. Environmental control of canopy dynamics and photosynthetic rate in the evergreen tussock grass stipa tenacissima[J]. Plant Ecology, 145(2): 327-339.

HANCOCK G R, MURPHY D, EVANS K G, 2010. Hillslope and catchment scale soil organic carbon concentration: An assessment of the role of geomorphology and soil erosion in an undisturbed environment[J]. Geoderma, 155(S1/2): 36-45.

HANSEN J B, DOUBET R S, RAM J, 1984. Alginase enzyme production by bacillus circulans[J]. Applied and Environmental Microbiology, 47(4): 704-709.

HANSON P J, AMTHOR J S, WULLSCHLEGER S D, et al., 2004. Oak forest carbon and water simulations: Model intercomparisons and evaluations against independent data[J]. Ecological Monographs, 74 (3): 443-489.

HANSON P J, EDWARDS N T, GARTEN C T, et al., 2000. Separating root and soil microbial contributions to soil respiration: A review of methods and observations [J]. Biogeochemistry, 48 (1): 115-146.

HAO Y, LAL R, OWENS L B, IZAURRALDE R C, et al., 2002. Effect of cropland management and slope position on soil organic carbon pool at the north appalachian experimental watersheds[J]. Soil and Tillage Research, 68 (2): 133-142.

HARDEN T, JOERGENSEN R G, MEYER B, et al., 1993. Soil microbial biomass estimated by fumigation extraction and substrate-induced respiration in 2 pesticide-treated soils [J]. Soil Biology & Biochemistry, 25 (6): 679-683.

HARMON M E, FRANKLIN J F, SWANSON F J, et al., 1986. Ecology of coarse woody debris in temperate ecosystems[J]. Advances in Ecological Research, 15: 133-301.

HARTMANN T E, YUE S, SCHULZ R, et al., 2014. Nitrogen dynamics, apparent mineralization, and balance calculations in a maize - wheat double cropping system of the North China Plain [J]. Field Crops Research, 160(4): 22-30.

HARTSOUGH P, TYLER S W, STERLING J, et al., 2001. A 14. 6 kyr record of nitrogen flux from desert soil profiles as inferred from Vadose Zone pore waters [J]. Geophysical Research Letters, 28(15): 2955-2958.

HAYNES R J, 1986. Mineral nitrogen in the plant-soil system [J]. Soil Science, 144(4): 302-303.

HEATON T H E, SPIRO B, ROBERTSON S M C, 1997. Potential canopy influences on the isotopic composition of nitrogen and sulphur in atmospheric deposition [J]. Oecologia, 109(4): 600-607.

HEATON T H E, WYNN P, TYE A M, 2004. Low $^{15}N/^{14}N$ ratios for nitrate in snow in the high Arctic (79 degrees N) [J]. Atmospheric Environment, 38(33): 5611-5621.

HOLDEN J, 2005. Peatland hydrology and carbon release: Why small-scale process matters[J]. Philosophical Transactions of the Royal Society a Mathematical, Physical and Engineering Sciences, 363 (1837): 2891-913.

HOLDRIDGE L R, 1967. Life Zone Ecology [R]. San José: Tropical Science Center.

HOLGER M, GRAEME D D, 1996. The use of artificial neural networks for the prediction of water quality parameters [J]. Water Resources Research, 32(4): 1013-1022.

HOLKO L, 1995. Stable environmental isotopes of ^{18}O and ^2H in hydrologic research of mountainous catchments [J]. Journal Hydrology and Hydromechanics, 43: 249-274.

HOLLAND P G, STEYN D G, 1975. Vegetational responses to latitudinal variations in slope angle and aspect [J]. Journal of Biogeography, 2(3): 179-183.

HOLLOCHER T C, 1984. Source of the oxygen atoms of nitrate in the oxidation of nitrite by nitrobacter agilis and evidence against a P-O-N anhydride mechanism in oxidative phosphorylation [J]. Archives of Biochemistry & Biophysics, 233(2): 721-727.

HOMYAK P M, BLANKINSHIP J C, MARCHUS K, et al., 2016. Aridity and plant uptake interact to make dryland soils hotspots for nitric oxide (NO) emissions [J]. Proceedings of the National Academy of Sciences of the United States of America, 113(19): E2608-E2616.

HONG B, GASSE F, UCHIDA M, et al., 2014. Increasing summer rainfall in arid Eastern-Central Asia over the past 8500 years [J]. Scientific Reports, 4(2973): 5279.

HOOK P B, BURKE I C, 2000. Biogeochemistry in a short grass landscape: Control by topography, soil texture, and microclimate [J]. Ecology, 81(10): 2686-2703.

HOUGHTON J T, DING Y, GRIGGS D J, et al., 2001. Intergovernmental Panel on Climate Change[R]// Climate Change 2001: The Scientific Basis. Cambridge: Cambridge University Press.

HOUGHTON R A, 2005. Aboveground forest biomass and the global carbon balance [J]. Global Change Biology, 11 (6): 945-958.

HOUGHTON R A, HACKLER J L, 1999. Emissions of carbon from forestry and land-use change in tropical Asia[J]. Global Change Biology, 5(4): 481-492.

HOWARD D M, HOWARD P J A, 1993. Relationships between CO_2 evolution, moisture content and temperature for a range of soil types [J]. Soil Biology and Biochemistry, 25: 1537-1546.

HOWARD E A, GOWER S T, FOLEY J A, et al., 2004. Effects of logging on carbon dynamics of a jack pine forest in Saskatchewan, Canada [J]. Global Change Biology, 10 (8): 1267-1284.

HUANG X, SONG Y, LI M, et al., 2012. A high-resolution ammonia emission inventory in China[J]. Global Biogeochemical Cycles, 26(1): GB1030.

HUDGENS D E, YAVITT J B, 1997. Land-use effects on soil methane and carbon dioxide fluxes in forests near Ithaca, New York [J]. Ecoscience, 4 (2): 214-222.

HUNTINGTON T G, 2006. Evidence for intensification of the global water cycle: Review and synthesis [J]. Journal of Hydrology, 319(1): 83-95.

IBRAHIMI M K, MIYAZAKI T, NISHIMURA T, et al., 2014. Contribution of shallow groundwater rapid fluctuation to soil salinization under arid and semiarid climate [J]. Arabian Journal of Geosciences, 7(9): 3901-3911.

IBRAKHIMOV M, KHAMZINA A, FORKUTSA I, et al., 2007. Groundwater table and salinity: Spatial and temporal distribution and influence on soil salinization in Khorezm Region (Uzbekistan, Aral Sea Basin) [J]. Irrigation and Drainage Systems, 21(3): 219-236.

INGRAHAM N L, TAYLOR B E, 1991. Light stable isotope systematic of large-scale hydrologic regimes in California and Nevada [J]. Water Resource Research, 27: 77-90.

IPCC, 2013. Climate Change 2013: The Physical Science Basis Summary for Policymakers[R]. Geneva: Intergovernmental Panel on Climate Change.

IZBICKI J A, FLINT A L, O'LEARY D R, et al., 2015. Storage and mobilization of natural and septic nitrate in thick unsaturated zones, California[J]. Journal of Hydrology, 524: 147-165.

JACKSON R B, BANNER J L, JOBBAGY E G, et al., 2002. Ecosystem carbon loss with woody plant in vasion of grasslands [J]. Nature, 418 (6898): 623-626.

JASROTIA A S, SINGH R, 2007. Hydrochemistry and groundwater quality, around Devak and Rui watersheds of Jammu Region, Jammu and Kashmir [J]. Journal of the Geological Society of India, 69(5): 1042-1054.

JEFFREY E H, WANDER M M, 1998. Relationships between soil, organic carbon and soil quality in cropped and rangeland soils: The importance of distribution, composition, and soil biological activity [C]//LAL R, KIMBLE J M, FOLLETT R F, et al. Soil Processes and The Carbon Cycle. Paper presented at the symposium "Carbon sequestration in soils" held July 1996, The Ohio State University. Boca Raton: CRC Press.

JENKINSON D S, 1990. The turnover of organic carbon and nitrogen in soil [J]. Phiosophical Transsactions of the Royal Society of London Series B, 329: 361-368.

JENKINSON D S, ADAMA D E, WILD A, 1991. Model estimates of CO_2 emissions form soil in response to global warming [J]. Nature, 351 (23): 304-306.

JENKINSON D S, RAYNER J H, 1997. The turnover of soil organic matter in some of the Rothamsted classical experiments[J]. Soil Sciences, 123(5): 298-305.

JENNY H, 1941. Factors of Soil Formation[M]. New York: McGraw Hill Inc.

JENSEN L S, MUELLER T, TATE K R, et al., 1996. Soil surface CO_2 flux as an index of soil respiration in situ: A comparison of two chamber methods [J]. Soil Biology and Biochemistry, 28: 1297-1306.

JEONG C H, 2001. Effect of land use and urbanization on hydrochemistry and contamination of groundwater from Taejon area, Korea [J]. Journal of Hydrology, 253(1/4): 194-210.

JIA X X, WANG Y Q, SHAO M A, et al., 2017a. Estimating regional losses of soil water due to the conversion of agricultural land to forest in China's Loess Plateau[J]. Ecohydrology, 10(6): E1851.

JIA X X, YANG Y, ZHANG C C, et al., 2017b. A state-space analysis of soil organic carbon in China's Loess Plateau [J]. Land Degradation and Development, 28: 983-993.

JIA Y, YU G, HE N, et al., 2014. Spatial and decadal variations in inorganic nitrogen wet deposition in China induced by human activity [J]. Scientific Reports, 4(4): 3763.

JIN Z, ZHU Y J, LI X R, et al., 2015. Soil N retention and nitrate leaching in three types of dunes in the Mu Us Desert of China[J]. Scientific Reports, 5(5): 207-216.

JOBBÁGY E G, JACKSON R B, 2000. The vertical distribution of soil organic carbon and its relation to climate and vegetation[J]. Ecological Applications, 10(2): 423-436.

JOHNSON C M, VIEIRA I C G, ZARIN D J, et al., 2001. Carbon and nutrient storage in primary and secondary forests in Eastern Amazonia [J]. Forest Ecology and Management, 147: 245-252.

JOHNSON K R, INGRAM B L, 2004. Spatial and temporal variability in the stable isotope systematics of modern precipitation in China: Implications for paleoclimate reconstructions [J]. Earth and Planetary Science Letters, 220: 365-377.

JOHNSON L C, SHAVER G R, CADES D H, et al., 2000. Plant carbon-nutrient interactions control CO_2 exchange in alaskan wet sedge tundra ecosystems [J]. Ecology, 81(2): 453-469.

JURY W A, SPOSITO G, WHITE R E, 1986. A transfer function model of solute transport through soil: 1. fundamental concepts[J]. Water Resources Research, 22(2): 243-247.

KAMAN H, CETIN M, KIRDA C, 2016. Spatial and temporal evaluation of depth and salinity of the groundwater in a large irrigated area in Southern Turkey [J]. Pakistan Journal of Agricultural Sciences, 53(2): 473-480.

KATERJI N, HOORN J, HAMDY A, et al., 2000. Salt tolerance classification of crops according to soil salinity and to water stress day index [J]. Agricultural Water Management, 43: 99-109.

KAUSHAL S S, GROFFMAN P M, BAND L E, et al., 2011. Tracking nonpoint source nitrogen pollution in human-impacted watersheds [J]. Environmental Science & Technology, 45(19): 8225-8232.

KELTING D L, BURGER J A, EDWARDS G S, 1998. Estimating root respiration, microbial respiration in the rhizosphere, and root-free soil respiration in forest soils [J]. Soil Biology & Biochemistry, 30(7): 961-968.

KENDALL C, 1998. Tracing Nitrogen Sources and Cycling in Catchments [M] //KENDALL C, MCDONNELL J J. Isotope Tracers in Catchment Hydrology. Amsterdam: Elsevier.

KENDALL C, COPLEN T B, 2001. Distribution of oxygen-18 and deuterium in river waters across the United States [J]. Hydrological Processes, 15: 1363-1393.

KENDALL C, ELLIOTT E M, WANKEL S D, 2007. Tracing Anthropogenic Inputs of Nitrogen to Ecosystems[M]// MICHENER R H, LAJTHA K (Eds.), Stable Isotopes in Ecology and Environmental Science, 2nd Edition. Oxford: Blackwell Publishing Ltd.

KESKIN H, GRUNWALD S, HARRIS W G, 2019. Digital mapping of soil carbon fractions with machine learning [J]. Geoderma, 339: 40-58.

KIRKHAM M B, 1999. Water Use[M]. New York: Crop Production, Food Products Press.

KLING G W, KIPPHUT G W, MILLER M C, 1991. Arctic lakes and streams as gas conduits to the atmosphere - implications for tundra carbon budgets [J]. Science, 251(4991): 298-301.

KNAPP A K, BEIER C, BRISKE D D, et al., 2008. Consequences of more extreme precipitation regimes for terrestrial ecosystems[J]. Bioscience, 58(9): 811-821.

KNAPP A K, FAY P A, BLAIR J M, et al., 2002. Rainfall variability, carbon cycling, and plant species diversity in a Mesic Grassland[J]. Science, 298(5601): 2202-2205.

KNOPS J M H, TILMAN D, 2000. Dynamics of soil nitrogen and carbon accumulation for 61 years after agricultural abandonment [J]. Ecology, 81(1): 88-98.

KOBA K, ISOBE K, TAKEBAYASHI Y, et al., 2010. $\delta^{15}N$ of soil N and plants in a N-saturated, subtropical forest of southern China[J]. Rapid Communications in Mass Spectrometry, 24: 2499-2506.

KOHN M J, WELKER J M, 2005. On the temperature correlation of $\delta^{18}O$ in modern precipitation [J]. Earth & Planetary Science Letters, 231: 87-96.

KONG Y L, PANG Z H, 2012. Evaluating the sensitivity of glacier rivers to climate change based on hydrograph separation of discharge [J]. Journal of Hydrology, 434: 121-129.

KONYUSHKOV D Y, 1998. Geochemical History of Carbon on the Planet: Implications for Soil Carbon Studies in Soil Processes and Carbon Cycle[M]. Boca Raton: Crc Press.

KUCERA C, KIRKHAM D, 1971. Soil respiration study in tall grass prairie in Missouri [J]. Ecology, 52: 912-915.

KUCHARIK C J, FOLEY J A, DELIRE C, et al., 2000. Testing the performance of a dynamic global ecosystem model: Water balance[J]. Global Biogeochemical Cycles, 14(3): 795-825.

KUMAR U S, KUMAR B, RAI S P, et al., 2010. Stable isotope ratios in precipitation and their relationship with meteorological conditions in the Kumaon Himalayas, India [J]. Journal of Hydrology, 391(1/2): 1-8.

KURTZMAN D, SCANLON B R, 2011. Groundwater recharge through vertisols: Irrigated cropland vs. Natural land, Israel [J]. Vadose Zone Journal, 10(2): 662.

KUTI LEK M, NIEL SEN D R, 1994. Soil Hydrology [M]. Germany: Catena-Verla.

KUTSCH W L, KAPPEN L, 1997. Aspects of carbon and nitrogen cycling in soils of the temperature increase on soil respiration and organic carbon content in arable soils under different managements [J]. Biogeochemistry, 39: 207-224.

LAI C T, KATUL G, BUTNOR J, et al., 2002. Modelling the limits on the response of net carbon exchange to fertilization in a southeastern pine forest [J]. Plant, Cell & Environment, 25 (9): 1095-1120.

LAI C T, RILEY W, OWENSBY C, et al., 2006. Seasonal and interannual variations of carbon and oxygen isotopes of respired CO_2 in a tallgrass prairie: Measurements and modeling results from 3 years with contrasting water availability [J]. Journal of Geophysical Research-Atmospheres, 111 (D8): D08S06.

LAI R, 1999. Soil management and restoration for c sequestration to mitigate the accelerated a green house effect [J]. Progress in Environmental Science, 14: 307-326.

LAJTHA K, JARRELL W M, JONSON D W, et al., 1999. Collection of Soil Solution. In: Robertson G P (Eds) Standard Soil Methods for Long-Term Ecological Research[M]. Oxford: Oxford University Press, Inc.

LAKSHMANAN E, KANAN R, KUMAR M S, 2003. Major ion chemistry and identification of hydro-geochemical processes of ground water in a part of Kancheepuram district, Tamil Nadu, India [J]. Environmental Geosciences, 10(4): 157-166.

LAMARQUE J F, DENTENER F, MCCONNELL J, et al., 2013. Multi-model mean nitrogen and sulfur deposition from the atmospheric chemistry and climate model intercomparison project (ACCMIP): Evaluation of historical and projected future changes [J]. Atmospheric Chemistry and Physics, 13: 7997-8018.

LAPIDUS L, AMUNDSON N R, 1952. Mathematics of adsorption in beds. VI. The effects of longitudinal diffusion in ion exchange and chromatographic columns[J]. Journal of Physical Chemistry, 56: 984-988.

LAUDON H, SLAYMAKER O, 1997. Hydrograph separation using stable isotope, silica and electrical conductivity: An alpine example[J]. Journal of Hydrology, 201(2): 82-101.

LAW B E, BALDOCCHI D D, ANTHONI P M, 1999. Below-canopy and soil CO_2 fluxes in a ponderosa pine forest [J]. Agricultural and Forest Meteorology, 94 (3-4): 171-188.

LEIB B G, JARRETT A R, ORZOLEK M D, et al., 2000. Drip chemigation of imidacloprid under plastic mulch increased yield and decreased leaching caused by rainfall[J]. Transactions of the ASAE, 43(3): 615-622.

LEIRÓS M C, TRASAR-CEPEDA C, SEOANE S, et al., 1999. Dependence of mineralization of soil organic matter on temperature and moisture [J]. Soil Biology & Biochemistry, 31(3): 327-335.

LENKA N K, SUDHISHRI S, DASS A, et al., 2013. Soil carbon sequestration as affected by slope aspect under restoration treatments of a degraded alfisol in the Indian Sub-Tropics[J]. Geoderma, 204-205: 102-110.

LI K, LIU X, SONG W, et al., 2014. Atmospheric nitrogen deposition at two sites in an arid environment of central Asia[J]. Plosone, 9(1): E67018.

LI X, LIU S M, XIAO Q, et al., 2017. A multiscale dataset for understanding complex eco-hydrological processes in a heterogeneous oasis system [J]. Scientific Data, 4: 170083.

LI X, MASUDA H, KOBA K, et al., 2007. Nitrogen isotope study on nitrate-contaminated groundwater in the Sichuan Basin, China[J]. Water Air & Soil Pollution, 178(1-4): 145-156.

LI Y Q, WANG X Y, NIU Y Y, et al., 2018. Spatial distribution of soil organic carbon in the ecologically fragile Horqin Grassland of Northeastern China[J]. Geoderma, 325: 102-109.

LIEBIG M A, DORAN J W, GARDNER J G, 1996. Evaluation of a field test kit for measuring select soil quality indication[J]. Agronomy Journal, 88(4): 683-686.

LINN D M, DORAN J W, 1984. Effect of water filled pore space on carbon dioxide and nitrous oxide production in tilled and nontilled soils[J]. Soil Science Society of American Journal, 48: 1267-1272.

LISKI J, PALOSUO T, PELTONIEMI M, et al., 2005. Carbon and decomposition model Yasso for forest soils[J]. Ecological Modelling, 189(1-2): 168-182.

LIU D, ZHU W, WANG X, et al., 2017. Abiotic versus biotic controls on soil nitrogen cycling in drylands along a 3200 km transect [J]. Biogeosciences Discussions, 14(4): 1-26.

LIU Q H, SHI X Z, WEINDORF D C, et al., 2006. Soil organic carbon storage of paddy soils in China using the 1 : 1, 000, 000 soil database and their implications for C sequestration [J]. Global Biogeochemical Cycles, 20(3): Gb3024.

LIU S H, FANG J Y, 1997. Effect factors of soil respiration and the temperature's effects on soil respiration in the global scale [J]. Acta Ecologica Sinica, 1997, 17: 469-476.

LIU X, DUAN L, MO J, et al., 2011. Nitrogen deposition and its ecological impact in China: An overview [J]. Environmental Pollution, 159(10): 2251-2264.

LIU Y H, FAN N J, AN S Q, et al., 2008. Characteristics of water isotopes and hydrograph separation during the wet season in the Heishui River, China [J]. Journal of Hydrology, 353: 314-321.

LOMANDER A, KÄTTERER T, ANDRÉN O, 1998. Modelling the effects of temperature and moisture on CO_2 evolution from top - and subsoil using multi-compartment approach [J]. Soil Biology and Biochemistry, 30: 2023-2030.

LONGBOTTOM T L, TOWNSEND-SMALL A, OWEN L A, et al., 2014. Climatic and topographic controls on soil organic matter storage and dynamics in the Indian Himalaya: Potential carbon cycle-climate change feedbacks [J]. Catena, 119: 125-135.

LOZANO-GARCÍA B, MUNOZ-ROJAS M, PARRAS-ALCÁNTARA L, 2017. Climate and land use changes effects on soil organic carbon stocks in a mediterranean semi-natural area[J]. Science of the Total Environment, 579: 1249-1259.

LOZANO-GARCÍA B, PARRAS-ALCÁNTARA L, BREVIK E C, 2016. Impact of topographic aspect and vegetation (native and reforested areas) on soil organic carbon and nitrogen budgets in Mediterranean natural areas [J]. Science of the Total Environment, 544(8): 963-970.

LU C Q, TIAN H Q, 2007. Spatial and temporal patterns of nitrogen deposition in China: Synthesis of observational data[J]. Journal of Geophysical Research, 112: D22s05.

LU C, TIAN H, 2014. Half-century nitrogen deposition increases across China: A gridded time-series data set for regional environmental assessments[J]. Atmospheric Environment, 97: 68-74.

LUGO A E, SANCHEZ A J, BROWN S, 1986. Land use and organic carbon content of some subtropical soils [J]. Plant Soil Science, 96: 185-196.

MA J Z, DING Z Y, EDMUNDS W M, et al., 2009a. Limits to recharge of groundwater from Tibetan Plateau to the gobi desert, implications for water management in the mountain front[J]. Journal of Hydrology, 364(1): 128-141.

MA J Z, EDMUNDS W M, HE J H, et al., 2009b. A 2000 year geochemical record of palaeoclimate and hydrology derived from dune sand moisture[J]. Palaeogeography, Palaeoclimatology, Palaeoecology, 276(1): 38-46.

MA J Z, HE J H, QI S, et al., 2013. Groundwater recharge and evolution in the Dunhuang Basin, Northwestern China [J]. Applied Geochemistry, 28: 19-31.

MA J, EDMUNDS W M, 2006. Groundwater and lake evolution in the Badain Jaran Desert ecosystem, Inner Mongolia [J]. Hydrogeology Journal, 14(7): 1231-1243.

MA J, WANG Y, ZHAO Y, et al., 2012a. Spatial distribution of chloride and nitrate within an unsaturated dune sand of a cold-arid desert: Implications for paleoenvironmental records [J]. Catena, 96: 68-75.

MA J, ZHANG P, ZHU G, et al., 2012b. The composition and distribution of chemicals and isotopes in precipitation in the

Shiyang River System, Northwestern China [J]. Journal of Hydrology, 436-437(3): 92-101.

MARCUS A, MATS D, KRISTOFFER H, et al., 2007. Slope aspect modifies community responses to clear-cutting in boreal forests[J]. Ecology, 88(3): 749-758.

MAYER B, BOYER E W, GOODALE C, et al., 2002. Sources of nitrate in rivers draining sixteen watersheds in the Northeastern U. S. : Isotopic constraints[J]. Biogeochemistry, 57-58(1): 171-197.

MAYOR J R, MACK M C, HOLLINGSWORTH T N, et al., 2012. Nitrogen isotope patterns in Alaskan black spruce reflect organic nitrogen sources and the activity of ectomycorrhizal fungi[J]. Ecosystems, 15(5): 819-831.

MCCALLEY C K, SPARKS J P, 2009. Abiotic gas formation drives nitrogen loss from a desert ecosystem[J]. Science, 326(5954): 837-840.

MCCLUNG C R, 2014. Making hunger yield[J]. Science, 344(6185): 699-700.

MCCUNE B, KEON D, 2002. Equations for potential annual direct incident radiation and heat load[J]. Journal of Vegetation Science, 13(4): 603-606.

MCGILL W B, 1996. Review and Classification of Ten Soil Organic Matter (SOM) Models[M]// POWLSON D S, SMITH P, SMITH J U, Eds. Evaluation of Soil Organic Matter Models. Berlin, Heidelberg: Spring-Verlag.

MCMAHON P B, BÖHLKE J K, 2006a. Regional patterns in the isotopic composition of natural and anthropogenic nitrate in groundwater, high plains, U. S. A [J]. Environmental Science & Technology, 40(9): 2965-2970.

MCMAHON P B, DENNEHY K F, BRUCE B W, et al., 2006b. Storage and transit time of chemicals in thick unsaturated zones under rangeland and irrigated cropland, high plains, United States[J]. Water Resources Research, 42(3): 288-295.

MEERSMANS J, VAN WESEMAEL B, DE RIDDER F, et al., 2009. Changes in organic carbon distribution with depth in agricultural soils in Northern Belgium, 1960—2006[J]. Global Change Biology, 15(11): 2739-2750.

MEGLIOLI P A, 2014. Livestock stations as foci of groundwater recharge and nitrate leaching in a sandy desert of the central Monte, Argentina[J]. Ecohydrology, 7(2): 600-611.

MEIER I C, LEUSCHNER C, 2010. Variation of soil and biomass carbon pools in beech forests across a precipitation gradient[J]. Global Change Biology, 16(3): 1035-1045.

MERLIVAT L, JOUZEL J, 1979. Global climate interpretation of the deuterium-oxygen 18 relationship for precipitation[J]. Journal of Geophysical Research Oceans, 84: 5029-5033.

MEYBECK M, 1983. Atmospheric Inputs and River Transport of Dissolve Substances[C]. Proceedings of the Hamburg Symposium 141. Hamburg: Iaha Publication.

MEYBECK M, 2003. Global Occurrence of Major Elements in Rivers [M]//Drever J I (Ed.), Treatise on Geochemistry, Surface and Ground Water, Weathering, and Soils. Amsterdam: Elsevier.

MIN L, SHEN Y, PEI H, et al., 2018. Water movement and solute transport in deep vadose zone under four irrigated agricultural land-use types in the North China Plain [J]. Journal of Hydrology, 559: 510-522.

MOORE T R, ROULET N T, WADDINGTON J M, 1998. Uncertainty in predicting the effect of climatic change on the carbon cycling of Canadian Peatlands[J]. Climatic Change, 40 (2): 229-245.

MORENO F, CABERA F, ANDREU L, et al., 1995. Water-movement and salt leaching in drained and irrigated marsh soils of Southwest Spain[J]. Agricultural Water Management, 27(1): 25-44.

MURTY D, KIRSCHBAUM M F, MCMURTRIE R E, et al., 2002. Dose coversion of forest to agricultural land change soil carbon and nitrogen? A review of the literature[J]. Global Change Biology, 8: 105-123.

NELSON E B, 2004. Microbial dynamics and interactions in the spermosphere[J]. Annurev Phytopathol, 42: 271-309.

NEUE H U, 1993. Methane emission from rice fields[J]. Bioscience, 43(7): 466-475.

NEUMAN S P, JACOBSON E A, 1984. Analysis of nonintrinsic spatial variability by residual kriging with application to regional groundwater levels [J]. Journal of the International Association for Mathematical Geology, 16(5): 499-521.

NEWMAN B D, VIVONI E R, GROFFMAN A R, 2010. Surface water-groundwater interactions in semiarid drainages of the American Southwest[J]. Hydrological Processes, 20(15): 3371-3394.

NIELSEN D R, BIGGAR J W, 1961. Miscible displacement in soils: Experimental information[J]. Soil Science Society of America Journal, 25: 1-5.

NIELSEN D R, BIGGAR J W, 1962. Miscible displacement is soil Ⅲ:Theoretical consideration[J]. Soil Science Society of America Journal, 26: 216-221.

NIELSEN D R, BIGGAR J W, 1963. Miscible displacement Ⅳ:Mixing in glass beads[J]. Soil Science Society of a Merica Journal, 27(1): 10-13.

NIELSEN D R, GENUCHTEN M, BIGGAR J W, 1986. Water flow and solute transport processes in the unsaturated zone[J]. Water Resource Research, 22(9): 89-108.

NIELSEN U N, BALL B A, 2015. Impacts of altered precipitation regimes on soil communities and biogeochemistry in arid and semi-arid ecosystems[J]. Global Change Biology, 21(4): 1407-1421.

NOONE K, 1998. Atmospheric chemistry and physics: From air pollution to climate change[J]. Physics Today, 51 (10): 88-90.

NUMAGUTI A, 1999. Origin and recycling processes of precipitating water over the Eurasian Continent: Experiments using an atmospheric general circulation model [J]. Journal of Geophysical Research, 104: 1957-1972.

OHASHI M, GYOKUSEN K, SAITO A, 2000. Contribution of root respiration to total soil respiration in a Japanese cedar (Cryptomeria japonica D. DON) artificial forest[J]. Ecological Research, 15: 323-333.

OLESEN J E, BINDI M, 2002. Consequences of climate change for European agricultural productivity, land use and policy[J]. European Journal of Agronomy, 16(4): 239-262.

OLIPHANT A J, SPRONKEN-SMITH R A, STURMAN A P, et al., 2003. Spatial variability of surface radiation fluxes in mountainous terrain[J]. Journal of Applied Meteorology, 42(1): 113-128.

OLSEN S R, KEMPER W D, 1968. Movement of nutrients to plant roots[J]. Advances in Agronomy, 20: 91-151.

OLSON J S, 1982. Earth's Vegetation and Atmospheric Carbon Dioxide in Carbon Dioxide Review[M]. New York: Oxford University Press.

PANNO S V, HACKLEY K C, KELLY W R, et al., 2006. Isotopic evidence of nitrate sources and denitrification in the Mississippi River, Illinois[J]. Journal of Environmental Quality, 35(2): 495-504.

PAPIERNIK S K, LINDSTROM M J, SCHUMACHER J A, et al., 2005. Variation in soil properties and crop yield across an eroded prairie landscape[J]. Journal of Soil and Water Conservation, 60(6): 388-395.

PARKER L W, MILLER J, STEINBERGER Y, et al., 1983. Soil respiration in a Chihuahuan desert rangeland [J]. Soil Biology and Biochemistry, 15(3): 303-309.

PARKER, J C, VAN GENUCHTEN M T, 1988. Flux averaged and volume averaged concentrations in continuous approach to solute transport[J]. Water Resources Research, 24: 866-872.

PARKHURST D L, 1997. Geochemical mole-balance modeling with uncertain data[J]. Water Resources Research, 33(8): 1957-1970.

PARRAS-ALCANTÁRA L, LOZANO-GARCÍA B, GALÁN-ESPEJO A, 2015. Soil organic carbon along an altitudinal gradient in the Despeñaperros natural park, Southern Spain[J]. Solid Earth, 6(1): 125-134.

PARTON W J, SCHIMEL D S, COLE C V, et al., 1987. Analysis of factors controlling soil organic matter levels in great plains grasslands[J]. Soil Science of America Journal, 51: 1173-1179.

PAUL K I, POLGLASE P J, NYAKUENGAMA J G, et al., 2002. Changes in soil carbon following afforestation [J]. Forest Ecology and Management, (168): 241 -257.

PAVONI B, BERTO D, RIGONI M, et al., 2000. Micropollutants and organic carbon concentrations in surface and deep sediments in the tunisian coast near the city of Sousse [J]. Marine Environmental Research, 49 (2): 177-196.

PENG H D, MAYER B, HARRIS S, et al., 2007. The influence of below-cloud secondary effects on the stable isotope composition of hydrogen and oxygen in precipitation at Calgary, Alberta. Canada[J]. Tellus B, 59: 698-704.

PEPIN N, BRADLEY R S, DIAZ H F, et al., 2015. Elevation-dependent warming in mountain regions of the world[J]. Nature Climate Change, 5(5): 424-430.

PHACHOMPHON K, DLAMINI P, CHAPLOT V, 2010. Estimating carbon stocks at a regional level using soil information and easily accessible auxiliary variables[J]. Geoderma, 155(3): 372-380.

PIERREHUMBERT R T, 1999. Huascaran δ^{18}O as an indicator of tropical climate during the last glacial maximum [J]. Geophysical Research Letters, 26: 1345-1348.

POAGE M A, CHAMBERLAIN C P, 2001. Empirical relationships between elevation and the stable isotope composition of precipitation: Considerations for studies of paleo elevation change[J]. American Journal of Science, 301: 1-15.

POLGLASE P J, PAUL P K, KHANNA J G, et al., 2000. Change in Soil Carbon Following Afforestation or Reforestation: Review of Experimental Evidence and Development of a Conceptual Framework. National Carbon Accounting System Technical Report No. 20 [R]. Canberra: Printed in Australia for the Australian Greenhouse Office.

POST W M, EMANUEL W R, ZINKE P J, et al., 1982. Soil carbon pools and world life zones[J]. Nature, 298: 156-159.

POST W M, KWON K C, 2000. Soil carbon sequestration and land-use change: Processes and potential[J]. Global Change Biolog, 6(3): 317-327.

POULTER B, FRANK D, CIAIS P, et al., 2014. Contribution of semi-arid ecosystems to interannual variability of the global carbon cycle[J]. Nature, 509(7502): 600-603.

PRASAD R, DEO R C, LI Y, et al., 2018. Ensemble committee-based data intelligent approach for generating soil moisture forecasts with multivariate hydro-meteorological predictors[J]. Soil & Tillage Research, 181: 63-81.

PRICE R M, SWART P K, WILLOUGHBY H E, 2008. Seasonal and spatial variation in the stable isotopic composition (δ^{18}O and δD) of precipitation in South Florida [J]. Journal of Hydrology, 358: 193-205.

PRIETZEL J, CHRISTOPHEL D, 2014. Organic carbon stocks in forest soils of the German Alps[J]. Geoderma, 221(2): 28-39.

PRIETZEL J, ZIMMERMANN L, SCHUBERT A, et al., 2016. Organic matter losses in German Alps forest soils since the 1970s most likely caused by warming[J]. Nature Geoscience, 9(7): 543-550.

PU T, HE Y Q, ZHU G F, et al., 2012. Characteristics of water stable isotopes and hydrograph separation in Baishui catchment during the wet season in Mt. Yulong Region, south western China [J]. Hydrological Processes, 27(25): 10. 1002/HYP. 9479.

PULIDOVELAZQUEZ M, PEÑAHARO S, GARCIAPRATS A, et al., 2015. Integrated assessment of the impact of climate and land use changes on groundwater quantity and quality in Mancha Oriental (Spain)[J]. Hydrology and Earth System Sciences, 19(4): 1677-1693.

QI S, MA J Z, FENG Q, et al., 2018. NO$_3^-$ sources and circulation in the shallow vadose zone in the edge of Dunhuang Mingsha sand dunes in an extremely arid area of Northwestern China[J]. Catena, 162: 193-202.

QIN J H, HUH Y, EDMOND J M, et al., 2006. Chemical and physical weathering in the min jiang, a headwater tributary of the Yangtze River[J]. Chemical Geology, 187: 53-69.

QIN Y Y, FENG Q, HOLDEN N M, et al., 2016. Variation in soil organic carbon by slope aspect in the middle of the Qilian

Mountains in the upper Heihe River Basin, China [J]. Catena, 147: 308-314.

QIU Y, FU B J, WANG J, et al., 2001. Spatial variability of soil moisture content and its relation to environmental indices in a semi-arid gully catchment of the Loess Plateau, China[J]. Journal of Arid Environments, 49(4): 723-750.

R DEVELOPMENT CORE TEAM, 2018. A Language and Environment for Statistical Computing[R]. Vienna: R Core team.

RAICH J W, POTTER C S, 1995. Global patterns of carbon dioxide emissions from soils[J]. Global Biogeochemical Cycles, 9: 23-36.

RAICH J W, RUSSELL A E, KITAYAMA K, et al., 2006. Temperature influences carbon accumulation in moist tropical forests[J]. Ecology, 87 (1): 76-87.

RAICH J W, SCHLESINGER W H, 1992. The global patterns of carbon dioxide flux in soil respiration and its relationship to vegetation and climate[J]. Tellus, 44(2): 81-99.

RAICH J W, TUFEKCIOGLU A, 2000. Vegetation and soil respiration: Correlations and controls[J]. Biogeochemisrry, 48: 71-90.

RAICH J W, VÖRÖSMARTY C J, 1991. Potential net primary productivity in South America: Application of a global model[J]. Ecological Applications, 1(4): 399-429.

RAISON R J, WOODS P V, KHANNA P K, 1986. Decomposition and accumulation of litter after fire in sub-alpine eucalyptus forests[J]. Australian Journal of Ecology, 11: 9-19.

RANZI R, ROSSO R, 1995. Distributed estimation of incoming direct solar-radiation over a drainage-basin[J]. Journal of Hydrology, 166(3-4): 461-478.

REEDER S W, HITCHON B, LEVINSTON A A, 1972. Hydrogeochemistry of the surface waters of the Mackenzie River Drainage Basin, Canada: I. Factors controlling inorganic composition [J]. Geochimica Et Cosmochimica Acta, 36: 825-865.

RICHARD T CONANT, PETERDALLA-BETTA, CAROLE C KLOPATEK, et al., 2004. Controls on soil respiration in semiarid soils [J]. Soil Biology & Biochemistry, 36: 941-951.

RICHARDS L A, 1931. Capillary condition of liquids in porous mediums [J]. Physic, 1: 318-333.

RICHTER D D, MARKEWITZ D, TRUMBORE S, et al., 1999. Rapid accumulation and turnover of soil carbon in a re-establishing forest[J]. Nature, 400: 56-58.

ROBERTSON W M, BÖHLKE J K, SHARP J M, et al., 2017. Response of deep groundwater to land use change in desert basins of the Trans-Pecos Region, Texas, USA: Effects on infiltration, recharge, and nitrogen fluxes[J]. Hydrological Processes, 31(13): 2349-2364.

ROBIES M D, BURKE I C, 1997. Legume, grass, and conservation reserve program effects on soil organic matter recovery[J]. Ecological Applications, 7: 345-357.

ROZANSKI K, ARAGÚAS-ARAGÚAS L, GONFIANTINI R, 1992. Relationship between long-term trends of oxygen-18 isotope composition precipitation and climate[J]. Science, 258: 981-985.

RUSSELL C A, VORONEY R P, 1998. Carbon dioxide efflux from the floor of a boreal aspen forest. I. Relationship to environmental variables and estimates of C respired[J]. Canadian Journal of Soil Science, 78 (2): 301-310.

RUSSELL K M, GALLOWAY J N, MACKO S A, et al., 1998. Sources of nitrogen in wet deposition to the Chesapeake Bay Region [J]. Atmospheric Environment, 32(14): 3923-3927.

SARIN M M, KRISHNASWAMI S, DILI K, et al., 1989. Major ion chemistry of the Ganga-Brahmaputra River system: Weathering processes and fluxes to the bay of Bengal[J]. Geochimica Et Cosmochimica Acta, 53: 997-1009.

SAUSSURE T D, 1804. Recherches Chimiques Sur La Végétation (Chemical Researches about the Vegetation)[M]. Paris: Nyon Widow.

SAVAGE K E, DAVIDSON E A, 2001. Interannual variation of soil respiration in two New England forests[J]. Global Biogeochemical Cycles, 15: 337-350.

SCANLON B R, GATES J B, REEDY R C, et al., 2010. Effects of irrigated agroecosystems: 2. Quality of soil water and groundwater in the southern High Plains, Texas [J]. Water Resources Research, 46(9): 2095-2170.

SCANLON B R, JOLLY I, SOPHOCLEOUS M, et al., 2007. Global impacts of conversions from natural to agricultural ecosystems on water resources: Quantity versus quality[J]. Water Resources Research, 43(3): 215-222.

SCANLON B R, REEDY R C, BRONSON K F, 2008. Impacts of land use change on nitrogen cycling archived in semiarid unsaturated zone nitrate profiles, southern High Plains, Texas[J]. Environmental Science & Technology, 42(20): 7566-7572.

SCHIMEL D S, COLEMAN D C, HORTON K A, 1985. Soil organic matter dynamics in paired rangeland and cropland toposequences in North Dakota[J]. Geoderma, 36: 201-214.

SCHIMEL J P, MIKAN C, 2005. Changing microbial substrate use in Arctic tundra soils through a freeze-thaw cycle[J]. Soil Biology & Biochemistry, 37 (8): 1411-1418.

SCHLEHUBER M J, LEE T, HALL B, 1989. Groundwater level and hydrochemistry in the San Jacinto Basin, Riverside County, California [J]. Journal of Hydrology, 106(1): 79-98.

SCHLENTNER R E, VAN CLEVE K, 1985. Relationships between CO_2 evolution from soil, substrate temperature and substrate moisture in four mature forest types in Interior Alaska [J]. Canadian Journal of Forest Research, 15: 97-106.

SCHLESINGER W H, 1996. On the spatial pattern of soil nutrients in desert ecosystem[J]. Ecology, 77(2): 364-374.

SCHLESINGER W H, 2009. On the fate of anthropogenic nitrogen[J]. Proceedings of the National Academy of Sciences of the United States of America, 106(1):203-208.

SCHLESINGER W H, ARMSTRONG W S, HOWARTH R B, 2005. The Global Carbon Cycle and Climate Change [M]. Amsterdam: Elsevier Press.

SCHMIDT J, HEWITT A, 2004. Fuzzy land element classification from DTMs based on geometry and terrain position[J]. Geoderma, 121(3): 243-256.

SCHOLES M C, POWLSON D, TIAN G, 1997. Input control of organic matter dynamics[J]. Geoderma, 79 (1/4): 25-47.

SCHWIEDE M, DUIJNISVELD W H M, BOETTCHER J, 2005. Investigation of processes leading to nitrate enrichment in soils in the Kalahari Region, Botswana[J]. Physics & Chemistry of the Earth, 30(11): 712-716.

SCOTT E E, ROTHSTEIN D E, 2017. Patterns of DON and DOC leaching losses across a natural N availability gradient in temperate hardwood forests [J]. Ecosystems, 20: 1250-1265.

SEBILO M, MAYER B, NICOLARDOT B, et al., 2013. Long-term fate of nitrate fertilizer in agricultural soils[J]. Proceedings of the National Academy of Sciences of the United States, 110(45): 18185-18189.

SEYFRIED M S, SCHWINNING S, WALVOORD M A, et al., 2005. Ecohydrological control of deep drainage in arid and semiarid regions[J]. Ecology, 86(2): 277-287.

SHARMA C M, GAIROLA S, BADUNI N P, et al., 2011. Variation in carbon stocks on different slope aspects in seven major forest types of temperate region of Garhwal Himalaya, India[J]. Journal of Biosciences, 36(4): 701-708.

SHIPLEY B, MEZIANE D, 2002. The balanced-growth hypothesis and the allometry of leaf and root biomass allocation[J]. Functional Ecology, 16(3): 326-331.

SIDLE W C, 1998. Environmental isotopes for resolution of hydrology problems[J]. Environmental Monitoring and Assessment, 52: 389-410.

SIEGENTHALER U, OESCHGER H, 1980. Correlation of ^{18}O in precipitation with temperature and altitude[J]. Nature, 285: 314-317.

SIELING K, KAGE H, 2010. Efficient n management using winter oilseed rape. A review[J]. Agronomy for Sustainable Development, 30(2): 271-279.

SIGUA G C, COLEMAN S W, 2010. Spatial distribution of soil carbon in pastures with cow-calf operation: Effects of slope aspect and slope position[J]. Journal of Soils and Sediments, 10(2): 240-247.

SILBURN D M, COWIE B A, THORNTON C M, 2009. The brigalow catchment study revisited: Effects of land development on deep drainage determined from non-steady chloride profiles [J]. Journal of Hydrology, 373(3): 487-498.

SIMUNEK J, SEJNA M, VAN GENUCHTEN M T, 1999. The Hydrus-2d Software Package for Simulating Two-Dimensional Movement of Water, Heat, and Multiple Solutes in Variable Saturated Media[Z]. Version 2. 0. Colorado: International Ground Water Modeling Center, Colorado School of Mines, Golden.

SINGH J S, GUPTA S R, 1997. Plant decomposition and soil respiration in terrestrial ecosystems[J]. The Botanical Review, 43: 449-528.

SJOSTROM D J, WELKER J M, 2009. The influence of air mass source on the seasonal isotopic composition of precipitation, Eastern USA[J]. Journal of Geochemical Exploration, 102: 103-112.

SOLOMON D, LEHMANN J, ZECH W L, 2000. Land use effects on soil organic matter properties of chromic luvisols in sem-arid Northern Tanzania: Carbon, nitrogen, lignin and carbohydrates[J]. Agriculture, Ecosystems and Environment, 78: 203-213.

SONG X D, BRUS D J, LIU F, et al., 2016. Mapping soil organic carbon content by geographically weighted regression: A case study in the Heihe River Basin[J]. Geoderma, 261: 11-22.

SREEKANTH P D, SREEDEVI P D, AHMED S, et al., 2011. Comparison of FFNN and ANFIS models for estimating groundwater level[J]. Environmental Earth Sciences, 62(6): 1301-1310.

STALLARD R F, EDMOND J M, 1983. Geochemistry of the Amazon River: The influence of the geology and weathering environment on dissolved load[J]. Journal of Geophysical Research, 88: 9671-9688.

STERNBERG M, SHOSHANY M, 2001. Influence of slope aspect on mediterranean woody formations: Comparison of a semiarid and an arid site in Israel[J]. Ecological Research, 16(2): 335-345.

STUART M E, GOODDY D C, BLOOMFIELD J P, et al., 2011. A review of the impact of climate change on future nitrate concentrations in groundwater of the UK [J]. Science of the Total Environment, 409(15): 2859-2873.

SUN W X, SHI X Z, YU D S, 2003. Distribution pattern and density calculation of soil organic carbon in profile [J]. Soils, 35(3): 236-241.

SUN W Y, ZHU H H, GUO S L, 2015. Soil organic carbon as a function of land use and topography on the Loess Plateau of China[J]. Ecological Engineering, 83: 249-257.

SUN Y, KANG S Z, LI F S, et al., 2009. Comparison of interpolation methods for depth to groundwater and its temporal and spatial variations in the Minqin Oasis of Northwest China [J]. Environmental Modelling & Software, 24(10): 1163-1170.

SUTTON M A, HOWARD C M, ERISMAN J W, et al., 2011. The European Nitrogen Assessment: Sources, Effects and Policy Perspectives[M]. London: Cambridge University Press.

TABUADA M A, REGO Z J C, VACHAUD C C, 1995. Tow-dimensional infiltration under furrow irrigation: Modeling, its validation and applications[J]. Agricultural Water Management, 27: 105-123.

THOMPSON J A, PENA-YEWTUKHIW E M, GROVE J H, 2006. Soil-landscape modeling across a physiographic region: Topographic patterns and model transportability[J]. Geoderma, 133(1): 57-70.

TIAN L D, YAO T D, MACCLUNE K, et al., 2007. Stable isotopic variations in west China: A consideration of moisture sources[J]. Journal of Geophysical Research, 112(D10): D10112.

TIAN L D, YAO T D, SCHUSTER P F, et al., 2003. Oxygen-18 concentrations in recent precipitation and ice cores on the Tibetan Plateau[J]. Journal of Geophysical Research, 108: 4293-4302.

TRANTER G, MINASNY B, MCBRATNEY A B, et al., 2007. Building and testing conceptual and empirical models for predicting soil bulk density[J]. Soil Use and Management, 23(4): 437-443.

UHLENBROOK S, HOEG S, 2003. Quantifying uncertainties in tracer-based hydrograph separations: A case study for two-, three- and five-component hydrograph separations in a mountainous catchment[J]. Hydrological Process, 17: 431-453.

UMAR R, ABSAR A, 2003. Chemical characteristics of groundwater in parts of the Gambhir River Basin, Bharatpur District, Rajasthan, India [J]. Environmental Geology, 44(5): 535-544.

VAITTINEN T, RAUDASMAA P, KORPI J, et al., 2006. Groundwater Flow Model to Simulate Drawdown Due to Leakage into Planned Rock Caverns at the Centre of Helsinki[C]//Near Surface 2006-12th EAGE European Meeting of Environmental and Engineering Geophysics.

VAN DERWERKEN J E, LEE D W, 1988. Influence of plastic mulch and type and frequency of irrigation on growth and yield of bell pepper[J]. Hortsicence, 23(6): 985-988.

VAN GENUCHTEN M T, 1982. A comparison of numerical solutions of the one-dimensional unsaturated-saturated flow and mass transport equation[J]. Advances in Water Resources, 5: 47-55.

VITORIA L, 2004. Multi-Isotope Approach(δ^{15}N, δ^{34}S, δ^{13}C, δ^{18}O, δD, and 87SR/86SR) of Nitrate Contaminated Groundwaters By Agricultural and Stockbreeder Activities [D]. Barcelona: University of Barcelona.

WALVOORD MA, PHILLIPS FM, STONESTROM DA, et al., 2003. A reservoir of nitrate beneath desert soils [J]. Science, 302(5647): 1021-1024.

WANG C, WANG X, LIU D, et al., 2014a. Aridity threshold in controlling ecosystem nitrogen cycling in arid and semi-arid grasslands[J]. Nature Communications, 5: 4799.

WANG L, STUART M E, BLOOMFIELD J P, et al., 2012. Prediction of the arrival of peak nitrate concentrations at the water table at the regional scale in Great Britain [J]. Hydrological Processes, 26(2): 226-239.

WANG M, SU Y Z, YANG X, 2014b. Spatial distribution of soil organic carbon and its influencing factors in desert grasslands of the Hexi Corridor, Northwest China[J]. Plos One, 9(4): E94652.

WANG Y J, CHENG H, EDWARDS R L, et al., 2001. A high-resolution absolute dated late pleistocene monsoon record from Hulu Cave, China [J]. Science, 294: 2345-2348.

WEBER J B, MCKINNON E J, SWAIN L R, 2003. Sorption and mobility of ^{14}C-labeled imazaquin and metolachlor in four soils as influenced by soil properties [J]. Journal of Agricultural and Food Chemistry, 51(19): 5752-5759.

WEBER M G, 1990. Forest soil respiration after cutting and burning in immature aspen ecosystems[J]. Forest Ecology and Management, 31 (1-2): 1-14.

WEN X H, FENG Q, DEO R C, et al., 2019. Two-phase extreme learning machines integrated with the complete ensemble empirical mode decomposition with adaptive noise algorithm for multi-scale runoff prediction problems[J]. Journal of Hydrology, 570: 167-184.

WHITE R E, WELLINGS S R, BELL J P, 1983. Seasonal variations in nitrate leaching in structured clay soils under mixed land use[J]. Agricultural Water Management, 7(4): 391-410.

WHO, 2011. Guidelines for Drinking-Water Quality - Fourth Edition[R]. Geneva: World Health Organization.

WIAUX F, CORNELIS J T, CAO W, et al., 2014. Combined effect of geomorphic and pedogenic processes on the distribution of soil organic carbon quality along an eroding hillslope on loess soil[J]. Geoderma, 216: 36-47.

WILDE S A, 1964. Changes in soil productivity induced by pine plantations[J]. Soil Science, 97: 276-278.

WILDUNG R E, GARLAND T R, BUSCHBOM R L, 1975. The interdependent effect of soil temperature and water content on soil respiration ate and plant root decomposition in arid grassland soils[J]. Soil Biology and Biochemistry, 7: 373-378.

WINOGRAD I J, ROBERTSON F N, 1982. Deep oxygenated ground water: Anomaly or common occurrence? [J]. Science,

216(4551): 1227-1230.

WU J, O'DONNELL A G, SYERS J K, et al., 1998. Modeling soil organic matter changes in ley-arable rotations in sandy soils of Northeast Thailand[J].European Journal of Soil Science, 49: 463-470.

XU H, HOU Z H, AN Z S, et al., 2010. Major ion chemistry of waters in Lake Qinghai Catchments, Ne Qinghai-Tibet Plateau, China[J]. Quaternary International, 212: 35-43.

XU M, QI Y, 2001. Soil-surface CO_2 efflux and its spatial and temporal variations in a young ponderosa pine plantation in Northern California[J]. Global Change Biology, 7: 667-677.

XUE D M, BOTTE J, BAETS B D, et al., 2009. Present limitations and future prospects of stable isotope methods for nitrate source identification in surface- and groundwater[J]. Water Research, 43(5): 1159-1170.

YANG L S, FENG Q, YIN Z L, et al., 2017. Identifying separate impacts of climate and land use/cover change on hydrological processes in upper stream of Heihe River, Northwest China[J]. Hydrological Processes, 31(5): 1100-1112.

YANG R M, ZHANG G L, LIU F, et al., 2016. Comparison of boosted regression tree and random forest models for mapping topsoil organic carbon concentration in an alpine ecosystem[J]. Ecological Indicators, 60: 870-878.

YANG R, HAYASHI K, ZHU B, 2010. Atmospheric NH_3 and NO_2 concentration and nitrogen deposition in an agricultural catchment of Eastern China[J]. Science of the Total Environment, 408: 4624-4632.

YANG W, WANG Y, WEBB A A, et al., 2018. Influence of climatic and geographic factors on the spatial distribution of qinghai spruce forests in the dryland qilian mountains of Northwest China [J]. Science of the Total Environment, 612: 1007-1017.

YANG Y H, FANG J Y, JI C J, et al., 2010a. Soil inorganic carbon stock in the Tibetan Alpine Grasslands[J]. Global Biogeochemical Cycles, 24(4): 3781-3793.

YANG Y H, FANG J Y, MA W H, et al., 2010b. Soil carbon stock and its changes in Northern China's grasslands from 1980s to 2000s[J]. Global Change Biology, 16(11): 3036-3047.

YANG Y H, FANG J Y, TANG Y H, et al., 2008. Storage, patterns and controls of soil organic carbon in the Tibetan Grasslands[J]. Global Change Biology, 14(7): 1592-1599.

YANG Y H, LI P, DING J Z, et al., 2014. Increased topsoil carbon stock across China's forests [J]. Global Change Biology, 20(8): 2687-2696.

YANG Y H, MOHAMMAT A, FENG J M, et al., 2007. Storage, patterns and environmental controls of soil organic carbon in China[J]. Biogeochemistry, 84(2): 131-141.

YANO Y, BROOKSHIRE E N J, HOLSINGER J, et al., 2015. Long-term snowpack manipulation promotes large loss of bioavailable nitrogen and phosphorus in a subalpine grassland [J]. Biogeochemistry, 124(1-3): 319-333.

YAPP C J, 1982. A model for the relationship between precipitation D/H ratios and precipitation intensity [J]. Journal of Geophysical Research, 87(C12): 9614-9620.

YIMER F, LEDIN S, ABDELKADIR A, 2006. Soil organic carbon and total nitrogen stocks as affected by topographic aspect and vegetation in the Bale Mountains, Ethiopia[J]. Geoderma, 135: 335-344.

YUAN F S, MIYAMOTO S, 2008. Characteristics of oxygen-18 and deuterium composition in waters from the pecos river in American Southwest [J]. Chemical Geology, 255: 220-230.

YUE F J, LIU C Q, LI S L, et al., 2014. Analysis of $\delta^{15}N$ and $\delta^{18}O$ to identify nitrate sources and transformations in Songhua River, Northeast China[J]. Journal of Hydrology, 519: 329-339.

YURTSEVER Y, GAT G R, 1981. Atmospheric Waters [R]. Vienna: Stable Isotope Hydrology: Deuterium and Oxygen-18 in the Water Cycle, Technical Report Series, IAEA.

ZAADY E, GROFFMAN P M, STANDING D, 2013. High N_2O emissions in dry ecosystems [J]. European Journal of Soil

Biology, 59: 1-7.

ZAK D R, PREGITZER R S, CURTIS P S, et al., 1993. Elevated atmospheric CO_2 and feedback between carbon and nitrogen cycles[J]. Plant Soil, 151: 105-117.

ZHANG R, DING R J, 2007. An analysis on changing factor of Chinese energy intensity[J]. China Mining Magazine, 16 (2): 31-34.

ZHANG X, LI Z W, TANG Z H, et al., 2013. Effects of water erosion on the redistribution of soil organic carbon in the hilly red soil region of Southern China[J]. Geomorphology, 197(5): 137-144.

ZHANG Y H, SONG X F, WU Y Q, 2009. Use of oxygen-18 isotope to quantify flows in the upriver and middle reaches of the Heihe River, Northwestern China [J]. Environmental Geology, 58(3): 645-653.

ZHANG Y, XU W, WEN Z, et al., 2017. Atmospheric deposition of inorganic nitrogen in a semi-arid grassland of Inner Mongolia, China[J]. Journal of Arid Land, 9(6): 1-13.

ZHAO L J, YIN L, XIAO H L, et al., 2011. Isotopic evidence for the moisture origin and composition of surface runoff in the headwaters of the Heihe River Basin [J]. Chinese Science Bulletin, 56: 406-416.

ZHAO N, LI X G, 2017. Effects of aspect-vegetation complex on soil nitrogen mineralization and microbial activity on the Tibetan Plateau [J]. Catena, 155: 1-9.

ZHOU J, GU B, SCHLESINGER W H, et al., 2016. Significant accumulation of nitrate in Chinese semi-humid croplands[J]. Scientific Reports, 6: 25088.

ZHOU W M, CHEN H, ZHOU L, 2011. Effect of freezing thawing on nitrogen mineralization in vegetation soils of four landscape zones of Changbai Mountain [J]. Annals of Forest Science, 68: 943-951.

ZHOU X, CHEN C, WANG Y, et al., 2013. Soil extractable carbon and nitrogen, microbial biomass and microbial metabolic activity in response to warming and increased precipitation in a semiarid Inner Mongolian Grassland[J]. Geoderma, 206(9): 24-31.

ZHOU Y, HARTEMINK A E, SHI Z, et al., 2019a. Land use and climate change effects on soil organic carbon in North and Northeast China [J]. Science of the Total Environment, 647: 1230-1238.

ZHOU Y, WEBSTER R, ROSSEL R A V, et al., 2019b. Baseline map of soil organic carbon in Tibet and its uncertainty in the 1980s[J]. Geoderma, 334: 124-133.

ZHOU Z C, SHANGGUAN Z P, 2007. Vertical distribution of fine roots in relation to soil factors in pinus tabulaeformis carr. Forest of the Loess Plateau of China [J]. Plant and Soil, 291(1-2): 119-129.

ZHU M, FENG Q, QIN Y Y, et al., 2017. Soil organic carbon as functions of slope aspects and soil depths in a semiarid alpine region of Northwest China[J]. Catena, 152: 94-102.

ZHU M, FENG Q, QIN Y Y, et al., 2019a. The role of topography in shaping the spatial patterns of soil organic carbon[J]. Catena, 176: 296-305.

ZHU M, FENG Q, ZHANG M X, et al., 2019b. Effects of topography on soil organic carbon stocks in grasslands of a semiarid alpine region, Northwestern China[J]. Journal of Soils and Sediments, 19(4): 1640-1650.

ZHU M, FENG Q, ZHANG M X, et al., 2019c. Soil organic carbon in semiarid alpine regions: The spatial distribution, stock estimation, and environmental controls[J]. Journal of Soils and Sediments, 19: 3427-3441.

ZINN Y L, LAI R, RESCK D V S, 2005. Changes in soil organic carbon stocks under agriculture in Brazil[J]. Soil and Tillage Research, 84(1): 28-40.

ZOHRAB A S, WYNN R W, LYMAN S W, 1985. Infiltration under surge flow irrigation[J]. Transactions of the ASAE, 28(5): 1539-1542.

彩　　图

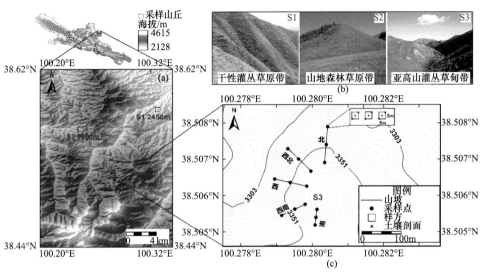

图 3-1　祁连山自然保护区西水林区内山地森林草原植被带及采样点分布

(a) 大野口流域内 3 个山丘的位置；(b) 山丘所在海拔对应的植被带；(c) 坡向梯度上采样点分布

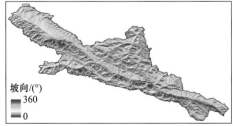

图 3-2　研究区 90m 分辨率的坡度和坡向栅格图

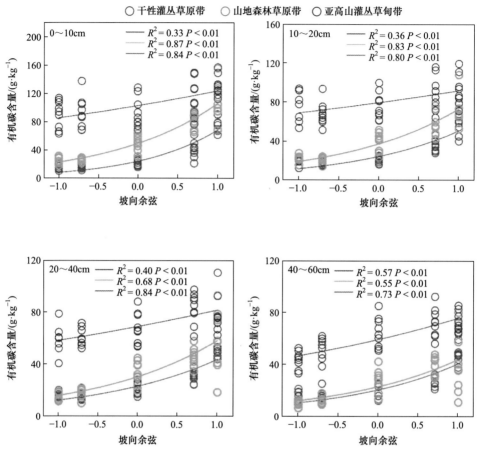

图 3-14 不同土层土壤有机碳含量与坡向余弦的关系

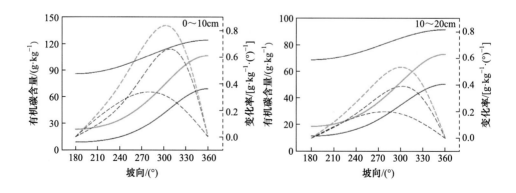

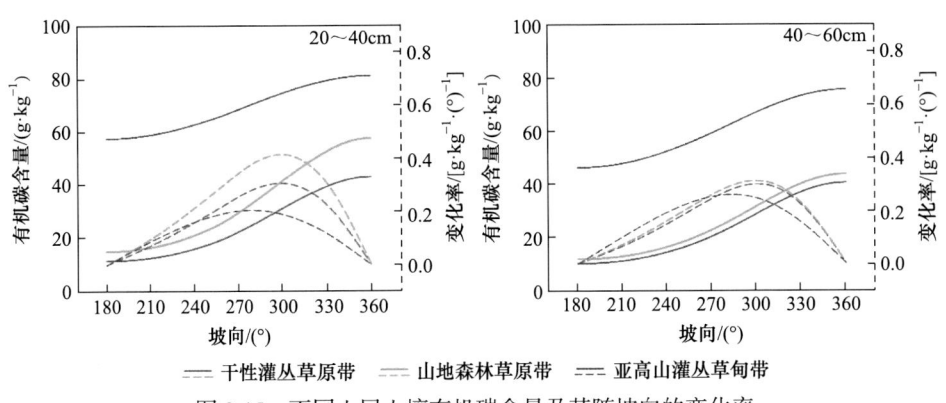

图 3-15　不同土层土壤有机碳含量及其随坡向的变化率

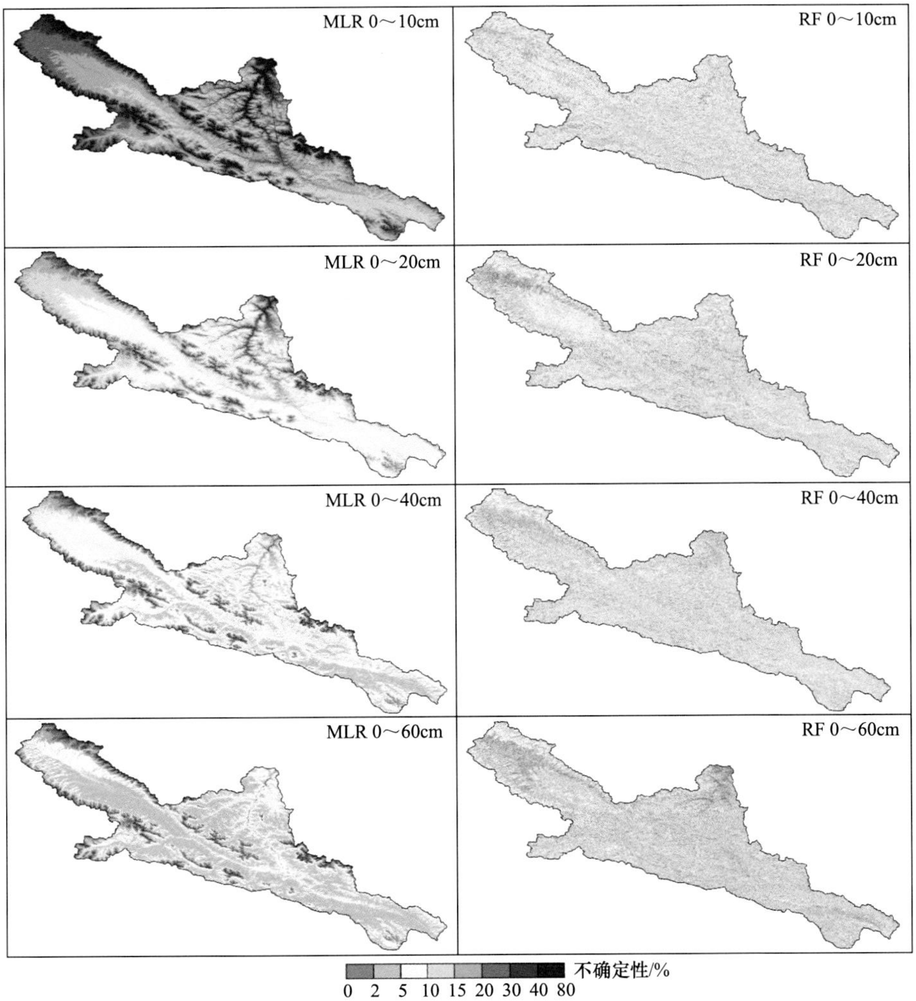

干性灌丛草原带　　山地森林草原带　　亚高山灌丛草甸带

不确定性/%

0　2　5　10　15　20　30　40　80

图 3-23　流域尺度上有机碳密度估算值的不确定性分布

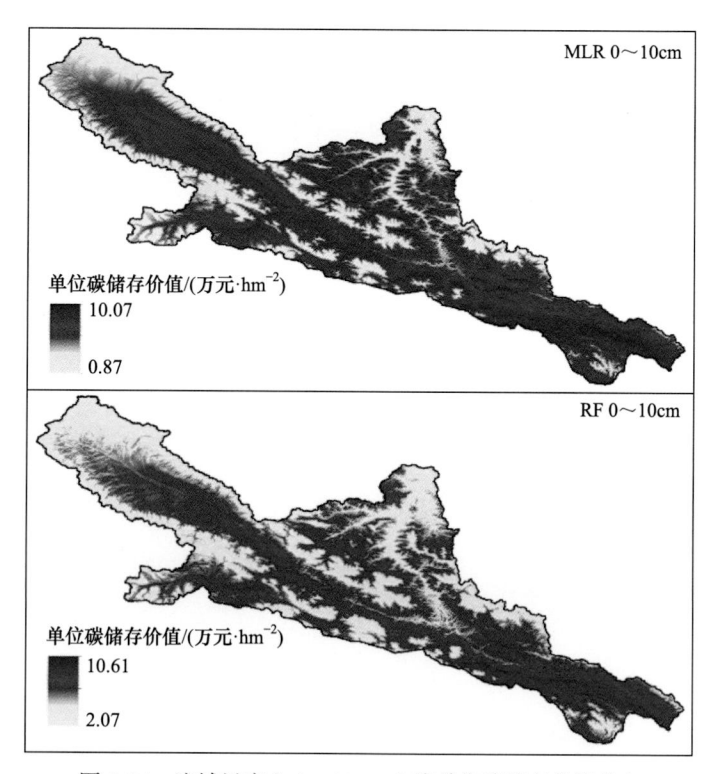

图 3-24　流域尺度上 0～10cm 土壤单位碳储存价值分布

MLR-多元线性回归模型；RF-随机森林模型；制图分辨率为 90m

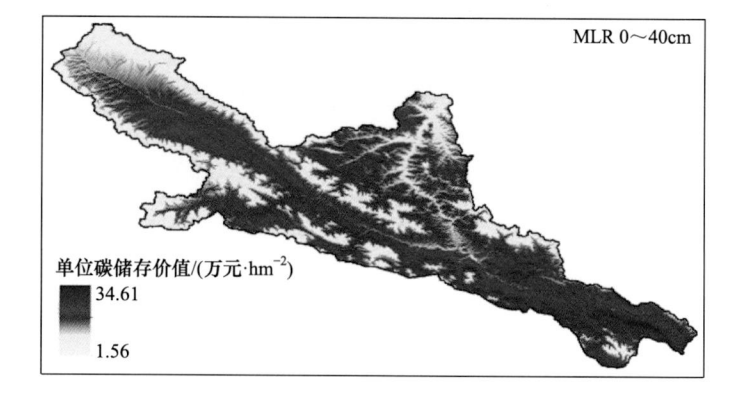

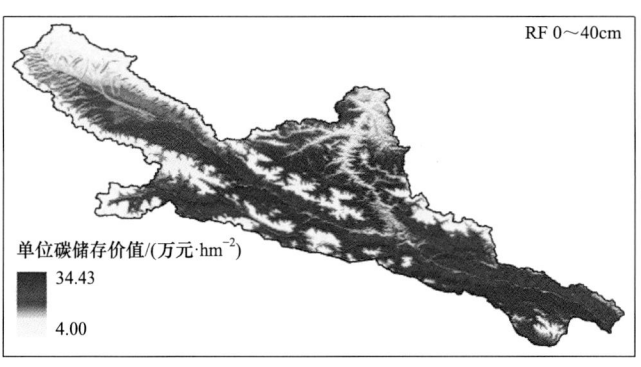

RF 0～40cm

单位碳储存价值/(万元·hm^{-2})

34.43

4.00

图 3-25　流域尺度上 0～40cm 土壤单位碳储存价值分布

MLR-多元线性回归模型；RF-随机森林模型；制图分辨率为 90m

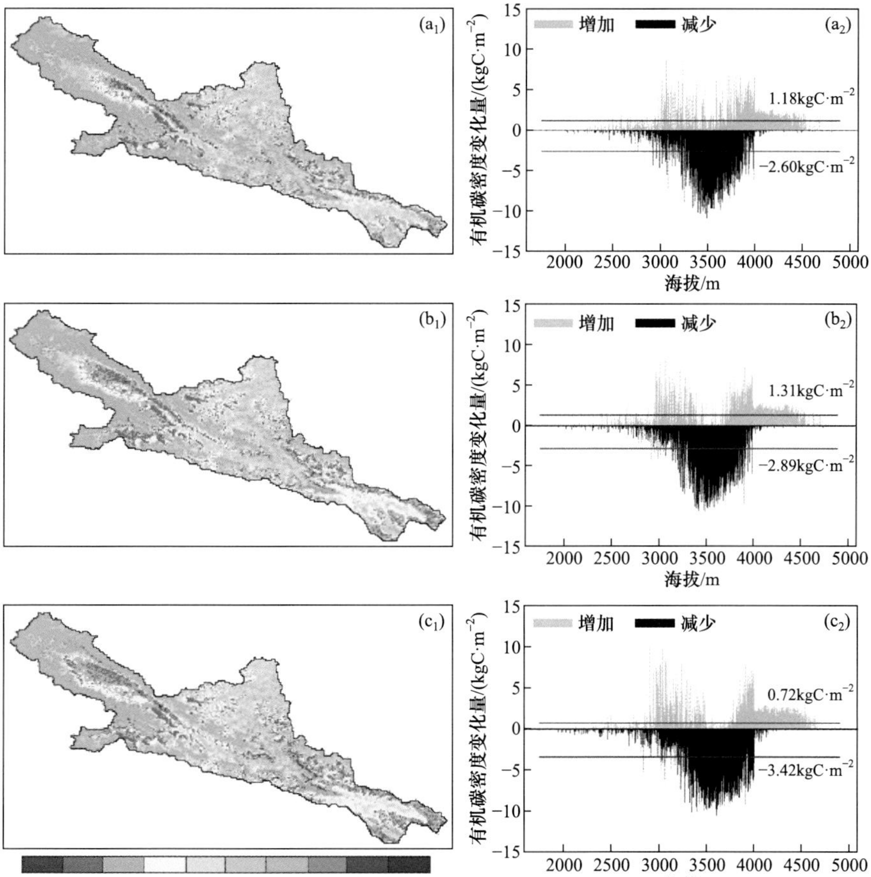

图 3-30　流域尺度上不同情景下的土壤有机碳密度变化量

(a$_1$)、(b$_1$)、(c$_1$)分别为 RCP2.6、RCP4.5 和 RCP8.5 情景下有机碳密度变化量的空间分布；

(a$_2$)、(b$_2$)、(c$_2$)分别为 RCP2.6、RCP4.5 和 RCP8.5 情景下各栅格有机碳密度变化量沿海拔分布；

(a$_1$)、(b$_1$)和(c$_1$)制图分辨率为 1km × 1km

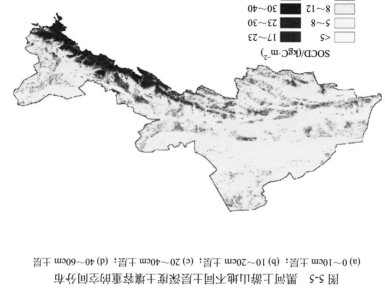

图 5-27　陕西地区 0~100cm 土层土壤有机碳密度分布（分辨率 1km×1km）

SOCD/(kgC·m^{-2})

<5	17~23
5~8	23~30
8~12	30~40
12~17	>40

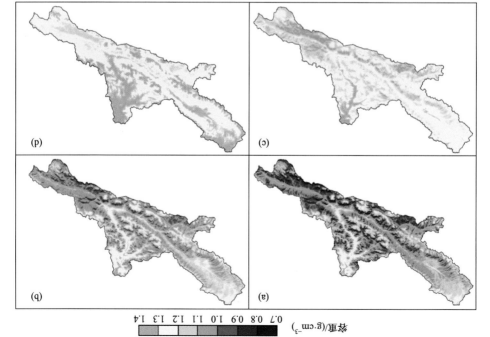

图 5-5　渭河上游山地不同土层土壤容重与土壤容重的空间分布
(a) 0~10cm 土层；(b) 10~20cm 土层；(c) 20~40cm 土层；(d) 40~60cm 土层

容重/(g·cm^{-3})　0.7　0.8　0.9　1.0　1.1　1.2　1.3　1.4

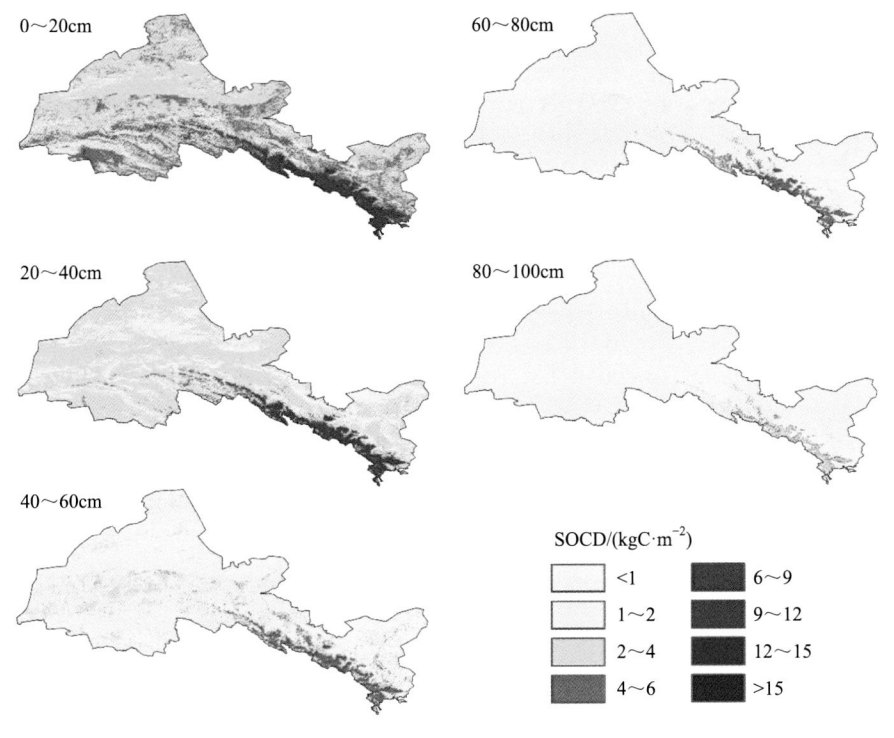

0～20cm

60～80cm

20～40cm

80～100cm

40～60cm

SOCD/(kgC·m^{-2})

	<1		6～9
	1～2		9～12
	2～4		12～15
	4～6		>15

图 5-28　河西地区不同土层土壤有机碳密度分布(分辨率 1km×1km)

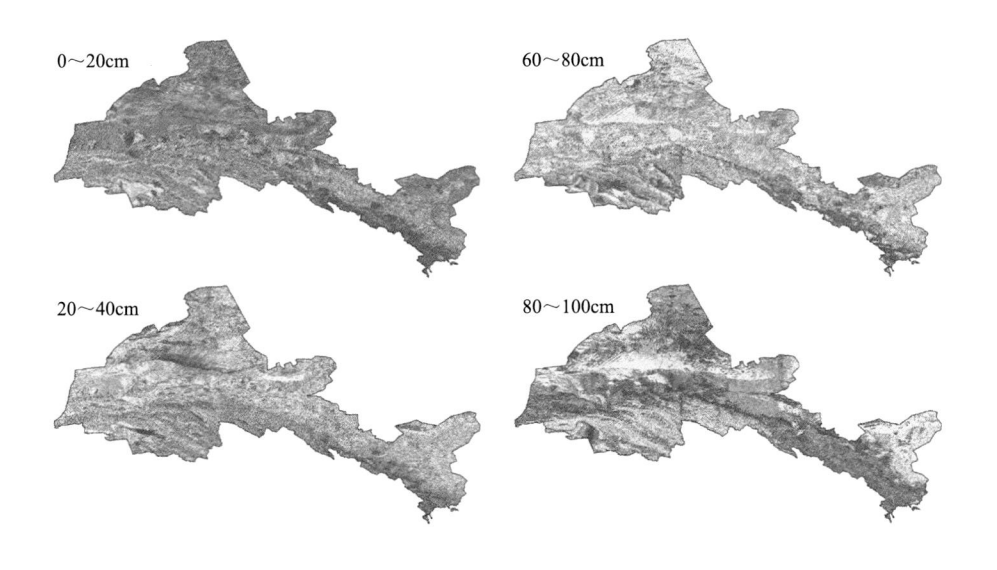

0～20cm

60～80cm

20～40cm

80～100cm

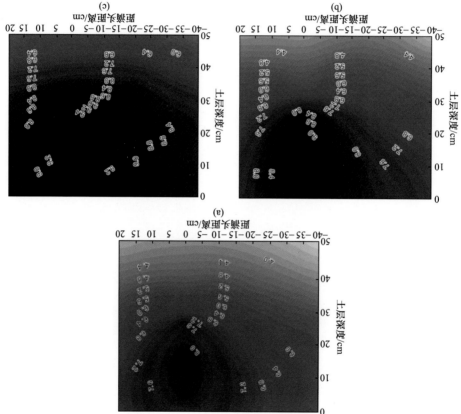

图 7-36 不同处理剖面土壤含水量分布(单位:%)

(a) CMD3; (b) CMD6; (c) CMD9

图 5-29 河内地区不同土层土壤有机碳密度估算的不确定性(分辨率 1km×1km)

40~60cm

不确定性/%

<5　　20~30
5~10　　30~40
10~15　　40~55
15~20　　>55

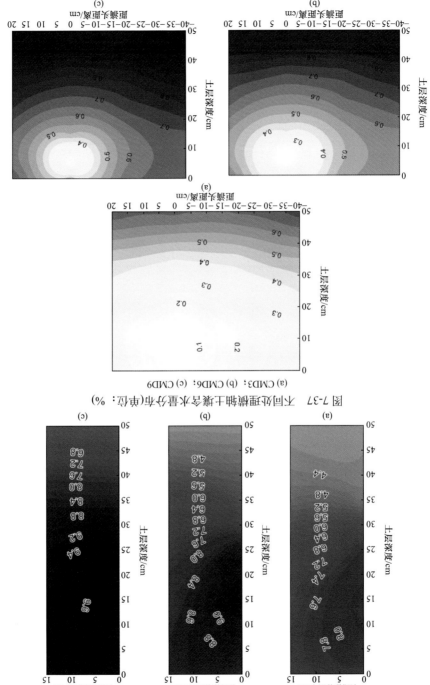

图 7-38 不同灌溉量处理砂土壤 $EC_{1:5}$ 分布(单位: $dS \cdot m^{-1}$)

(a) CMD7; (b) CMD8; (c) CMD9

图 7-37 不同灌溉量处理砂土壤含水率分布(单位: %)

(a) CMD3; (b) CMD6; (c) CMD9

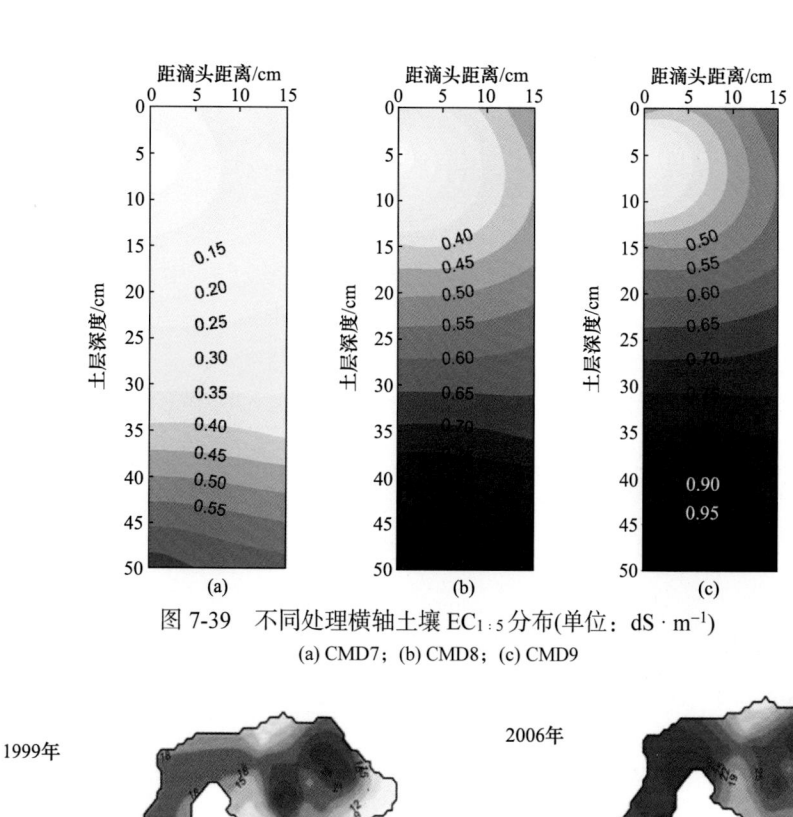

图 7-39　不同处理横轴土壤 $EC_{1:5}$ 分布(单位：$dS \cdot m^{-1}$)

(a) CMD7；(b) CMD8；(c) CMD9

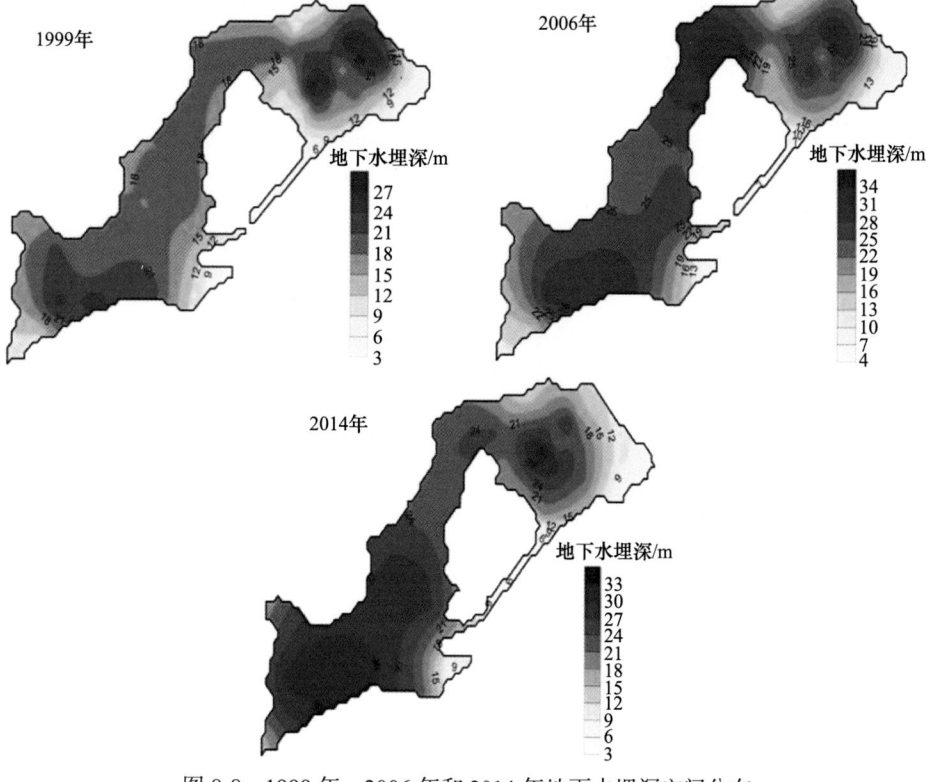

图 8-8　1999 年、2006 年和 2014 年地下水埋深空间分布

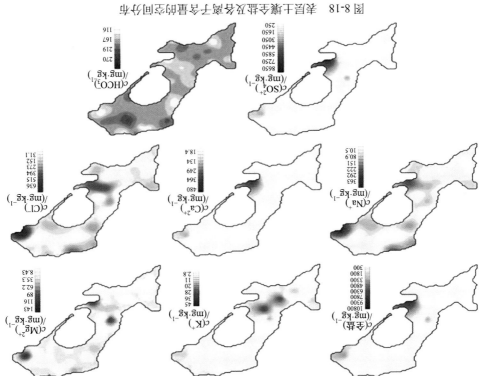

图 8-18 某区土壤各组及各离子含量的空间分布

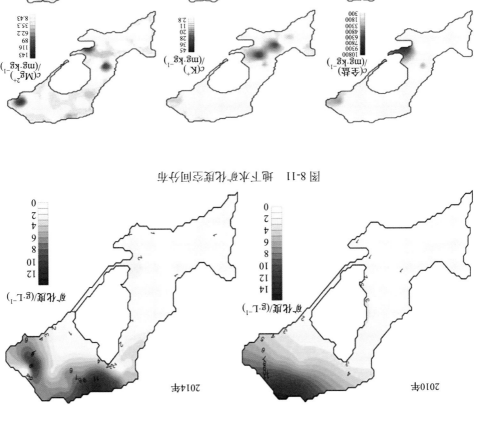

图 8-11 地下水矿化度空间分布

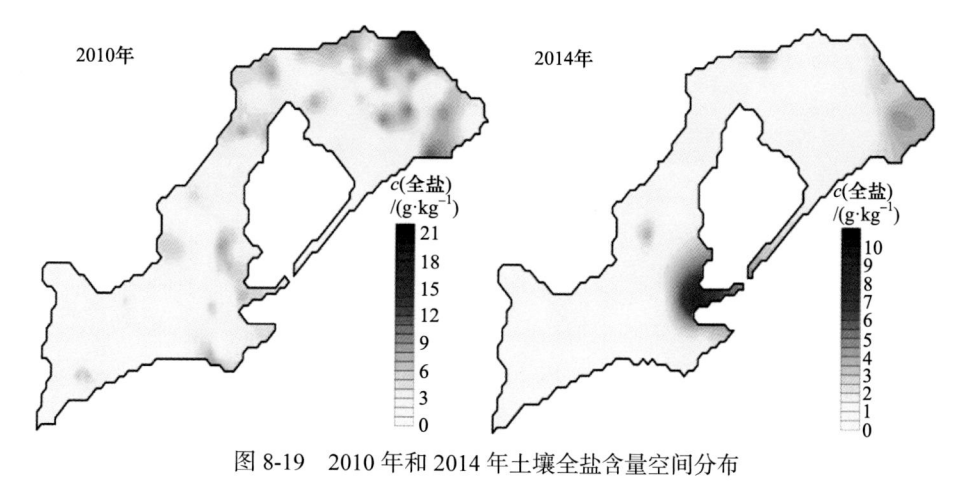

图 8-19　2010 年和 2014 年土壤全盐含量空间分布

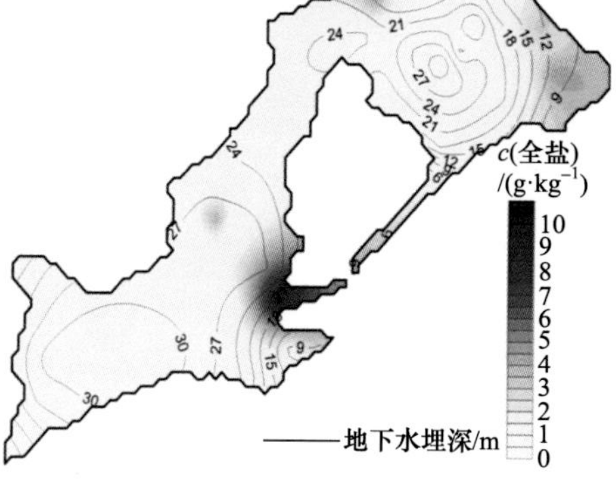

图 8-20　2014 年土壤全盐含量与地下
水埋深空间分布叠加图

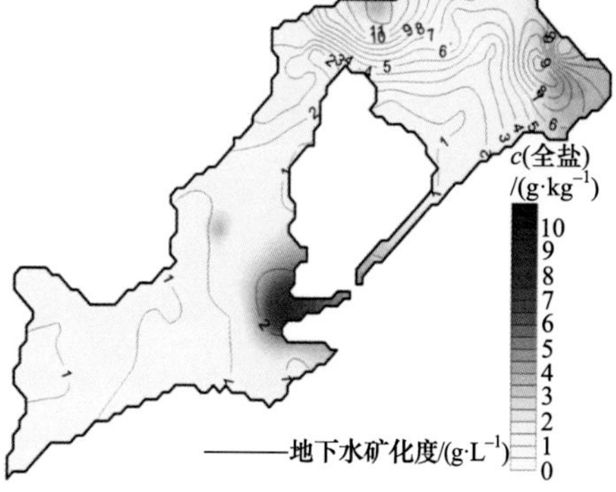

图 8-22　2014 年土壤全盐含量与地下水
矿化度空间分布叠加图

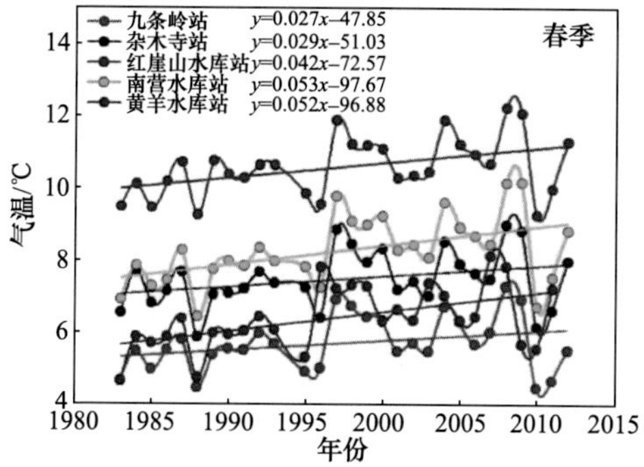

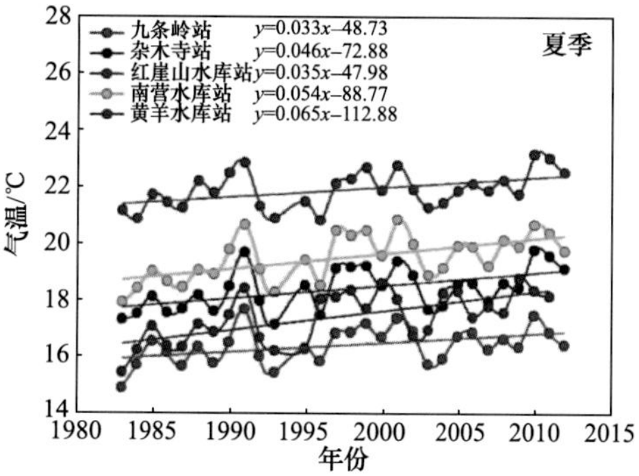

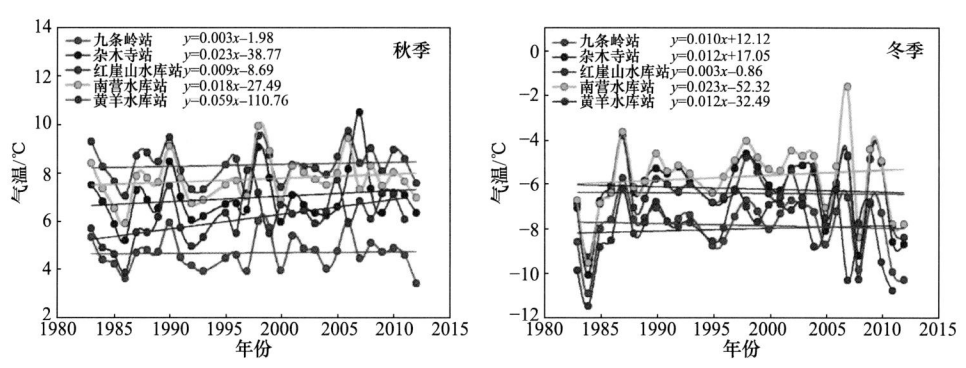

图 9-3　石羊河流域上、中和下游区域 5 个站点气温季节变化时间序列

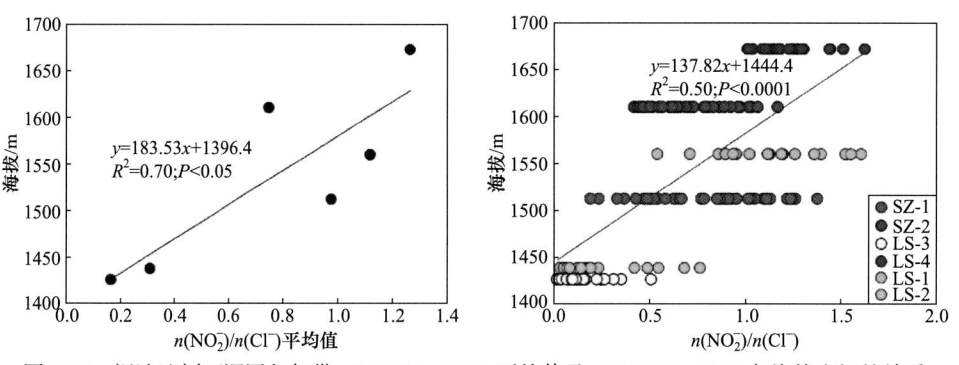

图 9-14　裸沙地剖面深层包气带 $n(NO_2^-)/n(Cl^-)$ 平均值及 $n(NO_2^-)/n(Cl^-)$ 与海拔之间的关系

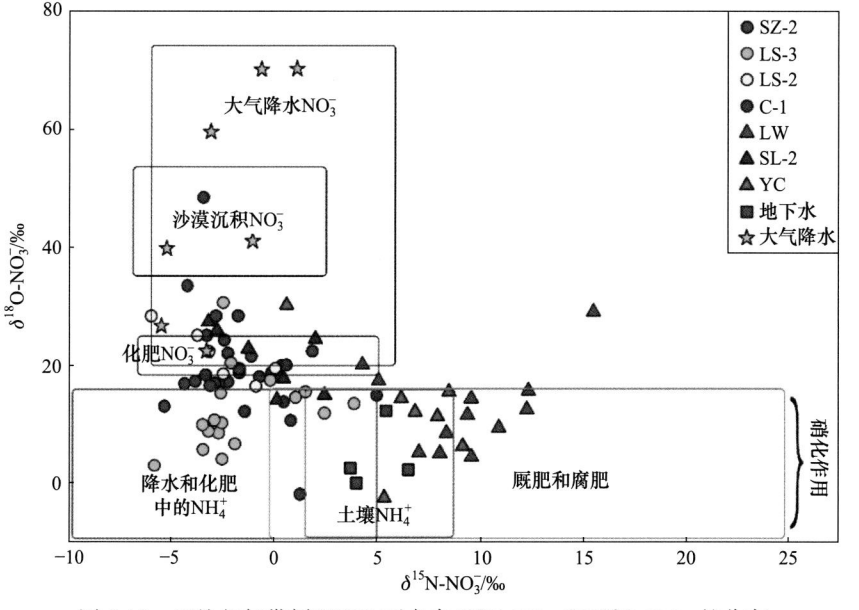

图 9-15　天然包气带剖面和地下水中 $\delta^{15}N\text{-}NO_3^-$ 和 $\delta^{18}O\text{-}NO_3^-$ 的分布

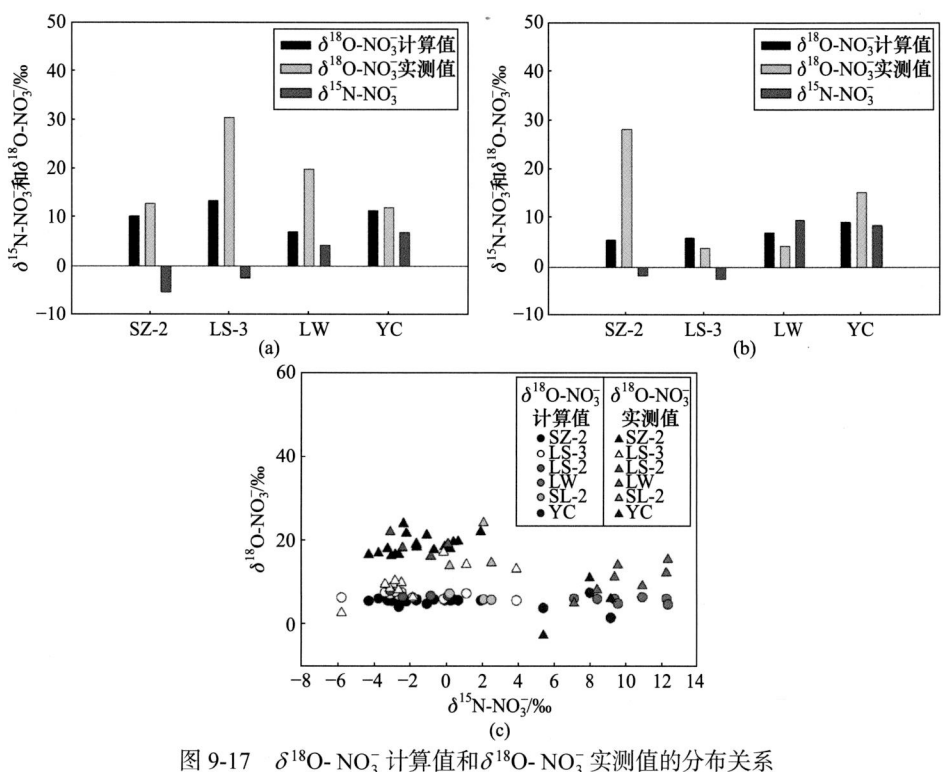

图 9-17 δ^{18}O- NO$_3^-$ 计算值和δ^{18}O- NO$_3^-$ 实测值的分布关系

(a) 25cm 浅层包气带；(b) 100cm 浅层包气带；(c) 深层包气带

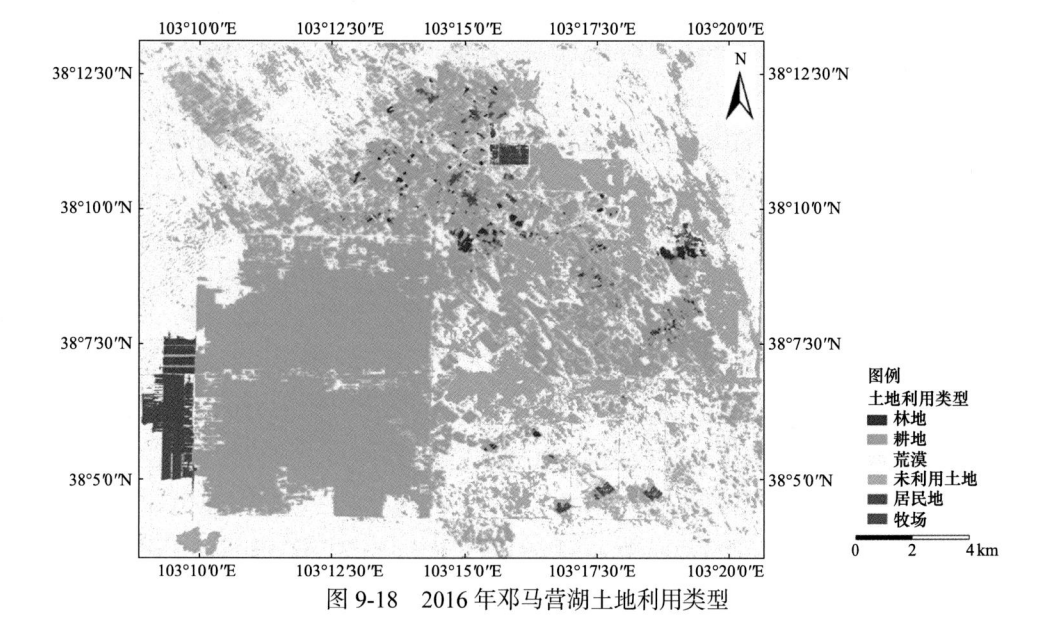

图 9-18 2016 年邓马营湖土地利用类型

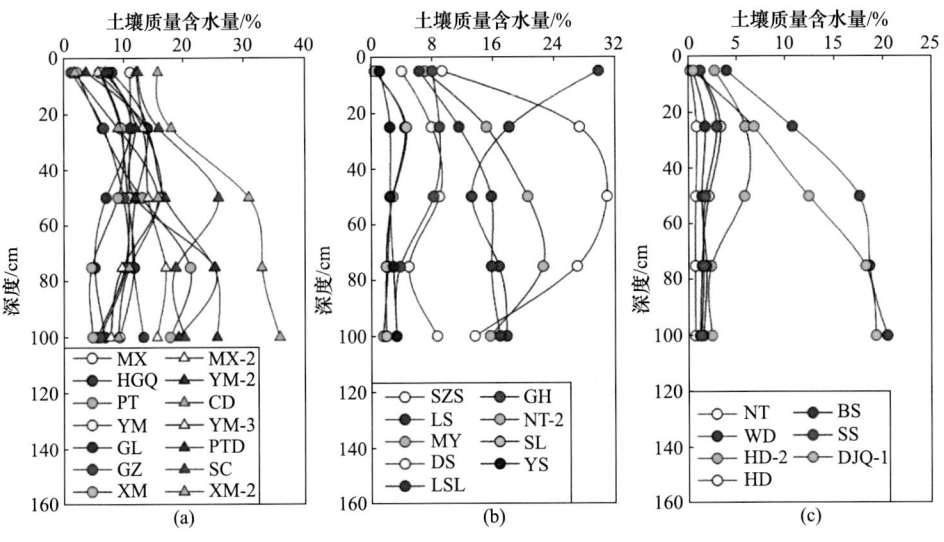

图 9-20　浅层包气带剖面土壤质量含水量特征

(a) 耕地；(b) 林地；(c) 荒漠

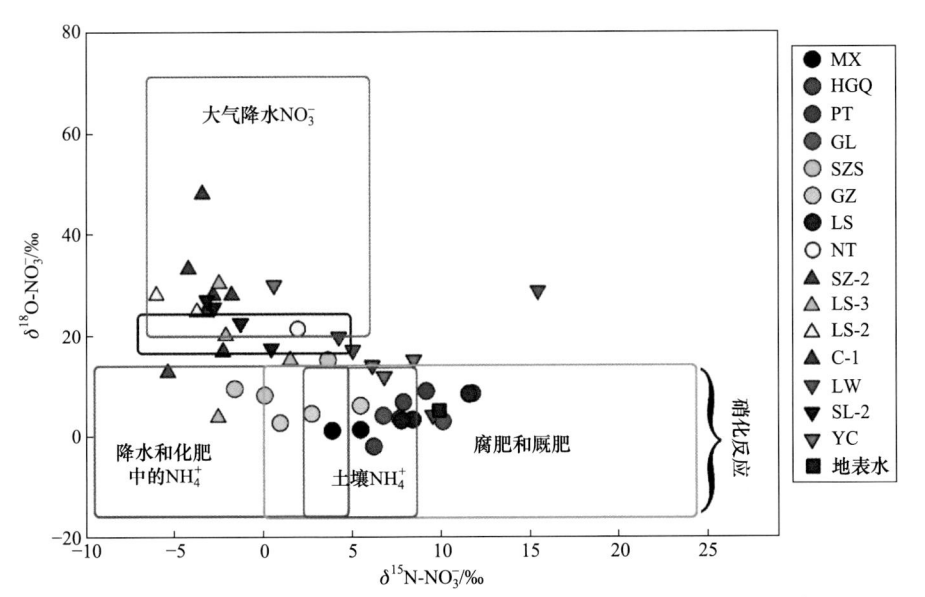

图 9-23　浅层包气带水、地表水和地下水中 $\delta^{15}N\text{-}NO_3^-$ 和 $\delta^{18}O\text{-}NO_3^-$ 特征值分布

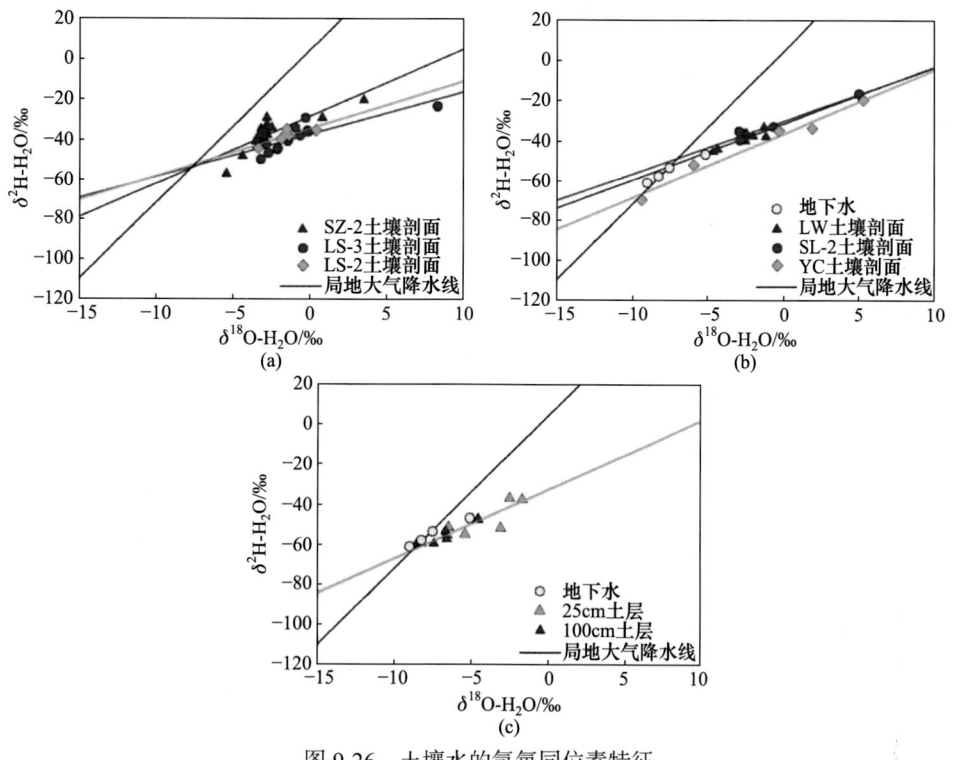

图 9-26　土壤水的氢氧同位素特征

(a) 天然裸沙地剖面；(b) 天然植被覆盖沙漠剖面；(c) 浅层包气带剖面(包括耕地、荒漠和林地)

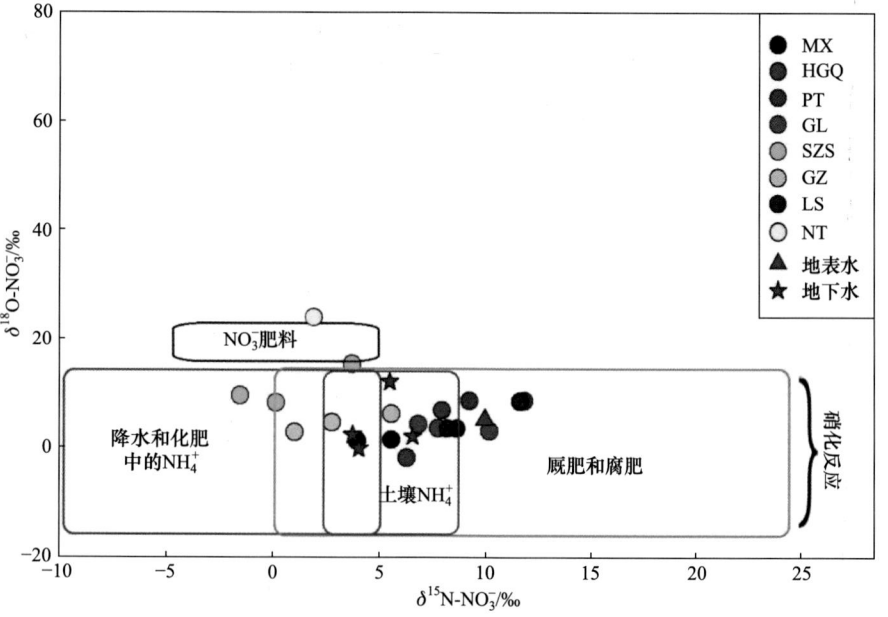

图 9-27　地下水中δ^{15}N- NO$_3^-$ 和δ^{18}O- NO$_3^-$ 特征值分布